U0342830

国外能源领域创新信息

张明龙　张琼妮　著

知识产权出版社
全国百佳图书出版单位

图书在版编目(CIP)数据

国外能源领域创新信息／张明龙，张琼妮著.—北京:知识产权出版社,2016.9
ISBN 978-7-5130-4487-5

Ⅰ.①国… Ⅱ.①张… ②张… Ⅲ.①能源开发—研究 Ⅳ.①TK01

中国版本图书馆 CIP 数据核字(2016)第 231367 号

内容提要

本书以 21 世纪国外科技创新活动为基本背景，集中分析其在能源开发领域取得的创新成果。本书采用取精用宏的方法，在充分占有原始资料的基础上，抽绎出典型材料，高度概括，精心提炼，形成各章节的核心内容和思维脉络。本书分析了国外在锂电池、燃料电池，以及其他电池方面的创新成果；分析了制造和储存氢气的新技术、新材料和新装置等。本书以通俗易懂的语言，阐述能源开发方面的前沿学术知识，宜于雅俗共赏。本书适合能源开发人员、科技管理人员、高校师生、政府工作人员阅读。

责任编辑:王 辉

国外能源领域创新信息
GUOWAI NENGYUAN LINGYU CHUANGXIN XINXI

张明龙 张琼妮 著

出版发行:知识产权出版社有限责任公司	网 址:http://www.ipph.cn
电 话:010-82004826	http://www.laichushu.com
社 址:北京市海淀区西外太平庄 55 号	邮 编:100081
责编电话:010-82000860 转 8381	责编邮箱:wanghui@cnipr.com
发行电话:010-82000860 转 8101/8029	发行传真:010-82000893/82003279
印 刷:三河市国英印务有限公司	经 销:新华书店及相关销售网点
开 本:787 mm×1092 mm 1/16	印 张:25
版 次:2016 年 9 月第 1 版	印 次:2016 年 9 月第 1 次印刷
字 数:500 千字	定 价:78.00 元
ISBN 978-7-5130-4487-5	

前　言

能源也称作能量资源,是指自然界中能为人类提供某种形式能量的物质资源。我国《能源百科全书》,对能源含义作了进一步阐述,指出:"能源是可以直接或经转换提供人类所需的光、热、动力等任一形式能量的载能体资源。"这表明,能源不仅具有多种存在状态,而且是一些可以相互转换能量的源泉,它能够通过直接或间接的方式,满足人们某一方面的能量需求。

一、世界能源发展概述

人类社会发展离不开能源这个重要的物质基础,它对人类的文明有着巨大的影响。人们常说:石油是工业的血液,煤炭是黑色的金子。能源利用的每次飞跃,都引起生产技术的变革,从而推动社会生产力的发展。现代世界,自从电气时代取代蒸汽时代以来,依靠充足的能源供给,经济获得高速发展。然而,20 世纪 70 年代后期开始,先后出现的两次石油危机,对能源保障敲响了警钟,国际能源安全已上升到国家高度,各国都制定了以能源供应安全为核心的能源政策。

(一)能源的重要性

能源是国民经济的重要物质基础,它的开发和有效利用程度,以及人均消费量,是生产技术和生活水平的重要标志。能源消费与经济发展的关系,可以通过能源消费弹性系数的变动,获得一个侧面的反映。能源消费弹性,是指一个国家或一个地区在一定时期内,能源消费量随国民经济总量增减而升降的情况。能源消费弹性系数,等于能源消费量与上年比较的增长率,除以国内生产总值与上年比较的增长率。

(二)能源分类方式

能源种类,是随着人们对世界认识的加深而不断增多的。今天,越来越多的新型能源,走出实验室,进入推广应用市场,开始与常规能源一起满足人们的需求。由于能源种类日渐增多,其分类方式也在不断完善。其中常见的有下述几种:

1.按照能源来自何处划分

可分为:(1)来自地球外部天体的能源,如太阳能等;(2)地球本身含有的能量,如原子核能和地热能等;(3)地球和其他天体相互作用而产生的能量,如潮汐能等。

2.按照能源如何产生划分

可分为:(1)一次能源,即自然存在、可直接利用的能源。它包括已广泛利用的常规能源和尚等推广的新能源。常规能源又可分为水力、生物能(木材、秸秆)等可再生能源,化石燃料即石油、煤炭、天然气、核裂变燃料等不可再生能源。新能源可分为太阳能、风能、潮汐能、地热能等可再生能源,核聚变燃料等不可再生能源。(2)二次能源,是指经过加工转换形态而获得的能源。主要包括:电力、汽油、煤油、柴油、焦炭、煤气、洁净煤、激光、氢能、沼气、热水、余热、余能等。

3.按照能源能否燃烧划分

可分为:(1)燃料型能源,如煤炭、石油、天然气、泥炭、木材等;(2)非燃料型能源,如水能、风能、地热能、潮汐能等。

4.按照能源消耗后是否造成环境污染划分

可分为:(1)污染型能源,包括煤炭、石油等内容;(2)清洁型能源,包括水力、电力、氢能、太阳能、风能以及核能等。

5.按照能源形态特征划分

可分为:固体燃料、液体燃料、气体燃料;水能、电能、氢能、太阳能、生物质能、风能、核能、海洋能和地热能等。这是世界能源委员会推荐的能源类型划分方式。

(三)新能源开发出现的重要成果

20 世纪 90 年代以来,世界许多国家大力倡导和推广清洁、干净的新能源,以求在促进经济发展的同时加强环境保护。各国政府对新能源的开发利用给予大力支持,重点推进新能源采集、存储、调节、分配和传输技术的开发,加强新型发电技术等方面的研究,从而促使能源领域的创新活动获得不少突破性的进展。

电池开发方面,在大力发展含锂电池特别是锂离子电池的同时,加强研发固体氧化物燃料电池、氢燃料电池、生物燃料电池和太阳能电池,还着手探索钠电池、铝电池、镁电池、钙电池等轻金属电池,镍电池、含铜电池、含锑电池等重金属电池,以及贵金属和金属氧化物电池。

氢能开发方面,在制氢方法、储氢技术和用氢设备等探索中取得了一系列新突破。

太阳能开发方面,在太阳能电池研制、太阳能电站建设、太阳能设备制作,以及太阳能综合利用等领域,迅速加快了推进步伐。

　　生物质能开发方面,获取了提炼乙醇、丁醇、生物柴油和"生态石油"的各种新方法,大大拓展了制造生物燃料技术和原料的范围。

　　风能开发方面,风车质量不断提高,数量成倍增长,风力发电装置产生了不少新样式。

　　核能开发方面,已经开始建设国际热核聚变实验堆,并积极推进第四代高温气冷核反应堆建设。另外,在海洋能、地热能、动能与热能等方面的开发利用,也出现了一些令人惊叹的新成果。

二、本书的框架结构

　　本书以 21 世纪国外科技创新活动为考察对象,集中分析其在能源开发领域取得的创新成果。本书以国外能源开发方面的发明创造事实为依据,采用取精用宏的方法,对搜集到的各类消息报道和成果介绍材料统一汇总,通过对比分析,细加考辨,实现同中求异,异中求同,精心设计成研究国外能源创新信息的分析框架。本书分 10 章,其内容梗概如下:

　　第一章　电池领域的创新信息。主要分析锂电池和锂离子电池、燃料电池,以及其他金属材料电池、无机材料电池和有机材料电池等研制成果。

　　第二章　氢能开发领域的创新信息。主要考察二硫化钼等制氢催化剂、太阳能制氢催化剂和燃料电池制氢催化剂、制氢技术与设备,以及储氢和用氢材料和装置等方面的创新进展。

　　第三章　生物质能开发领域的创新信息。主要描述用含油或含糖植物、草类或藻类原料、含纤维素和木质素植物、生产或生活废弃物等制造生物燃料,开发生物电能,及其出现的相关新技术等内容。

　　第四章　太阳能开发领域的创新信息。主要分析研制无机太阳能电池、有机太阳能电池,以及非电池领域开发利用太阳能的新成果。

　　第五章　风能开发领域的创新信息。主要考察风力发电建设项目、风力发电设备和利用风能建造节能环保房屋等方面的创新进展。

　　第六章　核能开发领域的创新信息,主要阐述研制新一代核裂变反应堆的新举措,开发核聚变清洁能源的新进展,同时阐述核辐射污染防治领域的研究成果。

　　第七章　开发地热能与海洋能的创新信息。先考察开发新型地热采暖系统、建立以干热岩技术为基础的地热发电站等地热能开发新成果。再考察开发海洋燃油资源和可燃冰资源,探索利用海洋能发电,利用波浪动能为船舶提供动力等海洋能开发新成果。

第八章 开发动能与热能的创新信息。先分析利用人体动能、车辆动能和重力运动发电,研制把动能转换为电能的材料和动能采集装置等动能开发新进展。接着分析开发人体热能资源、余热或废热资源,研制热电材料和微型热电装置等热能开发创新信息。

第九章 多种能源综合开发的创新信息。这里的考察对象,是上面各章尚未涉及或者难以涵盖的一些能源形式。主要分析优化开发石化燃料资源,运用二氧化碳制造燃料,用水开发燃料,以及利用电子自旋、磁流体、摩擦能和压缩空气发电等方面创新信息。

第十章 高效节能环保产品领域的创新信息。研制高效节能环保产品,可以提高产品质量,节约原材料消耗,降低人力成本,特别是可以减少能源消耗,所以也是能源创新领域的重要内容。这里主要分析研究高效节能电器设备、节能环保型交通工具,以及高效先进电力设施建设等方面的新进展。

张明龙 张琼妮
2016 年 8 月 12 日

目　录

第一章　电池领域的创新信息

电池通常表现为在杯、壶、罐、槽等容器的部分空间内，放置电解质溶液和金属电极以产生电流，从而把化学能转化为电能的装置。目前，其概念已经拓展到能产生电能的小型装置，如太阳能电池等。本书对氢能、生物质能和太阳能电池开发，各安排一章篇幅分别阐述，其中含有氢燃料电池、生物燃料电池和太阳能电池等内容。本章着重分析含锂电池、固体氧化物燃料电池，以及其他金属电池等。21世纪以来，国外在含锂电池领域的研究主要集中在开发不同材质的新型含锂电池、具有轻薄柔韧特点的新型含锂电池、大容量高性能的锂离子电池，以及用于电动汽车的锂离子电池；研制高性能锂离子电池阳极材料、高质量锂金属电池阳极材料、高强度锂离子电池阴极材料及锂离子电池其他配套材料。研发提高锂离子电池储能量和效率的新技术、提高锂离子电池安全性的新技术；开发降低锂离子电池成本的新工艺、延长锂离子电池寿命的新工艺。燃料电池领域的研究主要集中在研制多材质多用途的固体氧化物燃料电池、把热能转化为电能的燃料电池、用于航海舰船的燃料电池；开发微小型或便携式燃料电池、高效能或高温型的燃料电池；研制燃料电池催化剂，以及超薄电解片、无机复合材料和超级晶格材料等配套材料；开发改善燃料电池性能和降低其成本的新技术。其他电池领域的研究主要集中在研制钠电池、铝电池、镁电池、钙电池等轻金属电池，镍电池、含铜电池、含锑电池等重金属电池，以及贵金属和金属氧化物电池；还探索用无机材料、有机材料和核材料研制新型电池。

第一节　研制含锂电池的新进展

一、研制锂电池和锂离子电池的新成果

（一）开发不同材质的新型含锂电池

1.开发锂空气电池的新进展

（1）研制出高性能的锂空气电池。2009年3月1日，日本产业技术综合研究所发表新闻公报说，来自该所和日本学术振兴会研究人员组成的一个研究小组，研制出一种新型锂空气电池。专家指出，这种电池将来有望为车辆提供动力。

研究人员说，迄今报告的锂空气电池存在固体反应生成物氧化锂堆积到正极

阻碍电解液与空气接触进而导致电池放电中止等问题。而最新研发的这种锂空气电池解决了这一问题,大大提高了电池的放电性能。

据悉,研究人员在负极(金属锂)一侧使用有机电解液,在正极(空气)一侧使用水性电解液,两者之间用固体电解质隔离,防止两种电解液混合。中间的固体电解质只有锂离子能通过。新型锂空气电池放电反应生成的固体物质不是氧化锂,而是易溶于水性电解液的氢氧化锂。这样就不会引起正极的碳孔被堵塞,从而解决了以往锂空气电池固体反应生成物,阻碍电解液与空气接触的问题。

在实验中,研究人员分别用碱性水溶性凝胶和碱性水溶液作正极的电解液,结果发现,这种新型锂空气电池的放电性能都比以往该类型电池大幅提高,特别是如果用碱性水溶液作正极电解液可使电池在空气中以 0.1 安培/克的放电率放电,那么电池可连续放电 20 天。

研究人员说,这种新型锂空气电池无须充电,只需更换正极的水性电解液,通过卡盒等方式更换负极的金属锂就可以连续使用。正极生成的氢氧化锂可以从使用过的水性电解液中回收,再提炼出金属锂,金属锂则可再次作为燃料循环使用。研究人员表示,这种新型锂空气电池,将来有望发展成"金属锂燃料电池"。

(2)开发出能量密度提高 3 倍的碳纤维锂空气电池。2011 年 7 月,麻省理工学院机械工程和材料科学与工程系杨绍红教授领导,该系研究生罗伯特·米切尔、贝塔·加兰特等人参加的一个研究小组,在《能源和环境科学》杂志上发表论文称,他们研制出一种新式碳纤维锂空气电池,其能量密度是现在广泛应用于手机、汽车中可充电锂离子电池的 4 倍。

2010 年,该研究小组通过使用稀有金属晶体,改进了锂空气电池的能量密度。从理论上来讲,锂空气电池的能量密度大于锂离子电池,因为它用一个多孔的碳电极取代了笨重的固态电极,碳电极能通过从漂过其上方的空气中捕获氧气来存储能量,氧气与锂离子结合在一起会形成氧化锂。

最新研究朝前迈进了一步,制造出的碳纤维电极比其他碳电极拥有更多孔隙,因此,当电池放电时,有更多孔隙来存储固体氧化锂。

米切尔说:"我们利用化学气相沉积过程,种植了垂直排列的碳纳米纤维阵列,这些像毯子一样的阵列,就是导电性高、密度低的储能'支架'。"

加兰特解释道,在放电过程中,过氧化锂粒子会出现在碳纤维上,碳会增加电池的重量,因此,让碳的数量最小、为过氧化锂留出足够的空间非常重要,过氧化锂是锂空气电池放电过程中形成的活性化学物质。

杨绍红表示:"我们新制造出的像毯子一样的材料,拥有 90% 以上的孔隙空间,其能量密度是同样重量的锂离子电池的 4 倍。而 2010 年我们已经证明,碳粒子能被用来为锂空气电池制造有效的电极,但那时的碳结构只有 70% 的孔隙空间。"

研究人员指出,因为这种碳纤维电极碳粒子的排列非常有序,而其他电极中的碳粒子非常混乱,因此,比较容易使用扫描式电子显微镜来观察这种电极在充电中间状态的行为,这有助于他们改进电池的效能,也有助于解释为什么现有系统在经过多次充电放电循环后,性能会下降。但把这种碳纤维锂空气电池商品化还需进一步研究。

(3)通过项目形式推进研制高质量的锂空气电池。2012年4月23日,《日刊工业新闻》报道,日本旭化成公司和中央硝子公司两家企业,开始参加美国国际商用机器公司阿尔马登研究中心正在进行的高质量锂空气电池研究项目。

锂空气电池作为新一代大容量电池而备受瞩目。其工作原理是用金属锂做负极,由碳基材料组成的多孔电极做正极,放电过程中,锂在负极失去电子成为锂离子,电子通过外电路到达多孔正极,并将空气中的氧气还原,向负载提供能量;充电过程正好相反,锂离子在负极被还原成金属锂。

由于锂空气电池使用了碳基电极和空气流替代锂离子电池较重的传统部件,因此电池重量更轻,其性能是锂离子电池的10倍。搭载锂空气电池的电动汽车充电一回可行驶800千米。但目前的有关研究中存在电解质挥发问题、空气腐蚀、高效氧还原催化剂等技术难关。

按该项目研究分工,旭化成公司将利用其掌握的先进膜技术负责开发重要的有关膜部件;中央硝子公司负责开发新型电解液和高性能添加剂。研究小组计划到2020年实现锂空气电池的大量生产和推广应用。

(4)开发多方面改善性能的锂空气电池。2012年7月,有关媒体报道,日本中央大学大石克嘉教授主持的一个研究小组,成功开发出能有效消除锂空气电池中二氧化碳成分的技术,大幅提升了这种电池的性能。

金属空气电池是下一代电池发展的重要方向,其原理为利用金属与空气中的氧气发生反应而放电。理论上金属空气电池的容量可以3倍于普通锂离子电池。不过,反应时很容易吸收空气中的二氧化碳,而二氧化碳会导致电解液的劣化和电池性能的下降。

该技术是在直径约5毫米的硅棒或铜棒外包裹两层金属薄膜材料,内层为氧化硅或氧化铜,外层为用以吸收二氧化碳的氧化锂。氧化锂通电后温度上升至700℃,将二氧化碳释放到外界。利用这种装置,基本上可以去除空气中含量仅为0.04%的二氧化碳。通过外层氧化锂对二氧化碳成分的不断吸收和放出,电池就可反复高效使用。

大石教授希望用半年到一年的时间,把装置的直径减小到1毫米左右,实现装置的小型化和实用化。他还计划把该装置加工成螺旋状,通过加大其表面积更加有效地吸收二氧化碳。

2.研发锂硫电池的新进展

(1)应用纳米技术研发新型锂硫电池。2012年5月,有关媒体报道,德国慕尼黑大学和加拿大滑铁卢大学联合组成的一个国际研究小组,研发新型锂硫电池取得重大进展。研究人员应用纳米技术对锂硫电池技术进行重大改进,使用碳纳米微粒构成多孔电极,使其吸附硫的能力大大增强,电池达到最高的性能,未来有望替代目前的锂离子电池。

锂硫电池两个电极由锂电极和硫碳电极构成,在两个电极之间进行锂离子交换,硫材料在这个系统中起重要作用。理想情况下每个硫原子可以接受两个锂离子,由于硫的重量轻,是一种非常理想的储能材料,同时硫本身不导电,因此在充放电过程中电子不易迁移流失。

此项研发成果的关键是,研究人员把硫材料制成了表面积尽可能大的,能接受电子的电极材料。同时,又将其与导电的基体材料对接。

为此,研究人员用碳纳米微粒制成一种多孔结构的支架,这种碳纳米微粒多孔结构具有十分独特的表面性能,其空隙率达到 2.32 厘米^3/克,比表面积达到 2445 米^2/克,也即在一小块方糖大小的材料中,具有与 10 个网球场相当的表面积。在孔径只有 3~6 纳米的孔隙中,硫原子可以非常均匀地分布,因此几乎所有硫原子都有与锂离子接触并将锂离子接受的可能,同时这些硫原子又与具有导电性的碳材料紧密相连,因此分布在这种多孔碳纳米微粒中的硫材料具有了优良的电性能并且非常稳定,其储存电能密度达到 1200mAh/克,并且循环充放电性能良好。

碳纳米多孔结构还可以有效解决所谓"多硫化物"问题,多硫化物是电解过程的中间产物,对电池的充放电过程会产生严重影响,因为碳纳米多孔结构可以吸附这种有害中间产物,待其转化为无害的二锂硫化物后释放。

(2)通过新型电极研发高性能锂硫电池。2012 年 6 月 12 日,德国弗劳恩霍夫材料与射线技术研究所与合作伙伴弗劳恩霍夫化工技术研究所和德国基尔大学联合组成的一个研究小组,在德累斯顿市举办的第九届国际纳米技术研讨会上,展示了他们研发的基于碳纳米管的含硫电极材料。该材料被应用在锂硫电池中,可以获得高达 900 毫安时/克的质量比容量。

越来越多的移动应用,促使电能储存成为当今的一项关键技术,而大多数应用的瓶颈是电池系统的能量密度,它在很大程度上决定了充电后的使用时间。为了显著改进现有电池系统的性能,研究人员不断进行电极材料的研发。这其中,硫被视为一种非常有潜力的材料。硫的理论比容量超过 1600 毫安时/克。

用硫做电池的阴极,比以前使用的电极有明显的优点:一方面是通过高的含硫量获得更高的能量密度。另 方面,硫是 种廉价、无毒、储量丰富的资源。但是,硫导电性很低,它必须被放置在导电的凹模中,并尽可能在纳米尺度上接触,才可以在电化学中使用。

该研究小组利用碳纳米管巨大的比表面积与良好的导电性等特性,采用特殊的生产工艺,造出基于碳纳米管的含硫电极。他们用一种简单的涂层方法,使垂直排列的碳纳米管直接在金属基板(如铝、镍、不锈钢)上面成长,然后把硫渗透进这种结构中,形成所谓的硫纳米森林,在完全不加黏合剂或其他添加剂的情况下,得到了稳定而且结构紧凑的电极。

该研究小组把这些材料应用在锂硫电池中,进一步测试其性能。目前的结果表明,渗入适当的硫以后,新材料可以得到特别高的电池容量,基于硫的质量计算,能达到创纪录的1300毫安时/克。而根据硫碳复合材料的质量计算,也能达到900毫安时/克,远高于其他含有黏结剂的电极。

(3)研制能量密度为传统电池4倍的全固态锂硫电池。2013年6月,美国能源部下属的橡树岭国家实验室梁诚督领导的一个研究小组,在德国《应用化学》国际版上发表研究成果称,他们设计出了一种全新的全固态锂硫电池,其能量密度约为目前电子设备中广泛使用的锂离子电池的4倍,且成本更低廉。

梁诚督表示:"新电池中用到的电解质也是固体,这种设计思路完全颠覆了已延续150年到200年的两个电极加一堆电解液的固有电池概念,也解决了其他化学家一直担心的易燃问题。"

几十年来,科学家们一直很看好锂硫电池,它比锂离子电池效率高且成本低。但寿命短是其最大弱点,因此一直未被商用。另外,电池内使用液体电解质也成为科学家们的桎梏。一方面,液体电解质会通过溶解多硫化物,从而帮助锂离子在电池中传导。但另一方面,不利的是这一溶解过程会使电池过早地被损坏。

现在,该研究小组的新设计方法清除了这些障碍。首先,他们合成出一种富含硫的新物质,并把它作为电池的阴极。它能传导锂离子和传统电池阴极中使用的硫金属锂化物,随后,再把它与由锂制成的阳极以及固体电解质结合在一起,制造出这种能量密度大的全固态电池。

梁诚督表示:"电解质由液体变成固体这一转变消除了硫溶解的问题,而且,由于液体电解质容易同锂金属发生反应,所以新电池使用固体电解质后安全性也更高。另外,新锂硫电池中使用的硫是处理石油后剩下的副产品,来源丰富且成本低廉,也能存储更多能量,这就使新电池具有成本低廉、能量密度大等优点。"

测试结果表明,新电池在60℃的温度下,经过300次充放电循环后,电容可以维持在1200毫安小时/克,而传统锂离子电池的平均电容为140~170毫安小时/克。梁诚督表示,因为锂硫电池携带的电压,为锂离子电池的一半,平均电容为其8倍,所以,新电池的能量密度约为传统锂离子电池的4倍。

尽管新电池仍然处于演示阶段,但研究人员希望尽快将这项研究由实验室推向商业应用,他们正在为此技术申请专利。

(4)研制出一种廉价高功率的锂硫电池。2014年6月4日,物理学家组织网报道,一种工业废品、一点塑料,再加上不太高的温度,或许就是引爆下一个电池革命的导火线。美国国家标准与技术研究所材料科学家克里斯托弗·索尔斯、亚利桑那州的化学家杰弗里·佩恩等人,与韩国首尔国立大学研究人员一起组成一个研究小组,他们把几种材料混合在一起,研制出一种廉价、高功率的锂硫电池。

研究人员表示,新电池的性能可与目前市场上占主流的电池相媲美,而且,经过500次充放电循环后功能无损。过去数十年来,锂离子电池的能量密度不断提高,广泛应用于智能手机等领域。但锂离子电池需要笨重的阴极(一般由氧化钴等材料制成),来"收纳"锂离子,限制了电池能量密度的进一步提高。这意味着,对诸如长距离电动汽车等,需要更大能量密度的应用来说,锂离子电池有点力不从心。

因此,科学家们将目光投向了锂离子电池更纤瘦的"表妹",即锂硫电池身上,后者的阴极主要由硫制成。硫的"体重"仅为钴的一半,因此,同样体积的硫收纳的锂离子数为氧化钴的两倍,这就使得锂硫电池的能量密度为锂离子电池的数倍。

但硫阴极也有两大劣势:首先,硫容易与锂结合,形成的化合物会结晶;其次,不断的充放电循环使硫阴极容易破裂,因此,一块典型的锂硫电池经过几次循环就成了无用之物。

据报道,在最新研究中,为了制造出稳定的硫阴极,研究人员将硫加热到185℃,将硫元素由8个原子组成的环路融化成长链,随后,他们让硫链同二异丁烯混合,二异丁烯让硫链连接在一起,最终得到了一种混合聚合物。他们把这一过程称为"逆向硫化",因为它与制造橡胶轮胎的过程类似,关键的区别在于:在轮胎中,含碳材料会聚集成一大块,硫则点缀其中。

研究人员解释道,添加二异丁烯使硫阴极不那么容易破碎,也阻止了锂硫化合物结晶。研究表明,硫和二异丁烯的最佳混合为二异丁烯占总质量的10%～20%。如果太少,无法保护阴极;如果太多,电化学性能不活跃的二异丁烯会降低电池的能量密度。

测试表明,经过500次循环后,电池的能量密度仍为最初的一半多。佩恩表示,其他还处于实验阶段的锂硫电池也有同样的性能,但其制造成本高昂,很难进行工业化生产。索尔斯表示,尽管如此,这种锂硫电池短期内也不会上市,硫暴露在空气中很容易燃烧,因此,任何经济可行的锂硫电池都需要经过非常严苛的安全测试,才能投放市场。

(5)开发出硫阴极更加经久耐用的锂硫电池。2015年1月,加拿大固态能源材料研究中心主任、滑铁卢大学化学教授琳达·纳扎尔领导,该校博士后萧亮和研究生康纳·哈特、庞泉等人组成的研究小组,在《自然·通讯》杂志上发表论文称,他们在锂硫电池技术上取得了一项重大突破。他们借助一种超薄纳米材料,开发出一种更加经久耐用的硫阴极。该成果有望制造出重量更轻、性能更好、价格更便宜的电动汽车电池。

据报道,该研究小组发现的这种新材料能够保持硫阴极的稳定性,克服了目前制造锂硫电池所面临的主要障碍。在理论上,同样重量的锂硫电池不但能够为电动汽车提供 3 倍于目前普通锂离子电池的续航时间,还会比锂离子电池更便宜。纳扎尔说,这是一项重大的进步,让高性能的锂硫电池近在眼前。

该研究小组对锂硫电池技术的研究,最初为人所知是在 2009 年。当时,他们发表在《自然》杂志上的一篇论文,用纳米材料证明了锂硫电池的可行性。理论上,相对于目前在锂离子电池中所使用的锂钴氧化物,作为阴极材料,硫更富有竞争力。因为硫材料储量丰富,重量轻且便宜。但不幸的是,由于硫会溶解到电解质溶液当中,形成硫化物,用硫制成的阴极仅仅几周后就会消耗殆尽,从而导致电池失效。

该研究小组最初认为,多孔碳或石墨烯能够通过诱捕的方式把硫化物稳定下来。但是一个让他们意想不到的转折是,事实并非如此,最终的答案既不是多孔碳也不是多孔石墨烯,而是金属氧化物。

他们最初关于金属氧化物的研究,曾发表在 2014 年 8 月出版的《自然·通讯》杂志上。虽然研究人员自那以后发现,二氧化锰纳米片比二氧化钛性能更好,但新的论文主要是阐明它们的工作机制。

纳扎尔说:"在开发出新的材料之前,你必须专注于这一现象,找到它们的运行机理。"研究人员发现,超薄二氧化锰纳米片表面的化学活性能够较好地固定硫阴极,并最终制成了一个可循环充电超过 2000 个周期的高性能阴极材料。

研究人员称,这种材料表面的化学反应与 1845 年德国硫化学黄金时代发现的瓦肯·罗德尔溶液中的化学反应类似。纳扎尔说:"众所周知,现在已经很少有科学家研究甚至是讲授硫化学了。于是,我们不得不去找很久之前的文献,来了解这种可能从根本上改变我们未来的技术。"

该研究小组还发现,氧化石墨烯似乎也有着类似的工作机制。他们目前正在试验其他氧化物,以确定最有效的硫固定材料。

(6)研制大幅度增加电池容量的锂硫电池。2015 年 8 月,日经中文网报道,通过在锂离子电池的电极采用硫、将电池容量增加至 4~5 倍的技术正相继得到开发。硫易溶于电解液,但日本产业技术综合研究所高级主任研究员荣部比夏里领导的研究小组,通过使其与电极金属紧密结合克服了这个问题。此外,日本关西大学石川正司教授主持的研究小组,也在电极结构上下功夫,解决了问题。如果该技术得以在锂离子电池上应用,将有望大幅减少给智能手机等便携终端充电的频度。计划与电池企业等联手,力争 3~5 年后推向实用。

锂离子电池,由锂离子通过电解液,在正极和负极之间来回移动,实现反复充放电。正极采用包括稀有金属在内的钴酸锂等。

硫具有大量存储电力的特性,适于充当电极材料,同时并非稀有资源。把硫加工为微颗粒状、在增加表面积的基础上用于正极的研究等正在推进。不过,此前存在一个问题,即如果反复充放电,硫黄将溶于电解液,降低电池的性能。

荣部研究小组,开发了使正极采用的金属和硫微颗粒物强烈结合的技术。该技术是把铁和钛等金属与硫制成粉末,与由陶瓷制成的小球一起混合。借助小球相互碰撞之际的冲击,使金属原子和硫得以紧密结合。

1个金属原子可与4~6个硫微颗粒物结合。荣部研究小组把这种材料用于正极,试制了电池。电池容量达到以往锂离子电池的3~5倍。虽然电压仅为一半,但通过在电路构造等方面下功夫,能够提升电压。将与电池企业合作,在2015年度内试制用于手机的大尺寸电池,以确认实用性。

另外,石川研究小组也开发了一项技术。该技术,是向电极采用的碳上打开的直径数纳米孔洞中,渗入硫微颗粒物。制成微颗粒物易于固定的均匀尺寸的孔洞,并高效将硫充填到孔洞中。通过此方法制成的电极,重量约30%为硫,而电池容量达到以往的4倍。

石川研究小组制作了正极,进行了电池测试。即使反复进行数百次充放电仍能保持性能。而充电所需时间,缩短为以往锂离子电池的1/20。今后,将增加渗入碳的硫微颗粒物数量,力争5年后推向实用。

3.研制其他材质锂电池的新进展

(1)用磷酸铁锂涂层研制出可快速充电的锂电池。2009年6月,有关媒体报道,美国一个由电子专家组成的研究小组,正在研发一种超级电池,只需花10秒钟就可为手机充电,或在数分钟内就可为手提电脑充电,并有助发展新一代超轻便手机。

目前的磷酸铁锂电池可储存大量电力,但释放及吸取电力的速度则很缓慢。因此,电动车以稳定速度在高速公路行驶时的性能比加速时更佳,而电池的电力用完后要花数小时才能完成充电。问题出在锂原子,这些带电子的离子在电池物质中的运行速度很慢,要花很长时间才能到达电池端传送电力。

该研究小组想出一个解决方法,他们创制出一种磷酸铁锂涂层,将离子推向隧道,就像支路系统一样。离子便可迅速通过隧道入口,移至电池端。

他们表示,这个方法大大改善离子流量,理论上,以此方法制成的手机电池,可在10秒内充电;而充电式混合电动车所用的大电池也可在5分钟内充电,比起目前的6~8小时要快得多。

与其他电池材料不同,磷酸铁锂电池重复充电后,也不会老化得很快。而且,它不需要达到一定重量才能传送电力,因此可以比其他电池更细小轻巧。

(2)用聚二甲硅氧烷研制出低成本透明的锂离子电池。2011年7月25日,美国斯坦福大学材料与工程系副教授崔毅和他的研究生杨远等人组成的研究小组,在美国《国家科学院学报》上发表论文称,他们研发出一种透明的锂电池,其柔韧性非常好,而且,成本与常规电池相当,有望在消费电子领域"大展拳脚"。

此前,已有几家公司成功制造出部分透明的电子产品,比如数字相框和具有透明键盘的手机。然而,由于电池中关键的活跃材料,迄今还无法制造成透明状或用透明材料替代,全透明的电子书阅读器或手机还没问世。现在,该研究小组研发出一款"透明的锂离子电池",让全透明手机离人们更近了一步。

该透明电池的电极为网格状架构,网格中每条线的宽度约为 35 微米(人眼的分辨能力介于 50~100 微米,如果材料小于 50 微米,人眼看来它就是透明的),因为单条线如此细小,光会穿过网络线之间的透明缝隙,整个网眼区域看起来就是透明的。

为制造该透明电池,崔毅和杨远设计出精巧独特的三步过程。首先,他们选定了透明而有弹性的化合物聚二甲硅氧烷(PDMS),替代铜或铝等不透明的常规材料。化合物聚二甲硅氧烷非常便宜,但它不导电,为此,他们将它倒进硅模型中制造出了网格状的沟槽,然后让金属薄膜产生的蒸气飘在沟槽上方,制造出了一个导电层。随后,他们将包含有纳米级有效电极材料的溶液倒入沟槽中制造出了电极。接下来,杨远对一种凝胶电解液进行改变,使其既做电解液又做分离器。因为普通电池中被用来做分离器的材料都不透明,因此,这是关键的一步。

通过把新的透明的电解液,精确地放置在两个电极之间,研究小组制造出一块功能性的透明电池,而且,可以通过添加多层让透明电池体型更大、功能更强。

只要网线能精确地匹配,透明性就能一直保持。光传输测试显示,该电池在可见光中的透明性为 62%;三个电池层叠在一起的透明性为 60%,而且,整个电池非常柔软。更重要的是,其成本同常规电池一样。

杨远说:"唯一的限制是,这种透明电池的能量密度比普通锂电池低,同镍镉电池差不多。"大多数手提电脑和手机都由锂电池提供电力;镍镉电池主要用于数码相机和其他能量密度较小的设备上。不过,该透明电池的能量密度可以通过改进材料性能而不断完善。

崔毅已为该电池申请了专利,并乐观地表示,透明电池对基础研究非常重要;他们也希望同苹果公司合作,让人们在未来能拥有透明的苹果手机。

(3)用石墨烯和锡层叠组成的纳米复合材料研制高性能锂离子电池。2011 年 7 月,美国劳伦斯伯克利国家实验室分子基地科学家张跃刚领导,他的同事姬立文等人参与的一个研究小组,在《能源和环境科学》杂志上发表论文称,他们制造出一种由石墨烯和锡层叠在一起组成的纳米复合材料,这种可用来制造大容量能源存储设备的轻质新材料可用于锂离子电池中,其"三明治"结构也有助于提升锂离子电池的性能。

张跃刚表示:"电动汽车需要轻质电池,也要求这种电池能快速地充电,且其充电能力不会因持续充放电而有所降低。我们最新研制出的石墨烯纳米复合材料,可以改进电池的性能。"

石墨烯是从石墨材料中剥离出来、由碳原子组成的二维晶体,只有一层碳原子的厚度,是迄今最薄也最坚硬的材料,其导电、导热性能超强,远远超过硅和其他传统的半导体材料。很多人认为,石墨烯可能取代硅成为未来的电子元件材料,在超级计算机、触摸屏和光子传感器等多个领域"大显身手"。该研究小组此前的研究,也都专注于石墨烯在电子设备上的应用。

在最新研究中,研究人员把石墨烯和锡交替层叠,制造出这种纳米复合材料。他们把一层锡薄膜沉积在石墨烯上,接着在锡薄膜上方放置另一层石墨烯,然后不断重复这个过程制造出了这种复合材料。他们还对材料进行了热处理,通过在一个充满氢气和氩气的环境中将其加热到300℃,锡薄膜转变成很多柱子,增加了锡层的高度。

姬立文表示:"对这个系统来说,锡薄膜形成这些锡纳米柱非常重要。而且,我们也发现,最上层石墨烯和最底层石墨烯之间的距离握,也会不断变化,以适应锡层高度的变化。"

新纳米复合材料中石墨烯层之间的高度变化,会对电池的电化学循环有所改善,锡高度的变化会改进电极的性能。另外,这种适应性也意味着电池能被快速地充电,而且重复充放电也不会降低其性能,这对电动汽车内的可充电电池来说非常关键。

(4)研制成性能优异的"沙基锂离子电池"。2014年7月,美国加州大学河滨分校在读研究生扎卡里·费沃斯主持的一个研究小组,在《自然·科学报告》杂志上发表论文称,他们开发出一种新型锂离子电池,其性能和使用寿命,比普通锂离子电池高出3倍以上。更让人称奇的是,制造这种电池所需的主要原料,既不是什么"高大上"的石墨烯,也不是什么稀有珍贵的化合物,而是普通得不能再普通的沙子。研究人员称,新技术有望打破,目前智能手机等电子产品所面临的电池瓶颈,让一天一充成为历史。

费沃斯称,他是半年前在加利福尼亚州圣克莱门特的一处海滩边冲浪时,萌生用沙子制造电池这一灵感的。他的主要研究方向是为个人电子产品和电动汽车开发出性能更好的锂离子电池,当时正在为新型电池寻找理想的阳极材料。

目前,绝大多数的锂离子电池都采用石墨作为阳极,但是随着科技的进步,石墨作为阳极的潜能几乎已经被开发殆尽。不少科学家都开始寻找更好的替代材料,其中纳米尺度的硅就是重要的一种。但随后人们发现,传统方法制造出的纳米硅极易发生降解,且难以大规模生产,无法满足电池商业化生产的需要。

费沃斯希望由石英和二氧化硅构成的沙子,能帮助他解决这两个难题。他把沙子带回了实验室,将它们研磨成纳米尺度大小,随后又进行了一系列纯化步骤,这些沙子逐渐从棕色变为了明亮的白色,就像绵白糖一样。而后,他又将盐和镁以同样的方法进行研磨,再将这二种物质混合起来进行加热。在加热的过程中盐和镁能够帮助石英去除氧,得到纯纳米硅。而让他惊喜的是,与传统工艺生产出的纯硅不同,这种纯纳米硅具有海绵一样的3D多孔结构,且极为稳定。这种多孔结构,已经被证明是提高纳米硅电池性能的关键。

实验显示,用这种纳米硅电极制成的新型电池,可将目前电动汽车的预期寿命提高至少3倍以上。而如将其用于智能手机电池,则有望将一天一充变成三天一充。目前,费沃斯研究小组正在试图用沙子生产出更多的纳米硅,并计划为手机等移动电子设备,制造出体积更小容量更大的电池。

(二)开发具有轻薄柔韧特点的新型含锂电池

1.研制轻薄可弯曲锂电池的新进展

(1)研制出如纸般轻薄型锂电池。2007年8月,美国伦斯勒理工学院,化学家罗伯特·林哈德、材料学家普利克尔·阿加延以及工程师奥姆卡拉·纳拉马苏领导的研究小组,在美国《国家科学院学报》上发表研究论文称,他们近日研制成功一种纸般轻薄的锂电池。该种电池有望成为一种集柔韧、便宜及环保于一身的新型能源。

传统的电池具有三个要素:由阴阳离子组成的电解液、两个由不同材料构成的电极以及一个能让阴阳离子通过向相反方向运动的隔离膜。很多科学家都曾试图制造体积更小、更柔韧的电池,但均未取得大的突破。很大一部分原因在于,很难将电池的这几个要素组合到更薄的材料中去。

在这项研究中,该研究小组把纤维素作为了新的实验对象。他们将用来造纸的纤维素溶解在盐溶液里,加入碳纳米管并使混合物干燥。由此产生一种似纸的薄膜,一面为白色,另一面因含有碳纳米管而呈现黑色。研究小组接下来用六氟磷酸锂溶液将纤维素浸湿,并用金属锂覆盖薄膜的白色面。一种新型纸电池诞生了,碳纳米管和金属锂分别代表两个电极,所用溶液提供了电解液,而纤维素的作用就类似于隔离膜。

在2伏的电压下,这种新型纸电池每克能产生10毫安的电流。研究人员用这种电池能够带动电扇及点亮二极管灯泡。若将多个这种电池叠放在一起,能量也会成倍增加。林哈德表示,与其他类的柔韧电池不同,这种纸电池是十分完整的。

这种电池的好处还有很多。在零下70~150℃的温度区间,它都能正常使用。它保留了纸的柔韧性,又因为90%都是纤维素,所以批量生产将十分便宜。另外,它的毒性很小,很适合在起搏器等医疗器械上使用。

加拿大艾伯特大学的电子工程师杉迪盘·普拉马尼克对此项发明评价甚高,称其十分鼓舞人心。他认为,该种新型电池也将会给手机和笔记本电脑提供更好的能源,不过研究人员还需要找到一种合适的大规模生产的方法。

(2)发明可像印刷报纸一样生产的超薄锂离子电池。2009年7月6日,《每日科学》网站报道,德国开姆尼茨弗劳恩霍夫研究所的莱因哈德·鲍曼教授和Menippos公司的专家组成了一个研究小组,研制出一种可通过印刷方法生产的高效能电池,它不但价格便宜,而且外形小巧,厚度不到1毫米,质量不到1克。

很长一段时间里,电池一直是笨重的。现在,这种新型超薄电池将引起一场电池领域的革命。研究人员通过利用纳米技术将普通锂离子电池缩小并封闭到一张纤维素纸张上。它的厚度不到1毫米,质量不到1克,还能像印刷报纸那样"印刷"电池,廉价地大规模生产这种高效电池。

鲍曼说:"我们的目标,是能够低成本地大规模生产这种电池,成本最好是以美分计算。"

可印刷电池与普通电池有很大的不同。因为它放到天平秤上不到 1 克,厚度还不到 1 毫米,因此可以将其嵌入银行卡。电池不含有汞,十分环保。其电压为 1.5 伏,属于正常电压范围。可以将电池堆叠起来提高电压,得到 3 伏、4.5 伏和 6 伏的电池,为任何电子产品提供电能。这种新型电池由不同层次组成:锌阳极和锰阴极等。锌和锰发生反应,产生电力。然而,阳极和阴极层在化学反应过程中逐渐消失。因此,该电池的寿命是有限的。

该款电池采用丝网印刷方式生产,类似于制造 T 恤衫。单层比头发丝还薄。研究人员已经在实验室研发出这款电池。预计到 2009 年年底,第一批产品可能会生产出来并投入市场。

(3)印刷形成超薄可弯曲全固体锂聚物充电电池。2010 年 5 月,《日经电子》报道,三重县产业支援中心、三重大学新一代电池开发中心、三重县工业研究所、铃鹿工业高等专业学校、金生兴业等单位组成的一个研究小组,正在开发以超薄可弯曲为特点的片状锂聚合物充电电池。该电池为使用固体电解质的全固体型,着火及爆炸的可能性大幅降低。另外,还可利用基于印刷技术的卷对卷工艺进行制造也是其一大特点。

对片状全固体锂聚合物充电电池的试制线考察发现,试制线大体分为两部分,一部分是三重大学新一代电池开发中心内的设施;另一部分是三重县产业支援中心先进材料创新中心内的设施。首先利用前一设施分别制造带正极层的树脂片材和带负极层及固体电解质层的树脂片材,然后再用后一设施对这些片材进行黏合,并实施向叠层内封装。

三重大学新一代电池开发中心内的设施,通过事先将室内露点温度调节至零下 40℃ 的干燥状态,彻底排除水分后,可形成电极层及电解质层等。设施内设有在树脂片材上涂布电极层及电解质层的装置,以及在涂布后对各层进行改质的电子射线照射装置等。

各层的形成工序按如下步骤进行。首先在树脂片材上涂布负极材料并于干燥后照射电子射线,接着在涂布电解质层材料并干燥后照射电子射线。正极层是在另一树脂片材上涂布正极材料并干燥后照射电子射线。涂布用的电解质材料,由聚环氧乙烷类高分子材料混合交联剂制成。在电子射线照射下,高分子材料便会交联。负极材料及正极材料中,除活性物质外还混入了高分子材料,通过照射电子射线实现交联。正极使用 $LiFePO_4$ 与碳等的复合体,负极使用 $Li_4Ti_5O_{12}$ 与石墨及硅的复合体。

厚度方面,带负电极层和电解质的树脂片材,只有 70 多微米。带正电极层的树脂片材为 30 微米左右,两张片材黏合后仅为 100 微米左右。

在新一代电池开发中心进行电极层及电解质层成膜后的树脂片材,接下来被运至三重县产业支援中心先进材料创新中心,组装成片状全固体锂聚合物充电电池。试制室的露点湿度为零下30℃左右,在极力排除水分后形成了可试制电池的状态。

从新一代电池开发中心运抵的各片材首先会被裁切成所希望的尺寸。目前可试制的尺寸为B5、A6、A7及A8。这是由试制装置的尺寸所决定的,但反过来说,如果能够使用更大尺寸的装置,还可实现超过B5的大尺寸片状全固体锂聚合物充电电池。

接着,把裁切好的片材置于真空状态(-0.1兆帕左右)下进行加热(80~200℃),用大约8小时来排除各层中的水分。干燥后,将负极+固体电解质的片材与正极片材以固体电解质层与正极层接合的状态进行粘合,并封装到叠层内。在真空状态下(-0.1兆帕左右)对叠层周围进行压接,最后对作为电池端子的电极进行超声波焊接,即可形成片状电池。封装到叠层后的电池厚度为450微米。

(4)研制出电量可提升3倍的超薄锂离子电池。2013年12月,日本媒体报道,日本积水公司一个研究小组,研发出新型的超薄锂离子电池,它与传统的蓄电池相比,不仅在蓄电能力上是原来的3倍,同时具有更安全、充电速度更快等特点。这种电池通过特定的涂层,可以更好地把电力通过真空灌注等方式,呈现出高性能固化电解质物质,比原来传统的蓄电池拥有更强的蓄电能力。

另外,除了蓄电能力大幅提升,新型的电池还具备可弯曲和超薄等特点,可以覆盖到大部分物体的表面。它可以适应任何环境的要求,并且非常节省空间。设备商们可以根据不同的应用范围和使用领域,定制不同的形状。这种新型电池,可以完全融入产品的设计理念中,与产品浑然一体,并且自由组合。

目前,普通的电动汽车一般搭载20千瓦的蓄电池,仅电池成本就高达12万元人民币。采用该技术后,电池成本将下降60%,每千瓦生产成本将从5940元人民币,下降到1780元人民币。汽车厂商指出,若电池成本降到每千瓦1780元人民币,电动汽车价格将和普通汽车持平,并且在充满电后续航里程将达到600千米,与普通的汽车相比并不逊色。

积水公司表示,这种新型电池将会在几周之后的东京国际展览中心正式对外发布,并且公司未来还会不断针对该产品进行进一步的研发和改良;同时,会在2014年夏季正式向全球的电池厂商提供测试材料样品,努力在2015年实现量产。看来,至少这种新兴的电池产品未来将会给电子设备和电动汽车行业带来非常巨大的影响。

2.研制可折叠可伸缩锂电池的新进展

(1)研制可用折叠提高能量密度的纸基锂离子电池。2013年10月,美国亚利桑那大学材料科学与工程副教授坎迪斯·詹等人组成的一个研究小组,在《纳米快报》上发表论文称,他们开发出一种纸基锂离子电池,能做多次对折或其他形状的折叠,由于折叠后变得更小,表面能量密度和电容可增加14倍。这种折叠纸基电池柔韧灵活,成本低,可辊轴制造,有望进一步开发为多用途的高性能电池。

传统锂离子电池是用锂基粉末作电极,而这种折叠锂离子电池是用碳纳米管(CNT)墨水作电极,用纤薄透气的实验室用薄纸巾作基底,并涂上一层聚偏二氟乙烯涂层增强碳纳米管墨水和纸基间的黏附力。最后,电池显示出优良的导电性和相对稳定的电容。

研究人员对电池进行了折叠实验,先简单对折,然后用更复杂的形状进行折叠成型。简单对折一次、两次和三次后,其表面能量密度和电容分别比未折叠的平面电池提高 1.9 倍、4.7 倍和 10.6 倍;用复杂形状折叠则效率更高:把一张 6 厘米×7 厘米的纸电池折成 25 层后,整体面积只有 1.68 平方厘米,而表面能量密度和电容均增加到 14 倍。

坎迪斯·詹解释说:"我们用'面'密度,来表示每英寸打印面积上能量密度的增加,这与质量的能量密度不同。因为电池在折叠和展开时质量不会变,所以'面'密度能更清楚地表明我们指的是哪种密度。"

随着几何折叠算法、计算机工具和机器人操作的发展,更复杂的折叠类型,将会开发出大规模制造,并用于商业用途。坎迪斯·詹说,将折纸概念与纸基能源存储设备结合,会带来形状、几何设计以及功能上的更新,这方面有着无穷的可能性。未来将开发出电源及其他组件集成为一体的可折叠设备。

(2)研发基于剪纸艺术的弹性可伸缩锂离子电池。2015 年 6 月 11 日,美国亚利桑那大学电子专家姜汉卿领导的一个研究小组,在《科学报告》期刊网络版上发表论文称,他们基于剪纸技艺,发明了一种弹性可伸缩电池。它能在保持功能的情况下,伸展到原始尺寸的 150%以上。该新电池可以用来为智能手表供电,能够很容易就结合到手表的弹性腕带中,未来在开发同类设备时,或将替代刚性电池和块状电池。

弹性可伸缩能量存储装置适用于多种"不可能的任务",一些传统电池所不能涉及的设备,都将能由这种新型电池来进行驱动。一直以来,研究人员在开发这种新电池时采用了很多种方法,包括也曾想到用折纸的概念来生产可折叠电池。然而,基于折纸技术的设备只能在一个平面上折叠,而且形成的表面十分不平整。

现在,这些问题被该研究小组解决了。他们设计的锂离子电池,使用了剪纸艺术——这本是折纸技艺的一种,现在却结合了其中折叠和剪裁的技术,生产出全新的电池,使其能在保持功能的同时伸展到原始长度的 130%以上。作为试验,研究人员把电池原型缝进智能手表的松紧带里,当电池伸长的时候,它仍能给手表供电。

这种灵活的电池,将助力可拉伸电子装置的设计与制造。研究人员提出,新电池显示出在便携可穿戴设备上的潜力,特别是在开发紧凑型可穿戴设备的过程中,用它替代刚性电池和块状电池是非常合适的。

（三）开发大容量高性能的锂离子电池

1.研制大容量锂离子电池的新进展

（1）推出电池容量大幅提高的新型复合锂离子电池。2005年2月，日本媒体报道，迄今为止，人们一直是通过电池的使用寿命来体现其体积和功能之间的平衡。索尼公司于近日在业内推出一种新型复合锂离子充电电池，使这种平衡达到新一阶段的极致。

与常规锂离子电池相比，这种新型电池使用了非晶锡阳极材料，可使每单位体积的容量提高30%。索尼在最初将把该电池用于其摄像机产品的电池组来销售。

与常规电池阳极采用石墨材料不同的是，索尼结合了非晶锡阳极材料，将每单位体积的锂离子存储容量提高50%，从而使电池的总容量提高30%。

索尼能源公司副总经理介绍说："索尼自1991年开始，销售锂离子备用电池以来，通过增强阳极使用的碳和其他材料的性能以及电池结构的改善，电池容量提高了1倍还多。新开发的非晶锡材料是一种高容量的阳极材料，将使我们的电池在新一代锂离子备用电池中处于领先地位。我们将通过技术开发来进一步提高电池的容量，使产品具备更高的性能和更长的使用寿命。"

尽管锡和硅或这两种元素的混合物可使锂离子充电电池具备很高的容量，但在充电或放电过程中，其颗粒形状的变化倾向都很强烈，这就要求改进电池重复使用的衰变特征。索尼开发的非晶锡阳极，结合新型阴极、电解液和电池结构，促成了新一代锂离子电池的诞生，使之具备了更高的耐久性和容量。另外，该电池改善了充放电特性，缩短了低温条件下的充电时间。

具体说来，这款复合锂离子充电电池具有四大特征。

一是非晶锡阳极。新开发的非晶锡阳极材料包含了多种元素，如锡、钴、碳等，这些元素以纳米大小进行混合，而这与使用软质碳和硬质碳及石墨的常规电池相反。通过在锡混合物中添加多种元素，研究人员能够最大限度地减小这些元素在充放电时的形状改变，解决了重复使用性方面的问题。与常规石墨阳极相比，这可以将每单位体积的锂离子密度，显著提高50%。

二是多级复合阴极。在阴极，钴、镍、镁等多种金属离子以优化后的原子比例，呈晶体结构结合在一起，形成了多金属氧化材料，然后将这种材料添加到经过同样优化、高温高阻抗的锂质材料中。通过推出多级复合阴极，这种电池在同样的充电电压下，实现更高的电池容量。同时还避免过度放电，增强可靠性。

三是增强低温条件下的特性。在0℃或室温（25℃）条件下，可使充满电的这种电池放电90%。另外，零下20℃的放电量被提高了40%（常规电池的放电量为450毫安时），从而延长了雪天和冬季的摄录时间。

四是充电效率的提高。该电池可以在30分钟左右的时间里充电90%。与常规电池的石墨阳极相比，非晶锡阳极提高了锂离子的亲和性，与常规电池相比，充电效率提高了20%。

(2)研发出大容量圆筒形的锂离子电池。2009年12月,日本媒体报道,松下电器产业公司近日开发出新型锂离子电池,其容量达4安时,可应用于电动汽车、笔记本电脑等各种设备。

报道说,松下公司使用镍系材料作为电池的正极,负极则采用硅系合金开发出的这种大容量圆筒形锂离子电池,其容量比现有产品高近30%。

据介绍,这种锂离子电池可连接成模块,充当电动汽车的动力源或家用蓄电池。这种新型电池连接成模块后,其一次充电后可将电动汽车的续航里程延长约35%。

锂离子电池是目前众多移动设备不可或缺的电源。与其他蓄电系统相比,使用锂离子电池的蓄电系统具备轻便、大容量等优势,其前景被普遍看好。据悉,松下公司希望在三年后批量生产这款锂离子电池。

2.研制高性能锂离子电池的新进展

(1)开发出具有强大导电性的固态锂电池。2011年8月,日本一个开发锂电池的研究小组,在《自然·材料学》上发表论文说,他们开发出一种能像电解液一样产生电流的固态电介质,并用其制造出了固态锂电池,其导电性可达到现有液态锂离子电池的水平。研究人员表示,由于固体更紧密坚固,这种高导电性的固态锂电池能在更宽的温度范围下供电,抵抗物理损伤和高温的能力更强。

锂离子电池由于能效密度高、再充性能好、使用损耗小等优点,普遍用于消费电子领域和电动汽车。目前高能效、高密度的化学电池,只能靠液态电介质才能实现,而液态介质比较脆弱,需要给电池附加多重安全防护措施,这就使得大型电池系统既复杂又昂贵。而现有的固体电介质实际电导率很低,只能达到液态电解液的1/10左右,对温度变化较敏感,工作温度限制在了50~80℃范围。

研究小组开发的称为锂"超离子"导体的新材料,仍然用锂作离子导体,但给它们涂了一层晶体结构层,天然晶格就成了允许离子通过的小孔,外层结构生成了让离子能够运动的通道。他们对这种固态锂电池进行了测试,发现其在导电性能上达到了现有液态锂离子电池的水平,而且新电池能在-100~100℃的温度范围内工作。

研究人员指出,这种固态电介质电池在制造上易于成型、模压和组装,制造工艺更加简单而廉价,稳定性好不挥发。如果大量生产,有望降低消费型电子设备的价格,尤其是在电池就占了近一半成本的电动汽车领域。

(2)研制出具有高度灵活性可喷涂在任何物体表面的锂离子电池。2012年6月28日,美国莱斯大学一个研究小组,在《自然》网络版上发表研究成果称,他们开发出一种几乎可以喷涂在任何物体表面上的锂离子电池。这种可充电电池组成的喷漆,每一层都代表着传统电池的组件。

传统的锂离子电池,把活性层包装进筒式或其他便携式容器里,而该研究小组找到一种方法,可将其涂到任何物体表面之上,从而开启了可以把物体表面变成存储设备的可能性。

研究人员表示:"这意味着,传统包装的电池已经让位于更为灵活的方法,增加了各种新的存储设备的设计和集成的可能性。最近以来,很多人有兴趣用改进外形因素的方式,创造新式电源,而这种喷涂电池朝这一方向前进了一大步。"

该材料可以喷刷到浴室的陶瓷砖、柔性聚合物、玻璃、不锈钢甚至啤酒杯上。在最初的实验中,将几个基于浴室瓷砖的太阳能电池并联连接,它可以把实验室中的光转换成电源。电池可单独给一套发光二极管供电 6 个小时,同时电池提供了稳定的 2.4 伏电压。研究报告称,手涂电池在 ±10% 的目标内,其性能显示出一致性;在经过 60 次充放电循环后,其容量只有非常小的下降。

该研究小组比较艰苦地用数个小时制定配方、混合和测试这种包含有 5 层结构的涂料,这些层面分别是两个电流集电器、阴极、阳极和在中间分隔的聚合物。每一层都经过优化处理。首先,正电流收集器是一种纯化的单壁碳纳米管与炭黑粒子分散于 N-甲基吡咯烷酮的混合物;二是阴极中包含钴酸锂、碳和超细石墨粉末黏合剂;三是 Kynar Flex 树脂、聚甲基丙烯酸甲酯和二氧化硅聚合物分离涂料分散混合在溶剂中;四是阳极里含有锂钛氧化物和黏合剂中的超细晶混合物;最后一层是负电流收集器,采用市售的导电铜漆,可用乙醇稀释。

研究人员说:"最难的部分是实现机械稳定性和使分离器发挥关键的作用。研究发现,纳米管和阴极层黏着得很好,而如果分隔器没有机械稳定性,将会剥离基板。添加聚甲基丙烯酸甲酯可以给予分离器正向的附着力。一旦经过喷涂,瓷砖和其他物品被注入电解液,热封后会带电。"

研究人员已经申请了技术专利,并打算继续完善。他们正在积极寻找在露天更容易创造喷涂电池的电解质,并且他们还设想将这种电池设计成锁扣式瓷片,以采用任何数量的方式配置瓷砖。

(3)开发出智能水平高,会自动报警的锂离子电池。2014 年 10 月,有关媒体报道,锂离子电池会为人们的笔记本电脑、移动电话和电动汽车提供能源。它们是紧凑和可充电的,但是也存在一个巨大的缺点:这些电池偶尔会突然起火。2013 年,两架飞机上的锂离子电池着火后,波音公司停飞了全部机群。

现在,材料科学家找到一个聪明的方法,能够在危险发生前向受损电池使用者发出警告。相关研究成果发表在《自然·通讯》杂志网络版上。

一块典型的锂离子电池,包括氧化锂阴极和石墨阳极,它们被一片极薄的多孔聚合物薄片分离,这个薄片允许离子在电极之间游走。当电池被过度充电时,被称为"树枝晶"的锂的微观链条会从阳极萌发出来,并刺穿聚合物分离器,直到它们接触到阴极。

穿过树枝晶到达阴极的电流,能使电池发生短路,从而引起电池过热,有时会发生火灾。尝试阻止树枝晶形成,可以减少发生火灾的可能,因此研究人员在尝试一些不同的东西。

科学家制造了一个"智能"分离器——在两个聚合物薄片中间,加入一个50纳米厚的铜薄片,并且将铜薄层与第三电极相连。当树枝晶到达分离器时,阳极和铜层间的电压会降为零,这会警示使用者及时更换受损电池,以避免危险。

(四)开发用于电动汽车的锂离子电池

1.研制储能容量大的车用锂离子电池

着手研发单次充电的储能可跑500千米的电动车锂电池。2012年6月,以色列一家网站报道,以色列正在抓紧开发,单次充电满足500千米行车能耗的锂电池,并把它作为新成立的国家电化学推进中心的主要研发任务。

2014年4月,以色列成立国家电化学推进中心,它已获得1170万美元的国家财政预算支持。该中心由100名研究人员构成,被分成12个小组。他们分别来自特拉维夫大学、以色列科技学院、巴伊兰大学、艾瑞尔撒马利亚中心大学4个学术机构。成立该中心的唯一目的,是研究和开发能够更加有效存储电能的新技术。

该研究中心主任、巴伊兰大学化学系多伦·乌尔巴赫教授称:"由于政治上的原因以及将来的短缺问题,石油没有未来。政治家的心态已经发生变化,这种变化已经渗透到汽车行业,最后到电池生产商。他们都希望采用电动汽车。事实上,如今电动汽车已经能够行驶150千米,这对于一般的以色列人已经足够,但他们仍然想要增加电动汽车的行驶里程。"

乌尔巴赫解释说:"现代电化学学科的最大成功,是发明可充电的锂离子电池。这是适合电子设备的好电池,但对于一辆汽车而言,可能需要许多这样的电池才行。如今,Better Place在其电动汽车上,所使用的电池重达300千克,足以满足电动汽车行驶150千米的能耗。我们的目标是在不增加重量和体积的前提下,增加其存储电量。"

电动汽车生产商经常会遇到的一个问题,是电池放电速度受限,换言之,电池必须在更短时间内释放更多电能,这是电动汽车提速所需的。因此,该中心正在努力开发超级电容器,可以在预定时间内供应所需的能量。

这些电容器,能够为电能存储提供一套解决方案。高端先进的电池,可以减少对用于生产电能的石油、煤及天然气的依赖性。太阳能和风能无法持续供应大量电能,这意味着能量存储,是可再生能源发展中的主要挑战之一。

2.开发制造成本低的车用锂离子电池

(1)开发山石墨负极材料的低成本车用锂离子电池。2009年4月,日本昭和电工对媒体宣布,大型锂离子充电电池用石墨做负极材料开发成功,并已开始销售。因日本国内外多款电动汽车的大型锂离子充电电池已决定采用,所以销售已经开始。汽车锂电池负极材料用石墨制作,可以降低能耗,降低制造成本,产品性能也更加稳定。

(2)研制出成本大幅降低的车用锂"半固体"流体电池。2011年8月,英国

《新科学家》杂志网站报道,美国麻省理工学院材料科学和工程学教授蒋业明领导的一个研究小组,研制出一种新型锂"半固体"流体电池,其成本仅为现有电动汽车所用电池的1/3,但却能让电动汽车一次充电的行驶里程加倍。

现在,电动汽车的发展受制于电池笨重、昂贵且浪费空间。例如,日产公司聆风电动汽车,电池2/3的体积内,充斥着提供结构支持但不产生电力的材料,非常耗电。另外,传统的电池组包含几百个电池,每个电池都包含众多固体电极。这些电极上有金属箔集电器,采用塑料薄膜分隔。要增加储能,就要增加电极材料,因此,就需要更多金属箔和塑料薄膜,使得电池非常笨重。

该研究小组研制出一款名为"剑桥原油"的半固态液流电池,其不仅减少了电池内的"无效材料",而且提高了电池的能效。

在普通电池内,离子通过液体或粉末电解液,在两个固体电极之间来回穿梭,迫使电子在连接电极的外部电线上流动来产生电流。而在新电池内,电极为细小的锂化合物粒子与液体电解液混合形成的泥浆,电池使用两束泥浆流,一束带正电,一束带负电。两束泥浆都通过铝集电器和铜集电器,两个集电器之间有一个能透水的膜。当两束泥浆通过膜时,会交换锂离子,导致电流在外部流动。为了重新给电池充电,只需要施加电压让离子后退穿过膜即可。

蒋业明表示,他们研制出的锂"半固体"流体电池,每单位体积传递的电力是传统电池的10倍。新电池每制造出1千瓦时电力的成本为250美元,为现有电池成本的1/3。而且,充电一次,电动汽车可行驶300千米,是现有电池的2倍。

科学家们表示,这种电池有三种充电方式可供选择:抽出失效的泥浆并注入新鲜的泥浆;前往充电站,在此处用新鲜泥浆取代失效的泥浆;用电流给泥浆重新充电。采用前两种方法,只需几分钟就能给电池充满电。

美国德雷克塞尔大学德雷克塞尔纳米研究所所长尤里·伽戈崔指出,这可能是过去几十年电池领域最令人兴奋的研发。

纽约城市大学能源研究所的丹·施丹戈特表示:"这件技术令人兴奋。不过,该研究小组研制出电池模型可能需要几年时间,建立配套的充电站则可能需要更长时间。"

2010年,蒋业明和其同事克雷格·卡特及斯鲁普·万尔德创办了一家公司,专门研制这种电池,现在,他们已经获得了1600万美元的资助,他们曾希望于2013年研制出电池模型。

(3)开发出可让汽车抛掉加热散热系统而降低成本的车用锂离子电池。2012年6月12日,物理学家组织网报道,美国马萨诸塞州一家电池制造商近日宣布,他们开发出一种新型汽车电池,它能在极端温度下工作,减少甚至取消对加热散热系统的需求,为降低电动汽车成本带来了更多机会。

该公司把这项新技术称为下一代纳米磷酸盐 EXT 锂离子电池技术,它提高了低温下的功率容量,延长了高温下的寿命。通过扩展核心技术容量,电池能适应更广泛的工作温度。

测试结果显示,在45℃条件下,电池还能保持超过90%的最初容量,在零下30℃时仍可提供启动电力。在低温条件下,纳米磷酸盐EXT电池提供的电量,比标准的纳米磷酸盐化学反应要高出20%~30%;在高温时,其寿命是普通锂离子电池的2~3倍,是铅酸电池的10倍。这种电池技术的问世意味着,即使在极端气温条件下,电池包也不需要散热或加热,这有望降低电动汽车设计的复杂性,提高性能和稳定性,减少整体成本,为用户节约大量资金。

参加测试的俄亥俄大学机械工程教授严·乔泽耐克指出,新技术"对交通工具(包括新兴的微型混合交通工具)的电气化而言,可能是一种改变游戏规则的电池技术突破"。

公司首席执行官大卫·维约说:"我们认为纳米磷酸盐EXT,克服了目前铅酸标准锂离子电池及其他先进电池的关键局限。新技术能降低甚至消除对热量管理系统的需要,大大增加锂离子电池系列在市场上的应用,为汽车及其他类型电池带来巨大商机,包括微型混合交通工具、电动车、通信装备、军用系统及其他领域。"

《环保汽车报告》分析师约翰·沃尔克说,新技术有助于降低"热量管理"方面的成本。大部分电动汽车都需要泵式散热系统,以清除电池包产生的多余热量,由此散热系统就消耗了能量,降低了行驶里程。他表示,如果这种新电池技术确实有效,将能减轻重量、减小复杂性,并降低未来插电交通工具的成本,让电动汽车在市场上更具竞争力。

3. 开发充电速度快的车用锂离子电池

研制电动汽车一分钟充满电的表面介导锂离子电池。2011年9月,美国俄亥俄州耐诺蜕克仪器公司的研究人员,在《纳米快报》上发表研究成果称,他们利用锂离子可在石墨烯表面和电极之间快速大量穿梭运动的特性,开发出一种叫作"表面介导电池"的新型储能设备,可以将充电时间从过去的数小时之久缩短到不到一分钟。

众所周知,电动汽车因其清洁节能的特点而被视为汽车的未来发展方向,但电动汽车的发展面临的主要技术瓶颈就是电池技术。这主要表现在以下几个方面:一是电池的能量储存密度,指的是在一定的空间或质量物质中储存能量的大小,要解决的是电动车充一次电能跑多远的问题。二是电池的充电性能。人们希望电动车充电能像加油一样,在几分钟内就可以完成,但耗时问题始终是电池技术难以逾越的障碍。动辄数小时的充电时间,让许多对电动车感兴趣的人望而却步。因此,有人又将电动车电池的充电性能称为电动车发展的真正瓶颈。

目前,电池技术主要采用的是锂电池和超级电容技术,锂电池和超级电容各有长短。锂离子电池能量储存密度高,为120~150瓦/千克,超级电容的能量储存密度低,为5瓦/千克。但锂电池的功率密度低,为1千瓦/千克,而超级电容的功率密度为 10 千瓦/千克。目前大量的研究工作集中于提高锂离子电池的功率密度,或增加超级电容的能量储存密度这两个领域,但挑战十分巨大。

这项新研究成果通过采用石墨烯这种神奇的材料绕过了挑战。石墨烯因具有如下特点成为新储能设备的首选:它是目前已知导电性最高的材料,比铜高 5 倍;具有很强的散热能力;密度低,比铜低 4 倍,重量更轻;表面面积是碳纳米管 2 倍时,强度超过钢;超高的杨氏模量和最高的内在强度;比表面积(即单位质量物料所具有的总面积)高;不容易发生置换反应。

新储能设备又称为石墨烯表面锂离子交换电池,或简称为表面介导电池(SMCS),它集中了锂电池和超级电容的优点,同时兼具高功率密度和高能量储存密度的特性。虽然目前的储能设备尚未采用优化的材料和结构,但性能已经超过了锂离子电池和超级电容。新设备的功率密度(即电池能输出最大的功率除以整个燃料电池系统的质量或体积)为 100 千瓦/千克,比商业锂离子电池高 100 倍,比超级电容高 10 倍。功率密度高,能量转移率就高,充电时间就会缩短。此外,新电池的能量储存密度为 160 瓦/千克,与商业锂离子电池相当,比传统超级电容高 30 倍。能量储存密度越大,存储的能量就越多。

这种新电池的关键是其阴极和阳极有非常大的石墨烯表面。在制造电池时,研究人员将锂金属置于阳极。首次放电时,锂金属发生离子化,通过电解液向阴极迁移。离子通过石墨烯表面的小孔到达阴极。在充电过程中,由于石墨烯电极表面积很大,大量的锂离子可以迅速从阴极向阳极迁移,形成高功率密度和高能量密度。研究人员解释说,锂离子在多孔电极表面的交换可以消除嵌插过程所需的时间。在研究中,研究人员准备了氧化石墨烯、单层石墨烯和多层石墨烯等各种不同类型的石墨烯材料,以便优化设备的材料配置。下一步将重点研究电池的循环寿命。目前的研究表明,充电 1000 次后,可以保留 95% 容量;充电 2000 次后,尚未发现形成晶体结构。研究人员还计划探讨锂不同的存储机制对设备性能的影响。

研究表明,在电动车的驾驶距离相同和货物重量相同的情况下,表面介导电池的充电时间不到一分钟,而锂离子电池则需要数小时。研究人员相信,表面介导电池经过优化后,其性能还会更好。

如果今后电动汽车广为流行,充电站设置在加油站,其结果将会出现一幅十分有趣的情景,那就是电动车的充电时间将比加油还要快,而且比加油还便宜。研究人员表示,除了电动汽车外,这种表面介导电池还可用于再生能源储存(如储存太阳能和风能)和智能电网。

4.研制安全性能高的车用锂离子电池

(1)开发具有统一安全标准和充电方式的汽车锂离子电池。2008 年 10 月,日本经济新闻报道,日本丰田、日产汽车公司及松下电器产业公司等相关企业,将合力开发统一规格的新一代汽车锂电池,并计划在 2010 年前后实现量产。日本企业还力争在安全标准和充电方式等方面,获得国际标准化机构的认证,以期在该领域抢夺先机。

新一代锂离子电池是影响混合动力车和电动汽车性能的关键所在。与现在混合动力车使用的镍氢电池相比,在体积相当的情况下,新一代锂电池重量将减轻一半,蓄电容量则增加一倍以上,一次充电后行驶里程将大大提高。

日本企业目前在生产大容量锂电池方面,还处于各自为战的状态。三菱汽车公司和富士重工业公司各自搭载锂电池的电动汽车,将于 2009 年夏季之后上市销售;本田汽车公司搭载燃料电池的汽车,预计在年内开始租赁出售;丰田和日产汽车则计划在 2010 年前后,分别推出搭载锂电池的可充电混合动力车和电动汽车。在日本国外,三洋电机和德国大众公司,也计划共同开发锂电池。而在锂电池安全性能测试等方面,各方均执行各自的安全标准。

各行其是造成新一代锂电池开发成本高,充电设施无法统一,且难以得到消费者的信任,在国际上也缺乏竞争力的根本原因。日本厂商意识到,尽快统一锂电池规格及安全标准迫在眉睫。

据悉,具体试验方法和安全标准方面,主要包括以下内容,一是不能发生电池发热和起火问题,二是确保电池在汽车碰撞和浸水等状态下的安全,三是电池和汽车的性能均能得到充分发挥等。

在日本国内,经济产业省外围团体的信誉度较高,因此新的锂电池安全标准和规格有望得到消费者的信任。日本国内企业,将积极开发生产锂电池和新一代混合动力车及电动汽车,提高在全球的竞争力。环保性能好的汽车产品也将得到进一步普及。

据日本汽车研究所预计,按现在混合动力车的普及程度推算,到 2020 年日本国内的混合动力车将达到约 360 万辆。如果高性能锂电池得到更多推广,使用量有可能进一步达到 720 万辆的水平。此间媒体评论说,如果日本能在新一代汽车锂电池的国际标准化认证方面,获得先机掌握主导权,相关企业必将获得巨大利益。

(2)通过模块化设计开发更安全环保的车用锂离子电池。2015 年 8 月 27 日,欧盟委员会发布新闻公报说,受欧盟资助的"青狮"项目研究人员在锂电池研究方面取得突破性进展,这将有助于生产出更安全、更环保,价格也更低的锂离子电池。

与镍氢电池等可充电电池相比,锂电池具有充电时间短、储能容量大等优势,因此一经上市,就吸引了电动汽车制造商的注意。但是,锂电池仍有一些缺陷需要改进,如容易短路、起火等。此外,其造价也相对昂贵。

"青狮"项目研究人员开发出更加环保的电池材料,并减少了化学物质的使用。其新成果包括:改进生产流程,使用水系料浆生产电极,以减少电极生产成本和环境污染;推出新的装配流程,如使用激光切割和高温预处理等技术,减少生产电池所需的时间和成本;开发出自动化模块和电池组装配线,在提高产出量的同时降低成本;减轻电池模块重量,使之便于组装也便于拆解回收。此外,模块化设计和新材料的使用,还可使回收商更安全地回收旧电池材料,从而减少垃圾。

目前,项目研究人员已扩大生产规模,在一些合作伙伴的试点生产线上测试这些创新工艺。项目合作伙伴大众、西雅特等汽车品牌还将评估最终组装好的锂电池模块,研究其是否符合电动汽车的技术要求。

二、开发含锂电池配套材料的新成果

(一)含锂电池电极材料研制的新进展

1.研制高性能锂离子电池阳极材料的新成果

(1)研制出由病毒构成的锂离子电池阳极。2006年4月7日,美国麻省理工学院材料科学工程与生物工程教安吉拉·贝尔彻、材料科学工程教授江叶明、化学工程教授保拉·哈蒙德,以及材料科学工程研究生基泰南姆等人组成的一个研究小组,在《科学》杂志网络版发表论文称,他们利用病毒的特殊结构,研制出一种极细的纳米线,它能用于锂离子电池中。他们通过控制病毒中的基因,诱使病毒生长并自动组装成为一种功能电子学元件,成为锂离子电池阳极。

研究人员表示,这项研究的目的是要研制出在尽可能小或轻的电池中储存尽可能多的电能。他们发明的这种电池阳极,可以制成从米粒到助听器电池的各种大小的电池。

电池都是由被电解质隔开的两个电极组成的。在这项研究中,研究人员使用了一种非常复杂的方法制造阳极。他们在实验室中控制一种常见的病毒基因,使微生物可以不断聚集氧化钴和金。因为这些病毒带负电,所以它们可以在带正电的聚合物表面铺成非常薄的柔软膜。这种致密的病毒膜可以作为电池的阳极。病毒在聚合物表面排列成的细线直径只有6纳米,长度有880纳米。

贝尔彻表示,这项研究是基于如下发现:鲍鱼分泌的一种蛋白质可迫使碳酸钙分子定向排列,形成鲍鱼坚硬的外壳。受到这一启发,贝尔彻等人通过基因工程培养出携带这种特异蛋白的病毒,这种蛋白不但可以让病毒首尾相接地连成一线,而且还能在病毒外层制造一种特殊的分子。这种分子能自动攫取钴离子和金粒子使他们包裹在"病毒链"上。

贝尔彻说:"我们可以做出更大直径的纳米线,但是都只能是880纳米长。一旦我们可以改变病毒基因生长电极材料的过程,我们就能简单地用很多完全相同的病毒样本组装成真实的电池。"她还说:"对于金属氧化物,我们选择了氧化钴,因为它的电容量非常大,这意味着制成的电池有很大的能量密度,相对于以前使用的电池,相同大小和重量的新电池的能量密度是它的两到三倍。另外,加入金是为了进一步提高纳米线的能量密度。"另一个重要的优势在于,该纳米线在室温常压下就能制成,而不需要昂贵的高压设备。

能量密度是电池的非常重要的一个指标。能量密度低是电动汽车发展中主要的障碍,因为相对于汽油来说,电池太重,提供的能量也太少了。尽管如此,电池技术仍然在不断改进,也许某一天就能与不断上涨的油价竞争。

这项研究最初的想法,是从"纳米结构材料可以改进锂离子电池的电化学性能"中产生的。贝尔彻说:"氧化钴有非常好的电化学循环性质,所以可以考虑作为锂离子电池中的电池。"在早期的研究中,她和同事们发现,微生物可以识别正确的分子并把它们组装起来。哈蒙德说:"利用自组装过程中病毒功能性质的静电学本质,我们可以制出井然有序排列的薄膜,它结合了病毒和聚合物系统两者的功能。"

(2)开发可用于提高锂电池容量及稳定性的阳极新材料。2007年5月8日,美国能源部阿贡国家实验室科学家组成的研究小组,在芝加哥举行的美国电化学学会第211届会议上报告说,他们发现了一种提高可充电锂铁电池的容量以及稳定性的新方法。

这一技术基于一种用于阳极的新型材料,它由独特的纳米晶体组成的层状结构构成。阿贡实验室使用了两种成分构成的复合结构:其中一种性质活跃的成分提供电池的容量,它被植入一种惰性的成分中,惰性成分提供结构的稳定性。

在最近的测试中,这种新材料表现出了令人惊讶的大容量,超过了250毫安时/克,这是传统的可充电锂电池所用材料容量的2倍多。在电化学会议上,研究人员讨论了解释这一富含锰元素的电极,拥有如此大容量的原因,也讨论了在充放电循环中,它们表现出的稳定性。

除此之外,用这种含有锰元素的体系替代更贵的含有钴、镍等成分的充电电池,电池制造的成本将得到降低。

可充电的锂铁电池将使用这一新材料来提升其容量及稳定性。可以预期的是,这一新技术将被用于很多领域,从消费电子产品,如手机、笔记本电脑,到无线设备,以及医疗仪器例如心脏起搏器和心脏去纤颤器等。在更大型的电池方面,这一技术可被用于下一代的混合型电汽车等。

(3)研制出可防止锂离子电池退化的阳极复合材料。2011年2月11日,美国物理学家组织网报道,新加坡科学技术研究局化学工程研究所的研究小组,研发出一种可减少电极退化的新技术,进而可延长锂离子电池的使用寿命和容量保持率。

该技术使用了一种豌豆荚结构的复合材料。这种材料由氧化钴(四氧化三钴)纳米颗粒(类似于豌豆荚中的豌豆)与纳米碳纤维(类似于覆盖在豌豆外的豆壳)组成。氧化钴纳米颗粒作为活性材料来存储锂离子,四周的中空碳纤维,则可以起到保护氧化钴颗粒防止其断裂的作用。此外,这些碳纤维还扮演着从纳米粒子中传导电子的角色。

由于与目前传统的阳极材料(如锡)相比,氧化钴具有更强的离子吸附和保持能力,它被认为是极富潜力的阳极材料。此外,氧化钴能很容易地转化为已进入商业化应用的阴极材料——氧化钴锂。

研究人员为制造这种豆荚结构材料,首先在充满惰性气体的密闭空间内,以700℃的温度对表面附着有聚合葡萄糖的粗制碳酸钴进行加热,而后再把它放置在空气中,以250℃的温度加热。电子扫描显微镜显示,这种结构的复合材料在结构上十分整齐,其长度大都是几个微米,直径一般在50纳米左右。

由这种豌豆荚结构复合材料制成的电极能显著提升锂离子电池的电池容量和储电能力,实验发现在经过50次充放电循环后,由其制成的电池仍具有91%的容量。

研究人员称,除在锂离子电池领域的应用前景外,这种豆荚结构复合材料本身就是一个成就,因为该技术首次实现了将具有磁性的纳米颗粒嵌入到中空的碳纤维之中。这种"纳米颗粒胶囊"技术可以推广到多个领域,如基因工程、催化、气体探测、电容以及磁性材料制造等。

(4)研制出让锂离子容量增10倍的"石榴"型硅阳极。2014年2月17日,美国斯坦福大学、美国能源部下属国家加速器实验室崔毅副教授领导的研究小组,在《自然·纳米技术》杂志上发表研究成果称,他们受石榴启发,开发出一种硅纳米颗粒和碳制成的新型电极,成功破解了此前锂离子电池中的硅电极容易破裂的难题。

电极是电池的关键部件,有阳极和阴极之分。此前就有研究表明,具有极好的性能,用其制成的锂离子电池能比目前广泛使用的石墨阳极多存储10倍以上的电能。但其最大的缺点是不可持续性:这种电极在充电过程中极易发生膨胀甚至破裂,硅在脱落后还会与电池中的电解质,发生化学反应形成一种泥状物质,降低电池性能和使用寿命。

崔毅研究小组利用硅纳米线和纳米颗粒成功解决了这个问题。研究人员通过一种在石油、油漆以及化妆品生产中常用的微乳液技术,把硅纳米颗粒像石榴子一样用碳包裹了起来,不但为每个硅纳米颗粒穿上了一件"碳衣",还为每一组硅纳米颗粒盖上了一层"碳被"。

据报道,硅纳米粒子的使用,缩小了硅的体积,降低了发生破裂的概率;"碳衣"和"碳被"不但大幅减少了硅暴露在电解质中的面积,还为电流的传导提供了一条坚固的高速公路。此外,考虑到充电时硅纳米颗粒会发生膨胀,研究人员还在"碳衣""碳被"里为它们留下了富余的空间。通过精确控制生产过程,他们已经能够为所需要的电极,生产出特定大小的硅纳米颗粒。

这些具有石榴结构的硅纳米颗粒,肉眼看上去就像一堆黑色粉末。用其制造电极时只需在外面包裹上一层金属箔片即可。

实验测试显示,这种石榴结构的阳极具有优良的性能,用它制造的电池在完成1000次充放电后还有97%的电量,完全能够满足实用要求。

崔毅说,为了使这项技术能够更快商业化,还需要解决两个问题:一是简化制造流程,二是找到更便宜的硅纳米颗粒来源。目前他们发现稻壳或许会成为一个很好的原材料。这种农作物副产品来源稳定,产量极高,按重量计算,20%能被制成二氧化硅。而二氧化硅可以非常容易地被转化为制造电极所需的纯硅纳米颗粒。

2.研制高质量锂金属电池阳极材料的新成果

(1)开发确保锂电池金属锂阳极稳定的纳米球保护层。2014年7月,美国斯坦福大学,材料科与工程学院教授崔毅领导,正在崔毅实验室工作的郑广元博士等人参加的一个研究小组,在《自然·纳米技术》杂志上发表论文称,锂阳极由于能使电池具备极高的能量密度,被誉为电池设计制造业的"圣杯",几十年来,一直都是科学家们孜孜以求的目标。目前,他们已经制造出稳定的金属锂阳极电池,向这一目标迈出了一大步。研究人员认为,新研究有望让超轻、超小、超大容量的电池成为现实,可穿戴设备、手机以及电动汽车或都将因此受益。

崔毅说,在所有能用来制造电池阳极的材料中,锂最有潜力,它非常轻又具有非常高的能量密度,有望让质量轻、体积小的电池具备更大的容量。但制造锂阳极却是一件非常困难的事情,以至于不少科学家在坚持多年后不得不放弃。

目前,制造锂阳极至少需要面临两个挑战:

一是锂在充电时出现的膨胀现象。在充电时,锂离子会聚集起来发生膨胀。所有的阳极材料,包括石墨和硅在内都会发生膨胀,但不会像锂这么明显。相对于其他材料,锂的膨胀"几乎是无限"的。非但如此,这种膨胀还是不均匀的,会造成凹坑和裂缝。这些裂缝会使宝贵的锂离子从中逸出,形成毛发或苔藓状生长。这会导致电池短路,严重缩短其使用寿命。

二是锂阳极在与电解质接触后具有很高的活性。这会消耗电解质并缩短电池寿命。由此产生的一个附加问题是,当它们接触时还会发热。而过热就会出现燃烧甚至爆炸,因此,这是一个严重的安全问题。

郑广元说:"虽然如此困难,我们还是找到解决问题的办法。"为了解决这些问题,研究人员用碳为锂阳极制造了一个名为"纳米球"的纳米保护层。这些纳米球保护层从外形上看起来很像蜂窝,可弯曲且化学性质稳定,单个厚度只有20纳米。

崔毅指出,这种纳米球由无形碳制成,不但具有很好的化学稳定性,还有很好的强度和柔性。它能防止其中的锂与电解质接触,并具备一定的机械强度,能够承受锂阳极在允电过程中出现的膨胀现象。

在技术方面,纳米球能大幅提高电池的库仑效率(也叫充放电效率),即在一定的充放电条件下,放电时释放出来的电荷与充电时充入的电荷百分比。一般情况下,为了达到日常使用需要,电池应能达到99.9%以上的充放电效率。

实验显示,未受保护的锂阳极可以达到96%的充放电效率,在100次充放电循环后,只能达到50%,显然是不够的。而斯坦福团队的新型锂电极在充放电150

次后,充放电效率还能保持在 99%。对电池充放电效率而言,99% 与 96% 之间的差异是巨大的。

崔毅说:"虽然目前还没有达到 99.9% 的目标,但我们正在慢慢接近,并且与先前的技术相比,新设计已经实现了巨大的跨越。随着研究的进一步深入和新型电解质的采用,我们相信成功就在眼前。"

我们一直在追求强大的电池,并将希望寄托在最有潜力的锂身上。正当全世界的科学家都在试图突破锂电池自身发展的局限时,该研究小组为它穿上一件纳米材料的"外衣"。这项富有创意的新尝试,不仅弥补了传统锂电池的缺陷,还为提高电池充放效率做出卓越贡献。随着小型化设备的日益增多,我们期待这项新技术助力金属锂阳极电池风生水起,让未来电池不仅使用安全,而且更轻、更小、续航力更持久。

(2)研制出新型复合金属锂阳极材料。2016 年 4 月,美国斯坦福大学著名材料学家崔毅与美国前能源部部长、诺贝尔物理奖得主朱棣文组成的研究团队,在美国《国家科学院学报》网络版发表研究成果称,他们在金属锂电极的实际应用研发方面取得重大突破。据报道,以博士生梁正为骨干的研究小组首次提出"亲锂性"这一概念,并利用表面"亲锂化"处理的碳质主体材料,成功制备出一种复合金属锂电极,该电极可大大提高锂电池性能。

近年来,随着便携式电子设备、电动汽车及可再生能源的迅速发展,高能量能源存储器件成为新能源新材料领域的研究热点之一。金属锂具有极高的理论比容量和理想的负极电位。以金属锂为负极的二次电池,具有高工作电压、高能量密度等优势,使得金属锂成为当今能源存储领域的首选材料。然而,现有锂离子二次电池各项指标诸如容量、循环寿命、充电速度等,均不能满足消费者日益增长的需求,因此,新型电极材料的研发成为重中之重。

新研究的复合金属锂电极,在碳酸盐电解液体系的循环过程中,具有较小的尺寸变化、极高的比容量和良好的循环及倍率性能,其电压曲线也相对平滑,突破了当前制约金属锂电池大规模商业化的主要问题,即金属锂与电解液的副反应循环过程中的电极尺寸变化,以及锂枝晶的形成。前者很大程度上降低了电池的库伦效率,影响了其电化学性能;后两者则会给金属锂电池带来严重的安全隐患。

针对上述问题,该小组展开了一系列研究。经过多次尝试后,他们将目光转向了纳米技术。研究小组对材料表面特殊浸润性进行深入研究后,首次提出了"亲锂性"这一概念,并利用表面"亲锂化"处理的碳质主体材料,通过建立"亲锂"的界面材料体系,开创性地将金属锂融化之后,利用毛细作用吸入碳纤维网络的空隙中,成功制备出含有支撑框架的复合金属锂电极。

复合金属锂阳极材料,由 10% 体积比的碳纤维和金属锂组成。碳纤维网络具有良好的导电性,超高的机械强度和电化学稳定性,因此,作为金属锂的主体框架材料是绝佳选择。与之前的相关研究相比,梁正等人将金属锂融化,并依据不同材料的浸润性所提出的"亲锂""疏锂"概念,为金属锂电极研究提供了新思路,并且对其他领域的研究具有极高的借鉴作用。

该团队这一研究成果发表后,受到业内的广泛关注,多家媒体相继对其进行追踪报道,被认为是锂电池研究领域的重大突破。现这项研究成果已申请美国发明专利。

3.研制锂离子电池阳极材料的新发现

发现硅海绵可替代锂离子电池内的石墨阳极材料。2012年7月,美国莱斯大学化学和生物分子工程学教授斯巴尼·比斯沃尔和科学家曼都瑞·萨克尔领导的一个研究小组,与洛克希德-马丁公司研究人员合作,在《材料化学》杂志上发表论文说,他们找到一种方法,用硅海绵替代石墨作为可充电锂离子电池内的元件,借此可研制出持续时间更长,且性能更强的电池,用于商用电子设备和电动汽车上。研究人员指出,借用他们研发的这一方法,能将比自身重4倍的物体存储在锂中。

硅是地球上最常见的元素之一,能替代石墨作为电池内的阳极材料。此前该研究小组就发现,多孔硅吸收锂的能力是石墨的10倍多。这是因为硅吸收锂离子后会延展,像海绵一样的构造赋予了硅在电池内部生长的余地,同时也不会对电池的性能造成损害。2010年,该研究小组发现当硅海绵拥有1微米宽、12微米深的小孔时,能在电池领域大展拳脚,但当时的固体硅基座无法吸收锂,仍然有待改进。

在最新研究中科学家发现,用来制造这些小孔的电化学蚀刻过程,能将海绵同基座分开,基座接着可以被重新使用,制造出更多海绵。研究人员称,从一个标准的250微米厚的硅晶圆上,至少可以提取到4块这样的海绵。而其一旦被从硅晶圆上提取出来,上、下都是打开着的,通过将其浸入一个导电的聚合物黏结剂聚丙烯腈内,就可大大增强其导电性。

研究人员由此得到了一张坚硬的薄膜,它能依附到一个集电器上被放置于电池结构内,并最终借用这一过程制造出了一款锂离子电池,其放电能力高达每克1260毫安时,这使其使用寿命更长。

研究人员在比较中发现,使用薄膜之前,电池的初始放电容量是每克757毫安时,但第二次充放电循环之后,放电容量就开始迅速下降,并在经过15次循环后完全消失殆尽;而经过处理的薄膜在4次循环后就即开始增加放电容量,多孔硅表现得特别明显,经过20次循环后,电池的放电容量仍然完好无损。

目前,研究人员正在研究有望能大大增加充放电循环次数的技术,以便能研发出可持续使用几年的电池。

(二)开发锂离子电池其他配套材料的新成果

1.研制高质量锂离子电池电解液的新成果

开发出可大幅缩短充电时间的锂离子电池新型电解液。2014年4月30日,日本《产经新闻》网站报道,锂离子电池性能优异,但充电时间长是一个难题。日本东京大学山田淳夫教授主持的一个研究小组,研发出一种新型锂离子电池电解液,可将充电时间缩短 2/3 以上。

据报道,锂离子电池的充放电过程是通过电解液中的锂离子在正负极间移动实现的。新型电解液中的锂离子浓度极高,是普通锂离子电池的 4 倍多,锂离子可在这种高浓度环境中高速移动,一次充电时间不到普通锂离子电池的 1/3。

因为电解液的耐电压问题,通常锂离子电池电压被限制在 4 伏左右,而新型电解液可在 5 伏以上的电压下稳定充电。研究人员认为,锂离子电池的电压还能大幅提高。山田淳夫说,这种技术虽然简单,但有望提高锂离子电池使用的便利性。

2. 研制与改善锂离子电池性能相关配套材料的新进展

(1) 发现可大大缩短锂离子电池充放电时间的新材料。2012 年 9 月,美国伦斯勒理工学院纳米材料专家尼基领导研究小组,在美国化学学会《ACS 纳米》杂志上发表研究成果称,他们把世界上最薄的材料石墨烯制成一张纸,然后用激光或照相机闪光灯的闪光震击,将其弄成千疮百孔状,致使该片材内部结构间隔扩大,以允许更多的电解质"润湿",以及锂离子电池中的锂离子获得高速率通道的性能。这种石墨烯阳极材料、比通常的石墨阳极、在充电或放电速度方面要快上 10 倍,未来可驱动电动车。

可充电的锂离子电池作为行业规格产品,用于手机、笔记本电脑和平板电脑、电动车等一系列设备中。锂离子电池具有高能量密度,可以存储大量的能量。但遭遇低功率密度时,则无法迅速接收或释放能量。为了解决这个问题,该研究小组创建了一种新型电池,不仅可以容纳大量能量,还能很快地接收和释放能量。

研究人员说,锂离子电池技术的主要障碍在于,有限的功率密度和无法快速接收或释放大量的能量,而这种在结构设计上有"缺陷"的石墨烯纸电池可以帮助克服这些障碍。该成果一旦商业化,将对电动汽车、便携式电子产品中新电池及电气系统的发展带来显著影响。这种电池也可大大缩短手机和笔记本电脑等便携式电子设备和响应器充电,所需要的时间。

新型电池的解决方案是,先创建一大张石墨烯氧化物纸,其厚度与一张日常打印纸相当,并可制作成任何尺寸或形状,然后把石墨烯纸暴露在激光下和数码相机闪光灯的闪光下。激光或闪光的热量穿透纸面造成微小爆炸,石墨烯氧化物中的氧原子被驱逐出结构,石墨烯纸变得满目疮痍:无数裂缝、孔隙、空洞等瑕疵,逸出的氧气形成的压力也促使石墨烯纸扩大了 5 倍的厚度,由此,在单个石墨烯片中创建了很大的空隙。

研究人员发现,这种被损坏的单层石墨烯纸,可成为锂离子电池的阳极。锂离子使用这些裂缝和孔隙作为捷径,在石墨烯中快速移进移出,极大提高了电池的整体功率密度。他们通过实验证明,该阳极材料比传统锂离子电池中的阳极充电或放电速度快 10 倍,而不会导致其能量密度的显著损失,甚至在超过 1000 个充电/放电周期后,仍能持续成功运行。另外重要的是,石墨烯薄片的高导电性,使得电子能够在阳极进行高效传输。

研究人员说,这些石墨烯纸阳极很容易调整,可以制作成任意的大小和形状,而且将其暴露于激光或照相机闪光灯的闪光下是一种简单、廉价的复制过程。他们下一步将用高功率的阴极材料与石墨烯的阳极材料配对,以构建一个完整的电池。

(2)开发出提升锂离子自充电电池性能的纳米复合材料。2014 年 2 月,美国佐治亚理工学院王中林教授领导,张岩博士和薛欣宇博士参与的一个研究小组,在《纳米技术》上发表研究成果称,他们在自充电电池的压电材料里添加纳米颗粒,形成纳米复合材料,大幅提升了电池的充电效率和存储容量。

王中林介绍说,它可以在不用插到墙上插座或其他电源的情况下,利用周围环境中的机械形变和振动,在压电效应下促使锂离子从阴极向阳极迁移,直接为电池充电。

这种"自充电电池一步实现能量的产生和储存",在世界范围内引起很大反响,它为开发新型便携式移动电源以实现自供能系统,以及便携式个人电子器件,提供了全新的方法。该成果把机械能转化为电能,再将电能转化为化学能的两步过程,简化为机械能直接转化为化学能的一步过程,未来可能将会大大提高能源的利用效率。

自充电电池只有几百微米厚,适合置于不锈钢扣式电池内部。例如,将其放置于计算器的按钮下方,通过按压按钮产生机械能,同时将机械转化为化学能存储在电池中。研究人员设想,该电池在不久的将来可以给各种小型便携式电子设备(如移动电话和人体健康监测系统)提供电源。

有别于传统电池只为了储存能量的目的,自充电电池兼顾转换和储存能量的功能。在常规电池里,能量转换(例如机械能转换至电能)的第一步几乎总是由一个单独的设备执行。而自充电电池完全绕过转换为电能的中间环节,从而导致转化和储存更为有效的过程。

在改变传统的锂离子电池为自充电电池的过程中,研究人员更换了通常用于在锂离子电池中分隔两个电极的聚乙烯分离器,当在外加应力下,用一种压电材料产生电荷。这种材料 2012 年的版本采用的是聚偏二氟乙烯薄膜。新研究对聚偏二氟乙烯薄膜添加了锆钛酸铅纳米粒子,以形成纳米复合材料。添加锆钛酸铅后电池的性能显著改进,即电池的工作效率提高,存储容量是以前的 2.5 倍。

研究人员解释说,这些改进是由于两种机制发生作用:一是锆钛酸铅诱发的几何变形约束效应增加了压电潜力;二是锆钛酸铅具有的多孔性结构增大了纳米复合材料孔隙数量,从而在一个小空隙间距内增加了锂离子穿行时传导路径的数量。这两种机制允许更多的锂离子从阴极迁移到阳极,从而增加电荷的总量。

该技术上的改善,证明了纳米复合薄膜能够增强自充电电池的性能。研究人员说:"我们需要深刻认识两个电极的充电电化学反应的确切进展,以提高自充电电池的性能。"

三、研发锂离子电池的新技术和新工艺

(一)锂离子电池研制过程出现的新技术

1.研发提高锂离子电池储能量和效率的新技术

(1)开发可使锂离子电池大幅扩容的新技术。2006年10月,《日经产业新闻》日前报道,日立万胜公司一个研究小组,最近开发出锂离子电池制造新技术,利用硅氧化物、纳米硅、碳等生成的新型材料,制作电池负极,使电池容量比目前使用石墨作负极的锂离子电池增加2~5成。

硅具有价格低廉且对锂离子的吸收率高等特点,适合制造大容量电池。但是,硅吸收锂离子时的膨胀率也很高,用作电池负极易产生裂缝,进而缩短电池寿命。因此,硅材料制成的锂离子电池负极一直没能实用化。

据报道,日立万胜公司采用新技术,让纳米硅散布于硅氧化物材料内部,形成"含纳米硅化合物",再混合这种"含纳米硅化合物"和碳材料,形成"纳米硅多孔质复合材料"。这种材料增加了纳米硅之间的空间,解决了电池充电时纳米硅的膨胀问题,使硅材料作电池负极变得可行。

研究人员说,这种新型电池的容量比使用石墨作负极的锂离子电池大幅度增大了。但是,新型电池充电约300次后,就会出现明显的充电容量下降。而目前利用石墨作负极的电池充电约500次后,充电容量才会明显减少。日立万胜公司计划再次改良新材料,解决新型电池的充电寿命问题。

(2)研制锂离子电池储电量和充电率能同时大幅提高的新技术。2011年11月,美国西北大学哈罗德·孔等人组成的一个研究小组,在《先进能源材料》杂志上发表研究成果称,他们研制出一种针对锂离子电池的电极,允许电池保有比现有技术高10倍的电量,更可使带有新电极的电池充电率提升10倍。

储电量和充电率是两个主要的电池局限。储电量受限于电荷密度,即电池的两极能容纳多少锂离子。充电率则受限于锂离子从电解液到达负极的速度。

现有锂电池的负极由碳基的石墨烯片层层堆积而成,一个锂原子只能适配6个碳原子。为了增加储电量,科学家曾尝试利用硅代替碳,以使硅可以适配更多锂,达到4个锂原子对应1个硅原子。然而,硅会在充电过程中显著扩展和缩小,从而引起充电容量的快速破裂和遗失。而石墨烯片的形状也会制约电池的充电率,它们虽只有一个碳原子厚,但却很长。由于锂移动到石墨烯片中间需要耗费很长时间,离子"交通堵塞"的情况,在石墨烯片的边缘时有发生。

现在,该研究小组结合两种技术解决了上述问题。首先为了稳定硅以保持最大的充电容量,他们在石墨烯片之间加入硅簇,利用石墨烯片的弹性配合电池使

用中硅原子数量的变化,使得大量锂原子存储于电极中。硅簇的添加可使能量密度更高,同时也能降低因硅扩展和缩小引发的充电容量损失,可谓两全其美。

研究小组还利用化学氧化过程,在石墨烯片上制造了10~20纳米的微孔,称之为"面缺陷",因此锂离子将会沿此捷径到达负极,并通过与硅发生反应,存储在负极。这将使电池的充电时间缩短10倍。

哈罗德·孔表示,新技术能使锂离子电池的充电寿命延长10倍,即使在充电150次后,电池能效仍是现有锂离子电池的5倍。这一技术,有望在未来3~5年内进入市场。

2.研发提高锂离子电池安全性的新技术

(1)探索锂离子电池减少起火等安全隐患的新技术。2011年9月10日,英国广播公司报道,该国利兹大学伊恩·沃德教授领导的一个研究小组,开发出一项新技术,使研制出的新型锂离子电池性能与传统锂离子电池相当,却减少了起火等安全隐患,且更为廉价的,有望广泛用于笔记本电脑、手机等电子产品。

传统的锂电池使用液态电解质,并用一层聚合物薄膜隔开正负极,而在这种新型锂电池中,两者被结合在一起。研究人员设法把液体电解质和聚合物薄膜融合到一起,制作出一种类似果冻的胶状物,电池的正负极连在这种胶状物上。

沃德介绍说,这种胶状物看起来是固态的,但其中70%的成分是液体电解质。它可以很好地起到传统锂电池中液态电解质的导电作用,在此基础上制成的新型锂电池的功能与传统锂电池相当。

新型锂电池的一个重要优点是在安全方面。传统锂电池因为使用液态电解质,如果封装工艺不好,起火和爆炸的风险相对较高,这方面的新闻不时见诸报端。使用胶状物的新型锂电池相比之下就要安全得多。

此外,由于这种胶状物易于生产、切割和成形,新型锂电池的生产成本也较低。据报道,这种新型锂电池的价格,只有传统锂电池的10%~20%。研究人员因此认为,这种安全且廉价的新型锂电池有望被广泛用于各种电子产品中。

(2)研制出可防止锂离子电池意外爆炸的新技术。2016年1月11日,斯坦福大学材料科学与工程教授鲍哲楠领导,她的同事陈正、崔毅等人参与的研究小组,在《自然·能源》期刊中发表论文说,他们研发出一项新技术,可以有效防止锂离子电池发生爆炸。这项技术使电池可以在过热之前关闭,在温度降下来后迅速重启。

鲍哲楠说:"人们尝试了多种策略来解决锂离子电池意外爆炸的问题。我们研制的技术使电池首次可在反复加热和冷却循环中关闭和重启,且性能不会受到影响。"

传统的锂离子电池包含两个电极,电极之间是携带带电离子的液态,或凝胶状的电解质。刺穿、短路或过度充电都会使电池产生热量。如果温度达到约150℃,电解质就会着火并引发爆炸。有几种技术已经被用来防止电池爆炸,例如在电解质中加入阻燃剂,或在电池过热之前发出警报。但是这些技术都是不可逆的,也就是说电池在出现过热之后就无法再次使用了。

为了解决这一问题,该研究小组把目光转向了纳米技术。在实验中,他们在带有纳米级凸起的镍颗粒表面覆盖了一层石墨烯,并将这些颗粒嵌入具有弹性的聚乙烯薄膜中。论文第一作者陈正说:"我们将聚乙烯薄膜与一个电极连接起来,这样电流可以通过它。为了导电,那些带凸起的镍颗粒需要彼此接触。但是在热膨胀过程中,聚乙烯薄膜被拉伸,这些镍颗粒就相互分开了,这就使薄膜不再导电,电流就不会通过电池。"

研究人员把电池加热到70℃以上后,聚乙烯薄膜迅速膨胀,镍颗粒相互分开,电池不再工作。但是当电池温度回落到70℃以下,聚乙烯薄膜收缩,镍颗粒回到相互接触状态,电池开始继续产生电流。他们甚至可以把温度调高或降低,这取决于嵌入了多少镍颗粒,以及选择什么样的聚合物材料。

崔毅说:"与之前的方式相比,我们对电池的设计提供了一种兼具高性能和安全性的可靠、快速且可逆的技术策略。这种技术策略具有非常好的应用前景。"

(二)研发锂离子电池过程出现的新工艺

1.开发降低锂离子电池成本的新工艺

研制出让锂离子电池成本减半的新工艺。2015年6月,美国麻省理工学院陶瓷工艺教授、24M公司联合创始人蒋业明领导的研究小组,开发出一种制造锂离子电池的先进工艺,不仅有望显著降低生产成本,还能提高电池性能,使其更易于回收。

现有的锂离子电池制造方法还是20年前发明的,效率低下,过程烦琐。蒋业明研究小组于5年前提出"液流电池"概念,以带有细微颗粒的悬浮液作为电极,通过泵送的方式在电池中循环。但分析表明,液流电池系统适合于低能量密度电池,对于锂离子电池这样的高能量密度设备而言,意味着成本的增加。

为此,该研究小组改进设计,新版本被称为"半固体电池":电极材料不流动,是一种类似于半固态的胶体悬浮液。据报道,不同于标准工艺需要在衬底材料上添加液态涂层,然后等材料干后才能开始下一道工序,新方法让电极材料始终处于液态,根本不需要干燥。该系统通过使用更少但更厚的电极,将传统电池结构中的分层数量,以及非功能性材料的用量,减少了80%。

蒋业明说,新工艺极大地简化了制造过程,生产成本可降低一半,电池具有柔性并且更加耐用,不仅可弯曲、折叠,即使被子弹穿过也不会受损。这种方法还可以按比例扩大生产,据他估计,到2020年,每千瓦时容量的成本将降至100美元以下。

目前,24M公司已经在原型生产线上制造了大约1万块这样的电池,其中大部分正在接受3个工业合作伙伴的测试,包括泰国的一家石油公司和日本重型设备制造商IHI株式会社。新工艺已获得8项专利,另有75项专利正在接受评审。

2.开发延长锂离子电池寿命的新工艺

发明延长充电锂离子电池寿命的"盐浴"新工艺。2016年6月14日,澳大利亚媒体报道,澳大利亚联邦科学与工业研究组织电池专家亚当·贝斯特、昆士兰科技大学的副教授安东尼·奥穆兰,以及皇家墨尔本理工大学相关专家组成的研究小组,发明了一种"盐浴"的简单工艺,可以延长充电锂离子电池的寿命,有望打破目前电动汽车的电池续航瓶颈。

该研究小组发现,在电池组装前,将锂金属电极浸没在含有离子液和锂盐的混合电解液中,这样预处理后电池的续航时间可延长,性能和安全性得到增强。

离子液也称常温熔盐,是一种透明、无色、无味,且阻燃的独特液体。这些材料可以在电极表面形成一层保护膜,使电池在使用时保持稳定,解决了充电电池易着火、爆炸的问题,此外,这样处理过的电池还能放置长达一年而性能不减。

贝斯特说,用这种工艺预处理过的电池,其性能理论上强于目前市场上其他所有常规锂电池。

新一代动力电池是电动汽车行业发展的关键。这种简单的"盐浴"预处理将加速新一代储能工艺的研发,进而解决目前电动汽车行业的"电池续航能力焦虑",通过提高电池的续航和充电能力,使电动汽车在不久的将来真正能与传统汽车抗衡。

奥穆兰说,电池厂商很容易采纳这种新的电池处理工艺,只需对现有生产线稍作转换即可。

"盐浴"中使用的混合电解液,包含有多种化学成分,澳大利亚联邦科学与工业研究组织拥有相关专利。研究人员目前正在研发基于这一技术的电池,同时寻找合作伙伴将其商业化。

第二节　研制燃料电池的新进展

一、研发燃料电池的新成果

(一)研制多材质多用途的固体氧化物燃料电池

1.开发不同材质的固体氧化物燃料电池

(1)用丙烷开发成功便携式固体氧化物燃料电池。2004年11月1日,美国纳米动力公司首席执行官基思·布莱克利,在德克萨斯州圣安东尼奥举行的燃料电池研讨会上宣布,他们开发成功了便携式固体氧化物燃料电池。它以丙烷气为燃料,每填充一次燃料,大约可连续24小时输出50瓦的电力。

该燃料电池的名称为"变革50"。公司研究人员表示,这种燃料电池的用途主要是:"士兵装备的燃料供给、充电电池的便携充电系统、户外照明和广告系统、自动售货机电源以及电动工具等。"

便携式固体氧化物燃料电池具有发电效率高的特点,同时工作温度也需要达到 1000℃ 的高温。该公司通过在陶瓷材料技术和电池单元的设计上加大研发力度,可以在 600~850 相对较低的温度下驱动。

特性方面,布莱克利表示:"电池单元的单位面积的输出功率密度为 1 瓦/厘米^2。单位质量的能量密度为 3000 瓦时/千克。"另外,薄膜等材料均为该公司自主开发。

(2)用丙烷研制成具有良好隔热效果的燃料电池。2005 年 6 月,美国媒体报道,加州理工学院索西纳·黑尔博士,与南加州大学及西北大学相关专家一起组成的研究小组研制成丙烷燃料电池。原先研制的燃料电池,一般是利用氢或甲醇工作,而丙烷具有很大的能量密度,因此它能以紧凑压缩状态保存,能大大增加燃料电池的容量,更适合为日常电子仪器供电。

新型丙烷燃料电池,属于固体氧化物燃料电池一类燃料电池系列,固体氧化物燃料电池通常利用燃料与氧气的混合物来工作。丙烷燃料电池结构简单,并且非常致密,它只有一个氧气和燃料入口和一个排气出口。

为了使丙烷在燃料电池中产生电能,科学家不得不寻找新颖的方案,在电池中采用钡、锶、钴、钌和铈。

研究人员说,燃料与氧气混合物在放热反应中被部分氧化,放热反应使燃料电池加热到 600℃,不过,该装置具有良好的隔热材料,使用过程是安全的。除此之外,特殊的换热器确保来自燃料电池的炽热气体,把自身的高温传递给进入内部的冷气体。

(3)用天然气研发出固体氧化物燃料电池系统。2011 年 1 月,芬兰国家技术研究中心发布公报说,该中心研发出独特的燃料电池系统,能够以天然气为燃料并网发电。其独特性在于,利用 10 千瓦级的单个平板式固体氧化物燃料电池堆来生产电能。

单个燃料电池功率有限,为增强其实用性,研究人员把若干个燃料电池以串联、并联等方式组装成燃料电池堆。平板式固体氧化物燃料电池堆是一种形似"多层夹心饼干"的组装结构。

芬兰国家技术研究中心的专家介绍说,他们在两个月前,首次把 10 千瓦级的单个平板式固体氧化物燃料电池堆组装成系统,并在实际运行条件下进行测试。

该中心指出,提高单个燃料电池堆的功率可为将来建造大规模固体氧化物电池发电厂创造条件。目前市场上单个平板式燃料电池堆的功率多为 0.5 千瓦到数千瓦,如果要用燃料电池技术建造一座发电厂,就需要很多燃料电池堆,加上组装、维护和管理,成本很高。提高单个平板式燃料电池堆的功率可减少这种新型发电厂的建设和维护成本。

(4)用喷气发动机燃料开发能在室温下发电的燃料电池。2014 年 12 月,美国犹他大学材料科学与工程学院,雪莉·敏蒂尔教授领导的一个研究小组,在美国化学学会期刊《ACS 催化》网络版上发表论文称,他们研制出首块可在室温下工作的燃料电池,不用点燃燃料,它用酶就能使得喷气发动机燃料产生电能。这种新型燃料电池,可以给手持电子设备、离网型电动机和传感器供电。

燃料电池主要通过氧或者其他氧化剂进行氧化还原反应,把燃料中的化学能转化成电能;只要能持续添加燃料,那么燃料电池就可以持续提供清洁而廉价的电能。蓄电池已经被广泛应用于电动车和发电装置;如今,燃料电池同样也用于一些建筑物的供电,另外,它还能为氢动力车这样的燃料电池车提供动力。

2.研制具有不同用途的固体氧化物燃料电池

(1)发明为未来车辆提供动力的低温固体氧化物燃料电池。2005年10月16—21日,美国斯坦福大学机械工程系负责人弗里茨·普林茨教授领导,材料科学和工程学副教授保罗·麦金泰尔、化学工程教授斯泰西·本特,以及普林茨学生参与的研究小组,在洛杉矶召开的电化学学会会议上,提供了四份关于新型燃料电池技术的研究报告。他们指出,这一创新技术将大大降低燃料电池的工作温度,因此有望为未来车辆提供所需的动力。

在接下来的一个月时间内,该研究小组将会出版一本燃料电池的教科书,让学生能够及时了解燃料电池这一新兴技术的相关知识。

普林茨指出,从经济角度来说,目前燃料电池还不具备生产性,而且也无法与传统的燃烧引擎竞争。但是,人们可以通过很多方面来改进燃料电池的性能和经济价值。

现在,燃料电池包括普林茨小组正在研究的固体氧化物燃料电池在内,已经成为一个热门技术。因为燃料电池在为建筑物、汽车和电子设备提供充足电能的同时,不会对环境造成任何污染。

固体氧化物燃料电池,通过两个化学反应,在电路周围移动负电荷从而产生电流。电池的一面从空气中摄取氧,然后使氧与电子相结合,形成负氧离子。随后这些负氧离子被不断传送,经过燃料电池中间的固态电解质层到达电池的另一面,接着负氧离子与氢气燃料结合形成水。在这一反应过程中释放出的电子穿过整个燃料电池回到原先那一面,这样就完成了一个完整的电路。在整个过程中,燃料电池吸取了氢和氧,产生水和电。燃料电池与普通电池不同的地方就是它不会流失电荷,只要有氢燃料和氧存在,燃料电池就能始终保持工作状态。

与其他种类的燃料电池相比,固体氧化物燃料电池特别适合家用和汽车使用,因为它能以相对较高的功率传输全部电能。但是,固体氧化物燃料电池的工作温度超过700℃,这是其实际使用中最大的 个缺陷。需要如此高温的原因之一,是因为电池中的电解质层,如果不产生大量热量的话,就无法顺利传送负氧离子。该研究小组目前在做的就是改变这一点。

固体氧化物燃料电池内的电解质是一层稳定性氧化钇锆膜,该研究小组通过减小膜的厚度至50纳米,已经改善了离子通过电解质层的传导性。要使膜达到如此薄的厚度而且还要经久耐用是一个不小的挑战。因为燃料电池中注入的都是气体(氢和氧),所以大部分电解质层都不得不与气体接触。同时,这么薄的膜还必须足够牢固来承担一定的压力,比如燃料电池两侧气压差产生的力。为了让气体能够充分渗入,电解质层两侧的铂催化剂排列松散,因此只能提供极小的支撑力。

该研究小组针对这一问题,利用类似半导体产业所使用的制造技术进行实验。他们成功地把稳定性强的氧化钇锆膜置于硅网顶上,使电解质层不仅经久耐用而且可以与气体接触。

研究人员利用这一技术制成的燃料电池,其传送的功率密度在400℃的情况下,达到400毫瓦/厘米^2。传统固体氧化物燃料电池要达到这一功率密度的话,温度必须超过700℃。这意味着,普林茨研究小组在不损失任何功率的条件下,降低了近一半的电池工作温度。

(2)研制用于便携式电子产品的微型固体氧化物燃料电池。2011年1月,日本产业技术综合研究所研究人员,与美国科罗拉多矿业学院同行组成的一个研究小组,在英国《能源与环境科学》杂志上发表论文称,他们研制出一种微型固体氧化物燃料电池,可用于小型或便携式电子产品。这种燃料电池添加了特殊的催化剂层,可大大降低电池的工作温度。

研究人员说,固体氧化物燃料电池的能源转换效率,在燃料电池中是最高的,但这种电池工作温度高,体积较大,只适合用于大型、固定电源。针对目前小型、便携电源的需求日趋旺盛,需要研发微型固体氧化物燃料电池,这就要使用烃类化合物作为燃料。而在原有技术条件下,烃类化合物在低于600℃的环境下难以直接用于发电。因此,降低燃料电池的工作温度是亟待解决的问题。

该研究小组使一种管状微型固体氧化物燃料电池内壁形成纳米尺寸的二氧化铈层,作为燃料电池的重整催化剂层,并证实,这种管状结构和催化剂层能使烃类化合物燃料电池在450℃的相对低温下发电。

研究人员说,这一研究成果有助于早日研制出能在相对低温环境下工作的紧凑型烃类化合物燃料电池系统。

(二)研制把热能转化为电能的燃料电池

研制出由丁烷提供燃料可把热量转化为电能的光伏电池。

2011年8月1日,美国《大众科学》网站报道,美国麻省理工学院军用纳米技术研究所(ISN)工程师伊恩·塞兰诺维茨领导的研究小组,在《物理学评论A》杂志上发表研究成果称,热光伏系统(TPV)能将热转化为电,但其转化效率一直比较低下。现在,他们研制出一种新方法,对一块钨的表面进行操作后,其释放出的光波能被光电池最大限度地利用,并基于此思路研制出一种纽扣光电池,其能源转化效率为同样大小和重量锂离子电池的4倍。

半个世纪前,科学家们就研制出了热光伏系统,这种系统让一个光伏电池和任何热源"联姻",以加热一种名为热发射器的材料,随后,热发射器会朝光伏电池的二极管发射光和热以产生电力。这种热发射器发射的红外线,比太阳光谱中的还要多。

塞兰诺维茨表示,解决办法是设计出一种新热发射器,其仅仅发射出光伏电池的发光二极管能吸收、并能最大限度地将其转化为电力的波长,同时抑制其他波长。

研究小组在钨的表面蚀刻了数十亿个纳米大小的凹坑。当钨吸收热量时,不管热量来自于太阳、碳氢燃料、正在衰变的放射性同位素还是其他热源,它都会发出亮光,而且发射光谱不断变化,因为每个凹坑就像一个谐振器,能释放出特定波长的光波。

他们基于此制造出了一块纽扣电池,其由丁烷提供燃料,运行时间是同样重量锂离子电池的 4 倍,当电力耗尽后,只需加入少量新鲜燃料,就能立即给该电池充电。他们还制造出另一块由一种放射性同位素的衰变提供热源的电池,它能持续发电 30 年,不需要添加燃料也不需要维修保养,有望成为执行长时间太空飞行任务设备的理想电源。

美国能源部信息管理中心提供的数据表明,当今所使用的能量中,有 92% 的能量都需要经过将热能转化为机械能再转化为电能这一过程。但现有机械能系统的效率相对较低,而且无法缩小尺寸以应用于传感器、智能手机或医疗监控设备中。

塞兰诺维茨表示:"能将不同来源的热转化为电力而无须移动零件非常实用,廉价有效地并在小规模上做到这一点非常重要。他确信,进一步的研究,可把这种电池的能量密度提高 3 倍,"届时,新电池能让智能手机持续使用一周。"

(三)研制用于航海舰船的燃料电池

1.开发用于海军舰艇的高效电力燃料电池

2004 年 9 月,有关媒体报道,随着混合电动汽车在美国变得越来越普及,美国海军正在研究将混合电力舰带到远海。

据悉,美国海军研究署正在开发一种新型燃料电池技术,它能使未来舰船得到高效推进的电力,并具有更大的设计灵活性,在此基础上,进一步开发出新型的推进系统。为确保向这种前景光明的技术相对迅速的转移,海军研究署在开发一种从柴油中制氢的方法。柴油重整系统的优势是相对低的燃油成本,而且海军已建立了采购、储存和运输的基础设施。

与燃气轮机和柴油机不同,燃料电池不需要燃烧,因此不会产生类似氮氧化物的污染物。而且燃料电池效率远远高于内燃机。此外,燃料电池将允许设计分配式动力系统。它们不像传统发动机,它们能够将功率分配到整艘舰艇而不是集中在舰艇的主轴上。

目前,海军研究署正在能源部国家工程和环境实验室,试验一台 500 千瓦柴油燃料重整器或整合燃料处理器,其与质子交换膜燃料电池是兼容的。

2.开发用于海洋运输业的燃料电池

2007年8月,有关媒体报道,海洋运输业拥有庞大的航运量,是最大的待开发绿色运输市场。同时,轮船燃料消耗量很大,其二氧化硫排放量是公路柴油车的700倍。

燃料电池引擎是通过化学过程产生电力,而不是通过燃烧过程。虽然成本比柴油发动机高出6倍,但是效率可以提高50%,而且更加清洁,因而弥补了燃料成本上的不足,削减了污染成本。

燃料电池不含移动部件,维修、维护条件并不苛刻,完全可以成为一个安静、稳定的内部组件。为此,欧洲一些企业正在着手开发用于海洋运输业的燃料电池。这些公司希望近年运输船上能安装清洁的燃料电池引擎,并在未来25年内更广阔地拓展其在海洋运输业的应用。

目前,从事海洋运输业燃料电池开发和应用项目的,主要有德国发动机制造商、芬兰的船舶和工业引擎制造商、挪威航运集团等。

(四)研制其他不同类型的燃料电池

1.开发微小型或便携式燃料电池

(1)研制以硼氢化钠产生电力的微型燃料电池。2005年10月,《联合早报》报道,新加坡南洋理工大学机械与生产工程学院副教授曾少华领导的研究小组,开发成功一种高性能微型燃料电池,它以环保物质为燃料,可以长时间提供电力,而且不会对环境造成破坏。

该研究小组研制出一种催化剂,可以很好地控制硼氢化钠溶液产生氢气的过程。在掌握了这一重要过程后,他们使氢气通过自己设计的高性能微型燃料电池产生电力。这种利用硼氢化钠产生电力的微型燃料电池,性能持久,一般干电池用在遥控玩具车上,或许只能维持15分钟,但是这种高性能微型燃料电池,只需10毫升的硼氢化钠溶液,就可以驱动遥控玩具车不停地跑动长达90分钟。

这种微型燃料电池提供的电力不超过5瓦特,大小和现有的干电池差不多,所以可供数码相机、手机、音乐播放器等轻型电器使用。

(2)纳米级燃料电池研究取得重要进展。2006年3月,有关媒体报道,在当今社会,越来越多的便携式电子产品充斥着人们的生活,人们的生活和工作已经离不开iPod、手机、PDA、数码相机、笔记本电脑这些数码产品。但目前存在的主要难题是电源问题,一块手机电池只能维持几天时间,笔记本电脑的电池也就几个小时。与传统电池相比,燃料电池的能量至少要高10倍。一个锂离子电池能提供300瓦小时每升的电量,而甲醇燃料电池却能提供4800瓦小时每升的电量。因此,东芝、IBM、NEC等世界著名企业都投巨资研发燃料电池。

聚合物电解质膜(PEM)燃料电池通过化学反应产生电流,首先化学源产生的氢原子,在催化剂例如铂的作用下分解并产生电子。电解液将在这个过程中产生剩余的氢离子(质子)与燃料分离,并与大气中的氧气结合产生水。与催化剂接触的燃料越多,电池产生的电流越多,催化表面大小是燃料电池功效的关键。

为了在有限的体积内产生更多的电量,科学家在以前的研究中试图在纳米级别研制燃料电池,硅蚀刻技术、蒸发技术等芯片制造业的工艺都被借鉴。但这些方法不但价格昂贵而且受电池二维空间的限制。

报道称,现在,美国威斯康星大学肯尼斯·勒克斯教授领导的一个研究小组,用全新的方法解决了这个难题。新方法不但能提高纳米级燃料电池的性能,而且完全避免了工业生产的技术工艺。他表示,目前最好的催化表面也只是二维的平面,每平方厘米也只能产生几百微安培电量。为了把这个数字增大几个数量级,就应该创造出三维结构的催化表面。

勒克斯教授研制的燃料电池通道非常常见,多孔的氧化铝过滤装置约1美元,这种过滤装置的圆柱形孔洞直径只有200纳米。勒克斯教授用铂铜合金制造纳米导线,然后在硝酸中融解铜,产生一种随机的状态,使表面积最大化。

为了建立一个供能电池,研究人员首先需要在小孔中充满酸性溶液。将一张浸透电极液的滤纸(或者是电极液聚合体)放置于两层纳米电极之间,用来传递氢离子。然后,可以将电极置于该复合体外表面的任何部位,以便容易形成电路。这些燃料电池可以连续或者平行排列,从而使各自提供出更高的电压或者电流强度。

当然,研究结果还不是完全令人满意。勒克斯教授估计仅仅只有1/3的电极具有活性,还有许多地方需要进一步改进。然而,即便如此,该模型具有的能量容积,也比其两倍直径大的平版模型高许多。同时,这一模型还具有价格低等特点,总的材料花费仅为200美元。勒克斯教授称赞它为一种真正简便的技术方法,能量供应相当于一个AA电池。

在将来如果可以熟练掌握燃料电池技术,那么我们就可以开发出一种廉价、可循环使用的电池用于我们的小型电子产品。当能量供应不足时,我们便可以直接去商店买一个燃料电池接替用。

2.开发高效能或高温型的燃料电池

(1)推进高效能的煤炭燃料电池研究。2006年3月,美国《世界日报》报道,美国俄亥俄州民主党籍国会众议员谢罗德·布朗,日前获得联邦政府100万美元专款,以协助改善罗兰及高峰两郡的生活品质及建设。俄亥俄州艾克隆大学化工系教授庄显成领导的"煤炭燃料电池"研究小组,获得其中的50万美元资助。

庄显成表示,"煤炭燃料电池"是艾克隆大学大燃料电池实验室发展出来的新技术,特点是未经净化而含高硫量的煤,在经过一种特殊的阳极催化剂,可导致煤与氧离子直接反应而产生电能,而煤炭燃料电池的效能为目前燃煤发电量的两倍。

此种高效能的电池是利用各电厂普遍使用廉价且存量丰富的煤而产生大量电能,不但成本低廉,也可以减少因二氧化碳的排放所造成的空气污染。在当前能源极端仰赖石油生产与运输价格之际,不啻是一个好消息。

庄显成强调,目前研究实验的结果已证实了此法的可行性,获补助的50万元经费将用于改良缩小电池的体积,以便更能发挥在商业及市场上的用途。

根据庄显成的计划,目前所生产5千瓦的电池,下一个步骤将是在3年内开发250千瓦单位的电池。而他的目标是希望能利用未来先进的科技,研究出能生产上千千瓦的电池。

来自中国台湾的庄显成毕业于台北科技大学改制前的台北工专,后获美新泽西理工学院硕士学位,匹兹堡大学化工博士学位,1986年拿到学位后,即至艾克隆大学任教至今,2006年8月刚卸下自1997年即担任的化工系主任,目前专心授课并带领研究生做学术研究。

庄显成获有两项专利,并写过上百篇关于动力反应、催化反应及吸附反应方面的学术报告,目前专心致力于燃料电池与触媒反应的研究,并担任美国环境保护署等单位的顾问。

布朗议员也肯定了庄显成的研究结果,认为此项技术将有利于增加俄亥俄州工作机会,并为美国制造一个干净且可靠的能源来源。

(2)开发出高温型的燃料电池。2006年11月,德国大众公司宣布,利用磷酸开发出了可在120℃高温下工作的燃料电池。该公司预测,顺利的话2020年便可向市场投放可供日常生活使用的燃料电池车。

此前的低温型燃料电池受制于固体高分子电解质膜的耐热性,只能在大约80℃的温度下工作。这样一来,一旦温度升高,电池单元就会受到损伤。在80℃下工作时与外部气温的温差较小,因此为了冷却燃料电池,就需要比原来的汽油车更为复杂的冷却装置。另外,在供给氢气和空气时还需要连续加湿,担负这一任务的辅助装置变得大而重,所以是导致高成本的原因之一。

此次开发的高温型燃料电池,通过使用浸有磷酸的电解质膜,可在最高160℃的温度下工作,而且也不需要加湿装置。燃料电池车,一般均设想,燃料电池在平均120℃的温度下工作,而此次的燃料电池在温度达到130℃时效率也不会降低。而且与原来的燃料电池相比,工作温度更高,因此可凭借与外部气温存在温度差来简化冷却装置。大众公司认为,与原来的燃料电池相比,整个燃料电池系统所需要的部件可削减至1/3。

在对浸有磷酸的电解质膜进行开发之初,通过试制电池单元进行了发电试验,结果表明,电池单元内部产生的水将电解质膜中的磷酸赶了出去,从而导致发电能力迅速降低。因此,大众公司通过在与电解质膜接合的碳素纤维表面丝网印刷特殊材料隔断了水对电解质膜的入侵,实现了可在高温下使用的燃料电池。

二、开发燃料电池配套材料的新成果

(一)研制燃料电池催化剂的新进展

研制具有金保护层的燃料电池铂催化剂。

2007年1月,美国能源部布鲁克海文国家实验室化学部的张俊良和拉杜斯拉夫·阿德兹奇等人组成的研究小组,在《科学》杂志上发表研究成果称,他们解决了燃料电池中关键的铂催化剂溶解问题,这为燃料电池在电动汽车上的广泛应用创造了条件。

在电动汽车使用的燃料电池中,金属铂是加速电池化学反应最有效的催化剂成分。然而,当电动汽车不时停车与行驶时,燃料电池的化学反应会导致铂发生溶解,而使催化剂的效率降低,这一问题严重影响了燃料电池在汽车上的应用。

为解决铂的溶解问题,研究人员把金原子沉积在金属铂上。在实验室模拟的燃料电池驱动汽车运行环境中,金原子保证了铂在进行汽车加速稳定测试时完好无缺。

在开发新技术的过程中,研究人员用金取代铜在铂的表面形成了单层金保护结构。借助 X 射线探测手段,他们通过了解铂的氧化程度及其结构变化,进而知道金保护层对铂的保护效率。实验中,在电压 0.6~1.1 伏的变化范围内,进行了 3 万多次氧化还原循环(即如同汽车不断停车和行驶)运动,发现具有金保护层的铂催化剂性能十分稳定。

阿德兹奇说:"人们认为燃料电池将成为一个主要的清洁能源,在交通方面会有重要的应用。然而,尽管它具有许多的优点,但是现有燃料电池技术却限制了它的发展,其中包括铂阴极催化剂的溶解,在此前的测试中,铂催化剂 5 天内损失了 45%。采用新技术在铂上沉积金原子后,研究小组获得的实验结果显示,我们有望解决铂溶解的问题。我们希望,在下一步的研究中,利用真正的燃料电池进行试验,并获得相同的结果。"

(二)研制燃料电池所需的其他配套材料

1.研制燃料电池用的超薄电解片

2005 年 9 月,国外媒体报道,燃料电池有望给人类带来无污染的电力来源,但是有些类型的燃料电池运行使温度过高,根本无法投入到实际应用中。不过,近日,美国得克萨斯州休斯敦大学超导电性和先进材料研究中心主管阿力斯·依纳蒂耶夫领导,其同事参与的一个研究小组,已经有针对性地推出一项研究成果,也许能解决燃料电池温度过高问题。

从 20 世纪 60 年代开始,航天领域就已经开始使用燃料电池来驱动太空飞船。也许不久以后,它们在世界各地普遍使用,为汽车、卡车、笔记本电脑以及手机提供电力。

燃料电池通过氢燃料与氧混合能够产生大量电能,同时唯一的排放物为水。这些水十分干净,宇航员在太空飞船上就可以喝燃料电池产生的水。

近几年,人们越来越热切地希望把这种毫无污染的技术市场化。但是现在面临几个问题:在大多数加油站无法补充氢燃料。而且依靠燃料电池的汽车与电脑现在仍然比较昂贵。正是这些问题把燃料电池限制在少量展示性汽车以及特殊领域的应用,例如太空飞船的船载燃料及医院、机场的后备电源等。

目前,针对这些困难的研究正在展开。依纳蒂耶夫研究小组希望发明一种工作温度在500℃,而不是灼热的1000℃的"固体氧化物"燃料电池,来降低它的生产成本并提高易燃性。

依纳蒂耶夫说:"我们所取得的成果,是把燃料电池的心脏,也就是一片用来控制带电离子流的电解片的厚度降低到1微米。"

据悉,目前固体氧化物燃料电池的电解片厚度都在100微米或以上。依纳蒂耶夫解释说:"降低厚度能够减少内部电流电阻,这样一来我们就能在相对低的温度下得到同样的电能。"

为了制造这种超薄的电解片,该研究小组所做的不仅仅是削薄整块材料的厚度直到达到理想效果,而是一个原子一个原子地培植电解片,也就是通过一种叫作"外延附生"的技术每次沉积一层原子。该中心所制成的燃料电池电解片大约为1000个原子的厚度。

在一般的温度下产生出相同的电能,相应的多米诺效应便是大大节省了成本。举例来说,可以用更加低廉的原料来制造燃料电池,而无须使用能够在1000℃的温度下工作、价格昂贵的耐热陶瓷或高强度钢材。汽车与个人电子产品也能够使用燃料电池,抛开有毒材料与散热系统,把成本降得更低。所有的一切,都暗示着这样的燃料电池正在向正确的方向发展,并且具有广阔的经济前景。

2.研发出燃料电池用无机复合材料

2008年7月,日本媒体报道,日本丰桥科技大学一个研究小组,研制出具有高质子传导性的无机复合物。这种物质可能可以作为电解质材料,被应用到固体高分子燃料电池中。

研究人员表示,该复合材料是硫酸氢铯与磷钨酸的混合物。硫酸氢铯与磷钨酸经常在石化合成产品中被用作催化剂,最近也引起了燃料电池界的关注。研究发现,这两种物质的混合物打破了化学键,从而创造了有利于质子传导的环境。研究发现,质子的传导可以达到以往的1万倍。

固体聚合物燃料电池通常使用有机高分子材料作为电解质,但这种材料必须要一定的湿度,以促进其反应,所以燃料电池必须安装加湿器。

新的无机复合材料由于具有高的质子电导率,所以不需要加湿器。这样,燃料电池可以设计得更小,结构更简单;同时当加热超过100℃时,有机高分子材料将变形,而新的无机复合材料仍然能保持高性能。使用新材料作为电解质,有助于降低铂的使用量,从而降低燃料电池的成本。

3.研发有望提高燃料电池性能的超级晶格材料

2008年7月31日,美国能源部橡树岭国家实验室材料科学和技术部门研究人员玛丽亚·瓦瑞拉,与斯蒂芬·潘尼库克等人,在《科学》杂志上刊登研究文章称,马德里大学等两所西班牙大学研究人员研发的一种具有特殊性能的新材料,经过他们对这种新材料的结构特性测定,认为它有望帮助人们获得更高效率的燃料电池。

经过测定的这项新成果是由两种晶体组合的,能够在接近室温条件下极大提高离子电导性的超级晶格材料,

通常,固体氧化物燃料电池,需要有能让氧离子从阴极运动到阳极离子的传导材料或固体电解质。然而,离子比电子大得多,目前还没有原子级间隙足够大的、能让离子顺利传导的材料。同时,其他的燃料电池材料往往是迫使离子经过狭窄的通道,而不是让离子从一个空穴跳跃到另一个空穴,因此传导效率低。

研究人员用来测定新材料结构特性的主要设备是橡树岭国家实验室的300千伏Z衬度扫描透视电子显微镜,其像差修正分辨率接近0.6埃米。通过该电子显微镜获取的图像,研究人员揭示了新材料具有超级离子电导性的原因在于分层材料独特的晶体结构。瓦瑞拉表示:"通过显微镜,我们能够看到密排但仍然有序的界面结构,这种结构为离子传导提供了宽广的通道。"

瓦瑞拉说,由两种具有不同晶体结构材料组合形成的分层新材料,解决了离子通道问题。原因是两种晶体结构的失配导致其结合处的原子排列变形,拥有许多未占用的空间,从而产生了让离子顺利传导的通道。此外,以往的燃料电池材料通常要在高温下才能传导离子,新材料在接近室温的条件下便具备维持离子电导性的能力。研究人员表示,事实上,高温是开发燃料电池技术的一个主要障碍。

开发这种材料的西班牙研究人员已经观察到新材料卓越的离子电导性,但对具有如此超强离子电导性材料的结构特征却不太清楚。美国橡树岭国家实验室人员利用Z衬度扫描透视电子显微镜,帮助他们获得了答案。

三、研制燃料电池出现的新技术

(一)开发改善燃料电池性能的新技术

1.利用纳米材料改进燃料电池的新技术

2004年9月,美国有关媒体报道,威斯康星大学詹姆斯教授领导的研究小组,近日提出,可以利用纳米材料的催化作用,来改进燃料电池的设计,无须继续使用去除一氧化碳的传统做法。

据报道,燃料电池是通过电气化学反应从氢和氧中提取电能和热能,因此需要电解质膜、气体扩散层、分裂装置等多重复杂结构。低温燃料电池一般需要铂来做催化剂。但在发电过程中,会产生一氧化碳。如果不加以处理,一氧化碳就会使铂催化剂失去效用。为此,制作燃料电池时就需要建立专门的系统,用于把一氧化碳转化成二氧化碳,但这一过程费时费力。

该研究小组发现的一项新成果将影响燃料电池的发展。他们在聚合电解膜(PEM)上包上纳米材料。结果发现,铂会催化一氧化碳和水反应,生成二氧化碳等。这样,就不需要专门加温来排除掉一氧化碳了。

2.采用金属纳米粒子分散技术提高燃料电池电极活性

2012年4月,日本物质材料研究机构环境再生材料部阿倍英树研究员领导的

研究小组,在英国皇家化学学会杂志《化学通讯》上发表研究成果称,他们采用金属纳米粒子分散技术,使燃料电池电极活性提高了15倍。

研究人员在呈树枝结构的有机分子"G5OH"水溶液中,混入凝聚的铂金属纳米粒子,经过一周的搅拌发现,金属纳米粒子凝聚解散,被"G5OH"吸收并溶解在水里。如再在水里插入碳棒并给电压后发现,金属纳米粒子被吸收于"G5OH"内部,可分散在碳棒的表面并固化。

对固化在碳棒表面的金属纳米粒子作燃料电池催化剂反应之一的氧化还原反应后发现,与凝聚的金属纳米粒子相比,每克铂的活性高出15倍。

研究人员称,金属纳米粒子合成时,在催化剂中容易相互聚集,导致催化活性大幅度降低,目前的技术虽然可以让金属纳米粒子分散、固化在碳材料载体表面,防止凝聚,但还不能从根本上解决问题,只能靠加大稀有金属使用量来弥补催化剂活性的不足。

(二)开发降低燃料电池成本的新技术

1.研制燃料电池成本大幅降低的新技术

2009年12月,美国《世界日报》报道,汽车研发技术日新月异,各类替代能源如雨后春笋,在此背景下燃料电池正朝提升续航力、高稳定性与低成本目标迈进。美国河滨大学化学环境工程系主任严玉山在燃料电池研究有突破成就,促使其制造成本大幅下降,获得美国联邦能源部高级研究计划局优秀成果奖,成为全美37位获肯定的学者之一。

该奖得主由联邦能源部长朱棣文公布,全美递交申请的研究报告超过3700件,严玉山获此殊荣实属难得。来自中国吉林的严玉山,中国科学技术大学毕业,后于加州理工学院取得学位,11年前任教于河滨加州大学至今。

两年前,他与来自大连的研究生顾爽投入燃料电池研究,以大幅降低开发成本为前提,运用碱性环境下,以镍、银两种较便宜的材料,取代昂贵的铂和杜邦专利高分子黏着剂全氟磺酸,大幅降低制造触媒成本,若未来量产应用,将对汽车业、能源业带来革命性改变。

按照严玉山的评估,镍、银和膜只要原成本的1/500,促使燃料电池车种大幅降低制造成本,使售价平民化。同时,未来所需能源也不必依赖较危险的氢气,改换用甲醇和乙醇等液体。

1839年燃料电池技术问世,科学研发都着眼于酸性环境与铂,反而忽略从碱性环境下手,直到20世纪60年代杜邦的全氟磺酸技术推出,人们以为找到答案,未料数十年过去材料成本仍没大幅下降,严玉山以不同角度观察研究,获得重大成果。

以目前进度,加上联邦拨款90余万美元经费,他相信最快5年可应用到市场,未来甚至可利用到太阳能、风能发电领域等。

2.开发降低燃料电池成本的催化剂铂分解技术

2013年6月,加拿大西安大略大学的孙学良和岑俊江主持,麦克马斯特大学、加拿大光源中心同步加速器和巴拉德动力系统公司研究人员参加的一个研究小组,在《自然》杂志的网络版上发表研究成果称,他们发现,把昂贵的铂金属分解成纳米粒子(甚或是单个原子)可制造出更低成本的燃料电池。

研究人员表示,通常用作催化剂的铂金属是非常昂贵的,但其只有表面的原子可起作用。表面之下的其他原子不具有作为催化剂的功能,铂的有效利用率只有 10%~20%。通过分散铂金属的方式,可大大提高每个原子的使用效率。于是,他们开发出一种利用原子层沉积的新方法。这种表面科学技术可用于对化合物进行沉积,创建单原子催化剂。

加拿大光源中心的同步辐射和超高分辨率透射电子显微镜,在跟踪铂的化学特性及其表现方面发挥了很大的作用,说明该技术已基本可把铂分解成"尽可能小"的部分,从而使其表面积得到最大化。

加拿大光源中心产业科学部主任杰夫·卡特勒称,科学家已利用加拿大光源中心的硬 X 射线显微分析光束确认了这些成果。加拿大光源中心同步加速器是全球从事纳米材料研究的最佳设施之一,而巴拉德动力系统公司则是顶尖的燃料电池企业。强强合作是成功研发下一代燃料电池的关键。

巴拉德动力系统公司首席研究科学家叶思宇则称,以更有效的方式使用铂材料可使燃料电池更具有成本效益,从而大大拓宽其商业化前景。

第三节 研制其他电池的新进展

一、探索轻金属电池的新成果

(一)研制钠电池取得的新进展

1.推进钠电池研究的主要成效

(1)找到钠离子充电电池改进的新途径。2011 年 6 月,有关媒体报道,为将太阳能和风能产生的电能并入电网,管理人员需要就近在太阳能和风能发电厂安装可大量储存电能的电池。常见的用于电子消费品和电动汽车上的锂离子充电电池具有良好的储电能力,但是由于价格昂贵而无法大量生产和应用。钠离子用于充电电池是另一个最好的选择,不过目前钠硫电池运行温度为 300℃,相当于水沸点温度的 3 倍,这使得钠硫电池既不节能又不安全。

研究人员的目标是要采用廉价的钠,同时使用锂离子充电电池中的电极。最近,通过对电极材料进行恰当的高温处理,研究人员开发出了能提高钠离子充电电池电能和寿命的方法,从而有望让钠离子充电电池成为替代电网中用于大规模储存电能的廉价新途径。

寻找到新方法的是美国和中国学者组成的研究小组。在美国西北太平洋国家实验室化学家刘军和中国武汉大学化学家曹玉良的领导下,研究人员利用纳米材料制作出能够用于钠离子充电电池的电极。刘军表示,钠离子电池使用食盐中的钠离子成分,并在室温下工作,这将使得充电电池更为廉价且更加安全。

锂充电电池中的电极由氧化锰材料制成,其材料中原子之间存在许多小孔和通道。当电池在放电或充电时,锂离子能够在小孔和通道中穿行。事实上,锂离子的这种自由运动保证了电池电能的储存或释放。不过,简单地用钠离子取代锂离子则无法正常工作,因为钠离子比锂离子大70%,它们无法在氧化锰原子间的小孔和通道中自由穿行。

在寻求增大氧化锰材料中原子小孔和通道的途径时,研究人员将注意力转向了更小的物质,具有独特性能的纳米材料。在研究探索中,研究小组把两种不同种类的氧化锰原子基础材料混合起来,一种的原子排列成金字塔状,两个金字塔结构的基底结合在一起后形同钻石;另一种的原子排列为正八面体。他们期望混合材料最终能形成大的 S 形通道和更小的五边形通道,以便让钠离子通过。

为此,研究人员把混合的材料经过 450~900℃ 的高温处理,然后分析处理后的结果,并检测何种温度处理效果最佳。利用扫描电子显微镜,他们发现,不同的温度下获得的材料的品质也不相同。750℃ 处理后的氧化锰形成了最佳的晶体,温度低时晶体看上去很古怪,温度高时晶体成较大的平板状。

借助美国能源部所属环境分子学实验室的透射电子显微镜,研究人员观察到,经过 600℃ 处理的氧化锰混合物形成的纳米导线上有妨碍钠离子运动的凹坑,750℃ 处理后的混合物纳米导线均匀和透明。

然而,对研究人员而言,即使是最上等的材料,如果不能满足工作的需要,那么它也只不过是装饰品。为了解经过高温处理后获得的氧化锰纳米晶体是否既中看又中用,他们将其制成电极放入含有能帮助氧化锰电极形成电流的钠离子的溶液中,然后不断地对实验用电池进行充电和放电测试。

在对用混合氧化锰纳米材料为电极的实验电池进行的放电测试中,研究人员测量到的每克电极材料峰值电量为每小时 128 毫安,此结果超过了过去其他研究人员完成的实验。在以往的实验中,曾测量到峰值电量为 80 毫安时的结果,据悉,该电池也采用了氧化锰电极,但电极的生产方式不同。研究人员认为,过去实验出现较低峰值电量的原因是由于钠离子导致氧化锰结构发生变化,而在经过高温处理后的纳米氧化锰电极中,氧化锰的结构不会或很少发生变化。

除输出高峰值电量外,高温处理后获得的氧化锰纳米电极材料能够让电池保持充/放电循环能力,这在商业应用中十分重要。研究人员发现,经过 750℃ 处理获得的电极材料效果最好,在 100 次充/放电循环后,电池电量仅减少 7%。而经过 600℃ 和 900℃ 处理后的材料,在相同的情况下电量损失率分别为 37% 和 25%。同时,即使是在 1000 次充/放电循环后,采用 750℃ 处理后的材料制作电极的电池电量,仅比最初的电量下降了 23%。对此,研究人员认为此纳米电极材料具有良好的工作性质。

此外,在对实验电池以不同速度进行充电的测试中,研究人员注意到充电速度越快,电池能保存的电力越少。这说明充电速度能够影响电池的储电能力。在快速充电时,钠离子并不能以足够快的速度进入电极通道并将它们填满。

为解决钠离子移动速度慢的问题,研究人员设想今后制作尺寸更小的纳米导线来加速充/放电过程。电网中的电池需要快速充电,这样它们才能够尽可能地储存从可再生能源那里获得的电能。同时,它们也需要具有快速放电的能力,以便满足电力消费者在打开空调和电视甚至为电动汽车充电时的需求。

(2)研发钠离子电池初见成效。2012年4月30日,东京理科大学薮内直明讲师、驹场慎一副教授领导的研究小组,与电池专业制造商GS.YUASA公司合作,在《自然·材料》网络版上发表研究成果称,他们成功开发出新型钠离子蓄电池电极材料。

实验表明,钠离子氧化物含有同量的铁、锰,在层结构中,钠离子作为电储存在层间,其存储量和储放电速度与锂离子电池相同。

目前,日本锂等稀有金属靠进口,而钠却大量存在于海水中,不愁资源短缺。今后随太阳能、风能等天然能源的普及,蓄电池作为辅助电源在保障供电中将发挥重要作用,同时,钠离子电池也不受资源限制能确保稳定生产。

研究人员表示,本次钠离子电极材料研发取得成功,下一步将继续研发用该新材料做正极、碳材料做负极的电池,比照现有蓄电池性能,发现问题解决问题,争取在5年后进入实用阶段。

(3)开发出能在室温下工作的全固体钠电池。2012年5月,日本大阪府立大学一个研究小组,在《自然·通讯》网络版上发表论文称,他们开发出一种利用钠离子导电性的无机固体电解质,并证实用这种电解质制成的全固体钠电池能在室温下正常工作。

作为纯电动车的驱动电源和太阳能发电、风力发电的存储设备,高性能蓄电池的开发迫在眉睫。利用钠离子实现反复充电、放电的蓄电池,由于钠资源储量丰富和容易实现低成本生产,被部分专家视为替代锂离子电池的下一代蓄电池。

目前,利用钠离子导电性的钠硫电池等大型电力存储用蓄电池,已进入实用化阶段,但这种电池工作时需加热到250℃以上,以使其正极的硫和负极的钠处于熔融状态,保持电池内部的低电阻。而使用无机固体电解质的,且正负极全部使用固体材料的电池,不仅更安全,而且兼具单位体积存储能量多和使用寿命长等优点。

该研究小组通过使玻璃结晶的方法,发现一种固体电解质,这种电解质能析出此前未曾报告过的立方晶系硫代磷酸钠。研究人员证实,这种固体电解质在25℃的室温下具有高电导率。把这种电解质微粒在室温下粉碎成型并制成的全固体钠蓄电池,可在室温下反复充电、放电。

研究人员表示,提高全固体电池的性能还需进一步增大电解质的电导率,以及在电极和电解质之间构筑良好的固体界面。他们今后将致力于解决这些课题,以期研制出实用的新一代蓄电池。

2.探索降低钠电池制造成本的新举措

尝试用木头来制造低成本钠电池。2013年7月,英国《经济学家》杂志网站近日报道,美国马里兰大学的李腾和胡良兵两位博士开展的一项新研究,可能很快会让木头作为高科技应用的先进材料。他们的实验表明,倘若能有效地利用木材,就可以成功地制造出钠电池,取代目前的锂电池,大幅降低电池的制造成本。

锂和钠在化学性质上十分类似,只不过钠离子的"块头"是锂离子的5倍。鉴于电池正是通过让离子在阴极和阳极之间来回穿梭来工作的,离子越大,这种穿梭造成的破坏越大,进而缩短电池的寿命,因而钠离子失去了制造电池的资格。但工程师们仍然希望设计出商用的钠电池,因为钠的储量远比锂丰富。

研究小组想知道,是否可以通过使用更柔韧的材料做电池框架来减少对电极的损害。这类框架也会与电极之间传递电流,一般由金属制成,因此十分坚硬。但他们认为,经过处理的木头也可以很好地承担这一传导任务,并为由于离子的进进出出而不断膨胀、缩小的电极提供更好的支撑。

他们使用黄松木薄片对这一想法进行了测试。他们先用碳纤维管包裹薄片,以提高其导电能力。然后在每块薄片上加了一薄层锡(锡是锂或钠电池阳极的理想材料),再将薄片浸入含有钠离子的电解液中,并让得到的电池进行了400次充放电循环。为了便于比较,他们也用铜块制造了同样的电池。

得到的木框电池并不完美。其初始电容为339毫安时/克,经过400次充放电循环后下降到145毫安时/克,然而,以初步开发的模型来说,这并不算太坏。而且,其性能远胜铜框电池,后者的初始电容仅为50毫安时/克,经过100次充放电循环后就下降到了22毫安时/克。这一结果表明,木头似乎可以用来制作电池框架。

不过,人们并不会很快在手机或手提电脑中看到木框电池,这也并非这两名研究人员的初衷。他们的研究将用于大块头钠离子电池的开发,这些电池可以在夜间存储太阳能发电站提供的电力。

目前,廉价的存储设备是太阳能这块能源拼图上缺失的一块,很多科学家的解决方案都集中在制造越来越复杂的人造材料。如果这块拼图由一种最古老的材料而非时髦的新材料填满,或许会让人大跌眼镜。

(二)研制其他轻金属电池取得的新进展

1.开发出高性能的铝电池和含铝电池

(1)研制出首款可商业应用的高性能铝电池。2015年4月6日,美国斯坦福大学化学教授戴宏杰领导、龚明等人参与的一个研究小组,在《自然》杂志网络版上发表论文称,他们研制出首款可商业应用的高性能铝电池,它充电快、寿命长而且还很便宜，使用这种电池的智能手机充满电仅需1分钟。专家认为，新型电池有可能取代目前广泛使用但仍存在不足的锂离子电池和碱性电池。

因铝电池具有成本低廉、不容易燃烧且有很高电荷存储容量等优点，研究人员数十年来试图研制出经济可行的铝离子电池，但一直未获成功，其中关键的挑战在于找到合适的正极材料和电解液材料，让铝电池在不断充放电循环后仍能产生有效电压。

戴宏杰说："人们尝试多种正极材料，但效果差强人意。我们无意中发现了一种新型石墨材料，其拥有极佳的性能，可用做电池的正极。"

据报道，研究人员在实验中，把由铝制成的负极和由石墨组成的正极，再加上离子液体电解液，置于一个由柔性高分子包裹的铝箔软包内制造出这款电池。龚明表示："电解液基本上就是室温状态下的液体盐，因此，整个系统非常安全。"

戴宏杰还说："新研制的可充电铝电池比传统锂离子电池更加安全，锂离子电池可能会爆炸，为了防患于未然，美国联合航空和达美航空公司最近就禁止民航飞机托运大块的锂电池，而铝电池则不会爆炸。另外，目前配备锂离子电池的智能手机充电可能需数小时，但使用这种铝电池，为手机充满电只需一分钟。"

另外，新电池的寿命也很长。其他实验室研制的铝电池只能充放电100次，一般的锂离子电池最多也只能充放电1000次，而新的铝电池在经过7500次充放电循环后容量毫无损失。研究人员表示，"这是第一次研制出这种超快，且在经过数千次充放电循环'折磨'后，还能安然无恙的铝离子电池。"

戴宏杰表示，新电池的另一个特征是其身段柔软，你能让其弯曲也能将其折起来，因此，有用于柔性电子设备的潜力。另外，这种电池也能取代会污染环境的碱性电池，而且铝电池也比锂电池便宜。"除了用于小型电子设备，这种铝电池还能被用来存储电网内的可再生能源。戴宏杰解释说："电网需要寿命长且能快速充放电的电池，我们的铝电池是完美的选择。"

不过，新型铝电池产生的电压，仅为传统锂电池的一半，戴宏杰希望能通过提升正极材料的性能，最终提高铝电池的电压并增加能量密度。

(2)研制以铝和二氧化钛为阳极的高效新电池。2015年8月，有关媒体报道，美国麻省理工学院一个研究小组，研制出一种名为"蛋黄"和"蛋壳"的新电池技术。研究人员开发出的这种新"鸡蛋"电池，使用一种由固体"外壳"包裹的纳米粒子电极里面有一种"蛋黄"，可以反复改变电池的尺寸，而不损坏外壳。

研究人员表示，这项发明可以大幅提升电池的寿命，同时还能提升电池容量和电能。

据悉，这种新的"鸡蛋"电池的阳极使用了一种铝"蛋黄"和二氧化钛"外壳"。换句话说，这种电池将不同于目前的锂离子电池，它们扩张和收缩，同时不会减少电池电量。由于增加了铝和二氧化钛的材质，在普通充电情况下，电池容量将是普通电池的3倍。由于不存在"扩张-收缩"性能衰退，这类电池能够6分钟充满电。

2.开发出高性能的镁电池

开发出低成本高性能的镁蓄电池。2014年7月,日本京都大学内本喜晴教授领导的一个研究小组,在英国《科学报告》杂志网络版上报告说,他们利用镁开发出一种蓄电池,与锂电池相比,其充电量和放电电压更高,而成本则低得多。

如今的智能手机和笔记本电脑中广泛应用锂电池,不过锂是稀有金属,其价格较高且耐热性较差。日本研究人员说,镁与锂相比有多种优点,比如锂的熔点约为180℃,而镁的熔点高达约650℃,因而更为安全,镁的蕴藏量也比锂丰富得多。

不过,开发镁电池也面临一些技术困难,例如此前一直没找到合适的正极材料,同时也缺乏能帮助稳定充电和放电的电解液。

内本喜晴研究小组发现,使用一种铁硅化合物作为电池正极,以一种含乙醚的有机溶剂作为电解液,可以制作出镁蓄电池。这种电池的充电量达到了锂电池的1.3倍,其放电的电压也比锂电池高了2伏特,并且实现了稳定的充放电,其材料费用却只有锂电池的约10%。

研究小组认为,通过改良这种镁蓄电池的电解液还能进一步增加充电量。研究人员正准备进一步开展研究,缩小镁蓄电池充电和放电时的电压差,减少能量损失,以早日达到实用化。

3.推进以钙为原料金属电池的研发

发现用钙为原料可制成液态金属电池。2016年3月,美国麻省理工学院材料化学教授唐纳德·萨多维领导,他的同事及学生参与的一个研究小组,在《自然·通讯》杂志上发表研究成果显示,用丰富且廉价的化学元素钙为原料可以制成三层液态金属电池。

10年前,该研究小组发明了大容量液态金属电池。现在,他们又发现了可使这一技术更加廉价、实用的新的化学成分钙,为液态金属电池的大规模应用开辟了道路。

萨多维表示,这一发现实属意料之外,因为钙的属性让它看起来几乎不可能成为液态金属电池的原料。一方面,钙很容易溶解在盐溶液中,然而液态金属电池的主要特征之一就是它的三种关键成分要形成相互独立的层;另一方面,钙具有很高的熔点,如果用它做原料,液态金属电池就不得不在900℃的高温下工作。

然而,这种看起来最没希望选用的材料却激起了研究人员的兴趣。因为廉价的钙可以大大降低液态金属电池的成本,而且其固有的高压性能,使其成为液态金属电池负电极层的优秀"候选人"。

为了解决钙的熔点问题,研究人员把钙与廉价且熔点远低于钙的镁进行了合金化处理。二者的结合使原来的熔点降低了300℃,同时依然保持了钙的高压性能。

接着,研究人员在液态金属电池中间层即电解质的设计上进行创新。电池在使用状态时,电离子会在电解质中游动,伴随着它们的游动,电流会从连接液态金属电池两极的电线中通过。

新设计的电解质包含氯化锂和氯化钙的混合物,而作为负电极层的钙镁合金,恰恰不易溶解于这种电解质。这一设计还带来了新的惊喜。通常,在通电的电池中,游动的电离子是单独行动的。例如,在锂离子电池中只有锂离子会游动,在钠硫电池中只有钠离子会游动。但是研究人员发现,在最新设计中,多种电离子会在电解质中游动,增加了电池的整体能量输出。

萨多维表示,这一偶然发现将为电池设计开辟新的道路。他说:"随着时间流逝,大家可以探索化学周期表上更多的元素来找到更好的电池配方。"

二、用重金属研发电池的新成果

(一)研制常用重金属电池取得的新进展

1.推进含镍电池研究的主要成效

(1)开发出高效镍锌电池。2005年8月,有关媒体报道,法国与西班牙两国研究人员联合组成的一个研究小组,在为电动滑板车开发一种新型充电电池的过程中,研制出经济可行的高效镍锌充电电池。

这种电池长期以来就具有代替传统镍镉电池的潜力,因为镍锌电池不仅能够提供足够的电力,而且在保护环境上也具有相当的优势,然而,锌电极的不稳定性将重复充电次数限制到了20次。该项目小组的研究人员最终克服了这一难题,并且可以生产出安全的镍镉电池替代品,同时重复充电次数能够达到1000次以上。

据悉,研究人员将一种由西班牙合作研究者研制的新型导电陶瓷,研磨成细末,然后加入到电极中,阻止了能够引起导电性衰减和短路现象的锌合成物的产生,成功地使锌电极保持在稳定状态。

(2)研发超低自放电高性能镍氢电池。2007年3月,日本媒体报道,继三洋及松下公司之后,索尼公司也于近日发布消息,宣称其研发成功超低自放电镍氢电池。据悉,全新的索尼高性能镍氢电池将于2007年3月份开始销售,而售价方面目前尚未确定。

索尼公司表示,自放电镍氢充电电池具有高度的环保性与经济性,可以重复充电达1000次之多,同时亦大幅改善了电池在充电后的自放电缺点。传统充电电池的电力会随着时间不断耗损,即使没有使用,在一年后电力也会耗损殆尽。不过,索尼自放电镍氢充电电池经过全新设计,即使经过一年还能够保持85%的电力,不必担心发生断电危机。值得一提的是,自放电镍氢充电电池在出厂时就已经充好电力,消费者买回家马上就可以使用,不必再等待充电的过程,节省了宝贵的时间,大幅提升了使用的便利性。

索尼自放电镍氢充电电池,既经济、又方便,同时又兼具高度环保概念,再加上充电后电池耗损率为同类商品最低,因此不论是数字相机、MP3 播放器或是家里的遥控器、闹钟,都可以通过它获得源源不绝的超强电力。

2.研制含铜或含锑电池的新收获

(1)用含铜纳米材料为电极制成可充电 4 万次的新电池。2011 年 11 月 22 日,斯坦福大学一个开发新能源技术的研究小组,在《自然·通讯》杂志上发表论文称,他们利用含铜纳米材料开发出一种电池阴极,可反复充电 4 万次,且电池容量损耗不大。

新能源技术的不断进步,使得能源行业对电池的需求不断增加。可大量快速充放电的电池不仅能够适应电力需求的周期性波动,还可以存储太阳能、风能等间歇性能源。然而,目前的电池技术要么过于昂贵,要么充电次数不足以满足实际的需要。

由于电网电池需要的是大型储能电池,因此新电极采用了价格低廉、自然储量丰富的物质。电极由铜及铁基纳米材料构成,使用水性硝酸钾电解液,充放电时,钾离子在电极间移动。研究人员首先用铜替代普鲁士蓝(亚铁氰化铁)的一半铁,然后将新化合物制成纳米晶体,覆盖在布状的碳基质上,最后将其浸入硝酸钾电解质溶液中。研究表明,新电极充电 4 万次后,其电池容量依然可以保持83%。目前,铅酸电池可充电数百次;锂电池可充电 1000 次左右。

新电极也存在弱点,其充电容量相对较低,为 60 毫安时,而锰氧化物阴极的充电容量为 100 毫安时。此外,以铜替代铁也会相对提高电极的成本。对于电网而言,重要的是充放电的能源价格,新电极可充电上万次,可能会在充放电的能源价格上占据一定的优势。如果其充放电的能源价格低于钠硫电池,无疑将成为大赢家。此外,能源效率也十分关键,现在还不清楚新电极在充电时有多少能源损耗。

研究人员表示,该成果向制造新型低成本电池,使电网能够储存大量电能迈出了重要的一步。目前他们正在调制电池阳极,并着手开发电池原型。

(2)用锑合金制成可储存大量绿色能源的新电池。2014 年 9 月,美国麻省理工学院材料科学家唐纳德·萨多维领导的一个研究小组,在《自然》杂志发表研究报告称,多年来,科学家一直试图发明能够储存大量绿色能源的廉价电池,可以在用电需求高峰时将能量输入电网。早期的一大挑战是电池必须在高温状态下工作,因而很容易被腐蚀。现在,他们设计出一种用锑合金制成可在较低温度下工作的新型电池。

传统固态电池(如锂离子电池)能储存大量能量。但其电极(收集和释放电的区域)需要经历复杂的生产过程,且造价昂贵。一个降低成本的替代方案,是利用液态金属制造电极。这种电池的金属和电解质具有不同密度,因而能自然地分成彼此独立的 3 层。

这种电池的早期版本由萨多维设计,上电极由液态镁制成,下电极由锑制成,在两者中间是熔盐电解质。问题在于,保持这些液体材料正常运行,需要将电池加热到近700℃,进而导致其他电池组件被腐蚀。

该研究小组用锂替代了镁,锂在180℃状态下就可被液化。但这只解决了问题的一半,因为锑必须加热到630℃才能被液化。研究人员考虑向锑中加入别的金属制成合金,使其能在较低温度下液化。但早期研究显示,这种合金产生的电压较低,大幅降低了电池可存储的电量。

研究小组继续测试以锑为基础的不同合金。当他们向锑中加入不同量的铅时,有了意外发现。铅含量约占整个锑合金的75%,该合金可在327℃液化并维持高电压。萨多维说:"合金保留了所有锑的优良属性,但远低于锑的熔点。"

美国伊利诺伊州阿贡国家实验室,能源存储研究中心负责人乔治·克拉布特里说:"该研究向正确的方向迈出了重要一步。"他指出,在减少效率损失方面,该技术还有很长的路要走。如果这些能量损失可以降低,该电池将有很大希望进入市场。该电池一大优势在于,其电极是液体而非固体,因而不容易在重复充电和放电时损坏。

(二)用贵金属及其氧化物研制电池的新进展

1.用氧化银开发无汞纽扣式电池

2005年8月,有关媒体报道,日本一家公司用氧化银开发出不使用铅和汞的纽扣式电池。此次实现无铅和无汞主要得益于在集电体的表面处理上下了功夫,采用提高了耐腐蚀性的锌合金,使用防止锌反应的腐蚀抑制剂。这样一来,即使不使用铅和汞,也可以防止产生氢气,使电池内部的电解液难以渗漏。当前的纽扣式氧化银电池使用铅和汞,就是为了防止用作负极活性物质的锌因受到电解液的腐蚀和溶解而产生氢气。如果产生氢气,电池内部的压力就会升高,导致电池膨胀和漏液。

此次的产品中,由于对于集电体负极接合剂接触的部分进行了表面加工,排除了杂质,因而使集电体表面无须再覆盖一层汞膜。此外通过采用提高了耐腐蚀性的锌合金,使用防止锌反应的腐蚀抑制剂,使防漏液性能比该公司过去产品提高了1.5倍左右。

除此之外,还在电池的负极外封套和正极外封套的密封方法上下了功夫,使新产品在物理结构上比过去的产品更难以出现渗漏,同时可使内部电阻值降低约40%。电解液使用可防止放电性能降低的碱溶液为材料,从而使使用温度范围扩大到了-20℃~+60℃。而该公司过去产品的使用温度范围是-10℃~+60℃。据悉使用温度范围是应钟表厂商的要求而扩大的。

研究人员说,这种用氧化银制成的无汞纽扣式电池计划在近期建好无尘室等设备的新工厂生产。目标是2006年度月产2000万个、2007年度月产3000万个。

2.用金纳米线制成可反复充放电数万次的新电池

2016年4月,美国加州大学尔湾分校博士研究生妙乐泰负责,化学系主任雷吉诺德·佩纳等参与的一个研究小组,在美国化学学会《能源研究快报》上发表研究成果称,在很多情况下,电子设备能用多久取决于电池的寿命。不过,这种状况可能持续不了多久。近日,他们发明了一种以金纳米线为材料的新型电池,可以反复充放电数万次。这一技术突破可能使生产寿命超长甚至终生无须更换的商业电池成为现实。

纳米线直径只有头发丝的几千分之一,但导电性极强,而且具有很大的表面积来储存和传输电子。研究人员一直尝试在电池中使用纳米线。不过,纳米线极其脆弱,难于承受反复充放电和卷绕。在传统锂离子电池中,它们会发生膨胀并最终断裂。

为了解决这个问题,该研究小组先为金纳米线罩上一层二氧化锰外壳,然后将其卷绕在一起,置入用类似树脂玻璃材料构成的电解质中。他们发现这种设计十分稳定有效。

在通常情况下,锂电池最多充放电几千次就"寿终正寝"了,但妙乐泰在3个月内将实验电池装置反复充放电20万次,没有出现电池储电能力下降或纳米线折断的情况。研究人员认为,这是因为金属氧化物外的胶状物可以增强纳米线的柔韧性,从而避免其发生断裂。这项研究证明,纳米线材料会使寿命极长的电池成为现实。

佩纳认为,这一发现是勤奋与运气的结晶。他介绍,妙乐泰在做实验时无意中给纳米线覆盖上一层很薄的胶状薄膜,然后对其进行了充放电。结果发现,这种方法竟然可以大大提高电池的充放电次数,而且不会导致电池储电能力下降。

三、研制其他类型电池的新成果

(一)通过无机材料开发电池的新进展

1.用无机材料研制新型空气电池

(1)以多孔碳为原料研制出新型空气电池。2009年5月18日,《每日科学》网站报道,英国圣安德鲁斯大学化学系皮特·布鲁斯教授为主要领导,他的同事,以及思克莱德大学和纽卡斯尔大学研究人员参加的一个研究小组,研制出一种新型空气电池,可比目前所用电池的使用时间长10倍。这将提高诸如手机等电子产品的表现能力,并有力地推动可再生能源工业,尤其是电动汽车产业的发展。即使天气变幻,太阳西沉,这种电池一样可以使风能和太阳能装置持续发电,"风光"依旧。

研究人员在电池中添加了由多孔碳制造的元件,用以取代目前充电电池中常用的一种化学成分锂钴氧化物。这些元件可以在电池放电时,从周围空气中吸取氧气来加以利用,在碳孔中进行反复的交互作用,形成一个充放电周期,从而使该电池拥有高于其他电池3倍的蓄电能力。

因为没有了锂钴氧化物这种化学成分,与目前使用的电池相比,同样大小的这种新电池能提供更多的能量。这对于电动汽车产业来说,无异于一个福音,因为长期困扰电动汽车发展的难题,就是如何在保障必要动力供应的前提下减少电池的体积和重量。同时,由于使用了氧而非化学制剂,该电池比现有的电池更经济。空气是免费的,而碳组件也很便宜,其价格远低于它所替代的锂钴氧化物。

布鲁斯说:"我们的目标,是使电池的蓄电能力提高 5~10 倍,这将远远超出现在锂电池的水平。"目前项,研究小组正致力于先做出适合小型应用系统(如手机或 MP3 播放器)的该电池原型。布鲁斯预计,该电池大规模投入商用至少还需要 5 年时间。

(2)用无机物制成储电能力极强的可充电熔融–空气电池。2013 年 9 月,美国乔治·华盛顿大学研究人员斯图亚特·利希特等人组成的一个研究小组,在《能源与环境科学》杂志上发表论文称,他们用无机物研制出一种新型高能电池,称为"熔融–空气电池",这是目前储电能力最高的电池之一。这种电池与其他高能电池不同,还能再次充电。虽然该电池目前要在高温下操作,但研究人员正在进一步实验改进其性能,以期这种电池在电动车、储电电网领域更具竞争力。

利希特说:"这是第一款可充电的熔融–空气电池,利用空气中的自由氧和多电子存储分子存储电能。目前,在电动车和电网中已有实用充电熔融硫电池,但不是空气。硫的质量是氧的两倍,而且空气不会增加电池重量。"

多电子存储分子是在一个分子中存储多个电子,这是熔融空气电池的最大优势之一。这使它比单电子存储分子的电池,如锂离子电池储电能力更高。目前,储电能力最高的电池——硼化矾–空气电池,每个分子能存储 11 个电子,但硼化矾–空气电池及其他高能电池却不可充电。

利希特解释说,熔融电解质是让电池可充电的关键。熔融电解质是高活性的,能通过一种特殊电解分裂反应来为电池"充电"。如铁熔融–空气电池放电后,铁氧混合物会生成氧化铁。充电则是把氧化铁变成金属铁,把氧气释放到空气里。

熔融–空气电池结合了高储电能力和可充电性能。用空气中的氧作阴极材料,不用任何外来催化剂或薄膜。不同电池需要不同的电解质,但都是熔融的,研究人员所展示的样本是在 700~800℃ 时熔融为液态。利希特说:"对电池来说高温并不常见,但这并非障碍。较低容量的高温熔融电解硫电池,已经用在电动车上,至今尚未发现缺点。"

他们还把铁、碳和硼化矾作电解质进行比较,储电量分别达到 1 万瓦时/升、1.9 万瓦时/升和 2.7 万瓦时/升。储电量受每种分子所存储的电子数量的影响:铁是 3 个电子,碳是 4 个,硼化矾是 11 个。而锂–空气电池只有 6200 瓦时/升,因为它每个分子只能存储一个电子。

高储电能力和可充电性的结合让熔融–空气电池在未来能源存储应用中极具吸引力。目前,研究人员正在改进该电池的其他性能,如研究熔点更低的熔融电解质、提高电压和能效等。利希特说:"熔融-空气电极上的放电电流足以生成高电压,如果增加循环空气和熔融盐之间的表面积,还能进一步提高电压。"

2.用无机材料开发可把热能转化为电能的电池

用无机化合物研制出通过温度改变而进行充电的电池。2014年11月,有关媒体报道,美国麻省理工学院杨远博士主持,斯坦福大学的研究人员参与的一个研究小组,公布了一种新研发的自充电电池,可把工厂废热和地热等能量转化为电能。科学家说,这种电池将来也许能在没有电网的偏远地区使用。

杨远介绍道,普通电池通过外加电源充电,但他们研发的新电池通过利用"热再生电化学循环"中温度与电池电压的关系,把热能转化为电能,"通俗地说,这种电池通过温度改变而进行充电"。

他解释说,加热和冷却均可以给这种新型电池充电。在论文实验验证的例子中,使用时,先在20℃的室温下放电,然后将电池加热到60℃,加热过程相当于给电池充电。该电池特殊之处在于,此时需维持在60℃电池才能继续放电。放完电后降温充电,回到20℃室温后又可以再次使用。

杨远说,制造电池两个电极的材料都很便宜,分别是蓝色染料普鲁士蓝及铁氰化钾和亚铁氰化钾。他说,这种电池在100℃的热源环境中使用,包括工厂废热、地热和阳光引起的温度变化等,其转化效率为1%~2%,接近于同样温度范围内热电材料的转化效率。但杨远强调,现在该技术还处于研发阶段,距离实际应用还有很长的路要走。

(二)通过有机材料研制电池的新进展

1.探索以塑料制作电池的新成果

用塑料制成储电和放电均强的高性能电池。2006年9月,美国布朗大学工程系副教授泰荷斯·帕尔莫尔领导,博士后桑玄功等参与的一个研究小组,在《先进材料》上发表研究成果称,他们用塑料而不是金属来制造新型电池。其产品兼具电容器的强放电能力,以及电池的存储能力。

帕尔莫尔表示:"电池有很多局限,它们需要反复充电,并且比较昂贵。最主要的是电池无法提供很强的电流。另一种选择是电容器,这种常存在于电子器件上的部件,能提供强大的电流,但是它们存储能力有限。"

为了把两者的优点结合起来,研究小组用聚吡咯制作了新型能量存储系统,聚吡咯是一种能导电的聚合物。2000年,诺贝尔化学奖就颁给了三位从事导电聚合物研究的学者。

帕尔莫尔所用的原料是一条镀金的塑料片,尖端镀上聚吡咯和一种能改变导电性的物质。然后重复这一过程,尖端镀上的不同物质得到第二片塑料。他们将两片塑料粘在一块,中间用纸状薄膜分隔以防止短路。

他们制成的这个产品兼具两者优点。它既像电容器,能快速充放电并放出强大电流;又像电池,能长时间储存电流。在性能测试中,这种新电池存储能力是双层电容器的两倍,而供电力比普通碱性电池大100多倍。新电池的外观也让人惊叹,它比纽扣还小,比投影胶片还薄。

帕尔莫尔表示:"新电池可以存在于各种地方,你可以安装在手机内部,甚至用它可以制成纺织物。"

在市场化之前,帕尔莫尔还必须解决多次充电后容量变小的问题。不过新的更有效的电力提供装置总是研究热点,美国国家航空航天局和美国空军都在从事聚合物电池的研究。有关专家指出,把电活性分子加入聚合物导体,得到各种可存储能量的材料,这是一种很有价值的新概念。

2.探索以有机材料研制薄型快速充电电池的新成果

(1)用高分子膜为主要材料制成最柔软的快速充电电池。2007年3月,日本早稻田大学希罗玉·尼斯德博士负责,哈洛里·卡尼斯等研究人员参与的一个研究小组,在英国《化学通讯》杂志上发表研究成果称,他们最近成功研制出一种新型的充电电池。这种电池采用了先进的组合技术和柔软的电子材料,可以说是世界上最柔软的充电电池。它是由化学聚合体材料制成的,看上去就像是一张薄薄的纸。

尼斯德在谈到这款新型充电电池时说:"这种充电电池采用了高氧化性的高分子膜为主要材料。该膜厚度只有200纳米,通过在其上附着一定量的硝基氧聚合分子,使其具有了存储电量了能力。由于硝基氧聚合分子的密度很高,所以这款电池的储电量也非常可观。这种新型的电池只是硝基氧聚合分子众多应用中的一个。这种材料的性能要远远优于以前用的半导体杂质,所以它还可以用于其他许多电子产品。"

研究人员介绍称,这款新型充电电池的性能异常出众,对其进行充电只需要大约1分钟的时间就可以完成,电池的寿命也很长,可以反复充电1000次以上,电量更是非其他的充电电池可比。

卡尼斯指出:"我们在研制这款新电池时,采用了先进的可溶解高分子膜,解决了在保证电池整体外观的基础上,在其上附着硝基氧聚合分子的问题,这可以说是一个新的技术突破。在附着了硝基氧聚合分子后,通过紫外线照射使得这些硝基氧聚合分子形成交叉偶连,构成电量存储的主体。采用这种新材料也存在着一个问题,那就是硝基氧聚合分子有可能溶解于电解液中,造成电池自身漏电。但这个问题并不会给电池造成影响,相比于电池本身优越的性能,这一点几乎可以忽略不计了。"

尼斯德说:"这是一个非常具有挑战性的突破。交叉偶连的硝基氧聚合分子将会对电子流动非常敏感,可以说它是最理想的电池材料。"

这款新型充电电池得到英国斯特拉思克莱德大学电渡板专家彼得·斯卡巴拉博士的高度评价。他表示:"这款新型充电电池的性能和稳定性都非常出色,能够把一块化学电池做到如此薄,而且还能够保持良好的稳定性,的确是一个技术上的突破。"

尼斯德表示,在未来的三年里,他们将把这种新技术应用于微型集成电路、信息存储设备和微处理器的开发,相信这项技术的运用,会给这些领域带来一个质的飞越。

(2)用海藻纤维素研制出薄型快速充电电池。2009年10月,瑞典乌普萨拉大学的阿尔伯特·米兰因博士领导的研究小组,在《纳米快报》杂志上报告成果消息说,他们用海藻的纤维素研制出一款薄型电池,它像纸一样纤薄、柔韧而轻巧,可在几秒内完成充电,而且充放电100次后的性能也不会出现较大的损耗。

通常电池都是依靠电化学反应工作,每一个电池包含阴极和阳极两个电极,这两个电极浸没在电解液中。目前,广泛应用于手机和手提电脑中的锂电池的阳极由碳组成,阴极由氧化锂钴组成,其溶在含有锂盐的有机电解液中。当电池被通上电时,电子朝阴极进发,迫使带正电的锂离子远离阴极,进入阳极,当电池放电时,电流让锂离子离开阳极返回到阴极。

瑞典研究小组发明的电池,由海藻中提取的纤维素制成。这种纤维素的纤维,比树木或者棉花中提取的纤维素更加纤细,会使电池的表面积更大,使其能够存储更多电荷。然而,纤维本身并不能导电,该研究小组使用一种常见的导电聚合物聚吡咯,来包住纤维。聚吡咯通常为无定型黑色固体,不溶不熔,在200℃时会分解,能导电。研究人员把它浸入海藻纤维中,产生了一个能够导电的混合物。接着,他们在这种合成物中,制造出新电池的两极,用浸过盐水的滤纸作为电解质。

这种新型电池由两个纤维素电极及夹在其间浸过盐水的滤纸构成,看起来就像一个三明治,两个纤维素电极位于两块载玻片之间。两极上附有铂带与外界形成导电接触。在聚吡咯内发生的化学变化存储和释放电量,分子在其中,以氧化状态和还原状态两种形式存在,当这两种状态的分子形成回路时,即产生电流。

目前,海藻电池的效率只有锂离子电池的1/3,虽然不能取代锂电池,但也能占领不宜使用锂电池的市场,它现在用作带有小型无线电装置的行李标签,便于行李监管者根据其发出的信号追踪到行李的位置;也用作"智能"包装材料,如带电子显示屏的包装盒。此外,还有一项重要用途是为刚刚研制成功的纸基晶体管组件充电。

(3)以聚合物为基础研制出超薄快速充电电池。2012年3月18日,物理学家组织网报道,日本电气公司多年来在研发一种称为"有机自由基电池"的技术,其最新开发的这种电池厚度仅0.3毫米,可自由弯曲,每次充电约30秒。

这种新型电池具有很高的能量密度容量可达3毫安时、输出功率5千瓦/升。在完全充电后,它可以刷新屏幕2000次。在500次充电后,还可保持75%的充放电能力。

自2001年以来,日本电气公司一直在研发这种以聚合物为基础的电池。这种电池使用打印技术集成电路板,把负电极直接嵌入电路板上,使其在应用方面显示出极大的可能性,特别是对于被称为"增强型"的信用卡和借记卡的使用。然而,由于此前电池的厚度最薄只做到 0.7 毫米,厚度成为将其应用于标准集成电路卡的一个障碍。

现在,厚度仅为 0.3 毫米的这种新型电池可以与很多这类卡匹配,如信用卡、地铁和火车通行证或酒店房门钥匙等。装置有电池的标准型号智能卡将是新电池富有吸引力的用途,消费者可不必在自动柜员机上等候查询其银行存款余额,而是可以方便地从信用卡上的小屏幕查询信息。

与传统充电电池不同的是,该新型电池不包含任何有害的重金属,如汞、铅和镉。其较小的尺寸和较低的价格更是它的最大优点,同时,由于它的结构与锂离子电池非常相似,厂商无须建设新的生产线就能够在现有生产线上进行生产,从而降低了生产成本。据说,iPhone 5 可能将是第一个使用这种有机电池技术的产品。

对于这种新型电池,日本电气公司在网站上有一些相关的简要技术说明。研究人员设想,把这种新一代电池应用到平板显示器、像纸一样灵活的电子阅读器和射频标签。此外,研究人员表示,还打算把该电池技术直接应用在新式服装中,并展示了把这种可自由弯曲超薄电池插在袖子里的设计。

(三)研制其他类型电池的新进展

1.研制出全固态薄膜电池雏形

2011 年 12 月,英国媒体报道,目前,英国一家基础材料研发公司与丰田公司的研究人员一起,共同成功构建了全固态薄膜电池的雏形,并达到了预期的效果。该公司正在参与开发多项技术,其中包括固态电解质的研发。研究人员说,联合的项目开发造就了一项新的薄膜电池生产技术,该技术适用于大规模生产。

这种全固态薄膜电池与传统电池相比,有了全方位的性能提升,能满足重要细分市场的需求:电池的厚度和重量减少了 30%;电动汽车的续航里程大大增加,并且只需区区数分钟进行充电;电网能为可再生能源项目配备寿命达几十年的储能系统。更重要的是,随着生产规模的扩大,由于薄膜的生产技术和光伏、半导体行业有着许多共通点,全固态薄膜电池的生产成本也会以相同的速度迅速下降。

蓄电池发展至今已有 150 年的历史了,然而电池的构造却并未发生大的变化。无论使用哪种电化学体系(如铅酸电池、镍氢电池或锂离子电池),电极需要被液态的电解质浸润,并与之发生反应,从而产生电流。这种固态和液态并存的结构不可避免地会导致电池的体积偏大,并且存在漏液的危险。因此,全固态的电池结构被广泛认为是一种更诱人的解决方案。

2.研制让储能元件最小化的纳米孔电池

2014 年 11 月,美国马里兰大学材料科学与工程系,研究生刘婵媛主持,埃莉诺·吉列等人组成的一个研究小组,在《自然·纳米技术》上发表论文称,他们研制出一种囊括一枚电池所需所有部件的微小结构。他们认为,这一发明可让能量存储元件达到最小化。

刘婵媛说,这个神奇的结构就是纳米孔,麻雀虽小,五脏俱全。在陶瓷片层上一个纳米级别的小孔内盛放电解质,电解质能在孔两端的纳米管电极之间传输电荷。目前的装置还只是一个测试,但测试中这枚小个头的电池表现良好。她表示,小电池在 12 分钟内就能充满电,而且能够反复充电上万次。

数以百万计的纳米孔一个挤一个排列在一起,可以构成邮票大小的一枚"大"电池。研究人员认为,这一装置之所以成功,原因之一在于每个纳米孔都被构造成一模一样,从而使得这些小电池可以高效地组合在一起。吉列表示,实验的成功,要部分归功于纳米孔电池的独特设计。

如今,研究人员成功让概念变成可以工作的电池,而且他们已经有一些改进措施,能让接下来的纳米孔电池升级版性能提升 10 倍。下一步将是商业化,研究人员已经构想了如何将电池进行批量生产的策略。

第二章 氢能开发领域的创新信息

　　氢是宇宙空间分布最广泛的物质,据有关部门测定和推算,宇宙质量的 3/4 由它构成。氢能是氢的化学能,表现为氢气和氧气反应所产生的能量。氢能燃烧热值高,同等质量的氢燃烧过程产生的热量约是汽油的 3 倍。同时,它燃烧的产物是水,属于世界上最干净的能源。不过,氢在地球上主要以化合态的形式存在,通常需要通过工业加工,特别是添加催化剂进行制取。国外在制氢催化剂领域的研究,主要集中在研制二硫化钼、铝钛合金与磷化镍等工业制氢催化剂;开发以金属、金属氧化物和氮化镓为基础的太阳能制氢催化剂。同时,用金属氧化物、合金或金属开发燃料电池制氢催化剂。在制氢技术领域的研究,主要集中在开发利用太阳能制氢、利用化学方法制氢,以及利用生物方法制氢的新技术。在制氢设备领域的研究,主要集中在开发以甲醇或乙醇为原料制氢的新装置,开发以水为原料制氢的新设备;研制与氢燃料电池相关的新配件和新装置。在储氢和用氢领域的研究,主要集中在以金属和金属化合物研制储氢材料及器具,以有机框架聚合物研制储氢装置,以其他材料研制储氢器材;通过金属材料、无机材料和有机材料开发储氢新方法。同时,建设使用氢气必需的加氢设施,完善氢气供应网点,研究安全用氢装置,建设氢能发电站。

第一节 研发制氢催化剂的新进展

一、开发二硫化钼等制氢催化剂的新成果

(一)研制二硫化钼制氢催化剂的新进展

1.研究二硫化钼制氢催化功能的新发现

（1）验证纳米颗粒二硫化钼可作为以水制氢的催化剂。2007 年 7 月,丹麦技术大学的一个研究小组,在《科学》杂志上发表研究成果称,他们以廉价的二硫化钼,模仿贵金属催化剂,采用低成本金属硫化物的催化反应,以水成功制取得到氢气。这种金属硫化物有望成为贵金属催化剂经济的替代物。

　　研究表明,铂、钌和位于周期表同一区域的其他金属具有独特的表面性质,并赋予这些材料可以催化大量化学反应。它们应用广泛,譬如用于汽车排气净化和燃料电池中。然而,这些金属成本较高,因此人们开始探索低成本的替代物。

丹麦科技大学研究小组采用合成方法,控制单层、扁平硫化钼纳米颗粒的尺寸和形态学,从而验证了这些颗粒可在水溶液中使氢放出反应得以催化。研究人员还确定,这一反应沿着颗粒的周边发生,该发现具有理论和实用价值。

据了解,这种气体放出反应在太阳能驱动的氢气生产过程中通过水的分裂发生,与燃料电池的运行相反,它是通过类似贵金属催化反应而获得的。过去,虽然有人在理论上提出纳米颗粒的二硫化钼边缘可催化该反应,但是一直没有实验加以证实。现在,丹麦科学家验证了这一事实。

(2)发现原子尺度的二硫化钼催化剂可用以廉价制氢。2014年1月,美国北卡罗来纳州立大学材料与工程学助理教授曹麟游主持的一个研究小组,在《纳米快报》杂志上发表论文称,他们发现,一种单原子厚度的二硫化钼薄膜,能作为催化剂生产氢气,替代昂贵的铂催化剂。与传统技术相比,新技术不但成本低廉,而且使用上也更简单灵活。该发现为廉价氢气的生产,打开了一扇新的大门。

氢气是一种拥有巨大潜力的清洁能源,但生产这种能源并不容易。目前制备氢气主要依赖昂贵的铂催化剂,成本较高。这项新的研究表明,单层原子厚的二硫化钼薄膜,同样也是一种有效的催化剂,能够用来制备氢气。虽然效率不如铂催化剂,但成本优势十分显著。

曹麟游说:"我们发现,这种薄膜的厚度是一个非常重要的因素。实验显示:单层原子厚的二硫化钼薄膜催化效果最佳,而之后每增加一层原子,催化能力就要降低5倍。"

如此薄的催化材料,远远出乎一些研究人员的意料。因为此前大多数人都认为,催化反应一般都会沿着材料的边缘进行。而单层原子厚的二硫化钼薄膜如此之薄,其所拥有的"边缘"相对于较厚的材料实在是少得太多。因此,按照传统观点,这种薄膜应该几乎没有催化活性。但此次研究中,曹麟游发现并非如此:在催化反应中,薄材料同样也能具有一定优势。他们发现,二硫化钼薄膜越薄,其导电性能越好,相应的其催化效率越高。因此问题的重点在于如何让催化材料薄到极致。他说:"我们的工作表明,今后科学家们在相关研究中,可能要更加注重催化剂的导电性能。"

这种二硫化钼薄膜制氢技术主要用电力来实现催化反应。曹麟游的研究小组正在致力于把该技术与太阳能发电技术结合起来,开发出一种能够使用太阳能供电的水解制氢设备。

2.研究提高二硫化钼制氢催化效率的新成果

用传统化学方法制造出产氢效率与铂接近的二硫化钼催化剂。2014年1月,美国斯坦福大学研究员雅各布·凯普斯、化学工程助理教授托马斯·哈拉米略,与丹麦奥胡斯大学研究人员组成的一个国际研究小组,在《自然》杂志上发表研究成果称,他们采用传统的化学方法,设计出一种用于制造清洁燃料氢分子的高效和环保的催化剂。这一催化剂还可广泛应用于现代工业制造化肥,以及提炼原油转化成汽油。

尽管氢是丰富的元素，但在自然界中，氢一般与氧结合，成为水、甲烷或是天然气的主要成分。目前，工业氢来自天然气，但这个制氢过程消耗了大量的能量，同时也向大气释放出二氧化碳，从而加剧了全球碳排放的产生。

通过电解从水中释放出氢是一种工业方法，但之前都是把铂作为电解水的最佳催化剂。铂催化成本过高，若大量生产很不现实。由此，研究人员重新设计了一种廉价和普通的工业材料，其效率几乎与铂一样，这一发现有可能给工业制氢带来彻底变革。

自第二次世界大战以来，石油工程师使用二硫化钼帮助提炼石油。但是，至今为止，这种化学物质被认为不是通过电解水产生氢的很好的催化剂。最终，科学家和工程师搞清楚了缘由：最常用的二硫化钼材料的表面具有不合适的原子排列。通常，二硫化钼晶体表面上的硫原子被绑定至三个钼原子下方，该配置不利于电解水。

2004年，斯坦福大学化学工程教授延斯，在丹麦技术大学曾有一个重大发现：在这种晶体边缘周围，部分硫原子只与两个钼原子绑定。在这些边缘部位，其特点是双键而非三个键，钼的硫化物能更有效地形成氢气。

现在，凯普斯高采用了一个已有30年的"食谱"做法，在其边缘制成具有很多这些双键硫的硫化钼形式。这样，用简单的化学方法，研究人员合成了这个特殊的魔草硫化物纳米团簇。并将这些纳米团簇存放于导电的材料石墨片中，让石墨和钼的硫化物结合在一起，形成一个廉价的电极，成为替代昂贵的电解催化剂铂的理想之物。

接着问题来了：这种复合电极可以有效推动化学反应、重新排列水中的氢原子和氧原子吗？哈拉米略说："把这种复合电极浸入水中略微酸化，这意味着其包含带正电荷的氢离子。这些正离子被吸引到魔草硫化物纳米团簇，它们的双键形状给予其恰到好处的原子特性，把电子从石墨导体传递到正离子。这种电子转移，把正离子变成中性的分子氢，然后逐渐冒出气体。"

研究人员说，最重要的是发现魔草硫化催化剂造价低廉，从水中释放出氢的潜力接近基于昂贵铂的系统效率。目前，只在实验室中取得的成功仅仅是一个开端，下一步的目标是把这种技术规模化，以满足全球每年对氢的大量需求。

（二）开发铝钛合金与磷化镍制氢催化剂的新进展

1.研究铝钛合金制氢催化剂的新发现

发现铝钛合金可作为低温捕获氢原子的催化剂。2011年10月，美国得克萨斯大学达拉斯分校和华盛顿州立大学联合组成的一个研究小组，在《自然·材料》杂志网络版上发表研究成果称，他们发现，利用铝钛合金作为催化剂，即使在低温下也能分解并捕获单个氢原子。这为构建经济、实用的燃料存取系统奠定了基础。相关研究报告发表在近期出版的《自然·材料》杂志网络版上。

当两个氢原子相遇时,它们会结合形成一个非常稳定的氢分子。但氢分子,必须在极大的压力和极低的温度下才能存储,这使想要利用其驱动车辆或为家庭供电,都无法成为现实。因此科学家希望找到一种材料,能够在一般的温度和压力下高效存储单个氢原子,并在需要时将其释放。

要把氢分子转化为氢原子通常需要催化剂,打破两个氢原子间的化学键。目前,可用的最佳催化材料通常由钯和铂等贵金属制成,其可以有效激活氢,但稀有性和昂贵的造价限制了它们的广泛使用。

此次研究小组通过向铝中浸注少量钛形成铝钛合金,作为激活氢的催化剂,以实现氢的高效存储。铝金属含量丰富,钛的自然界含量比贵金属更加丰富,且在合金中的含量极少。

为了观测铝钛合金表面是否确有催化反应发生,研究人员在对温度和压力的严格控制下,将基于红外反射吸收的表面分析新方法、首个基于原理的催化剂效能和光谱响应预测模型融入研究。他们把一氧化碳分子作为探针,一旦原子氢产生,绑定在催化金属中心的一氧化碳所吸收的波长便会变短,表示催化剂正在工作。结果表明,即使处于非常低的温度,这一变化仍会发生。

研究人员工表示,虽然钛不一定是最佳的催化金属,但结果首次显示钛铝合金也能激活氢,并具备经济、含量丰富等优势。而作为氢储存系统的一部分,铝钛合金催化材料另一更大优势在于,铝能在钛的辅助下和氢反应形成氢化铝固体,而氢化铝中存储的氢,可简单通过提高温度释放出来,这正是发展实用型燃料存取系统的关键一步。

2.研究磷化镍制氢催化剂的新发现

发现磷化镍纳米粒子可成为制氢催化剂。2013 年 6 月,美国每日科学网站报道,美国宾夕法尼亚州立大学化学教授雷蒙德·萨克领导的一个研究小组发现,由储量丰富且廉价的磷和镍构成的磷化镍纳米粒子可以成为制氢反应的催化剂,为该反应提速,最新研究将让更廉价的清洁能源技术成为可能。

为了制造出磷化镍纳米粒子,研究小组使用经济上可行的金属盐进行试验。他们让这些金属盐在溶剂中溶解,并朝其中添加了另外一些化学元素,然后加热溶液,最终得到了一种准球形的纳米粒子。萨克解释道,它并非完美的球形,因为拥有一些平的暴露的边角。纳米粒子个头小,但表面积很大,而且,暴露的边缘上有大量的点可以为制氢反应提速。

接着,加州理工学院化学系教授内森·刘易斯领导研究小组,对这种纳米粒子在反应中的催化表现进行测试。研究人员首先把该纳米粒子放在一块钛金属薄片上,并将薄片没入硫酸溶液中,随后施加电压并对生成的电流进行测试。结果表明,化学反应不仅按照他们所希望的那样发生,效率也非常高。

萨克解指出,磷化镍纳米粒子的主要作用是帮助人们从水中制造出氢气。这一反应对很多能源生产技术,包括燃料电池和太阳能电池来说都很重要。水是一种理想的燃料,因为其廉价且丰富,但我们需要将氢气从中提取出来。氢气的能量密度很高且是很好的载能体,但产生氢气会耗费能量。

研究人员一直在寻找廉价的催化剂,以便让水制氢反应更加实用且高效。萨克表示:"铂可以很好地完成这件事,但铂昂贵且稀少。我们一直在寻找替代铂的材料。此前有科学家预测,磷化镍会是好的'替身',我们的研究结果也表明,在制氢反应中,磷化镍纳米粒子的表现,的确可以和目前铂的效果相媲美。"

萨克说:"纳米粒子技术有望让我们获得更廉价且更环保的能源。接下来,我们打算进一步改进这些纳米粒子的性能并厘清其工作原理。最新技术,有望启发我们,发现其他也由储量丰富的元素组成的催化剂,甚至其他更好的催化剂。"

二、研制太阳能制氢催化剂的新成果

(一)用金属和金属氧化物开发太阳能制氢催化剂

1.以金属材料开发太阳能制氢催化剂的新成果

(1)发现可用钴作为太阳能廉价制氢的催化剂。2005年8月,有关媒体报道,美国加州理工学院化学教授格瑞与该院和麻省理工学院的化学家共同组成的一个研究小组,正在从事一项"为地球提供动力"的研究项目。该项目的目标是寻求用经济有效的化学方式来储存太阳能。由于夜晚没有太阳能,所以,只有找到储存白天获得的太阳能的适当方式,才能满足大范围、全天候太阳能利用的要求。在此基础上,进而探索利用太阳能分解水来制氢。

随着汽油价格的上升,人们感到新的能源危机又在迫近。寻求新能源来替代化石燃料再次引起了世人的普遍关注。如今,氢经济正在成为人们广为关注的热门话题,但如何低成本、无污染地制备氢,仍然是科学家面临的极大挑战。现今最佳也是最廉价的制氢方法,是使用燃煤及天然气,但这意味着产生更多的温室气体和更多的污染,且天然气和燃煤与石油一样是有限的。研究人员普遍认为,最清洁最廉价的制氢方法是利用太阳能分解水。

通常化学实验室所使用的电解制氢方法,虽不产生其他污染,但所需要的催化剂铂非常昂贵,无法用来大规模制氢。要最终使太阳能成为一种人们普遍使用的能源,就必须找到一种既廉价、又源于太阳能的燃料制取方法,解决办法是寻找一种较廉价的催化剂来替代铂。在近日出版的《化学通讯》杂志上,加州理工学院副教授皮特研究小组,介绍了一种使用钴作为催化剂从水中制氢的方法。皮特认为,这是 个好的开端,他们的目标是寻找类似钴甚至用铁或镍等廉价催化剂来取代昂贵的铂催化剂。

皮特研究小组除了在自己的实验室开展研究工作,还计划与校外的其他实体结合,兼顾服务于教学与研究实际。研究人员设想,专门构建一个完全依赖太阳能运行的分院,初期使用成熟的太阳能电池板供电,该设施可成为研究人员验证他们新思想的理想场所。

皮特研究小组希望,最终在实验室建造一个由太阳能驱动的"梦幻机器",注入水后,从一端出来氢气,从另一端出来氧气。然而,要使这样一台机器成为现实,还需要研究人员不懈的工作,需要更多的创新及技术突破。

(2)用钌表面附着银、铜和铟等硫化物作为太阳能制氢的催化剂。2007年1月,《日经产业新闻》报道,日本东京理科大学一个研究小组,在研究利用水制造氢的过程中,开发出一种新型光催化剂,除紫外线外它还可以吸收所有波长的可见光。将其应用于氢燃料电池等设备,有望提高氢的产量。

据报道,新型光催化剂是通过在银、铜和铟等的硫化物表面附着钌制成的。这种催化剂是直径1微米左右的黑色球体,可吸收波长400~800纳米的可见光。

研究人员利用这种催化剂进行制氢实验。他们把3.6克硫化钠和12克亚硫酸钾溶解到150毫升水中,再加入0.3克新型光催化剂。实验结果发现,新型光催化剂可使1平方米光照面积的溶液,每小时产生约3.1升氢气,制氢量比采用传统光催化剂提高不少。

随着石油等传统化石能源供应渐趋紧张,借助光催化剂利用水制造氢,作为新能源的一种途径日益受到重视。传统的光催化剂大多只能吸收紫外线,日本研究人员开发出的新型光催化剂可吸收紫外线、所有波长的可见光以及部分波段的红外线,因而氢产量比采用传统光催化剂要高得多。

(3)以金属铷为基础开发出太阳能制氢的催化剂。2012年4月,瑞典皇家理工学院化学系孙立成领导的研究小组,在《自然·化学》杂志上发表论文称,他们研发出一种光合作用分子催化剂,它直接利用阳光从水中分解出氧和氢的效率,已提高到接近自然界光合作用的水平。这一技术可提升太阳能等清洁能源的转换效率,并降低生产成本,更好地推动清洁能源的实用化。有关报道表明,瑞典乌普萨拉大学和中国大连理工大学的研究人员,对这项成果的取得也做出过贡献。

光合作用主要指植物、藻类和某些细菌,在阳光照射下经一系列反应,把二氧化碳和水转化为有机物,并释放出氧气(某些细菌释放出氢气)。30多年来,欧洲、日本和美国科学家,在清洁能源技术中,特别是太阳能方面,研究人员都试图模仿这一自然现象实现能量转化,但在效率上无法与真正的光合作用相比拟。孙立成解释道,在制造出完美的人工光合作用系统的道路上,催化速度一直是主要的"拦路虎"。

据悉,该研究小组发明了一种基于金属元素铷的新型催化剂,它每秒能进行300次光合作用,而天然光合作用每秒能进行100~400次光合作用。对此,孙立成说,它的催化速度创造了世界纪录,首次能与自然界天然存在的光合作用相媲美。

孙立成认为,最新分子催化剂取得的速度可以让人们在未来制造出大规模的制氢设备,应用于光照丰富的撒哈拉沙漠里。人们也可以把这种技术与传统的太阳能电池结合在一起,获得更高的光电转化效率。

针对该成果,有关专家指出,在油价不断飙升的今天,这项最新技术确实非常重要。高效的分子催化剂将为很多即将到来的变化铺平道路。它不仅能使研究人员利用阳光把二氧化碳转化为不同的燃料(如甲醇等),也能用来把太阳能直接转化为氢气。

不过,研究人员也提到还在努力研究如何降低这种新型催化剂的生产成本,估计在10年后基于这一技术的清洁能源,可在价格上与传统的煤和石油等化石能源竞争。

2.探索金属氧化物太阳能制氢催化剂的新进展

用黑色二氧化钛纳米粒子开发出太阳能制氢的高效催化剂。2013年4月,美国加州大学伯克利分校,以及伯克利劳伦斯国家实验室环境能源技术中心的科学家塞缪尔·毛领导的一个研究小组,在美国化学会于新奥尔良举办的年度大会上报告说,他们研发出一种原子尺度的"混乱工程"技术,可以把光催化反应中低效的"白色"二氧化钛纳米粒子变成高效的"黑色"纳米粒子。研究人员表示,这项新技术有望成为氢清洁能源技术的关键。

据悉,这项技术是通过工程方法,把"混乱工程"引入半导体二氧化钛纳米晶体的结构中,使白色的晶体变为黑色,新晶体不仅能吸收红外线,还可以吸收可见光和紫外线。塞缪尔·毛指出:"我们已经证明,黑色的二氧化钛纳米粒子能通过太阳光驱动的光催化反应产生氢气,而且效率创下了新高。"

他解释道:"在实验中,我们让白色的二氧化钛纳米粒子承受高压的氢气,打乱了二氧化钛纳米粒子的结构。合成出的黑色二氧化钛纳米粒子成为一种耐用且高效的光催化剂,而且也拥有了全新的潜能。"

氢气可广泛应用于清洁电池或燃料中,并不会加速全球变暖,但是,使用氢气面临的最大挑战是:如何高效且低成本地大规模制造出氢气。尽管氢气是宇宙中储量最丰富的元素,但纯氢在地球上少之又少,因为氢会同任何其他类型的原子结合。用太阳光将水分子分解成氢气和氧气是理想的制造纯氢的方式,但这一过程需要一种高效且不被水腐蚀的光催化剂,二氧化钛能对抗水的腐蚀,但无法吸收紫外线,紫外线占据了太阳光10%的能量。

该研究小组的成果改变了这种现状,这项新技术不仅为制氢过程提供了一种极富前景的光催化剂,而且也消解了一些根深蒂固的科学观念。塞缪尔·毛说:"我们的测试表明,一种好的半导体光催化剂不必是瑕疵最小且能态仅仅在导带之下的单晶体。"

另外,伯克利实验室先进光源中心进行的特性研究测量结果表明,在100小时的太阳光驱动制氢过程中,有40毫克氢气源于光催化反应,仅仅0.05毫克氢被黑色的二氧化钛吸收。

(二)以氮化镓为基础开发太阳能制氢催化剂

1.用氮化镓和氧化锌混合开发出太阳能制氢催化剂

2006年3月,日本东京大学堂免一成教授领导的一个研究小组,在《自然》杂志上发表研究报告说,他们开发出一种新型光催化剂,在其催化作用下,利用可见光就可以将水高效分解成氢,这项成果将来可能有助于推动氢燃料进入实用阶段。

光催化剂是指接受光线照射就能促进化学反应的物质。目前氧化钛常被用作水分解成氢和氧过程中的光催化剂,但是氧化钛只在紫外线照射下才能发挥催化作用,不能有效利用太阳光中的可见光。

氢是洁净能源,但是由于目前分解水制造氢的方法效率太低,氢燃料离实际应用尚有很大距离。

日本研究人员说,他们在氮化镓和氧化锌混合的黄色粉末中添加助剂,得到的新型光催化剂,在可见光照射下同样能促进水的分解反应。而且,实验显示,在可见光照射下水的分解效率,比以往的方法提高10倍左右。

2.用氮化镓与锑的合金开发出太阳能制氢催化剂

2011年9月,美国物理学家组织网报道,美国肯塔基大学计算机科学中心马杜·麦农领导的研究小组,研制出一种新的氮化镓-锑合金,它能更方便地利用太阳光把水分解为氢气和氧气,这种新的水解制氢方法不仅成本低廉且不会排放出二氧化碳。

该研究小组在美国能源部的资助下,借用最先进的理论计算证明,在氮化镓化合物中,2%的氮化镓由锑替代,这样结合而成的新合金将拥有适宜的电学特性。当其浸入水中并暴露于阳光下时,会通过光电化学反应,借用太阳能把水分子中的氢原子和氧原子之间的化学键分开,将水分解为氢气和氧气。

氮化镓是一种半导体,自20世纪90年代以来,已广泛应用于制造发光二极管。锑最近几年也越来越多地被用于微电子设备内。而这种氮化镓-锑合金,是首个简单且容易制造的,可通过光电反应水解制氢的材料。而且,在光电化学反应中,这种合金是催化剂,这意味着它并不会被消耗,因此可被不断地回收利用,科学家们已经制造出了这种合金并正在测试其将水解制氢的效率。麦农表示:"以前,研究人员利用光电反应水解制氢,使用的都是复杂材料。但我们决定另辟蹊径,尝试利用易制造的材料来完成这个任务,并希望把这些材料内的电子排列进行微调,以获得令人满意的结果。"

氢气燃烧时会产生热量,而且副产品只有水,没有污染,因此氢气一直被看成是人类向清洁能源过渡的关键要素。氢气能被用于燃料电池内产生电力,也可被用于内燃机中驱动汽车。另外,氢气在科学和工业领域也有广泛应用。

但要想获得纯净的氢气,科学家们必须通过化学反应,利用其他含氢化合物进行制备。现在使用的大部分氢气,都由煤和天然气等非可再生能源产生。由煤和天然气等非可再生燃料制造氢气会排放出大量二氧化碳,而最新的氮化镓-锑合金,有望把太阳能和水变成经济、环保的氢气来源。

三、开发燃料电池制氢催化剂的新成果

(一)用金属氧化物开发燃料电池制氢催化剂

1.以二氧化铈为基础开发燃料电池制氢催化剂

用掺有铂或钌的二氧化铈开发出燃料电池制氢催化剂。2007年8月,美国能源部阿尔贡国家实验室,化学家迈克尔·克鲁姆佩特领导,他的同事参与的一个研究小组,研制成一种新型催化剂,可以帮助研究人员克服目前燃料电池使用的氢制造障碍。

该研究小组利用一种基于掺有铂或钌的二氧化铈的催化剂,提高了较低温度下氢的产量。克鲁姆佩特说:"我们大大提高了应用所需要的反应速率。"

目前,工业上大部分氢的制造是通过蒸汽重整反应,在这一过程中,一种基于镍的催化剂,被用来催化天然气和蒸汽的反应,最终得到纯氢和二氧化碳。这些镍催化剂通常由金属氧化物表面上的金属颗粒组成,每个颗粒的直径上含有成千上万的原子。

与此相反,该研究小组发明的新型催化剂是在氧化物阵列上植入单个的原子点。由于重整过程中的碳和硫化副产物会阻塞大部分的大型催化剂,因此较小的催化剂能使燃料更有效,在低温下产生更多的氢。

该研究小组最初实验使用的是掺有铂、钆的二氧化铈,结果尽管它在450℃就可以进行重整,但是该物质在较高温度下就会变得不稳定。为了寻找到更适合于氧化还原循环反应的催化材料,克鲁姆佩特发现如果在钙钛矿阵列中使用钌,只需要铂的1%,就可以既在450℃时开始反应,又在高温下有好的热稳定性。

2.以氧化铁为基础开发燃料电池制氢催化剂

(1)把微小铜粒分散在氧化铁表面上开发燃料电池制氢催化剂。2008年9月26日,日本东京大学副教授菊地隆司主持,京都大学、出光兴业以及科学技术振兴机构的研究人员共同参与的一个研究小组,在名古屋市举行的催化学术讨论会上公布的研究成果表明,他们开发出以有望成为石油替代燃料的"二甲醚"为原料,高效生产氢气的催化剂。

研究人员表示,这种催化剂以价格低于贵金属的铜为主要原料生产,即使长时间使用,催化性能也不会降低。与此前以液化天然气等为原料的制氢技术相比,可在温度相对较低的环境下轻松制取氢气。作为燃料电池中使用的氢气的原料,有望受到业内的关注。

研究人员说,此次开发的制氢催化剂可使微小的铜粒分散在氧化铁表面上,并与之形成立体结晶结构。由于使用了价格相对较低的铜等,因此可用于低成本生产。

(2)把金纳米粒子组合进氧化铁纳米粒子里开发燃料电池制氢催化剂。2013年5月,美国杜克大学工程学院机械工程和材料学助理教授尼克·霍特兹主持,

霍特兹实验室研究生提提雷约·索迪亚等人参与的一个研究小组,在《催化学报》上发表研究成果称,他们在制氢反应中使用了新催化剂。结果表明,新方法能在产生氢气的同时把一氧化碳的浓度降低到接近零,而且进行新反应所需的温度也比传统方法低,因此更实用。

尽管氢气在大气中无所不在,但制造并收集分子氢用于交通运输和工业领域的成本非常高,过程也相当复杂。目前,大多数制氢方法会产生对人和动物有毒的一氧化碳。

不久前出现的一种新方法,是使用从生物质中提取的以乙醇为基础的原材料,如甲醇。当甲醇用蒸汽处理后,会产生一种可用于燃料电池的富含氢气的混合物。霍特兹说:"这一方法的主要问题也是会产生一氧化碳,而且少量一氧化碳很快就能破坏对燃料电池性能至关重要的电池膜上的催化剂。"

索迪亚表示:"现在,人人都希望能用可持续且污染尽可能少的方法,制造出有用的能源以取代化石燃料。我们的最终目的,是制造出供燃料电池使用的氢。与传统方法使用金纳米粒子作为唯一的催化剂不同,我们的新反应使用金和氧化铁纳米粒子的组合作为催化剂。新方法可以持续不断地制造出氢气,产生的一氧化碳浓度仅为 0.002%,而副产品是二氧化碳和水。"

索迪亚解释道:"人们一直认为,氧化铁纳米粒子仅仅是盛放金纳米粒子的'容器',金纳米粒子才为反应负责。但我们发现,增加氧化铁的表面积可以显著增加金纳米粒子的催化活性。"

研究人员让新反应进行了 200 多小时,发现催化剂减少富含氢气的混合气体内一氧化碳数量的能力并未下降。

索迪亚承认:"目前,我们还不知道新反应内含的机制是什么。尽管金纳米粒子的大小对反应来说非常关键,但未来的研究应专注于氧化铁粒子在化学反应中的作用。"

(二)用合金或金属开发燃料电池制氢催化剂

1.以合金材料开发燃料电池制氢催化剂的新成果

用铂铜合金代替贵金属铂作为催化剂大幅降低氢燃料电池成本。2010 年 5 月,德国柏林工业大学研究人员彼得·斯特拉瑟负责,他的同事及美国学者参与的一个研究小组,在《自然·化学》杂志发表研究成果称,他们研发出一种新工艺,用新型铂合金代替贵金属铂作为催化剂,可节约大量贵金属铂,使氢燃料电池的制造成本降低 80%。

作为新型清洁能源之一的氢燃料电池,除可替代传统车用柴油和汽油发动机外,还可广泛用于电力供应,以及便携式电子设备,如笔记本电脑。氢燃料电池的工作原理实际上是个电化学过程,在这个过程中氢气和氧气结合,释放出电和水,不会对环境造成任何污染。为了使这个过程快速和高效,需要使用大量贵金属铂作为催化剂。然而,铂材料昂贵,而且是稀有资源,因此,发展氢燃料电池的关键是研发可替代铂的高效廉价催化剂。

研究人员把铂与铜混合,然后从铂铜合金中去除部分铜,形成直径只有几纳米的球状铂铜催化剂颗粒,这种球状铂铜颗粒里面是铜,外壳是只有几个原子厚度的铂,从而极大减少了铂的使用量。研究人员证实,通过铜铂金属混合和去除部分铜的过程,可使催化剂合金颗粒表面铂原子的排列密度比普通铂紧密得多。这种反常结构减少了这些颗粒上氧原子的结合力,使铂合金催化剂比纯铂催化剂性能更好,让氢燃料电池制造成本大大降低。

研究人员的进一步试验证明,催化剂表面金属铂结构的改变,可以优化催化剂的活性。斯特拉瑟指出,类似的结构变化也适用其他的贵金属,对降低使用贵金属的化学过程成本具有普遍意义。研究人员将进一步研究铂与其他非贵金属的结合效果,以期找到性能更加优良的催化剂。

2.以金属材料开发燃料电池制氢催化剂的新成果

开发出用镍和钌作催化剂的新型氢燃料电池。2011年9月12日,日本九州大学小江诚司教授领导的研究小组,在德国《应用化学》周刊网络版上发表论文说,他们开发出利用镍和钌作催化剂的新型氢燃料电池。这一成果将有助于降低燃料电池的成本,从而推动燃料电池车的普及。

燃料电池车依靠氢和大气中的氧发生反应,产生电能驱动车辆,理论上排放的只有水。因此,氢燃料电池车被称为"环保车",吸引着各大汽车厂家竞相研发。

但是,目前各种试制的燃料电池车大多使用昂贵的铂作为从氢中提取电子的催化剂,而该研究小组新开发的燃料电池,使用价格不到铂5/10000的镍充当催化剂的主要原料,所以有望大幅降低成本。

该研究小组在2008年就研制出了镍系新催化剂,此后一直利用这种催化剂开发氢燃料电池。新型氢燃料电池即使在高温环境下也能稳定运转。

不过,由于降低新催化剂电阻的技术尚未取得明显进展,现在这种新电池的发电量还只停留在使用铂催化剂时的4%左右。

第二节 开发制氢技术与设备的新进展

一、研发制氢技术的新成果

(一)利用太阳能制氢的新技术

1.利用太阳光通过氧化物制造氢气的新技术

利用太阳光制作无氧气态锌再由其从水中取氢。2005年8月5日,以色列魏茨曼科学研究院宣布,该院能源研究中心主任贾克巴·卡里教授领导的研究小组,在瑞典、瑞士和法国同行的协助下,利用最新太阳能技术,通过创造容易储存的中间能源的方法,使利用氢能变得容易和可行。

氢是自然界储量最为丰富的元素,也是未来清洁能源的主要来源之一。世界许多国家的科学家都在积极探索氢能利用的新技术和新方法,但目前对氢能的利用尚未进入成熟的实用化阶段,氢能在生产、储存和运输方面不仅成本高,而且非常困难。

以色列研究小组采用了与众不同的技术方法,其主要内容是他们利用魏茨曼科学研究院太阳能发电站的设备和人员,以64面7米宽的镜子,建造起一座具有300千瓦功率的太阳能反应炉。接着,在炉里装满氧化锌和木炭,再用聚焦的太阳光线加热到1200℃。在加热过程中,矿物质产生分解,释放出氧和气态锌。不久,这种气态锌会浓缩成一种锌粉末。这种粉末存放、携带和转移很方便,解决了氢燃料不易贮存和运输的难题。使用时,只要让它与水发生反应,就能产生氢气形成氢燃料。剩下的氧化锌又可重新作为原料,在太阳反应炉内生产气态锌,制造新的氢燃料。锌在世界金属产量中仅次于铁、铝、铜,排名第四,储量相对丰富,是理想的氢提炼原料。

在近日的试验中,研究人员利用这个300千瓦的太阳能反应炉,在一个小时的时间里,从氧化锌中分解出了45千克的锌粉末,超过了预期目标。

由于这一过程无任何污染,而且相关物质锌是一种容易储存和运输的物质,因此可以按需要来生产氢。另外,这种技术还为用化学形式储存太阳能,并按照需要释放太阳能提供了新的方法。除氧化锌以外,目前,研究人员还在研究和试验其他种类的金属矿物质,在太阳能转化中的作用和效果。

以色列研究人员认为,通过多年研究,他们已经实现了从科学理论转化为实用技术的突破,从目前试验效果看,这一技术离工业应用要求已经非常接近了。有的专家指出,该成果的实际应用有望从根本上缓解世界性能源压力。

2.研发利用太阳能的光电化学系统制氢新技术

(1)利用太阳能通过光电化学电池从水中取氢。2006年8月,美国媒体报道,氢是宇宙中最丰富的元素,氢能有助于减少或消除全球对碳燃料的依赖,可能成为未来满足世界能源需求的新能源。尽管氢元素非常丰富,但是事实证明它很难制造。为了实现寻求无碳能源的承诺,研究人员们过去一直在努力研究分离氢元素的更佳途径。其中,一种解决途径就是依靠太阳光,把太阳光的能量应用到一种特殊的太阳能电池中,美国斯坦福同步辐射实验室研究员西勒·锡尔洛斯领导的研究小组,在这一制造氢的研究领域,又迈进了一步。

锡尔洛斯说:"它是一种原料问题。氢不会游离存在于自然界中,但是拥有正确的原料,我们就可以把氢从其他化合物中分离出来"。

太阳能电解装置把阳光转变为电流,能"撕开"水分子。但是,以前阳光水解装置的工作效率非常低下。传统的太阳光面板,即光电电池可以用于制造清洁电流。但是依靠这类太阳能电池的本身来制造氢是不切实际的,因为它们还需要另外一个步骤,即引导产生的电流进行电解。

直接电解水与太阳能电池的工作原理是不相同的。使用一种光电化学(PEC)电池,阳光直接照射一种浸在电解液中的特殊物质,在这种情况下,电解水就可以消除转输电流进行电解的额外步骤。光电化学电池可能有一天会成为一个美国氢气制造计划的中坚力量。尽管在效率方面取得了突破性成就,但是目前最好的光电化学电池在腐蚀中断之前也仅能维持240小时的时间。为达到美国能源部制定的该技术目标,这些电池的工作时间至少应当在1万小时以上。

不久前,美国斯坦福线性加速器中心研究人员,正在寻求克服太阳能电池腐蚀过快的问题。在该问题的解决方面,可能要感谢锡尔洛斯。近日,锡尔洛斯研究小组在斯坦福大学教授安德尔斯·尼尔森的指导下,正使用软X射线照射这些光电化学电池,以观测半导体与水接触边缘区域的电子和化学反应。通过在原子级层面上跟踪半导体表面腐蚀情况的方式,锡尔洛斯最终可能会制造出工作时间更长的光电化学电池。

锡尔洛斯说:"我们在实验室中已经证明我们能有效制造氢,但是在制造出能满足美国能源部要求的,能在足够的时间内稳定长期工作的电池,我们还有很长的路要走。但是通过发现正确的原料,我们将在制造可再生清洁能源氢上再次迈进一步。"

目前,研究人员在开发光电化学电池方面,所面临的主要障碍是如何找到一种在把阳光转化为电流后,能直接暴露给水的半导体。但是自然界却给了我们最大的一个讽刺,这两种原料相互排斥。半导体能稳定地在水中存在,就不能有效把阳光转变成电流;而当半导体能很好地吸收阳光时,水中的腐蚀就相当容易发生。科学家们通过使用正确的原料,把各种半导体材料制作成"三明治"的方式,来把这种自相矛盾控制在一定的程度。但是找到正确的原料组合方式十分不容易。

尽管面临这些障碍,锡尔洛斯研究小组相信,光电化学电池在有效制造氢方面具有广阔的应用前景。锡尔洛斯说,"我们仍然无法清楚地知道为什么反应会消失,但是光子科学非常适合于解决这个问题。我们将利用光子科学来研究光腐蚀的基本机理。"

(2)通过钛铁氧化物纳米管形成新的光电解水技术。2007年8月,美国宾夕法尼亚州立大学材料研究所电机工程教授克雷吉·格兰姆斯领导的研究小组,在《纳米快报》上发表论文称,由自动排列、垂直定向的钛铁氧化物纳米管阵列组成的薄膜,可在太阳光的照射下将水分解为氢气和氧气。这种新的光电解水技术费用低廉、污染少,而且还可以不断改进。

该研究小组曾经报道,在紫外线的照射下,钛纳米管阵列的光电转换效率可达16.5%。二氧化钛通常用于白漆和遮光剂,由于它具有很好的电荷转移性和耐腐蚀性,因而有望成为廉价、长效的太阳能电池材料。不过,紫外线在太阳能光谱中只占大约5%,研究人员需要找到一种方法,把材料的带隙移至可见光谱。

研究人员推测,通过将低带隙的半导体材料——赤铁矿掺杂到二氧化钛膜中,可以吸收更大范围的太阳光。该研究小组把掺杂有氟的氧化锡涂布到玻璃基质上,然后再将钛和铁溅射到其上面,从而制造出了一种钛-铁金属膜。该薄膜在乙烯乙二醇溶液中进行阳极电镀,接着经氧气退火 2 小时后结晶。经过对许多不同厚度、不同铁含量的薄膜进行研究,他们得到了光电流强度为 2 毫安/厘米^2、光电转换率为 1.5% 的薄膜。这是利用氧化铁材料获得的第二高的光电转换率。

该研究小组目前正试图通过优化纳米管结构,以克服铁的低电子空穴迁移性。通过减少钛铁氧化物纳米管壁的厚度,研究人员希望,具有赤铁矿带隙的材料可以获得接近 12.9% 的理论最大光电转换率。

发展洁净能源或替代新能源是未来能源建设的世界潮流,其中氢能是最佳选择。由于氢、氧结合不会产生二氧化碳、二氧化硫和烟尘等污染物,所以氢被看作是未来理想的洁净能源,有"未来石油"之称。

3.进一步优化利用太阳能的光电化学制氢技术

(1)通过纳米颗粒催化剂改善光电化学制氢技术。2011 年 8 月 10 日,美国物理学家组织网报道,美国杜克大学工程学院机械工程学和材料学助理教授尼克·霍茨领导的一个研究小组,发明了一种可铺设在屋顶的太阳能制氢系统。该系统生产的氢气无明显杂质,在效率上也远高于传统技术,能让太阳能发挥更大的用途。

新系统与传统太阳能集热器在外观上区别并不大,但实际上它主要由一系列镀有铝和氧化铝的真空管组成,一部分真空管中还填充有起催化剂作用的纳米颗粒。其中反应物质主要为水和甲醇。与其他基于太阳能的系统一样,新系统也从收集阳光开始,但而后的过程却截然不同。当铜管中的液体被高温加热后,在催化剂的作用下就能产生氢气。这些氢气既可以经由氢燃料电池转化为电能,也能通过压缩的形式储存起来以供日后使用。

霍茨称,该装置可吸收高达 95% 的太阳热能,由环境散发出去的则非常少。这一装置能让真空管中的温度达到 200℃。相比之下,一个标准的太阳能集热器,只能将水加热到 60~70℃。在高温作用下,该系统制氢的纯度和效率远高于传统技术。

霍茨说,他曾将新系统与太阳能电解水制氢系统、光催化制氢系统的火用效率进行对比。所谓火用效率,就是指定状态下所给定能量中有可能做出有用功的部分。结果发现,新系统火用效率的理论值分别是 28.5%(夏季)和 18.5%(冬季),而传统系统在夏冬两季的火用效率则只有 5%~15% 和 2.5%~5%。

太阳能甲醇混合系统是最便宜的解决方案,但系统的成本和效率会因安装位置的不同而有所区别。在阳光充沛地区的屋顶铺设这种太阳能装置,大体上能满足整个建筑在冬季的生活用电需求,而夏季产生的电力甚至还能出现富余。这时业主可以考虑关闭部分制氢系统或者把多余的电力出售给电网。

霍茨说,对较为偏远或不易获取其他能源的地区,这种新型太阳能制氢系统将会是一个非常好的选择。目前他正在杜克大学建造一个试验系统,以便对其进行更为全面的测试。

(2)通过催化剂二氧化钛提升光电化学制氢技术。2014年7月,物理学家组织网报道,美国威斯康星大学麦迪逊分校材料科学与工程系助理教授王旭东,与美国林业产品实验室的蔡志勇博士等人组成的一个研究小组,通过模仿一棵树的能量转换过程,开发出一种高效的太阳能制氢技术。该技术水解氢气的效率比传统技术高两倍以上,且能十分方便地安装在湖泊、海洋和陆地上,为氢燃料的制备提供了一个新的选择。

对于水解制氢技术,世界各地的科学家们已经探索了多年,但这些技术大都需要将光催化剂淹没在水中。由于阳光在与水面接触后会发生折射和衍射,这极大限制了这些技术的制备效率。

新研究中,研究小组专门对此进行创新。研究人员试图通过模仿树的能量转化过程来解决这一难题。报道称,这一"树形"设备的顶部,是由纤维素制成的面板和用二氧化钛介孔材料制成的催化剂涂层,它们能最大限度地获取阳光并增加水与催化剂接触的面积;而在这颗"树"的底部,则是由纳米碳纤维组成的庞大"根系",这些纳米碳纤维制成的根系组织能够把水分运输到顶部的催化剂"叶子"上,在那里,水会被分解成氢气和氧气。整个过程与树木的光合作用极为相似。

由于催化剂不会完全淹没在水中,同时又保证与阳光的充分接触,这种技术不但大大加快了水分解的时间,在制氢效率上也比传统技术要高得多。

王旭东指出,通常,水解制氢所使用的催化剂呈粉末状。不久前,人们开始使用纳米线作为催化剂。而他们则第一个采用基于纳米碳纤维材料的催化剂涂层技术,该技术与传统技术相比,还具有极为优异的亲水性能。他说:"在地面上放置一个盛水的容器,就能通过该技术获取氢燃料,如果能将这种装置架设到湖泊或是海洋上将会更为便利。该技术有望最大限度地消除水面环境的局限性,最大限度地提高太阳能的转化效率。以这种技术建立的制氢工厂既能建立在陆地上,也能建在水体上。氢是一种绿色能源,适用范围十分广泛,氢承载的能量能够很方便地被运输到很多地方,无论是汽车还是建筑物。"

接下来,王旭东研究小组希望制造一个更大规模的原型。该项目由美国能源部资助,目前美国林产品实验室正在为该技术申请专利。

(二)利用化学方法制氢的新技术

1.利用化学方法提高制氢效益的新技术

(1)通过引入钯浅层表面来提高氢原子的稳定性。2005年12月,美国宾夕法尼亚大学化学和物理学家魏丝教授领导的一个研究小组对外宣布,他们通过技术处理,把氢原子引入金属钯的浅层表面,在这一特定的区域,氢原子能够稳定存在。这一特殊结构有望在金属催化剂、氢储存和燃料电池等重要应用领域发挥重要作用。

未来的燃料电池是当今研究的热门,但电池中氢原子的稳定性是该项研究中的一大难点。化合物中的氢原子非常活泼,难以储存。所以,魏丝研究小组的技术创新有望攻克这一难关。

在金属表面,氢原子与金属形成的氢化物中氢原子带有部分负电荷,通过观察证实,金属表面存在着非常稳定的区域,以前有研究人员对这一现象曾进行过预测,但成功合成并直接观察到该结构,这还是第一次。

研究小组把氢原子吸附在某种载体上,然后将其移入金属的浅表面下,并仔细观察了金属晶体内特定区域中氢化物的存在对金属的化学性质、物理性质和电子特性等各种性质的影响。另外,浅表处的氢化物还可以作为一种新材料,进一步研究其在氢储存和燃料电池中的应用。研究人员称,这种构建浅表处氢化物的能力,为相应的应用领域提供了重要的研究工具。

魏丝表示,金属浅表处的氢原子在化学反应中的重要性,得到了科学界的公认。各种实验数据已经间接地证明,在这些区域存在着对化学反应比较重要的氢原子,但一直没有方法证明,这一物质结构将为这些科学预言提供证据,并通过观察获得直接的数据。

实验在扫描隧道显微镜中低温超真空条件下进行,研究人员先把金属晶体暴露在氢环境中,氢原子会吸附在金属的表面,对于多余的氢原子,通过不断加热和加氧,被氧化成水后去掉。清出金属表面的氢原子后,运用扫描隧道显微镜中发射出的电子,将氢原子带入金属表面下的浅表层进入稳定的区域。在金属浅表下氢化物形成的过程中,研究小组发现,金属表面在不断扭曲变形,新结构上面的带正电荷的金属钯原子在不断增加,不断与金属表面的氢原子发生反应。研究人员称,该研究中最有趣的一面在于能够把氢原子带入金属表面下,而金属表面扭曲等观察到的现象证明了稳定区域的存在,并从理论上预言了氢化物的物理和电子特性,以及这些特性在相关领域的运用。

魏丝数年前曾在国际商业机器公司工作,是世界上第一个把惰性气体氙原子引入金属表面的人,如果将金属表面的原子处理能力进行延伸和扩展,研究人员们将提高对许多重要商业用途中化学反应的认识和理解。另外,这一模型将开创一种在技术领域有重要用途的新型材料。

(2)通过降低质子交换膜厚度减少制氢费用。2006年8月,有关媒体报道,多年来,俄罗斯对氢能开发利用一直非常重视。早在苏联时期,"暴风雪"号航天飞机上就使用了以氢为燃料的电池。新乌拉尔电化工厂建立了容量接近100千瓦的以磷酸燃料电池为基础的电站。目前,俄罗斯科学院有20多个研究所在氢能技术领域从事基础研究和应用开发。

在氢能技术的研发中,俄罗斯科学院乌拉尔分院电物理研究所处于世界先进地位。目前,氢燃料电池研制中的最大问题是成本很高。对此,俄国研究人员认为,减少氢能燃料电池中的质子交换膜的厚度是降低成本的第一步。

目前,世界各国在燃料电池中使用的质子交换膜的厚度为 0.2~0.5 毫米,这样的质子交换膜具有很高的电阻,使用中能量损耗很大,并需要 900~1050℃ 的高温。如果质子交换膜的厚度降低到 10 微米,将能使电阻大幅度降低。俄国研究人员已研制出大小为 0.01 微米的颗粒,用 1000 层这样的颗粒覆盖的薄膜,就成为厚度为 10 微米的质子交换膜。同样,可以用这样的颗粒制成电极,它具有很高的活性,燃料电池的成本将得到再次降低。

(3)找到用化合物提取高纯度氢气的新方法。2006 年 11 月,日本福岛大学共生系统理工学科佐藤副教授主持的一个研究小组,通过制作铟、镓和砷元素掺入碳的化合物半导体膜的试验,开发出利用化合物半导体低成本制造高纯度氢的原理。新方法比目前应用的钯合金模制氢法约降低成本 10% 左右。

起初,佐藤研究小组研究的是如何在高速通信用的化合物半导体中除去氢,后来改变想法,开始研究氢的精度制造技术。他在实验中制作了在铝基板上铟、镓和砷半导体中,加入碳的 p 型半导体膜,发现这种半导体化合物膜可以作为氢过滤介质过滤氢。在利用压力差进行氢透过实验中,氢形成一个质子氢离子通过膜,而不纯物没有透过,制造出了几乎 100% 纯度的氢。他表示,今后将继续对不使用有毒元素的半导体,进行试验以及氢透过速度验证。

氢被视为清洁能源,高纯度的氢广泛用于精细化学药品、半导体以及燃料电池等领域。但是通常从煤炭、天然气等能源中提取氢的方法纯度不足,而制造高纯度氢,通常使用的贵金属钯合金模的透过法成本高昂。

2.利用化学方法以甲酸、氨和垃圾为原料制氢的新技术

(1)发明甲酸制造氢气的简易化学方法。2008 年 6 月,德国莱布尼茨催化研究所科学家马赛厄斯·贝勒领导的一个研究小组,在《应用化学》杂志上发表研究成果称,他们发明了一种在低温下把甲酸转化成氢气的化学方法,从而使甲酸这种常见的防腐剂和抗菌剂,有望成为燃料电池的安全、便捷的氢来源。

氢燃料电池不能普及的一个重要原因是难以制造、储存和运输足够量的氢气。使用含有氢的原料,在需要时将其分解产生氢气,这种方法要比与直接运送氢气更为实用。目前,甲烷和甲醇是燃料电池最常用的两种氢来源,通常它们要经过蒸气重组这道工序而分解产生氢气,这个过程需要 200℃ 以上的高温和专门的重整转化装置。如果能在较低的温度下完成上述转换,就不需要消耗大量的能源,也不需要转化装置,从而能为小型燃料电池(如为便携电子器件)提供更合适的氢气源。

贝勒研究小组将甲酸与胺混合,在一种金属钌催化剂的作用下,在 26~40℃ 就可以把甲酸分解成氢气和二氧化碳。由于甲酸是一种液体,因此(同气体相比)更加容易处理。贝勒说,虽然甲酸具有腐蚀性,但它与胺的混合物则是温和的。

甲酸可以直接用于燃料电池,因为省去了转化成氢气这一步骤,使用起来更

简便。有关专家认为,与使用甲醇的燃料电池相比,甲酸燃料电池体积更小,而且构造要简单。

但甲酸燃料电池有一大缺点:燃料电池的效率不高。1千克甲酸产生的氢气只能提供1.45千瓦时的电力,而1千克甲醇能提供4.19千瓦时的电力。这意味着要产生相同的电力,甲酸的消耗量是甲醇的3倍,这会使得甲酸燃料电池的成本上升。不过,贝勒认为,由于省去了蒸气重组这个高耗能过程,加上催化剂的效率不断提高,总体来看,研究人员可以控制甲酸燃料电池的成本,使其更具竞争力。

(2)通过分解氨现场按需制氢的新技术。2014年6月,物理学家组织网报道,英国科学和技术设施委员会科学家比尔·戴维领导,马丁·琼斯教授等人参加的一个研究小组在研究中发现,通过对氨进行分解来制造氢气,不仅成本低廉,而且简单高效,为在现场实时按需制氢,解决所面临的存储和成本方面的挑战,提供了一种可靠的办法。

很多人把氢气看作交通领域最好的替代燃料,但其安全性和如何可靠地存储,一直是个问题,且建造加氢站的成本也居高不下,大大限制了氢作为绿色燃料的大好前景。研究人员表示,新发现或许可以解决这些问题。

当采用裂化技术分解氨时,会得到氮气和氢气。目前,有很多催化剂能有效地裂化氨气释放出氢气,但最好的催化剂是非常昂贵的金属。据报道,新方法并不使用催化剂,而是由两个同时进行的化学过程完成,最终得到的氢气与使用催化剂一样多,但成本降低很多。

而且,研究人员表示,氨的制造成本非常低;氨也能以低压储存在合适的塑料罐中,然后放在车上;另外,建造氨气站也像建造液化石油气(LPG)站一样简单方便,因此,最新研究有望大力加快氢作为交通用绿色燃料的步伐。

戴维表示:"新方法与目前最好的催化剂一样高效,但使用的活性材料氨基钠的成本很低,我们能用氨'按需'廉价高效地产出氢气。"该方法的另一发明人马丁·琼斯教授表示,他们目前正在研制第一个低功率的静态演示系统。

2015年将是汽车的研发制造大踏步向前迈进的一年,预计很多汽车制造商,将竞相研制新一代燃料电池电动汽车。对这些汽车来说,电池至关重要,而燃料电池则以氢气为原料。英国大学与科学大臣戴维·威利茨说:"这无疑正是我们需要的创新技术,我们致力于在2050年,把温室气体排放减少80%,最新研究或许能大力促进这一目标的实现。"

英国能源与气候变化部首席科学顾问戴维·麦凯说:"我们相信,在减少燃料的碳排放方面,没有单一的解决方案,不过,最新研究表明,氨基技术值得我们进一步探讨,而且,其未来有望发挥重大影响。"

3.利用化学方法以水为原料制氢的新技术

(1)开发出用水与铝粉反应的制氢系统。2006年4月,有关媒体报道,日本日立万胜公司现已开发出一种新型制氢系统,只需把水加入铝粉中即可生成氢气。

其特点是仅用廉价的铝和水就能在常温下生成氢气,而且在氢气生成中不需使用触媒,还可对废旧材料等铝合金进行再利用,以此实现资源的有效利用。

这是利用 $Al+3H_2O$——$Al(OH)_3+3/2H_2$ 的化学反应,生成氢气。通过使微粉化且粒子之间不会发生凝聚,即经过特别处理的铝和水发生反应,可利用 1 克铝和 2 毫升水生成 1.3 升氢气。

在日本,利用水和铝的反应生成氢气的研究,最初是室兰大学教授渡边正夫进行的。在 2004 年的一次展会上看到该大学的展示后,日立万胜也开始了此项研究。当时只能生产理论值 60% 左右的氢气,而且在低成本生产铝粉的方法等方面也存在一些问题。此后,研究人员确立了实用化开发目标:一是要确立量产技术,二是要达到每克铝粉可生成 1.3 升氢气,即理论值 95% 的水平。

在此次发布会上,研究人员展示了这一制氢系统及后续开发的氢燃料电池装置,并实际进行笔记本电脑驱动演示。样品由氢气生成装置、发电单元、锂离子充电电池和控制电路构成。外形尺寸为 160 毫米×100 毫米×60 毫米,重 920 克,功率平均为 10 瓦特,最大可达到 20 瓦特。电压为 7.4 伏特。发电单元采用了氟类固体高分子电解质膜。

氢气生成装置分别装有容积为 50 毫升的水箱和铝粉盒。只要利用小型泵将水送至铝粉盒,就会在铝粉盒中生成氢气,燃料电池也随之开始发电。据悉,利用 20 克铝粉可驱动笔记本电脑 4~5 小时,所需的水约为 40 毫升。

(2)发明氢和氧在不同时间从水中分离出来的化学技术。2013 年 5 月 15 日,英国格拉斯哥大学李·克罗宁教授、马克·司麦思博士等人组成的一个研究小组,在《自然·化学》杂志刊登论文中称,他们已研发出一个安全制氢的化学新技术。这一重大突破,为解决全球能源问题提供了一个潜在的解决方案。

研究人员表示,这一先进技术可能有助于挖掘氢作为一种干净、廉价和可靠能源的潜力。与矿物燃料不同的是,氢被燃烧制造能源时不会产生排放物。另外,它还是地球上最丰富的元素。将水分解生成氢和氧。研究人员在论文中,详细介绍了在不同时间和不同物理位置,植物通过太阳能把水分子分解成氢和氧的方法的。数十年来,科学家一直不懈寻找在不同时间提取氢元素的新方法。植物光合作用制氢方法,不仅更有效,还能减少爆炸危险。

洛桑市瑞士联邦理工学院无机合成与催化实验室负责人胡希乐教授表示:"这项研究为用电解分离氢和氧的原理提供一个重要示范,很有独创性。当然,还需进行深入研究才能改进这一系统、能源效率和寿命等方面。但这项研究让我们对未来充满希望,可能有助于我们以更低成本存储绿色能源。"迄今为止,科学家已通过电解分离出氢和氧原子。电解原理是让电通过水,不仅需要耗费大量能源,而且还有爆炸危险,因为氢和氧是被同时分离出来的。

但在格拉斯哥大学研究小组研发的新的电解方法中,通过研究人员所谓的"电子耦合质子缓冲",氢和氧在不同时间从水中分离出来。利用这种方法在电通过水时,有助于收集和存储氢。通过该方法,起初只有氧被释放出来,然后氢在合适时间才被释放出来。纯氢不会自然产生,所以要用能源制造它。这个新的电解方法需要更长时间,却更安全,每分钟消耗更少能源,使其更容易依赖于电流所需的可再生能源把氢分离出来。

司麦思表示:"我们研发的这个新系统适合于工业规模的氢气制造,可能比现在的氢气制造法更便宜,更安全。眼下,工业中大部分制造氢的方法依赖于矿物燃料的改善,但如果用太阳、风或波浪提供电源,我们就可制造一种几乎完全干净的能源。"

克罗宁说:"现有把天然气送到全国各地的天然气基础设施,可毫不费力地把氢运送到指定地点。如果通过更廉价更有效的解耦过程用可再生资源制造氢,整个国家就能用氢取代甲烷,为家庭制造电源。这还将使我们明显减少国家的碳足迹。"

绿色能源专家、加利福尼亚理工学院化学教授内森·刘易斯表示:"这好像是一个令人关注的科学示范,它可能解决一个和水电解有关的难题。现在的水电解依然是一个相当昂贵的制氢方法。"

(三)利用生物方法制氢的新技术

1.研发微生物制氢技术的新进展

(1)利用细菌从污水中提取氢气。2007年11月,美国宾夕法尼亚州立大学科学家布鲁斯·洛根主持,他的同事陈韶安等人参与的一个研究小组,在美国《国家科学院学报》发表研究成果称,他们发明了一种微生物燃料电池,利用细菌从污水中提取氢气,几乎可以把所有能分解的有机材料,转化为零排放的氢气燃料。

研究人员认为,与现在的氢能源汽车相比,这项技术更具环保优势。因为现有氢汽车燃料所用的氢通常来自化石燃料,即使车子本身不释放温室气体,但在原料生产加工过程也会排放。洛根说:"这是一项利用可再生有机物质的方法,只要材料可以生物降解,并且能够产生氢就可以。"

该研究小组在研究报告里介绍道,他们是用自然产生的细菌,加上醋中含有的乙酸,放入电解细胞中,就可获得释放出来的氢气。细菌啜食着乙酸,释放出电子和质子,产生0.3伏的电流,此时外界在稍加一点电流,氢气便从液体里冒了出来。

这项技术比水电解获取氢气更为高效,洛根说:"这个技术的耗能仅是水电解的1/10。"细菌做了大部分的工作,分解有机材料,释放出亚原子微粒,因此所需的电量只是把这些微粒形成氢气。

洛根表示,产生的燃料虽然是气体,而不是液体,但仍可以用作车辆"加油"。整个过程用到纤维素、葡萄糖、醋酸盐以及其他挥发性酸类。唯一的排放物仅仅是水。

尽管这项技术听起来遥不可及,但微生物燃料电池技术在当今已经应用了。研究人员正在为这项技术申请专利。然而这些燃料电池过于庞大,无法安装在汽车里,所以气态氢燃料必须在工厂里制造。

(2)利用发酵菌以牛排泄物为原料制氢。2009年1月11日,日本媒体报道,日本带广畜产大学高桥润教授及综合商社住友商事有关专家组成的一个研究小组,最近开发出一种新技术,利用发酵菌以牛排泄物为原料,制成氢燃料电池必需的氢。

据报道,这项技术就是通过发酵菌把牛的粪尿在无氧状态下发酵,再将发酵得到的氨分解成氢和氮,然后用氢同大气中的氧进行化学反应产生电能。

在实验中,科学家利用20千克的牛排泄物获得了0.2瓦的电力。高桥润等人推算,今后提高发电效率后,北海道一个牧场平均每天有6~8吨的牛排泄物,利用这些牛排泄物,可以提供3个家庭一天的用电量。

燃料电池是以氢和氧为原料,通过化学反应产生电能的能源电池。高桥润说,"牛排泄物燃料电池技术可使此类电池的氢来源更加环保,无须采用其他化学方法制取,整个制取过程也不产生二氧化碳,而且原料成本为零,作为新能源技术其利用前景值得期待。"

2.研发以植物及其产品为原料制氢的新技术

(1)推进利用绿藻生产氢气的研究。2006年10月,德国比勒费尔德大学与澳大利亚昆士兰州大学的生物学家联合组成的一个研究小组,成功培植出一种能够产生大量氢气的转基因绿藻,为未来生产氢能源提供了一条生物途径。

生物学家很早就知道,绿藻具有很强的"氢"光合作用的功能,能在阳光照射下产生氢气。但绿藻产生氢气的效率比较低,通常每升绿藻只能产生100毫升氢气。

该研究小组培植成的转基因绿藻,每升可产生750毫升氢气。目前野生绿藻的光氢气转化值约为0.1%,人造绿藻可以达到2%~2.4%,如果通过基因改造的绿藻,光氢气转化值能够达到7%~10%,将具有实际经济应用价值,科学家希望在5~8年内能实现这一目标。

该研究小组从2万多个藻类样品中,筛选出20个样品,从中培植出名为Stm6的转基因绿藻。德国鲁尔大学也研制出一种生物电池,即一种利用绿藻酶生产氢气的微型生物反应器,每秒可产生5000个氢分子。鲁尔大学的生物化学教授托马斯·哈伯称,利用生物酶生产氢气具有很大的潜力,这是一项很有意思的技术,但真正产生经济效益还需要时间。

(2)发明从葵花子油中提取氢的新技术。2004年11月,英国媒体报道,很多学者和专家认为,氢气经济要远比石油经济更利于可持续发展,但现有的提取氢气的技术方法不仅所需设备造价不菲,而且提取氢气所产生的废气污染环境。英国利兹大学一个研究小组,发明一种能从葵花子油中提取氢的新技术,可以较低成本提取汽车燃料用氢气,这种氢气有望成为新型、环保的汽车用燃料。

这项技术的核心就是采用镍碳催化剂来激发提取过程中的化学反应链,以保证从葵花子油中的碳酸分子中分离出可作汽车燃料用的氢气。设备可以是大型固定设备,也可以是小型的、适合车载的装置。

研究人员认为,以葵花子油提取氢气为燃料的汽车将很快被研发出来。这种汽车将配置能够从葵花子油中提取氢气的装置,并把提取出来的氢气转化成车用燃料输送进汽车发动机。

氢气在发动机内的燃烧原理是与氧结合并燃烧,产生电能和水。这种过程也会产生一些碳酸气体,由于提取氢气的原料是葵花子油,向日葵种植面积肯定会扩大,所以,这些气体又会被向日葵所吸收,有研究表明,向日葵吸取空气中碳酸气体的能力,在农作物中首屈一指。

专家强调,由于提取过程中所必需的镍碳催化剂的生产成本较高,"向日葵让汽车跑起来"还需时日。

3.研发生物制氢技术的其他新成果

(1)研制以水制氢更快更廉价的人造酶。2011年8月12日,美国能源部西北太平洋国家实验室,科学家莫瑞斯·布洛克等人组成的一个研究小组,在《科学》杂志上撰文表示,他们研制出一种人造酶,与天然酶相比,能将制氢化学反应的速度加快10倍,最新研究有望加速制氢过程并降低成本。

氢是一种来源广泛的能量载体,可通过风能、太阳能、生物质等能源来获取,并应用于很多方面。氢能利用过程的关键,是先把电能变成化学能存储起来,然后按照需求将其释放。但现在科学界面临的主要问题是,如何使制氢反应快速且廉价地发生,以便实现规模化。

在任何有电的地方,人们都可以用水来制造氢气,再使用一块燃料电池,又可以将氢变回电,所得到的副产品只有水。不过,燃料电池需要一个催化剂来加速把氢变成水和电的化学反应,铂在这方面表现良好,但铂非常昂贵而且稀少。

早在10多亿年前,有些微生物就能利用便宜且储量丰富的镍和铁制造一种天然酶。后来人们发现,这种天然酶可完成氢能与电能的转化。而美国科学家最新研制出一种人造酶,其性能比天然酶更加优异。实验表明,在以水制氢这一复杂的化学反应中,新人造酶的表现相当出色,反应速度是使用天然酶的10倍,每秒钟能制造出10万个氢分子。

布洛克说:"这种镍基催化剂的确非常有用。"科学家们表示,如果我们能使用铁和镍研制出人造酶,整个过程将会更便宜,我们有望制造出更便宜的氢。

(2)采用化学与生物学配合方法制备出生物基氢气。2013年6月,德国波鸿鲁尔大学一个研究小组,在《自然·化学生物学》杂志上发表研究成果称,他们采用化学与生物学配合方法,用惰性铁配合物和蛋白生物合成前体,制备出具有生物活性的氢化酶。有关专家称,这项研究成果在生物基氢气生产方面取得了决定性进展。

氢化酶在许多单细胞生物中,对于维持能量平衡发挥着重要作用。对人类而言,它们可以帮助产生清洁能源载体——氢气。因此,生物学家和化学家们,多年来一直努力使这些酶及其化学合成能适合工业应用,如经济实惠和环保的新型燃料电池材料等。

氢气是燃料电池最理想的燃料,不仅纯度高,而且在燃料电池汽车上可以直接供电池使用,不需要重整器和净化器等复杂的附属设备和装置。以氢气为燃料的燃料电池发动机系统比较简单,燃料电池启动快、性能稳定,对负荷变化的响应快,基本上是"零污染",相对成本较低。

研究小组发现,被称为铁-铁氢化酶的催化活性主要基于一个具有复杂结构的活性中心,包含了铁、一氧化碳和氰化物。为了跳过烦琐又低效的氢化酶生产过程,化学家们已经重新创建具有催化活性的酶成分。虽然构建成功,但这个化学仿制品只产生少量氢气。因此,研究小组提出了在活体生物中提取氢化酶的优化方法。

氢化酶的应用前景广阔,但要将其工业化生产还非常困难。在理想的条件下,一个氢化酶每秒可以产生 9000 个氢分子。研究人员对此兴奋地说,大自然创造了,一个在没有任何贵金属存在的情况下,异常活跃的催化剂。

二、研发制氢设备的新成果

(一)研制以不同原料制氢的新设备

1.开发以甲醇或乙醇为原料制氢的新装置

(1)开发出利用乙醇制氢的新装置。2006 年 8 月,《日本经济新闻》报道,日本东京农工大学一个研究小组,开发出一项利用乙醇生产氢的新设备,在氢发生装置的催化剂层上附着二氧化碳吸收剂。这种新技术可高效生产氢,且不需要再安装吸收二氧化碳的专门装置,实现了氢的低成本制备。

据报道,新开发的这种不锈钢设备主要适用于燃料电池。设备内部有 4 块平行的金属板,金属板的结构类似夹心饼干,中间的"夹心"部分,是厚 80 微米的铁、镍、铬合金层;两侧的"饼干"部分,是厚 40 微米的多孔氧化铝层。

4 块金属板之间共形成 3 条通道。上下两条通道两侧的金属板氧化铝层,都附着有铂催化剂,中间通道的两侧金属板,则附着有镍催化剂和能吸收二氧化碳的锂硅酸盐陶瓷粒子。

制备氢时,首先让浓度为 30%~40% 的乙醇,与空气流经上下两条通道,同时给 4 块金属板的合金层通电。当铂催化剂层的温度上升到 500℃时,乙醇发生燃烧反应。再让同等浓度的乙醇水溶液流经中间的通道,乙醇和空气在高温环境下反应,生成氢和二氧化碳。由于二氧化碳被锂硅酸盐吸收,所以从反应器中释放出的只有氢。从实验情况估算,1 毫升乙醇水溶液,可反应生成约 1.5 升氢。

(2)发现能用甲醇或乙醇生产高纯度氢的薄膜装置。2011 年 10 月,日本京都大学服部政志和野田佳等人组成的一个研究小组,在《应用物理快报》上发表研究成果称,他们发现了一种在薄膜装置内生产氢气的新方法,可使制成的氢气纯度达到99%以上,省去制氢过程中额外的提纯步骤。

目前生产氢气的方法很多,例如水电解和天然气的蒸气重整以及氨分解等。但利用上述方法制成的氢气,都会混合其他副产品或残余废气,因此,制取之后的氢气提纯步骤一般必不可少。

日本研究小组在几十微米厚的薄膜上照射紫外线,用于生产氢气。该薄膜由两层组成,一层为二氧化钛纳米管阵列(TNA),可充当氢气制造的光催化剂;另一层为钯(Pd)薄膜,可起到氢气提纯的作用。

薄膜和分别位于其上、下的两个隔间以及紫外线等,形成了反应器的基础。研究人员用涡轮分子泵传送甲醇或乙醇等燃料,使之到达上层的隔间,随后打开紫外线。紫外线能引发光催化反应,使燃料在上层隔间内转化成二氧化碳、甲醛和氢气。当制成的氢气穿透薄膜,到达下层隔间时,其纯度可达到99%~100%,无论使用甲醇还是乙醇均能达到这种效果。

研究人员称,只有氢气能穿透钯薄膜层,进入下层隔间,其他气体将继续留存在上层隔间中。他们希望由此研发出的新装置,能解决此前制氢时遇到的问题,如可在室温下运行的小型薄膜反应器,能够实现燃料电池的最小化和运行的低能化,这有望应用于移动和实地的重整制氢系统等。

野田佳表示,目前,二氧化钛纳米管阵列和钯组合的薄膜表现还不尽如人意,如所制取的氢气量相对较低,需要用钯合金等金属来代替钯,以抑制氢气的脆化等。从生产成本来说,氢气穿透的金属厚度也有待降低。但研究小组还将不懈努力,从实际应用角度出发,致力提升薄膜装置的效能。

2.开发以水为原料制氢的新设备

(1)研制出用铝颗粒从水中取氢的装置。2009年5月,俄罗斯《消息报》发布消息称,圣彼得堡应用化学科研中心的科学家,已成功研制出一种从水中提取氢气的小型装置。它体积很小,可以安装在汽车的发动机室里。它利用普通的铝与水反应产生氢气,这种方法既廉价又高效。虽然纯净的铝极易与水发生化学反应,但并不是所有的铝制品只要接触到水就能产生氢气,如把铝制的汤匙放在菜汤中,它不会与水发生反应,因为铝汤匙的表面覆盖有一层薄薄的氧化铝薄膜,这层氧化铝薄膜能防止铝被继续氧化,也能防止铝与水发生化学反应。

要使金属铝能够持续与水发生反应,以便提取氢气,关键是必须把金属铝研磨成尺寸适度的小颗粒,但颗粒又不能太小,因为极微小的铝粉很容易引起爆炸。俄罗斯研究人员经过反复试验,掌握了铝颗粒的适宜大小。试验表明,把这种铝颗粒放入装有自来水的制氢装置中,就能获得大量氢气。

目前,通过铝颗粒及其相关装置直接从水中提取氢气的方法,在世界上尚属首例。在车用制氢装置中,氢气的产生可以按照行车的瞬间需要依量输入,就同汽油供应发动机燃烧一样。而且,这一过程可以反复循环,以铝颗粒从水中得到氢气,氢气燃烧获得热能又生成水,这些水又可再次与铝颗粒反映获得氢气,如此成本低,而且非常环保。另外,这种在现场直接制氢的装置,没有氢气压缩储存问题,因此没有氢氧回闪的危险,爆炸的可能性也非常小。

(2)研制出可"汲取"海水中氢能的机器水母。2012年4月,美国弗吉尼亚理工大学塔德斯领导的一个研究小组,在英国物理学会出版的《智能材料和结构》杂志上发表论文称,他们研发出一种新型的机器水母,不仅具备理想的水下搜索和抢险救援的本领,而且可从海水中不断"汲取"氢能作为补给,至少在理论上总能保持精力充沛。

研究人员说,德国费斯托工程公司曾研制出一种小型仿生机器水母,可利用圆顶结构内的11个红外发光二极管实现彼此间的通信,但那还只是一件小小的电子艺术品,不能在人类生产生活中执行特殊任务。

塔德斯说,现在研制的这种机器水母由一套智能材料制成,其中包括碳纳米管,在一定的刺激下,会改变形状或大小。将它放置在一个水箱里,其表面材料会在水中发生化学供电反应,使其能够模仿水母的自然运动。这是首次成功使用外部氢气,给水下机器人提供动力燃料源。

水母是一种理想的无脊椎动物,依靠肌肉纤维控制内腔的收缩和扩张来吸入和喷出水流,由此产生推力使水母沿身体轴向方向运动。

研究人员在碳纳米管外,包裹了一种可"记住"原来形状的智能材料记忆合金,并让水中氧和氢在最外层黑色铂金涂层产生热化学反应。这些反应释放的热量,传递到机器水母的人工肌肉,使其转变成不同的形状。这意味着机器水母,可以从外部自然环境中补给绿色的可再生能源,而不需要一个外部电源或不断更换电池。同时,汲取氢动力的机器水母,可以被压在水箱下运行。

(3)发明200小时不间断制氢的水分离器。2015年7月,美国斯坦福大学化学家戴宏杰领导,副教授崔毅参与的一个研究小组,在《自然·通讯》杂志上发表研究成果称,他们发明了一种低成本水分离器,阴阳电极均采用同种催化剂氧化镍-铁,可一周七天每天24小时用水生产氢气和氧气,为交通和工业领域提供清洁、可再生的氢能源。

崔毅说:"这种使用单一催化剂的低压分离器,可连续工作200多小时分解水产生氢和氧,这是一个创世界纪录的性能。"

氢气是一种无排放的清洁能源,但是需要通过天然气大规模制取,而天然气这种化石燃料会导致全球变暖。科学家一直试图开发一种从水中提取纯氢的廉价方式。

传统的水裂解装置主要由两个电极浸没于水性电解质。目前低压电流应用于电极催化水分子分离,一个电极释放氢气,另一个电极释放氧气。每个电极用不同的催化剂,通常是铂和铱这两种稀有且昂贵的金属。

2014年,戴宏杰开发出一种由一节普通的1.5伏电池运行,由镍和铁制成的分解水的廉价分离器。新研究将此技术进一步推进。研究人员表示,新型水分离器的独特性在于,两个电极使用同一种催化剂即氧化镍-铁。这种双功能催化剂,可以连续分解水超过一周,只需 1.5 伏稳定电压,在室温下将水分离效率提高到 82%。

(二)研制与氢燃料电池相关的新配件和新装置

1.开发用于制造氢同位素氚电池的新元件

研制出用于制造氚电池的多孔硅二极管。2005 年 5 月 13 日,美国罗彻斯特大学菲利普·福谢领导,加拿大多伦多大学纳兹尔·克禾然,以及美国罗彻斯特技术研究院和美国休斯敦贝塔电池公司相关专家参与的一个研究小组,在《先进材料》杂志上发表研究成果称,他们用制造微芯片的相同技术,研制成功一种可以改良电流的多孔硅二极管,这一设备把氚元素释放出的电子转换为电流,而且使用寿命长达几十年。研究人员把它叫作"贝塔电池(氚电池)"。

尽管电量只有普通化学电池的 1/1000,但"氚电池"这一全新理念比普通电池更加高效,而且比同类设计更便宜,也更容易制造。如果将这种二极管成功装入一节完整的电池内,就可以为一个长时期的工作体系服务,如桥梁上的结构传感器、气候监测设备和人造卫星等。对半导体材料电子相对丰富区域和电子相对稀少区域之间的 p-n 结进行控制,已经产生了许多现代电子产品。

电池的耐久力与其燃料的特性与氚元素相关。氚是氢的同位素,在一种称为"贝塔衰变"的过程中释放出电子。多孔硅半导体通过吸收电子产生电流,就像太阳能电池通过吸收来自太阳光入射光子的能量产生电流一样。自从 50 多年前发明晶体管以来,研究人员就不断努力尝试把放射能量转换为电流。

虽然工程师们已经成功地通过太阳能电池获得电磁辐射,但仍然没有聚集充足的贝塔衰变电子,来制成可行的电流设备。

尽管贝塔电池并不是第一种利用放射源或氚元素的电池,但是它具有独一无二的优点:研究人员在半毫米厚的硅片表面蚀刻有很深的小孔。这一结构,大大增加了外露表面的面积,其功效将近原来的 10 倍。

克禾然指出,这种三维多孔硅结构能非常有效地吸收所有源电子的动能。除了吸收电子产生电流外,多孔硅片的内部表面还能容纳更多的入射辐射。在早期的试验中,几乎所有在氚贝塔衰变过程释放的电子都被吸收。

选择氚作为能量来源有很多实际理由,最关键的是安全性和密封性。氚仅仅释放出低能量的贝塔粒子(电子),可以用非常薄的材料(如一张纸)来遮挡。密封的金属性贝塔电池将整个放射能来源封藏起来,就像一节普通电池内包含有其整个化学来源一样。研究人员将能量源原料制成牢固的塑胶,并把氚置入塑胶的化学结构中。这样即使电池的密封性被破坏的话,塑胶也不会泄漏到周围环境中。

2.研制与氢燃料电池相关的新装置和新材料

(1)开发出氢燃料电池的新型单元间隔和高压贮氢罐。2005 年 2 月,日本日产汽车公司对媒体宣布,他们开发成功电池单元间隔的氢燃料电池组,以及 70 兆帕(700大气压)高压贮氢罐。这是该公司首次自主开发成功氢燃料电池组。

此次开发成功的氢燃料电池组采用电池单元间隔(串联电池单元间的间隔),比原来大约缩小40%的薄型隔板。而且,通过在电池组内部采用统一的回水管部件,以及将外部控制装置等的箱体内置于电池内部,实现了小型、高输出功率设计。

另外,通过改进电极延长使用寿命、改进电解质膜的主要部件,以及优化电池组内部液氢和空气的流动,扩大了电池组可发电的温度范围。

新开发的高压液氢罐,通过把耐压能力从原来的35兆帕提高至70兆帕,在空间不变的前提下可贮藏比原来多30%的液氢。材料方面,在铝制衬垫层的外侧卷包了一层高强度、高弹性有碳纤维,通过改进丝状碳纤维的卷包方式(缠绕方式),实现了70兆帕的耐压强度。

(2)研制为氢燃料电池提供纯净原料的新隔膜。2006年2月,美国媒体报道,得克萨斯大学化学工程师主持的一个研究小组,利用一种弹性材料有效地进行净化氢气,使之能满足燃料电池所需要的氢。目前这个材料,已经过工业模拟环境的测试,许多公司都有兴趣对其进行工业化生产。

这种新材料制成的隔膜在结构和功能上,都与先前的材料有所不同,其主要的优点在于能使氢在高压下保持被压缩的状态,而被压缩的重量极轻的气体,是氢成为燃料电池原料所必需的。

氢燃料一直被认为是未来的主要替代能源。利用这种隔膜出众的分离气体的能力,能够大幅降低氢燃料运输工具的费用。而且,这种隔膜能够取代目前化工处理过程中费用昂贵的加工步骤,或是减少能量消耗的数量。

研究人员把这种新材料制成圆盘状隔膜,来测试其在不同温度下分离氢气和二氧化碳的能力。研究人员使用3种不同的工业级净化氢气的温度,分别是95℃、50℃和零下4℃,并将其在石油提炼的模拟环境中进行了测试。结果发现,这种新材料不仅比先前的材料更好地分离两种气体,而且在工业环境下也能做到这一点,如在充满氢硫化物和水蒸气的环境中。

测试的结果还显示,这种新材料制成的隔膜对二氧化碳的渗透性是氢气的40倍。由于这个隔膜是由聚合物材料制成,因此其自然的特性使较大的极性气体分子更容易渗透过去,因此像二氧化碳这样的极性的气体,就比氢气这样的非极性气体更容易渗透,从而使氢得到进一步净化。

3.研制车用氢燃料电池相关的新设备和新部件

(1)开发为车用氢燃料电池提供原料的设备。2007年12月,以色列本·古里安大学与美国埃克森美孚公司、加拿大燃气净化技术公司合作,开发出一种车载制氢设备。该设备可直接把汽油、柴油、乙醇和生物柴油等转换为氢供燃料电池使用,从而免去了氢燃料运输和存储的麻烦。研究人员称,这是氢燃料汽车研发上的一大突破。

目前,大多数氢燃料汽车通常都使用高压缩或液化氢为燃料,不仅运输和存储不便，而且还要进行大规模的基础设施改造，在各地建许多加氢站，这也是影响氢燃料汽车普及的主要障碍之一。

针对这种情况，以色列研究人员认为，既然氢燃料运输和存储困难，为什么不换一种思路，让汽车自带制取设备呢？于是，他们研发了一种把传统制氢设备小型化的方法，可直接安装在汽车上，只要输入汽油、柴油等传统燃料，即可转换为供燃料电池使用的氢。由于该系统不需要改变现有燃料运输、存储的基础设施，因而解决了氢燃料汽车制造商面临的一大难题。

埃克森美孚石油公司研发副总裁埃米尔·贾克布斯表示，现在他们已成功开发出一种使用该车载制氢系统的吊车，并准备实现其商品化。尽管如此，这只是初步成果，要普及这一技术，仍有很长的路要走。由于该系统的燃料转换率，具有比传统内燃机技术高80%的潜力，并可减少二氧化碳排放45%，因此从长远的角度看，具有良好的应用前景。

（2）研制车用氢燃料电池所需的小型制氢设备核心部件。2012年2月，《日本经济新闻》报道，东京燃气公司与日本特殊陶业公司共同组成的一个研究小组，正在着手开发车用氢燃料电池所需的小型制氢设备的核心部件，为下一代燃料电池汽车普及做准备，计划2015年开始示范试验，2020年前后产业化。

燃料电池以氢氧反应产生电力做动力，与汽油加油站同理，离不开稳定提供氢气的基础装备，为此，供氢站技术开发成为科研人员急于攻克的课题。上述两公司的研究人员事先在多空陶瓷制作的反应管表面覆盖一层可透氢气的钯材料薄膜，然后向管内输送燃气和水，并使之在500~800℃高温下反应，氢气通过反应管的开孔向外渗出，只要通过收集捕捉即可得到氢气。

新型制氢装置的陶瓷反应管和装置集成及技术评价由两个公司分别承担。日本特殊陶瓷生产的发动机火花塞和提高燃料效率所用的氢气传感器，占世界40%以上的市场份额，随电动汽车和燃料电池汽车普及，发动机数量减少势在必行，公司深感危机，此次开发陶瓷管表面覆盖金属膜技术，既有利于汽车相关产品技术的生存，也是该公司下大力气参与开发的初衷。

第三节　储氢和用氢领域研发的新进展

一、研制储存氢气的新材料和新装置

（一）用金属和金属化合物研制储氢材料及器具

1.以金属钛为基础开发储氢材料

（1）研制成可大幅提高氢储存能力的含钛复合材料。2007年11月12日，美国弗吉尼亚大学科学家菲利普斯和西瓦拉姆领导的研究小组，在该州召开的国际氢经济材料论坛上宣布,他们开发出可大幅提高氢储存能力的新材料,其储氢量最大可达到自身重量的 14%,相当于目前储氢合金材料的 2 倍,同时,该技术采用在室温下储存氢的方式。《科学》杂志的文章指出,这是氢研究人员梦寐以求的突破。

氢是一种重要能源,也是一种能源携带载体,燃料电池就是以氢气为燃料,把化学能转化为电能的发电装置。它是水的电解反应的反向过程,当氢与氧结合时,其产品就是电力、水和热量,并不会排放温室气体。因此,氢被当作替代化石燃料的新型绿色能源。但是,如果要让氢经济梦想成真,科学家们必须提高氢气生产和储存的效率。

科学家们希望能够提高氢贮存的效率、降低氢贮存的成本,一种方法便是研究如何提高合金的储氢量。目前,在室温下,最好的氢吸收合金只能储存相当于其重量约 2% 的氢,不能实际用于汽车的能量储存箱。另一种材料能够将氢储存量提高到 7%,但这需要高温或低温环境,增加了能耗和成本。

2006 年,美国国家标准和技术局的坦尔·伊尔德利姆博士领导的研究小组,通过理论计算发现,钛和一种乙烯小型碳氢化合物,能够形成稳定的复合结构,这种复合材料能吸收相当于其重量 14% 的氢。在弗吉尼亚大学贝拉维·什法拉姆教授实验室做博士后的亚当·菲利浦,决定通过实验来证实这一理论。

菲利浦用一束激光,将钛在乙烯气体中蒸发,所形成的复合材料在基底上形成一层薄膜。然后,他在室温下将氢加入到这种合金中,发现合金的重量增加了14%,与理论计算的结果一样。在成功进行一系列实验后,菲利浦在国际氢经济材料论坛上说:"储存量约为以前材料的 2 倍,有了这项发明,氢能源社会将变成现实。"什法拉姆指出:"新材料通过了我们尝试进行的所有性能验证实验,相信该材料会给社会带来很大影响。"

通用汽车公司研发中心的氢储存专家阿巴斯·纳兹里说:"这个新结果令人十分激动。"但他同时强调:"我们必须十分小心。"因为在此之前,这个领域中已经出现了很多错误性的结果。而且,研究人员还必须做出更大块的材料,并表明这种储氢能力依然存在,同时还必须表明氢的释放能够像氢的储存那样容易。

即使面对这样的警告,美国阿贡实验室的物理学家乔治·克拉布特里仍坚持认为,这一结果是最近几年来最有发展潜力的突破。

(2)用纳米重力计检测发现含钛复合材料具有强大的储氢能力。2008 年 4 月,美国弗吉尼亚大学科学家菲利普斯和西瓦拉姆领导的研究小组,在《物理评论快报》上发表研究成果称,他们近日发现一种大有前途的新型储氢材料。研究人员利用纳米重力计质量检测技术,测量发现含钛过渡金属乙烯复合物可吸附高达 14% 重量比的氢气,这一数据,已大大高于美国能源部预定在 2010 年达到重量比为 5.4% 的储氢能力目标。

低成本、高容量的储氢介质,是未来氢燃料电池商业化必不可少的条件。虽然科学家在过去几十年里已研究过各种各样的材料,如碳纳米管、氢笼形水合物及其他纳米材料,但尚未发现一种令人满意的材料。

现在,该研究小组开发的过渡金属乙烯复合物,成为储氢材料家族的最新成员。菲利普斯表示,一些理论认为,如果把一个钛原子用碳纳米结构隔离开来,钛可与3~5个氢分子产生弱键合。实验中,研究人员以钛乙烯结构为重点,理论预测钛:乙烯为1:1时可达成12%重量比的储氢能力,钛:乙烯为2:1时则可达成14%重量比的储氢能力,实验结果与之大致相符。

研究人员首先在乙烯气体中蒸发钛原子,钛原子与乙烯结合后沉淀在表面声波(SAW)质量感应器上。一旦沉积完成,研究人员将过剩乙烯从腔内除去,然后通入氢气。在整个过程中,科学家们用纳米重力测定技术,测量累积在感应器上的氢气量。由于表面声波元件的共振频率会随着氢气量的增加而降低,钛乙烯复合物所吸收的氢气量,便可简单地通过测量频率来精确测定。

研究人员相信,被隔离的过渡金属可与氢分子产生比物理吸附强但比化学吸附弱的键合。这是一个优势,因为大部分物理吸附材料只在非常低的温度下才能储氢,相比之下化学吸附材料在吸附过程中会游离出氢分子,这意味着这些材料须在高温下才能和氢形成强键合。

研究人员指出,他们虽然已测量氢气的吸附,但尚未了解它们是怎样释出氢的。研究小组计划将目前研究的材料,由毫微克往上增加,同时也希望能探究钛在苯或其他环状有机化合物气体中的键合机制。

2. 以金属镁为基础研制储氢材料

开发出高效存储氢的含镁纳米复合材料。2011年5月,物理学家组织网报道,美国能源部劳伦斯伯克利国家实验室詹弗·厄本、克里斯蒂安·基思洛维斯基等人组成的研究小组,设计出一种新的储氢纳米复合材料,它由金属镁和聚合物组成,能在常温下快速吸收和释放氢气,这是氢气储存和氢燃料电池等领域取得的又一个重大突破。

20世纪70年代,人们开始把氢气看成化石燃料的替代品并对其寄予厚望,因为氢气燃烧后得到的副产品只有水,而其他碳氢化合物燃料燃烧后会喷射出温室气体和有害污染物。另外,同汽油相比,氢气的质量更轻,能量密度更大且来源丰富。

但要想把氢气作为燃料替代汽油,就必须解决两大难题:如何安全且密集地存储,以及如何更容易获得。最近几年,科学家一直尝试解决这两个问题。他们试着将氢气"锁"在固体中;试着在更小的空间内存储更多氢气,同时让氢气的反应性很低——要让氢气这种易挥发的物质保持稳定,低反应性非常重要。然而,大多数固体只能吸收少量氢气,同时,还需要对整个系统进行极度地加热或冷却来提升其能效。

现在,美国研究小组设计出一种新的纳米储氢复合材料,它由金属镁纳米离子,散落在一个聚甲基丙烯酸甲酯(同树脂玻璃有关的聚合物)基质组成。新材料在常温下就能快速地吸收和释放氢气,在吸收和释放氢气的循环中,金属镁也不会氧化。

厄本表示,这项研究表明,在设计纳米复合材料中,他们能够突破基本的热力学和动力学障碍,让物质很好地结合在一起;而且也能有效地平衡新复合材料中的聚合物和纳米金属粒子,从而为其他能源研究领域解决相关问题提供借鉴。

(二)用有机框架聚合物研制储氢装置

1.以共价有机框架为原料研制储氢装置

推进共价有机框架制作储氢装置的研究。2005年11月,有关媒体报道,美国密歇根大学化学家组成的一个研究小组,研制出一种新型聚合物,这种材料具有质量轻、硬度强等特点,将广泛应用于氢能源的储存装置。

据研究人员介绍,这种新型材料是一类共价有机框架(COFs)聚合物。传统的硬性塑料是高分子材料快速反应、随机交联而成的。因此多聚物是无序排列的,很难了解其内部结构,更无法预测其特性。研制新型材料时,研究人员通过控制反应条件,减缓反应进程,使聚合物以有序的方式结晶。这样,采用X射线晶体学方法,科学家就可以决定各种共价有机框架的结构,从而快速估计新型材料特性,研制出更多更好的产品。

研究人员认为,这类共价有机框架(COFs)和金属有机框架(MOFs)制作方法类似。在分子水平,金属有机框架采用金属框架和有机化合物连接形成;而共价有机框架不含金属,采用轻质元素(氢、硼、碳、氮、氧)相互连接而成,使得材料质量非常轻,共价键交连使得制成的材料非常结实。新型材料的这些优点都有利于在氢燃料汽车的储存装置上使用。

研究人员介绍道,这类材料中密度最小的一种晶体材料名为COF-108,其密度为0.17克/厘米^3。这种三维有机晶体结构完全由很强的共价键构成,具有很高的热稳定性,并且表面积极大。1克COF-108如果完全展开,可以覆盖30个网球场。

研究人员表示,这项研究得到美国自然基金、能源部和加拿大工程研究理事会的支持。他们预计,随着不同共价有机框架(COFs)的开发,这种新型材料将会在电子产品和化工装置上广泛应用。

2.以金属有机框架为原料研制储氢装置

(1)发现金属有机框架材料可大量储存氢气。2006年3月,美国加州大学洛杉矶分校化学教授奥马尔·雅奇教授领导,他的同事和密歇根大学化学家为成员的一个研究小组,在《美国化学学会学报》上发表研究成果称,他们通过发明金属有机框架材料,在氢燃料电池研究领域取得重要进展,电池氢浓度已经超过美国能源部的规定标准。

研究人员表示,他们研制的氢燃料电池,电池氢浓度达到7.5%,超过美国能源部提出的实用氢燃料电池氢浓度至少6.5%的估算,也比以前在低温(77开氏温度)条件下得到的浓度提高到3倍。这种氢燃料电池不但可以驱动汽车,还可以用于笔记本电脑、手机以及数码相机等电子产品。

据雅奇介绍,研究人员发明一种名为金属有机框架(MOFs)的材料。这种材料通过相互铰链的支架结构使表面区域最大化,就像多孔的晶体海绵一样,可以用来储存通常难于贮藏和运输的气体。1克金属有机框架材料的表面积有一个足球场那么大。该研究小组已经研制出超过500种具有不同特性和结构的金属有机框架材料。他说,这种材料可以从许多价格低廉的成分中制取,例如可以从遮光剂中常用成分氧化锌中获得,也可以从塑料瓶中的对苯二酸盐中提取。科学家可以根据预先设计好的可预测特性,来制造金属有机框架材料的孔洞内的聚合物,这种材料的应用范围十分广泛。

雅奇表示,把氢燃料电池应用于汽车和手机等电子产品,最大挑战之一,在于不要采用高压和低温条件下储存大量的氢气。10年以前,人们认为甲烷不可能储存,但金属有机框架材料已经解决了这个问题。储存氢气比甲烷难度更大一些,但化学家们非常乐观,他们对充分利用这种由无机成分(如氧化锌)和有机成分组成的金属有机框架材料充满信心。

(2)尝试用金属有机框架材料储存氢气和捕获二氧化碳。2016年4月,美国加州大学伯克利分校和劳伦斯伯克利国家实验室科学家组成的研究小组,在《自然·能源》杂志发表论文认为,化石燃料会产生二氧化碳等温室气体,人们一直在寻找替代能源。在找到高效经济的替代能源之前,当前和不久的将来,金属有机框架材料(MOFs)有望作为一种解决方案:短期内用于捕获和转化二氧化碳,长期看可以帮助生产和储存氢气,同时以此为工具,最终形成一个碳中和的能量循环。

金属有机框架材料是由金属氧化物构成的材料,结构多样,空隙极多。内部孔隙大小、形状能通过有机和无机键来调整,可以捕获氢气、二氧化碳等气体,而且许多金属有机框架材料能在不同温度、压力条件下保持高度稳定。

从长期看,氢气是清洁能源的最终目标,但存储是一大难题,要求低温高压,存储和生产的成本都太高,而能吸收氢气的金属有机框架材料有助于解决存储问题。目前已有的两种金属有机框架材料——MOF-177和MOF-210,都能吸收大量氢气,但仍需低温存储,且合成成本过高。研究人员仍在寻找相对廉价、更易储氢的金属有机框架材料新结构。

从中期看,天然气是一种过渡能源,燃烧时产生的二氧化碳比汽油少,开采技术和基础设施在许多国家已相当完备,但它所需的存储空间比汽油大。美国能源部先进研究计划署有一个新计划,目标是开发出可行的甲烷存储系统,并提出每克吸附剂吸附甲烷的具体值。迄今为止,金属有机框架材料正在接近这一目标,使用金属有机框架材料容器可多存储3倍的天然气。最近报道的一种铝-soc-MOF-1,每克吸收的甲烷量离美国能源部的目标仅一步之遥。

从目前看,金属有机框架材料可从捕获和转化两方面减少化石燃料产生的二氧化碳。金属有机框架材料的孔隙和化学性质都可调整,如镁-MOF-74在室温下能吸收的二氧化碳达自重的37.9%,但它仍需改进。此外,金属有机框架材料还可作催化剂把二氧化碳转化为有用化合物。

(三)用其他材料研制储氢材料及器具

1.以无机材料开发储氢材料

研制出硼-氮基液态储氢材料。2011年11月,俄勒冈大学材料科学研究所化学教授柳时元领导的一个研究小组,在《美国化学学会会刊》上发表研究成果称,他们研制出一种硼-氮基液态储氢材料,能在室温下安全工作,在空气和水中也能保持稳定。这项技术进步为研究人员攻克现今制约氢经济发展的氢存储和运输难题,提供解决方案。

氢被人们视作化石燃料的最佳替代物,但制氢、储氢和氢气的运输,一直是制约氢能发展的重要环节。该研究小组研制的新储氢材料是一个圆环形的,名叫硼氮-甲基环戊烷的硼氢化合物。该材料能在室温下工作、性能稳定。除此之外,该材料还能放氢,放氢过程环保、快速且可控;而且,在放氢的过程中不会发生相变。该材料使用常见的氯化铁,作为催化剂来放氢,也能将放氢使用的能量加以回收利用。

重要的是新储氢材料为液态而非固态。柳时元表示,液体氢化物储氢技术具有诸多优点,如储氢量大、储存、运输、维护、保养安全方便,便于利用现有储油和运输设备,可多次循环使用等。这将减少全球从化石燃料过渡到氢能经济的成本。他说:"目前,科学家们研制出的储氢材料,基本上都是金属氢化物、吸附剂材料以及氨硼烷等固体材料。液态储氢材料不仅便于存储和运输,也可以利用现在流行的液态能源基础设施。"

研制出该液态储氢材料的关键是化学方法。刚开始,研究小组发现6环的氨硼烷,会形成一个更大的分子并释放出氢气。但氨硼烷是一种固体材料,因此,他们通过将环的数量从6环减少到5环等结构修改,成功地制造出了这种液态的储氢材料,其蒸气压比较低,而且,释放氢气并不会改变其液体属性。

柳时元表示,新材料适合用于由燃料电池提供能量的便携式设备中。但这项技术还需要不断改进,主要是提高氢气的产量,并研制出能效更高的再生机制。

2.以有机材料研制储氢材料

通过成功合成十氢萘来降低储氢材料的制作成本。2004年9月,日本产业技术综合研究所超临界流体研究中心白井诚之领导的有机反应研究小组,成功地开发出有机材料十氢萘的新合成技术。与原来的合成技术相比,这项新技术能在更低的温度下大幅度提高十氢萘的选择性,并高效合成十氢萘。

十氢萘是一种重要的储氢材料,目前多被用作储存分散型燃料电池的氢能。

研究人员认为,通过把超临界二氧化碳和铑载体催化剂相结合来合成有机材料十氢萘,是一种科学方法,其主要优点是催化剂不会老化可长期使用,便于回收生成物十氢萘。同时,作为溶媒的二氧化碳,在反应后可作为气体回收再利用,因此可减小环境污染。

研究小组对采用超临界二氧化碳与铑载体催化剂的萘氢化反应技术进行研究,结果证明在60℃的温度条件下,萘转化率可达100%,并具有100%的选择性合成十氢萘。使萘进行氢化反应后,可获得部分芳香环被氢化的萘满和全部氢化的十氢萘。原来的萘氢化技术,虽然容易获得萘满,不过难以通过一次性反应合成高浓度的十氢萘。

研究人员说,此前的萘氢化技术,使用铂载体催化剂、在200℃以上的高温反应温度下进行合成反应。因此,存在容易生成分解副产物及环状高分子副产物、合成率低下的技术性难题。另外,还存在在反应过程中容易在催化剂表面堆积含碳物、催化剂易老化的缺点。此次发表的新合成技术,通过大幅降低反应温度,大幅提高十氢萘的选择性,利用超临界二氧化碳的溶媒作用,实现催化剂表面的净化,从而使催化剂可重复和长期使用,节省了制作储氢材料的成本。

3.以复合材料研制储氢器具

开发出制造储氢容器的碳基复合材料。2008年6月,日本产业技术综合研究所网站发布消息称,该所材料研究小组成功研制出一种重量轻、密封性好、强度高、抗高低温性优异的新型材料,为氢气能源的大规模开发应用铺平了道路。

众所周知,由于碳纤维材料具有重量轻,强度大的优点,被广泛应用于航空航天等各个行业,而在制造氢气储藏容器方面,人们也认为碳纤维是最合适的材料。但是,碳纤维是有机高分子的塑料材料,对氢气的密封效果并不好,因此不能直接作为储藏容器使用,必须要添加相应的密封层。一直以来,作为氢气密封层使用的主要有铝和有机材料两种,铝密封性好,但重量大,与碳纤维的黏合性也比较差;而有机材料由于密封性差,至今还没有进入实用阶段。

此次日本研究人员研制的这种新材料,采用夹层结构,正反两面是各三层的碳纤维材料,而中间则是一层添加了少量树脂材料的黏土膜。这种黏土膜本身,也是由很多层只有1纳米厚的黏土结晶细密地黏结而成,柔软、耐热性好,特别是对氢气的密封性十分优异。研究人员通过加压加热等手段,把碳纤维材料和黏土膜粘接在一起,制出了这种厚约1毫米的三明治式的新材料

研究人员使用7个气压的气色层分离法对这种新材料进行测试,结果显示,与过去所有的材料相比,该型材料对氢气的密封性提高了100多倍。这相当于用这种材料制成长5米,直径1米,压力50个气压的储藏罐,而泄漏率每年只有0.01%。研究人员通过观察该材料的横截面发现,经过加热加压后,碳纤维层所含的树脂材料已经和黏土膜层紧密地粘合在一起,显示出良好的粘合性。此外,该材料还经过了1万次弯折扭曲的耐久性试验和100次的零下196℃耐超低温试验,结果显示,试验后该材料对氢气的密封性能并没有下降。

据研究人员称,这种新材料,除了可应用于制造氢气汽车的燃料储藏罐、燃料电池容器和便携式液氢储藏设备外,还可能用于制造下一代返回式航天系统的液

氢燃料储藏罐,因此有着广泛的应用前景。

二、开发储存氢气的新方法

(一)通过金属材料开发的储氢方法

利用铝钛合金做催化剂在低温下捕获和存储氢原子。2011年11月2日,美国得克萨斯大学达拉斯分校和华盛顿州立大学研究人员组成的一个研究小组,在《自然·材料》杂志网络版上发表研究报告称,他们发现,利用铝钛合金作为催化剂,即使在低温下也能分解并捕获单个氢原子。这为构建经济、实用的燃料存取系统奠定了基础。

当两个氢原子相遇时,它们会结合形成一个非常稳定的氢分子。但氢分子必须在极大的压力和极低的温度下才能存储,这使得想要利用其驱动车辆或为家庭供电都无法成为现实。因此科学家希望找到一种材料,能够在一般的温度和压力下,高效存储单个氢原子,并在需要时将其释放出来。

而把氢分子转化为氢原子,通常需要催化剂打破两个氢原子间的化学键,目前可用的最佳催化材料,通常由钯和铂等贵金属制成,其可以有效激活氢,但稀有性和昂贵的造价限制了它们的广泛使用。

此次,研究小组通过向铝中浸注少量钛形成铝钛合金作为激活氢的催化剂,以实现氢的高效存储。铝金属含量丰富,钛的自然界含量比贵金属丰富得多,且在合金中的含量极少。

研究人员为了观测铝钛合金表面是否确有催化反应发生,在对温度和压力的严格控制下,将基于红外反射吸收的表面分析新方法、首个基于原理的催化剂效能和光谱响应预测模型融入了研究。他们将一氧化碳分子作为探针,一旦原子氢产生,绑定在催化金属中心的一氧化碳所吸收的波长便会变短,表示催化剂正在工作。结果表明,即使处于非常低的温度,这一变化仍会发生。

研究人员表示,虽然钛不一定是最佳的催化金属,但结果首次显示钛铝合金也能激活氢,并具备经济、含量丰富等优势。而作为氢储存系统的一部分,铝钛合金催化材料的另一更大优势在于,铝能在钛的辅助下和氢反应形成氢化铝固体,而氢化铝中存储的氢可简单通过提高温度释放出来,这正是发展实用型燃料存取系统的关键一步。

(二)通过无机材料研制的储氢方法

开发出玻璃微球高压贮氢方法。2007年12月,奥新社报道,奥地利研究中心科学家马库斯·谢丁领导的一个研究小组,最近开发出一种玻璃微球高压贮氢方法,将有助于氢燃料电池的开发和应用。

氢是一种环保型燃料,但氢不易贮存和运输的特性,成为氢燃料推广应用的最大障碍。迄今,贮存氢的办法主要是高压或超低温液化,但这两种方式都需要有特殊的容器,贮存和运输成本相对较高。据报道,奥地利科学家开发的玻璃微球高压贮氢方法,可以较好地解决这个问题。它采用气体渗透法,借助高压将氢注入微小空心玻璃球内,从而实现氢的贮存。

谢丁介绍说:"这种玻璃球非常小,很多玻璃球堆在一起,摸上去的感觉就像是沙子"。

据悉,那些注入氢的玻璃微球,被包上一种催化剂与水混合在一起保存。在常温条件下,被压入玻璃微球中的氢跑不出来。如果要利用这些氢,则采用化学方法提高玻璃微球的外界温度,使玻璃微球内的氢释放出来。

此外,释放出氢的玻璃微球,还可以重复使用。这项方法的问世,使氢的贮存和运输更加安全和方便,从而为氢燃料电池方法的推广创造了条件。

(三)通过有机材料开发的储氢方法

1.研发出廉价且实用的聚合物超细纤维储氢方法

2011年2月,美国物理学家组织网报道,英国科学与技术设施理事会卢瑟福·阿普尔顿实验室、英国牛津大学的科学家真乐普·库班、内尔·斯基普以及英国伦敦大学学院的阿瑟·洛弗尔等人组成的一个研究小组,研发出一种廉价且实用的新储氢方法,有望使氢气在很多应用领域代替汽油,也加快了氢动力汽车面世的步伐。

报道称,他们研发出一种新的纳米结构技术:共电子纺丝技术,并使用该技术制造出纤薄柔顺的聚合物超细纤维,这种纤维的直径仅为头发丝的1/30。科学家使用这些中空的超细纤维来封装富含氢气的化学物质,在这种方式下,氢气能在比以前更低的温度下以更快的速率释放出来。

另外,这种封装方法也让含氢化学物质远离了氧气和水,可延长其寿命,并能确保人们能在空气中安全地处理这些含氢化学物质。

质量相等的情况下,这种新纳米物质能和目前氢动力概念车模型中使用的氢高压柜容纳一样多的氢。而且,这种新纳米物质被制造成微小的珠子后,能像液体一样流动和倾倒,因此能像汽油一样装在汽车和飞机的油罐内。最关键的是氢气给汽车和飞机提供动力时还不会排放出二氧化碳。

真乐普·库班在这项研究中起到关键的作用,他表示,这项新技术为很多与氢存储系统有关的关键问题提供了解决办法,让氢动力汽车离我们更近了一步。

2.发明以有机材料甲酸盐为基础的储氢方法

2011年6月,德国莱布尼兹研究所,研究员马提亚·贝勒领导的一个研究小组,在《应用化学》杂志上发表的研究成果,介绍了一种基于甲酸盐等材料开发的简单储氢方法,新方法不会排放出二氧化碳,非常环保。

氢气一直被认为是未来可持续发展能源经济的发展载体,因此,科学家们一直在想方设法寻找实用且安全的储氢方法,尽管取得了一定的进步,但迄今为止,还没有找到一种能广泛应用并能满足工业需求的有效途径。

实用的储氢材料,要求能在常温常压下吸收和释放氢气,在尽可能小的空间内容纳尽可能多的氢气,并能快速释放出满足人们用量的氢气。金属氢化物罐虽能存储大量氢气,但其昂贵又笨重,而且只能在高温或极低温度下操作。

在有机储氢材料中,除了对甲烷和甲醇,科学家们还一直对甲酸和甲酸盐制造氢气的能力深感兴趣。然而,使用这些储氢材料面临的一个基本问题是,当氢气释放出来时,如何将产生的二氧化碳隔离开来。

现在,贝勒研究小组,成功地使用一种特殊的、能加速氢气释放和吸收的催化剂钌,建立了一个可逆的没有二氧化碳的储氢循环。在该系统内部,无毒的甲酸盐会释放出氢气,产生的二氧化碳则以碳酸氢盐的形式被"捕捉"起来,形成一个密闭的碳循环。碳酸氢盐是很多天然石头的组成部分,也被广泛地用做泡打粉或果子露。

贝勒表示,新的储氢方法有很多优势。首先,同二氧化碳相比,无害的固态碳酸氢盐更容易处置,且很容易被存储和运送。其次,固态碳酸氢盐易溶于水,得到的碳酸氢盐溶液,也能通过使用催化剂转变为甲酸盐溶液。而且,这种反应对环境的要求,比形成甲烷或甲醇对环境的要求更低。

三、建设使用氢气的新设施

(一)建设使用氢气必需的加氢设施

1.推进加氢站点及其网络建设

(1)建起第一座市内专线汽车加氢站。2004年11月,美国媒体报道,在美国首都华盛顿东北区的班宁路上,壳牌石油公司、联合通用汽车公司共同建成全美第一座市内专线汽车加氢站。

在这个新建成的汽车燃料站中,有6台泵为普通汽车加汽油,但同时有一台泵专门为电动汽车加氢燃料的。这些加氢燃料的电动汽车由通用汽车公司制造,共6辆,是供国会议员和工作人员使用的,目的是向国会议员演示这项技术。它代表了汽车燃料技术的重大转变——汽油转向氢。

为改造这座加燃料站,壳牌公司专门投资200万美元。该公司氢计划首席行政官班萨姆说:"我认为目前用氢取代汽油所处的阶段,就像20世纪80年代初,手提电话工业的发展阶段。在当时手提电话工业仅有一个初步的基础结构,手提电话大得像一个手提包,但手提电话业界有远见,于是迎来了一个大工业。"

壳牌公司和通用汽车公司是迈向氢经济的主要推进者。所谓氢经济就是将来世界上大部分汽车是靠氢燃料电池来驱动。氢燃料电池是让氢和氧相结合而产生电力,而副产品仅为水。目前几乎所有的大汽车厂都已研发出氢燃料电池原型车,并在不断改进氢燃料电池技术。

在目前大多数人看好氢经济前景时,一些环保人士对氢的来源提出质疑:如何制造氢,以及大量制造氢将花费多大的成本等问题。他们认为氢虽是个普通的元素,但它必须从其他资源来提取,这可能导致环境的破坏。最普通的制氢方法是从天然气中制取。但天然气目前处于越来越短缺。第二种方法是从煤中制取氢，但这又涉及产生二氧化碳，是一种使全球变暖的温室气体。第三种办法是用甲醇或从植物性物质制氢。

壳牌公司正研发用甲醇制氢的方法。然而，所有这些方法制出的氢都面临运输和存储以及分销的问题。不适当的运输和存储氢会使其发生爆炸。此外，还存在着一个教育公众，使其接受氢燃料的问题。所以壳牌石油公司氢计划业务发展副总裁巴克斯利说："我们之所以在首都建第一个加氢站，就是起到了可以教育更多群众的效果。这个加氢站和6辆把氢用作燃料的汽车，就是向国会议员和工作人员以及外国高级来访人士，演示氢技术。"

这个加氢站也作为最终分销站的示范站。班萨姆还说："壳牌公司将到2007年，在全美建造由5座或6座这样的加氢站组成的网络。到2010年，很多这些小加氢站网，将变成地区网。2015—2025年，这种网站可能有大的市场。"通用汽车公司最近也在加利福尼亚州建一座加氢站。同时，该州时任州长施瓦辛格已颁布行政命令，要求全加利福尼亚州建更多的加氢站。

人们在华盛顿班宁路加氢站，可以看到附近专门建有访问者中心。中心内有专人向来访者解答各种问题，如什么是氢燃料电池？氢经济及其未来？以及如何安全地使用氢燃料电池等。该中心负责人介绍道："地下储氢箱利用电子仪表，可24小时监测氢的泄漏，并且已培训了当地的紧急事件处理人员如何处理涉及氢的事故，同时还对加氢汽车司机进行培训如何使用氢泵加氢。"氢是无味、无色的，所以监测其渗漏比较困难。大家看到加氢泵的使用方法，几乎与普通汽油泵一样简单，司机仅仅需要输入一个密码，然后按照指令操作即可。

（2）开设世界第一个路边加氢站。2005年1月，国外媒体报道，带着奇异白雾的公共汽车，正行驶在冰岛首都雷克雅未克大街上，原来此地目前正在试用氢能驱动的公共汽车。司机不时向新奇的乘客解释说："这是水蒸气，在天气非常寒冷时会出现大量白色的水蒸气。"

据介绍，由于冰岛地下拥有几乎取之不尽的地热能，该国打算在2050年前后实现全国不使用石油产品的目标，全国的小汽车、公共汽车、卡车和轮船将由氢能驱动。届时，这个位于北大西洋的岛国使用石油产品的交通工具，可能只有从别的地方飞到雷克雅未克机场的飞机。冰岛正在实现一项雄心勃勃的计划，将该国改造成为世界上第一个以氢能为动力源的国家，其中包括不是以石油而是洁净的氢能作为汽车的燃料。

面对未来的能源危机，各国正在想方设法寻找新能源，以摆脱对石油的依赖，而氢经济已经成为许多国家的目标。据介绍，目前公共汽车以氢能驱动公共汽车的城市，还有荷兰首都阿姆斯特丹、加拿大温哥华市等。美国还用氢能驱动火箭。据报道，包括美国在内的其他国家在实现氢经济方面面临更加艰巨的任务。

目前，冰岛从居民区供热到铝熔炉用电等所需的约70%的能源，都是来自地热能和水电,只有交通部门目前还依赖于具有污染和缺乏能源安全性的石油和汽油。

冰岛大学化学教授布拉吉·奥德纳松说:"当斯堪的纳维亚人来到这里时,他们只用风能和太阳能等可再生能源。现在,我们正在注视人们采取第一批致力于实现氢经济的措施,人们可能会回到斯堪的纳维亚人以前的生存方式。"

氢的主要缺点是,从水中提取和从天然气或甲烷中分解氢的费用都很高。根据目前人们掌握的技术,燃烧石油制取氢驱动公共汽车,这会比公共汽车只靠石油驱动所产生的污染还要大。冰岛正在把该国视为其试验场。该国的热泉中有几乎取之不尽的热量,人们可将其用于氢能源研发和使用的试验中。

奥德纳松说,从日本东京到美国底特律的汽车制造者们,参观了冰岛的氢项目,他们与有关人员探讨燃料电池的设计问题。2003年4月,以经营石油为主的壳牌石油公司,在冰岛首都雷克雅未克开设了世界第一个路边加氢站。

除雷克雅未克之外,巴塞罗那、芝加哥、汉堡、伦敦、马德里、斯德哥尔摩、北京和佩斯也都启动了氢能公共汽车项目。据介绍,氢燃料电池的功效,将决定氢能汽车市场的规模。更大的发动机效率,将是对制氢费用高这一不足之处的一个补充。

不过,有些科学家说,在氢经济中,大气中可能会有更多的云雾,因为氢能的使用会产生大量的水蒸气,这也可能会导致全球变暖。

(3)规划扩建更多的电动汽车加氢站。2012年6月20日,德国联邦交通部长拉姆绍尔,与参加德国"氢和燃料电池计划"(NIP)的企业界的代表一起,为扩建德国电动汽车加氢站的项目奠基。

目前,德国已经建成14座电动汽车加氢站,准备在全德范围内将加氢站数量进一步扩大到50座。新建的加氢站有6座分布在交通要道和高速公路上,另外在巴登符腾堡州有11座,北威州、黑森州和柏林各有7座,巴伐利亚州和汉堡各有4座,萨克森州有3座,下萨克森州有1座,从而初步形成网络化覆盖,能够为多达5万辆的氢燃料电池汽车,在全德国范围内提供加氢服务。德国联邦政府和企业界共同分担总额为4000万欧元的投资,参与的企业包括戴姆勒公司等3家氢气生产企业。

氢燃料电池驱动技术的优势主要是续驶里程较长和加氢时间较短,目前可以达到400千米的续驶里程,加氢时间为3~4分钟。

德国联邦交通部长再次表明了联邦政府在发展替代驱动方式上的技术开放态度,因为现在还无法预测哪 种电动汽车技术会成为将来的方向。拉姆绍尔部长表示,德国电动汽车加氢站网络在将来还会进一步扩建。根据技术专家的预测,全德国最终会有上千家加氢站,而全德国现有的加油站总数为1.4万家。根据德国氢技术产业化计划,到2015年德国预计将有5000辆氢燃料电池汽车。

2.推进快速加氢装置的研究与建设

研究出为汽车快速加氢的新系统。2009年4月12日,美国媒体近日报道,美国普渡大学的一个研究小组，最近研制出一种可实现为汽车快速加氢的新技术。以这项技术为核心的新型加氢装置及系统，可在 5 分钟内给汽车加满足够行驶 500 千米的氢燃料。

据报道，研究人员在新系统中利用金属氢化物的粉末来吸收氢气，并发明了一种新型热交换装置，来解决氢化物粉末在吸收氢气过程中的散热问题。由于金属氢化物在"吸氢"过程中会产生大量热能，如不能快速散热，就会大大延长"加氢"的时间。

研究人员解释说，散热装置是新型加氢装置最难解决的技术，攻克了这一难题，就能轻易实现汽车的快速加氢。

（二）建设氢气供应的新网点

1.把垃圾填埋场改造为氢能供应站

2011 年 7 月，首尔市政府人员宣称，韩国利用垃圾填埋场的可燃性气体，生产出氢燃料，并为氢能源汽车建设氢能供应站。

据介绍，首尔市利用上岩洞世界杯公园内的兰芝岛垃圾填埋场产生的可燃性气体，建造了每天可生产 720 标准立方米氢能的氢能供应站。由于该氢能是从垃圾填埋场产生的气体中提取的，这与国外利用天然气或液化石油气生产氢能的方式大不相同，在世界尚属首例。

2.研究开发构建氢气供应网络

2011 年 10 月，日刊工业新闻报道，日本能源产业技术综合研究开发机构，与川崎工业集团共同投入 100 亿日元，并准备与澳大利亚合作，利用澳洲未利用的低品位褐色炭作为原料精制成氢气，经过液化后运至日本。

在实验阶段，他们每天提供 10 吨的液化氢气，可供 100 台的燃料电池汽车的使用，至 2030 年，每天提供 700 吨的液化氢气，真正进入商业化阶段。

褐色炭的采集地选在澳大利亚的维多利亚州，据勘探，澳洲的褐色炭储藏量达 300 亿~400 亿吨。

（三）研究安全使用氢气的新装置

发明更安全的氢气泄露探测器。

2006 年 4 月，美国佛罗里达州大学电子与计算机工程助理教授杰萨·里恩负责，由 12 名该校工程师和研究生组成的研究小组，在佛罗里达州奥兰多举行的氢技术交流会上报告称，他们在最新的研究中，解决了一项保存氢的技术难题。研究人员表示，这种新技术可以应用于以氢气为动力的汽车上，以及相应的加油站等。在未来的世界里，氢气将是一种重要的无污染的能源。

研究人员表示，他们这项成果的主要原理，是研制成功了一个高灵敏度的氢气泄露探测器，一旦检测到有氢气泄露，就马上通过无线电通信装置进行报警。此次研制的氢气探测器具有廉价、高效的特点。

这一研究项目是由美国航空航天局出资赞助的。里恩说："你可能会需要许多个氢气泄露探测器,但是你会为频繁地更换电池的工作感到不厌其烦。而我们的产品就可以让您摆脱这种烦恼,它可以完全独立的工作。"

在氢技术交流会上,研究小组展示了他们的这一最新发明成果,并受到许多专家的好评和厂商的关注。

(四)建设氢能发电站

1.计划建造利用氢气发电的电厂

2005 年 6 月 29 日,英国广播公司报道,英国石油公司与康菲石油公司、壳牌能源和南苏格兰电力公司等 3 家合作伙伴,在一份声明中表示,它们计划在苏格兰建造一个氢气发电厂,这将是一座利用氢气发电而不产生二氧化碳的电厂。这个项目包括建造一个 35 万千瓦的电站,耗资 6 亿美元左右。

电力行业是产生二氧化碳最多的行业,这种温室气体造成全球变暖,受到广泛的批评。该项目准备把天然气转化为氢气和二氧化碳,然后利用氢气做电站的燃料,并把二氧化碳运到北海油田,帮助生产石油,最后贮藏在油田里。

英国石油公司集团首席执行官约翰·布朗说,这个项目重要而独特旨在提供更清洁的能源,并能减少二氧化碳排放。这个项目每年可以储藏大约 130 万吨二氧化碳,可以为 25 万英国家庭提供环保能源。

前几天,政府批准了多项授权帮助这些公司开发技术以收集二氧化碳,并储藏在北海废弃油田或气田内。

2.建成世界首座氢能发电站

据意大利《晚邮报》网站报道,2010 年 7 月 12 日,世界上首座氢能源发电站在意大利正式建成投产。这座电站位于水城威尼斯附近的福西纳镇。

报道称,意大利国家电力公司投资 5000 万欧元建成这座清洁能源发电站。它的功率为 1.6 万千瓦,年发电量可达 6000 万千瓦时,可满足 2 万户家庭的用电量,一年可减少相当于 6 万吨的二氧化碳排放量。该电站所需的 7 万吨燃料,来自于威尼斯及附近城市的垃圾分类回收。

第三章　生物质能开发领域的创新信息

生物质是指一切生命体的有机物质,包括所有微生物、植物和动物以及它们产生的废弃物。以生物质为载体的能量就是生物质能。它包括有机物中除矿物燃料以外的全部内容,主要有木材及森林废弃物、含油和含糖植物、草料、水生植物、农产品、城市和工农业有机废弃物、动物粪便等。不管生物质能以何种形式表现,其源头都与绿色植物的光合作用相关,它们可转化为常规的固态、液态和气态生物燃料。国外在生物燃料领域的研究,主要集中在用含油或含糖植物、草类或藻类原料、含纤维素和木质素植物、生产或生活废弃物等制造生物燃料;同时,探索利用微生物来开发生物燃料。在生物电能领域的研究,主要集中在用甲醇或糖、生产或生活废弃物、细胞内含成分,以及微生物开发生物电池。探索利用垃圾、粪便和生产废弃物发电,研究脱硫菌和海藻细胞等生命体发电。在研究利用生物质能技术方面,主要表现为探索以蛀木水虱、白蚁等动物拥有的酶,以葡萄藻等植物内含的酶,以土壤真菌、山羊胃细菌以及转基因细菌等微生物拥有的酶制造生物燃料的新技术。探索开发生物柴油、生物乙醇、液态烷烃和甲烷的新技术,同时,探索固体废弃物发电、病毒发电的新技术。

第一节　开发生物燃料的新进展

一、用含油或含糖植物制造生物燃料

(一)利用含油植物制造生物燃料

1.用油菜籽制造生物燃料的新成果

(1)着手建设油菜籽发电厂。2004 年 7 月,英国媒体报道,继风电、潮汐电、太阳能电之后,现在是用油菜籽发电。目前英国约克郡正在一个农场建设首座黄色植物电厂,这标志着生物发电向前迈进了巨大的一步。领导这种发电方式的人叫斯宾塞尔,他是英国首个种植非食品植物的人。明年他的公司准备种植 7 万英亩用于工业的植物。

作为第三代农场主的斯宾塞尔,他认为,如果是市场真正需要的东西,而非布鲁塞尔补助金鼓励的东西,才是英国农业的未来。他的油菜籽电厂是非食品贸易的自然延伸,过去十几年在英国乡下种植的是多种赢利植物。其中包括海甘蓝、健康大麻,可以作化妆品,榨油和纤维制品。他的生物电厂计划已成为英国-瑞士农业综合企业先正达公司的合作伙伴。先正达公司为他们提供高效榨油技术,目前当地100多家农场与公司签约。根据约定,他们将生产1400吨油菜,并把种子运往正在建设的电厂,电厂是燃油电厂。

斯宾塞尔认为,农业应该以市场为导向生产适合市场销售的东西。他自20世纪90年代开始,就使传统农产品多样化,因为他担心价格下降。

他的新电厂对反击全球气候变化是个潜在的巨大贡献。生物发电与风电、潮汐电、太阳能一样是新能源,它能发电而不给大气增加二氧化碳。

(2)以菜籽油等为原料开发新型生物柴油。2006年9月8日,芬兰耐思特石油公司宣布,开发出一种新型生物柴油,比以往的生物柴油更加清洁,可以使用的原料也更广泛。经测试,新型生物柴油的二氧化碳排放量只有传统柴油的16%～40%,所产生的尾气微粒排放量可降低30%,氧化氮排放量也能降低10%。

生物柴油是利用生物物质制成的液体燃料,具有清洁环保、可再生等优点,通常与传统柴油混合使用,以提高发动机性能、减少废气排放。第一代生物柴油主要以菜籽油为原料,而这种新型生物柴油还可以使用棕榈油、大豆油、动物脂肪等做原料。

(3)发现芥蓝籽油可制成航空燃油。2009年7月,有关媒体报道,近日,美国密歇根技术大学化工专业教授领导的研究小组,分析研究了芥蓝从种植到最后制成航空燃油应用全周期的二氧化碳排放量后,证实采用芥蓝籽油替代现有航空燃油可减少碳排放84%。

采用精炼工艺,芥蓝籽油可转换成环保型的碳氢化合航空燃油和可再生柴油。芥蓝籽航空燃料标准达到或超过所有石油类航空燃油规格,可直接使用现有航空发动机,与现存航空仓储、运输和技术设施兼容,成为短期内化石燃料的绝佳替代品。

不同于用玉米制造乙醇或大豆制造生物柴油,芥蓝较少需要水分和氮肥,且产油量高,可以在半干旱地区或农业贫瘠用地上种植,不至于跟粮作物发生竞争,是迄今一种最有前途的可再生燃料资源。当然,其应用推广,则取决于市场价格和商业化生产规模等。

2.用葵花籽和瓜子等制造生物燃料的新成果

(1)试用葵花籽油作为摩托艇动力燃料。2005年11月,有关媒体报道,意大利北部科莫湖畔的切尔诺比奥镇举办了一届食品与农业国际展览会。会上,意大利农业联合会展示了一种以新型燃料为动力的摩托艇,并在科莫湖上进行试验。结果表明,这种摩托艇排放的烟雾及其他有害气体,要比柴油摩托艇低。尽管这种燃料不如柴油燃料的动力强,但受到环境保护主义者的欢迎。

这艘经过改装的摩托艇是以葵花籽油作为动力燃料的,它也是当时世界上第一艘使用葵花籽油的摩托艇。环保专家指出,这一成果为人们在其他生产和生活领域寻找生态型、低污染的燃料来取代传统化石燃料开辟了道路。

专家指出,葵花籽油是一种植物油,用它作动力燃料产生的污染物,明显少于传统的化石燃料。从成本上说,它也具有竞争力。据意大利农业联合会估算,每公顷农田平均产 3000 千克葵花籽,这些葵花籽经过加工后,大约可以形成 1300 千克葵花油。每千克葵花油的市场售价,与柴油的价格大致相当。

(2)发现一种瓜子油可用作生物燃料原料。2007 年 12 月,有关媒体报道,马来西亚普特拉大学的专家发现一种类似西瓜的植物,它的瓜子油可以制成新型生物燃料。这种植物的成活率高,成熟期较短,只需 3 个月,与棕榈油相比更加经济。

该植物瓜子油比较轻,具有脂肪酸低、易溶解和燃烧率高等优点,而且价格低廉。如果作为生物燃料添加到汽油和柴油中,可使汽油的费用节省 20%,使柴油的费用节省 10%。如果国际油价进一步攀升,它节约的费用比例还会更高。

专家同时指出,要把这种瓜子油加工成生物燃料,需要添加合适的催化剂,以促使其变得更加稳定。另外,使用这种生物燃料的机动车,化油器需作相应改进。目前,这项研究尚处于初级阶段,广泛推广使用还需进行一系列科学试验。

(3)用麻风树种子生产生物柴油。2012 年 7 月 22 日,古巴工程师何塞·索托隆戈领导的一个研究小组,在哈瓦那对媒体宣布,他们以麻风树种子为原料,生产出生物柴油,并在轻型汽车中试用成功。

索托隆戈表示,在首都哈瓦那以东 900 千米处的关塔那摩省,种植有麻风树,他们从这些麻风树种子中提炼出生物柴油。研究人员已将其在一辆轻型汽车中试用。目前,该车已行驶 1500 千米,"没有出现任何问题"。

索托隆戈说,以麻风树种子为原料生产的生物柴油,比传统柴油污染小,而且它将有助于古巴减少柴油进口。和用玉米、甘蔗等生产生物燃料不同,麻风树不是人类食用的作物,不会和人类"争粮",因此可以在适当地区大力发展麻风树种植。

(二)利用含糖植物制造生物燃料

1.用甜菜和甘蔗制造生物燃料的新成果

(1)利用甜菜生产"绿色"燃料。2006 年 6 月,英国石油公司和英国联合食品有限公司,着手联合开发利用英格兰东部的甜菜,共同打造英国最大的"绿色"燃料工厂。

据报道,这家"绿色"工厂将耗资 2500 万英镑,计划年产 7000 万升以甜菜等植物为主原料的生物丁醇。这一产品可与传统汽油混合使用,不仅能够拓宽能源供应的种类,还可以减少车辆二氧化碳的排放。

英国联合食品有限公司首席执行官乔治·韦斯顿认为,英国建在诺福克郡的这座生物丁醇生产设施,将有助于利用农业剩余产品,并能为实现政府制定的"绿色"燃料目标,做出贡献。

英国每年农产品的产量比国内市场需求多出 200 万~300 万吨,其中主要是小麦。英国联合食品有限公司表示,如果相关试验进展顺利,希望能更多地利用这些过剩农产品。目前,部分传统燃料能与生物丁醇混合使用,而无需对汽车进行任何改造。

(2)持续用甘蔗开发乙醇燃料并取得显著成果。2007 年 12 月,有关媒体报道,目前,乙醇燃料已成功确立替代石油产品的新型可再生能源地位。巴西作为世界乙醇原料甘蔗的最大种植国,30 多年来,持续开发乙醇燃料已取得显著成果。

长期以来,巴西石油消费大部分依赖进口。20 世纪 70 年代初开始的石油危机对巴西经济造成了沉重打击。为减少对石油进口的依赖、实现能源多元化,巴西政府从 1975 年开始,实施以甘蔗为主要原料的全国乙醇能源计划。

巴西甘蔗业联盟新闻办主任阿德马尔·阿尔蒂埃利说,巴西开发乙醇燃料,是适合国情的选择。作为世界最大的甘蔗种植国,巴西因地制宜地利用甘蔗为原料生产乙醇。20 世纪 70 年代末,巴西政府开始扩大甘蔗种植面积,同时为建立乙醇加工厂提供贷款,鼓励汽车制造商生产和改装乙醇车,并颁布法令在全国推广混合乙醇汽油。目前,巴西汽油中的乙醇含量为 25%,该比例在世界各国混合汽油中居第一位。巴西是目前世界上唯一不使用纯汽油做汽车燃料的国家。

2003 年,大众、通用和菲亚特等设在巴西的公司,相继推出可用乙醇与汽油以任何比例混合的"灵活燃料"汽车。这种汽车带有燃料自动探测程序,能根据感应器测定的燃料类型及混合燃料中各种成分的比例,自动调节发动机的喷射系统,从而使不同燃料都可最大限度地发挥效能。

阿尔蒂埃利指出,经过 30 多年的不断改进,目前巴西乙醇车的整体生产技术已相当成熟。巴西产的双燃料车在功率、动力和提速性能、行驶速度,以及装载量等方面,均可达到同类型传统汽油车的水平。

乙醇燃料作为一种清洁无污染燃料,已被众多专家学者认为,是未来能源使用的发展趋势之一。有关资料表明,乙醇车对环境的污染程度为汽油汽车的 1/3。

目前,巴西是世界上最大的燃料乙醇生产国和出口国。2006 年,巴西用于生产乙醇的甘蔗种植面积达 300 万公顷,乙醇产量达 170 亿升,出口 34 亿升。为了配合甘蔗产量的提高,巴西政府还计划投资新建 89 家乙醇加工厂。

随着世界传统能源储备资源的迅速消耗,特别是近几年石油价格持续攀升,巴西的替代能源产业,开始受到世界各国的重视,而乙醇燃料也逐渐成为能源开发领域的新星。

2.用果糖制造生物燃料的新成果

把果糖转化为新型生物燃料二甲基呋喃。2007 年 6 月 21 日,美国威斯康星大学麦迪逊分校化学和生物工程专家詹姆斯·杜梅斯克领导的一个研究小组,在《自然》杂志上发表研究报告称,他们利用常规的生物方法和新的化学方法相结合,先后运用两种催化剂,把植物中的果糖高效快速地转化成一种新型的液体生物燃料——二甲基呋喃(DMF),为生物燃料研究开辟了新的天地。

二甲基呋喃含有的能量可比乙醇多40%,且没有乙醇燃料的缺点。乙醇是目前唯一一种大量用于汽车的生物燃料,但它还不是人们最终想要的理想燃料。在玉米、蔗糖及其他植物中均含有大量潜在能量,但它们是以长链的碳水化合物形式存在,必须被降解成小分子后才能加以利用。目前通常采用酶来降解淀粉和纤维素,使其转化成糖,然后利用常见的发面酵母使其发酵,最终产生乙醇和二氧化碳,这个过程通常要花几天的时间。乙醇中氧的含量相对较高,使其能量密度下降。同时,乙醇易吸收空气中的潮气而使其含水量增加,因此,需要蒸馏才能将其和水分开,这无疑要消耗部分能源。

杜梅斯克研究小组找到了解决上述问题的方法。他们首先利用一种源自微生物的酶使生物原料降解变成果糖。然后,利用一种酸性催化剂,把果糖转化成中间体羟甲基糠醛,它要比果糖少3个氧原子。最后,利用一种铜-钌催化剂,把羟甲基糠醛转化成二甲基呋喃,而二甲基呋喃比羟甲基糠醛又少了2个氧原子。

二甲基呋喃与乙醇相比,有一系列优点。与同样体积的乙醇相比,它燃烧后产生的能量要高40%,和目前使用的汽油相当。二甲基呋喃不溶于水,因此不用担心吸潮问题。二甲基呋喃的沸点要比乙醇高近20℃,这意味着它在常温下是更稳定的液体,在汽车引擎中则被加热挥发成气体。这些都是汽车燃料所要具备的特点。还有一点值得一提,二甲基呋喃的部分制造过程,与现在石油化工中使用的方法相似,因此容易推广生产。

杜梅斯克相信,在经过安全和环境试验后,二甲基呋喃可以和汽油混合作为交通运输工具的燃料使用。

二、用草类或藻类原料提取生物燃料

(一)利用草类植物发展生物燃料

1.用"能源草"和芒草制造生物燃料的新成果

(1)大力发展燃烧值高而污染少的"能源草"。匈牙利政府将可再生能源作为能源发展战略的重要组成部分。通过国家政策与投资,大力扶持和激励企业发展可再生能源技术。特别是,通过种植"能源草"等项目,积极推动可再生能源的利用。

"能源草"是匈牙利农业科技人员经过多年辛勤耕耘获得的开发成果。它是匈牙利盐碱地里生长的野草,与中亚地区的一些草种杂交和改良后培育出的一个新草种。

"能源草"对土质和气候要求不高,耐旱,抗冻,适合在盐碱地种植。这种草生长快,产量高,每公顷每年可产干草15~23吨,种植当年就可收获10~15吨,产草期长达10~15年。

"能源草"压缩成草饼后的燃烧值,接近甚至超过槐树、橡树、榉树和杨树等木材,而种植成本只有造林的1/5~1/4,燃烧后产生的污染物也很少,符合环保的要求。

此外,"能源草"可作为马牛等牲畜的饲料,它与木屑混合后制成的纤维板还可用来制造家具和建筑材料。

目前,匈牙利5个州的21个地区已经开始种植"能源草"。如果发展顺利,到2015年匈牙利"能源草"种植面积可达到100万公顷。

(2)把芒草作为清洁能源的来源。2005年9月6日,路透社报道,一种可以在欧洲及美国种植的,高高的装饰性植物,能够向人们提供大量的清洁能源,而这不会引发全球变暖等不良后果。

2004年,美国伊利诺伊大学的史蒂夫·朗教授和他的同事,获得了每公顷约60吨的作物产量。而爱尔兰都柏林圣三一学院的迈克·琼斯则表示,在爱尔兰10%的耕地上种植上这种植物,将能够解决该国30%的用电需求。

在美国,研究人员正着眼于把这种植物和煤一半对一半地混合起来,燃烧后产成电力。在现存的一些发电站里,这一技术已经能够得以实施,而另外一些发电站则还需要进行改进。

研究人员表示,这种极具吸引力的多年生植物,与一些类似的植物,能够提供一种明显抵消化石燃料辐射的方法。对此,史蒂夫·朗教授解释说:"当这种植物生长的时候,它会吸收空气中的二氧化碳。当它燃烧的时候,又会把这些二氧化碳释放出来,所以对大气中的二氧化碳量的净效应为零,按照《京都议定书》标准,它的属性可以被认为是'碳中和'"。

2.用牧草制造生物燃料的新成果

利用牧草生产生物乙醇。2008年1月,美国内布拉斯加大学教授肯·沃格尔及其同事,与美国农业部研究中心科学家一起组成的一个研究小组,在美国《国家科学院学报》上发表研究成果称,他们成功利用牧草作为原料生产出生物乙醇,而且生产成本低廉,出产的生物乙醇质量也比较理想。

研究小组历时5年完成了这项研究成果。据参与这项研究的沃格尔说,科学家对内布拉斯加州、南达科他州和北达科他州一些农场种植的牧草进行了试验,结果显示,平均1公顷牧草,大约能生产2800升生物乙醇,而利用同等面积的玉米大约可提取3270升的生物乙醇。

沃格尔指出,以单位面积而言,从牧草提取的生物乙醇量少于玉米,但牧草成本比玉米低很多,而且所生产的生物乙醇质量也没有太大差别。因此,这项研究成果对今后开发和利用新型生物燃料具有重要意义。

(二)利用藻类研制生物燃料的新进展

1.研究利用藻类制造生物燃料的新发现

(1)破译可制造生物燃料的团藻基因组。2010年7月,美国能源部联合基因组研究所生物信息学家西蒙·普鲁克尼克,与索尔克生物研究所科学家吉姆·伍曼共同领导的一个研究小组,在《科学》杂志发表研究成果称,他们破译了可生产生物燃料的团藻的基因组。团藻是一种多细胞海藻,它通过光合作用获取光能。

在为交通运输提供低碳燃料这条漫长且艰难的道路上,美国能源部正寻求多种途径力图实现自己的目标。能源部的努力包括探寻自然界中潜在的新型燃料资源,它们包括从陆地上可作为纤维质原料的植物(如快速生长的树木和多年生牧草),到水中及其他生长环境中的产油生物(如海藻和细菌),极具多样性。对生物燃料研究人员而言,破译团藻基因组无疑是一条喜讯。

据悉,美国能源部之所以大力支持光合成生物体内复杂机制的研究,为的是更好地认识生物体如何把阳光转换成能量,以及光合成细胞如何控制生物的新陈代谢过程。这些信息有助于未来可再生生物燃料的生产。

研究人员在《科学》杂志刊登的论文中,把团藻基因组同其近亲单细胞莱茵衣藻的基因组进行了比较。3年前,联合基因组研究所曾破译了莱茵衣藻的基因组。衣藻是人们深入研究的潜在的海藻生物燃料资源。团藻和衣藻均属于团藻目家族,团藻基因测序的重要价值在于它可以作为衣藻基因参照物。研究人员通过数据比较,来研究它们的光合作用机理,以及多细胞生物的演化。

与衣藻不同,团藻包含两种细胞:一种是数量较少的生殖细胞,另一种则是数量较多的体细胞。生殖细胞能够分化形成新的菌落,与此同时,体细胞则提供机动力,并分泌能导致生物体扩展的细胞外基质。团藻内两种细胞的分工,使得团藻比衣藻生长和游动都要快,从而帮助团藻能够躲避捕食者,同时在更深的水域获取营养。

伍曼表示,团藻特别令人着迷的地方,是它如何有选择地减少光合作用或调节光合作用以支持另一种细胞。虽然,目前人们还没有很好地认识团藻的这一特性,但该特性有可能帮助人们通过转基因工程,让光合生物进行相应变化,生产生物燃料或其他产品。

分析显示,大约有1800个蛋白质家族属于团藻和衣藻所独有。这些蛋白质家族是多细胞物种生长和发生形态变化的基因物质资源,尤其是经查明,某些蛋白质家族与多细胞体相关。团藻和衣藻在利用这些蛋白质家族方面的不同之处将是人们未来准备研究的问题。伍曼表示,团藻基因组为衣藻基因组工程,以及精确认识形态进化和蛋白质创新,增加了巨大的价值,现在人们需要静下来研究这些基因的功能。

普鲁克尼克认为,团藻和衣藻作为易驾驭的实验模式生物,它们的信息可以被人们广泛使用,包括那些对团藻生物学不感兴趣的研究人员。他表示,团藻基因组是指导其对目标领域进行深入研究的极好资源。

(2)发现转基因蓝藻可用于制造燃料原料丁二醇。2013年1月7日,美国加州大学戴维斯分校化学副教授渥美翔太领导的一个研究小组,在美国《国家科学院学报》上发表论文称,他们通过基因工程对蓝藻进行改造,使其能生产出丁二醇,这是一种用于制造燃料和塑料的前化学品,也是生产生物化工原料以替代化石燃料的第一步。

渥美翔太说:"大部分化学原材料都是来自石油和天然气,我们需要其他资源。"美国能源部已经定下目标,到2025年要有1/4的工业化学品由生物过程产生。

生物反应都会形成碳-碳键,以二氧化碳为原料,利用阳光供给能量来反应,这就是光合作用。蓝藻以这种方式在地球上已经生存了30多亿年。用蓝藻来生产化学品有很多好处,如不与人类争夺粮食,克服了用玉米生产乙醇的缺点。但要用蓝藻作为化学原料也面临一个难题,就是产量太低不易转化。

研究小组利用网上数据库发现了几种酶,恰好能执行他们正在寻找的化学反应。他们把能合成这些酶的DNA(脱氧核糖核酸)引入了蓝藻细胞,随后逐步地构建出了一条"三步骤"的反应路径,能使蓝藻把二氧化碳转化为2,3-丁二醇,这是一种用于制造涂料、溶剂、塑料和燃料的化学品。

研究人员说,由于这些酶在不同生物体内可能有不同的工作方式,因此,在实验测试之前,无法预测化学路径的运行情况。经过3个星期的生长后,每升这种蓝藻的培养介质,能产出2.4克2,3-丁二醇。这是迄今把蓝藻用于化学生产所达到的最高产量,对商业开发而言也很有潜力。

渥美翔太的实验室正在与日本化学制造商旭化成公司合作,希望能继续优化系统,进一步提高产量,并对其他产品进行实验,同时探索该技术的放大途径。

2.用藻类制造生物燃料的新成果

(1)研制出"藻类农场"变二氧化碳为生物燃料。2006年10月,英国《新科学家》杂志报道,能源短缺和全球变暖是当今世界面临的两个严重问题,有没有什么办法能够同时解决它们呢?美国研究人员正在尝试建设一种"藻类农场",将最重要的温室气体二氧化碳转变为生物燃料。

据报道,这种技术是美国马萨诸塞州的一家公司发明的,其核心装置是一些装满水的塑料容器,水中有大量绿色微藻。来自发电厂的废气输入容器,藻类吸取废气中的二氧化碳,利用阳光和水进行光合作用生成糖类,这些糖类随后经新陈代谢转变为蛋白质和脂肪。

随着藻类的繁殖,容器里的油脂越来越多。将这些油脂提取出来,利用一些现有技术,就可制成生物柴油和乙醇。据报道,这家公司已经对此技术进行小规模试验,成功提取了几加仑藻类油脂。

该公司计划于2009年,在美国亚利桑那州一座发电厂附近,建设一家"藻类农场"。公司负责人说,如果有足够多的藻类来处理这座100万千瓦发电厂的全部废气,每年将可生产1.5亿升生物柴油和1.9亿升乙醇。

据估计,占地面积1平方千米的"藻类农场",每年可处理5万吨二氧化碳。与其他生产生物燃料的方法相比,"藻类农场"所用的资源较少,它不需要占用可耕地来种植农作物,也不必使用淡水。但是,这种技术是否经济可行,还需要大规模试验验证。

通过化学反应从藻类中提取燃油。2008 年 6 月,总部设在美国加利福尼亚州圣迭戈的蓝宝石能源公司,发表声明称,该公司的一个研究小组已成功开发出从藻类提取"超洁净"燃油的技术。如何开发"绿色"能源以降低对化石燃料的依赖,这是多国科学家致力研究的课题。美国这项新技术对于推进新能源开发,具有重要现实意义。

研究人员说,利用该技术从藻类提取的燃油外观呈绿色,这种燃油可进一步提炼,成品的效果相当于"超洁净版本"汽油或柴油。这种燃油没有一般生物燃料的弊端,即不用大量粮食作物来生产。

不过,声明没有透露具体的生产方法,只是说把藻类与阳光、二氧化碳及非饮用水混合,使其产生化学反应,就生产出了这种燃油。它与低硫轻质原油没什么两样,但比后者要清洁得多。

蓝宝石能源公司首席执行官贾森·派尔说,这种燃油可利用现有炼油设备提炼,经过提炼的燃油,可用于小汽车和卡车,效果与目前使用的汽油和柴油一样。但由于不含硫或氮,这种燃油对环境造成的污染要小得多。派尔认为,这一技术,可帮助美国降低对进口石油的依赖,并有助于减少温室气体排放。

(2)通过液化二甲醚从藻类中提取"绿色原油"。2010 年 3 月,湖沼中大量的微小藻类,是污染水质的潜在威胁,而日本专家却将其变废为宝,开发出可高效、低成本从这些藻类中提取"绿色原油"的新技术。

浮游藻类过多虽然会导致湖沼的富营养化,威胁水质,从而破坏生态系统,但这些藻类具有很强的吸收二氧化碳并合成有机物的能力,有望作为生物燃料的原料。然而,蒸发浮游藻类所含的大量水分需要消耗大量能源,因此利用浮游藻类生产生物燃料尚缺乏可行性。

日本电力中央研究所研究人员通过向浮游藻类中添加能与油脂成分紧密结合的液化二甲醚,成功提取出了可供燃烧的油脂。研究人员解释说,当二甲醚与藻类细胞中的油脂成分结合后,只要在常温下使二甲醚蒸发,就能将油脂成分提取出来。

据介绍,利用上述方法所提取的油脂成分相当于干燥藻类重量的约 40%,其燃烧后的发热量与汽油相当,可望成为有价值的"绿色原油"。

(3)通过垂直培育藻类实现其大规模提取生物燃料。2010 年 8 月,荷兰瓦格宁根农业大学两名研究人员,在《科学》杂志上发表论文说,人类有望在 10～15 年内,研发出从藻类中大规模提取生物燃料的技术,届时整个欧洲使用的矿物燃料将有望被这种新能源取代。

研究人员说,目前每公顷土地种植的油菜籽只能提炼出 6000 升生物燃料,但是同样面积用于培植藻类,却能产生 8 万升生物燃料。不过,研究人员也表示,即便从藻类中提取生物燃料较为高效,但如果要在全欧范围内,采取这种方式获取燃料,以全面替代其他燃料,则需要总面积相当于葡萄牙国土面积的培育场地。

为此,他们正在开发垂直培育藻类的技术。

此外,研究人员称,目前从藻类中提取生物燃料的成本还相当高,但如能循环利用废水和二氧化碳,成本将大大降低。此外,大量培植藻类植物,还可提供大量可用作牲畜饲料的蛋白产品及工业用氧气。

据悉,瓦格宁根大学将于近期开设一个国际藻类研究中心,专门研究工业用藻类制品的生产及有关技术。

三、用含纤维素和木质素植物制造生物燃料

(一)利用植物纤维素制造生物燃料

1.主要运用发酵方法把纤维素转化为乙醇

(1)紧锣密鼓地推进纤维素乙醇燃料开发。2006年2月,美国媒体报道,近年来国际油价屡创新高,各国对替代能源开发更加重视。乙醇燃料被视为最有可能替代汽油的可再生能源之一。

与利用玉米等农作物提取乙醇的传统方法相比,纤维素乙醇燃料则是以稻草和木屑等纤维类物质为原料,在燃烧时产生的能量要大大高于生产时耗费的能量。据悉,纤维素乙醇燃料燃烧时排放的温室气体不仅比汽油减少90%,而且远低于谷物类乙醇燃料。试验结果表明,所有汽车不用任何改装,就可以使用加入10%乙醇燃料的汽油。

高油价压力、政府扶持以及新技术发展,引发了美国开发乙醇燃料的热潮。美国嘉吉和阿彻丹尼尔斯米德兰公司(ADM)等农业巨头,投入数十亿美元兴建谷物类乙醇燃料生产厂。杜邦和杰能科生物科技公司正在加紧研发能够加速纤维素乙醇燃料生产的催化剂。

世界其他国家和地区也看中纤维素乙醇燃料的巨大潜力。早在2004年,艾欧基公司就生产出加拿大首罐商用纤维素乙醇燃料,并添加到加拿大石油公司加油站的汽油中公开销售。艾欧基公司还打算在2009年之前,与壳牌公司合资兴建一家纤维素乙醇燃料工厂。

目前,纤维素乙醇燃料最有争议的一点,是生产成本相对于汽油仍然过高。反对方认为,如果没有政府补贴,纤维素乙醇燃料不具备市场竞争力;支持方则坚信,随着技术的进步,生产成本过高问题一定会解决。

在短时间内,虽然乙醇燃料还不能取代石油的重要地位,但有一点是值得肯定的,即企业资本开始大量涌入。微软的两位共同创始人保罗·艾伦和比尔·盖茨,最近都注资乙醇燃料公司。维尔京燃料公司打算在3年内投资3亿~4亿美元生产乙醇燃料;风险投资家维诺德·科斯拉也把巨额资金投入研发纤维素乙醇燃料的公司,并且声称6年内纤维素乙醇燃料就可商业化。

(2)通过优化发酵过程促使纤维素乙醇迅速发展。2006年7月,有关媒体报道,美国能源部近日表示,利用不能食用的植物纤维制成的纤维素乙醇,有望替代

美国 1/3 的机动车汽油能耗。能源部还公布了发展这项技术的研究计划,促使纤维素乙醇成为经济实用的零碳交通燃料。

纤维素乙醇是用于现代汽车中的可再生高级生物燃料,是减少燃油和温室气体排放的最经济的方法之一。

能源部科学局局长雷蒙德·奥巴赫说:"在美国未来的能源消耗结构中,纤维素乙醇有望成为交通燃料的主要来源。要降低生产成本、提高效率,需要对纤维素转变成乙醇的加工工艺做出改进。"

能源部长塞缪尔·博德曼声称,研究计划的目标是到 2030 年,生物燃料取代 2004 年交通消耗燃料水平的 30%。该目标是建立在与美国农业与能源部的合作研究成果基础之上的。美国大陆拥有充分的、可持续的生物质来源,足以替代 30% 的汽油燃料。

美国能源部预计,为了完成这个 30% 的目标,需要种植各种不同的作物,乙醇的年产量需要从 4 亿加仑提高到 60 亿加仑。

(3)开发出从竹子纤维质中炼取生物乙醇。2008 年 12 月,日本媒体报道,静冈大学教授中崎清彦领导的研究小组,利用高效率的技术,从竹子纤维质中炼取生物乙醇,既不用担心和人类竞争粮食,而且成长得比木材还快,是极具魅力的生物燃料。

由竹子炼取乙醇需把纤维质主要成分的纤维素,转变成葡萄糖后加以发酵,由于纤维素极难分解,刚开始研究时,将纤维素转变成葡萄糖的效率只有 2%。

研究小组开发成功新技术,把竹子磨成 50 微米的超细粉末,大小只相当以往原料的 1/10,接着利用激光,除去细胞壁内含有的高分子木质素,再加上使用分解率高的微生物,使得纤维素的糖化效率提高至 75%。

研究小组今后的目标是三年内把纤维素转成葡萄糖的糖化效率,进一步提高至 80%,并使得生产成本每公升控制在 1 美元以内。

2.采用生物工程把纤维素转化为生物燃料

(1)用基因改造细菌把植物纤维变为生物燃料。2010 年 1 月,美国加利福尼亚大学和加利福尼亚州一家生物能源技术公司共同组成的研究小组,在《自然》杂志上报告说,他们通过对大肠杆菌进行基因改造,可以使它将植物纤维逐渐转化为生物燃料。研究人员认为,由于植物纤维广泛存在于草木枝干中,这一技术有望为制造生物能源提供更多原料。

研究人员说,他们利用基因技术对大肠杆菌进行多处改造,改变了它原来生产脂肪酸大分子的机制,使其能把一些原料分解合成为燃料物质。这种细菌不仅能以传统生物能源技术中使用的蔗糖为原料,还能把广泛存在于植物纤维中的半纤维素分解合成为燃料物质。

参与这项研究的专家认为,通过这种技术制造的生物燃料与部分石油产品功能相当,但采用生物燃料可大大减少温室气体排放量。

传统生物能源技术多利用玉米或甘蔗来生产乙醇,然后制成燃料,但这可能导致生物能源作物与粮食作物争地。因此,近年来科研人员不断探索新技术,以期直接利用各种植物枝干的所含物质制造生物能源。

(2)利用转基因埃希氏菌消化柳枝稷纤维素来制造生物燃料。2011 年 11 月,美国能源部联合生物能源研究所,首席执行官杰伊·基斯林领导,博士后研究员格雷戈里·博金斯为主要成员的一个研究小组,在美国《国家科学院学报》上发表论文称,他们通过转基因工程,首次制造出能消化柳枝稷生物质的埃希氏菌,将其中的糖转化为可代替汽油、柴油和航空燃料 3 种运输燃料的先进生物燃料,而且无须添加任何酶。

正常埃希氏菌无法在柳枝稷上生长,但研究人员改造了这种细菌,使其能表达多种酶,由此能消化纤维素或半纤维素生存。分解纤维素和半纤维素的埃希氏菌,还可以在柳枝稷上共同培养,进一步设计成 3 条代谢路径,让它们能产出燃料替代品或适合于汽油、柴油及航空发动机的前期分子。这是第一次演示了埃希氏菌能产生这 3 种形式的运输燃料。

此外,由于植物中的纤维素、半纤维素很难提取,研究人员用了一种离子液(熔化的盐)预处理的方法使生物质溶解,然后让埃希氏菌消化溶解后的生物质,产出具有石油燃料性能的碳氢化合物。

博金斯基解释说,用离子液预处理柳枝稷必不可少,他们是结合了离子液预处理和转基因埃希氏菌这两种策略。

由非粮食作物和农业废弃物纤维素加工的先进燃料被认为是最好的可再生液态运输燃料,可用于目前的发动机和基础设施,最大障碍是成本太高,难以和其他燃料竞争。基斯林说:"我们能降低加工过程中最大部分的成本——添加酶把纤维素和半纤维素解聚成可发酵的糖,将两个步骤合二为一可降低燃料生产成本,为用木质纤维素材料生产先进生物燃料打开大门。"

研究小组还在进一步研究如何提高合成燃料的产量。博金斯基说:"我们已经有了燃料产品路径,能获得比目前所演示的更高的产量。我们还需要找到一种能由埃希氏菌分泌的酶,同时还能消化更多经离子液处理后的生物质,或改良离子液预处理步骤,让其更容易被消化。"

(二)用含木质素植物制造生物燃料

1.通过降低植物内含木质素来制造生物燃料

通过基因工程培育低木质素树木来制造乙醇。2007 年 11 月,有关媒体报道,为了把木料变为一种新能源,科学家们正在使用一种目前仍富有争议的基因技术来改变木材成分。木材中含有的一种被称为木质素的化合物,这种化学成分会妨碍木材中的纤维素转化为乙醇类生物燃料。科学家们的目标就是减少其中的木质素含量。

美国北卡罗来纳州立大学森林生物技术研究小组主任文森特·蒋博士,近日开发出一种转基因树,这种树含有的木质素仅有同类树的一半。他认为,这种低木质素的转基因树将会极大地帮助解决能源需求问题。

环保主义者则认为该项试验会带来很大的生态风险。木质素不仅能在结构上加强其硬度,还能帮助抵御有害物。从事改变木质结构的一些科学家也坦言,如果木质素减少的太厉害,确实会使得树更加脆弱和不稳定。

英国哥伦比亚大学的副教授肖恩·曼斯菲尔德认为,低木质素的树种不会有实际应用。他说:"如果低木质素的树种能够经受住自然选择的淘汰,那么他们现在应该已然存在于野外,而不仅仅是在温室里。"

业内人士坦承他们可能面临的阻力。许多人将树视为质朴的大自然的象征,他们不会接受将树像玉米和大豆那样被改造的做法。

美国北卡罗来纳州森林生物工程研究所的执行所长苏珊·麦考德也认为:"在转基因上,普通公众不会把树和农作物同等看待。其实林务员也是如此,与森林有着密切关系的人对树有着特别的情感。他们不会把树和庄稼等同视之。"

乙醇主要产自于玉米粒中的淀粉。增加乙醇供应可以改变一个国家的能源结构,为此,科学家们正将目光转向植物细胞壁中物质的纤维素,因为它的成分可以替代淀粉。

对于树的这种开发利用方式,拥护者们有着充分的理由:"树为纤维素提供了优良的来源,而且还可以有效地吸收二氧化碳,帮助人类应对温室效应。此外,树还可以像农作物一样在每年给定的时期内按需采伐。

然而,要实现这样的替代还存在着一个技术瓶颈。乙醇的生成过程是由酶与纤维素结合,发生反应,将纤维素分解,产生糖,糖然后再转化为乙醇。由于纤维素被细胞壁中的另外一种成分——木质素所覆盖,就使得这一过程尤为艰难。纸浆以及造纸厂通常是使用酸以及蒸气来分解木质素,要想生产乙醇,生产商或许也不得不采取同样的措施。

如果树木中含有少量木质素,那么这些工序将可以简化甚至不需要这些工序,这将大大节约乙醇的生产成本。

基因工程可以让科学家防止木质素的生成。蒋博士称,用基因工程在树的正常生长所允许的范围内,木质素的含量最高可降低50%。

对生物燃料的关注重新激起大家对于森林生物技术的兴趣,美国能源部也为此投入了资金。长期以来,受到技术、成本的制约,以及对环境问题的担忧,这一学科领域曾一度式微。

该学科的复兴使得安妮·彼得门坐立难安,她是"反基因造树运动"的领导人物。她说道:"有一些居心叵测的人,正在狡猾的巧借'能源问题'这个千载难逢的机遇,向公众兜售仍然富有争议的遗传工程技术!"

美国有一个公司正在孜孜不倦地从事森林木材的遗传工程技术开发。这个叫阿伯基因的生物技术公司规模虽小,然而极有背景,由林木行业的三大巨头公司共同持股。阿伯基因公司正在开发一种低木质素的桉树,并寄望在南美洲寻求销售空间,因为在南美洲快速生长的树种已经被用于纸浆和纸的生产。此外,该公司也在致力于开发一种能在寒流中生存的遗传工程桉树,希望他们能在美国更广袤的地区生存。

阿伯基因公司的技术总监莫德·海因茨信心十足地说:"在5~10年的时间里,你即可在市面上看到转基因树。"迄今两种遗传工程树队已经从农业部那里作为农作物获得批准:抗环斑病的番木瓜树和抗李子瘟疫病毒的李子树。目前仅有一种遗传工程树已经在中国获得正式批准并落户,抗昆虫的白杨树已广泛种植。

转基因树面临着农作物未曾有过的一个问题:树在野外可以自然生长,不像农作物,如果没有农民的悉心照料可能会死掉。生物学家克莱尔·威廉斯指出,风可将诸如松树之类的树的花粉,送到数百英里之外的地方,使得转基因树低木质素的特性很容易向野生的树种扩散。另外,树的寿命一般很长,所以很难对这种转基因树的长期影响进行评估。

批评者还认为:"转基因树通常只能在种植园中生长,没有自然森林的美丽和相应的野生生物群种。"

转基因树研究的支持者们进行了反驳,分子树生物学副教授理查德·梅兰博士说:"培育树耗时较长,常规的栽培相当困难。唯一的有效之道,就是通过遗传工程技术来驯化这些树,使其更易于在土地上生长。当这种被驯化的树普及开来以后,我们就不用再开采自然森林了。"他认为,在能源生产中开发生长速度较快的树,可以有效减少对大自然森林的需求。

有些专家认为,这种低木质素的树还需进一步的野外实地试验。2002年发表于《自然生物技术》的一篇论文声称,在英国和法国有一项逾四年的有关低木质素树的大型野外试验,该研究结果表明:这些树在自然条件下可以正常生长,对于抗害虫也并没有变脆弱的表现。

2.运用植物内含木质素制造生物燃料

(1)同时利用植物的纤维素和木质素制造生物燃料丁醇。2008年1月,有关媒体报道,美国华盛顿大学助理教授拉斯·安格嫩特、拿西波·库雷希博士,与美国农业部的研究人员布鲁斯·笛恩博士和迈克尔·柯塔博士等人组成的一个研究小组,开发出一种制造生物燃料丁醇的新技术。

木质茎、稻草、农业残余物、玉米纤维和外皮都含有大量的纤维素和部分木质素。这些木质纤维材料均可用于制造生物丁醇。丁醇被认为是一种优于乙醇的生物燃料,因为它的腐蚀性更小,热量值更高。如同乙醇一样,丁醇也可添加到汽油中。

报道称,安格嫩特从美国农业部的合作者中拿到预处理的玉米纤维,也就是用玉米生产乙醇的副产品。然后把这些木质纤维原料放入沼气池,与数千种不同的微生物混合,以将生物质能转化为丁酸。接着,这些丁酸再交给库雷希。库雷希利用发酵器把丁酸转化为丁醇。

在这一过程中,笛恩和柯塔两人用物理和化学的方法,对难以降解的木质纤维原料进行处理,使之更容易降解。这是安格嫩特将混合物能进行神奇转变非常关键的一步。安格嫩特在含有数千种不同微生物的混合物中选择一个细菌群落,同时通过优化环境条件,以创造出一个有利于玉米纤维转化为丁酸的环境。

安格嫩特说:"我的实验室主要就是用混合的细菌培养物。混合细菌培养物的优点是它可以利用任何废弃物,并且通过我们的操作,能够将其转化为有价值的东西。举例来说,我可以改变培养物中的pH。如果保持pH中性,那我们就可以得到甲烷气;如果我调低pH,就可以得到丁酸。换句话说,如果只使用单一微生物培养物,那我就不得不担心会有其他的微生物混入并改变和污染了环境。"

木质纤维原料来源丰富,是可再生的,用来生产丁醇是处理废弃物的好办法。这对农业生产者和农村的经济也大有好处。并且因为这种生物质是碳中性的,所以不必担心二氧化碳被释放到大气中。利用微生物燃料反应池和混合的微生物培养物,安格嫩特近年来已实现在废水处理的过程中产生电力或氢气。

利用废弃物生产生物燃料的另一个重要优势是,它不必与人争粮,不会因为要种植作物加大化肥和农药的使用,不会对环境造成危害。这在当前粮食价格上涨、国际粮食安全受到冲击、环境污染日益严重的背景下,具有特别重要的意义。

(2)运用气化法把含有木质素的木屑树枝制成生物燃料。2009年12月1日,芬兰能源企业富腾公司发表公报说,该公司正与多家企业和科研机构联合开发生物燃油,以期供生物能源发电设施和燃油锅炉使用。

公报说,企业研发人员和芬兰国家技术研究中心的专家,利用含有木质素的木屑和树根树枝等,提炼制作高品质生物燃油。其原理是先使固态材料气化,然后将气体压缩成液态。通过5个月的试运行,相关工艺已得到改善,提高了生产效率,迄今已生产出20吨生物燃油。开发人员希望,把这种生物燃油的生产与生物能源发电相结合,提供一个具有可持续发展前景的商业模式。

参与这项开发的造纸企业,芬欧汇川集团的生物燃料部总监库科宁说,研发人员的目标是利用树皮、树桩、小树枝等树的所有部分,以低成本高效益的方式生产生物燃油。

四、用生产或生活废弃物制造生物燃料

(一)利用生产废弃物开发生物燃料

1.利用加工业废弃物制造生物燃料

(1)从油棕渣滓中提炼出生物燃料。2005年8月,马来西亚云顶集团主席兼首席执行官林国泰,对外界透露,他们已经研制成功一种可取代石油的生物燃料,该生物燃料从油棕果实的渣滓中提炼而成。

林国泰在欢庆云顶集团成立40周年的晚会致辞时介绍说,云顶集团经过再

生能源方面的反复研发,终于成功从该国富产的油棕渣滓中提炼出石油替代品生物燃料,且使之可投入商业化量产。他进一步表示,云顶集团生产的生物燃料制造工艺独特,它不像生化柴油或乙醇般需要从植物油或淀粉中提炼,而是从食用油渣滓中的生物质提炼而成。

据悉,马来西亚每年要面对 1300 万吨油棕渣滓处理问题。通过云顶集团这种新工艺,可使之持续性分解,将其转换成 350 万吨生物燃料,约等于 930 万桶原油,相当于大马国家石油公司 5% 的年度销售量,足以供应大马 1/3 的家庭用电,为大马每年带来超过 16 亿马币的出口收入。

林国泰补充说,云顶集团研制的生物燃料用途非常广泛,包括作为发电站的能源燃料,未来甚至有很大潜能取代汽油及工业用途的化学燃料。更重要的是,云顶集团生物燃料的属性为碳中和,将减低生态环境受污染的程度。预计生物燃料的生产将给大马增加数千份就业机会和为棕油业者给予额外的商机,可减轻棕油业面对棕油价格大幅波动时所受的打击。

林国泰最后说,随着生物燃料逐渐普及,将进一步催化及提升生化工艺及农业的改革,促使大马成为本区域的再生能源的前驱。

(2)研究利用橘子皮制造乙醇燃料。2006 年 4 月 13 日,美国《生活科学》报道,由于汽油价格一再上涨,人们都在寻求更为经济的方法,来填满自己的汽车油箱。美国农业部农业研究所的化学家比尔·威德默领导的研究小组,就在这个问题上开创了一片新的领域:罐头和饮料加工后留下的橘子皮、柠檬皮可以派上大用场。

据报道,美国农业部农业研究所的科学家们利用废弃的干燥柑橘类果实表皮制造乙醇燃料的方法目前已取得了新进展。柑橘类植物的果实表皮中富含胶质、纤维素和多聚糖,这些成分能够被转化为糖,经发酵后再变成乙醇。

其实,农业部的研究人员,早在 1992 年时就开始了这项工作,但当时花费高昂且效率低下,只能生产出大约几加仑的乙醇燃料。2004 年,威德默对生产技术进行了改良,生产量达到了 1000 加仑的水平。现在,这一技术显示出了良好的经济前景,一个可生产 1 万加仑的设备目前正在修建当中。

报道说,单单美国佛罗里达州,每年就有总共 120 万吨的废弃干燥果皮,而目前它们的作用是充当牲畜饲料。随着更加深入的研究,威德默说,佛罗里达州的橘皮类废弃物每年能够生产出多达 8000 万加仑的乙醇燃料。

(3)用生产啤酒的废弃物转化制造乙醇的原料。2006 年 12 月 29 日,日本《读卖新闻》报道,日本麒麟啤酒公司正利用生产啤酒过程中产生的麦芽酒糟、酵母等副产品,以及大麦秸等废弃物,开发生物乙醇燃料,预计 2009 年前可正式投产。

据日本《读卖新闻》报道,由植物发酵产生的生物乙醇,可望成为环保型汽车的燃料,但目前生产生物乙醇的原料还局限在玉米等食品领域,供应量非常有限。如果麒麟公司能成功利用啤酒副产品制造生物乙醇,其价格将具有巨大竞争力,还能使资源得到有效利用。

麒麟公司在生产啤酒的过程中,每年要产生大量副产品,用麦芽榨汁时会产生很多酒糟,还有很多用过的酵母等。此前,这些副产品被用作饲料或加工成健康食品。但麦秸一直都无法利用,只能当作垃圾处理掉。

生物乙醇燃料和汽油混合后,可降低汽油使用量。目前,生物乙醇作为汽车燃料正在美国、欧盟、巴西等国家和地区普及开来。

2.利用农业和林业废弃物制造生物燃料

(1)利用枯树和秸秆等制造生物柴油。2006年4月,德国媒体报道,萨克森科隆公司董事长布拉特斯谈起他美国阿拉斯加之行堪称是眉飞色舞:"阿拉斯加是我最向往的地方。那里的大片森林几乎全部被害虫毁灭,当地政府甚至愿意出好价钱让人把这些枯树弄走。"他自己就想把这些枯树运回德国,用它们来生产生物柴油。

但是,目前,布拉特斯还不想在阿拉斯加建厂,他眼下的计划是在德国萨克森弗赖堡建一座大型合成油厂。据悉,目前在波罗的海边鲁布敏年产20万吨的设备即将投产。此外,在德国和欧洲的其他地区类似的生产厂将相继投产。目前,德国各地用生物技术获取燃油的企业如雨后春笋般地诞生,科隆公司只是其中的一家。

德国有许多生产这类生物燃料的原材料,废木材、秸秆、厨房垃圾、污水处理后的淤泥等,别小看这些物质,它们每年可为德国提供3000万吨柴油,这些柴油甚至超过德国柴油的年需求量,2005年德国柴油消耗约2870万吨。

生物燃料将对未来车用燃油带来新的革命,它从质量上看,好于传统燃油。因为生物柴油不含硫,防爆性能好。此外,它也不含芳香物质,不会产生炭黑,二氧化碳气体排放低于普通柴油的90%以上。

就汽车发展趋势来说,使用生物柴油和生物乙醇将成为必然,目前,德国大众和奔驰汽车公司,已经在巴西和美国推出多种使用生物燃料的车型,以迎合当地市场的需求。德国国内,也在加快推进生物燃料的使用,如莱茵地区亨内夫的一个加油站,两个月前加设了2个混合油的加注装置,混合比例为85%生物燃料和15%的普通汽油。

(2)研发出从家畜饲养业牛粪中提取汽油。2006年3月,日本东京大学农业和科技项目研究小组表示,他们发现了一种新的汽油生产源:牛粪,并成功开发出从牛粪中提取汽油的技术。

研究小组称,在日本产业技术综合研究所研究人员的协助下,他们已经成功地从每100克(3.5盎司)牛粪中提取出1.4毫升(0.042盎司)的汽油。研究人员表示,他们将继续改进这项技术,以使其能在5年内达到商业用途。

据悉,研究人员向放在容器中的牛粪,加入几种金属催化剂,然后对容器进行300℃、30大气压的高温高压处理,终于成功提取出了少量的汽油。但他们拒绝透露所加入催化剂的具体名称。

研究人员说,这项"牛粪提取汽油"技术,不仅可以从一定程度上解决能源问题,而且将使家畜饲养者们享受到实惠,因为该技术,可以大大减轻饲养者处理大量家畜粪便的沉重负担。据统计,日本每年产生大约55万吨牛粪。

日本资源能源厅官员表示,日本是自然资源极其匮乏的国家,所需石油和天然气等资源几乎全部依赖进口。为了解决能源短缺的难题,日本多年来一直致力于新能源和新技术的开发及利用,但利用牛粪提取汽油却是闻所未闻。

(3)利用种植在荒地上的高粱茎秆制取乙醇。2013年12月,日本媒体报道,日本茨城大学一个研究小组提出,尝试在荒废的耕地上种植高粱,再用高粱制造乙醇,使之成为"植物油田",以减少对化石燃料的依赖。

高粱是仅次于玉米的第二大生物燃料作物。高粱适宜在贫瘠或荒废的耕地上生长,不与多数粮食作物"争地"。它具有茎秆高大、生长迅速等特点,其茎秆适宜加工制取乙醇。此外,高粱米可作为粮食或饲料,制取乙醇后的茎秆残渣还可用于造纸。

据研究人员测算,利用优良的高粱品种茎秆制造乙醇的成本,要低于目前日本全国平均油价。研究小组将与茨城县农协合作,从种植到制取乙醇进行全程试验,以获得经验进行推广。

日本媒体报道说,由于农业人口匮乏等原因,日本有很多耕地被荒废了,如果能通过集中租借等形式交由企业运作,这些荒废耕地将成为名副其实的"植物油田"。

(二)利用生活废弃物研制生物燃料

1.用废弃食用油制造生物燃料

(1)利用废弃食用油制成可供卡车用的燃料。2005年8月21日,《朝日新闻》报道,日本松下电器产业公司决定利用职工食堂废弃的食用油制成生物柴油,作为运输卡车的燃料使用。

与普通柴油相比,生物柴油可以减少40%的二氧化碳排放,还可减少污染环境的垃圾,可谓一举两得。

据报道,松下电器产业公司食堂每年废弃的食用油为7000升。目前,他们着手准备在滋贺县草津市的工厂进行这一实验。制作方法是,给食用油加上甲醇等制成生物柴油,然后与柴油混合,供11辆卡车使用,以满足该公司在滋贺县境内的运输卡车燃料需求。

虽然生物柴油比普通柴油价钱要高,但由于原油价格猛涨,生物柴油的采用有助于给原油价格"降温"。松下电器产业公司所属的松下集团公司将根据滋贺工厂的炼油结果和各地废弃食用油精制设备状况,计划在其他县的工厂也制造生物柴油。

(2)把用过的食用油直接制成无硫生物柴油。2006年5月,新加坡媒体报道,由高曼生负责的新加坡生物燃料研究公司,研制出一种新技术,可以把用过的食用油直接制成无硫生物柴油。这样,从近日开始,新加坡的柴油动力汽车驾驶员在加油时多了一种选择,他们可以使用这种来自废弃食用油的生物柴油燃料。

报道称,这种生物柴油的原料是从众多餐馆收集到的已用过的废弃食用油。

这种产品比其他种类的生物柴油"更清洁"。美国和欧洲目前已经在使用生物柴油，但是通常都要与普通柴油混合使用。然而，新加坡研发的生物柴油无须与任何矿物柴油混合，成为完全不含硫、因而污染较少的燃料。

高曼生在接受媒体采访时说，生物燃料研究公司是新加坡第一家利用用过的食用油大规模生产生物柴油的公司。他从互联网上学习到制作生物柴油的方法，然后在实验室中用试管、烧杯反复试验，花费两年时间终于开发出可以使用的产品。

目前生物燃料研究公司每月可以生产 1500 吨生物柴油，并且准备把这种燃料卖给愿意清洁燃料车的人。据介绍，现在已经有一些翻斗车、发电机以及工地动力设施，使用这种新型燃料。

2.用生活垃圾为原料提取生物燃料

从生活垃圾的有机废物中提取出生物燃料。2008 年 9 月 27 日，孟加拉国科学信息与通信技术部下属的科学工业研究委员会首席工程师尤努斯·米亚赫，接受记者采访时说，他们已经从可降解生活垃圾的有机废物中成功提取出燃油，目前正在对这项技术进行经济评估，以期大规模开发利用。

米亚赫说，他们使用的原料主要包括生活垃圾中的有机物。提取共分为两步：第一步是分解有机废物，然后提取出生物燃料，第二步是把提取出的生物燃料升级，使最终产品能够达到实用的要求。

研究人员表示，他们对这一技术的前景表示乐观，因为在达卡市收集生活垃圾的费用并不高。科学工业研究委员会的另一名科学家奈姆勒·哈克说："即使采用这项技术只能做到不亏本，那我们也是赢家，因为这可以减少国家石油的进口量。"孟加拉国能源匮乏，能源供应主要依靠进口石油产品。

五、利用微生物开发生物燃料

(一)利用微生物把"三废"转化为生物燃料

1.利用微生物把废气转化为生物燃料

(1)有望利用大豆根部固氮细菌把一氧化碳变为生物燃料。2010 年 8 月，美国加州大学欧文分校马库斯·里贝、加州理工学院乔纳斯·彼得斯等专家组成的一个研究小组，在《科学》杂志上发表论文称，他们发现从一种常见土壤细菌中提取的酶，可以把常见工业副产品一氧化碳转化为丙烷，还可以进一步转化为汽车燃料。有关专家认为，这一方法有望实现以低成本制造出碳中立的生物燃料，无需对汽车发动机的原有设计进行大幅改动。

研究人员介绍道，在大豆等粮食作物根系土壤中，生活着一种名叫棕色固氮菌的微生物。农场主之所以对含有棕色固氮菌的植物情有独钟，是因为这种细菌可制造并充分利用多种酶，把大气中毫无用途的氮气，变成重要的氨和其他化合物。接下来，其他植物吸收这些化合物，利用它们生长。

研究小组在研究过程中,从棕色固氮菌制造的酶中分离出钒固氮酶。在自然界中,这种酶能够利用氮气生成氨。现在,研究人员证实,它同样也可以用一氧化碳生成丙烷。丙烷是一种点燃后形成蓝色火焰的气体,美国家用火炉排放的气体通常都含有丙烷。

研究人员发现,当将氧气和氮气从钒固氮酶那里"夺走"并用一氧化碳取而代之时,钒固氮酶会自动开始用一氧化碳来制造短的碳链,这些碳链只有两个或三个原子长。彼得斯认为,钒固氮酶的这种新能力是一项意义深远的发现,将具有重要的工业应用。

不过,真正令人兴奋的还是其用于制造汽车燃料的潜力。里贝表示,最终可对这种酶加以改造,使其不仅可以制造简单的 3 个碳原子链的丙烷分子,还能够生产出构成汽油的长链分子。他说:"很显然,如果我们能制造碳-碳长链,这将是一条生产合成液态燃料的新途径。"

汽车燃料的不完全燃烧,会产生含有一氧化碳的尾气,因此,在不远的将来,汽车或许可以利用自身排放的尾气来制造燃料以满足自己的某些需要;在更远的将来,直接从空气中"提取"燃料将成为可能,因为现在已有将二氧化碳分解为一氧化碳的技术存在;而最终,汽车从大气中"拿出"碳的速度,很可能要远远快于它们向大气排放碳的速度。

当然,这些美好前景,距离我们还有一段漫长的过程。里贝说,提取、培植并储存数量足够多的钒固氮酶"非常困难"。尽管在 20 多年前,科学家就已经分离出了编码钒固氮酶的基因,但是大批量制造有用钒固氮酶的技术,却是直到最近才开发成功的。

(2)借助阳光由微生物把二氧化碳和水变成生物燃料。2009 年 8 月,美国《技术评论》杂志报道,总部位于美国麻省剑桥的焦耳生物技术公司首席执行官比尔·希姆斯对外界宣布,他们发明了一种可把二氧化碳和水变成生物燃料的方法,使用该方法,每英亩每年可以制造 2 万加仑生物燃料,如果该方法可行,在美国交通领域,用生物燃料取代化石燃料将成为可能,而且,生物燃料的售价也将同化石燃料不相上下。

该公司研究人员在特制的光生物反应器中培育了转基因微生物,该微生物能借助阳光把二氧化碳和水变成乙醇或碳氢化合物燃料,然后就可以使用传统的化学分离技术收集这些生物燃料。

希姆斯表示,如果这个在实验室获得证实的新方法能够大规模进行,那将是生物燃料工业的一个里程碑。

由于种植农作物需要土地、水和能源,传统以谷物为原料的生物燃料,只能为美国提供很小一部分的燃料。而这个新方法产能很高,只要有足够的养菌面积,就能为全美的交通提供燃料。

该公司计划明年在美国西南部建立一个试验工厂产生乙醇,预计于 2010 年进行商业化生产。

希姆斯表示,到目前为止,公司已经从旗舰风险投资公司和其他投资者处筹集到了 5000 万美元,正展开新一轮融资计划,以更好地发展该新技术。

2.利用微生物把废水转化为气体燃料

通过电击细菌把废水变为燃料。2007 年 11 月,美国宾夕法尼亚州立大学的布鲁斯·洛根,与其同事成少安等人组成的一个研究小组,在美国《国家科学院学报》杂志上发表研究报告称,他们发明了一项新技术:电击以醋和废水为养分的细菌可以制造出清洁的氢燃料,而氢燃料能够替代汽油给车辆提供动力。

洛根说,这种细菌被称为微生物燃料细胞能够把几乎任何可生物降解的有机物质,转化为零排放的氢燃料。

现在的氢燃料通常是从矿物燃料中提炼而成,尽管氢动力汽车,几乎不会排放导致气候变暖的温室气体,但燃料的生产过程会产生温室气体。

该研究小组的实验表明,在加入醋酸的电解池中自然出现了细菌,这些细菌快速分解醋酸,释放出电子和质子,遂产生最高可达 0.3 伏的电压。当从外部输入稍多一些电力,氢气气泡就从液体中冒出。这与电解水生成氧和氢的办法相比,效率大大提高。

洛根说:"这种方法,仅消耗电解水所需能源的 1/10。"这是因为细菌承担了大部分工作,将有机物质分解成亚原子微粒,而电的作用只是将这些微粒聚合成氢。

这一过程,最终获得的燃料是气体而非液体,但仍能用于为车辆提供动力。洛根说,该反应过程能够作用于纤维素、葡萄糖、醋酸盐或其他挥发性酸性物质,而唯一的排放物是水。

3.利用微生物把固体废弃物转化为生物燃料

(1)利用转基因细菌把农业废料转化为石油。2008 年 6 月 14 日,英国《泰晤士报》网站报道,美国硅谷科学家发现了一种能变废为宝,并产出石油的细菌。

硅谷 LS9 公司的高级主管格雷格·帕尔说,通过给转基因的细菌"喂食"农业废料,如刨花或麦秆,可以让这些细菌奇迹般分泌出石油。

硅谷 LS9 公司,以及附近的另外几家公司,放弃软件和网络化等传统高科技研发工作,转而研究生产一种叫作"石油 2.0"的产品,能够与石油互换。这种新型燃料不仅可以再生,而且负碳排放,即该燃料的碳排放量少于其原材料从空气中吸入的碳量。

帕尔解释说,实验室里使用的细菌是单细胞微生物,每个细菌仅为蚂蚁的十亿分之一大小。这些细菌改变基因前,是工业用酵母菌或非致病性大肠杆菌的菌株,LS9 公司对它们的脱氧核糖核酸进行了重组。由于原油可轻易从脂肪酸中分离,酵母或大肠杆菌在发酵过程中通常就可生成脂肪酸,因此,不用太费劲就可以达到理想的效果。

利用转基因细菌发酵生产燃料,与利用天然细菌生产乙醇燃料的程序基本是相同的,只是前者省去了耗能的最后一道蒸馏工序,因为转基因细菌的分泌物马上就可加入油箱。

(2)发现能吃下旧报纸产出生物燃料的神奇细菌。2011年8月26日,物理学家组织网报道,美国杜兰大学细胞和分子生物学系戴维·穆林实验室博士后哈沙德·凡纳卡等人组成的研究小组,发现了一种新奇的细菌菌株TU-103能用含纤维素的旧报纸,制造出成本低又环保的生物燃料丁醇。研究人员用新奥尔良当地的报纸《皮卡尤恩时报》进行实验并取得了成功。

研究人员在动物粪便中发现了细菌菌株TU-103,然后对其培育,并研制出用它来制造丁醇的方法,现已为这项技术申请了专利。他们表示,它是迄今为止,首个被发现能直接用有机化合物纤维素制造丁醇的细菌菌株。

凡纳卡表示,这项研究最吸引人的地方,在于细菌菌株TU-103能够把纤维素直接变成丁醇。它是唯一已知的能在有氧环境下制造丁醇的梭菌菌株,而其他细菌在有氧环境下会被氧气杀死,因此只能在厌氧环境下制造丁醇,但这会提高制造成本。

作为生物燃料,丁醇相比乙醇(乙醇只能由糖制造而成)具有很多优势:可以直接用丁醇,来为现有车辆提供动力而不需要修改发动机;可以用现有的燃料管道来输送丁醇;丁醇没有腐蚀性,而且,其包含的能量比乙醇多,能提高汽车的行驶距离。

穆林表示:"所有绿色植物都含有纤维素,纤维素是地球上最丰富的有机物,把它变成丁醇也是很多人的梦想,仅仅美国每年就有3230万吨纤维素,可被用来制造丁醇。这项新发现能减少制造生物丁醇的成本,减少纤维素垃圾的堆积。而且,与汽油相比,生物丁醇能显著减少二氧化碳和烟雾的排放。"

(二)利用微生物开发生物燃料的其他新成果

1.用细菌合成出可替代柴油的生物燃料没药烷

2011年11月,美国能源部下属的联合生物能源研究所代谢工程项目主管李淳太领导,联合生物能源研究所所长杰伊·科斯林参与的一个研究小组,在《自然·通讯》杂志上发表论文称,他们使用合成生物学方法,修改大肠杆菌和一个酿酒酵母的菌株,制造出没药烷的前体物没药烯。测试表明,对没药烯进行加氢反应生成的没药烷是一种"绿色"的生物燃料,有潜力替代D2柴油。

李淳太说:"这是科学家们首次报告称没药烷可替代D2柴油,也是首次报告称可通过大肠杆菌和酿酒酵母生产出没药烷。"

与日俱增的燃料成本及对燃烧化石燃料会加剧全球变暖趋势的担忧等,驱使科学家想尽一切办法寻找碳中和的可再生能源。从多年生牧草、其他非食品植物及农业废物的纤维素生物质中提取出的液态生物燃料,一直被认为有潜力替代汽油、柴油和航空煤油。

不过,现有占主流的生物燃料乙醇只能有限地用于汽油发动机中,而无法用于柴油机或航空喷气式发动机内;另外,乙醇也会腐蚀石油管道和油罐,人们急需找到可与现有发动机、运输和存储设备兼容的高级生物燃料。

联合生物能源研究所是美国能源部于 2007 年建立的三个生物能源研究中心之一。该所研究人员正在加紧研制,从国家层面来讲性价比高的生物燃料。其中一个研究对象是拥有 15 个碳原子(柴油燃料一般有 10~24 个碳原子)的倍半萜烯。

科斯林表示:"倍半萜烯的能源含量特别高,其物理化学性质也与柴油和航空燃油一样,尽管植物是其天然来源,但对细菌进行转基因修改是最方便且性价比最高的、大规模制造高级生物燃料的方法。"

在此前的研究中,李淳太研究小组对大肠杆菌和酿酒酵母的一个新的甲羟戊酸途径进行了基因修改,使这两个微生物过度生产出了化学物质尼基二磷酸,使用酶可将其合成为理想的萜烯。在最新研究中,研究人员使用该甲羟戊酸途径制造出没药烷(萜烯类化合物家族的一员)的前体物没药烯,并通过加氢反应制造出没药烷。

研究人员对没药烷进行燃料性能方面的测试表明,其拥有作为生物燃料的潜能。李淳太说:"没药烷和 D2 柴油的性能几乎一样,但其有分叉的环式化学结构,这使其凝固点和浊点更低,作为生物燃料使用是一大优势。我们可设计一个甲羟戊酸途径来产生没药烯,该平台几乎与制造防蚊虫药物青蒿素的平台一样,我们唯一需要做的修改是引入一个烯萜类合成酶,并对该途径进行进一步修改,以提高大肠杆菌和酿酒酵母产生没药烯的数量。"

研究小组想把烯属烃还原酶编入大肠杆菌和酿酒酵母体内,以取代没药烯加氢反应的化学处理步骤,使所有化学反应都在微生物体内进行。李淳太说:"这类用酶促进的加氢反应极具挑战性,也是我们的长期目标。我们也将研究使用生物质中提取出来的糖,作为碳源生产没药烯的可行性。"

2.利用微生物基因测序提高生物燃料的产出效率

2012 年 5 月 14 日,美国劳伦斯·利弗莫尔国家实验室的迈克尔·希伦领导,联合生物能源研究所研究人员参与的一个研究小组,在美国《国家科学院学报》网站上发表论文称,他们通过新的实验方法和基因测序分析,发现细菌耐受有毒盐溶液的生理机制,有望大大提高微生物抵抗生物燃料生产过程中所使用的盐溶液毒性的能力。研究人员指出,该研究可作为耐离子液微生物基因工程的基础,进而设计出更加高效的生物燃料生产工艺。

用植物纤维素制造生物燃料要经过复杂的工序和化学预处理,让木质纤维素更容易被微生物消化,这些微生物含有特殊的酶。但用于化学预处理的盐溶液对这些微生物来说,却是"有毒"的。

希伦说:"找到能耐受盐溶液的微生物,并理解它们的耐盐机制,有助于大大提高生物燃料的产量。例如,森林腐殖土中的微生物能产生高效的酶分解木质纤维适应环境变化压力。利用这些有益特性,通过基因工程改造现有的实验室菌种,能让它们在生产生物燃料的过程中对有毒盐溶液的耐受性更强,生产效率更高。"

研究人员分离了一种在热带雨林土壤中发现的肠杆菌属细菌(SCF1),它们能分解植物木质纤维,并且在相对高浓度的盐溶液中长势良好,这些盐溶液对其他菌种来说是高毒性的。

他们对这种肠杆菌属细菌的基因组进行了测序,发现了多种代谢反应,并将这些反应绘成图谱。他们还用高通量生长化验和细胞膜成分分析方法,研究了该肠杆菌属细菌耐受高浓度盐溶液的机制,并测定了它的所有变异基因。结果发现,该细菌能抵抗盐溶液毒性是因为它们能调节细胞膜的成分,降低细胞渗透性,并增加一种蛋白质的运送,在有毒物质伤害细胞之前,将毒物"泵"出细胞外。

利用生物质生产液态生物燃料,可减少人们对化石燃料的依赖,减少温室气体排放是一种很有前景的技术。希伦说:"寻找并分析与这种肠杆菌属细菌有类似性质的微生物,将为生物燃料工业带来极大利益。我们的发现,可作为耐离子液微生物基因工程的基础,带来更高效的生物燃料生产工艺。"

第二节　开发生物电能的新进展

一、研制生物电池的新成果

(一)用甲醇或糖为原料开发生物燃料电池

1.利用甲醇为原料研制燃料电池

(1)推出全球最小直接甲醇燃料电池。2004年6月26日,有关媒体报道,日本东芝公司是手持电子设备燃料电池技术的领导商,其子公司东芝美国电子元器件公司,公布了一款高度紧凑的直接甲醇燃料电池原型。这种电池,可被整合到像数码音频播放器和移动电话的无线头戴式耳机这样的小装置上。

新型甲醇燃料电池采用一种"被动"燃料供应系统,该系统直接将甲醇输入电池。在开发被动型甲醇燃料电池的过程中,东芝找到了一种解决"甲醇透过"潜在问题的方案,该潜在问题导致甲醇与氧反应结合时不产生能量。该公司优化了这种燃料电池的电极和触发反应的聚合电解隔膜的结构。这种方法允许使用高浓缩甲醇作为解决方案,从而克服了小型燃料电池的一个重要障碍:实现燃料盒体积小型化。这些先进技术的累计成效带来了全球最小的100毫瓦燃料电池,即一种在电力输出5项指标上超越其前代产品的更紧凑、更高效的甲醇燃料电池。

(2)开发出固体状甲醇燃料电池。2005年10月26日,在日本大阪国际会展中心开幕的"2005年地球环境技术展"上,日本栗田工业公司展出了他们研制的一款新型燃料电池。它采用甲醇形成固体状的技术制造出来,同时制出用它为手机充电的配套系统。

研究人员说,使水与此次开发的固体状甲醇接触后,就会向水一侧释放出甲醇。据悉,现已证实这种甲醇能够供给甲醇燃料电池来发电。通过将甲醇由液体变成固体状,不仅能够避免被指定为危险物或有害物,以及避免登机时物品携带限制,同时还能防止液体渗漏。液体甲醇由于常温常压下是一种挥发性可燃液体,因此在消防法中被指定为危险物,在有毒有害物法中则被指定为有害物,同时禁止在飞机上携带。

研究人员说,在将甲醇变成固体状时,使用了称为包合物的结晶体。这种化合物在有孔的主分子中嵌入了其他客分子,形成了结晶结构。由于需要主分子,因此与甲醇水溶液相比,体积达到了 1.4 倍左右。

研究人员说,固体状甲醇还可加工成薄膜状和颗粒等各种形状。将甲醇从包合物中提取出来以后,只要再次嵌入甲醇,即可重新使用。栗田工业公司大约自 20 年前开始在水处理用的药品中使用包合物,此次就是利用这项技术将甲醇制成了固体状,今后还准备使用包合物,进行贮氢技术的开发。

(3)研制出以甲醇和水为原料的燃料电池。2006 年 3 月,美国匹兹堡卡内基-梅隆大学材料科学家普拉仙特·吉姆达领导的研究小组,在美国科学促进会于圣路易斯举行的年会上展示的研究成果表明,他们正在研制一种使用甲醇的燃料电池系统。这种采用纳米工艺的燃料电池,仅有打火机大小,可用于汽车、笔记本电脑、手机及其他便携式电子设备。

以往研制的燃料电池大多是氢燃料电池。但氢的制取成本很高,以目前的技术还不能达到大量生产。现在,该研究小组使用可简易获取的甲醇和水为原料,在催化剂的作用下,甲醇被电解为质子、电子和二氧化碳,质子通过质子膜到达电池的另一极产生电流。

吉姆达介绍说,甲醇燃料电池的催化剂,通常涂在由碳制成的基底上,这是因为碳成本低,具有良好的导电性能,能够耐受电池中的酸性环境。但是采用铂或者铂-钌制成的催化剂颗粒不但价格高、资源有限,与碳结合的稳定性也很差,很容易在碳基底的表面积聚成团,影响甲醇的电解过程,进而影响燃料电池的性能。因此,研究小组用氮化钛取代碳作为催化剂附着的基底。

研究人员把约 3 纳米大小的铂-钌催化剂微粒,涂在直径 10 纳米的氮化钛颗粒上,两种微粒紧密结合在一起。吉姆达说,氮化钛的导电性能同样优异,附着在其上的铂-钌催化剂表现出良好的稳定性。这些纳米级成分能够保证燃料电池内部化学反应,在尽可能大的接触面进行,如果通过进一步研究加以改进,有助于开发性能更高的电子设备。

美国航空航天局喷气推进实验室的电化学专家奈良认为,使用氮化钛是燃料电池研制工艺的极大改进。

2.利用含糖物料研制燃料电池

(1)发明使用糖作燃料的生物燃料电池。2007年3月25日,美国密苏里州圣路易斯大学化学家谢莉·敏缇尔博士领导的研究小组,在第233届美国化学学会大会上报告说,她们发明了一种新型生物燃料电池,这种电池实际上使用从软饮料到树汁液等各种糖类作为燃料,其供电时间是锂离子电池的3~4倍。这种电池还是生物可降解的,将有希望最终完全替代锂离子电池在各种移动电子设备中的应用。

敏缇尔说:"我们的研究表明,可更新的燃料能够在室温下直接注入电池,并提供比金属离子电池更高的能量效率。我们证明了将化学与生物学结合起来,能够制造出性能更好、对环境更清洁的电池。"

使用糖作为燃料并不是一个新概念,所有的生物就是靠糖类来提供能量的,但是科学家们直到最近才了解了怎样利用糖类的高密度能量来产生电流。除了这个小组以外,还有几个小组在研究使用糖的燃料电池。但是,敏缇尔说她们的电池,是目前发电时间最长、功率最大的。

为了演示她们的成果,敏缇尔使用一个邮票大小的电池原型,成功地为一个掌上计算器供电。她说,如果在接着的电池测试和开发中一切顺利的话,大约在3~5年后,将会有这种电池的商品化产品问世。

(2)用糖产生能量制成生物燃料电池。2007年9月,日本索尼公司对媒体宣布,他们开发出一种生物燃料电池,这种电池利用酶作为催化剂,依靠糖的分解产生电流。这种生物燃料电池的外壳所用材料是用蔬菜制成的塑料,因此对环境完全友好。相关论文已提交给在马萨诸塞州波士顿举行的第234届美国化学学会全国年会。

生物燃料电池是利用碳水化合物、蛋白质、氨基酸、脂肪等为原料,通过酶分解来发电的一种装置。这种新开发生物燃料电池,测试样品长1.5英寸,已经能够实现50毫瓦的能量输出。据该公司称,这是迄今被动型生物燃料电池的全球最高的能量输出,可以为闪存式播放器提供足够电量。

索尼发明的发电这种系统,使用了有效的固化酶和相关介质,同时保持了阳极上酶的活性。该公司还开发出了一种新型阴极结构,可以有效地为电极供应氧,又能够确保适当的水分。正是应用了这两种技术优化的电解液,才实现了高能量的输出。

糖是植物通过光合作用生成的一种天然能源,具有再生性,在地球上的许多地区都能找到,因此糖类生物燃料电池作为将来的一种环保发电设备,具有很大的潜力。

据称,公司将继续开发酶固化系统、电极组和其他技术,进一步提高电池能量输出和耐久性,以使这些生物燃料电池将来能得以实际应用。

(3)开发出用葡萄糖驱动的燃料电池。2007年12月,日本大分大学一个研究小组开发成功一种葡萄糖驱动的新型燃料电池。这种燃料电池利用阳光将葡萄糖转化成氢能以提供能量,可产生几百毫伏的电压。

研究人员进行这项研究的思路是,淀粉、纤维素、蔗糖和乳糖等可再生的生物质中的复合糖分子,很容易通过低能耗的发酵处理过程转化为葡萄糖,葡萄糖在酶的催化作用下释放出氢,据此可进一步制造葡萄糖驱动的燃料电池。

研究人员把一种有色的高分子材料,涂在透明的导电玻璃电极上,这种装置能模仿自然条件下的光合作用。高分子材料涂层从日光中吸收能量,并将其释放给电极上的另一种化学介质。此电极与一个铂电极连接,一并浸于葡萄糖溶液中形成回路。当太阳光照在光激发的电极上时,激活化学介质中的酶与溶液中的葡萄糖分子起作用,释放出氢离子,自由的氢离子从铂电极上吸引电子,这样,通过与电极相连的电线就能产生电流。

(二)用生产或生活废弃物开发生物燃料电池

1.用生产废弃物开发生物燃料电池

(1)开发把养殖场尿液变为可制造燃料电池的清洁能源。2009年7月,美国发现频道报道,如果有人说,把尿液作为一种清洁能源来使用,肯定会被认为是天方夜谭。不过,美国俄亥俄大学科学家杰拉尔丁·波特领导的研究小组近日确实发明了这种变废为宝的新技术。利用该技术尿液既可以为汽车提供动力,也可以为家用电器等设备提供能源。

尿液作为清洁能源使用的原理其实很简单。科学家们利用镍电极可以从尿中提取大量而且便宜的氢,而氢则可以作为汽车的燃料或用于制造燃料电池。波特介绍说,"一头母牛的尿液,可以为19个家庭提供足够烧热水的能量。战士们在战场上可以利用自己的尿液作为燃料,而且携带方便。"

尿动力技术本质上还是氢利用技术。氢在宇宙中广泛存在,但提取、存储和运输的过程相对比较麻烦,而且需要相当的资金、设备以及电力。但是,一旦有了成熟的技术,氢将是经济实惠的能源之一。氢与其他元素结合形成的化合物更容易储存和运输,如水等。但是通过水获得氢气需要耗费大量电能,代价高昂,不宜推广普及。其实尿液的化学成分中就包含氢,该研究小组研究发现,通过尿液获得氢气的过程中用电量,比通过水获得氢气用电量少许多。

尿素分子是尿液中的主要成分,其中包含了四个氢原子和两个氮原子。将一个特别的镍电极插入到尿液容器中,通上电流后就会释放出氢气来。波特现在所发明的尿燃料电池原型能量较小,仅能产生500毫瓦的电量。他们下一步的目标,就是把该技术实现工业化生产,并广泛应用。

(2)以农林生产废弃物等开发出低温生物质燃料电池。2014年2月,美国佐治亚理工学院化学与生物分子工程学教授邓玉林领导的一个研究小组,在《自然·通讯》杂志上发表论文称,他们开发出一种直接以生物质为原料的低温燃料电池。这种燃料电池只需借助太阳能或废热就能将稻草、锯末等农林废弃物,以及藻类甚至有机肥料转化为电能,能量密度比基于纤维素的微生物燃料电池高出近 100 倍。

尽管以甲醇或氢驱动的低温燃料电池技术得到长足发展,但由于聚合材料缺乏有效的催化系统,低温燃料电池技术一直无法直接使用生物质作为燃料。新研究中,研究人员开发出的这种新型低温燃料电池,能够借助太阳能或热能激活一种催化剂,直接将多种生物质转化为电能。

这种技术在室温下就能对生物质进行处理,对原材料的要求极低,几乎适用于所有生物质,如淀粉、纤维素、木质素,甚至柳枝稷、锯末、藻类以及禽类加工的废料,都能被用来发电。如果缺乏上述原料,水溶性生物质或悬浮在液体中的有机材料,也没有问题。该设备既可以在偏远地区以家庭为单位小规模使用,也可以在生物质原料丰富的城市大规模使用。

生物质燃料电池的研究面临的难题是具有碳-碳链的生物质不易通过常规的催化剂,哪怕是昂贵的贵重金属催化剂分解。为了解决这个问题,科学家研制出微生物燃料电池,利用微生物和酶来分解生物质。但这种方法的缺点是:微生物和酶只能选择性地分解某些特定类型的生物质,对原料的纯度要求较高。

邓玉林研究小组通过引入外界能量,来源来激活燃料电池的氧化还原反应。在新系统中,生物质原料被磨碎后与一种多金属氧酸盐催化物溶液相混合,之后被置于阳光或热辐射下。作为一种光化学和热化学催化剂,这种多金属氧酸盐既是氧化剂也是电荷载体。在光辐射或热辐射下,它会使生物质发生氧化,将生物质的电荷运送到燃料电池的阳极,而电子则会被输送到阴极,在阴极进行氧化反应,通过外电路产生电流。邓玉林表示,如果只是在室温中把生物质和催化剂混合,它们将不会发生反应。但一旦将其暴露在光或热中,反应就会马上开始。

实验显示,这种燃料电池的运行时间长达 20 小时,这表明多金属氧酸盐催化剂能够再利用而无须进一步的处理。研究人员报告称,这种燃料电池的最大能量密度可达每平方厘米 0.72 毫瓦,比基于纤维素的微生物燃料电池高出近 100 倍,接近目前效能最高的微生物燃料电池。邓玉林认为,在对处理过程进行优化后应该还有 5~10 倍的提升空间,未来这种生物质燃料电池的性能,甚至有望媲美甲醇燃料电池。

邓玉林说:"新技术一个重要的优点就是,它能够在一个单一的化学过程中,完成生物降解和发电。太阳能和生物质能源,是当今世界重要的两种绿色能源,我们的系统把它们结合在一起产生电力,同时也减少了对化石燃料的依赖。"

2.研究把生活废弃物转化为燃料电池

(1)开发出用老人尿失禁的尿液来发电的新型纸质电池。2015 年 5 月,日本媒体报道,东京理科大学一个研究小组宣布,他们开发出一种纸质电池,能用尿液中含有的糖分来发电。这种电池有望兼具传感器和电源的作用。

在对失能老人进行护理时,尿失禁是一个恼人的问题。研究小组设想,如果把这种纸制电池与简单的电子回路组合在一起,垫到老人内衣中,一旦老人出现尿失禁,就可以成为一个无线传感器通知护理人员,从而大大降低护理人员巡回检查的工作量。

他们开发出的这种纸制电池是通过把酶浸透到纸中制成的。酶分解尿液中的糖分时,就会产生电子,而利用印刷在纸上的银粒子配线收集这些电子,就可以发电。在实验中,研究人员将尿液涂在纸制电池上,确认它能够点亮发光二极管。这种纸制电池大部分可以通过印刷制作,因此制作成本非常低廉。研究小组计划以护理场所和医院为对象,争取在5~10年内使其成为商品。

(2)用厨余垃圾成分为催化剂研制新型微生物燃料电池。2016年3月,英国巴斯大学、伦敦大学玛丽女王学院和布里斯托尔机器人技术实验室有关专家共同组成的研究小组,在《电化学学报》杂志上发表研究成果称,他们开发出一种采用厨余垃圾中典型成分作为有效催化剂的新型微生物燃料电池,体积小,价格低,但性能却比传统微生物燃料电池更强大。

研究人员说:"微生物燃料电池有潜力从废物如尿液中产生可再生的生物能源。世界每天都在生产大量的尿液,如果我们能够利用微生物燃料电池的潜力,可以彻底改变发电方式。"研究人员强调,微生物燃料电池可以为发展中国家的贫困农村提供能源。

微生物燃料电池是利用某些细菌,把有机物转化为电能的装置。生产生物能源的其他方法包括厌氧消化、发酵和气化。微生物燃料电池具有很多优点,可在常温常压下工作,效率高,而且还比其他方法产生的废物少。

然而,这种方法也存在一些限制。微生物燃料电池的制造成本相当昂贵,电池的阴极通常含有加快反应以产生电力的铂。而且,微生物燃料电池所产生的生物电力比其他方法要少。

据报道,这种新的微生物燃料电池,克服了传统微生物燃料电池的两个局限:成本高和低功率,体积更小,价格更便宜,性能更强大。其阴极材料用碳纤维布和钛丝制成,并不昂贵。为了加快反应速度,产生更多电能,研究人员使用由厨余垃圾中糖、卵白蛋白、蛋清蛋白等成分制成一种有效的催化剂。

研究发现,优化后的电池设计使电极长度倍增,从4~8毫米,而功率输出增加了10倍。通过堆叠三个小型微生物燃料电池,输出功率比单个电池提高10倍。

(三)用细胞内含成分开发生物燃料电池

1.通过蛋白质研制生物燃料电池

用菠菜蛋白研制高效的生物燃料电池。2004年6月,美国麻省理工学院研究人员马克·鲍多领导的一个研究小组,在《自然》杂志网络版上发表研究成果说,菠菜是卡通人物大力水手的"超级食物",只要有了菠菜,他就力大无比,神勇无敌。他们可能从这里获得了灵感,开发出一种以植物蛋白为能量来源的新型生物燃料电池,具有便携无污染等特点,未来人们借助这一技术,完全可以用菠菜等来为笔记本电脑等供电。

鲍多介绍说,他们参照太阳能电池的制造原理,利用生物技术手段发明了这种新型电池。研究人员首先从菠菜叶的叶绿体中分离出多种蛋白质,并将蛋白质放到内有两层导电物质的一个特殊装置中间,制成这一新型生物燃料电池。

研究人员解释说,由于蛋白质分子体积很小,并且在离开原有自然环境时将失去活性,因此提取蛋白质的过程十分复杂。他们便将这些蛋白质分子与一种肽分子混合,这种肽分子能在蛋白质分子外形成保护层,为其创造类似植物内的生存环境。

之后,研究人员把提取出的蛋白质分子铺在一层金质薄膜上,而后在其最上方再加一层有机导电材料,做成一个类似"三明治"的装置。当光照射到这个"三明治"上时,装置内会发生光合作用,最终产生电流。

研究人员说,目前这种新型生物燃料电池装置,最多只能持续工作21天,其能量转换率也较低,只能将12%的光能换成电能。不过,研究人员相信,能量转换率在未来有可能达到20%。届时,这种新型生物燃料电池,将比目前市场上的太阳能硅电池更为高效。

2.通过酶来研制生物燃料电池

用来自微生物的酶研制生物燃料电池。2006年5月,英国媒体报道,牛津大学凯利·维森特博士领导的一个研究小组,在酶基础上研制成一种燃料电池,它比传统结构燃料电池便宜很多倍。

目前,以酶为基础的第一个氢燃料电池样品,虽然只能输出0.7伏电压和微小电流——足以使电子表行走,但是却能确保各种袖珍电子装置的用电。在普通燃料电池中,氧气(来自空气)和氢气从交换膜片两面通过,膜片分开带有电极的小室,膜片能自由通过质子。在一个电极上氢气被分解成质子和电子,电子不能通过膜片,在外电路接通时只能抵达燃料电池对面的小室,在那里参与通过膜片的氧气与质子的水合成。镀在电极表面上的催化剂,保持燃料电池中发生的两种反应,通常使用铂作为催化剂。铂催化剂和交换膜片是燃料电池最昂贵的组分,这也是它们难以推广应用的一个原因。

但是,在维森特研究小组开发的燃料电池中,既没有铂催化剂,也没有交换膜片,而是利用两种廉价的酶:一种取自细菌的氢化酶,另一种是取自真菌的虫漆酶,它们能参加与催化剂相同的反应。每个电极上覆盖有这两种酶中的一种。由于每一种酶能加速自身的反应,因此这种生物燃料电池不需要膜片,因为"燃烧"的空气和氢气两种成分,在燃料电池中能自由混合。

其实,试验样品,是一个带有两个电极的简单玻璃瓶,电极上覆盖有酶,研究人员在试验样品上加上空气和少量(百分之几)氢气混合物时,即成功地获得了电流。

3.通过线粒体研制生物燃料电池

用线粒体分解纤维素来制造生物燃料电池。2010年8月,据英国广播公司报道,美国圣路易斯大学的雪莉·敏蒂尔领导的研究小组在项目研究过程中,通过用细胞的线粒体取代酶,分解和重建生物燃料中的纤维素分子。他们认为,未来的生物燃料电池,或许将依靠各种生物燃料组成的能量"饮料"来工作。

研究人员在美国化学学会的年会上,展示了一款新的生物燃料电池模型。新电池不使用酶而使用细胞中的线粒体来分解燃料分子纤维素。线粒体是真核细胞的重要细胞器,有细胞"动力工厂"之称。

敏蒂尔表示,尽管这项技术距离实际应用还有很长的路要走,但是,该研究是把活性细胞的一部分(此处为线粒体),整合进电池的一个里程碑式的进步。未来,这种设备在很多领域可以替代一次性电池。

一般来说,燃料电池都需要对生物燃料分子进行分解和重建,这个过程会释放出电子,电子聚集在一起形成电流。

此前,敏蒂尔研究小组一直使用酶,酶在分解特殊的燃料分子,诸如乙醇或者葡萄糖方面是一把好手。但现在,他们改用活性细胞的组成部分线粒体,线粒体可以把各种酶的力量和功能结合在一起,将很多燃料分子变为电池能够直接使用的形式。

敏蒂尔解释道,为了能够完全利用一种燃料,人们需要很多酶,有些简单的燃料需要3种酶,而诸如葡萄糖等,则需要多达22种酶,并且,这些酶需要能够很好地配合在一起协调工作。而线粒体的分解效率更高,线粒体能够分解多种燃料,意味着它能够通过分解燃料混合物来工作。

新展示的电池只使用了由一种分子组成的简单燃料,未来的研究将着眼于使这种电池能够利用人们更为熟悉的复杂生物燃料来工作。

新墨西哥州大学新兴能源技术中心的主任普拉曼·阿塔那索维表示,尽管技术不断进步,但突破并非一朝一夕可以获得。比如人们首次演示标准的燃料电池和首次将其用于太空探索,中间整整隔了50年。这项技术是否具有直接的实用性,还需要进一步的观察。而这项工作的主要贡献是在生物技术和纳米技术之间架起了一座桥梁,并有望开创一个全新的生物燃料电池研发领域。

(四)用微生物开发生物电池

1.以细菌研发生物电池

(1)通过细菌把有机废水开发成高效能的微生物燃料电池。2005年4月22日,美国宾夕法尼亚州立大学环境工程系教授克里斯·洛根领导的研究小组,在《环境科学与工程》杂志网络版上发表论文称,他们开发出一种高效能的微生物燃料电池,使细菌能从有机废水中产生大量的氢,其氢产出率是传统发酵过程的4倍。

研究人员说,这种微生物燃料电池不仅可以产生氢作为清洁能源,也可以净化有机废水。

目前,在处理有机废水的发酵过程中,细菌只能把废水中所含有机物不完全地分解,其反应产物除了少量氢之外,还有醋酸和酪酸等,到这一阶段细菌就无法将反应进行下去,被称为"发酵障碍"。该研究小组却发现,在反应中给细菌加上0.25伏的电"刺激",就能克服"发酵障碍",使细菌将反应进行到底。

他们在论文中说,细菌在分解有机物的时候,把电子传送到电池的阳极,同时将质子传送到电池阴极,用导线在电池之外将两个电极连接起来,质子和电子结合就可以产生氢,反应的最终产物还有水和二氧化碳。

研究人员说,这种燃料电池可以彻底"消化"水中溶解的有机废弃物,适用范围包括生活污水、农业废水和工业废水。反应中所消耗的电压,只是普通燃料电池电解过程所需电压的10%左右。反应所产生的氢还是洁净能源,可谓一举多得。

洛根强调,这种燃料电池第一次证明,从有机废弃物中获得清洁能源有很大的潜力,可望为"循环社会"做出贡献。

(2)研究发现高空"超级细菌"可用来制造燃料电池。2012年2月,英国纽卡斯尔大学化学工程与先进材料学院基思·斯科特博士领导,海洋生物技术教授格兰特·伯吉斯等人参与的一个研究小组,在美国化学协会杂志《环境科学与技术》上发表研究成果称,他们发现,一些正常情况下存在于地球3万米高空的细菌,可用在微生物燃料电池中,可作为一种高效发电机。

斯科特研究小组在英国达勒姆郡的威尔河口,分离出75种不同的细菌,测试把每一种作为微生物燃料电池时的发电效率,筛选出效率最高的菌群组合。经过精心挑选后的菌群形成了一种新型"超级"生物膜,使微生物燃料电池的电流输出功率提高了近1倍,从105瓦/米^{3}达到200瓦/米^3。

其中的关键细菌名为同温层芽孢杆菌,通常情况下,它们以高浓度存在于地球同温层,也会随大气循环降落到地球上。研究小组从河床上分离出这种细菌,经过设计改造后,其会形成一种人工生物膜。在此前的研究中,生物膜的生长还是不受控制的,但新研究首次证明了控制生物膜,能大大提高燃料电池的电输出功率。

研究人员解释说,微生物发电并不新鲜,一些废水、污水处理厂已在使用这种技术。微生物燃料电池的工作原理也与此类似,通过生物的催化氧化过程,细菌能将有机混合物直接转变为电流。涂在微生物燃料电池碳电极上作为细菌养料的生物膜或"黏液",能产生电子,这些电子通过电极会产生电流。

伯吉斯说:"我们所做的是人为把各种微生物混合在一起,设计改造它们的生物膜,让它们能更有效地发电。"尽管目前的功率还相对较低,但已足够给电灯供电,为那些缺电的地方提供必要的电力。

除了同温层芽孢杆菌,还有另一种来自地球上层大气中的高地细菌:拟杆菌门的新成员,与在作为试验对象。伯吉斯说,研究各种不同的微生物,并以这种方式来筛选它们,这还是首次,他们证明了这一技术的未来前景:将来可能有数十亿种微生物能为我们发电。

2.以原核生物蓝藻研发生物电池

依据蓝藻光合作用原理研制出微光合动力电池。2015年10月,加拿大康考迪亚大学光生物微系统实验主任穆素库麦伦·帕克利萨米博士领导的一个研究小组,在《技术》杂志发表研究成果称,他们发现并设计出一种可从蓝藻光合作用和呼吸作用中捕获电能的微光合电池。这项新颖的可扩展成果,或许使人类能够利用更加经济的方式生产清洁能源,进而使最终获取无碳能源成为可能。

作为缓解并最终消除全球气候变化影响的潜在解决方案,清洁能源备受瞩目,全球范围已掀起了一股清洁和绿色无碳能源风潮。清洁能源的主要来源是太阳,其每小时辐射的能量要比地球人类一年消耗的能量还要多。因此从太阳捕获能源的技术,成为将能源转向生态友好型的重要工具。

发生在植物细胞中的无论是光合作用还是呼吸作用,都涉及电子传递链,其主要概念是捕获蓝绿藻释放的电子。光合作用和呼吸作用的电子传递链,可积极捕获电能。

加拿大研究小组研制的微光合电池包含阴极、阳极和质子交换膜。电池的阳极室含有蓝藻,可将电子释放到位于阴极的氧化还原剂电极表面。一个外部负载则用以提取电子。该电池可产生993毫伏的开路电压,功率密度为36.23瓦/厘米^2。电池性能可经由缩短质子交换膜两个电极间的距离及更高效的设计得到增强。

研究人员表示,这种微光合动力电池具有明显的军事和无线应用价值,也可作为生物微机电系统器件的电力来源。

3.以微生物研发既能净化废水又能发电的燃料电池

(1)研制出既可净化污水又能发电微生物燃料电池系统。2012年3月29日,在第243届美国化学学会全国会议及博览会上,美国克雷格·文特尔研究所的奥里安娜博士领导的研究小组展示了一项研究成果:他们开发出一种如家用洗衣机般大小的二合一新型设备,不仅能采用微生物净化污水,还能产生电力。

奥里安娜博士说:"我们最初对集成创新技术的样机进行了改良,使其比以前能够更有效地处理污水,而成本下降一半;并且其能量回收能力从2%提高到13%左右。如果这项技术可以商业化,便可生产出更多的电力,最终可以免费处理污水,这意味着在发展中国家或美国南加利福尼亚州及其他缺水地区,通过这种循环技术使更多的废水变得清澈。

这种新型设备采用的是微生物燃料电池,可利用氢气和氧气产生电力和饮用水。自然存在于污水中的微生物通过新陈代谢,能够消化分解污泥中的有机物质。奥里安娜说,新的微生物燃料电池使用了从传统污水处理厂得到的污水,甚至具有分解污泥中的苯和甲苯等有害污染物的潜力。

在圣地亚哥附近的污水处理厂进行的实验中,该设备每周可处理 20~100 加仑的废物量。研究人员用石墨电极和聚氯乙烯框架取代了钛金属部件。正因如此,新微生物燃料电池处理废物的成本约每加仑 150 美元,仅为以前原型机的一半。该研究小组希望,最终能实现比现有水处理技术更具竞争力的成本,每加仑将低于 20 美元或更少。

同时,新设备的效率是以前原型机的 6 倍,将污泥转化为电能的效率为 13%。研究人员解释说,一旦该设备扩大规模后,运行效率可达 20%~25%,可产生足够电力来运行传统的污水处理厂。而据估计,一个典型的污水处理厂可能消耗 1 万户或更多家庭的电力。未来,微生物燃料电池有可能取代一些现有的城市污水处理系统。

(2)开发出微生物逆向电渗析电池。2012 年 3 月 2 日,美国宾夕法尼亚州立大学氢能中心和工程能源与环境研究所主任布鲁斯·罗根领导的一个研究小组,在《科学》杂志上发表研究成果称,他们结合两种可再生能源技术,开发出一种新技术:微生物逆向电渗析电池(MRC)。该技术不仅能净化废水,又能利用废水发电。

罗根表示,废水中蕴含有大量以有机物形式存在的能量。生活废水包含的化学能源是处理它们所需能量的 10 倍。生活废水加上家畜和食品生产产生的废水中蕴含的能量几乎足以维持全美水利基础设施的运行。

新方法使用的一种技术是微生物燃料电池(MFC),它能把废水中的化学能转化为可使用的电能并净水。它使用微生物群来分解和氧化有机物,此过程会释放出向阳极移动的电子。与此同时,水中的氢离子会通过质子交换膜并进入独立的阴极区。电子通过一个电路从阳极被吸引到阴极,从而产生电流。氢离子也与周围的氧相结合,形成清洁的水。

为获得更高的能量密度,该研究小组使用了另一种名为逆向电渗析(即使用清洁水和海水之间的盐度梯度来发电)的技术当"帮手"。使用逆向电渗析技术时,两种不同来源的水被泵压通过一对膜,这对膜与带相反电荷的电极相连,会让正负电荷分别朝不同的方向行进,当离子朝它们各自的电极移动时,就会产生电流。但这一方法,需要使用很多膜,因此成本很高。

研究小组集合上述两者之长而研发的新系统名为微生物逆向电渗析电池。该系统包含一个由几对膜组成的逆向电渗析堆,它位于一个微生物燃料电池的阴极和阳极室之间,质子交换膜也位于微生物燃料电池上。来自于这两个系统的液流被分开,独立操作但一起提高能量密度:逆向电渗析堆会增加微生物燃料电池的电流,与此同时,微生物燃料电池电极之间的电压,能使逆向电渗析堆使用更少的膜进行操作。

这一系统能运转的一个关键是在逆向电渗析堆中用碳酸氢铵溶液代替海水。

这会提高能量密度,碳酸氢铵也能在堆内再生,使该堆成为一个封闭系统。新系统已被证明能获得每平方米 3 瓦的最大能量密度。新系统每立方米有机水能产生电能 0.94 千瓦时,而传统的废水处理方法处理每立方米水会消耗约 1.2 千瓦时的电能。罗根说:"这项新技术不仅让我们获得更多能量,也让我们能更快更好地净化废水。"

二、研究生物能源发电的新成果

(一)利用废弃物发电取得的新进展

1.探索利用垃圾发电取得的成效

(1)发展把垃圾变废为宝的生物发电项目。2004 年 9 月,有关媒体报道,在努力建设循环型社会的日本,生物发电有着无限的生命力。日本每年家畜排泄物为 9100 万吨,食品废弃物为 2000 万吨,给环境带来沉重的负担。根据有关法律,从 2004 年 11 月起,家畜排泄物禁止露天堆放。而日本的《食品循环法》也规定,到 2006 年排放含有生鲜有机物质垃圾的单位要减排 20%,同时对排放的垃圾有义务进行循环利用。于是,生物发电在日本悄然兴起。

日本岩手县葛卷町有 300 家奶牛专业户,饲养奶牛 1 万头,散居在 435 平方千米内。2003 年 4 月,建在畜产基地内的葛卷町第一座牛粪发电厂开始运转,利用 200 头牛的粪便发电,该町还计划利用牛粪制造燃料电池等。在北海道地区,牛粪发电也很受欢迎。目前日本有很多地方都在考虑用牛粪发电,以解决露天堆积污染环境的问题。

2004 年 4 月,东京地区开始动工兴建一座大型的生鲜垃圾发电厂,到 2005 年秋天建成时,将成为日本国内最大的生鲜垃圾发电厂,主要依靠回收的残羹剩饭进行发酵,产生沼气发电。电厂的设计垃圾处理能力为每天 110 吨,相当于 73 万人排出的生鲜垃圾量,产生的电力可供 2420 户居民使用。

日常生活中,每个家庭都会排出很多生活垃圾。日本国土交通省从 2003 年开始实施垃圾发电计划,利用垃圾中的菜叶和污水处理厂的沉淀物,混合发酵生出的沼气,作为涡轮发电机的燃料。这项计划实施起来取材比较容易,除菜叶之外,树木枝叶、粪尿也可用来发电。生物发电既把垃圾变废为宝,又可解决垃圾堆放占据空间和污染环境问题,可谓是一举两得。

(2)利用餐余垃圾发电。2009 年 8 月 24 日,《洛杉矶时报》报道,如何处理日常生活中产生的大量餐余垃圾,是城市管理的一大难题,美国旧金山在把这些垃圾变成可再生能源方面,取得了一定成果。

据报道,在旧金山东湾区,工作人员对从 2000 多家餐馆和食品店收集的餐余垃圾,进行发酵处理,然后利用其产生的沼气发电。据介绍,目前该地区每周处理餐余垃圾的能力为 100 吨,这些垃圾产生的沼气已开始为该地区输送电能。

旧金山东湾区计划在 2010 年,把餐余垃圾的日处理能力提高到 100 吨,届时餐余垃圾沼气的发电量,将能满足 1300 户居民的用电需求。

(3)建成利用城市垃圾发电的生态气化发电厂。2012 年 5 月 8 日,芬兰南部城市拉赫蒂建成一座新型生态气化发电厂,并正式投产。这座发电厂可利用城市垃圾发电,给困扰现代城市的垃圾处理和电力供应问题的解决,提供了新思路。

据介绍,该发电厂可以利用新的气化技术,把城市垃圾转化成电力和热能。芬兰南部地区不可回收利用的城市垃圾,如一些工业垃圾、建筑垃圾和生活垃圾,被运往该发电厂,这些垃圾通过气化炉转化成燃气,然后进入高效燃气锅炉进行焚烧,从而产生蒸气,驱动汽轮机发电。

这座耗资 1.6 亿欧元的发电厂以热电联产的方式提供电力和热能,不仅可以"消化"大量城市垃圾,还可减少化石燃料的使用,降低废气排放。

2.探索利用粪便发电取得的成效

(1)利用农场牛粪发电同时供应数百家庭。2005 年 1 月 18 日,美联社报道,在美国佛蒙特州的一家名为"蓝色云杉"的农场中,1500 头奶牛不仅是用来生产牛奶的,而且它们还有一个重要作用,那就是利用它们的粪便发电。

这种发电方式的工作原理是,利用牛粪中释放出来的甲烷气体,为发电机发电提供必要的能量。像这样以农场为基地,利用动物粪便发电供应给大部分普通家庭用户的做法,在美国尚属首次。此前许多农场也曾利用动物粪便发电,但主要都是为了满足自身的能源需求。

牛的粪便受热分解后会产生甲烷气体,这是供发电机运转的燃料。粪便分解通常需要 3 周的时间。利用牛粪发电还有其他好处,例如从粪便中提取甲烷可以去除粪便 90% 的臭味,分解后的粪便仍可用作牛棚的铺垫或者制成混合肥料等。

牛粪发电的"威力"也不可小觑。与兄弟一起拥有"蓝色云杉"农场的厄尔·奥迪特预计,这 1500 头牛将足够供应 330 个家庭的用电量。到目前为止,已经有 1000 名农场客户签约,表示原意以一度电 4 美分以上的价格购买"蓝色云杉"农场的电,以支持各自农场的正常作业。而普通家庭用户要支付的价格一般在每度电 12 美分左右。

奥迪特说:"这些奶牛现在已经正式创造了两项收入,一个是牛奶,另一个是能源。这又是一条农场多元化经营的路子,增强了我们的经济实力,另外也使粪便得到了充分合理的利用。"

牛、羊等反刍动物,是甲烷、二氧化碳等,加剧空气污染和地球温室效应物质的重要释放者。目前,世界上共有 10.5 亿头牛和 13 亿只羊,牛羊通过放屁、粪便、尿液所排放的甲烷气体含量,占全世界甲烷排放量的 1/5。其中,牛产生的甲烷气体量最大,是其他反刍动物的 2~3 倍。

为了解决这一问题,保护地球环境,目前科学界和各国政府都在积极地想办法,力图将牛羊等动物的甲烷排放量降到最低水平,包括发明抑制牛羊胃中产生甲烷的 3 种微生物繁殖的疫苗,以及在一些畜牧业大国征收"牛羊打嗝"税等。

（2）研究利用狗粪发电。2006 年 3 月,路透社报道,现在全世界的能源都处在紧张的状态,人们也纷纷寻找新能源。美国旧金山的人们将目光锁定在了狗的身上,试图使旧金山成为全美国第一个把狗粪直接转化为能源的城市。

据报道,美国诺科尔排泄物系统公司是旧金山一家专门负责垃圾处理的企业,该公司发言人罗伯特·里德表示,根据此前进行过的一项研究发现,在从旧金山居民家庭中收集到的所有垃圾里,动物排泄物所占的比例大约为 4%。这些粪便通常都被送进了当地的垃圾填埋厂。据估计,目前约有 12 万只狗生活在旧金山市内。里德说:"市政当局请我们开始准备一份循环利用狗粪便的试验性计划,其目的在于,逐步减少送进垃圾填埋厂的动物排泄物数量。"

根据该计划,狗粪会被倒入一个叫作甲烷蒸煮器的装置中,该装置内有很多昆虫和微生物,它们先是将狗粪分解,然后再排放出甲烷。人们可以把这些甲烷收集到一起加以燃烧,用来发电或是向城市家庭供热。

环境研究专家威尔·布林顿说:"美国的狗和猫每年的排泄物约为 1000 万吨。尽管我们都很喜爱这些宠物,但也必须看到,它们随地便溺的排泄物,已经成为地下水内所含污染物的一个主要来源。"他还指出,某些欧洲城市,如苏黎世、法兰克福、慕尼黑和维也纳等,正在实施多项生物能源计划,以便将动物排泄物转化为燃气。

3.探索利用生产废弃物发电取得的成效

（1）建立以木材废料为燃料的发电站。2005 年 3 月,美国得克萨斯州林业学博士福斯特领导,他的同事参与的研究小组,对媒体和社会公众说,人们在不久的将来,就可以看到以木材废料为燃料的发电站。福斯特说:"事实上,此类发电站在北欧一些地区已经开始使用了,包括挪威、瑞典、丹麦和冰岛。"

在美国和许多其他国家,人们在收获木材后都会把树的顶端遗弃在林场中。虽然那些树的顶端很巨大,但是人们认为它们是没有用处的,就把它们留在了林场中,让它们自然降解,或者燃烧成灰烬。那些被遗弃的废料由于体积庞大,同时直径太小,并不适合被运送到工厂中进行加工处理。但是在欧洲,人们却以把这些巨大的能源潜力加以利用。

福斯特指出:"在瑞典,已经可以把本来要被遗弃的废料经过加工,制作成生物能源材料。"生物能源是一个总称,它包括任何可以产生能量的可再生资源。就像从谷类农作物副产品中得到的乙醇、从动物尸体中产生的甲烷都是属于可再生能源。

在美国,人们利用树枝、树皮,以及树的顶端作为生物燃料,已经是司空见惯。林木产品制造企业也已经在蒸汽锅炉中使用这些剩余的木材废料,把它们当作木炭使用。这些蒸汽被用来驱动发电机和工厂所需的一部分能量需要。有一些工厂,也使用纸浆造纸工业中所剩余的大量的木纤维,来产生蒸汽和电力能源。

福斯特说:"尽管如此,上述例子显示出在美国,人们所利用的只是那些工厂在制造期间剩余的废料,而不是从那些林场中直接得到的,就像一些欧洲国家那样。"

在一次讨论会议中,一位美国林木产品厂商指出,在工厂里产品加工完成后,大约12%的木材都成为废料。它们主要是树皮,但有时也有一些木屑。它们往往都被倒进垃圾桶中了,没有被充分利用。所以,利用木材废料发电是很有潜力的。

(2)建立以农林牧业废弃物为燃料的发电厂。2006年4月,英国广播公司报道,作为一个资源并不十分丰富的国家,英国已经拥有了世界上规模最大、效率最高的秸秆燃烧发电厂,以及欧洲最大的养殖家禽废弃物发电厂。如今,英国人正在加紧步伐,建设一座发电能力为4.4万千瓦的生物质发电厂,并有望在一年后建成。

这座建在苏格兰洛克比的发电厂,以可再生的木材混合物作为燃料。据专家介绍,以植物为基础的生物质燃料在燃烧时,释放的二氧化碳数量,正好相当于这些植物在生长过程中所消耗的二氧化碳数量。依据设计发电能力,洛克比发电厂在投入使用之后,将为大约7万个家庭提供符合碳平衡要求的电力。作为对照,如果一座以煤炭为燃料的发电能力达4.4万千瓦的发电厂,在使用后将向大气释放15万吨二氧化碳。

据报道,洛克比发电厂最初的燃料就是森林残留物、树枝,以及附近锯木厂的边角料。最终,这一发电厂每年将消耗大约47.5万吨可再生木材,其中包括9.5万吨短轮伐期灌木林。附近地区将为其提供大约22万吨经过烘干的燃料,其中4.5万吨是附近农民砍伐的柳树。负责该项目的E.ON(英国)公司的一位发言人表示:"我们希望当地的农民转而种植能够快速生长的柳树,这将为该发电厂准备充足的燃料。"

迄今为止,英国规模最大的生物质发电厂是位于英格兰东部诺福克的,一座年发电量3.85万千瓦的养殖家禽废弃物发电厂。该发电厂不仅能够为一个城镇的9.3万个家庭提供充足的电力,而且还为当地家禽产业每年40万吨的废弃物,找到了最受欢迎的解决方案。作为燃料使用时,养殖家禽的废弃物的热值几乎是煤炭的一半。而且额外的好处就是作为燃烧副产品的灰,可以作为高质量的肥料加以利用。

英格兰东部还拥有世界上规模最大的秸秆发电厂。年发电量为3.8万千瓦的伊利发电厂,每年消耗从半径80千米的范围内,收集来到40万包秸秆,而它发出的电能可以供给8万个当地家庭使用。近年来,生物质发电厂的燃料范围,已经扩大到了芒属植物,以及榨油后留下的残渣,这样不仅可以降低成本还可以增加供电的安全性。

生物质能源的发展必将对农业产生一定的冲击。一位生物质产业发言人说:"一旦生物质能源发展起来,当地的农民便可以种植数千英亩的能源作物,比如柳树、芒属植物或者像草(一种像竹子的草)等。这将足以供给一个小型的发电厂使用。"

英国能源政策的目标,是到 2010 年,可再生能源在英国全部能源供应量中,所占的比例达到 10%。生物质能源和风能将有望成为能源公司达成这一目标的主要选择。果真如此的话,英国就需要建设更多的生物质发电厂,以便使生物质发电厂的总发电量,从目前的 10 万千瓦增加到 100 万千瓦。如果按照这样的趋势发展下去,洛克比的木材燃烧设施将很难长期保持其英国规模最大的生物质发电厂的荣誉。

据悉,该发电厂将创造 40 个就业机会,另外还会有 300 人被直接雇用,从事与林业及农业有关的工作。这一项目,还使得当地的锯木厂,有望获得进一步的投资以保证该发电厂的燃料供应。

(二)研究生命体发电取得的新进展

1.研究微生物发电的新发现

发现一种常见细菌能发电。2005 年 6 月 7 日,美国南卡罗来纳医科大学查理·密立根领导的研究小组,在亚特兰大举行的美国微生物学会年会上发表报告说,他们发现,在淡水池塘中常见的一种细菌可以用来连续发电。这种细菌不仅能分解有机污染物,而且还能抵抗多种恶劣环境。

密立根说,利用微生物发电的概念并不新奇,目前已有多个研究小组在从事微生物燃料电池开发,但他们的发现有两个与众不同之处:

一是发电的细菌属于脱硫菌家族,这个家族的细菌在淡水环境中很普遍,而且已被人类用于消除含硫的有机污染物。

二是在外界环境不利或养分不足时,脱硫菌可以变成孢子态,而孢子能够在高温、强辐射等恶劣环境中生存,一旦环境有利又可以长成正常状态的菌株。

2.研究植物生命体发电的新成果

利用海藻细胞生产电流获得成功。2010 年 4 月,美国斯坦福大学,生物学家柳在亨主持的一个研究小组,在《纳米快报》杂志上发表研究成果称,他们利用可进行光合作用的海藻细胞,生成微弱的电流,被认为是在生产清洁、高效的"生物电"历程中,迈出的第一步。

所谓光合作用,是指植物、藻类和某些细菌等利用叶绿素,在阳光的作用下,把经由气孔进入叶子内部的二氧化碳、水或是硫化氢转化为葡萄糖等碳水化合物,同时释放氧气的过程。这一过程的关键参与者,是被称为"细胞发电室"的叶绿体。在叶绿体内水可被分解成氧气、质子和电子。阳光渗透进叶绿体推动电子达到一个能量水平高位,使蛋白可以迅速地捕获电子,并在一系列蛋白的传递过程中逐步积累电子的能量,直到所有的电子能量在合成糖类时消耗殆尽。

柳在亨表示,他们是首个从活体植物细胞中提取电子的研究小组。他们使用了专为探测细胞内部构造而设计的,一种独特的纳米金电极。将电极轻轻推进海藻细胞膜,使细胞膜的封口包裹住电极,并保证海藻细胞处于存活状态。在将电极推入可进行光合作用的细胞时,电子被阳光激发并达到最高能量水平,研究人员就对其进行"拦截":将金电极放置在海藻细胞的叶绿体内,以便快速地"吸出"电子,从而生成微弱的电流。科学家表示,这一发电过程不会释放二氧化碳等常规副产品,仅会产生质子和氧气。

研究人员表示,他们能从单个细胞中获取仅 1 微微安培的电流,这一电流十分微弱,需要上万亿细胞进行为时 1 小时的光合作用,也只等同于存储在一节 AA 电池中的能量。同时,由于包裹在电极周围的细胞膜发生破裂,或者细胞遗失原本用于自养的能量,都可能导致海藻细胞的死亡。因此研究小组下一步将致力于优化目前的电极设计,以延长活体细胞的生命,并将借助具有更大叶绿体、更长存活时间的植物等进行研究。

柳在亨称,目前研究仍处于初级阶段,研究人员正通过单个海藻细胞,证明是否能获取大量的电子。他表示,这是潜在的、最清洁的能量生成来源之一,聚集电子发电的效率也将大大超越燃烧生物燃料所生成的能量,与太阳能电池的发电效率相当,并有望在理论上达到 100% 的能量生成效率。但这一方式在经济上是否合算,还需要进一步的探索。

第三节　开发利用生物质能出现的新技术

一、研究用酶开发生物燃料的新技术

(一)探索以动物拥有的酶制造生物燃料的新技术

1.探索以蛀木水虱拥有的酶制造生物燃料

利用蛀木水虱分解木头的酶制造生物燃料。2010 年 3 月,英国约克大学新型农产品研究中心克拉克·麦森教授领导,朴次茅斯大学的结构生物学家约翰·麦克吉汗博士,以及美国国家可再生能源实验室研究人员等参与的一个研究小组,在美国《国家科学院学报》上发表研究报告说,他们使用先进的生物化学分析方法和 X 射线成像技术,找出蛀木水虱体内能分解木头的酶,并揭示其结构和功能。这项研究将帮助研究人员在工业规模上再现这种酶的效能,以便更好地把废纸、旧木材和稻草等废物变成液体生物燃料。

为了用木材和稻草等制造液体燃料,人们必须首先将组成其主体的多糖分解成单糖,再将单糖发酵。这一过程很困难,所以,用此方法制造生物燃料的成本非常高。为了找出更高效而廉价的方法,研究人员把目光投向能分解木材的微生物,希望能研究出类似的工业过程。

蛀木水虱是海洋中的一种小型甲壳动物,俗称"吃木虫",会蛀蚀木船底部、浮木、码头木质建筑的水下部分等。研究人员在蛀木水虱体内找到一种纤维素化合物,实际上,它是一种可以把纤维素变成葡萄糖的酶,这拥有很多非比寻常的特性。他们借用最新成像技术,看清了这种酶的工作原理。

麦森表示:"酶的功能由其三维形状所决定,但它们如此小,以至于无法用高倍显微镜观察它。因此,我们制造出了这些酶的晶体,其内,数百万个副本朝同一方向排列。"

麦克吉汗表示:"随后,我们用英国钻石光源同步加速器,朝这种酶的晶体发射一束密集的 X 射线,产生了一系列能被转化成 3D 模型的图像,得到的数据让我们可以看到酶中每个原子的位置。美国国家可再生能源实验室的科学家接着使用超级计算机模拟出了酶的活动,最终,所有结果向我们展示了纤维素链如何被消化成葡萄糖。"

这项研究结果将有助于研究人员设计出更强大的酶用于工业生产。尽管此前研究人员已在木质降解真菌体内,发现了同样的纤维素化合物,但这种酶对化学环境的耐受力更强,且能在比海水咸 7 倍的环境下工作,这意味着它能在工业环境下持续工作更长时间。除了尽力从蛀木水虱中提取这种酶之外,研究人员也将其遗传图谱转移给了一种工业微生物,使其能大批量地制造这种酶,他们希望借此削减把木质材料变成生物燃料的成本。

英国生物技术与生物科学研究理事会首席执行官道格拉斯·凯尔表示:"最新研究既可以让我们有效地利用这种酶将废物变成生物燃料,也能避免与人争地,真是一举两得。"

2.探索以白蚁拥有的酶制造生物燃料

(1)研究发现白蚁拥有把木材分解成糖的酶。2011 年 7 月,佛罗里达大学昆虫与线虫学系麦克·斯卡福领导,他的同事及普渡大学专家参与的一个研究小组,在《科学公共图书馆·综合》上发表论文称,白蚁能大量吞吃木头,给家具带来灾难性破坏,但他们的研究发现,白蚁这种能力也可能为汽车带来清洁燃料。他们在白蚁消化道发现了一种能把木头分解成糖的混合酶,有助于克服目前将木材转化为生物燃料过程中存在的障碍。

植物中的木质素是木材分解成糖的最大障碍,而糖是生产生物燃料的基本成分。木质素是构成植物细胞壁的最坚硬的部分,封锁了生物质中的糖。斯卡福说:"我们发现白蚁肠消耗系统中有一种混合酶,能把木头分解成糖。"

研究人员发现,不仅白蚁自身消化道能产生分解木材的酶,在白蚁肠道中还有一种微小的共生生物(一种原生动物),也能产生某种酶,协同帮助白蚁消化木材。他们分离出了白蚁的肠道,并把样本分成含有共生生物和不含共生生物的,分别放在锯末上,然后对二者的产糖量进行了检测。实验结果表明,有 3 种功能不同的酶,能分解不同生物质,其中两种能释放葡萄糖和戊糖,另一种能分解木质素。

斯卡福说:"长期以来,人们认为共生生物仅仅是帮助消化,其实共生的功能还有很多。我们的实验证明,宿主产生了某种酶,与共生生物产生的酶结合起来发挥了更大作用。宿主酶加共生生物酶的效果,就好比是 1+1＝4。"

来自白蚁和它们共生生物的酶能有效克服木质素转化成糖的障碍。将制造这些酶的基因插入病毒中喂给毛虫,就能产出大量的酶。实验显示,人工合成的宿主白蚁酶在分解木质释放糖分方面很有效。人们可以把宿主白蚁作为产出酶源的主要部分,用来生产生物燃料。

斯卡福表示,下一步他们将识别共生生物产生的酶,跟宿主白蚁酶结合,让木材能产出更多的糖以提高生物燃料的产量。他的研究小组计划与马里兰州的切萨皮克·皮尔蛋白产品公司合作,生产人工合成酶。

(2)利用白蚁肠道菌中的酶生产新型生物燃料。2012 年 3 月 6 日,《日本经济新闻》报道,日本伊藤忠商事与持有先进技术的美国生物高科技公司合作,利用取自白蚁肠内细菌中的酶,开发出能将木材、稻草等农作物废弃物转化为乙醇的技术,开始启动非粮食作物的第二代生物乙醇生产。

报道说,这项新技术比其他方法制造乙醇效益高出 40%。此技术已获得美国能源部的支持,计划 2012 年底开始在美国科罗拉多州进行年产 1000 立升的试生产,2014 年末拟在该州建立年产 10 万立升的规模化工厂。

此次合作采用伊藤忠商事向美国公司部分注资、市场开拓分别进行的方式,亚洲市场开拓主要由伊藤忠负责,重点区域选在中国、东南亚、南美和澳大利亚等,并计划与当地化工厂合资合作,约在 2014 年建成一个投资 300 亿日元、年产约 40 万立升的乙醇生产厂。

据经合组织和联合国粮食开发署预测,世界乙醇产量至 2013 年底将增长 7%,今后将继续以 3%~4% 的速度增长,近期粮食作物价格比 1990 年增加了近 3 倍,用非粮食作物生产乙醇非常令人期待。

预计第二代乙醇的产量,2020 年将占整体乙醇的 10% 左右,为此,皇家荷兰壳牌、英国石油公司、美国杜邦公司等纷纷与持有高技术的公司合作,准备试生产。新日本石油公司联合三菱重工等 6 家日本企业,在国内以牧草做原料做示范,双日商社和日立造船计划在中国开始示范并着手进入实用阶段。伊藤忠商事与巴西的谷物出口商邦吉合作,正在推进甘蔗为原料的生物乙醇生产和销售,随旺盛的市场需求,决定加入生产第二代生物乙醇的行列。

所谓第二代生物乙醇,即用与葡萄糖结构相同的纤维素为原料生产的乙醇,可用桉树、白杨等木材及稻草、麦草等。由于得到美国能源部的支持,各个国家的开发步伐加快。近来由于发酵所需酶的研究成果辈出,除甘蔗外,选择那些适合当地气候的植物作为乙醇生产原料,更容易在世界各地建立生产基地。

(二)探索以植物内含的酶提取生物燃料的新技术

利用葡萄藻内含的酶从植物中提取生物燃料。2016 年 4 月,美国得州农工大学科学家组成的一个研究小组,在《自然·通讯》杂志上发表论文称,他们研究绿色微藻布朗葡萄藻时,发现了一种能够产生碳氢化合物的酶。研究人员说,他们进一步发现,利用这种酶可帮助从植物中提取生物燃料。

布朗葡萄藻可产生大量的液态碳氢化合物,用于生产汽油、煤油和柴油。目前在地下储藏的石油大多也是由这些海藻产生的。

葡萄藻在世界分布十分广泛,无论海洋、池塘、湖泊,还是高山、沙漠,均可以发现它们的踪影,但其最大问题是生长极为缓慢。在自然状态下,无法依靠其获取具有经济意义的生物质能燃料。一个葡萄藻细胞变成两个细胞大约需要一个星期,而其他生长较快的藻类6个小时就可以翻番。研究人员试图利用基因技术改造葡萄藻,使其可像其他藻类一样能够快速生长,或像陆地植物一样可以大量种植,这样才可以利用其生产生物燃料。

研究人员首先对哪些基因能够生产生物燃料进行了研究,并发现由LOS基因编码的合成酶,能够启动油料的生产。他们确定布朗葡萄藻的LOS酶,可以生产数种不同的碳氢化合物。该酶可以利用三种不同的分子作为基质,并且可以把这些分子组合在一起。如把两个20碳基质合成出40碳分子;将两个15碳基质分子合成出30碳的分子;15碳基质分子与20碳基质分子合成35碳的分子。LOS酶的这一特性十分重要,因为大多数与LOS酶相类似的酶只能利用15碳基质分子。而对于燃料来说,碳数越高越好。

研究人员确定了,几乎所有与碳氢化合物生产相关的活性基因序列,经过生物信息学分析后,精确找到了一个启动碳氢化合物生物合成的基因。但了解这些基因后,他们还须找到合适的宿主,来优化这些基因表达,以便利用其来产生更多油料,而这还需要大量的基础研究。通过对基因组进行挖掘,并对相关的酶进行研究,可广泛将之应用于医疗、农业、化工或生物燃料的生产。

(三)探索以微生物拥有的酶制造生物燃料的新技术

1.探索以天然微生物拥有的酶制造生物燃料

(1)通过土壤真菌培育出能有效分解玉米秸秆的新酶。2009年6月,《科学美国人》网站报道,美国生物学家克利夫·布拉德利和化学工程师鲍伯·卡恩斯,培育出一种新酶,它可以让目前的玉米乙醇工厂更便宜地处理价格低廉的玉米秸秆等木质材料,从而降低成本。

研究人员挑选出,以很难分解的纤维素为食的土壤真菌,并在腐败的植物中进行培植,得到了某些功能强大的酶。这些特殊的酶可以分解价格更便宜的玉米秸秆废物,如叶子、叶柄、壳和玉米棒子等,在减少玉米使用量的同时,也降低了生产纤维素乙醇的成本。

研究人员说,这些玉米废料可以取代35%的玉米,并将成本降低1/4。这个将淀粉和纤维素进行整合的基本处理过程也适用于在巴西生产的生物燃料。

富含纤维素乙醇的非食用植物原料成为生物燃料公司的"新宠"。但是,如何分解这些植物原料,则是令生物燃料公司头疼的问题。

在过去的几十年内,布拉德利和卡恩斯一直致力于寻找有效的方式,来喂养能够分泌这种关键酶,但很难培育的土壤真菌。他们在固体营养颗粒潮湿的表面培育真菌,而其他标准的大规模发酵过程在水箱内进行。卡恩斯解释说:"其他研究人员把有机物,放在装满水的水箱中,然后想方设法提供充足的氧气来使这些需要氧气的真菌健康成长,他们让这种真菌适应环境,而不是制造出使其满意的环境。"

这两个研究人员找到的其中一种酶,能够很好地对纤维素进行降解,另一种酶有独特的分解玉米淀粉的能力,使用这些酶,可以让当前的玉米乙醇工厂把纤维素材料整合进标准的淀粉发酵过程。布拉德利说:"这个整合过程使用同样的设备,在目前很难获得资金的现状下,这一点相当重要。"

(2)利用纳米技术降低细菌酶制造生物燃料的成本。2009年10月11日,美国路易斯安那理工大学发表新闻公报说,该校从事化学工程研究的帕尔梅及其同事组成的一个研究小组,在用细菌酶制造生物燃料的工艺过程中,采用纳米技术,从而大大节省了生产成本。

秸秆等农林废弃物作为生物燃料的原料具有巨大潜力,用它们生产的生物燃料被称为第二代生物燃料。但是将这些生物原料转化成可以燃烧的乙醇等,需要多种酶对其中的纤维素进行分解,成本很高。

该研究小组最近开发出一种纳米技术,能将参与反应的多种细菌的酶固定成几种酶,并且这些酶能重复使用多次,这大大降低了第二代生物质燃料的生产成本。这一技术可以被应用到大规模商业生产中。

第二代生物燃料包括利用秸秆、稻草等农林废弃物生产的燃料乙醇和生物柴油,它可以替代传统的汽油和柴油,能大大减少温室气体排放,同时避免了第一代生物燃料以玉米等粮食作物为原料,因此受到广泛青睐。

(3)研究用山羊胃细菌所含消化酶生产生物燃料。2010年4月,巴西科技部网站报道,巴西农牧业研究院、巴西利亚大学和巴西利亚天主教大学联合组成的一个研究小组,正在开展山羊胃细菌所含的酶的研究,以利用农业废弃物如甘蔗渣等生产生物乙醇。

这一科研项目已经进行了两年。研究人员说,巴西特产的无角山羊靠采食稀树草原上的植物为生。在这种反刍动物的第一个胃——瘤胃中,生长着各种有助于消化牧草的细菌。这些细菌所含的酶可分解出葡萄糖,进而发酵产生乙醇。

研究人员认为,如果找到这些细菌所含的酶以分解牧草,就可以使用传统的方法,借助酵母使之发酵。目前他们已经确认了4种可分解出葡萄糖的酶。这一数字还会上升。现在要弄清楚的是这类酶的哪种功能可用于工业化生产乙醇。

2.探索以转基因微生物及其相关的酶制造生物燃料

(1)用转基因细菌运用酶合成高能生物燃料。2014年3月,美国佐治亚理工学院斯蒂芬·沙瑞亚、佩拉塔·雅海亚等人,与联合生物能源研究院研究人员组成的一个研究小组,在美国化学协会《合成生物学》杂志上发表论文称,他们通过转基因工程改造细菌,让它们运用酶来合成蒎烯,有望替代 JP-10 用在导弹发射及其他航空领域。从石油中提炼 JP-10 供给有限,将来生物燃料有望补其不足,甚至促进新一代发动机的开发。

据有关媒体报道,在前期生物工程的研究阶段,沙瑞亚在雅海亚指导下,已将蒎烯产量提高了 6 倍。他们在研究选择合适的酶,将其插入转基因大肠杆菌以产生蒎烯。已选定的酶分为两类:3 种 PS(蒎烯合成酶)和 3 种 GPP(香叶基二磷酸合成酶),通过实验来寻找最佳组合以获得最高产量。目前,他们已把产量提高到 32 毫克/升。但要和来自石油的 JP-10 竞争,产量还要提高 26 倍,雅海亚说,这也在转基因大肠杆菌的可能范围内。

雅海亚认为,目前的障碍在于系统内部的一个抑制过程。她说:"我们发现,是酶被基质抑制了,这种抑制取决于浓度。目前,我们需要的是在高浓度基质中不会被抑制的酶,或在整个反应中能维持基质低浓度的方法。这两方面都比较困难,但并非无法克服的。"

每桶石油中能提取的 JP-10 是有限的,加上树木提取物也帮助不大,供给不足让 JP-10 价格在 25 美元/加仑(美制 1 加仑约合 3.785 升)左右。因此,生产高能生物燃料替代品,比生产汽油或柴油替代品更有优势。

雅海亚指出:"如果你研究汽油替代品,就要与 3 美元/加仑竞争,这需要一个长期优化的过程。而我们是在和每加仑 25 美元竞争,需要的时间更短。"她说,"虽然我们还处在几毫克/升的水平,但由于我们研究的替代品比柴油或汽油替代品价值更高,也就意味着我们离目标更近。"。

从理论上讲,要让生产蒎烯的成本低于石油提炼是可能的。如果最终的生物燃料表现良好,将为轻质高能发动机燃料打开新的大门,增加高能燃料的供给。

雅海亚说:"我们制造的是一种可持续的、高能量密度的战略性燃料,但还处于前期形式。我们正在集中制造一种'试行'燃料,看起来就和来自石油的燃料一样,以适应目前的销售系统。"

(2)利用经过遗传改造的细菌酶直接把生物质能转化为乙醇。2014 年 6 月,美国佐治亚大学富兰克林文理学院遗传学系教授珍妮特·威斯特菲尔玲领导,该校生物能源科学中心研究人员参与的一个研究小组,在美国《国家科学院学报》上发表论文称,他们对能降解木质纤维素的细菌嗜热木聚糖酶进行遗传改造后,就可以直接把以柳枝稷为原料的含木质纤维素的生物质能转化成乙醇燃料。

在利用柳枝稷和巴茅根等非食物农作物生物质能,制造具有成本效益的生物燃料的过程中,面临的一个主要"拦路虎"是利用微生物发酵制造乙醇之前,要对植物进行预处理,也就是把植物的细胞壁破解,科学家们一直没有找到很好的办法,因此,也拖慢了人们用生物质能生产生物燃料的步伐。

现在,该研究小组历时两年半的研究对细菌嗜热木聚糖酶进行了遗传改造,经过改造后的菌株成功地承担了拆解植物生物质能细胞壁的任务,摒弃了预处理过程。

研究人员删除了嗜热木聚糖酶的一个乳酸脱氢酶基因,引入了制造乙醇的热纤梭菌的一个乙醛/乙醇脱氢酶基因,经过遗传改造的嗜热木聚糖酶因此拥有把糖发酵成乙醇的能力。研究结果表明,这种经过改造的嗜热木聚糖酶菌株把柳枝稷生物质能转化成了它的总发酵终产物的70%,相比之下野生型菌株的产量为0。

威斯特菲尔玲说:"现在,不需要任何预处理过程,我们拿过柳枝稷,将其磨成粉末,添加低成本的、极少量的盐培养基,在另一端就能得到乙醇,最新研究朝着一种经济上可行的工业过程迈出了第一步。"

威斯特菲尔玲表示,自然界的很多微生物,都被证明拥有非常强大的化学和生物学能力,但面临的最大挑战是研发出好的遗传系统来使用这些微生物。系统生物学使我们可以对生物体进行操控,让它们完成此前根本无法做到的事情,最新研究就是最好的例证。

得到的生物燃料,除了有乙醇,还有丁醇和异丁醇(可与乙醇相媲美的交通燃料),以及其他燃料和化学物质。威斯特菲尔玲说:"最新研究是一个开始,证明我们可以对生物体进行操控,生产出真正可持续的产品。"

二、开发生物燃料出现的其他新技术

(一)探索开发生物柴油出现的新技术

1.研究以不同原料制造生物柴油的新技术

(1)通过把油和糖加热形成合成气制造生物柴油的新技术。2006年11月,美国明尼苏达州立大学明尼阿波利斯校区,化学工程和材料科学教授兰尼·施密特领导,他的同事参与的一个研究小组,在《科学》杂志上发表论文称,他们开发出一种新技术,它能快速地把油和糖加热,产生出由氢和一氧化碳混合而成的合成气,该气体可用于生产包括汽油在内的化学物质和燃料。由于新加工技术比现有技术要快10~100倍,同时,因无须注入化石燃料,新的生产设备比传统设备至少小10倍。这种新处理技术有望极大提高利用再生能源生产燃料的效率。

采用自行研制的小型加工设备,该研究小组每天可生产大约450克合成气。具体生产过程如下:采用自动喷嘴,让油和糖液以微粒形态喷洒到由催化材料铑和铈制成的陶瓷盘上,在那里,原料分子断裂生产出合成气,并与水和碳分开。由于具有催化作用的陶瓷盘为多孔结构,因此合成气能够穿过它,然后被收集到管状容器中。研究人员表示,生产过程开始后就可以停止外部加热,因为产生合成气的化学反应,能释放出足够的热量让后来的油和糖分子发生断裂。

长期以来,把植物转化成可用燃料的难点是让纤维素的化学键断裂,以得到能够发酵成乙醇或转变成其他燃料的单糖,通常此过程需要特殊的酶且耗时。然而,采用快速高温加热的新技术,纤维素的化学键却十分容易断裂。施密特表示,新技术是将廉价的生物质转变成有用的燃料和其他化学物质的有效方法。今后，使用过的食用油甚至是牛饲料、庭院清除的杂草、玉米秆及树木都可能成为用来生产燃料的生物质。

用豆油生产的生物柴油虽然是一种极有前途的燃料，但目前在豆油转化成生物柴油的过程中，关键步骤需要甲醇，而甲醇本身也是一种化石燃料。研究人员认为，利用新技术，人们可以省去在生物柴油中加入甲醇，并通过快速加温至1000℃的方法握，直接氢豆油转换成氢和一氧化碳混合气体，豆油中大约70%的氢可以生成氢气。同样，将葡萄糖近饱和水溶液快速加热，也可以获得氢和一氧化碳混合气体，而不是过去的碳和水。

施密特说，这项技术的关键是用来加热生物质的超速闪蒸过程。这个过程很快、温度很高，以至于在生物质有机会燃烧和烧焦之前，就将燃料蒸发为蒸气并与氧气混合燃烧了。它有望比现在生产合成气和氢气的方法快100倍。

（2）开发出以酒糟为原料生产生物柴油的新技术。2006年11月，有关报道称，美国维拉孙公司是著名的生物燃料生产商。该公司近日宣布，计划利用从酒糟中萃取出的油料来生产生物柴油。酒糟是乙醇生产过程中的副产品。该公司称这一技术已向美国专利和商标事务所申请了专利。

据介绍，该公司在生物柴油领域进行研发已有数年，研发人员在实验中发现酒糟是生产生物柴油的极好原料。目前该公司已确认以酒糟为原料生产生物柴油确实可做到规模大、成本低而质量又高。

这里的酒糟是指玉米等谷类作物中的淀粉经发酵变成乙醇后剩余的物质。乙醇精炼厂以前通常把酒糟按动物饲料卖给用户。

维拉孙公司总裁表示，利用这一技术可使公司业务得以延伸，同时也与我们的目标：成为可再生燃料领域的领先生产商相一致，因为该技术可低成本大规模生产乙醇和柴油。应用这一技术将使其成为首家利用酒糟开发大规模生物柴油生产装置的公司，从而能够以相同的原料，同时生产出两种生物燃料。

据称，维拉孙公司正在进行年产3000万加仑生物柴油项目的选址工作，计划2007年开始建设，2008年投产。目前，该公司在爱荷华州建有2个乙醇生产厂，在该州的第三套乙醇装置也正在建设中，后续还计划再建第四和第五套装置。这些装置全部投产后，该公司的乙醇年产能将达5.6亿加仑。

为帮助美国减轻对进口石油的依赖程度，美国政府近年倡导发展生物燃料产业。已于2005年生效的新能源法，要求美国汽油供应商2006年掺混40亿加仑的可再生燃料，2012年可再生燃料掺混量提高至75亿加仑。

据美国可再生燃料协会统计，美国乙醇厂数目自2000年以来已增加了近一倍，达101个，还有44个厂正在建设中。而在生物柴油方面的投资增长更为迅猛，据美国生物柴油局统计，过去6年间，美国生物柴油厂数目已从10个猛增至86个，另外还有78个正在建设当中。今年生物柴油产量预计将达1.5亿加仑，比去年翻一番。美国能源部预计,2010年美国生物柴油需求量将超过10亿加仑,2020年需求量将增至20亿加仑。

2.开发出制造生物柴油的新型催化技术

(1)利用纳米技术研制出新型生物柴油催化剂。2006年6月21日,美国爱阿华州立大学维克特·林领导的一个研究小组,对媒体宣布,他们利用纳米技术,在实验室研制出一种新型催化剂,该催化剂有望大幅度提高现有生物柴油生产工艺的产量与效率。

目前,生物柴油生产工艺主要是通过大豆油与甲醇反应制备柴油,其中催化剂是关键的技术诀窍。现有生物柴油生产工艺存在一些缺陷:第一,工艺中使用的催化剂是有毒的、腐蚀的、易燃的甲氧基钠;第二,为了提炼生物柴油,需要酸中和、水洗和分离等一系列复杂的工序;第三,催化剂在生产过程中往往被溶解,无法再回收利用。

维克特·林说,在利用大豆生产生物柴油的过程中,新型催化剂主要利用一种他们新研制的硅颗粒发挥作用,这些颗粒直径为250纳米,即四百万分之一米。为了研制新催化剂,他们首先利用相关纳米技术以精确控制的方式,制备出微细的、非常规的硅颗粒,然后把硅颗粒做成蜂巢状填充到有关催化剂中。据报道,新型催化剂属于混合型催化剂,既有酸性催化剂又有基本催化剂的特性。

与目前使用的催化剂相比,新催化剂具有效率高、工艺简单、易回收和环保等特点,能够从现有生产工艺中汲取能量,并可排除一些有毒化学品,从而使生产工艺更简捷、更有效、更经济。

研究小组表示,他们在实验室的试验结果令人非常满意。目前,他们正与美国中西部公司合作进行大规模的试验。

中西部公司生物柴油部负责人贝雷汀表示,新型催化剂已显示出能大幅度增加生物柴油产量的前景,不过仍需要经过更大规模的试验,以进一步确认其带来的经济效益。

(2)开发出制造生物柴油的新型催化工艺。2009年2月,有关媒体报道,日本一个研究小组,近日开发出一种生产生物柴油的替代催化新工艺,该工艺在缓和条件(50℃和0.1兆帕)下操作,可避免与碱催化剂有关的问题。

新技术把植物油、动物脂肪和醇(乙醇或甲醇)的混合物,充入充填有阳离子交换树脂的流化床反应器,阳离子交换树脂用作使游离脂肪酸酯化的催化剂。产品泵送至充填阴离子交换树脂的第二流化床反应器,阴离子交换树脂使三甘油酯反酯化催化。反酯化在两台反应器中的一台内进行,另一台反应器作为催化剂再生容器。被甘油污染的催化剂先用有机酸溶液、再用碱溶液冲洗再生。

在实验室试验中,该工艺转化为单酯类的总转化率近100%,副产物甘油通过简单的相分离,或简易蒸馏,就可从产品中除去。研究人员正在改进工艺过程,并改进离子交换树脂催化剂的使用寿命,不久可望将这一工艺推向工业化。

(二)探索制造生物乙醇出现的新技术

1.研究制造生物乙醇的发酵新技术

(1)用来自大象粪便的酵母把纤维物质转化成生物乙醇的技术。2007年4月18日,路透社报道,荷兰酒精生产商、皇家内达尔科公司商业开发经理马克·沃尔德博格牵头,代尔夫特大学以及伯德工程公司研究人员参与的一个研究小组,在大象的粪便中发现了一种特殊的真菌,它可以帮助人们更加有效地把纤维和木材转化成乙醇等生物燃料。

目前,那些从事生物乙醇生产的公司已经普遍能够从谷物和甜菜等农作物中提取出糖的成分,但还有一些公司对此仍不满足,他们眼下正在致力于从包括麦麸、稻草,以及木材在内的,众多富含纤维的物质中获取能源。

该研究小组最近在大象的粪便里找到了一种有着奇特功效的真菌,它可以帮助人们制造出一种能够使木材中的糖分得到高效率发酵的酵母。

在一次以生物燃料为主题的会议上,沃尔德博格表示:"我们的确把这一发现,视做技术上的一项突破"。

这项新的生产工艺会从2009年开始,在该公司位于萨斯范根特市的工厂内投入使用,但若想让大象粪便能够得到大规模的商业利用,则还需要更长一些的时间。

沃尔德博格指出:"如果使用小麦残留物作为原料的话,我相信我们能够在很短的时间内,把生产成本降低到具有充分竞争力的水平上。不过想要把木材转变成乙醇的话,那你就不得不多花上一些时间了。"

(2)开发出把木糖高效转化为乙醇的新型发酵技术。生物燃料是当前新能源发展的一个重点方向,但是现在常用甘蔗和玉米等农作物中所含的葡萄糖来制造生物乙醇,这导致了生物燃料与人争粮的矛盾。

2012年7月,新加坡义安理工学院的一个研究小组,在英国《生物燃料的生物技术》杂志发表研究报告说,他们培育出一种新型酵母,从而开发出一种新型发酵技术,可把植物废料中的木糖转换成乙醇,从而避免生物燃料与人争粮的矛盾。

木糖是许多植物中仅次于葡萄糖的含量第二丰富的糖类,并且大量存在于植物的枝干等通常不用作粮食、常被当作废料扔掉的部位。这一特点,促使许多科学家研究把木糖转换为乙醇的方法。

但是在把木糖转化为乙醇方面,过去使用的一些酵母性能不尽如人意,有的酵母能发酵分解木糖,却不能把它变为乙醇;有的酵母能最终生成乙醇,但发酵分解木糖的能力又不够。

新加坡研究小组找到了这一问题的解决之道。他们在最新发表的研究报告中说,已经培育出一种新型酵母,它具有较强的把木糖转换为乙醇的能力,有望用于制造"不与人争粮"的生物燃料。

研究人员说,他们通过基因手段把两种不同酵母的优势基因结合在一起,培育出一种代号为 ScF2 的新型酵母。实验显示,这种新型酵母不仅可以把木糖转化为乙醇,并且其转化效率也较高,超出以前所用的各种酵母,具有工业化应用的潜力。

不过,研究人员也表示,目前培育出的这种酵母还只能算是原型菌种,还需要进一步的改良,才能最终应用在生物燃料的大规模工业化生产中。

2.探索提高生物乙醇生产效益的新技术

(1)研发大幅度提高制造生物乙醇效率的新技术。2007 年 4 月,有关媒体报道,日本著名机械公司荏原制作所,大举进军汽车用生物乙醇燃料领域,研发生物乙醇提炼新技术,将目前的生产效率提高 10~20 倍。该公司计划本月内,在日本北九州市建设实验用设施,2007 年年内开始,对外销售生物乙醇制造成套设备。

荏原新技术的核心是把用于催化糖和淀粉发酵的细菌使用量提高到原来的百倍,同时保持其持续活动状态,从而大幅提高生产效率,使原来 2~3 天的发酵流程缩减到 4~5 个小时。此外,新技术的主原料不仅限于甘蔗、玉米,还可利用木屑、厨房垃圾等。

日本政府为削减温室气体、抑制原油消费,制定了普及生物燃料的政策,但目前存在的最大问题就是生物燃料生产成本过高。日本国内汽油成本每升 70 日元,从巴西进口的乙醇每升 80 日元,而以食用小麦为生产原料的国产乙醇成本则高达每升 300~400 日元。评论认为,荏原的新技术一旦投入市场,将大大降低生物乙醇的生产成本,使其基本接近汽油价格水平。

(2)发现降低用木质素制造生物乙醇成本的新方法。2012 年 3 月,英国帝国理工学院研究人员安尼斯卡·布兰特等人组成的一个研究小组,在《绿色化学》杂志上发表研究报告说,他们的研究显示,在分解木质素制造生物燃料的过程中,如果在粉碎木材时添加某种离子液体作为润滑剂,可显著降低该环节所消耗的能源成本,其终端产品生物乙醇的价格,有望因此降低 10%。

离子液体是完全由阴阳离子组成的盐溶液,通过改变阴阳离子的组合,可得到不同种类的离子液体。

研究人员说,目前用分解木质素制造生物燃料时,需将木材粉碎成很小的颗粒,这个过程需消耗不少传统能源,据估计现在每粉碎 1 吨木材需消耗约 8 英镑的能源。

3.探索环境友好型的生物乙醇制造新技术

推进乙醇开发的绿色制造技术。2009 年 1 月,有关媒体报道,在瑞典,公共汽车、轿车都可以使用乙醇作燃料。例如,轿车的 E85,就是指使用 85%乙醇和 15%汽油的混合燃料。汉代略斯是瑞典最大的乙醇生产基地。乙醇生产商是瑞典农民协会成立的兰特人农业乙醇公司。

据介绍,兰特人公司是北欧最大的粮食、能源和农业公司之一。它的会员有44000 个农民。公司雇佣 13000 多员工,在世界 19 个国家和地区运营。

该公司在 2001 年开始建立乙醇生产企业。它与一些大石油公司合作生产，主要目的是要检验乙醇的可靠性，以便将来进行扩大再生产。不过短短的几年时间，乙醇的所有优势都展体在石油公司面前了。顾客对乙醇的需求开始增加。到 2009 年，乙醇的需求已达 5000 万升。面对这样的挑战，兰特人公司决定扩大生产规模，其产能将增加 4 倍。

生产乙醇需要电力和蒸气。兰特人公司所需的电力和蒸气来自垃圾加工。原来，在附近还有一家爱恩热电厂，是一家德国公司专门用垃圾来生产生物沼气，而生物沼气又可以变成电力和蒸气。而这里的一部分垃圾是来自乙醇厂。因此，他们使用的能源都是绿色能源。

兰特人公司除了生产乙醇外，还生产蛋白丰富的动物饲料，供给全国的动物饲料厂和动物饲养农场。另外，有一小部分废料卖给前面说的生物沼气公司。生产乙醇需要发酵过程。在发酵过程中的副产品是二氧化碳。而这里的二氧化碳又可以用来生产汽水，或者冷却食品，或者把它变成液体。液体二氧化碳在全世界都得到广泛应用。

乙醇可以帮助人们减轻对石油的依赖，是可更新的生物燃料。而瑞典的兰特人农业乙醇公司在这一过程中发挥了重要作用。据介绍，乙醇的生产过程产生的温室效应只是汽油生产过程的 20%。该生产线利用的是当地原料，减少了交通，又为当地创造了就业机会。

（三）探索制造生物燃料出现的其他新技术

1.用藻类制造生物燃料出现的新技术

（1）开发种水藻提炼燃油的新技术。2009 年 7 月 14 日，英国《经济学人》杂刊文披露，石油巨头埃森克美孚公司宣称，将投入 3 亿美元用于生物燃料的研发，这可能是迄今为止对生物燃料的最大投入，如果一切进展顺利，可能会再追加 3 亿美元。

这块"大馅饼"砸中的是美国合成基因公司。美国颇具传奇色彩的生物学家和创业家克雷格·文特尔是该公司的共同创立者，但这笔钱并不是砸向某人或细菌，而是水藻。

研究人员乐观地预测，只需种水藻提炼燃油，就能让人类摆脱对天然石油的依赖。然而，水藻变油还面临着成本和技术方面的问题。

很早以前，科学家就提出用植物来提炼燃油，如从油菜籽和大豆中提炼燃油。不过，最近，在制造生物燃料的角逐中，因为其独特的品质，水藻脱颖而出。

水藻由简单的水生有机体组成，通过光合作用储存光能，生产植物油。而植物油可以被转化成"生物柴油"，为任何柴油发动机提供动力。

另外，水藻可以种植的地方很多，能够迅速繁殖，几乎不需要特别的养分，只需要阳光、水和二氧化碳。而且，水藻可分解为醋、蛋白质与油脂等，海藻油可提炼为生物燃料；醋可提炼乙醇。

除此之外,据美国《纽约时报》7月14日报道,埃森克美孚公司估计,相比较而言,水藻的产油量更高。每英亩水藻每年能生产2000加仑燃料,而棕榈树只能生产650加仑,甘蔗只能生产450加仑,玉米仅仅能生产250加仑。因此,很多科学家认为,通过水藻把大量二氧化碳变成生物燃料是一举数得。

美国能源部实验室和加利福尼亚州的生物燃料公司正在开展合作项目,从水藻中提炼原油。

据《纽约时报》6月29日报道,美国陶氏化学公司和总部设在加利福尼亚州的一家生物燃料公司,正在合作建设一座"水藻农场",利用水藻把二氧化碳转化为作为汽车燃料或者塑料制品原材料的乙醇。

这家生物燃料公司首席执行官保罗·伍兹说,生产过程产生的氧气可提供给电厂,电厂产生的废气二氧化碳,可以用来培植更多的水藻。在二氧化碳进入空气之前将其捕获,对于缓解气候变暖也大有好处。

据伍兹介绍,他们在"生物反应器"中培植水藻,装满盐水的水槽上面覆盖着富有弹性的塑料薄膜。水中充满二氧化碳,喂食着水藻。水藻通过光合作用,把二氧化碳和水转化为碳氢化合物乙醇、氧气和水。

英国《经济学人》杂志的报道称,文特尔提出采用工业化的方式大规模培植(他称之为生物制造,而不是农业养殖)转基因单细胞水藻,以便生产出可用作燃料的碳氢化合物。最重要的是,让水藻把碳氢化合物分泌到它们赖以生长的培养基中。许多水藻会产生油,然而它们不会主动将油喷出来。其他公司正在研究如何分解富含油的水藻细胞来得到油。而文特尔成功设计出,一条从另一种生物体通往实验水藻内部的分泌途径。现在,这些水藻可以释放出漂浮在培养容器表面的藻类油。

与此同时,调整生成藻类油的生化途径,因为,从技术上来讲,藻类油属于甘油三酸酯,其中包含碳、氢和氧原子,需要除去氧原子,留下纯碳氢化合物。为此,研究人员需要对数千种藻类进行精挑细选,选出最适合的水藻,埃森克美孚公司也准备投入资金进行相应的研发工作。

理想的水藻要能经受住强烈的照明(光越强,意味着光合作用越快)以及热(阳光越充足,温度越高);而且还需要卓越的抗病毒能力,因为,病毒对如此集中规模的同种生物体群是一个巨大的威胁。如果没有合适的物种,研究人员将从几种藻类中选取理想的特性,制造出新水藻。

(2)开发用海藻提取生物乙醇的新技术。2010年8月,日本东北大学发表公报说,该校教授佐藤实领导的研究小组与东北电力公司合作,开发出一种能有效从果囊马尾藻等海藻以及海带中,提取生物乙醇的新技术,受到广泛关注。

研究小组把海藻切碎后加入酶,使其溶化为黏糊泥状物,然后加入他们新开发的特殊酵母发酵。大约两周后,每千克海藻可提取约200毫升乙醇。这种制造方法也适用于海带。

此前,日本利用海藻制造生物乙醇时,要把海藻干燥后研磨成粉末状,需要消耗能源,而新技术则可节省大量能源。不仅如此,由于在制造过程中不使用有害物质,余留溶液的处理也非常简单。佐藤实说:"今后准备扩大实验规模,并进一步提高能源转化效率。"

日本海带和果囊马尾藻资源非常丰富。在日本仙台火力发电站的取水口,每年流入约300吨海藻,令电力公司深感苦恼。如果利用它们生产生物乙醇,对发电站来说可谓一举两得。

(3)开发出一小时内就可把水藻变成原油的新技术。2013年12月,美国能源部西北太平洋国家实验室,道格拉斯·埃利奥特领导的一个研究小组,在《藻类研究》杂志上网络版上发表论文说,他们开发出一种可持续化学反应,在加入海藻后很快就能产出有用的原油。犹他州生物燃料公司已获该技术许可,正在用该技术建实验工厂。

埃利奥特说:"从某种意义上说,我们'复制'了自然界用百万年把水藻转化为原油的过程,而我们转化得更多、更快。"研究小组保持了水藻高效能优势,并结合多种方法来降低成本。他们把几个化学步骤合并到一个可持续反应中,简化了从水藻到原油的生产过程。用湿水藻代替干水藻参加反应,而当前大部分工艺都要求把水藻晒干。新工艺用的是含水量达80%~90%的藻浆。

在新工艺中,像泥浆似的湿水藻被泵入化学反应器的前端。系统开始运行后,不到一小时就能向外流出原油、水和含磷副产品。再通过传统工艺提纯,就可以把"原藻油"转变成航空燃料、汽油或柴油。在实验中,通常超过50%的水藻中的碳转化为原油能量,有时可高达70%;废水经过处理,能产出可燃气体和钾、氮气等物质。可燃气体可以燃烧发电,或净化后制造压缩天然气作汽车燃料;氮磷钾等可作养料种植更多水藻。埃利奥特说,这不仅大大降低成本,而且能从水中提取有用气体,用剩下的水来种藻进一步降低成本。

他们还取消了溶剂处理步骤,把全部水藻加入高温高压的水中分离物质,结合一种水热液化与催化水热气化反应,把大部分生物质转化为液体和气体燃料。埃利奥特指出,要建造这种高压系统并非易事,造价较高是该技术的一个缺点,但后期节约的成本会超过前期投资。

其他团体也有研究用湿水藻的,但一次只能生产一批,而新反应系统能持续运行。在实验室,反应器每小时能处理约1.5升藻浆。这虽然不多,但这种持续系统更接近大规模商业化生产。犹他州生物燃料公司总裁詹姆斯·奥伊勒也表示:"造出成本能和石油燃料竞争的生物燃料,是一个很大挑战,我们朝着正确方向迈出了一大步。"

2.研究生物燃料开发出现的其他新技术

(1)发明制造液态烷烃形式生物燃料的新技术。2005年6月3日,物理学家组织网报道,美国威斯康星大学工程学院教授詹姆士·杜梅席克、化学与生物工程系研究生乔治·胡贝尔、尤本·切达和克里斯·巴雷特等组成的研究小组,发现了一种从碳水化合物中制取类似柴油液体燃料的新方法。他们把玉米和其他来自生物质的碳水化合物在催化反应器中转换为不含硫黄的液态烷烃,然后制成一种针对柴油机运输用燃料的理想添加剂。

胡贝尔指出,这是一个极其高效的过程,最后产生的燃料中包含碳水化合物和氢原料中 90% 的能量。利用这一新方法产生的能量,有可能是用玉米制造酒精产生能量的两倍。

利用玉米提炼酒精,所需能量中的 67% 是用于玉米的发酵和蒸馏过程。结果,在这一过程中消耗掉 1 个单位的能量,产生 1.1 个单位的能量。该研究小组所发现的方法中,烷烃会自动与水分离开来,不再需要额外的加热或蒸馏过程,而且每消耗 1 个单位的能量产生 2.2 个单位能量。

杜梅席克说:"我们生产的燃料存储有大量的氢,每个氢分子都能与碳水化合物中的原子反应,生成烷烃。这一方法的产量很高,而且不会浪费碳。碳成为运输车辆的有效能量载体,这与人类自身通过碳水化合物来存储能量的方法相类似。"

草质生物质和木质生物质干重的 75% 由碳水化合物组成。因为该研究小组的方法中有一系列不同的碳水化合物都可以使用,因此很多种植物和植物的很多部分都可用于制造燃料。

胡贝尔指出,目前生物质的运输费与石油制品的原料费差不多,甚至更为便宜。这为人类如何有效地使用生物质来源指明了道路。

(2)开发让细菌"吃电"产甲烷的新技术。2009 年 4 月 5 日,英国《新科学家》网络版报道,美国宾夕法尼亚州立大学专家布鲁斯·洛甘等人组成的研究小组,采用一种新技术,给甲烷杆菌"喂食"电子,使其将二氧化碳转化成生物燃料甲烷。这项技术不仅有助于把来自风能、太阳能等可再生能源的多余电力转变成甲烷储存起来,而且还能利用工厂排放的二氧化碳,减少工业环境污染。

报道说,研究人员利用甲烷杆菌在厌氧条件下以甲烷为主要特异代谢产物的特性,在实验室里将这种细菌与二氧化碳结合,通过电解反应,使这种细菌"吸收"电子产生能量,将二氧化碳转化成甲烷。

研究人员说,用这项新技术生成的甲烷可以储存起来以备不时之需,其被燃烧利用时的能效可达 80%。他们预计,几年后这项技术就能投入商业应用,发展前景非常乐观。

(3)开发出制造生物燃料新的气化方法。2010 年 4 月,美国马萨诸塞大学安默斯特校区,化学工程系保罗·道恩豪斯领导的一个研究小组,在《技术评论》杂志上撰文称,他们研发出制造生物燃料新的气化方法,并制造了新的气化反应器,可以大幅提高把生物质原料转化为生物燃料的效率,同时也大大减少了温室气体排放。

道恩豪斯表示，使用新方法，他们将数量被精确控制的二氧化碳与甲烷放在自己研发的特制催化反应器中，把生物质原料气化，结果，生物质原料和甲烷中的碳，全部转化为制造生物燃料必需的一氧化碳。新方法有望在两年内趋于完善，这将是把生物质原料转化为生物燃料领域重大的突破。目前，通过气化过程，生物质原料在高温下被分解为一氧化碳和氢气，氢气可以被制成各种生物燃料，包括各种碳氢化合物等。但是，这个过程有个"硬伤"：生物质原料中约有一半的碳，被转化成二氧化碳而不是一氧化碳。

该研究小组对传统技术进行了改进。为了让汽化后得到的生物燃料更多，研究人员在反应中添加了二氧化碳，让二氧化碳和氢反应，生成一氧化碳和水。增加二氧化碳，并不足以把生物质中所有的碳变成一氧化碳，仍然有些碳会变成二氧化碳。因此，研究人员也在反应中增加了氢气，以提供所需要的能量来促进反应的发生。研究小组把价格便宜而且常见的甲烷，置于反应器中让其"释放"出氢气。另外，在传统方法中，各个独立的步骤在不同的化学反应器中完成，而该研究小组把所有的反应，集中在一个反应器中进行，大幅削减了气化过程的成本。

研究小组打算在一个天然气发电站附近，进行商业化尝试，发电站可以提供足够的甲烷和二氧化碳。但是，《技术评论》杂志指出，该过程可能还不适合商业化。首先，研究人员需要证明，这项技术同样适用于生物质，而不仅仅是从生物质中提取出来的纤维素，生物质中包含多种多样的杂质，而纯的纤维素中则没有，这些杂质可能对催化剂产生负面影响，因此，研究人员必须对反应器进行改造。另外，让这个过程大规模地进行也面临挑战，包括确保热量能够通过反应器等，尽管小规模的实验做到了这一点。

三、探索生物电能开发出现的新技术

（一）研究利用固体废弃物发电出现的新技术

1.探索用废塑料和废纸发电的新技术

（1）大力开发废塑料发电技术。2004 年 8 月，有关媒体报道，日本环境省决定，大力支持以废塑料为主的工业垃圾发电事业。并在 2003 年度预算中安排 10 亿日元的额度，以着手辅助对 5 处发电设施的整备工作。计划到 2010 年，在日本全国共建 150 个废塑料发电设施，使工业垃圾发电成为新能源的重要一翼。

在"京都议定书"中，日本承担的防止温室效应气体减排的任务是 6%。为达到这一目标，日本计划到 2010 年用新能源发的电要占到全日本发电总量的 1%。

过去日本环境省一直在风力、地热、潮汐及生物沼气等自然能源发电上下功夫，而对工业垃圾发电并不是很积极。但是，在日本风力发电和生物沼气发电都难于形成规模，而一套垃圾发电设备的发电量就可达 2 万千瓦，规模非常可观。垃圾发电足以和太阳能发电并驾齐驱，成为一种主力新能源。

环境省计划用来发电的主要工业垃圾是废塑料。2000 年，日本形成的废塑料总量为489万吨,目前每年已达500万吨。其中25%作为塑料品原料被回收循环利用;42%被埋掉;6%被白白烧掉;只有3%用来发电。当然如果能100%回收循环利用最好,但有些废塑料是目前无法循环再利用的。日本是一个岛国,土地十分匮乏,垃圾填埋场越来越不足,今后垃圾处理就必须加大焚烧量。

用废塑料进行发电可以减少煤炭、石油的消耗,减少二氧化碳的排放。日本环境省计划,未来的8年中,在全日本建150个废塑料发电站,到2010年将目前垃圾发电量提高5倍,使年垃圾发电达量达400万千瓦以上。

(2)开发出一种利用碎纸发电的新技术。2011年12月,物理学家组织网报道,近日,在日本东京召开的环保产品发布会上,电子巨头索尼公司向公众展示了一种利用碎纸发电的新技术。

索尼公司公关部经理吉川千里等人组成的宣传小组,邀请几个孩子,把碎纸放在一种水和酶的混合液中,摇匀后等上几分钟,这种液体就变成了一种电源,能给一个小风扇供电。

理吉川千里解释说:"这跟白蚁吃下木头产出能量的原理是一样的。碎纸或瓦楞纸碎片,都可以直接提供纤维素,酶可以分解这些纤维素,然后用另一种酶进一步处理,就产生氢离子和电子。电子通过外接电路迁移产生了电流,氢离子则跟空气中的氧结合生成水。"

尽管人们早就开始研究这种发电形式,但通过概念论证的还很少。吉川千里表示,这项技术是索尼公司开发的糖基"生物电池"的一部分,生物电池能把葡萄糖转化为电力,有着广阔的前景。他说:"它不需要金属和有害化学物质,非常环保。"

索尼公司曾在2007年首次展示了糖动力电池,此后这些电池变得更小。由于它们的输出电功率太低,还无法代替普通电池给大多数电子产品供电,但目前,用这种电池为数字音乐播放器供电已经足够。此外,还有一种糖动力电池可嵌入圣诞卡中,滴入几滴果汁就会播放音乐。

2.探索用垃圾发电的新技术

开发出垃圾汽化与烘烤相结合的高效发电技术。2005年5月,日本媒体报道,日本电力中央研究所与环保器材厂家奥咯德拉(okadora)公司合作,开发出利用废料和家庭垃圾高效发电的技术。这种新技术发电效率达到约30%,比原有的垃圾发电高出约20个百分点,而且不必对垃圾进行细致分类。

电力中央研究所把自己使煤炭汽化的独家技术与奥咯德拉公司通过烘烤垃圾使其碳化的技术相结合,开发出这种高效发电的新技术。只要是能够燃烧的垃圾基本上不用分类就能用于发电。

利用新技术发电时,首先用500~650℃的高温握,对垃圾进行烘烤,使垃圾成为热分解气体和碳化物,然后将碳化物加入到1000℃的燃烧炉中,使碳化物分化出一氧化碳等气体,最后再将产生的气体通过燃烧转化成电能。研究人员指出,发电过程中产生的热能可以反过来用于烘烤垃圾。

研究人员说,现在的实验设施,每天能够处理 5 吨垃圾,他们计划在年内建设能够每天处理 50 吨以上垃圾、发电 2000 千瓦以上的设施。

(二)研究利用微生物发电出现的新技术

开发出利用病毒把机械能转换成电能的新技术。2012 年 5 月 13 日,美国能源部劳伦斯伯克利国家实验室科学家组成的一个研究小组,在《自然·纳米技术》网络版上发表论文称,他们利用一种对人类无害的病毒,开发出将机械能转换成电能的技术。

这项新型发电技术,是利用生物材料的压电性能来产生电力的。研究人员把经过特别设计的病毒涂在电极上,用手指轻敲邮票大小的电极,病毒即会将敲击的力量转换成电流。由于病毒自身可进入一个有序的薄膜中以驱动发电机工作,该新型发电机为制造微电子器件指出了一个简单思路。研究人员称,这项新技术首次向个人发电机、在纳米器件中使用驱动器及基于滤过性毒菌的电子设备,迈出了很有前景的一步。

在实验室里,研究人员采用了只攻击细菌而对人友好的病毒 M13 噬菌体,其在几个小时内可复制数百万,所以在供应上是稳定的。这些杆状病毒可在薄膜中自然地确定方向,在盒子里像筷子一样对齐,这是科学家在纳米构件中寻找的特质。

研究人员在研究中增加了病毒的压电强度,利用基因工程添加了 4 个带负电荷的氨基酸残基,到螺旋蛋白质并覆盖在病毒上。这些残留物可增加蛋白质两端之间的电荷差异,从而提高了病毒的电压。研究还发现,厚度约 20 堆层具有最强的压电效应。

他们还组装出基于病毒的压电能量发电机样机。他们设法让经遗传工程处理过的病毒,自发组织成约 1 平方厘米的多层膜,然后将膜夹在两个镀金的电极间,通过电线连接到液晶显示器上。当向病毒施压时,发电机能产生高达 6 毫微安培电流和 400 毫伏电压,足够的电流使屏幕上闪烁出数字"1",相当于约一个 3A 电池 1/4 的电压。

研究人员表示,他们将对样机中的原理进行改进。由于生物技术的工具可大规模生产转基因病毒,而在未来基于病毒的压电材料可为新型微电子科技提供一条简单路径。研究人员说,如果这项成果获得应用,就可以把轻薄如纸的发电机嵌入鞋底,只要提腿走路,就可以给身上的手机充电。

第四章　太阳能开发领域的创新信息

太阳能通常指太阳光线热辐射产生的能量。人类很早就懂得利用太阳能,如用阳光晒干谷物,制作耐贮藏的干果、干菜、薯丝和淀粉,晒鱼鲞、制海盐等。现代开发利用太阳能,主要是通过光电转换方式用作发电,或者通过光热转换方式为热水器提供能源。在化石燃料日趋减少的情况下,人们越来越重视开发利用太阳能,创新成果随之日益增多。近年,国外在无机太阳能电池领域的研究,主要集中在硅基太阳能电池、硅薄膜太阳能电池;砷化镓太阳能电池、铜铟硒与铜铟镓硒太阳能电池、碲化镉与硒化镉太阳能电池、钙钛矿太阳能电池,以及碳基太阳能电池等。同时,开发能够充分利用光和热的太阳能电池、环保型太阳能电池,以及高质量电池专用材料和相关技术等。在有机太阳能电池领域的研究,主要集中在探索并五苯太阳能电池、塑料太阳能电池、染料敏化太阳能电池、聚合物和共聚物太阳能电池,并探索有机太阳能电池的配套材料,以及它们的设计和制造技术等。在非电池领域开发利用太阳能的研究,主要集中在探索以其他形式利用太阳能发电取暖的方式,及其所需的材料和设备,特别是探索聚光太阳能热发电模式所需的动力设备、热发电系统、新材料和新技术。这里,还概述了建设太阳能电站、建造太阳能环保屋的进展状况。

第一节　无机太阳能电池研制的新进展

一、研制硅基太阳能电池的新成果

(一)硅基太阳能电池研制的新进展

1.研制出硅太阳能电池新产品

(1)开发出多晶硅太阳能新电池。2004年12月,德国弗劳恩霍夫协会近日发表的新闻公报说,该协会研究人员采用新技术,在世界上率先使多晶硅太阳能电池的光电转换率达到20.3%。

据悉,与单晶硅太阳能电池相比,多晶硅电池成本低,但也存在明显缺陷。晶粒界面和晶格错位是造成多晶硅电池光电转换率一直无法突破20%的关口。单晶硅电池早在20多年前就已突破这一关口。

公报说,该协会下属的弗赖堡太阳能系统研究所经过两年攻关,成功开发出一种新技术,可以使多晶硅电池的晶格错位等缺陷得到部分解决。其技术关键是在太阳能电池生产过程中选择适当温度,使多晶硅的电子性能得到提高,并同时形成高效率的太阳能电池结构。经过多次试验,研究人员找到了适当的温度平衡点,既保证太阳能。

另外一项重要改进,是该研究所开发出的一种名为 LFC 的太阳能电池背面接触新技术。该技术生产成本低,效率高,可以取代目前昂贵的传统技术。

(2)研制出转换效率超高效的硅太阳能电池。2008 年 10 月,有关媒体报道,美国特拉华大学专家艾伦·巴尼特领导的一个研究小组,近日研制出超高效的硅太阳能电池。它在标准的陆地日光条件下,太阳能转换效率达到创记录的 42.8%,是目前最好的硅太阳能电池的 2 倍。这项技术将在世界范围内改变电力的产生方式。

巴尼特介绍说,以前的高效太阳能电池,其聚焦装置需要一套复杂的光学跟踪系统,包括一个 30.5 厘米厚、桌面大小的聚焦透镜。而他们研制的电池采用了一种新型的横向光学聚焦系统,该系统将入射光分成高、中、低三个不同的能量束,分别照射到不同感光材料上,这些感光材料总的吸收光谱则覆盖了整个太阳光谱。更重要的是,该聚焦系统包含一个静止的宽接收角光学系统,可以捕获大量的光能,而不需要复杂的跟踪装置,整个系统厚度不到 1 厘米。新型太阳能电池的这种超薄、没有活动部件的特性,意味着它很容易被应用于笔记本电脑等便携设备。

这项名为"超高效太阳能电池"的研究项目,由美国国防部高级研究计划局资助,意在开发实用的便携式太阳能电池充电器。美国杜邦公司已联合特拉华大学组成超高效太阳能电池开发集团,计划将该电池从实验室产品推进到工业制造原型阶段。

美国国防部高级研究计划局将继续资助下一阶段的开发,并将转换率的目标定为 50%。由于美军士兵随身携带的军事装备仅电池的重量就占 20%,美国军方对这种电池特别感兴趣,希望该项研究能大大缩减电池的后勤保障线,在减少电池重量的同时,提供更多电力,从而改善战场上那些严重依赖电力的技术装备的灵活性、耐受性和有效性。

(3)运用硅整流二极管天线研制出超高效率太阳能电池。2010 年 8 月,有关媒体报道,一个来自美国、比利时和韩国科学家组成的研究小组近日宣布,他们正在研究一种全新的方法,用于收集太阳能并将其转换为直流电能,这也使得设计、制造一种新型太阳能转换器成为可能。据悉,这项突破性的科技,将大大提高能量的转换效率,并且与现有的太阳能电池相比,成本也被大幅度降低。

报道称,这项技术具有较强的可扩展性,可持续发展能力、适应能力比较强,并且不对环境造成污染。这也使得制造商可以在某种材料出现短缺时,很快地以最经济的方式采用新型材料。此技术基于一种独特的"光整流"过程,通过一个构造简易,成本低廉的单一元件,从太阳能的红外至可见光谱中吸取能量。

这种大幅吸收太阳光谱的方式,与传统太阳能电池相比,有效地提高了转换效率。这个单一元件电池,具有吸收太阳能的天线和将太阳能吸收、转换为电能的整流器的双重身份。此装置被称为"硅整流二极管天线",它已被用于微波输电领域,并且效率高达90%。由于此装置由金属电线制成,半导体能带的局限性将不再是限制效率的因素。

此外,这个单一元件电池可以在高温下正常工作。而对于传统半导体电池来讲,当温度高于93.3℃时,电池的性能将受到很大影响。通过大量的计算机模拟,科学家进行了非几何对称的金属-真空-金属隧道结的量子计算,用以模拟单一元件硅整流二极管天线装置。

在模拟过程中,该隧道结被光照射,以模拟太阳光谱。计算机模拟的结果与该装置运行的实际整流结果一致,而且结果也证明了对于太阳光在可见光区域整流的可行性,并会有直流电流产生。科学家们实现了比现有太阳能电池更高的效率,甚至最高可达50%。科学家们正在建造装置原型,包括更加耐用的天线结构,以及提高输出及效率。

(4)通过二氧化硅纤维化制造出"纸型太阳能电池"。2012年2月,韩国电气研究院一个研究小组,在《能源和环境科学》学术刊物上发表论文称,他们综合运用纳米技术和纤维技术,开发出"纸型太阳能电池"制造技术。这项研究成果,被该刊物选定为大事论文题目,同时获得英国皇家化学会刊发的《化学世界》的介绍和好评。

韩国太阳能产业界认为,该项研究成果可以打破目前韩国太阳能产业发展停滞的局面,从而开拓新的市场。

"纸型太阳能电池"制造技术的创意来自于韩国传统的窗户结构。研究小组表示,先把二氧化硅纤维化,再利用所得纤维制作成纳米纸的形态。在该纸状结构的基础上,添加窗棂结构的金属网,就得到了轻薄耐用并可随意弯折的太阳能电池。

目前普遍应用的太阳能电池中,由于有坚硬的塑料基座和玻璃结构,所以相比"纸型太阳能电池"更加坚硬和厚重。该项技术的主要开发人员、韩国电气研究院创意源泉研究本部纳米融合技术研究中心的车胜一称,由于制作过程相对简单,利用"纸型太阳能电池"制造技术,在太阳能电池量产过程中,可以为企业节省大量成本。目前,该研究小组申请了有关这项技术的4项专利。

韩国电气研究院表示,"纸型太阳能电池"不仅可以应用在日常经常使用的智能手机中,在建筑、汽车和传播等领域,甚至在国防工业中都可以得到利用。

2.研制提高硅太阳能电池效率的新材料

(1)推出能够提高晶硅光伏电池功率输出的新型电子材料。2010年9月,总部位于美国新泽西州莫里斯镇霍尼韦尔公司,近日向媒体宣布,推出一系列新型电子材料,利用这些材料,晶硅光伏电池制造商,能够通过使用先进高效的电池设计,来提高电池的功率输出。

这些新型材料包括大规模半导体制造中常用的电介质和掺杂剂。霍尼韦尔电子材料部,向半导体行业供应电子材料,已有超过 40 年的历史。现在,正在将这方面的专长,应用于光伏行业。

太阳能电池效率,对于光伏制造商而言至关重要。效率提高,意味着相同大小的电池板,在接受相同太阳辐照量的情况下,将提供更高的功率输出。因此,电池效率是决定太阳能成本的关键决定因素。具体而言,有了这些新型掺杂剂和电介质材料,制造商便能在光伏电池制造中应用新的技术,使得生产每瓦电能的成本,较当前所用工艺大大降低。

掺杂剂是可以改变硅材料电学特性的配方化学品,能够有选择性地改变太阳能电池特定部分的电学特性。电介质是可以用作绝缘体的配方化学品,能够防止电流通过太阳能光伏电池的某些区域。这些电介质材料还具有其他优点,例如,可以用作钝化层以防止有害的复合效应,或用作扩散阻挡层以防止掺杂剂扩散到某些不必要的区域,还可用作掩膜材料。

由于杂质会降低光伏电池的质量,霍尼韦尔公司在设计这些新材料时,将杂质的含量控制在了极低的水平上。可使用霍尼韦尔新型材料的晶硅电池结构,包括选择性发射极、背部钝化、点接触和硼背场。此外,霍尼韦尔的掺杂剂将使 n 型硅基材得到广泛的应用,代替当前占主导地位的 p 型硅,从而消除 p 型硅光致退化效应带来的不良影响。有很多既经济又高产的方法,可以把这些新材料应用于硅晶圆,例如,丝网印刷和喷墨印刷,以及其他光伏和电子制造行业中已经使用的相当成熟的方法。

这些光伏制造新型材料的开发工作,由霍尼韦尔公司位于加利福尼亚州桑尼维尔和中国上海的先进研发机构完成。此外,霍尼韦尔与研究所、原始设备制造商和全球光伏电池制造商密切合作,以确保这些材料,与已大规模商业化生产的设备兼容,并且满足整个光伏制程的工艺整合要求。

除了这些新型材料以外,霍尼韦尔电子材料部 2009 年还推出用于光电板产品的防反射涂层,改进光电板玻璃的透射率,从而提高光伏模块的效率和功率输出。

(2)发明可提高硅太阳能电池效率的制冷涂料。2015 年 9 月 21 日,美国斯坦福大学范汕洄教授领导的一个研究小组,在美国《国家科学院学报》上发表研究成果称,他们发明一种透明制冷涂层材料,可以在不影响太阳能电池板吸收阳光性能的同时为其降温,从而提高太阳能电池的工作效率及持久性。

研究人员说,他们利用微加工技术在二氧化硅薄片上蚀刻微米量级的小孔,设计了一种二氧化硅光子晶体涂层材料。这种材料对可见光是透明的,但有很强的热辐射能力。使用这种涂层的太阳能电池板,能吸收同样多的太阳光,同时温度得到降低。

范汕洄说,这种晶体是被动制冷,工作时不需要电,也不需要其他任何能量的输入。其基本原理是令波长 10 微米左右的热辐射发散到空中,因为这种波长的热辐射不会被大气吸收、阻拦,从而能够为太阳能电池板降温。在自然界,这种制冷方式常见。

用硅片进行的测试表明,这种晶体可把硅片温度降低 13℃。范汕洄说,太阳能电池不会把吸收的阳光全部转化为电力,没有转化的就变成热。太阳能电池越热,其效率越低。如果太阳能电池板能降低 13℃,那么其工作效率将提高 1%。几十年来,商用硅基太阳能电池效率提高 0.1% 都是很大的进步,而今其总体效率也只有 20% 左右,因此如能提高 1%,那将是"非常非常大的进步"。

3.研究提高硅太阳能电池效率的新方法

(1)用硅纳米颗粒提升太阳能电池转化效率。2007 年 8 月,美国伊利诺伊大学物理学家穆尼尔·奈佛领导一个研究小组,在《应用物理快报》上发表论文称,他们一直致力于寻找更好的材料和方法,来制造高性能的太阳能电池。他们近日研究发现,在硅太阳能电池表面,生成一层硅纳米颗粒薄膜,能够提升它的能量转化能力,并且减少电池自身的发热量,延长使用寿命

该项研究成果主要针对的是吸收转化紫外光。对传统太阳能电池而言,紫外光线要么直接被渗漏出去,要么被硅器件吸收,但转化成的却是热能而并非电能,这有可能影响使用寿命。2004 年,奈佛发表于《光子技术快报》的一项研究中证实,紫外光线能够与尺度合适的纳米颗粒有效地结合,产生电能。

为了达到实际应用的效果,奈佛和同事进行了新的研究。他们首先利用自身开发的一项专利技术,将体积较大的硅转制成离散的纳米级颗粒,它们会发出不同颜色的荧光。而后,研究人员将这些颗粒分散在异丙基酒精中,并抹在太阳能电池的表面。当酒精蒸发后,电池表面就会最终形成一层紧密的纳米颗粒薄膜。

研究人员发现,如果太阳能电池表面覆盖的是厚度为 1 纳米的蓝色荧光纳米粒子薄膜,整个电池将能够多转化 60% 的紫外光线,不过可见光的转化率提升不到 3%。但如果电池表面覆盖的是厚度为 2.85 纳米的红色荧光粒子薄膜,那么紫外光线的转化率可增加 67%,而可见光的提升也能达到 10%。

奈佛认为,太阳能电池性能的这种改进,应更多地归因于电池电压的提高而不是电流。他说,"我们的研究结论表明了薄膜内电荷传输和纳米粒子界面修正的重要性。"他表示,新的涂层工艺很容易并入目前太阳能电池的制造过程,而成本并不会有额外地增加。

(2)发明大幅提高多晶硅太阳能电池转换效率的方法。2008 年 4 月 2 日,美国技术评论网站报道,麻省理工学院机械工程学教授伊曼纽尔·萨克斯领导的一个研究小组,近日发明了可大幅提高多晶硅太阳能电池效率,同时维持低成本的方法。他们同时成立了一家名为 1366 的技术公司,以将这项技术商业化。

萨克斯是 1366 公司的创办人之一。他的实验室研制出的大约 2 厘米宽的小型多晶硅太阳能电池,其光电转换效率(将定量的光能转换成电能的效率)比普通

多晶硅太阳能电池提高了27%。

萨克斯研究小组采用了3项关键的发明来提高太阳能电池模型的效率。

第一项发明是在太阳能电池表面增加纹理,使硅板能吸收更多的光。当光线进入电池时,粗糙的表面使得光线发生弯曲,当光线到达电池的背面时,它不会被直接反射出去,而是被小角度反弹回,从而驻留在硅太阳能板里。光线在硅板里停留的时间越长,它被吸收而转换成电能的概率就越大。这项技术曾在单晶硅太阳能电池上使用,但此前在多晶硅电池上还很难实现。

第二项发明与采集硅板产生的电流的银丝有关。萨克斯发明了一项技术,可以制备很细的银丝,其直径只有太阳能电池通常使用的银丝的1/5,而且提高了电导率。银丝越细,制造成本就越低。同普通银丝相比,细银丝可以更紧密的排列,彼此的间隔更小,这使得银丝采集电流的效率更高。

第三项发明是使用一套宽平的金属条来汇集通过细银丝传来的电流。通常,这些金属条会阻碍光线进入太阳能电池,从而使电池效率下降。但萨克斯通过蚀刻金属条表面,使其变得像多面镜一样,从而获得了与在硅板表面增加纹理一样的效果。虽然这道工艺步骤会使生产成本增加,但银的用量减少了,二者可以抵消。

一般来说,多晶硅太阳能电池要比昂贵的单晶硅太阳能电池转换效率低,但要便宜许多。27%的效率提升,意味着可用较低的成本,生产出与单晶硅太阳能电池效率相当的多晶硅太阳能电池。目前的太阳能电池每产生1瓦的电力,需要2.1美元。1366公司正在兴建一座试验工厂,以生产完全尺寸的太阳能电池(大约15厘米宽)。萨克斯说,如果公司的放大生产能够成功,这项技术将使太阳能发电的成本大幅降低。他估计,第一批采用新技术生产的太阳能电池,其发电成本约为1.65美元/瓦,考虑到今后的技术改进,成本会降为1.30美元/瓦。但是要想和煤炭发电竞争,太阳能发电的成本必须降到1美元/瓦才行。萨克斯预测,通过改进减反射涂层和其他技术进展,在2012年左右,这个目标完全可以达到。

(3)开发使硅太阳能电池转换率增一倍的新技术。2012年7月15日,日本《朝日新闻》网站报道,日本京都大学电子工程学教授野田进领导,他的同事参与的一个研究小组,在《自然·光子学》网络版上发表论文说,他们研制了一种特殊的滤膜,能使硅太阳能电池的光电转换效率相对于"普及"水平提高1倍以上。

据报道,目前,最普及的硅太阳能电池的光电转换效率一般在20%左右,经技术改良达到30%已经很不容易。这是由于太阳光包含各种不同波长的光,而硅能够吸收并转换为电能的只是某些特定波长的光。

该研究小组开发出一种滤膜,它只允许在目前技术条件下能实现光电转化、有特定波长的光穿过并照射太阳能电池,从而提高光电转换的实际效率。这种滤膜由两张铝镓砷半导体膜夹一张6.8纳米厚的砷化镓半导体膜制成。当阳光透过这种滤膜再照射太阳能电池后,电池的光电转换效率可提高到40%以上。

4.研究降低硅太阳能电池成本的新发现

发现纳米锥或为降低硅太阳能电池成本的关键。2012年6月,美国斯坦福大学一个研究小组在《纳米快报》上发表研究成果称,对于硅光伏产业,要制造出经济可行的太阳能电池,需要将目前模块每瓦特1美元的成本下降一半,而这些成本大多来自硅材料和经常使用的昂贵制造工艺。该研究小组近日研发出一种由硅纳米锥和有机导电聚合物覆盖的混合型太阳能电池,不仅可以在这两个方面削减成本,同时还表现了出色的性能。

研究人员介绍,混合太阳能电池使用纳米材质有两个好处:提高光的吸收,减少使用所需硅材料的数量。太阳能电池的纳米纹理涉及纳米线、纳米穹罩(圆顶)和其他结构。研究发现,纳米锥体结构提供了一个增强光吸收最佳形状的纵横比(纳米锥的高度/直径),因为它能够同时对短波光的抗反射和长波长的光散射都发挥作用。

在以往使用纳米材质的设计中,结构之间的空间通常太小,以致无法填充聚合物。而新太阳能电池中,纳米锥的形状结构允许聚合物涂在开放的空间,减少了其他材料的需求。通过用一个简单的低温方法,即可形成这种纳米锥体/聚合物混合结构,也降低了工艺成本。

研究人员在对新型太阳能电池进行测试,并做出一些改进之后发现,生产的器件效率达到11.1%,这是在混合硅/有机太阳能电池中的最高数值。此外,短路电流的密度表明,这种太阳能电池产生最大的电流,仅稍低于单晶硅太阳能电池的世界纪录,非常接近理论极限。

研究人员预测,由于混合硅纳米锥聚合物太阳能电池良好的性能,以及更简单的生产工艺,未来有一天其可能会被视为经济上可行的光伏器件。

(二)硅薄膜太阳能电池开发的新进展

1.研制硅薄膜太阳能电池新产品

(1)在薄金属底板上开发出薄膜结晶硅太阳能电池。2004年10月,日本媒体报道,三洋电机公司展出了正在开发的"新型薄膜结晶硅太阳能电池",并且与老式单晶硅太阳能电池进行了比较演示。其特点是可将多个太阳能电池单元串联起来。

据悉,可得到单晶硅太阳能电池50多倍的高输出电压。从演示中的输出电压来看,此次展出的太阳能电池为+39.4伏,而单晶硅太阳能电池仅有+0.6伏,因此两者大约相差66倍。

研究人员表示,他们在作为底板的薄金属底板上,薄薄地层叠了微结晶硅层和非晶硅层。关键是使用了绝缘体来分隔电池单元。这样,便可将大量的小型电池单元结合到一起。而过去的单晶硅太阳能电池,很难在不破坏结晶的前提下配置绝缘体。

因为可得到较高的输出电压,所以利用很小的面积,即可确保200伏等各种家用电压。另外,当遇到因屋顶形状使老式太阳能电池板无法安装的情况时,该产品也可使用。与多晶硅太阳能电池等相比,另一个最大的优点是生产成本低。

原因在于"不使用晶圆,硅的用量较低。"

该产品的另一个特点是电池板可以弯曲。不包括底板在内的薄膜厚度仅 2 微米。微结晶硅本身也比单结晶硅耐弯曲。

新产品的问题是转换效率仍较低。单个电池单元的效率可达 12.6%,而将多个电池单元串联后,就会导致电流密度降低、效率下降。据三洋电机介绍,今后,将通过优化电流和电压之间的平衡、提高转换效率,使之达到实用水平。

(2)研制出高转换率的太阳能硅薄膜电池。2015 年 3 月 25 日,俄罗斯科学网站报道,俄科学院约飞物理技术研究所一个研究小组研制出一种新的太阳能薄膜电池,这种基于硅材料的太阳能电池组件,其光电转换效率理论可达 27%。

俄罗斯一家太阳能薄膜公司通过与瑞士合作,在俄设厂生产太阳能电池,年产 100 兆瓦特的薄膜太阳能电池组件。瑞士的生产技术保障所产太阳能电池组件光电转换效率达到 8.9%。为完善该技术并进一步提高光电转换率,2010 年,这家俄罗斯公司在约飞物理技术研究所建立薄膜太阳能电池技术研究中心。该中心的研究人员逐渐将这种薄膜太阳能电池的光电转换效率提高至 10%,进而达到 12%。

在平行的研究中,俄研究人员致力于完善一种新的产品,基于硅材料的薄膜太阳能电池。2012 年,日本三洋公司基于晶体非晶体异质结技术的太阳能电池专利到期,俄科学家借助于该专利技术,利用俄诺贝尔奖获得者阿尔费罗夫关于光电异质化的研究成果,研制出一种新的太阳能薄膜电池。这种新的太阳能薄膜电池基于硅材料,生产中利用等离子化学沉降的方法在晶体硅表面形成一层非晶体硅的纳米薄膜。目前,该研究中心生产的基于这种技术的薄膜太阳能电池组件的工业样品,光电转换率已达 21%,超过传统薄膜太阳能电池组件的近 2 倍。

(3)研制出高转化率的三结薄膜硅太阳能电池。2015 年 6 月,由日本先进工业科学和技术研究所、光伏发电技术研究协会、夏普、松下和三菱等单位抽调人员组成的一个研究小组,在《应用物理快报》杂志上发表论文称,他们开发出的一种三结薄膜硅太阳能电池,获得了 13.6% 的稳定转化效率,成功打破了此前报道的 13.44% 的世界纪录。研究人员称,如果进行一些合理化改进,其效率可达 14% 以上。

日本先进工业科学和技术研究所研究员佐井田村说,新研究获得了两个重要成果。一是开发出具有先进光捕获能力的薄膜硅太阳能电池;二是在只有 4 微米厚的微晶吸收层上,实现了每平方厘米 34.1 毫安的光电流密度。

太阳能电池的效率有多种不同类型,通常不同类型效率之间很难进行直接比较。这个研究使用的是稳定的光电转换效率(PCE)。

佐井田村指出,太阳能电池只要暴露在光照、湿度、温度等条件下,转换效率就会发生一定程度的衰减,因此大多数太阳能电池都通过"初始"效率来进行评价。如果电池是像晶体硅这样的材料,性能上还相对稳定;而如果涉及无定形硅即非晶硅,情况将完全不同,在经过暴晒后其导电性能会显著衰退。

许多因素都可能导致光诱导降解硅太阳能电池,一种应对措施是在衬底采用蜂窝结构。此前蜂窝状纹理大多用于单结太阳能电池,其仅由一个半导体材料制成,只吸收一个波长的光。而在新研究中,科学家发现这种结构同样可用于多节太阳能电池,这类电池可以吸收多个波长的光,比单结电池具有更优异的陷光性能。为进一步提高效率,他们还对蜂窝纹理进行了精细的控制,并加入了一种蛾眼结构的防反射膜。

为了做出公正的比较,研究人员对暴露在阳光中一段时间的太阳能电池进行测试。结果表明,这种电池的初始效率可达 14.5%,稳定效率也有 13.6%。

尽管刷新了一项新的纪录,研究人员认为该电池还有很大的改进空间,在提高太阳能电池顶部层的性能,并解决光谱失配问题之后,其稳定效率将有望突破 14%。

2.研究制造硅薄膜太阳能电池的新方法

(1)研制出把超薄硅太阳能电池"印"在铝箔上的新方法。2008 年 1 月 8 日,英国《卫报》报道了一种可"印"在铝箔上的超薄硅太阳能电池,近日在美国加利福尼亚州一家工厂的流水线上源源不断地生产出来。这种可以大规模生产的太阳能电池,被科学家称为太阳能发电的"革命"。

据悉,这种电池板是硅谷的纳米太阳能公司研制生产的。与越来越多欧洲消费者安装在自家屋顶上发电的太阳能电池不同,这种新式电池可像印刷报纸一样"印"在铝箔上,弹性好,重量轻。纳米太阳能公司预计用这种电池板发电能像用煤发电一样便宜。

纳米太阳能公司称,该产品订单已经排到了 2009 年中期,而且第二家工厂很快要在德国投产。

纳米太阳能公司在瑞士的经理埃里克·奥尔德科普说:"我们的首块太阳能电池板,将用于德国的一家太阳能电站。我们的目标是生产出发电成本为 99 美分 1 瓦的电池板。"

报道说,在欧洲、日本、中国和美国,有几家公司和纳米太阳能公司一样,都在研发生产不同样式的"薄片"太阳能电池。美国政府和硅谷的企业家已经为这种技术实现商用投入了 3 亿美元。

(2)开发出高压喷涂气态硅制造硅薄膜太阳能电池的新方法。2008 年 9 月 9 日,《日经产业新闻》报道,日本三洋电机公司成功开发出高速生产硅薄膜的技术,并用新技术生产出双重构造的薄膜型太阳能电池,使以较低成本生产光电转换效率较高的实用太阳能电池成为可能。

据报道,太阳能电池的硅薄膜,一般用等离子化学气相沉积法生成。等离子化学气相沉积法的要点是把气态硅喷涂到基板上,但是如果需要面积大的薄膜,喷涂的气体压力就容易下降,膜的形成速度就会变慢。三洋电机公司通过将喷涂气态硅的喷嘴形状从原先的扁平状改成金字塔状,成功使气态硅维持高压状态。

技术人员用新技术,试制纵向 55 厘米、横向 65 厘米的太阳能电池板,薄膜的形成速度相当于每秒 3 纳米厚。如果利用这一新技术生产厚 2 微米的双层硅薄膜,速度可提高到原来的 9 倍。太阳能电池板的光电转换效率可达 9.84%,比薄膜型太阳能电池通常 5%~8% 的转换效率要高。

制造速度的提升使每台设备的产量大幅提高,生产成本随之显著降低。据三洋电机公司介绍,如果用于实际批量生产,那么平均每瓦功率的成本约为 150 日元(约合 1.4 美元),大约是晶体硅的一半。三洋目前正计划验证新技术能否用于生产纵向 1.1 米、横向 1.4 米的大型电池板,还希望将光电转换效率提升到 14%。

太阳能电池有多种类型,薄膜型太阳能电池因为薄,所以其原料硅的使用量,只有多晶硅太阳能电池的 1%,因而价格要便宜。但是,其光电转换效率只有晶体硅太阳能电池的一半,后者的转换效率已超过 20%。要实现批量生产薄膜型太阳能电池,可大面积设置、价格低、转换效率高等 3 个条件缺一不可,但同时满足这 3 个条件的难度非常大。

3.研究提高硅薄膜太阳能电池效率的新技术

(1)找到提高硅薄膜太阳能电池效率的新途径。2008 年 11 月,有关媒体报道,美国麻省理工学院材料科学和工程教授莱昂内尔·金默灵领导,物理系博士后比特·博麦尔等人参与的一个研究小组,通过计算机模拟和实验室测试,找到能极大提高太阳能光电池效率的新途径。

据悉,利用计算机模型和先进的芯片制造技术,由物理学家和工程师共同组成的麻省理工学院研究小组,成功地在构成太阳能电池的超薄硅薄膜的正面增加了一种增透膜,并在背面增加了由多层反射膜和衍射光栅组合成的精细结构。此举导致太阳能电池的电能输出提高了 50%。

超薄硅薄膜背面的多层反射复合结构经过精心设计,能够让照射进薄膜的光,更长时间地在薄膜内反射,以便有充足的时间让光能被吸收并转换成电能。博麦尔表示,没有这些反射层,光将直接反射出薄膜进入周围的空气。他认为,确保进入硅薄膜中的光,能够具有更长的传输通道十分重要,在硅薄膜中传输距离越长,意味着光能被吸收的概述越高,被吸收的光能将促使薄膜中的自由电子形成电流。

为获得理想的光电转换效率,研究小组进行了数以千计的计算机模拟实验。他们通过改变衍射光栅的刻痕距离、硅薄膜的厚度,以及硅薄膜背面反射层的数量和厚度,来寻求最佳的太阳能电池设计方案。金默灵说:"计算机模拟(结构)的性能,比任何其他结构的要好得多,当硅薄膜为 2 微米厚时,光能转换成电能的效率提高了 50%。"

在获得了理想的设计后,研究小组通过实际的测试,对其进行确认。金默灵表示,研究人员完善了光电池的结构并将其制造出来。测试确认了计算机模拟设计的正确性,该结果已引起了工业界的兴趣。

研究人员表示,至今所完成的工作,仅仅是走向实际高效光电池商业化生产的第一步,今后,他们还需要通过不断的模拟和实验测试,以及更多的制造工艺和材料研究,对新型光电池进行精细调整。金默灵认为,如果太阳能利用产业保持目前的需求势头,那么新型光电池有望在未来 3 年内得到应用。

(2)通过优化薄膜太阳能电池内部结构提高其光电转化效率。2011 年 5 月,新加坡科学技术研究局微电子所的帕特里克·罗等组成研究小组,在美国无线电工程师协会(IEEE)主办的《电子器件快报》杂志上发表论文称,他们发现,改变薄膜太阳能电池内硅的微观结构,可增强其捕获光线的能力,显著提高其光电转化效率。

能源危机是当今世界面临的一大主要挑战,高需求和低供给在不断推高原油及其制成品的价格。硅基太阳能电池是生产清洁能源和可再生能源最有前途的技术之一。有数据称,太阳每秒钟照射到地球上的能量就相当于 500 万吨煤,只需将其中一小部分转化为电能,就能解决目前人类社会对化石能源的依赖。但太阳能电池,尤其是薄膜太阳能电池,较低的转化效率,一直困扰着这项技术的发展和普及。

新加坡的研究人员发现,采用改变薄膜太阳能电池内硅的微观结构的方式,可显著提高其转化效率。

研究人员称,普通的硅薄膜太阳能电池,存在着一个固有的问题:它们无法吸收那些波长比其薄膜厚度更大的光子。例如,一个标准的 800 纳米厚的薄膜,虽然能捕捉到波长较短的蓝光,但也会完全错过波长较长的红光。因此,为了保持材料低成本的同时提高转化效率,就必须想办法捕捉到更多的光子,其中也包括那些中等波长的光线。

为达到这一目的,研究人员在薄膜太阳能电池中硅的表面蚀刻出很多纳米尺寸的硅柱。帕特里克·罗解释说,这些硅纳米柱就像森林中的树木,一旦光线进入后就无法轻易"脱身"。当光线射入硅柱组成的"森林"后,光线就会在"森林"的底部及"树木"间,不断进行反射,每一次反射都会增加吸收光子的机会。

该研究小组用电脑对此进行模拟,以确定这种薄膜太阳能电池的性能和其最佳外形。经研究他们发现,每个纳米支柱的上半部分还可通过添加掺杂剂的方式制成电极。目前,他们正在通过这一思路,进行这种薄膜太阳能电池原型的制造工作。

4.研究降低硅薄膜太阳能电池成本的新方法

(1)开发出可降低工艺成本的卷带式薄膜太阳能电池。2009 年 6 月 4 日,美国《技术评论》网络版报道,美国一家先创公司"迅力光能"开发出了一种制造大型可卷曲太阳能板的技术。这种卷带式制造技术可在不锈钢薄板上形成薄膜非晶硅太阳能电池,有利于降低生产工艺的成本。每个太阳能模块大约 1 米宽、5.5 米长。

相对于传统硅太阳能电池板笨重和坚硬的形象,这些重量轻、可卷曲的电池板很容易集成到建筑物的屋顶和外立面,也可用于车辆外体。该太阳能电池板比传统电池板更吸引人的地方是能更容易地将其嵌入不规则设计的屋顶。

该公司的创始人兼总裁邓迅明说:"它们甚至可以卷起来放在背包里带着,这样你就可用它给你的笔记本电脑充电。"

非晶硅薄膜太阳能电池要比传统的晶体电池更为便宜,因为它只需使用材料的一部分,相对于晶体太阳能电池150~200毫米厚的硅层,它的厚度只有1毫米。但是,其弊端是效率非常低。为了提高其效率,迅力光能公司制造了一个三重结构的电池,它由非晶硅、非晶锗化硅及纳晶硅等3种不同材料制成,每种材料被调谐至捕获不同太阳光谱的能量。

虽然目前市场上有些晶硅模块的效率可达20%以上,而迅力光能的可卷曲光伏模块效率只有8%左右,但其优势在于高容量的卷带式技术。卷带式工艺可使其降低成本,扩大应用范围。

到目前为止,迅力光能已获得了4000万美元的投资。2008年12月,俄亥俄州还给予了这家公司700万美元的贷款,以加快建设一个2.5万千瓦的卷曲太阳能模块生产线。该公司预计将于2010年正式向市场推出其产品。

(2)研制出使硅薄膜太阳能电池成本减半的纳米结构。2011年10月,物理学家组织网报道,新加坡微电子研究院高级研究员纳瓦·辛领导,南洋理工大学电机与电子工程学院院长郑世强、新加坡微电子研究院院长孔迪立等人参与的一个研究小组,把一个新奇的纳米结构,置于非结晶硅制成的太阳能电池的表面,研制出一种转化效率高、成本低的新型薄膜太阳能电池。研究人员认为,这项技术有望把太阳能电池的制造成本降低一半。

目前,太阳能电池一般都由高品质的硅晶体制成,因此大大提高了其制造成本,限制了太阳能电池在全球大规模的应用。新加坡研究小组制造出的这种新薄膜硅太阳能电池则解决了这个问题。

研究人员首先使用品质比较差、厚度仅为传统太阳能电池所用硅晶体1/100的非结晶(不定型)硅薄膜,制造出一种薄膜硅太阳能电池,大大降低了太阳能电池的制造成本。

但这种电池在把太阳光转化为电力方面的效率较低,为此,研究人员使用纳米技术,在非结晶硅太阳能电池表面制造出一种独特的纳米结构,改进了这种薄膜硅电池的转换效率,增加了能源输出。新的纳米结构硅薄膜太阳能电池,产生的电流是34.3毫安/厘米^2,与传统电池的输出电流(40毫安/平方^2)相当。

纳瓦·辛表示:"新的纳米方法让这种薄膜太阳能电池,获得有史以来最高的短路电流密度及5.26%的转化效率。"

然而,一般晶体硅电池的转化效率为20%~25%。纳瓦·辛认为,鉴于短路电流密度与转化效率直接相关,通过不断改进填充率、增加开路电流的电压,能让这种硅薄膜太阳能电池的转化效率,最终提高到与晶体硅太阳能电池相当。他们接下来将集中于探索其他捕光策略,如使用表面等离子体光子学技术来捕光等。

郑世强表示,太阳能电池要想在全球各地"遍地开花",提高低成本太阳能电池的转化效率非常重要。南洋理工大学一直致力于研究便宜高效且容易制造的太阳能电池,以便太阳能电池在未来的可再生能源家族中,发挥更大的作用和影响力。孔迪立表示:"薄膜太阳能电池的需求量,在2013年可能会翻番。"

二、开发非硅基太阳能电池的新成果

(一)砷化镓太阳能电池研制的新进展

1.开发砷化镓太阳能电池的新成果

(1)研制有望打破能效记录的砷化镓太阳能电池。2011年11月8日,物理学家组织网报道,美国劳伦斯伯克利国家实验室科学家伊莱·亚布鲁诺维契领导,欧文·米勒等专家参与的研究小组,通过与传统科学研究相反的新思路,用砷化镓制造出了最高转化效率达28.4%的薄膜太阳能电池。该太阳能电池效率提升的关键并非是让其吸收更多光子而是让其释放出更多光子,未来用砷化镓制造的太阳能电池有望突破能效转化记录的极限。

过去,科学家们都强调通过增加太阳能吸收光子的数量,来提升太阳能电池的效率。太阳能电池吸收阳光后产生的电子必须被作为电提取出来,而那些没有被足够快速提取出的电子会衰变并释放出自己的能量。

该研究小组发现,如果这些释放的能量作为外部荧光排放出来,太阳能电池的输出电压就会提高。亚布鲁诺维契说:"我们的研究表明,太阳能电池释放光子的效率越高,其能源转化效率和提供的电压就越高。外部荧光是太阳能电池转化效率达到理论最大值——肖克莱·奎塞尔效率极限的关键。对于单p-n结太阳能电池来说,这个最大值约为33.5%。"

米勒解释道,在太阳能电池的开路环境中,电子无处可去,就会密密挤在一起,理想的情况是它们排放出外部荧光,精确地平衡入射的太阳光。

基于此,由亚布鲁诺维契联合创办的阿尔塔设备公司,使用亚布鲁诺维契早期研发的单晶薄膜技术——外延层剥离技术,用砷化镓制造出了最高转化效率达28.4%的薄膜太阳能电池。这种电池不仅打破了此前的转化效率,其成本也低于其他太阳能电池。目前效率最高的商用太阳能电池由单晶硅圆制造,最高转化效率为23%。砷化镓虽然比硅贵,但其收集光子的效率更高。就性价比而言,砷化镓是制造太阳能电池的理想材料。

亚布鲁诺维契说:"太阳能电池的高性能与外部荧光有关,我们的理论将显著改变未来太阳能电池的面貌,我们将生活在一个太阳能电池非常便宜而且高效的世界中。"

(2)展示既能吸光又能发光的砷化镓太阳能电池模型。2012年5月6日至11日,在美国旧金山市举办的激光器和电子设备大会上,加州大学伯克利分校电子工程系艾利·雅布龙诺维奇教授领导,欧文·米勒等人参与的研究小组,向人们展示了一项砷化镓太阳能电池新成果。他们提出了新的设计理念,把太阳能电池设计得像发光二极管一样,既能吸光又能发光,据说这种新设计有望让太阳能电池突破转化效率的极限。

科学家们自 1961 年就知道,太阳能电池的光电转化效率存在着一个理论最大值:约为 33.5%。但 50 年过去了,始终无人突破这一极限。2010 年,科学家们让平板单节点太阳能电池(能吸收特定频率光波)的转化效率达到了 26%。

人们普遍认为,太阳能电池吸光越多,提供的电力就会越多,但该研究小组却反其道而行之。为了获得更高的转化效率,他们基于吸光和发光之间的数学关联,提出上述设计理念。米勒表示,当太阳中的光子"袭击"太阳能电池内的半导体时,电池会产生电。光子提供的能量会让材料中的电子变得松散从而能自由移动,但这一过程(发冷光过程)可能也会产生新光子。这种新式太阳能电池背后的理念是:应让这些并不直接来自于太阳光的新光子能容易地从电池中逃逸。米勒表示:"尽管这与直觉相悖,但从数学角度而言,使新光子逃逸会让电池产生更多电压。"

米勒解释道:"从根本上而言,太阳能电池的吸光和发光之间存在着热力学关系。让太阳能电池发光,那么,光子就不会在太阳能电池内'失去',就会增加太阳能电池产生的电压。发光越好的太阳能电池产生的电压越高,转化效率也越高。"米勒表示,尽管冷光发射过程会增加电压这一理论并不新鲜,但从没有人想过用其来设计太阳能电池。

雅布龙诺维奇说,他参与创办的阿尔塔设备公司,去年使用新概念设计出的一种由砷化镓制成的太阳能电池模型,就取得了高达 28.3%的创纪录转化效率。该进展应部分归功于他们在设计电池时,也让光能尽可能容易地从电池中逃逸,他们使用的技术包括改进电池背面,确保产生的光子被反射回材料中,从而产生更多电力。

雅布龙诺维奇希望能利用最新技术,让太阳能电池的转化效率超过 30%。该研究适用于各种类型的太阳能电池,有望让整个太阳能电池领域大大受益。

2.研制含有砷化镓原料的多层叠加太阳能电池新成果

(1)研发出以砷化镓为基础的高转换率多层太阳能电池。2010 年 10 月 27 日,德国弗赖堡的弗劳恩霍夫协会太阳能系统研究所,安德烈亚斯·贝特博士领导的研究小组,在布鲁塞尔领取了欧洲技术与研究组织行业协会颁发的 2010 年创新奖。这项创新奖旨在表彰研究和技术组织推动了经济和社会进步的研究工作。

贝特研究小组研发出效率几乎是传统硅太阳能电池两倍的太阳能电池。这种电池采用了太阳能电池堆叠技术,使整个太阳光谱都可用于能源生产。

目前,在实验室所研发的硅基太阳能电池中,单晶硅电池的最高转换效率为 29%,而该研究小组实现了 41.1%的效率,这是继 2007 年美国研制出效率达40.7%的太阳能电池后,又一具有里程碑意义的纪录。

为实现这一目标,贝特研究小组改进了多层太阳能电池的堆叠。这种电池内部的三个子电池由Ⅲ－Ⅴ族化合物半导体(指元素周期表中的Ⅲ族与Ⅴ族元素相结合生成的化合物半导体,主要包括砷化镓、磷化铟和氮化镓等)相互叠加而成,每个子电池能够特别有效地转化一定波长范围内的太阳光。这些高效的电池被安装在可集中太阳光强度500倍的集中器里。经过贝特研究小组自2006年以来不断的改进,这种阳光集中器内的金属结构,已经可以传输较大电流,并且自身电阻较低,尺寸也非常小,不会阻挡阳光的穿透。

为了使这项技术迅速从实验室走向工业化,该研究所还专门建造了一个示范试验室,用来展示它们在工业中如何应用。而从这家研究所分离出来的太阳能公司所生产的集中器系统,已经在西班牙太阳能电厂的应用中,帮助实现了太阳能并网发电25%的系统效率。

(2)开发出以砷化镓为核心的高转换率太阳能电池。2011年11月4日,有关媒体报道,日本经济产业省下属独立行政法人,日本新能源与产业技术综合开发机构,其主导的"创新型太阳能发电技术研发"项目,取得阶段性成果,项目承担单位夏普公司,成功开发出转换效率达36.9%的太阳能电池。

夏普公司采用中层为砷化镓的三种无机化合物(上层InGaP、中层GaAs、底层InGaS)叠加的方式,在2009年10月,就实现35.8%的转换效率。经过两年的研究,解决了结合部连接层衰减的问题,大幅提高了转换效率。

研究人员表示,这个项目瞄准2050年,目的是开发出转换效率40%以上的太阳能电池,并使成本下降到日本目前的普通发电水平(7日元每千瓦时)。由于这一成果的取得,预计该项目将大大提前实现上述目标。

另据日本新能源与产业技术综合开发机构网站消息,为了配合"创新型太阳能发电技术研发"项目的实施,该开发机构和欧盟委员会,在2011年5月签署了研发合作协议,产学研合作共同开发转换效率达到45%的太阳能电池。项目实施期间从2011到2014年,日本共投入6.5亿日元,欧盟投入500万欧元。日方项目参加单位为,丰田工业大学(丰田集团)、夏普、大同特殊钢、东京大学、产业技术综合研究所;欧方为,西班牙、德国、英国、意大利、法国等国的大学、研究所与企业。

(二)铜铟硒与铜铟镓硒太阳能电池研制的新进展

1.开发铜铟硒太阳能电池的新成果

突破制造铜铟硒太阳能电池新型薄膜的技术瓶颈。2010年4月21日,美国《技术评论》杂志报道,美国俄勒冈州立大学化学工程系助理教授张志宏领导的研究小组,利用持续流动的微型反应器,突破了铜铟硒薄膜太阳能电池制造上的技术瓶颈。这项技术在实现铜铟硒膜层厚度可控的同时,还可大幅降低太阳能电池的制造成本并减少废弃物。该研究论文发表于最新一期《当代应用物理》杂志上。

以往使用铜铟硒制造光能吸收膜时需要使用飞溅、蒸发以及电镀技术,这些过程耗时很长,且需要昂贵的真空系统以及有毒的化学物质,因此成本很高。而另一种铜铟硒化学溶液沉积法尽管降低了成本,但生长溶液会随着时间流逝发生变化,很难控制光能吸收膜的厚度。

俄勒冈州立大学和韩国岭南大学携手研发的这项技术,能够在一个持续流动的微型反应器中,让"纳米结构的薄膜"厚度可控地沉积在不同的表面。比以前使用的化学溶液沉积法更加安全、快捷、经济。张志宏他们现在已经证明,这套系统能够在短时间内、在玻璃衬底上生产铜铟硒薄膜太阳能电池。接下来,他们将完善这项技术,以便能够与基于真空的技术竞争,实现商业化生产。

值得一提的是,利用这种方式制造的薄膜太阳能电池,可直接用于屋顶制造。这将给未来的可再生能源及传统建材带来革命性变化。因为所有的太阳能应用最终都要考虑效率、成本和环境安全,而这种产品恰恰能够满足这些要求。

该研究小组还在研发使用纳米结构的光能吸收薄膜来制造太阳眼镜,不仅成本更低且防紫外性能更好。研究人员认为,这项技术,也能应用在照相机和其他光学设备制造上。

研究人员表示,他们旨在进行"太阳能电池的生产和应用的革新",希望能够将成本降低50%,减少生产过程对环境的伤害,同时创造更多的就业岗位。

2.开发铜铟镓硒太阳能电池的新成果

(1)铜铟镓硒薄膜太阳能电池研究获重要进展。2010年7月13日,德国美因茨大学发表公报说,该校研究人员参与的薄膜太阳能电池研究项目取得重要进展,有望使太阳能薄膜电池突破目前20%光电转化率的纪录。

目前,光电转化率最高的是铜铟镓硒(CIGS)太阳能薄膜电池,可达20%,但与超过30%的理论值仍相距甚远,其主要难题是材料中的铟、镓分布和比例难以达到理想值。

美因茨大学的研究人员与美国国际商业机器公司德国美因茨分部,以及生产特种玻璃的德国肖特公司等合作,借助电脑模拟程序发现铜铟镓硒材料的铟镓分离温度,即在稍低于正常室温的情况下,铟镓会完全分开且分布不均匀,从而导致材料的光电作用减弱。而超过这个温度后,铟镓会相互融合,且温度越高其分布就越均匀。这表明太阳能薄膜电池生产过程需要较高的温度,只要最后的制冷步骤足够快就能使这种均匀性"定格"。

以往生产工艺受生产必需的玻璃底板的耐热性限制,无法提高温度。为此肖特公司研发了一种能够耐受超过600℃的特殊玻璃材料。研究人员说,此项成果是一个重大突破。

(2)用喷墨打印技术制造铜铟镓硒薄膜太阳能电池。2011年6月,美国俄勒冈州立大学化学、生物学和环境工程系的教授张志宏领导的研究小组,在《太阳能材料和太阳能电池》上发表研究成果称,他们首次找到一种方法:使用喷墨打印技术成功地制造出铜铟镓硒薄膜太阳能电池,新方法使原材料浪费减少90%,并通过使用一些富有潜力的化合物,显著降低了太阳能电池的制造成本。有关专家表示,借助该项技术,科学家最终能制造出性能极佳、能被快速制造、成本超低的薄膜太阳能电子设备。

研究人员已为这项技术申请了专利。尽管现在研制出的太阳能电池的转化率仅为5%，需要进一步的研究来加以提高，但他们相信，该研究最终将引出新一代的太阳能技术。

张志宏表示："这项技术极富潜力，有望成为太阳能领域重要的新技术。迄今为止，还没有一个人使用喷墨技术制造出能工作的铜铟镓硒太阳能设备。"他解释道，新技术的一个优势是能显著减少材料的浪费。最新技术并不会使用昂贵的气相淀积法，将化合物沉积在基座上，因为那样会造成原材料的大量浪费；喷墨技术不仅可以制造出精确的图样，而且浪费很少。

另外，该方法使用了一种极有潜力的化合物黄铜矿——也被称为铜铟镓硒，它能大大提高太阳能转换效率。一层黄铜矿仅为一到二微米厚，然而，它从光子那儿捕捉的能量几乎与由硅制成的50微米厚的材料相媲美。

在这项研究中，研究人员制造出一种墨水，使用喷墨方法，能将黄铜矿印刷在基座上，能源转化效率约为5%。科学家们表示，从理论上来讲，他们可以获得12%的转化效率，这样，就可以制造出进行商业化生产的太阳能电池。

这个研究小组也和该校化学工程系副教授格雷格·赫尔曼合作，研究了其他也能够被应用于喷墨技术的化合物，其成本甚至更低。

许多制造太阳能电池的方法要么非常耗时，要么需要使用昂贵的真空装置或有毒的化合物。该研究小组正着手消除这些障碍，并研制出成本更低、更环保的太阳能技术。他们表示，最新技术或许会孵化出很多新兴企业，提供大量就业岗位。如果制造成本能持续走低，其他障碍被一一攻破，终有一天，人们甚至能制造出可以直接整合进屋顶材料中的太阳能电池，让太阳能电池真正"飞入寻常百姓家"。

张志宏总结道："总而言之，我们研究出了一种简单、快捷、直接的、基于溶液的沉积过程来制造高质的铜铟镓硒太阳能电池的方法，通过控制低成本金属盐前体化合物在分子层面的结构，可以方便地获得安全、简单、在空气中稳定的墨水。"

（三）碲化镉与硒化镉太阳能电池研制的新进展

1.开发碲化镉太阳能电池的新成果

（1）通过硫化镉嵌入薄膜中制成可弯曲的碲化镉太阳能电池。2009年7月，美国加州大学电气工程和计算机科学教授阿里·杰威领导的研究小组，在《自然·材料》上发表研究成果称，他们开发出一种新型太阳能电池技术，这种太阳能电池可通过在铝箔上生长直立的纳米柱来制成，将整个电池封装在透明的胶状聚合物内后，就能制作出可弯曲的太阳能电池，成本低于传统的硅太阳能电池。

杰威表示，与传统硅和薄膜电池相比，纳米柱技术可使研究人员使用更为廉价和低质的材料。更重要的是，该技术更适于在薄铝箔上制作出可卷曲的太阳能电池板，从而降低了制造成本。一旦获得成功，其生产成本将可低至单晶硅太阳能板的1/10。

这种太阳能电池,是通过将统一的 500 纳米高的硫化镉嵌入碲化镉薄膜中制成的,这两种材料均是薄膜太阳能电池中经常使用的半导体。研究人员说,此种电池将光能转换为电能的效率可达 6%。此前,也有科学家使用了这种立柱设计思想,但其方法较为昂贵,且光电转换效率不到 2%。

在传统太阳能电池中,硅吸收光并产生自由电子,这些电子必须在受困于材料的缺陷或杂质前到达电路。这就要求使用极为纯净、昂贵的晶体硅来制造高效光伏装置。

纳米柱就承担了硅的职责,纳米柱周围的材料吸收光并产生电子,纳米柱将其运送到电路。这种设计以两种方式来提高效率:紧密封装的纳米柱捕捉柱间的光,帮助周围的材料吸收更多的光;电子以非常短的距离穿越纳米柱,因此没有太多的机会受困于材料的缺陷。这意味着可以使用低质量的廉价材料。

有科学家使用不同的纳米结构来制作这种太阳能电池。比如,哈佛大学化学教授查尔斯·里波尔,研发了一种包含硅芯和同心硅层各异的纳米线;加州大学伯克利分校的杨培东则开发出了带有氧化锌纳米线的染料敏化太阳能电池。这些纳米线太阳能电池的光电转换效率已达到了 4%。

杰威研究小组制作的纳米柱电池,首次使用经氧化处理的铝箔,创建出呈周期性分布的 200 纳米宽小孔,这些小孔作为硫化镉晶体直立生长的模板。然后,对碲化镉和顶端电极饰以铜和金的薄膜。它们通过一块玻璃板和电池相连,或是将其顶端投入聚合物溶液使其弯曲。

乔治亚理工学院的材料学和工程学教授王中林评价说,把纳米材料工程设计与制造柔性可弯曲高效太阳能电池的各种软基板技术,集成在一起,这是一个令人兴奋的进展。美国国家可再生能源实验室负责太阳能电池研究的物理化学家阿瑟·诺兹克则表示,这种电池要与由硅、碲化镉和其他材料制成的柔性薄膜太阳能电池进行竞争,其卖点可能不在于其柔性,而是成本优势。

目前,研究人员正在探索使用可提高转换效率的材料。例如,顶端的铜-金层现在仅有 50% 的透明度,如果可让所有的光都透过,其效率就可增加一倍。因此,研究人员正计划使用像氧化铟这样的透明导电材料。另外,利用其他半导体材料作为纳米柱及其周围材料也在研究人员的考虑之中,这样的制作工艺能适于更广范围的半导体材料,其他材料组合亦可能会提高效率,更重要的一点,则是可以避免镉的毒性问题。

(2)从豆腐中找到制造碲化镉太阳能电池的新配方。2014 年 6 月 26 日,英国利物浦大学乔南善·梅杰领导的一个研究小组,在《自然》杂志上发表论文,描述了一种制造碲化镉太阳能电池的新配方。这种新配方使用了一种廉价、环保的盐,而此类盐同时也被用在豆腐制作过程中。

研究人员表示,碲化镉电池在太阳能电池市场中处于领先地位,这种电池是当下使用的光伏发电系统中最具成本效益的一种,但是这些设备仍有改进的余地。制造这些太阳能电池要使用昂贵的含镉盐,这要通过氯化镉来处理碲化镉。氯化镉这种水溶的有毒材料,对工人和环境都有风险。

梅杰研究小组展示了使用廉价且没有毒性的氯化镁代替碲化镉,可以制造出一样性能的太阳能电池。氯化镁的价格只有氯化镉的1/100,并且已经在生活中被广泛应用,例如用于地面融冰,用作浴盐和作为生产豆腐的食品添加剂。

研究人员表示,新方法只需要把现有碲化镉电池制造方法中的一步进行简单替换:把氯化镉换成氯化镁,就有潜力把环境风险降到很低,同时在不影响设备性能的同时,显著降低生产氯化镉太阳能电池的成本。

2.研制碲化镉太阳能电池的新成果

(1)研制出含硒化镉成分能让房屋外墙发电的太阳能涂料。2012年1月,美国物理学家组织网近日报道说,想象一下,如果给房子外围粉刷一层涂料,它就能将光转化为电,为房间内的家用电器或其他设备所用,那将是一件多么美妙的事情啊。据悉,现在,美国诺特丹大学化学和生物化学系教授拉夏特·卡马特领导的研究小组,研制出一种廉价的太阳能涂料,可利用半导体纳米粒子-量子点产生能量,将光转化为电,有望让我们实现外墙发电这一目标。

卡马特表示:"我们想转化一下思路,超越目前的硅基太阳能技术。我们把能产生能量的纳米粒子-量子点,整合入一种可以涂开的化合物中,制造出了这种单涂层太阳能涂料,其可以用于任何有传导能力的表面上,也不需要特殊的设备。"

研究人员经过层层筛选,最后把目光落在二氧化钛上。他们在二氧化钛纳米粒子表面涂上硒化镉或硫化镉,接着,将其悬浮在水与酒精的混合液体中,制造出了一种糊糊,当把这种糊糊刷在透明的导电材料上,并让其暴露于光线下时,它就会产生电。

研究小组指出,这种新式太阳能电池涂料最高的光电转化效率为1%,远远低于目前商用硅基太阳能电池10%～15%的转化率。但是,他们也表示:"这种涂料的制造成本很低,而且可以大规模制造,如果能进一步提高其光电转化效率,就能真正满足未来的能源需求。"卡玛特和同事也计划进一步改进新材料的稳定性。

(2)用硒化镉纳米晶体制成可印刷的微型液体太阳能电池。2012年4月,美国南加州大学文理学院化学副教授理查德·布切尔领导,研究员戴维·韦伯等参与的一个研究小组,在英国皇家化学学会出版的国际无机化学期刊《道尔顿汇刊》上发表论文称,他们研制出一种便宜且稳定的液体太阳能电池。这种由纳米晶体制成的电池"体形非常娇小",因而能以液体墨水的形式存在,可印刷或者涂抹在干净基底的表面。

研究人员表示,这种太阳能电池使用的纳米晶体,由半导体硒化镉制成,其大小约为4纳米,这意味着一个针头上就可以放置2500亿个,而且它们也可以漂浮在液体溶液内。布切尔表示:"就像印刷报纸一样,我们也可以印刷太阳能电池。"

液态纳米晶体太阳能电池,尽管与目前广泛使用的单晶体硅晶圆太阳能电池相比,制造过程更加便宜,但其光电转化效率要稍逊一筹。不过,在最新研究中,研究人员攻克了制造液体太阳能电池面临的关键问题:如何制造出一种稳定且能导电的液体。

以前,科学家们需要让有机配位体分子依附在纳米晶体之上,以让纳米晶体保持稳定并预防二者相互粘连在一起。但这些有机配位体分子同时也会将晶体隔绝起来,使整个系统的导电性能变得非常差。布切尔表示:"这一直是该领域面临的主要挑战。"

为此,布切尔和韦伯为这种纳米晶体,研发出一种新的表面涂层。这种新的合成配位体不仅在使纳米晶体稳定方面表现良好,而且,它们实际上也变身为细小的"桥梁",将纳米晶体连接起来并帮助它们传输电流。

另外,通过一个相对低温、不需要进行任何与熔化有关的过程,研究人员就可以将这种液体太阳能电池,印刷在塑料而非玻璃表面,最终得到一种柔性太阳能电池板,其形状可以随需而变安装在任何地方。

布切尔表示,接下来,他计划使用其他材料而非有毒的镉来制造纳米晶体。他也指出:"尽管对这项技术进行商业化生产还要等上几年,不过,他们已经很清楚地看到,这项技术可以同下一代太阳能电池技术完美地结合在一起。"

(四)钙钛矿太阳能电池研制的新进展

1.研发钙钛矿太阳能电池取得的成效

(1)着手研制高转化率的钙钛矿太阳能电池。2013 年 11 月,宾夕法尼亚大学能源创新研究中心,联合主任安德鲁·阿姆领导的一个研究小组,在《自然》杂志上发表研究成果称,他们发现,以一种新式钙钛矿($CaTiO_3$)为原料的太阳能电池的转化效率或可高达 50%,为目前市场上太阳能电池转化效率的 2 倍,能大幅降低太阳能电池的使用成本。

尽管研究小组还没有演示以新材料为原料制造的高效太阳能电池,此项研究已成为此前诸多研究强有力的补充,证明拥有独特晶体结构的钙钛矿,有望改变太阳能产业的面貌。当前市场上占主流的太阳能电池以硅和碲化镉为材料,达到目前的转化效率历时 10 多年;而钙钛矿只花了短短 4 年时间的研究,有鉴于此,即使业界保守人士对钙钛矿也非常看好。

阿姆表示,以新式钙钛矿为原料制造的太阳能电池,能将大约一半的太阳光直接转化为电力,为目前的 2 倍,因此,只需一半太阳能电池就可提供同样的电力,这将大大减少安装成本,从而让总成本显著降低。

另外,阿姆说,与传统太阳能电池材料不同,新材料并不需要电场来产生电流,这将减少所需材料的数量,产生的电压也更高,从而能增加能量产出;而且,新材料也能很好地对可见光做出反应,这对太阳能电池来说意义重大。

研究人员也证明,新材料稍作改变,就能有效地把不同波长的太阳光转化为电力,科学家们可借此制造出拥有不同层的太阳能电池,每层吸收不同波长的太阳光,从而显著提高能效。

不过,有专家则强调,尽管这些属性非常有用,但要想制造出可用的钙钛矿太阳能电池,还有很长的路要走。首先,这种太阳能电池产生的电流很低。其次,钙钛矿的储量并不充足,很难实现钙钛矿太阳能电池的批量生产。

(2)研制出环保型钙钛矿太阳能电池。2014 年 5 月 5 日,美国西北大学无机化学专家梅科瑞·卡纳茨迪斯、材料科学和工程学教授张邦衡领导的一个研究小组,在《自然·光子学》杂志上发表研究成果称,他们研制出环保型钙钛矿太阳能电池,它用锡钙钛矿代替铅(有毒)钙钛矿作为捕获太阳光的设备。新型太阳能电池不仅绿色、高效,且成本低廉,可以使用简单的"实验台"化学方法制造,不需要昂贵的设备或危险材料。

卡纳茨迪斯表示:"这是研制新型太阳能电池领域的重大突破。锡是一种非常实用靠谱的材料。"

拥有独特晶体结构的钙钛矿,是一种陶瓷氧化物。最早被发现的此类氧化物,是存在于钙钛矿石中的钛酸钙化合物。传统硅晶太阳能电池板,因原材料硅土昂贵且制造过程会产生严重污染,学界和业界近年转而研发钙钛矿太阳能板,结果光电转化效能两年内从 3% 提高至 16%,形成重大的科研突破,钙钛矿太阳能电池,也因此被称为太阳能电池领域的"明日之星"。

新型太阳能电池也使用了钙钛矿结构作为吸光材料,只不过用锡代替铅。科学家们表示,铅钙钛矿的光电转化效率已达 15%,鉴于锡和铅属同族元素,锡钙钛矿应该也能达到甚至超过这一数值。张邦衡表示:"我们的锡基钙钛矿层,能像高效的太阳光捕获设备一样工作。"

目前,这款固态锡太阳能电池的光电转化效率,尽管仅为 5.73%,但他们认为这是一个非常好的开始。研究人员表示,锡钙钛矿有两个特点:能最大限度地吸收太阳能光谱中的可见光;不需要加热就能直接熔解。

2.研制钙钛矿太阳能电池的新发现

(1)发现碘化铜可让钙钛矿太阳能电池更便宜。2014 年 1 月 8 日,物理学家组织网报道,美国诺特丹大学的科学家发现一种廉价的无机材料,能够取代钙钛矿太阳能电池中昂贵的有机空穴导体,让这种高效的太阳能电池更加便宜。相关论文发表在《美国化学学会会刊》上。

钙钛矿太阳能电池是当今最有前途的几种光伏技术之一,其理论转化效率最高可达 50%,为目前市场上太阳能电池转化效率的 2 倍,能大幅降低太阳能电池的使用成本。虽然钙钛矿材料相对便宜,但用其制造太阳能电池,还需要用到一种有机空穴导电聚合物,其市场价格是黄金的 10 倍以上。

新研究中,美国诺特丹大学的杰佛瑞·克里斯、雷蒙德·丰和普拉什特·卡玛特发现,用碘化铜制成的无机空穴导电材料,可以替代有机空穴导电聚合物。

克里斯说:"新发现的无机空穴导电材料,比以往的可替代材料都便宜得多,有望进一步降低这种太阳能电池的制造成本。"

钙钛矿是一类具有特定晶体结构的材料,对太阳能电池的制造而言,这种结构具有天然优势:较高的电荷载体迁移率和较好的光线扩散性能,使光电转换过程中的能量损失极低。虽然碘化铜能够充当钙钛矿太阳能电池中的空穴导体现在才被证明,但铜系导体之前就被认为能够在染料敏化太阳能电池和量子点太阳能电池中充当重要角色,而最具吸引力的是它们优良的导电性能。碘化铜导体的电导率比有机空穴导电聚合物高两个数量级,这使其能达到更高的填充系数,也决定了用其制成的太阳能电池具有更大的功率。但目前的研究结果表明,包含碘化铜的钙钛矿太阳能电池,在转化效率上暂时不及原有技术。研究人员认为这可能与其较低的电压相关。这一点未来有望通过降低其较高的重组率来弥补。

研究人员发现,碘化铜太阳能电池还表现出一个优势,就是其良好的稳定性。实验结果显示,经过两小时的连续光照后,碘化铜太阳能电池的电流丝毫没有降低,而有机空穴导电聚合物太阳能电池,所产生的电流则下降了10%。这一点对太阳能电池而言至关重要。克里斯说,下一步他们将对实验步骤进行优化,以使其实现更高的转化效率。

（2）发现钙钛矿可用于制造高效廉价的太阳能电池。2014年3月,新加坡南洋理工大学物理与材料科学学院研究员邢贵川、材料科学与工程学院副教授尼潘·马修等人组成的一个研究小组,在《自然·材料》杂志上发表研究成果称,他们开发出的下一代太阳能电池材料,不仅能把光转化成电,电池本身还能按照需要发出不同颜色的光。这样,将来有一天,如果手机或电脑没电了,只需拿到太阳下晒一晒就能继续使用了,因为它们的显示器同时也是太阳能电池。

开发这种太阳能电池的材料来自钙钛矿,这是一种能制造高效廉价太阳能电池的关键材料。邢贵川用激光照射他们正在研究的混合钙钛矿太阳能电池材料,发现它发出了明亮的光。而大部分太阳能电池材料吸收光线的能力都很强,是不会发光的。这让他们感到很惊讶。

研究人员表示,这种材料对光照的耐受力很强。它能捕获光子转化成电,或者反之。通过调整材料成分,它还能发出多种颜色的光,因此很适合做成发光设备,如平板显示器。

马修指出,用现有的技术就能很容易地把这种材料应用到工业上。由于它在制造过程中易于溶解,室温下能与两种或更多化学物结合,其价格只相当于目前硅基太阳能电池的20%。他说:"作为一种太阳能电池材料,可以把它做成半透明的,作为彩色玻璃装在窗户上,就能同时用阳光来发电。而利用它发光的性质,可以用在商场或办公室外面,作为灯光装饰。"他还说:"这种材料多功能低成本,对环保建筑也是一种促进。我们已在研究怎样扩大规模,把这些材料用做大型太阳能电池,改变发光设备的制造工艺也是一条很直接的途径。更重要的是,这种材料具有响应激光照射的能力,对开发芯片电子设备也有重要意义。"

目前,这种先进材料正在申请专利。美国加州大学伯克利分校能源技术教授拉马穆希·拉姆耐什表示:"该小组的研究成果,清晰地显示了新材料具有广阔的应用前景,包括现有的太阳能电池和激光器。"

(3)发现钙钛矿太阳能电池的理论界限。2015 年 12 月,日本京都大学大北英生准教授和伊藤绅三郎教授率领的研究小组,在《新材料》杂志网络版上发表研究成果称,钙钛矿太阳能电池由于测定条件不同,电流电压曲线会发生变化,因此无法定量研究其发电特征和元件结构关系。研究人员对能量转换率 19% 以上的高效钙钛矿太阳能电池进行分析,发现其电流发生效率接近 100%,电压可提高至理论界限。

钙钛矿太阳能电池虽然使用无机材料,但与有机薄膜太阳能电池一样,可以在室温下溶解在有机溶剂里,像墨水一样使用,具有印刷和涂布方式制作的特点。与目前应用的硅太阳能电池相比,其非常廉价,可大规模量产,是具有竞争力的下一代太阳能电池,各国都在争相研究。

有研究报告显示,钙钛矿太阳能电池具有 20% 以上的高效能量转换率。但是钙钛矿的发电特征偏差较大,由于测定条件不同,会出现磁滞现象,难以对元件构造和发电特征展开研究。

此次,日本研究小组,选择比较平滑致密的钙钛矿膜,成功制成能量转换率 19% 以上、磁滞较小的钙钛矿太阳能电池。研究小组对元件进一步分析发现,电流几乎没有变换损耗。在电压方面,他们发现了开放电压能够达到接近理论界限。

该研究成果,明确了钙钛矿太阳能电池的设计方向。研究小组认为,钙钛矿电池可以与硅太阳能电池匹敌。

(五)碳基太阳能电池研制的新进展

1.研制碳纳米管太阳能电池的新成果

(1)开发可用于制造太阳能电池的碳纳米二极管。2005 年 8 月,美国媒体报道,通用电气公司全球研究中心是通用电气公司专门进行科技研究的机构,日前它透露了碳纳米二极管技术的开发,碳纳米二极管技术将用于廉价太阳能电池技术的开发,目前太阳能电池技术正在开发中。

通用电气公司资深纳米技术领导玛格丽特·布洛姆,在一份声明中说:"通用电气公司开发碳纳米二极管装置的成功,不仅仅表明通用电气公司是新时代电子技术的先驱,这一新技术的成功潜在的公开了一条太阳能研究的通道。在我们开发的碳纳米管装置中,光电效应的发现将导致在太阳能电池领域出现令人激动的突破。人们不仅可以获得太阳能电池更多的效率,在主流电池能量市场,消费者有了进行更多可行的选择余地。"

通用电气公司全球研究中心表示,不同于传统的二极管,他们开发的碳纳米二极管能够执行多种功能,一个二极管和二个不同类型的晶体管能够发射和侦查阳光。通过一个 P 型和一个 n 型半导体材料的连接构成了二极管。在通用电气公司开发的碳纳米二极管装置中，采用静电掺杂技术构成了二个区域。使用两个分离的栅极连接二个等分的碳纳米管，通过一个阴极偏压和其他使用的阳极电压，碳纳米管的P-n结就可构成。

通用电气公司的科学家发现，一个理想的二极管，可以中止碳纳米管中间部分信号再结合的发生。这些试验结果，显示出碳纳米管在接触基体时是非常灵敏的。这一发现为任何基于碳纳米管装置的工作原理提供了重要的线索。

通用电气公司全球研究中心指出，在光能量转换成电流的过程中，通过测试碳纳米管的参数、科学家进一步详细阐述了理想二极管的性能，尽管提供的能量比光的波长小1000倍，但由于提高了理想二极管的参数，碳纳米管显示了重要的能量转换效率。

碳纳米二极管技术的开发是通用电气公司主要开发计划的一部分，通用电气公司保证在未来5年中，用于新技术开发的投资水平将超过2倍，达到7亿~15亿美元。作为这一承诺的一部分，通用电气公司全球研究中心将积极安排光电技术的开发，研究阳光产生能量的成本效益和更多的效率。

（2）研制大幅提升碳纳米管太阳能电池效率的新方法。2014年9月，美国西北大学材料工程学教授马克·汉森领导的一个研究小组，在《纳米快报》杂志上发表论文称，他们突破了碳纳米管太阳能电池光电转换效率近10年来无法提升的困局，将其转化效率从1%提高到了3%以上，让一度沉寂的碳纳米管太阳能电池研究，再次进入人们的视野。

由于比传统材料更轻更薄更灵活，碳纳米管刚一问世，就被认为是制造新型太阳能电池的理想材料，但此后的尝试却让科学家们屡屡受挫：不管采取什么方法，碳纳米管太阳能电池的光电转换效率永远都在1%左右徘徊。这个数字不但无法和目前主流的硅太阳能电池相提并论，与其他新近出现的新材料相比，也差了一大截。

但这项新研究无疑给人们带来了新的希望。据报道，汉森研究小组开发出的这种新技术，让碳纳米管太阳能电池的效率从1%提升到了3%，并成为首个被美国国家可再生能源实验室认证的碳纳米管太阳能电池。

汉森说："近10年来碳纳米管太阳能电池的转换效率一直徘徊在1%左右，甚至已经趋于稳定，但我们打破了这一僵局。虽然绝对值仍然不高，但纵向比较仍然是一个显著提升。"

汉森的绝招就是碳纳米管的手性，即一个物体与其镜像不重合的现象，具体来说就是碳纳米管的直与弯。当碳卷曲成为碳纳米管时，有可能存在上百种不同的手性。在过去，研究者倾向于选择具有良好半导体性能的一类特定手性，并且尽量用它们制造出一块完整的太阳能电池板。但问题是，每个碳纳米管的手性，只能吸收特定波长范围的光。这样的太阳能电池，无法吸收大部分其他波长的光。而汉森研究小组制造了一块包含多种手性的碳纳米管太阳能电池。

实验显示,新型太阳能电池与其前辈相比,能够吸收更广泛波长的阳光。此外,这种新型太阳能电池甚至能够吸收近红外波长的阳光,这是目前很多先进的薄膜太阳能电池都无法实现的。

虽然,对碳纳米管而言这是一个重要的里程碑,但相对于其他材料来说,这个转换效率仍然比较落后。下一步,汉森的研究小组将对该技术继续进行改进,制造出一种具备多层结构的复合碳纳米管太阳能电池,每一层都将根据太阳光谱中特定的波长进行优化,因而将能够吸收更多的光。此外,他们还可能加入如有机或无机半导体材料等新材料,来补充碳纳米管。

汉森说:"我们想要做的,就是尽可能吸收更多的光子,并将其转化为电能。换句话说,就是制造出一种能够一次性完美匹配多个波长阳光的太阳能电池。这是本项研究的终极目标。"

2.研制碳纤维和石墨烯太阳能电池的新进展

(1)通过碳纤维表面种植二氧化钛纳米棒制造高质量管状太阳能电池。2012年3月,美国佐治亚理工学院郭文希领导的研究小组,与中国厦门大学研究小组一起,携手研发出一种新技术,把一模一样的二氧化钛纳米棒"种植"在碳纤维上,利用这种简单低廉的材料制造高质量管状太阳能电池。新方法与经常使用的溶胶-凝胶法相比更具优势,后者需要高温且会导致材料破碎。研究论文发表在《美国化学学会》会刊上。

与传统的平板太阳能电池相比,种植在碳纤维表面的由二氧化钛半导体纳米棒组成的奇特结构,拥有几个独特的优势。这种柔性管状太阳能电池,能捕捉来自各个方向的光线,甚至有潜力编织进布料和纸张中,以应用于新奇的领域。

郭文希表示:"这项研究演示了一种创新性的在柔性衬底上,种植成串二氧化钛纳米棒的方法,得到的产品能被用到柔性设备上用于捕捉和存储能量。"

制造管状太阳能电池是一个挑战,因为需要进行很多步骤,包括将纯净的钛薄片变成二氧化钛纳米棒,用纳米棒覆盖碳纤维,并将纳米棒整齐划一地排列在碳纤维上等。研究人员解释道,在碳纤维上铺展二氧化钛纳米结构的一个理想方法是把二氧化钛纳米结构直接种植在碳纤维表面。

研究人员通过"溶解和种植"方法做到了这一点,该方法把钛变成垂直对齐的单晶体二氧化钛纳米棒,并铺展在碳纤维上。接着,为了进一步改善设备的性能,科学家们使用"蚀刻和种植"法,即使用盐酸并借用一种水热处理方法,将纳米棒蚀刻成为长方形的成串阵列。

随后,科学家们把由纳米棒覆盖的碳纤维,装配成管状染料敏化太阳能电池的光电阳极,并在实验中测试了其性能。结果表明,长方形成串的纳米棒配置获得的光电转化效率为1.28%,而不成串配置的光电转化效率仅为0.76%。科学家们认为,差异源于成串纳米棒的表面积更大,能吸收的染料分子更多,导致激发的电子也更多。

表面积更大,让管状太阳能电池能捕捉来自各个方向的光线,使它们更适合用于太阳光强度有限的地区。除了制造出太阳能电池,新方法也能被扩展到制造光催化剂和锂离子电池。郭文希说:"未来,我们或许仅仅使用碳材料和二氧化钛,就能制造出有潜力的织入布料和纸张中的染料敏化太阳能电池。"

(2)运用石墨烯的高效光电转化技术开发太阳能电池。2015年4月,西班牙光子科学研究所的研究员弗朗克·科朋斯教授、加泰罗尼亚高等研究院的尼尔克·范·赫斯特、美国麻省理工学院的加里洛·赫耶罗,以及加州大学河滨分校物理系教授刘津宁领导的研究团队,在《自然·纳米技术》杂志上发表论文称,他们研制出一种基于石墨烯的光电探测器转化仪,能在不到50飞秒(1秒的一千万亿分之一)的时间内把光转化为电信号,几乎接近光电转化速度的极限,将大力助推太阳能电池等多个领域的发展。

高效的光电转化技术,因为能让光所携带的信息,转化成可在电子电路中进行处理的电信号,在从太阳能电池到照相机等多个关键技术领域发挥着重要作用,也是数据通信应用的重要支撑。尽管石墨烯是一种拥有极高光电转化效率的材料,但此前,科学家们并不知道,它对超短光脉冲的反应究竟有多快。

现在,该研究团队研制出这种基于石墨烯的光电探测器转化仪,能在不到50飞秒的时间内把光转化为电,将光电转化速度推进到了极限。

为了做到这一点,研究人员使用了超快的脉冲激光激发,以及超高灵敏度的电子读出方法。研究人员克拉斯·泰尔说:"这一实验的独特之处在于,将从单分子超快光子学所获得的超快脉冲成型技术,与石墨烯电子技术完美结合在一起,再加上石墨烯的非线性光-热电反应,使科学家们能在如此短的时间内把光转化为电信号。"

研究人员称,运用石墨烯设计太阳能电池,理论上是可行的。由于石墨烯内所有导带载流子之间存在着超快且超高效的关联,在石墨烯内快速制造出光电压是可能的。这种相互关联,使他们可以采用一种不断升高的电子温度,快速制造出一种电子分布。如此一来,从光吸收的能量,能被有效且快速地转变成电子的热量。随后,在拥有两种不同掺杂的两个石墨烯区域的交界处,电子的热量被转变成电压。实验结果表明,这种光热电效应几乎同时出现,被吸收的光可以快速转变成电信号。

研究人员表示,最新研究打开了一条通往超快光电转化的新通路。科朋斯强调说:"石墨烯光电探测器拥有令人惊奇的性能,可以应用于太阳能开发等很多领域。"

三、研制无机太阳能电池的其他新成果

(一)其他类型太阳能电池研制的新进展

1.开发能够充分利用阳光或光子的太阳能电池

(1)发明能把更多阳光转化为电能的树状太阳能电池。2011年8月23日,物

理学家组织网报道,美国一名13岁的少年发明了一种树状太阳能电池,该电池在冬季的发电效率比同样面积、同样位置的平板式太阳能电池高出近50%。日前,该少年还因此获得了由美国自然历史博物馆颁发的青年自然科学家奖。

这名男孩名为艾丹·德威尔,是美国纽约州的一名初中生。在一次野外徒步旅行时,他对橡树树叶和树枝的独特排列方式产生了浓厚的兴趣。德威尔认为这样的排列方式一定有其道理,并推测如果能据此制造出新的太阳能电池,应该会获得意想不到的效果。

按照德威尔的理论,树枝选择这样的方式生长是因为它效率最高:这既保证了绝大多数树叶都能接受到阳光照射,也避免了阳光直射和由此产生的阴影。

为证实这一想法,德威尔对树枝和树叶的排列进行了研究,并用量角器等工具进行了测量和计算。而后用聚氯乙烯(PVC)管材和太阳能电池板按照斐波那契数列的排序方式,制作出了一个小型的"太阳能树"。为了便于对比,德威尔还制作了一块同样面积的平板式太阳能电池,并在两个装置上都安装上了电压读数器。

在对数据进行分析后德威尔发现,树状太阳能电池能比平板式太阳能电池获得更多的日照时间,从而能把更多的阳光转化为电能。在夏季日照条件较好的情况下,前者的发电效率要比后者高20%;而在太阳高度角较小的冬季,树状太阳能电池的优点更加明显,在发电效率上比平板太阳能电池高近50%。

凭借这一发明和一篇名为《树木斐波那契序列的秘密》的小论文,德威尔日前获得了2011年度"青年自然科学家奖"。评奖方认为,德威尔的发明是太阳能应用和研究的一种全新方式,尤其是安放位置较低或日照条件不佳的情况下,这种太阳能电池的优势更为明显。

(2)研制能使光子产生超高外量子的量子点太阳能电池。2011年12月16日,美国国家可再生能源实验室(NREL)研究团队,在《科学》杂志上发表研究成果称,他们研制出一种新式的量子点太阳能电池,当其被太阳能光谱的高能区域发出的光子激活时,会产生外量子效率最高达114%的超高感光电流。这一最新研究,为科学家们研制出第三代太阳能电池奠定了基础。

当光子入射到太阳能电池表面时,部分光子会激发光敏材料产生电子空穴对形成感光电流,此时产生的电子数与入射光子数之比称为感光电流的外量子效率。迄今为止,还没有任何一种太阳能电池,在太阳能光谱内光波的照射下,显示出超过100%的外量子效率。

现在,该研究团队首次在量子点太阳能电池上实现了这一点。他们在一个叠层量子点太阳能电池上获得了114%的外量子效率。该电池由具有减反光涂层的玻璃(其包含一薄层透明的导体)、一层纳米结构的氧化锌、一层经过处理的硒化铅量子点及薄薄一层用作电极的金组成。

太阳能光子产生超过100%外量子效率基于载子倍增(MEG)过程,借助这一过程,单个被吸收的高能光子能激发多个电子空穴对。该研究团队首次在量子点太阳能电池的感光电流内,展示了载子倍增,研究人员可借此改善太阳能电池的转化效率。研究结果显示,在模拟太阳光的照射下,新量子点太阳能电池的光电转化效率高于4.5%。目前,这种太阳能电池还没有达到最优化,因此,其能源转化效率相对来说偏低。与传统的太阳能电池相比,量子点太阳能电池内的载子倍增过程,能将电池的理论热力能转化效率提高35%;量子点太阳能电池,也可使用廉价且产量高的卷对卷制程制造而成;其另外一个优势,是每单位面积的制造成本很低,科学家们将其称为第三代(下一代)太阳能电池。

2.开发能够充分利用热能的太阳能电池

(1)推进研发可存储和释放热能的热电池。2010年10月,美国麻省理工学院材料科学和工程系电力工程学副教授杰弗里·格罗斯曼领导的研究小组,在德国《应用化学》杂志上发表研究成果称,他们精确地揭示了二钌富瓦烯分子的工作原理。1996年,科学家发现这种罕见的金属可按需存储和释放热能。研究人员表示,新研究有助于科学家发现和设计出比该物质更便宜的替代品,从而研发出可存储和释放热能而不是电能的电池。

之前的研究表明,二钌富瓦烯分子吸收阳光时,其结构会发生变化:将其置于更高能的状态,它会长久保持稳定;额外给其添加一点热或催化剂会让其退回到原始形状,并释放出热量。但研究人员现在发现,整个过程更复杂。

格罗斯曼表示:"我们的研究结果表明,在上述过程中存在一个起关键作用的中间步骤。"他解释说,在这个中间步骤中,二钌富瓦烯分子会在两个已知状态之间,形成一个半稳定结构。中间步骤的发现表明,二钌富瓦烯分子并非如此稳定,因此,科学家可寻找比钌更便宜的替代品。由于该过程是可逆的,这也使得"制造出一种可充放热能的热电池成为可能",这种电池能够重复地存储和释放从太阳光和其他来源中收集到的热能。

(2)用新工艺开发出可同时利用光和热产生电力的太阳能电池。2010年8月1日,美国斯坦福大学材料科学和工程系副教授尼克·梅洛仕领导的研究小组,在《自然·材料科学》网络版上发表研究成果称,他们开发出一种太阳能转换新工艺,该工艺可同时利用太阳的光和热来产生电力,其产生电力的效率,要比现有方法高出两倍多,生产成本将有可能与石油相抗衡。

与目前使用在太阳能电池板中的光伏发电技术不同,新工艺不会随温度升高而降低效率,因此可在更高温度下工作。这种被称为"光子增强热离子发射"的新工艺,其效率将大大超过现有的光伏及热转换技术的效率。

研究小组通过在一片半导体材料上喷涂一薄层金属铯,使材料具有了利用光和热来产生电力的能力。研究证实,这一新工艺将不再基于标准的光伏发电机制,能在很高的温度条件下产生类似于光伏发电的反应,而且温度越高,工作效率越高。

大多数硅基太阳能电池,在温度达到100℃时已呈现出惰性,但光子增强热离子发射设备在超过200℃的条件下才会达到峰值效率,因而最适于应用在抛物面太阳能聚光器中。可达到800℃高温的抛物面聚光器,通常作为太阳能发电厂设计的一部分,因此,该设备可为太阳能发电厂提供第二条电力来源,通过与现有技术的结合,电力生产成本有望做到最小化。

梅洛仕计算出,光子增强热离子发射工艺应用于太阳能聚光器时,所能达到的效率高达50%,和余热循环系统相结合,则效率可达55%~60%,这几乎是现有系统的3倍。

光子增强热离子发射系统的另一优势,在用于太阳能聚光器时,制作设备所需的半导体材料数量相当少,从而大幅降低了太阳能电力生产的成本。

研究人员表示,该工艺大大增强了太阳能发电的可行性,即使达不到最佳效率,只要能把转换效率从20%增加到30%,其整体转换效率也将在原有基础上提高50%,这将大大促进太阳能产业与石油业的竞争能力。

(二)研制无机太阳能电池出现的其他新材料

1.开发有利于提高太阳能电池转换效率的新材料

(1)研制出大大加强太阳能电池光传导作用的新材料。2007年1月,日本东京大学化学生命工学系相田桌三教授领导的一个研究小组,在美国《科学》杂志上发表研究成果称,他们开发出一种新的纳米级电流传导新材料,光照时可高效通电,能够全面改善太阳能电池技术核心中的光传导作用。

据报道,现在太阳能电池的技术核心在于"光传导作用",即通过光照,在高电位物质和低电位物质(半导体PN节的P区和N区)间,电子互换而产生电流的现象。

在开发太阳能电池时,理论上讲,交换电子的两种物质不能相互混合,而且接触的面积越大越好。然而,实际上,要达到这种构造是很困难的。

在此项研究中,日本研究小组,利用了被称为"自行组合"的分子自动组成现象,开发出一种纳米级微管,它是将联结两种物质的分子在室温下溶于溶剂形成溶液,低电位区把高电位区包裹起来而形成的。这种微管直径仅16纳米,长度为几微米。没有光照时不通电,而当受到紫外光或可见光照射时,电流能产生比现有技术强劲一万倍的"光传导作用"。相田桌三表示,迄今为止,还没有过这种材料,它的出现照亮了光电子学的发展前途。

(2)开发能提高背板反射率的太阳能电池涂料。2009年5月,有关媒体报道,日本立邦涂料把自己积累的涂料技术,用来强化太阳能电池涂料的开发。目前已开发出提高背板反射率的"薄膜用高白色涂料",以及防止玻璃附着脏物的新涂层。

高白色涂料应用于构成太阳能电池模块的背板。旨在将95%单元间穿过的太阳光反射并导入单元,从而提高转换效率。厚度为30~50微米时效果最好。耐候性和耐紫外线试验已完成,今后将评测其与别的材料的附着及耐湿性等特性。

防脏涂层则涂布在太阳能电池模块表面的玻璃上。因其亲水性效果,玻璃表面的灰尘和污垢可由雨水冲刷干净,能够有效防止玻璃污垢造成的发电量下降。

2008年上市了建筑物用的该涂料,主要用于接水槽等的涂布。

2.开发有利于延长太阳能电池寿命的新材料

研制出可延长太阳能电池板寿命的新型薄膜。2014年6月,日本日清纺织公司对媒体宣布,他们开发出一种新型薄膜,可使太阳能电池板,在实验中的"保质期"提高约50%,从而延长太阳能电池板的使用寿命。

这种新材料,是日清纺织公司的一家专门生产光伏发电材料和设备的子公司研发的。研究人员利用一种特殊的橡胶,开发出一种密封性很强的太阳能电池板保护膜。使用这种保护膜的太阳能电池板,即使在高温和湿度很大的环境中,也不易出现产品质量退化。

在85℃、湿度达85%的实验环境中,研究人员对这种带有新型保护膜的太阳能电池板,进行了3800小时的高电压破坏性测试,结果显示它并未出现质量退化。

日清纺织公司说,在上述环境中,优质的常规太阳能电池板能经受2500小时的破坏性实验仍不退化,其实际使用期可达20年。据此评估,这种带有新型薄膜的太阳能电池板的使用寿命,可远远超过20年。

(三)研制无机太阳能电池出现的其他新技术

1.研制出用于高性能太阳能电池开发的纳米同轴电缆技术

2007年5月,美国国家可再生能源实验室近日宣布,他们利用纳米同轴电缆技术,研制出性能得以大幅度提高的高性能太阳能电池。有关专家指出,这是在高性能太阳能电池研制方面取得的重大进展。

传统的太阳能电池工作原理很简单:当光照射到pn结上时,产生电子-空穴对,在pn结附近生成的载流子,没有被复合而到达空间电荷区,受内建电场的吸引,电子流入n区,空穴流入p区,结果使n区储存了过剩的电子,p区有过剩的空穴。它们在pn结附近形成与势垒方向相反的光生电场。光生电场除了部分抵消势垒电场的作用外,还使p区带正电,n区带负电,在n区和p区之间的薄层产生了电动势。但由于被激发的自由电子和空穴在同一区域,电子和空穴经常发生相互抵消现象,从而导致太阳能电池的效率很低。

为了使pn结更薄,同时解决自由电子抵消问题,研究人员把两个半导体联合起来,形成纳米同轴半导体结构。这样的纳米电缆可以有两种不同方式:一种的内芯是氮化镓(GaN),外层是磷化镓(GaP);另外一种则相反。两种电缆的内芯直径大约为4个纳米左右。

当光子投射到纳米电缆的外层后,激发出电子,并在半导体材料之间,发生空穴与自由电子的高效率分离。同轴电缆结构既起到了电池的作用,又起到了普通电缆的作用,解决了电子的分离问题(因为氮、镓与磷具有不同的导电性)。最终,由于一系列复杂的量子效应,与内芯半导体发生相互作用的外层半导体可以接受更宽的可见光范围,从而大大提高了太阳能电子的性能。除此之外,同轴纳米电缆可以在微电子技术,特别是未来的纳米计算机中获得广泛应用。

2.发明让窗户玻璃变为太阳能电池的新技术

2010 年 8 月 11 日,英国《每日邮报》报道,该国莱斯特大学教授克里斯·宾斯领导的一个研究小组,与一家挪威公司合作,研发出能让窗户玻璃转变成太阳能电池的新方法。这项革命性技术,可在 5 年内投入使用,有望把每一扇窗子都变成一台太阳能发电机。

研究人员表示,实际上,他们研制成功一种新型太阳能电池,能像玻璃贴膜一样使用,既透光又发电。研究人员指出,以往的薄膜太阳能电池,可与建筑完美结合,又可作为一种新型建筑材料,但光电转换效率和光致衰退率的不足,让其发展似乎遭受一定的瓶颈。

新型的"贴膜",太阳能电池由挪威一家公司设计,原材料来自莱斯特大学研究人员合成的一种金属纳米粒子。这些直径 10 纳米左右的金属粒子,被嵌入排列在透明化合物的矩阵中。尽管为了发电必须有一部分的光被吸收,但该材料的特点,是在此同时还透过一部分光,其"贴"在玻璃门窗、透明屋顶及外墙的表面后,会让使用者感觉像装了浅淡的有色玻璃。

宾斯介绍道,这种膜非常薄,能"把窗户变成一台台发电机"。它可以贴,亦可以在制造过程中,直接加到玻璃窗或其他建筑材料上,即使大面积铺设,也比传统太阳能装置的投资要节省许多。甚至它还能加在汽车顶棚上为电池充电,但研究人员明言,如果你指望纯靠它来驱动汽车的话,那和用手推车不相上下。

目前,小块的电池片材料已经成型,研发的下一个目标,是系统化完善该技术,让电池效率达到 20%或更高。

第二节 有机太阳能电池开发的新进展

一、研制有机太阳能电池的新成果

(一)并五苯太阳能电池研制的新进展

1.研制并五苯太阳能电池的新成果

(1)开发出柔软而轻薄的并五苯太阳能电池。2004 年 11 月 29 日,美国乔治亚理工学院,电子和信息工程学院教授伯纳德·基佩伦领导,他的同事参与的一个研究小组,在《应用物理通讯》发表论文称,他们开发出一种制造太阳能电池的新方法,即用并五苯高效地把太阳光转化为电能。研究人员认为,柔软、轻薄的并五苯太阳能电池板,不久有可能给像微型电脑以及数码音乐播放器 ipod 这样的小型电子设备提供能量。

丰富的太阳能,是储量日渐减少的矿物燃料的最佳替代品。然而,直到最近,利用太阳能最理想的材料,还是用硅晶体制造的太阳能电池板。研究人员在用太阳能给住宅甚至轿车提供动力方面,取得了一些成功。但是,用太阳电池板生产太阳能的成本很高,因此,它们的推广还存在着诸多局限。研究人员认为,他们能够通过制造一种成本低、效率高的有机太阳能电池来克服这个障碍。这种新型太阳能电池的材料,是并五苯。并五苯是用自然生成的氢和碳制成的薄片。由于工程人员无须按照硅太阳能电池所要求的复杂程序那样,制造有机太阳能电池,因此,有机太阳能电池的价格很便宜。

基佩伦说:"如果新技术想得到推广,它必须既经济又实用。"除了价格便宜外,太阳能电池还须效率高。效率是太阳能转化为电能的多少。材料结构是这种能量转化的关键因素之一。硅和氧的模式在硅晶体中会一遍遍重复。硅晶体由商业上使用的太阳能电池制成。大多数自然生成的材料(称为有机体)并不需要重复它们的模式,但并五苯会重复。尽管基佩伦研究小组开发的有机太阳能电池比硅太阳能电池便宜,但它们的效率还未达到硅太阳能电池的15%。

在论文中,研究小组详细介绍了他们的研究过程。基佩伦表示,目前有机太阳能电池的效率只有3.4%,但他希望这个数字能够在不久的将来达到5%。基佩伦说:"每次我们返回实验室,我们都增加了有机太阳能电池的纯度和效率。最近我们花了大量时间定型,这有助于我们知道如何提高效率。"虽然基佩伦认为有机太阳能电池在未得到显著改进之前,还无法向整个社区提供能量,但他预见了多种利用有机太阳能电池的方式。

基佩伦说:"有机太阳能电池能够给玩具提供动力,或者放进可打开的小型屏幕里面,既可以充电,又可以换电池。"用不对环境造成污染的材料把太阳能转化为电能,以及希望有机电池和太阳能将来取代矿物燃料成为主要能量来源,这两方面是基佩伦认为他的研究之所以重要的原因。基佩伦说:"太阳能极具吸引力,原因是太阳光用之不竭,一旦拥有设备,我们就可以源源不断得到免费的能源。"

(2)开发出含有并五苯的有机混合型太阳能电池。2012年2月8日,英国剑桥大学物理系卡文迪什实验室,尼尔·格里纳姆教授和理查德爵士领导,布鲁诺·埃尔勒、马克·威尔逊、拉奥·阿克沙伊等研究人员参加的一个研究小组,在《纳米快报》上刊登研究论文称,他们开发出一种含有并五苯的有机混合太阳能电池,可把最大光电转换率提高25%以上。

太阳能电池主要以半导体材料为基础,利用光电材料中的光子吸收光能后,发生光电转换反应而产生电能。传统的太阳能电池只能吸收太阳光谱中部分可见光至近红光部分,随着温度的增加,许多蓝色光子的能量就损失掉了。这种一次不能吸收不同颜色光的性能,决定着其光电转化率不会超过34%。

剑桥大学研究小组,开发出一种有机混合电池,它可在吸收红光的同时,利用额外蓝光能量产生更大的电流。通常情况下,太阳能电池可使一个光子产生一个电子。而在太阳能电池中加入一种有机半导体并五苯后,太阳能电池可以激发每个光子从蓝色光谱中产生两个电子,由此使电池转换效率提高到44%。

埃尔勒说:"有机混合型太阳能电池,比现在基于硅的太阳能电池具有技术优势,因为它可像报纸印刷的卷带式系统一样,低成本大量生产。然而,一个太阳能电站的成本,大多体现在土地、劳动力和安装硬件上。因此,即使有机太阳能电池板比较便宜,我们仍需要提高其效率,使其更具竞争力,否则,你会发现好似买了一幅便宜的画后配了一个昂贵的框架。"

威尔逊说:"重要的是,我们在向采用可持续能源的方向迈进,并且为探索可能的解决方案提供了有益思路。"阿克沙伊指出:"这仅仅是迈向新一代太阳能电池的第一步,而能成为这种努力的一部分,我们感到非常兴奋。"

2.把并五苯作为太阳能电池材料研究的新发现

发现并五苯可使太阳能电池转化率显著提高。2011年12月16日,美国得克萨斯大学奥斯汀分校化学系朱晓阳教授领导的一个研究小组,在《科学》杂志上发表研究报告称,他们根据有关太阳能能量转换机制的全新研究,利用一种有机半导体材料,可使传统太阳能电池的效率显著增加,从31%提升至44%。

该研究小组发现,利用一种有机半导体材料,可使从太阳光子收获的电子数量增加一倍。朱晓阳表示,有机半导体太阳能电池的生产具有很大优势,其中之一就是成本较低。新材料开启了太阳能能量转换的新途径,从而让能量转换效率达到更高。

目前,使用的硅太阳能电池的最大理论效率大约为31%,这是因为投射在电池上的太阳能大多过高而难以转化为可用的电力。这种以"热电子"形式呈现的能量,会以热能的形式损失掉。而捕获热电子能潜在提高太阳能到电力的转化效率,甚至可使这一比率达到66%。

该研究小组此前表明,可以借助半导体纳米晶体捕获热电子,但这种技术的实际应用却十分具有挑战性。朱晓阳表示:"66%的转换效率,仅在阳光高度集中时才能达到,而不是投射在太阳能电池上的普通阳光。这将是在考虑新材料或设备的设计时需要考虑的问题。"

为了针对普通阳光而不是高度集中的光束,研究人员找到一种替代方法。他们发现,在并五苯半导体内吸收光子,能够创建一个激发的电子空穴对,即激发性电子(激子)。并五苯等小分子在纯态时可以导电,而且它们可以直接做成晶体或薄膜供各种装置使用。激子与量子力学相耦合,能够引发黑暗的多激子态。这种暗量子"阴影态"是捕获两个电子最有效的来源,利用这种机制,可将太阳能电池的效率提高至44%,而无须使用高度集中的太阳光束,这能够为未来太阳能技术更广泛地使用奠定基础。

(二)塑料太阳能电池研制的新进展

1.研制常规塑料太阳能电池的新成果

(1)发明新型柔性塑胶太阳能电池。2005年1月,加拿大多伦多大学,电力与电脑工程教授萨金特领导的一个研究小组,在《自然·材料》期刊上发表论文称,他们发明了一种柔性塑胶太阳能电池,据称它把现有的有机太阳能转化为电能的效率,提高了五倍。

研究小组表示,这种电池能够利用阳光中的红外线,并且可以在布、纸和其他材料表面形成一层柔性膜。这层膜可以把30%的太阳能转化为可利用的电能,比目前应用的效率最高的塑胶太阳能电池要好得多。

萨金特说,由于这种电池能使用有弹性的材料转化太阳能,把塑料与纤维编织在一起类似现有的合成纤维,然后把它们制成衣物,做成可以穿在身上的太阳能电池。不难看出,这是便携式电力。他还表示,这种衣料可以用在衬衫或运动衫上为手机等设备充电。

萨金特说,目前正在寻找投资者,以便把这种发明转化为商业产品。如果他们能制造出更廉价、应用更广泛的太阳能电池产品,那将是重大的突破。

(2)研制出"物美价廉"的塑料太阳能电池。2005年10月9日,美国加州大学洛杉矶分校,亨利工程与应用科学学院教授杨阳主持,博士后研究员李刚和研究生维沙尔·虚柔日亚等人参与的一个研究小组,在《自然·材料》杂志发表论文称,他们寻求一种新的手段使太阳能发电更为经济:用废旧塑料制造太阳能电池面板。

研究人员表示,他们开发的新型塑料太阳能电池,最终成本只有目前使用的传统电池的10%~20%,这使该项技术的广泛应用成为可能。

杨阳说:"太阳能是一种清洁的替代能源。加之目前的能源危机,我们应该大力支持,对地球无污染的新型可再生能源的开发。我坚信,随着这项技术的应用,必将给所有消费者提供一个经济又实用的选择。"

从性价比来看,传统的太阳能模块电池,比石油能源贵大约三到四倍。尽管20世纪80年代初期太阳能模块电池价格有所下降,但电池仍占安装太阳能发电系统的总费用的一半。

目前,世界上接近90的太阳能电池用高纯度的硅制成,硅也就是用来生产集成电路板和计算机芯片的材料。计算机工业的迅猛发展,导致了高品质硅的供不应求,从而使得太阳能电池价格居高不下,离寻常百姓越来越远。

研究人员说,他们把一层塑料板夹在两层导电电极中间,这种太阳能电池易于批量生产,成本也大幅降低,大约是传统太阳能硅电池的三分之一。杨阳相信,这种聚合材料能够大批量购买,因此世界范围内敏感的商家很快会采用这项技术。

对这款太阳能电池的独立测试,显示其性能很好。坐落于科罗拉多州的美国唯一的太阳能技术权威认证机构——美国国家可再生能源实验室,帮助该研究小组验证了电池精确的功效数值。电池的功效是指,太阳能电池所收集的能量占照射其表面总太阳能量的百分比。

据杨阳介绍,他们研制的这种太阳能电池的功效数值是4.4%,是目前公布的塑料太阳能电池中最高的。

杨阳说："任何研究中,得到精确的功效基准是最关键一步。尤其是这类研究,报道的功效数值可以相差很大。我们感谢国家可再生能源实验室帮助我们确定了这项工作的准确度。"

随着这项技术的突飞猛进,该研究小组计划在很短的时间内,使太阳能电池的功效增加一倍。这种聚合物太阳能电池的最终目标是功效数值达到15% ~ 20%,使用寿命达15~20年时间。同样使用寿命的大规模的硅模块电池,只能达到14%~18%的功效数值。

研究人员表示,这种塑料太阳能电池进入消费者的日常生活还需要几年时间,但该研究小组正在加紧工作,使它能够早日进入市场。

杨阳说："我们希望最终太阳能进入商业领域,也进入私人家庭。设想一下,装有太阳能电池汽车替代了传统的燃油汽车。人们会竞相把汽车停在停车场的顶层以储存能量。同样原理,手机也能用太阳能充电。类似的应用还会有很多。

(3)研制转化效率创纪录的塑料太阳能电池。2012年2月22日,美国麻省理工学院《技术评论》杂志报道,美国加州大学洛杉矶分校的材料学教授杨阳领导的研究小组,研制出廉价的、光电转化效率为10.6%的塑料太阳能电池,打破了该研究小组2011年7月份创造的8.6%光电转化效率记录。

塑料太阳能电池具有很多优点:柔软、轻量且价格便宜,但其性能还无法与传统的由硅等无机材料制造的太阳能电池相匹敌。现在,该研究小组希望制造出一种能同薄膜太阳能电池相媲美的塑料太阳能电池。最终,他们使用日本住友化学工业公司研发的一种新的光伏塑料,制造出了转化效率为10.6%的塑料太阳能电池。最新研究表明,以后研究人员可以用这些"挑剔"的聚合物材料制造出更高效的电池。

新的塑料太阳能电池包含两层,它能分别处理不同波段的光:一层塑料能处理可见光;一层塑料处理红外线。杨阳说："太阳能的光谱非常宽,从近红外线到远红外线再到紫外线,单个太阳能电池组件根本应付不了。"

目前,性能最好的无机太阳能电池也是多层设备,但要想制造出多层有机太阳能电池,一直面临着很多挑战。因共同发现了导电的聚合物而摘得2000年诺贝尔奖桂冠的艾伦·杰伊·黑格表示,聚合物可由溶液印刷而来,就像墨水在纸上留下印记一样,这既是该技术一个主要的优势,也是一个缺陷。他说："制造多层有机太阳能电池不需要高温,制造过程很简单,但找到合适的溶剂印刷在电池的每一层上而不会渗入下面一层中则需要技巧。层越多,问题就变得越复杂。另外,让每层的电性相互匹配也是一个挑战。"

杨阳希望,制造出一个光电转化效率为15%的塑料太阳能电池。他表示,当太阳能电池走出实验室进行商业化生产时,其效率会降低大约三分之一,因此,实验室测试中转化效率为15%的聚合物太阳能电池,在实际应用中的转化效率可能仅为 10%。杨阳相信,光电转化效率为 10% 的塑料太阳能电池,应该可以与薄膜太阳能电池决一雌雄。

2.研制透明塑料太阳能电池的新成果

用塑料类材料制成高透明的太阳能电池。2012 年 7 月,美国加州大学洛杉矶分校的材料学教授杨阳领导的研究小组,在美国化学学会《纳米》杂志上发表研究成果称,他们已开发出一种新型透明太阳能电池,既可给家庭及其他建筑的窗户提供发电能力,又不影响人们透过窗户欣赏外面的风景。

这种新型聚合物太阳能电池,对人眼来说具有近 70% 的透明度。利用光敏塑料制成的电池主要通过吸收红外光、非可见光来产生电力。杨阳表示,该高透明聚合物太阳能电池,可用作便携电子设备、智能窗、建筑一体化光伏发电设备等的附加组件。

此前,研究人员已在透明或半透明聚合物太阳能电池方面做过很多尝试,但都止步于低透光性或低效能。此次,该研究小组纳入了近红外光敏感聚合物,并使用银纳米线复合薄膜作为顶端透明电极。近红外光敏聚合物,可吸收更多的近红外光,但对可见光不太敏感,从而兼顾了太阳能电池在可见光波长区域的性能和透明度。另一大突破是,透明导体由银纳米线和二氧化钛纳米粒子的混合物制成,取代了此前使用的不透明金属电极。这种复合电极,使太阳能电池在溶液处理工艺中的装配更为经济。

研究人员表示,目前,聚合物太阳能电池的研究,已引起全球范围的高度关注。该新产品由塑料类材料制成,轻巧灵活且可大批量、低成本生产。

(三)染料敏化太阳能电池研制的新进展

1.研制常规染料敏化太阳能电池的新成果

(1)研制将用于无人机的染料敏化太阳能电池。2009 年 7 月 27 日,美国每日科学网报道称,华盛顿大学斯塔亚博士领导的多学科联合攻关小组,正在进行一项透明柔性的染料敏化太阳能电池,及其应用于航空器的研究。据介绍,染料敏化太阳能电池与传统硅系太阳能电池的结构不同,其纳米半导体表面的染料能捕获光子并将其转化为电子。这种太阳能电池具有较佳的光电转换效率和良好的扩展性能,在价格上也更易进行推广。

研究人员表示,由于染料敏化太阳能电池,具备较佳的光电转换效率和良好的扩展性,它极有可能在近年内被用于无人机上,以使其在不加油的情况下,拥有更长的飞行距离。

几年前,该小组就曾在一架玩具飞机的机翼上使用了这种技术。太阳能电池成功驱动了玩具飞机的螺旋桨,但因玻璃基过重而未能完成起飞。经过多次试验,研究人员最终采用了薄膜电池技术,使用轻型薄膜太阳能电池的试验飞机,终于试飞成功。

目前,该小组正致力于研制出面积更大、光电转换效率更高、更柔韧的染料敏化涂料,以便将其应用到美国空军的无人飞机上。但一般来说,随着面积的增大,太阳能电池的转换效率会逐渐衰减。为解决这一问题,该小组使用了一种金属网格技术,可改变太阳能电池薄膜表面的电阻,加速电流传输,从而保证在面积增大的同时,转换效率不受影响。但斯塔亚说,无人机对于电池的耐久性和重量都有十分严格的要求,这项技术要走向成熟还将面临不少的问题。

(2)研究开发低成本染料敏化太阳能电池。2012年11月,瑞士洛桑理工大学科学家凯文·西沃拉领导的研究小组,在《自然·光学》上发表了他们研究的阶段性成果。它表明,研究小组正致力于利用丰富而廉价的氧化铁(铁锈)和水,研发一种新型染料敏化太阳能电池,以利用太阳能制备氢气。

染料敏化太阳能电池,是一种模仿光合作用原理的太阳能电池,主要由纳米多孔半导体薄膜、染料敏化剂和导电基底等几部分组成。它因原材料丰富、成本低、工艺技术相对简单,在规模化工业生产中具有较大优势,对保护人类环境具有重要意义。

1991年,瑞士洛桑理工大学教授格兰泽尔,在染料敏化太阳能电池领域取得重大突破,成功研制出可利用水直接生产氢气的太阳能电池。此后科学家们一直致力于研究低成本、高转换率且能规模化生产的染料敏化太阳能电池。

在通常情况下,研究人员大多采用氧化钛、氧化锡和氧化锌等金属氧化物,作为纳米多孔半导体薄膜。西沃拉研究小组所遵循的基本原理,与格兰泽尔相同,但采用氧化铁作为半导体材料。其研制的设备,是一种完全自备式控制,设备所产生的电子用于分解水分子,并将其重新组成为氧气和氢气。该研究小组人员,利用光电化学技术,致力于解决困扰氢气制备的最关键问题——成本。

西沃拉说:"美国的一个研究小组,已把染料敏化太阳能电池的转换效率提高到12.4%。尽管它在理论上前景很诱人,但该方法生产电池的成本太高,生产面积仅为10平方厘米的电池,其成本就高达1万美元。"因此,西沃拉研究小组一开始就给自己设定了一个目标,即仅采用价格低廉的材料和技术。

西沃拉指出,他们研制的设备中,最昂贵的部分是玻璃面板。目前新设备的转换效率依然较低,仅为1.4%~3.6%,但该技术潜力很大。研究小组还致力于,研制一种简易便捷的制作工艺,比如利用浸泡或擦涂的方式制作半导体薄膜。西沃拉说:"我们希望,未来几年内,把转化效率提高到10%左右,生产成本降为每平方米80美元以下。如果能实现此目标,就能较传统的制氢方法更具竞争力。"

西沃拉预计,采用氧化铁作为半导体材料的串联电池技术,其转换效率最终将能够达到16%,同时成本也将会很低廉,这是该技术的最大优势。如果能够以廉价的方式,成功储存太阳能,这项发明将能够大幅度增加人类利用太阳能的力度,可成为利用可再生能源的一种可靠方式。

2.研制具有自我修复功能的染料敏化太阳能电池新成果

正在研制能自我完成染料更新的太阳能电池。2011年1月5日,物理学家组织网报道,美国一个开发太阳能的研究小组,正在研制一种新式太阳能电池,通过使用碳纳米管和 DNA 等材料,该电池能像植物体内天然的光合作用系统一样进行自我修复,从而延长电池寿命并减少制造成本。

新设计利用了单壁碳纳米管非同寻常的电学特性。碳纳米管可包含一层到上百层石墨片,只有一层石墨片的称为单壁碳纳米管,其管径约 1.5 纳米左右,是一种非常理想的纳米通道,一根开口的单壁碳纳米管可以被用作"电动马达"和"发电机"。

科学家在实验中将单壁碳纳米管用作"捕光电池中的分子电线"。研究人员解释说,在新电池中,碳纳米管的主要功能是固定 DNA 片段。科学家也对 DNA 进行编程,让其具有核苷酸所拥有的特定序列,使其能识别并且依附染料。一旦 DNA 识别出染料分子,系统就开始自我组装,完成染料更新,就像植物体内时时刻刻都在进行的自我再生。

基于这种想法研制的革新性光电化学电池,只要不断向其中添加新染料,就能开足马力继续工作。而通过化学过程或通过增加具有不同核苷酸序列的新 DNA 片段,击落旧染料分子,接着朝其中添加新染料分子,就可实现染料的新旧更替。

(四)聚合物和共聚物太阳能电池研制的新进展

1.研制聚合物太阳能电池的新成果

(1)制成微型聚合物太阳能电池。2008 年 11 月,美国南佛罗里达大学电化学专家江晓梅领导,她的同事参与的一个研究小组,在美国物理联合会出版的《可再生与可持续能源杂志》创刊号上发表研究成果称,他们用一种有机聚合物,制成微型太阳能新电池。这些迄今最小的太阳能电池,作为小型微型机器的电源或稳压器已经成功地通过了测试。

传统的太阳能电池,例如安装在屋顶的商品化太阳能电池,使用一种脆弱的硅层。计算机芯片,也使用这种物质制成。相比之下,有机太阳能电池,依靠的是一种聚合物,它具有和硅片一样的电性能,但是可以溶解并印刷在柔性材料上。

江晓梅说:"我认为,这些材料比传统的硅材料拥有更多的潜力,它们可以喷涂在暴露于阳光下的任何表面,如一件制服、一辆汽车或一幢房屋。"

该研究小组制造出了 20 个微型太阳能电池组成的阵列,为一个用于探测危险化学物质和毒物的微型传感器供电。

这个探测器被称为微机电系统设备,它是用碳纳米管制成的,而且已经用普通的电池供电的直流电源进行了测试。为它提供足够的能量并接入一个电路,通过测量化学物质进入碳纳米管的时候出现的电信号变化,这些碳纳米管可以灵敏地探测到特定的化学物质。化学物质的类型,可以通过电信号的精密变化区别开。

该设备需要一个 15 伏的电源才能工作,而江晓梅研究小组的太阳能电池阵列,目前在其实验室测试中可以提供大约一半电压,也就是最多 7.8 伏。她说,下一步就是对这种设备进行优化,从而增加电压,然后把这种缩微太阳能电池阵列与碳纳米管化学物质传感器结合在一起。她估计到 2008 年年底,他们将有能力让其下一代太阳能电池阵列,达到这种的供电水平。

(2)开发出超薄型的聚合物太阳能电池。2012 年 5 月,日本东京大学染谷隆夫教授领导的研究小组,与奥地利开普勒大学合作,在《自然·通讯》上发表研究成果称,他们利用涂布工艺,开发出只有普通食品保鲜膜 1/5 厚度的太阳能电池。

研究人员在长宽皆为 5 厘米的聚对苯二甲酸乙二醇酯膜表面,首先涂上一层导电性高分子材料,作为透明电极层;随后涂上一层电子和空穴混合流动的液态高分子材料,作为发电层;最后用钾和银做成金属电极层。

聚酯膜和涂层的厚度分别约为 1.4 微米和 0.5 微米,加起来还不及普通食品保鲜膜 10 微米厚度的 1/5。经测算,这种太阳能电池的光电转换率约为 4.2%,每平方米的发电功率为 40 瓦,重量仅为 4 克左右。

今后,研究人员还将改善发电层材料,使电池的光电转换率达到 10%,并通过在太阳能电池的下方粘贴超薄形锂电池,使其兼具发电和蓄电的功能。

2.研制共聚物太阳能电池的新成果

以聚合物为基础研制出新式大块共聚物太阳能电池。2013 年 5 月,美国莱斯大学化学工程师拉斐尔·维尔杜兹寇,与宾夕法尼亚州立大学化学工程师安立奎·戈麦斯共同领导的一个研究小组,在《纳米快报》杂志上发表论文称,他们研制出一款基于大块共聚物的太阳能电池,这种共聚物是能自我组装的有机材料,可以自主形成不同的层面。尽管新电池的光电转化效率仅为 3%,但仍然高于其他用聚合物作为活性材料的电池。研究人员表示,这种新形式的电池,有望开启太阳能设备研究的新领域。

维尔杜兹寇表示,尽管目前商用的硅基太阳能电池的光电转化效率达到了 20%。目前实验室得到的最高转化率为 25%,但自 20 世纪 80 年代中期开始,就有科学家一直在潜心开发以聚合物为基础的太阳能电池,这种电池有望大幅降低太阳能的利用成本,不过,研究的成效甚微。后来,聚合物/聚富勒烯混合制成的太阳能电池的光电转化效率达到了 10%,但聚富勒烯这种材料本身很难对付。

维尔杜兹寇解释道:"理论上,大块共聚物在有机太阳能电池领域极富应用潜力,但目前很少有人用大块共聚物制造出高性能的光伏设备。我们相信,一旦我们制造出正确的物质并在合适的条件下将其组装,就可以获得性能极高的太阳能电池。"

研究人员发现,一种大块共聚物,可以分成 16 纳米宽的带。更让研究人员感兴趣的是,这种聚合物天生容易形成垂直于玻璃的带。科学家们在 165℃下,在一个玻璃/铟锡氧化物(ITO)表面制造出了这种共聚物。他们把这种共聚物,放在宾夕法尼亚州立大学的研究人员制造的设备的一端,再将一层铝放在设备的另一端,这样,共聚物带就从顶部延伸到底部电极,并为电子提供了一条明晰的流动路径。

接下来,研究人员打算用其他大块共聚物进行实验,并了解如何控制其结构,以增加太阳能捕获光子,并将其变成电力的能力。但目前,他们会专注于提高新式太阳能电池的性能,因为只有这样,他们才能解决包括稳定性在内的其他挑战。

二、开发有机太阳能电池的其他新成果

(一)提高有机太阳能电池效率探索的新进展

1.提高有机太阳能电池效率研究的新发现

(1)发现金纳米层可改善有机太阳能电池转换效率。2011年8月,美国加州大学洛杉矶分校教授杨阳领导,中国和日本同行参与的一个研究小组,在美国化学学会《纳米》杂志上发表论文称,他们把金纳米粒子层,植入一个串联的高分子太阳能电池的两个光吸收区中,形成了特殊三明治结构的电池,从而收获到更宽太阳光谱的光能。

在太阳能世界,有机光电太阳能电池具有广泛的潜在应用,不过它们至今仍被认为是处于起步阶段。这些用有机高分子或小分子作为半导体的碳基电池,虽然比利用无机硅片制作的常规太阳能电池更薄且生产成本更低,但是它们把光能转换成电能的效率却并不理想。

然而,杨阳研究小组通过把金纳米粒子,用于有机光电太阳能电池,助其增强了光吸收的能力,极大地提高了电池的光电转化率。

研究人员发现,通过金纳米粒子层的相互连接,他们大幅度地提高了光电太阳能电池的光电转化率。金纳米粒子通过等离子效应,可在薄薄的有机光电层中产生强电磁场,其结果是将光能聚集,使其更多地被电池中的光吸收区捕获。

尽管把金属纳米结构融入光电太阳能电池结构中存在着不少困难,但研究小组化解了这些难题,并首次宣布成功地研制出等离子增强高分子串联太阳能电池。杨阳表示,通过简单地将金纳米粒子层植入电池两个光吸收区中,他们便获得了高效等离子高分子串联太阳能电池。出现在连接层中间的等离子效应能够同时改善上、下两层光吸收区的工作状态,将串联太阳能电池的转化率从以前的5.22%提高到6.24%,增比达20%。

实验和理论结果都显示,太阳能光电电池效率的提高,得益于金纳米粒子近区的增强,也表明等离子效应对未来高分子太阳能电池的开发具有极大的潜力。研究小组认为,夹层结构作为开放平台能够应用于多种高分子材料,为获得高效多层串联太阳能电池创造了机会。

领导该项研究的杨阳,同时还是加州大学洛杉矶分校加利福尼亚纳米系统研究所纳米可再生能源中心主任。参与该项目的研究人员还包括来自中国科学院半导体研究所半导体材料科学重点实验室的张兴旺和日本山形大学科学和工程研究生院的洪子若。

(2)发现控制电子自旋可提高有机太阳能电池的效率。2013年8月,英国剑

桥大学物理系卡文迪什实验室,研究员阿克沙伊·拉奥领导,他的同事,以及美国华盛顿大学研究人员参加的一个研究小组,在《自然》杂志上发表研究论文称,他们的研究发现,让有机太阳能电池内的电子,采用特定的方式"自旋",有望大幅提高有机太阳能电池的光电转化效率。

有机太阳能电池模拟植物的光合作用进行工作,其纤薄、轻便而且柔韧,也可以像报纸一样打印出来,与目前广泛使用的硅基太阳能电池相比,制造过程更迅捷,成本也更低。但其最高光电转化率只有12%,还无法与硅基太阳能电池相媲美。因为硅基太阳能电池转化效率高达20%~25%,所以更具有商业优势。

现在,该研究小组携手进行的研究发现,对有机太阳能电池内电子的自旋方式进行操控,能显著提高其性能,有助于研究人员研制出廉价且高性能的有机太阳能电池。

此前,科学家们对有机太阳能电池内电子的不同表现困惑不已,希望厘清为什么有些电子的表现会出乎意料的好,而另外一些电子的表现则差强人意。为此,该研究小组研发出一种敏感的激光技术,来追踪有机太阳能电池内电子的行为和相互作用。他们惊奇地发现,"罪魁祸首"是电子拥有的自旋这种量子属性。

自旋是粒子拥有的一个与其角动量有关的属性。电子拥有两种自旋方式:朝上或朝下。通过一个名为"再结合"的过程,太阳能电池中的电子会失去其拥有的能量,进入一个完全空的名为"洞"的状态。研究人员发现,让电子采用特定的方式"自旋",能够阻止能量损失,并增加太阳能电池的电流。

拉奥表示:"借用这一令人兴奋的研究发现,我们能利用自旋物理学,提高太阳能电池的性能,以前,我们认为这不可能发生。使用这种方式研制的新材料和太阳能电池,或许很快会面世。"

有关专家认为,这一设计概念,有助于研究人员缩小有机太阳能电池,与硅基太阳能电池,在转化效率方面的差异。

2.应用新原理开发效率更高的有机太阳能电池

(1)利用天线蛋白发生量子叠加原理改进现有太阳能电池设计。2011年8月,美国加州大学伯克利分校格雷厄姆·弗莱明主持,他的同事参与的研究小组,在美国物理学学会期刊《化学物理学》上发表论文称,他们近日开发出一种探测植物光合作用过程的新方法。该技术,有助于加深人们对光合作用这一利用太阳能最有效的方式的理解,改进现有太阳能电池的设计,提高其转换效率。

植物和其他光合生物,之所以能够吸收太阳能并将其转化为能量,都是由于它们拥有的一种独特的天线蛋白。这种蛋白由多种吸光色素组成,能够捕获太阳能,并通过一系列的化学反应将其储存起来。由于反应发生在一个极小的尺度上,天线蛋白之间会出现量子现象。当色素分子吸收光线时就会被激活成高能态,如果一个蛋白上的多种色素分子同时被激发就会出现量子叠加状态,这种量子效应会使光合作用中产生的能量找到"最优路径",以近乎无损的方式进行传递,这也是光合作用在转换效率上如此高效的"秘密"所在。

该研究小组选用了一种天线蛋白作为研究对象。通过分析透过蛋白质的激光的变化,就能判断出其中是否出现了量子叠加状态。

研究人员首先用两种不同频率的激光对其进行激活,而后再用第三种激光脉冲照射蛋白质,使其释放能量。结果发现他们所接收到的激光的频率与起初发射出的并不相同,这意味着在蛋白质中成功实现了量子相干。

弗莱明说,以激光促使天线蛋白发生量子叠加的方法,虽然此前也有科学家提出,但新方法不需要精确的时控脉冲,只需改变激光的频率即可,相对而言更为简单有效。

美国加州大学欧文分校的化学家沙乌尔·莫肯姆说,这一实验很有趣,开创了一种激活天线蛋白的全新方式。对光合作用中能级和色素耦合的深入理解,将有助于构建出拥有类似功能的系统。

美国罗格斯大学化学家、《化学物理学》编辑埃德·卡斯纳说:"粗略计算表明,太阳一小时内照射到地球表面的能量,就能满足人类一年的能源需求。解决目前人类所面临的能源、可持续发展等问题,离不开对光合作用机制的深入理解。该研究有助于科学家们设计出更高效的太阳能电池,或许有一天我们就能通过光合作用的方式,来轻松获取能源。"

(2)运用蓝光光盘原理开发效率更高的有机太阳能电池。2014年11月25日,美国西北大学材料与工程学副教授黄嘉兴领导的一个研究小组,在《自然·通信》杂志上发表论文称,他们受蓝光电影压缩和刻录技术的启发,开发出一种吸光性能更好的太阳能电池。

黄嘉兴说:"此前我们就有一种预感,蓝光光盘对提高太阳能电池的效率或许有所帮助。令人欣喜的是,之后的实验真的证实了这一点。"

在太阳能电池领域,已知的是:如果在太阳能电池表面,增加一些独特的纹理或图案,就能将光线有效地分散开来,从而提高吸光效率。为此,研究人员长期以来都在成本与效能之间寻求平衡,希望找到一种最易实现、效果好的纹理。而西北大学的新发现,正是通过这一渠道来实现的。

无论 CD、DVD 还是蓝光光盘,都是一种数据的压缩和存储技术,不同的是蓝光光盘的数据密度更高,存储的数据更多。蓝光光盘以波长为 405 纳米的蓝色激光光束来进行读写操作,DVD 和 CD 采用的则是波长为 650 纳米和 780 纳米的红色激光。激光将这些由 0 和 1 组成的二进制编码,刻录在塑料碟片上,形成一个个的突起或凹陷。这些凸起和凹陷正形成了该研究小组所需要的"图案"。而最终选择蓝光的原因在于,经过对各种算法的分析,研究人员发现,更高的压缩比算法和准随机数据存储模式,让刻下的图案更符合太阳能电池对吸光的需求。蓝色激光在波长为 150 纳米到 525 纳米范围内,产生了更多的凹凸,事实证明在所有光谱范围内,这种图案对光线的捕获能力都十分理想。

报道称,在实验中,研究人员把蓝光版《超级警察》作为蚀刻对象,将整部光盘上的图案复制到了一块聚合物太阳能电池上。结果发现,在吸光吸能上,采用随机图案的太阳能电池,优于没有图案的普通太阳能电池,而"《超级警察》版太阳能电池"又比随机图案的要好。经测定,采用蓝光电影版太阳能电池,对光线的多频吸收能力达到了21.8%。

此外,研究人员还对包括动作电影、电视剧、纪录片、动画片以及黑白影像在内多种内容的蓝光光盘,进行了测试,结果发现内容并不重要。所有成品蓝光光盘,都能同样出色地增强太阳能电池对光线的吸收。

黄嘉兴说:"除了改善聚合物太阳能电池的性能外,新技术同样适用于其他各种太阳能电池。这让人相当意外,但最让人激动的是:这项研究,让我们感受到了纳米光子学与材料科学这个交叉学科的巨大魅力。"

(二)研究有机太阳能电池所需材料的新进展

开发兼具发电与储能功用的有机太阳能电池材料体系。2015年7月,有关媒体报道,美国加州大学洛杉矶分校莎拉·托尔伯特教授领导的一个研究小组,设计出一种新材料体系,可利用太阳光发电并存储能量长达数周。

研究人员从植物光合作用的过程中受到启发,研发出一种新型水系胶束,由作为电荷施主的共轭电解质多聚物,与作为电荷受主的纳米级富勒烯组成,且在尺寸更小的界面把两者结合起来。研究人员还发现通过合理设计聚合物—富勒烯组装形式,该体系可以将材料中的电荷分离开并保持该状态,其中光诱导生成的极化子(稳定的分离电荷对)可具有长达数天或数周的寿命,从而大大地提高了能量保持率。

现今,太阳能电池板材料,仅能将由太阳光转化的能量存储几微秒,而该技术可将能量存储数周,从而可改变今后太阳能电池的设计方式。此种有机合成光伏材料,也可应用于人工光合作用。并且材料合成于水中,而不是有毒性的有机溶液中,将更加环保。

(三)研究有机太阳能电池设计和制造技术的新进展

1.有机太阳能电池设计技术探索的新成果

受树叶启发产生有机太阳能电池设计新技术。2010年9月5日,美国麻省理工学院化学工程师迈克尔·斯特拉诺领导,伊利诺伊州立大学斯里格尔、怀特等人参与的研究小组,在《自然·化学》杂志发表研究成果称,树叶经过数千万年进化而获得的防止阳光灼伤的自我修复功能,或许能帮助他们设计出具有可再生功能的有机太阳能电池,让电池的使用寿命无止境地延续下去。

大自然总会带给人类无限的启示。许多造福人类的发明也是从自然中得到的灵感,如世界上第一批防毒面具诞生的灵感来源于野猪的鼻子;火箭升空利用的是水母、墨鱼反冲原理;变色龙帮助我们研制出了不少军事伪装装备;毒蛇的"热眼"功能研究,开发出了微型热传感器等等。这样例子数不胜数。

有关专家称，这项研究为生产廉价、具备自我修复功能、使用期限可以无限延长的太阳能电池打下了基础。此后的几天时间里，包括英国广播公司、美国《发现》杂志网站、美国《大众科学》网站、美国《技术评论》杂志网站等主流媒体都对这一研究进行了报道，预示着这项技术或将带来太阳能电池领域的大变革。

众所周知，阳光是地球上生命的源泉，但它的破坏性却不能被忽略。人类为何会变老？放在太阳下的纸片、塑料等为何会轻易报废？斯特拉诺解释道，这一切都是因为阳光中的紫外线在与氧气混合后，会有很大的破坏力。经过长时间的照射，再坚固的物体都会慢慢瓦解。他说："即使是专门吸收阳光的植物叶片在阳光下曝晒过久后，也会渐渐失去功效，更何况太阳能电池等其他的物体。"因此即使对于吸收阳光的树叶来说，阳光也是残忍的。当植物全力地进行光合作用时，如果不采取防护措施，树叶也会被氧气、紫外线等破坏性分子毁坏。

美国《大众科学》网站介绍，树上的树叶与太阳能板上的光伏电池一样，看上去都是在静止不动的情况下吸收阳光。然而，树叶其实有一个非常精彩的"内心世界"。由于阳光直射的破坏力实在太大，叶片内部的蛋白质每隔大约 45 分钟就必须循环一次，形成新的光合反应中心，替代已被日光烘烤近 1 小时的老光合反应中心，避免阳光带来的伤害。这是经过千万年的进化后大自然赋予树叶的生存技能。这种快速的自我修复程序，也让植物可以在充分享受阳光的同时，不至于"飞蛾扑火"。

树叶的这种自我修复功能，激发了研究人员的灵感，想到模拟树叶的这一技能，可以让一直被阳光烘烤的太阳能电池自行修复。目前人们对太阳能电池的研究大都局限在如何提高转化效率、如何延长使用寿命上，但却很少有人想到开发电池的再生功能，让其无止境地工作下去。这项研究的独特性，引起了其他业界同行的巨大兴趣。美国得克萨斯农工大学纳米复合材料教授格伦兰，把这项技术称为"人造的翻版自然技能"，同时认为它是"开拓性的、对以后发展有巨大影响的研究"，因为"以前还从未有过类似的研究"。英国布里斯托大学的生物化学家约翰认为，这项研究"虽然非常简单，但却十分实用。"

在了解到树叶内光合作用中心的循环特点后，该研究小组就决定，与其制造使用寿命超长的太阳能电池，还不如向自然学习，走太阳能电池自我修复之路。试验开始阶段，研究人员使用的是一种紫细菌中采集阳光的光合反应中心。随后，他们将反应中心加入了一些感光蛋白质、脂类，用于形成系统结构；以及碳纳米管，用做导线传导产生的电力。这些工作完成后，所有零部件都将放入一个装满水（水中含有胆酸钠，一种让所有部件凝聚的表面活性剂）的透析袋中。透析袋里的隔膜只允许小分子通过。

随后的发现，让研究人员很惊喜，因为在将表面活性剂过滤之后，所有的零部件会自动组装成一个整体，捕捉光线的同时能产生电流。工作人员解释，这一自然组装之所以能够实现，是由这些部件的化学性质决定的，因为组装完成后，他们彼此之间恰巧都处于相对适合的位置。用于支撑结构的蛋白质包围脂类,形成一个小圆盘,而光合反应中心则在圆盘之上。小圆盘会顺着有小气孔的碳纳米管排列,小气孔的作用是让光合反应中心产生的电子顺利通过。如果将胆酸钠重新加入这一装置,装置就会自动分解;过滤胆酸钠后又有新的装置形成,如此循环。

斯特拉诺说:"这个过程的美妙之处在于,它是可逆的。也就是说分开的零部件可以自行组装,而组装以后的装置也可以拆分成单个零部件。就像是在玩智力拼图游戏时,所有的小部分自动拼成一幅完整的图片一样。"当一套装置失去活力后,只需加入表面活性剂将其拆分,再重新组装,就会重新恢复活力。在试验中,研究小组成功地让一套装置,持续工作了1个多星期。

当然,目前看来,该装置还不能与太阳能硅电池竞争。但约翰表示,硅电池也是在经过几十年的研发后,才有了今天的转换效率。如果在该装置上投入相同的资金、经历同样的时间,一定也能研制出同样高效率,并且还能自我修复、可在弱光环境下工作的太阳能电池。

2.有机太阳能电池制造技术探索的新成果

(1)发明把有机太阳能电池印在普通纸上的新技术。2011年1月4日,物理学家组织网报道,美国麻省理工一个研究小组,展示了一种新型印刷技术。它能将有机太阳能电池印制到薄薄的、柔软的材料如普通卫生纸上。尽管用卫生纸做基底不像实际的太阳能设备那么高效,但它是低成本印制技术,广泛用于各种材料的多元化体现。

这项新技术,称为氧化化学气相淀积,将原料单体和氧化剂汽化后喷在基底材料上,单体和氧化剂相遇后,聚合形成聚3,4-乙撑二氧噻吩(PEDOT)薄膜。该薄膜能导电,通过控制基底温度,形成很小的纳米微孔,能紧密固定导电性更高的银粒子,可将该薄膜的导电性能增强1000倍。

(2)开发有机太阳能电池的3D打印技术。2015年8月,有关媒体报道,一个来自澳大利亚的太阳能电池研究小组,致力于研发一种薄如纸片的有机可打印太阳能板,它甚至能为一整栋摩天大楼提供能源。研究人员希望能够在不远的将来,逐步实现这种新型发电装置的商业化制造。

研究人员说,这项技术可有效减少发达国家对传统能源的依赖,同时,也能为发展中国家提供一种经济、可实行的电力来源。

与传统太阳能电池板不同的是,这些太阳能电池纸,可以在包括玻璃和屋顶等实际的房屋位置上,被直接打印出来。而且,这些电池单元甚至将可设计用在iPad表面、笔记本电脑背包和手机外壳上,这意味着,它不仅是特殊的覆盖"壳",还能酷炫地"发电",为可移动设备提供电能。

目前的进展是,该研究小组已经借助改进型的太阳能墨水3D打印机,成功将每个有机太阳能电池的单元,减小到只有硬币大小的体积,这种太阳能电池纸非常廉价,样子和工作方式与传统的硅基太阳能电池板,都有所不同。

第三节 非电池领域开发利用太阳能的新进展

一、开发利用太阳能的新材料和新设备

(一)开发利用太阳能所需的新材料

1.探索利用太阳能所需的新型无机材料

(1)发明兼有太阳能热水器功能的外墙玻璃。2005年2月,来自巴黎的消息说,法国国家实用技术研究所,建筑材料专家罗宾等人组成的一个研究小组,发明了一种建筑外墙玻璃。这种建筑外墙玻璃,同时可以作为太阳能热水器使用。

研究小组认为,这一研究成果,非常符合法国提倡的建筑节能要求,其综合成本低于普通的太阳能热水器。

据介绍,这种双层中空玻璃40%的面积是透明的,余下部分被盘旋状铜管以及银反射管所覆盖,当然覆盖物在玻璃内层。

罗宾说,这种双层中空玻璃可以吸收太阳能把水加热,对于一个大楼说,仅仅利用外墙玻璃就能解决热水问题,每年可节省大量电力或煤气。当然,新型玻璃在保持屋内温度,防止过多阳光进入屋内等方面与普通建筑外墙玻璃没有区别。

罗宾介绍道,这种玻璃并非是完全透明的,因此它不是用来取代窗户玻璃的,而是用来替代除窗户外的其他各种建筑外墙玻璃的。

罗宾还指出,从价格方面,在法国,安放在屋顶的太阳能热水系统,往往需要每平米1000多欧元,而这种新产品除了可以把水加热外,还可以做外墙玻璃,成本已经打入建筑工程成本,无须其他支出,因此很有市场竞争力。

近年来,法国政府大力发展节能型建筑,旨在改善房屋结构和利用自然能源达到节电和环保目的。利用太阳能将水加热,是受到法国政府支持的重要建筑节能技术之一。

(2)揭开铋铁酸盐薄膜的光电机制秘密。2011年9月,美国能源部劳伦斯伯克利国家实验室,及加州大学伯克利分校研究人员组成的一个研究小组,在《物理评论快报》上发表研究成果称,他们揭开了铁电材料铋铁酸盐薄膜,在光照条件下产生高压电的。

铁电材料是指具有铁电效应的一类材料,它是热释电材料的一个分支。铁电材料及其应用研究已成为凝聚态物理、固体电子学领域最热门的研究课题之一。研究人员已经了解到铁电材料的原子结构,可以使其自发产生极化现象。但至今尚不清楚,光电过程是如何在铁电材料中发生的。如果能够理解这一光电机制,并应用于太阳能电池,将能有效地提高太阳能电池的效率。

研究人员所采用的铁电材料,是铋铁酸盐薄膜。这种特别制作的薄膜有着不

同寻常的特性,在数百微米的距离内,整齐而有规律地排列着不同的电畴。电畴为条状,每个电畴宽为50~300纳米,畴壁为2纳米,相邻电畴的极性相反。这样,研究人员就可以清楚地知道,内置电场的精确位置及其电场强度,便于在微观尺度上开展研究,同时也避免了杂质原子环绕及多晶材料所造成的误差。

当研究人员用光照射铋铁酸盐薄膜时,获得了比材料本身的带隙电压高很多的电压,说明光子可释放电子,并在畴壁上形成空穴,这样即使没有半导体的P—N结构,也可形成垂直于畴壁的电流。通过各种试验,研究人员确定畴壁在提高电压上具有十分重要的作用。据此他们开发出一种模型,可令极性相反的电畴制造出多余的电荷,并能传递到相邻的电畴。这种情况有点像传递水桶的过程,随着多余电荷不断注入锯齿状相邻的电畴,电压可逐级显著增加。

在畴壁的两侧,由于电性相反,就可形成电场,使载电体分离。在畴壁的一侧,电子堆积,空穴互相排斥;而另一侧则空穴堆积,电子互相排斥。太阳能电池之所以会损失效率,是由于电子和空穴会迅速结合,但是这种情况不会在铋铁酸盐薄膜上出现,因为相邻的电畴极性相反。根据同性相斥,异性相吸的原理,电子和空穴会沿相反的方向运动,而由于电子的数量远超空穴的数量,所以多余的电子会溢出到相邻的电畴。

铋铁酸盐薄膜本身并不是一种很好的太阳能电池材料,因为它只对蓝色和近紫外线发生反应,而且在其产生高电压的同时,并不能产生足够高的电流。但是研究人员确信,在任何具有锯齿状结构的铁电材料中,类似的过程也会发生。

目前,研究人员正在调查和研究其他更好的替代材料。他们相信,该技术如果应用于太阳能电池,将使太阳能电池产生较高的电流,并能大幅提升太阳能电池的效率,有望生产出性能强大的太阳能电池。

2.探索利用太阳能所需的新型有机材料

(1)以聚碳酸酯为底板制成节能环保的"太阳能瓦片"。2006年6月,澳大利亚西悉尼大学应届毕业生塞巴斯蒂安·布拉特,发明一种"太阳能瓦片",具有三种功能:一是发电,利用太阳光产生电能,可使照射到瓦片上的12%~18%的太阳光转换成电能;二是加热,通过中间换热器,提高住宅自来水管中的水温,它依靠热辐射而不是通过接收光电板来实现,所以不同于一般的太阳能热水器的功能;三是盖房,它与普通太阳能电池有一个明显区别:不是简单地安放在屋顶表面,而是直接制成一整套屋顶上的瓦片,可以替代普通瓦片覆盖在屋顶上,节省了盖房所用的瓦片,这是该发明的一个重要创新之处。

"太阳能瓦片"是由透明聚碳酸酯底板和两块主层组成,其中一块主层是太阳能电池,另一块主层是带有载热体的薄贮存器,其优点是可以拆卸电学和水力学部件。

这种"太阳能瓦片"把发电、加热和盖房三种功能结合在一块瓦片上,用它来建造新型城郊住宅,不仅能在晴天确保住宅的用电和热水,而且可以把多余的电能输入电网或蓄电池中,使阴雨天也能保证电力和热水的供应。

（2）开发出遇光吸热按需放热的新聚合物膜。2016年1月，美国麻省理工学院杰夫瑞·格罗斯曼教授、研究人员尤金·周等人组成的研究小组，在《先进能源材料》杂志上发表研究成果称，他们研制出一种实现化学储能的固体材料：透明的聚合物薄膜。它能在白天存储太阳能，并在需要时放热，可用于窗户玻璃或衣服等多种不同的表面。

格罗斯曼教授解释说，要想长期稳定地存储太阳能，关键是将其以化学变化而非热量的形式存储起来。目前建立在化学反应基础上的储能材料名为太阳热燃料（STF），已被研制出来，但只能在液体中使用，无法制成持久耐用的固态薄膜。本次新研制出的聚合物薄膜，是首个基于固态材料的聚合物，不仅原材料便宜且制造过程简单。

尤金·周指出，制造这种新材料只需两步，非常简单。他们以偶氮苯进行实验，通过改变分子组成来对光做出反应，随后在小的热脉冲刺激下，恢复到原始状态，并在此过程中释放出更多热量。在实验中，研究人员修改其化学属性从而改进能量密度，形成光滑的表层和对热脉冲的反应能力，最终得到了这种极其透明的新材料。

研究表明，新透明薄膜可整合进汽车的前挡风玻璃，吸收太阳光并存储起来，随后只要一点热量"激活"，它就能释放出热量，融化玻璃上的冰。该系统可改进电动汽车的性能。在寒冷天气，电动汽车消耗了太多能量来加热和融冰，新聚合物有望大幅降低此类消耗。

格罗斯曼表示，目前，这种新材料呈微黄色，影响了透明度，他们正在进行改进。另外，释放的热只能比周围环境高10℃，他们希望能提高到20℃。

（二）研制更好利用太阳光和热的新设备

1.探索直接利用太阳光的新设备

发明太阳能直接驱动的光动力马达。2008年7月20日，日本共同社报道，日本东京工业大学化学专家领导的一个研究小组，发明了一款太阳能直接驱动的光动力马达。

研究人员称，这是世界上首个光动力马达。这一光动力马达的工作原理是，一种特殊塑料，可在不同光线照射下实现伸缩，从而带动马达运转。

研究人员认为，现有太阳能电池，需要把太阳能转换成电能后才能加以利用，而光马达可以直接把太阳能转化为动能。这项成果，经过进一步研究，有望衍生出新型太阳能动力设备及装置。

2.探索更好地利用太阳光所产生热的新设备

发明夜里也能提供热水的太阳能设备。2005年12月，德国媒体报道，德国卡塞尔大学热能技术研究所一个研究小组，发明了一套夜里也能提供热水的太阳能设备。

研究人员介绍，这种新设备由空气收集器、水气热传导装置和太阳能收集装置组成。空气收集器，吸收被太阳光加热到45℃的外部空气。然后，在水气热传导装置里,被吸入的空气,可以使水温提高到约 20℃。接着,在太阳能收集器里,水温通过太阳照射升高到 35℃。最后,水被传统方式加热到 60℃,并通过远距离供热管道送到居民住宅。

在同样把水温加热到 60℃ 的情况下,采用太阳能预热方式,要比通常加热方式,节省燃料约 1/3。即使在夜里,这种装置,也能继续利用白天被太阳晒热的周围空气,提供热水。

(三)研制利用太阳能发电的新设备

(1)研制能捕获 90% 以上光能量的纳米天线。2011 年 5 月,美国密苏里大学化学工程学院副教授帕德里克·宾海罗、科罗拉多大学电力工程教授加勒特·蒙代尔,以及马萨诸塞州一家公司相关专家组成的研究小组,在《太阳能工程》杂志上发表研究成果称,多年来,太阳能电池板利用太阳能效率很低,只能利用所获得光源的约 20%。现在,他们开发出一种柔软的太阳能薄片,能捕获超过 90% 的光能量,并计划在 5 年内制造出可用于消费领域的样机。

该设备是一种纳米天线电磁收集器,能收集太阳光谱中的中红外光和可见光,而中红外波长是传统光伏太阳能电池无法利用的。这项技术的最初设计理念,是将天线从无线电频率扩展到红外光和可见光领域。

该研究小组开发出一种特殊的高速电路,能从收集的阳光和热量中提取电流,并找到经济的太赫兹纤维材料,可用于大规模生产简单的方形回路纳米天线阵列。研究小组曾开发出一种可模压的小型薄片天线产品,能将工业过程中产生的热收集起来,转化为可用电力。他们将这种天线产品改造,变成了利用光照的设备。

如果能获得美国能源部的支持或私人投资,相信在 5 年内,就能生产出太阳能新产品,以弥补传统光伏太阳能电池板的不足。他们的产品是一种柔软的薄膜,可以和屋顶面板类产品结合起来,或用来订制专门的电力工具。此外,还能用于红外探测仪、光学计算、红外视距通信等领域。

(2)研制成能把太阳光直接变成直流电的光学整流天线。2015 年 9 月,最近,美国佐治亚理工学院乔治·伍德拉夫机械工程学院巴拉图德·科拉副教授领导的一个研究小组,在《自然·纳米技术》上网络版上发表研究成果称,他们开发出一种光学整流天线,能把太阳光直接转变成直流电。研究人员认为,这一成果,有望提供一种无须制冷的光检测新技术,也能收集废热转化成电力,并最终成为利用太阳能的一条新途径。

研究人员表示,这种光学整流天线能在 5~77℃ 的温度下工作,是以碳纳米管作为天线,捕获阳光或其他光源。当光波撞击纳米管,产生的振荡电荷会通过整流器,整流器以千兆赫兹的频率开关,产生微小的直流电。虽然目前设备的效率只有 1%,但数十亿整流天线排成阵列,就能产生强大电流。

整流天线开发于 20 世纪六七十年代,一般在 10 微米左右的波长范围工作,而新的整流天线进入到可见光范围,要求天线和整流二极管足够小,并能极快地捕获电磁振荡。科拉解释说："整流天线本质上是一个天线配上一个二极管,但到了可见光范围,意味着用纳米天线配上一个金属—绝缘—金属二极管。天线与二极管之间离得越近,效率就越高。所以,理想的结构,是把天线用作二极管中的金属——这就是我们造的结构。"

据报道,研究人员先在导电基质上,生长出垂直对齐的碳纳米管丛,再用多种纳米制造技术,造出金属—绝缘—金属多层结构的整流器。在工作中,光的振荡波通过钙—铝电极并与纳米管相互作用,纳米管顶端的整流器能以飞秒速度开关,让天线产生的电子只从一个方向进入电极。

科拉说,目前造出的整流天线还需提高效率,开放碳纳米管实现多导电通道、降低电阻等,将最终造出效率是目前两倍、成本更低的太阳能电池。研究人员还希望,通过最优化技术提高输出功率。他们相信,有商业价值的整流天线,可能一年内就会出现。

2.研制陆地上利用太阳能发电的新设备

(1)设计能产生电力的美观而环保的"太阳能睡莲"。2008年5月,英国媒体报道,苏格兰著名的ZM建筑公司,近日为格拉斯哥市设计出了一套可持续能源方案,其中最引人注目的,是该公司皮特·理查森设计的一种漂浮在河面上的"太阳能睡莲"。

报道称,在格拉斯哥市克莱德河中摆放的这些"太阳能睡莲",表面上看起来像是一片片巨大的植物睡莲,相当美观。实际上,这些"睡莲"全是巨型太阳能帆板,能把日间吸收到的太阳能收集起来,转化为电能向城市输送。

由于"太阳能睡莲",具有独特的创造性、美观性和实用性,曾获得国际设计大奖。ZM建筑公司的负责人表示:"这种太阳能浮板转化的电能,比通常放置在屋顶的太阳能板,以及风力涡轮机转化的更多,这是城市能源计划中一个非常有创新性的点子。"此外,由于太阳能帆板模样美观,一旦投入使用,也就成为城市一道独特的风景。

(2)开发大幅提高太阳能收集能力的聚光器。2008年7月11日,美国麻省理工学院电机工程副教授马克·巴尔多领导的研究小组,在《科学》杂志上发表研究成果称,他们创造出一种新颖的太阳能聚光器方法,既能提供清晰视野与照亮房间,又能利用阳光给建筑提供有效的电力供应。

巴尔多表示,这种新型太阳能聚光器利用一种涂料,在大范围(如一扇窗户)内收集太阳光,然后聚集到边缘。这样,并不需要在整个屋顶布满昂贵的太阳能电池,而只需将太阳能电池围嵌在平面玻璃板的边缘,就能使每个太阳能电池收集的能量提高40倍以上。

目前,使用的太阳能聚光器,依靠追踪太阳光来产生高光学能,常常需要使用大型移动式镜子,部署与维护都很昂贵。处于镜子焦点的太阳能电池必须加以冷却,而且整个装配会浪费周围空间以避免遮蔽邻近的聚光器。

研究人员把为激光与有机发光二极管而开发的光学技术,移植到新型太阳能聚光器上,采用了一种包含两种以上涂料的混合物,并将这些涂料涂在特殊玻璃窗或塑料嵌板上。这些涂料能一起工作以吸收大范围的波长,然后以不同波长重新发射,并通过嵌板传送给窗边缘的太阳能电池上。简言之,即将不同波长的太阳光集中为光能,再由太阳能电池负责把光能转换为电能。此项技术,可吸收大范围波长的聚光器,能使太阳能电池在每个波长上达到最优化,大幅减少了光传送损失,增加了总的输出功率。

以前的太阳能电池聚光器,都是利用大面积的移动镜面追踪太阳聚光,而今的技术避开了其弊端。新系统非常易于制作,由于减少了太阳能电池的面积,因此降低了成本。研究人员相信在 3 年内即可实现商业化,或者甚至添加到现有太阳能系统中,也能以最小的额外成本增效 50%,从而大幅降低太阳能发电的成本。

美国能源部科学办公室基础能源科学计划经理阿拉维达·吉尼认为,这种创新设计,在无须进行光追踪的条件下,就能实现出色的太阳能转换,由此证明了要在"以具成本效益的方法利用太阳能"方面,获取具有革命性的领先成果,创新性的基础研究有着不可或缺的重要性。

3.研制太空上利用太阳能发电的新设备

(1)打算建造太空"蜘蛛"机器人来传输太阳能。2006 年 9 月,有关媒体报道,造型酷似蜘蛛的机器人能否在太空中编织复杂的结构,最终形成一个巨大的太阳能电池网,通过卫星将太阳能传输回地面呢?日本在今年早些时候,通过发射卫星所进行的试验表明:这一设想是切实可行的。

这次试验的太空"蜘蛛",其原型是由欧洲宇航局(ESA)和维也纳工学院的工程师共同研制的,旨在测试它们在无重力或微重力的状态下,是否能稳当地沿着各自的路径爬行。

也许是,这些太空"蜘蛛"相貌奇特使然,测试过程中不乏值得一提的亮点。例如试验伊始,只见母船中释放出 3 颗小卫星,它们拉开阵势,形成一个三角形的网,每条边长约为 40 米。这就是太空太阳能板的雏形。

在此过程中,母飞船会释放一根根"蜘蛛线",与这些小卫星相互连接,借以保持稳定。一旦部署停当,太空"蜘蛛"即根据地面控制站的指令,对母船和自身的微波天线进行同步调整,将信号发回地面。

然后,从母卫星中爬出 2 个体积较小的机器人,分别取名叫"小罗比太空"1 号和 2 号。这些太空"蜘蛛"各自装有一套小轮子,可用来抓住"蜘蛛线"的两侧,以免向别处漂移。"蜘蛛"在完成"编织"任务后会"以身殉职",成为太阳能板的一部分。随着众多"蜘蛛"的不断补缺,最后可望形成一块巨大的太阳能电池板。

科学家相信,这些太空"蜘蛛"有朝一日,可用来装配网络顶端的大型太阳能通信天线或反射器。当然,清除近地球轨道上的太空垃圾也是它们的"天职"。

在这种情况下,卫星既能反射太阳光束,也可通过储存甚至以微波的形式将能源传输回地面。由于运载火箭将四颗微型卫星送入地球亚轨道地区,因此科学家只有 10 分钟的微重力展开试验,接着飞船便开始向地面坠落,最终在大气层中烧毁。但是,也正因为如此,其成本大大低于在轨试验的所需费用。据估算,卫星若要将 10 亿瓦太阳能电力输送回地面,或许需要一块面积相当于 1 平方千米的太阳能电池板。

(2)建成太空太阳能发电实验设施。2011 年 10 月,有关媒体报道,日本京都大学宣布,其研究人员已建成一座太空太阳能发电实验设施。其用途主要验证通过无线方式远距离输送能量的可行性。

太空太阳能发电,是指用火箭把太阳能电池板发射到太空,太阳能电池板在太空发电,再将产生的电能转换成微波传回地面,并重新转换为电能。

目前完工的实验设施,位于京都大学宇治校区内。京都大学设想,5～10 年后,发射携带直径 10 米的太阳能电池板的实验卫星,达到输出功率 10 千瓦的发电能力。太空太阳能发电要想进入商业化运营,需要直径 2000～3000 米的太阳能电池板,达到相当于一座核反应堆 100 万千瓦的输出功率。

二、探索聚光太阳能热发电模式的新成果

(一)研制聚光太阳能热发电系统的新进展

1.开发聚光太阳能驱动的动力设备

(1)推出聚光太阳能及热能两用小型发电机。2004 年 5 月,英国索拉尔吉恩公司,推出一种聚光太阳能及燃气涡轮两用发电机,为解决发展中国家一些边远地区的缺电问题,提供了一种新选择。

新型发电机,主要通过占地 800 平方米的抛物面状反射罩阵列,把太阳光反射至 30 米高的收集塔,以产生热能来驱动传统的燃气涡轮机。整个发电机组面积仅为 1.5 平方米,其中的涡轮机只有普通酒瓶大小,每分钟转速可达 9 万转。它通过与一个交流发电装置相连来最终产生电力。小型涡轮机同时也可利用丙烷或柴油驱动,因此当夜幕降临或阳光不足时,发电机仍可照常工作。

由于新型发电机采用了积木式结构,因此还可采取组合方式获得不同的发电能力。发电机最小的功率组合为 25 千瓦,基本上能满足一个小型工厂或一座村庄照明的电力之需。

(2)开发出利用聚光太阳能驱动涡轮的发电机。2004 年 8 月,海外媒体报道,日本东北大学研究所环境科学研究科教授斋藤武雄主持的研究小组,开发出新型发电设备,利用太阳能驱动涡轮,效能比太阳能电池高出一倍。

该研究小组开发的这一新式发电机,先用太阳能加热水,再用热水将有机触媒加热到 120℃ 左右,之后用 2～3 马赫的超音速项,将触媒对着新开发的小型涡轮旋翼喷射,每分钟约转 3300 次,并借此发电。先前的实验中,这种设备每小时可发电约 300 瓦。

这种发电机,可将 16%～20% 的太阳能转换为电能,发电效能约是太阳能电池的近两倍,是燃料电池的 1.5 倍。此外,这种新发电机成本低,售价只有同规模太

阳能电池设备的43%左右。

这种发电机,不会排放导致地球温室化的二氧化碳,而且即使体积缩小,效能也不会降低,因此适合汽车引擎、家用小型发电机等用途。斋藤武雄表示,近期就要开始实验,预定一年后商业化,可能先推出家庭用小型太阳能涡轮发电机。

2.开发高效率的聚光太阳能热发电系统

研制出高性能低成本的聚光太阳能热发电系统。2008年11月,有关媒体报道,在以色列内盖夫沙漠,一支由以色列和美国相关人员共同组成的专业团队,建立了一个大型的太阳能技术试验基地。其设计目的,是为了大幅度削减来自太阳能源的成本。基地使用一个太阳能领域的巨大镜子,来反射太阳光线,并通过吸收装置,进行大规模的太阳能热发电。

有过太阳能工厂建造经历的奥克兰称:这个新实验的产品是"世界上性能最高且成本最低的太阳能发电系统。"

以色列鲁兹阿二有限公司和其美国母公司光明来源(Brightsource)能源公司,计划使用以色列的太阳能发电新产品,来测试一项新技术。这项新技术,将用于他们正在建造的,加利福尼亚州公用事业太平洋天然气和电力公司的三个新太阳能工厂。

新技术使用计算机制导的平面镜来跟踪太阳光,计划把光线聚焦到60米高大楼顶面的一个锅炉上。锅炉内的水变成蒸汽,使涡轮机生产电力。蒸汽然后被回收,自然冷却成水,这样可以再利用,因为水资源在以色列是宝贵的。

由于化石燃料越来越昂贵,太阳能电力被认为是一个清洁的、可再生的电力来源,但太阳光线的利用目前也很昂贵,而且往往效率不高。光明来源(Brightsource)能源公司的首席执行官约翰伍拉德估计,这项新技术可以降低太阳能发电的相关成本30%~50%。虽然该技术并不是一个新的想法,"但是在这之前,没有人把这些想法正确的拼凑到一起,"他说。"该技术采用的反光镜和太阳跟踪技术改善了以往的设计。"

(二)研制聚光太阳能热发电系统的新材料

开发光热转换率达90%的聚光太阳能热发电系统涂层。2014年10月,美国加州大学圣地亚哥分校,雅各布斯工程学院机械与航空工程系教授金松河主持的一个研究小组,在《纳米能源》杂志上发表研究成果称,他们开发出一种新型纳米材料,其捕捉太阳能转化成热能的效率高达90%,不仅如此,它还能承受700℃的高温,暴露在空气和湿度变幻莫测的户外环境下,仍然能使用很多年。

研究人员表示,这项研究,受到美国国家能源部"射日"项目的资助。据了解,美国能源部在2010年发起"射日"项目,希望在2020年前,促使太阳能发电成本,降低到具有足够的市场竞争力。目前,聚光太阳能热发电系统(CSP),作为新兴可替代清洁能源生产技术,正逐渐占领市场,在全球范围内生产的电量总量达到35亿瓦特,能满足200万户家庭用电需求,预计在未来几年,会提高到大约200亿瓦特。这一技术体系的最大亮点在于,能够使用已经投产运行的煤或天然气发电站,因为它也需要用相同的蒸汽动力产生电能。

据报道,一个最普通的聚光太阳能热发电系统,需要用到 10 万块反光镜,用以将太阳光集中到涂有黑色吸光材料的塔楼上。但是,目前的太阳能吸热片只能在较低温度环境下开展工作,且几乎每年都需要剪掉老化了的光线吸收材料,并替换成新的涂层"外衣",发电站每年都要关闭一次进行检修,这意味着在此期间无法持续发电。在过去 3 年中,这个研究小组一直在开发、优化一种适用该系统的新材料,其特征是一种由 10 纳米到 10 微米的大量不同尺寸颗粒形成的"多尺度"表面,该结构可保证新涂层长期使用,并确保在高温环境下保持高效能量转换。他们自信,该成果已基本达到美国能源部的期望值,并可大规模应用于太阳能发电厂。

(三)开发聚光太阳能热发电系统的新技术

1.发明白天晚上都能发电的聚光太阳能大碟技术

2007 年 10 月,在 2007 年世界太阳能大会上,澳大利亚国立大学工程学院太阳能研究中心首席科学家基思·洛夫格罗夫博士报告说:"我们研发的聚光太阳能大碟集热技术,与其他类型太阳能集热技术相比,热电转换效率更高,而且其大规模生产成本更低,这一技术代表着太阳能集热技术发展的趋势。"

据洛夫格罗夫博士介绍,他们在太阳能集热技术领域已进行了 30 多年的研究,大碟技术是其研究的主要成果。在他们的实验室里有一个世界上最大的利用光热发电的大碟,该碟表面面积有 400 平方米。大碟通过吸收光能,将流入的液态水变成水蒸气,再由水蒸气驱动发动机产生电能。其整个能量转换过程就是先将光能转换成热能,再将热能转换为电能,实现热电转换效率为 19.14%。目前,世界上另两种主要的太阳能集热技术,即槽型和塔形太阳能集热技术,热电转换效率分别为 10.59% 和 13.81%。

洛夫格罗夫博士说,他们研发的一项电能存储技术,可以使大碟晚上也能发电。具体做法是,将白天吸收的光能所产生的热能,通过化学反应转化成气体和液体存储起来,晚上再将其还原成热能来发电。该技术目前是世界首创,已被澳大利亚环保遗产部国际气候变化司列为重点发展技术项目。

2.开发出聚光太阳能"超临界"蒸汽发电技术

2014 年 6 月,有关媒体报道,对于太阳能来说,实现"超临界"蒸汽是一重大突破,意味着将来可以驱动世界上最先进的发电厂,而目前的电厂多依靠煤炭或天然气发电。现在,澳大利亚联邦科学与工业研究组织能源总监亚历克斯博士领导的一个研究小组,利用聚光太阳能实现加压的"超临界"蒸汽,使蒸汽温度达到了有史以来的最高值。这一重大技术成就,使太阳热能驱动电厂的成本竞争力,可与化石燃料相抗衡。

亚历克斯说:"这是改变可再生能源产业游戏规则的里程碑。仿佛超越音障,这一步的变化,证明了太阳能具有与化石燃料来源的峰值性能,进行竞争的潜力。"他还说："目前澳大利亚电力,大约90%使用化石燃料产生,仅有少数发电站基于更先进的'超临界'蒸汽。这一突破性研究表明,未来的发电厂利用自由的、零排放的太阳能资源可达到同样的效果。"

当前,世界各地的商用太阳能热电厂,利用亚临界蒸汽,温度类似但在较低的压力下运行。如果这些电厂能够达到超临界蒸汽的状态,将会有助于提高效率,并降低太阳能发电的成本。

三、建设太阳能电站的新进展

(一)已建成的若干太阳能电站

1.德国莱比锡太阳能发电站

2005年4月,有关媒体报道,在德国莱比锡市附近建成并正式并网发电。这座发电站位于莱比锡以南30千米的埃斯彭海因镇。整套发电装置由33500块光电池板组成,占地面积21.6公顷。发电站功率为0.5万千瓦,可为1800户住家提供生活用电。这一耗资2200万欧元的发电站是由德国太阳能协会、西部基金以及壳牌太阳能公司联合兴建的。该发电站投入使用后,德国每年的二氧化碳排放量将减少3700吨。因为这个发电站为全自动操作,所以并不会给本地区带来很多新的工作机会。

德国是非常重视可再生能源开发的国家。目前水电、风能、太阳能等可再生能源已经为德国提供了10%的电力。德国政府计划到2020年全国20%的电力将来自可再生能源。目前,德国太阳能发电设施的总功率为500兆瓦。

2.意大利拉齐奥太阳能电站

意大利素有"阳光之国"的美誉,国家电力公司2007年8月决定,在拉齐奥大区北部投资建国内最大的太阳能发电站。计划占地10公顷,总装机容量0.6万千瓦,建成后每年可发电700万千瓦时,相当于减少5000吨二氧化碳排放量。

意大利全国铁路公司也推出了其最新研制的太阳能列车样车,包括2节车头、5节客运车厢和3节货运车厢,利用安装在每节车厢顶部的太阳能电池板,向列车的空调、照明及安全设施系统提供能源。意大利新的《能源价格法》规定,使用太阳能发电设备的家庭可将剩余电量卖给国家电力公司,以鼓励更多的家庭使用太阳能。据估算,家庭安装一套7~8平方米的太阳能板约需7000欧元,11年可收回成本,而设备使用寿命则长达25年。新法律同时规定,对采用太阳能的建筑,税收减免由原来的36%提高到55%。在政府的大力倡导和鼓励下,2006年意大利太阳能板的安装总量达到30万平方米,同比增加了46%。太阳能发电量已接近3万千瓦,政府希望到2016年达到300万千瓦。

3.韩国新安东洋太阳能发电站

2008年9月,有关媒体报道,韩国东洋建设产业公司,在韩国全罗南道新安郡智岛邑,建成一座名为新安东洋太阳能发电站,它是当时世界上最大规模的跟踪式太阳能发电站。

报道称,该电站总投资约 1.35 亿美元,占地面积 67 万平方米,安装着超过 13 万块的太阳能电池板,发电规模为 2.4 万千瓦。

这座电站,不同于以往固定式的发电装置,它采用的是跟踪式聚焦太阳光发电装置,通过太阳能面板尾随太阳方向的变化而移动,从而延长聚集太阳光时间并提高聚光效率,使发电效率提高 15% 以上。此前,世界最大规模的跟踪式太阳能发电站,是西班牙的 2 万千瓦级太阳能发电站,而韩国国内最大的太阳能发电站,是庆尚北道金泉市的 1.84 万千瓦级太阳能发电站。

4.德国利伯罗瑟太阳能发电站

2009 年 8 月 20 日,德新社报道,德国最大的太阳能发电站——利伯罗瑟太阳能发电站的落成典礼,在德国东部施普雷-尼斯县举行。

德国运输、建筑和城市发展部长沃尔夫冈·蒂芬泽当天在落成典礼上说:"使用可再生能源有利于环境保护,也有利于德国减少对进口能源的依赖。德国在太阳能利用方面,处于世界领先水平,投资可再生能源和提高能源使用效率对促进德国整体经济发展有好处。"

利伯罗瑟太阳能发电站,由德国久韦公司和第一太阳能公司合资兴建,占地面积 50 万平方米,共安装太阳能板 70 万块。预计 2009 年底该发电站可并网发电,每年发电量将相当于 1.5 万个家庭的用电量。该发电站的设计使用寿命为至少 25 年,每年可减少二氧化碳排放量 3.5 万吨。

据悉,目前德国仅太阳能企业就有 75 家。2005—2008 年,德国太阳能企业累计用于基础设施和扩大生产的投资约为 53 亿欧元。

近年来,德国可再生能源产业快速发展,已成为新的经济增长点。目前,该行业就业人数约为 28 万人。2008 年可再生能源在德国的销售额达到 290 亿欧元,可再生能源发电量占德国发电总量的 15%。与此同时,通过绿色能源的使用,德国减少了二氧化碳的排放量,去年二氧化碳减排约 1.12 亿吨。

5.印尼偏远岛屿上的太阳能电站点

2012 年 5 月,有关媒体报道,印尼的北苏门答腊省缅加斯岛、东加里曼丹省斯巴迪克岛和北马鲁古省莫罗太岛的 3 座太阳能发电站,近日相继竣工投产,标志着印尼的太阳能开发利用进入新阶段。

仅北马鲁古省莫罗太岛 600 千瓦的太阳能发电站,每天就可节省 800 升燃油,每年节省资金 25 亿印尼盾。更为重要的是,这 3 座电站对于印尼国家电力公司"点亮 100 个偏远岛屿"的活动,具有重要的示范意义。

作为太阳能资源丰富的万岛之国,印尼正加快开发利用步伐,将筹集 6.83 亿美元的资金,在 3 年的时间内,新建总功率达 18 万千瓦的太阳能电站。另外,印尼国家电力公司计划用 5 年的时间,在 1000 个岛屿上建设太阳能发电站。建设工程将分为两个阶段,第一阶段是 2011—2012 年,要在 100 个岛屿兴建太阳能电站;第二个阶段是2013—2015年,争取在900个岛屿建设太阳能电站。

有关专家认为,13487个大小岛屿、常年阳光灿烂,是印尼得天独厚、取之不竭的新能源资源。对于石油天然气资源日益枯竭的印尼来说,大力开发利用太阳能,不失为具有战略发展眼光和经济实惠能源替代的最佳选择。

(二)准备建造的若干太阳能电站

1.准备建造海上浮动的太阳能和风力发电站

2008年8月27日,日本《读卖新闻》晚刊报道,日本九州大学名誉教授太田俊昭等人负责的一个研究小组,正在研发一种能漂浮在海面上的环保发电站,这种发电站通过太阳能电池和风车发电,成本较低。

报道说,这种海上浮动的太阳能和风力发电站,其整体建筑长约2000米,宽约800米,有两大组件,一是配有太阳能电池的"子浮体"组件,二是配有风车的混凝土"母浮体"。

谈及发电站的具体构造时,太田俊昭介绍说,在漂浮于海面上的一张大网中纵横排列着约20万个"子浮体",大网由两侧的混凝土"母浮体"固定。为使浮动发电站能经受住海浪、海风的冲击,混凝土"母浮体"中添加了一种质量轻、耐腐蚀、强度达钢筋10倍的新材料。大网下方安装有发光二极管,能发出适合浮游植物生长的光,有助于形成对渔业和吸收二氧化碳有益的藻场。

按设想,这样的一个浮动发电站的发电功率约为30万千瓦,其建设成本为每千瓦发电功率7~14万日元(1美元约合109.4日元),比日本核电站的每千瓦发电功率建设成本低大约20万日元。

报道说,日本有关机构,已从2008年7月起,开始对发电站浮体进行性能测试,研究人员希望这种环保且成本较低的发电站。

2.计划2030年前在太空建造太阳能发电站

2009年11月9日,法新社报道,日本无人太空实验自由飞行物研究所日前表示,日本将在2030年前在太空建造太阳能发电站,通过激光束和微波将电能传送回地球,实现日本清洁能源无限化的梦想。

日本本土能源有限,主要依赖于石油进口,为此日本一直致力于发展太阳能和其他可再生能源。日本政府已经挑选一些公司,组建一个研究小组,投入数十亿美元,希望在20年内实现太空太阳能发电的梦想。

这个大胆的计划名为"太空太阳能系统",即在地球大气层外的对地静止轨道上,建立一个由巨大光电盘组成的、面积达方圆数千米的装置。计划参与这一项目的三菱重工的一位研究员说:"因为太阳能是一种清洁而又无限的能源,我们相信这套系统可以帮助解决能源短缺和全球变暖问题。"

太阳能电池能够储存太阳能,并且太空中的太阳能要比地球上至少强五倍,日本将利用激光束或者微波将吸收的太阳能送入地球。无人太空实验自由飞行物研究所发言人说,地面上将树立起巨大的天线,很可能选址在海上或者水库堤坝上。日本研究人员的目标是建立一个发电量十亿瓦特的系统,相当于一个中型核电站,但它生产每千瓦电量的成本只有 8 美分,比目前的成本便宜六倍。

但这项计划也面临很多挑战,包括如何将庞大的系统设施送入太空。自 1998 年以来,日本就已经开始着手研究这个项目。2009 年 10 月,日本经济产业省和科学省又为实现这个项目迈进了一大步,他们选择了数家日本高科技企业作为这个项目的合作伙伴,包括三菱重工、日本电气、日本富士通以及夏普等。

这个计划被分成多个阶段,到 2030 年全部完成。日本无人太空实验自由飞行物研究所的一位研究员说,在未来几年内,日本将利用本国自主研发的火箭将一颗卫星送入近地轨道,测试利用微波传送能量。大约 2020 年,将发送和测试发电 10 兆瓦的巨大的光电结构,接着发射发电量 250 兆瓦的光电设施。最后在 2030 年开始太空发电,实现生产廉价电力的目标。

不过,一些研究机构提醒,激光束从太空中照射下来,会将空中的鸟类烤焦,将飞机切成片,这些可能引发公众恐慌。根据他们 2004 年对 1000 名日本人的调研发现,激光和微波是普通日本人最担心的词汇。

四、设计建造利用太阳能的节能环保屋

(一)建造主要利用太阳能供暖的固定型节能环保房屋

建造主要利用太阳能供暖的节能环保"生态屋"。

2005 年 4 月,有关媒体报道,冬季供暖向来都是令人心疼不已的耗能大户,如何发挥能源的最佳供暖效应,自然成为实用技术的主攻方向之一。目前在俄罗斯,被称作 21 世纪节能建筑的"生态屋"或"太阳屋",可以算得上是当之无愧的"供暖节能典范"。这是一种基本上甚至完全靠太阳能转换、房屋内部人体热源及房屋保温性能来供暖、供热水以至照明,把人主动"外加"的供热能耗,即用常规供热锅炉或常规电力网采暖和供热水的能耗,降到零或近于零的房屋。

"生态屋"是一种高效而和谐的利用生态资源的系统。它由"零能耗房屋"和屋旁地构成。屋旁地,用于采用高效生物方法和新式耕作法种植农作物,对所有液体的及固体的有机废物,进行生物加工利用,包括沼气发生器等。采用这些方法,可以比在纯天然条件下,更快地培育屋旁地的生态资源。20 多年前,新西伯利亚就有一些专家学者,自发地开始研究和兴建"生态屋"。这些房子都按国际社会生态联盟开发的技术建造。一幢总面积七八十平方米的两层楼式"生态屋",包括地皮租金、道路建设费用、杂费等总造价,为 1.1~2.5 万美元。"生态屋"的房前屋后有块地,种点蔬菜和果树之类供冬季食用。它主要靠太阳能集热器供暖,不足部分以燃用可再生载能体(木材、沼气等)的发热机补充。但"生态屋"一般也都备有烧煤、柴油或天然气的供热设备(所谓的"慢燃炉"),以防不测,只是其能耗要比普通房屋采暖要少得多,为其几分之一。据报道,即使在西伯利亚这样的世界最寒冷地区,"生态屋"在 2~5 月和 9~10 月也能仅靠太阳能供暖。

此外,"生态屋"的有机废物,全部要用生物技术自行资源化处理,使之变成肥料。污水也要经天然过滤系统处理而可以用于浇地等复用。

建"生态屋"在选址地形上也有讲究,它的北面要能防寒,南面和东面要开阔无遮蔽,此外住房本身和花圃、菜园、果园等布局要合理,要考虑到其配置角度、风向、周围植被、土壤分布等。

(二)建造充分利用太阳能的旋转型节能环保房屋

1.设计出能随太阳旋转的节能环保屋

2007年4月,英国广播公司报道,英国发明家汉密尔顿近日设计并建造一栋跟随太阳旋转的节能环保房屋。这栋造价50万英镑的节能环保屋楼高3层,将装备太阳能电池板,并且利用轮子和轨道使房屋转动。

据报道,汉密尔顿将在英格兰中部德比郡阿什本和斯内顿附近的一个前采石场,建造这栋节能环保屋,并会安装风力发电涡轮机,建筑也将使用节能环保材料。他说,他的旋转屋不是搞笑的小噱头,这栋700吨房屋确实能够帮助产生所需的能源还有剩余。

汉密尔顿说,房屋随着太阳旋转就能得到最多的太阳能,太阳改变方向时,这栋房屋也跟着它转。至于风力发电涡轮机,它是屋顶的主要组成部分,将面向当地风力强大的西南方。

当地郊区房地产测量公司,为这一节能环保项目提供了帮助。规划小组的负责人戴维斯说,现在本来不能在郊区建造房屋居住,除非它们有特别的农业用途,但这一项目有望打破法规和那些障碍,因为它是革命性的。

汉密尔顿已经得到建造房屋的规划许可,他说,他唯一想象到的问题就是"不知道他的猫怎样认得返回这栋旋转屋的路"。他希望能在两年内完成他的新居。

2.建成随时向阳的转动型节能房屋

2009年12月6日,英国《每日邮报》网站报道,澳大利亚卢克·埃弗林厄姆和黛比·埃弗林厄姆夫妇,想让自己的房间随时充满阳光,着手建造一座能像向日葵一样随太阳转动的房屋。目前,这座旋转房屋,已经矗立在澳大利亚东南部新南威尔士州温纳姆镇,它依山傍水,大部分由玻璃和钢材搭成。

该房屋呈八边形,直径约24米,外围有一条约3米宽的游廊环绕。房屋可以绕中央转轴做360度旋转。在卧室墙上装有一块液晶触摸屏,只需按照选择要求点击,便可以控制房屋转动的方向和角度。这种设计不仅让每个房间采光更好,而且比一般设计更宽敞。驱动房屋转动的,是两台比洗衣机马达大不了多少的电动机。

这座房屋,不仅能够利用自身旋转获得理想的自然光以节省电能,而且还包含其他一些符合生态环保理念的设计。例如,房屋利用地热供暖。一条120米长的地热管道埋入地下2.5米,再通过中央转轴通往屋内各个房间,以保证屋内温度维持在22℃左右。

第五章 风能开发领域的创新信息

风能是指由于空气流动所产生的动能。它存在于地球表面一定范围内,储量大、分布广,是一种可再生的清洁能源。我国是世界上最早利用风能的国家之一,据有关资料记载,殷商时期,人们不仅能够制造船舶,而且已经能够制成帆而利用风力航行。甲骨文用"凡"通假"帆"字,说明殷人行船已经使用帆。另外,农业生产中利用风力提水灌溉,日常生活中利用风力磨面舂米等现象,也可在先秦典籍中觅得踪影。然而,数千年来,风能开发技术发展缓慢,也没有引起人们足够的重视。直到 20 世纪 70 年代世界石油危机以来,在全球常规能源告急和生态环境恶化的双重压力下,风能作为新能源的重要组成部分,终于获得了长足发展。近年,国外日益重视风力发电领域的研究,大力推进风力发电技术研发与项目安排。着力打造陆地风力发电场,抓紧建设海上风力发电站,积极研发空中风力发电装置。在风力发电设备领域的研究,除了研制新型风力发电风车外,大力推进风力电机的开发,已制成磁悬浮风力发电机、可减少噪音及振动的风力无芯发电机、小型移动式风力发电机、漂浮海上的风力涡轮发电机和垂直轴风力发电机等。同时,还开发出电子设备上用的微型风力电机,以及新式风机转子、高负荷圆柱滚子轴承、增强型风力发电机叶片、巨型风力涡轮机叶片、高性能风机润滑油等风力发电设备的配件。此外,国外风能开发取得的新成果还有:设计出充分利用风能的节能环保房屋,建造综合利用风能、太阳能和生物能的环保房屋。

第一节 风力发电项目建设的新进展

一、日益重视风力发电项目建设

(一)不断提高建设风力发电项目的认识

1.认为风力发电有利于提高人们的生活质量

2005 年 6 月,有关媒体报道,美国斯坦福大学环境系副教授马克·雅各布森等人组成研究小组,经过研究发现,如果把美国现在的机动车燃料全部换成风力发电-电解水取得的氢燃料,那么将从环境和健康两个方面改善人们的生活质量,节约消费者的支出。

研究人员以 1999 年美国的机动车保有总量为基础,假设所有燃烧石油等化石燃料的机动车,都由氢燃料电池车辆取代,并用数学模型计算这一转型在经济、健康、生活环境和气候变化等方面可能产生的影响。

研究人员按氢的来源,把氢燃料电池车辆分成由风力发电-电解水取得氢、由天然气重整取得氢、由煤炭气化取得氢。比较结果发现,三种氢燃料电池都能显著降低机动车废气,减少空气污染,并减少全社会的健康开支。

其中风力发电-电解水取得氢效果最为明显,可在有效降低汽车排放的对人有害物质的同时,降低社会因气候变暖而付出的开支。研究人员因此认为,风力发电-电解水取得氢是"氢经济"最好的实现形式。

2.提出以风力发电项目为主摆脱化石燃料的束缚

2015年12月,国外媒体报道,目前,丹麦博恩霍尔姆岛的4.1万居民所用的电力,完全来自35台风力发电机。这里,一项雄心勃勃的目标是,到2025年完全摆脱化石燃料。摆脱化石燃料的束缚,也是丹麦整个国家的远期宏伟目标。丹麦是一个拥有550万人口、资源贫乏的小国,但它提出了全球最具雄心的环境保护要求:到2050年变成一个碳中和经济体。

早在20世纪70年代,丹麦受到阿拉伯石油振荡冲击,便启动了能源转型规划。同时,由于缺少大量的石油和煤炭储存,该国农民和政治家都呼吁推动新能源电力的发展。尽管丹麦没有用于水力发电的湍急河流,也没有用于太阳能电池的强烈阳光,但它拥有充足且多风的北海和波罗的海海岸线。

2012年,丹麦政治家承诺,该国将在电力和交通领域使用100%的可再生能源。如今,可再生能源为丹麦提供了四分之一的能源。同时,该国对煤炭、石油和天然气的使用正在下降。2014年,约2500台风力涡轮机提供了丹麦39.1%的电力,而这一份额,有望在未来5年升至50%。曾经燃烧煤炭或石油的发电站,如今正利用可再生的秸秆和木材。同时,通过房屋改造项目和更严格的施工规范,自2007年以来该国的全部耗能减少了12%。

自始至终,博恩霍尔姆岛都在为丹麦其他地方提供着典范。在历史上,这些地面砌着鹅卵石、屋顶铺着红色瓦的别致小镇,以农耕和捕鱼为生。但到了20世纪80年代,捕鱼业衰退,年轻人成群结队地离开。这个小岛的人口变得愈发稀少,且年龄更大、更加贫困。为帮助居民寻找省钱的方法,博恩霍尔姆最大城市若纳市的市长,在1985年说服5个附近自治市设立区域供热系统。它利用岛上总发电站产生的废弃热量,为输送到附近家庭中的水加热。很快,其他绿色能源项目随之而来,包括2个燃烧秸秆的新供热站、1个将发酵的农田废弃物转变为天然气的沼气设备,以及第一台风力发电机。2007年,博恩霍尔姆居民委员会提出了"明亮的绿色岛屿"计划,要求到2025年,打造一个完全由风力发电等可再生能源提供电力的区域。

这看起来很有成效。如今,风力和其他可再生能源为博恩霍尔姆提供了43.4%的电力。当把被燃烧用于区域供热和发电的沼气加进来后,这一数字大幅上升。与此同时,当地电力公司继续快速增加新的风力发电机、太阳能电池板和可再生能源的其他来源。2016 年,公司将把发电厂里的煤炭燃烧器,替换成另一台燃烧木屑的设备。不过,燃烧木材仍会产生头号温室气体——二氧化碳。因此,该公司正试图从木材上转移,进一步发展风能和太阳能。

(二)大力推进风力发电技术研发与项目建设

2010 年 1 月,有关媒体报道,日本在风力发电起步较晚,技术方面原是个落后国。日本从 20 世纪 80 年代开始建设风力发电项目。1990 年时,风力发电项目建设还比较滞后,风力发电能力仅有 3000 千瓦,1997 年底增加到 1.7 万千瓦。到 1999 年 3 月,日本共有风力发电站 77 座,发电能力 3.1 万千瓦。进入 21 世纪后,日本大力推进风力发电技术开发,风力发电能力和水平获得迅速提高。

日本的目标是,到 2010 年把风力发电能力增加到 30 万千瓦。其中,综合商社东棉公司率先在这个领域开始了商业化生产:在海外,即在美国、加拿大、丹麦、荷兰等 5 个欧美国家共建设有 56.5 万千瓦的风力发电设备;在国内,从丹麦进口 20 套功率各为 1000 千瓦的风力发电设备开始,目前正在有"风国"之称的北海道笼苫前町,着手建设大规模的风力发电站,2010 年 11 月底即可投产。它将以每度 11.6 日元的价格把所生产的电力出售给北海道电力公司。全部投资为 45 亿日元。这家公司计划在 2010 年之前在青森县下北半岛再建设总装机容量为 6 万~7 万千瓦的风力发电设备。包括在海外的部分在内,它打算建设规模为 100 万千瓦的设备,成为世界上最大的风力发电公司。

报道称,日本三重县久居木神原风力发电站,也是推进风力发电成功的例子之一。它建在有名的风口"取笠山"上,共 4 套发电设备,每套发电功率为 750 千瓦,总装机容量为 3000 千瓦,全年发电量约为 800 万度,可供当地 2400 户居民使用。这座风力发电站的建设投资,共约 10 亿日元。

报道称,近年,日本的风力发电项目技术,已赶上国际先进水平。例如,安装在北海道室兰市的,有三菱重工业公司制造的 1000 千瓦级风力发电设备。该设备塔高 60 米,采用感应发电机,可变倾斜角控制系统能够根据风速变化自动改变叶轮的倾斜角,使发电设备处于最佳运转状态;偏转控制系统可以使叶轮随着风向变换朝向,最有效地利用风力。它还采取防震支撑和低噪音化措施,可编程调节器控制它处于无人运转状态。在风速每秒超过 24 米和不足 3 米时,整套设备会自动停止运转。此外,它还有种种保证安全运转的装置。

日本其他有关企业还在努力研究开发小型风力发电设备。

西古马公司等三家企业,联合开发成功利用太阳能和风力的混合发电系统。它的特长,是无论是在阳光强烈而无风的夏天,还是日照时间短而风力大的冬天,它都能够进行工作。这套设备的发电功率为 1 千瓦,风速每秒 2.5 米即可开始运转。目前,这家公司研制的 300 千瓦级太阳能和风力混合发电设备在进行实证试验。

山阳电子系统公司,不久前开发成功的 1.5 千瓦级风力发电设备,安装有增速机构,风速达到每秒 3 米就能启动。一般的风力发电设备需要每秒 3 米以上的风力。日本工业技术院在试制利用每秒3米以下微风的发电系统。其关键是利用电磁的力量使叶轮的轴离开轴承而处于悬浮状态,从而消除了机械间的摩擦。这种风力发电技术的另一个优点是消除噪音。目前,这一系统已经达到用每秒7米的风速发电的水平。据说,在对其叶轮和系统进行改进后,它能够使用每秒3米以下的风力进行发电。

日本工业技术院还委托民间企业研究开发"孤岛风力发电系统"。目标是开发出有更高的耐强风性能、建设起来更简便的设备。为此,有关企业将研究开发新的叶轮材料、轮壳形式、施工方法以及进行风车的设计、制作和运转等方面的研究。在离海岸1~3千米的浅海域,其风力要比陆地强1.5倍。按日本有8000千米长的海岸线可以设置风力发电设备计算,其发电总量可满足其国内需要的大约20%。因此,在浅海筑堤坝设置风力发电站,以发展风力发电事业,是日本正在探讨的方向之一。日本运输省最近设立了一个由风力发电专家组成的委员会,开始研究这个问题。

在日本,由于环境保护方面的要求,风电作为一种清洁的能源,正在受到重视;政府放宽行政限制,为非电力企业积极进入电力工业领域打开了大门;国产技术水平的提高也为风力发电事业的发展提供了有利条件。因此,可以预见,日本的风力发电事业今后将会迅速发展并广泛普及。

二、建设风力发电项目的新成果

(一)建设陆地风力发电项目的新进展

1.着力打造欧洲最大陆地风力发电场

2008年8月,英国媒体报道,该国电力巨头苏格兰和南方能源公司近日宣布,将在苏格兰南部建设欧洲最大陆地风力发电场,工程总造价达6亿英镑。

该风力发电场,预计由152座风力发电机组成,发电规模将达45.6万千瓦。工程预定于2009年3月底开工,2011年竣工。所发电力大半向英格兰供应。

根据该风力发电场的建设计划,这家公司陆地风力发电场的发电能力,将扩大到150万千瓦。2008年2月,该公司成功收购了爱尔兰风力发电公司安粹控股公司,从而成为英国最大的风电场运营商。

2.建成启用世界最大陆上风力发电场

2009年10月1日,德国最大能源企业意昂能源集团对媒体说,世界上最大陆上风力发电场,在美国得克萨斯州投入使用,预计可以为23万户家庭供电。

意昂能源集团在一份声明中说,这个陆上风力发电场建造历时2年,覆盖面积大约400平方千米,拥有627座风力涡轮发电机。发电场位于得克萨斯州的罗斯科,面积两倍于意昂能源集团总部所在地、德国杜塞尔多夫市。

这家德国能源企业预计,至2015年,发电场装机容量可达1000万千瓦。企业主管弗兰克·马斯蒂奥克斯说:"借助像罗斯科这种大项目,我们正努力实现再生能源在技术和经济领域的突破。"

（二）建设海上风力发电项目的新进展

1.海上漂浮式风力发电站的建设成果

（1）建成世界首个漂浮式风力发电站。2009年9月8日,物理学家组织网报道,挪威国家石油海德罗公司当日宣布,世界首个海上漂浮式风力发电站在挪威海岸附近的北海正式建成启用。

据介绍,这个风力发电站的发电机,高65米,重达5300吨,位于挪威西南部海岸附近卡莫伊岛10千米处。该发电机设置在一个浮台上,浮台通过三根缆线与海底固定,里面放入水和岩石当作压舱物。挪威国家石油海德罗公司,计划在未来两年,对该发电机进行测试,然后寻求与国际伙伴合作,建造更多的漂浮式风力发电机。

该公司将日本、韩国、美国加利福尼亚州及东海岸和西班牙视为潜力市场,希望把这项新技术出口至上述地区。该风力发电机,可用于水深120～700米的海域,而且,相比于当前的固定式风力发电机,还可以放置到离岸更远的地方。

挪威国家石油海德罗公司的安妮·林克在接受采访时表示,漂浮式风力发电机,具有很多了不起的优势。她说:"从岸边几乎看不到它的存在,可以放置到别人不用的地方。我们可以在一些国家使用这种风力发电机,比如岸边水特别深的国家,或是没有建造地面风力发动机空间的国家。"

该风力发电机的发电量为2300千瓦,项目总投资6600万美元,造价远远高于固定式风力发电机。斯特罗曼·林克说:"我们的目标是把漂浮式风力发电机的造价,降至固定式风力发电机的水平。"法国德克尼普公司和德国西门子公司,都参与了这个风力发电机项目。

（2）拟在福岛近海建造漂浮式风力发电站。2011年9月,福岛媒体报道,日本政府正式决定,在因"3·11"大地震和福岛第一核电站事故遭受严重损失的福岛县近海,建设漂浮式海上风力发电站,希望以此解决能源问题,扩大就业,帮助灾区早日复兴。

据报道,福岛县离海岸约40千米的海域平均风速达到每秒7米以上,风力资源非常丰富,如果建风力发电站,总输出功率能达460万千瓦。

在海上风力发电站中,除漂浮式风力发电站外,还有将基座埋设在海底的"着床式"风力发电站,但在水深超过50米的地点,这种发电站的建设费用会大幅攀升。日本海底平浅的海域很少,因此让风车漂浮在海面上,利用锁链固定到海底的漂浮式,是在造船技术领域拥有优势的日本,普及海上风力发电的首选。

根据计划,日本政府将率先投资100亿～200亿日元,从2013年度左右开始,建设6座海上风车用于验证实验,每座风车的输出功率为5000千瓦左右。今后,日本政府将加紧确定建设发电站的地点。

日本政府准备用5年时间收集数据,进行海底电缆输电、与原有输电网的并网等实验,然后在2020年扩大到40万千瓦的规模,这相当于一座核反应堆功率的1/3。如果实现这一目标,届时将有60～80座大型风车漂浮在福岛附近海面上。

日本政府还设想未来将输出功率进一步扩大到100万千瓦。

海上风力发电站的建设,可创造更多的就业岗位。例如,建设和维护一座100万千瓦的海上风力发电站,就可以创造2.2万个就业岗位。日本政府准备通过优惠政策,吸引零件厂家到灾区生产,从而扩大当地就业。作为重建灾区的一个核心措施,日本政府准备把福岛县建成可再生能源开发基地,产业技术综合研究所的部分研究设施将转移到福岛,此外还将在福岛建设大型太阳能发电站。政府为此将在2011年度的第三次补充预算案中,列入1000亿日元经费。

2.海上风力发电场的建设成果

(1)建成第一座海上风力发电装置。2009年7月15日,有关媒体报道,德国第一座海上风力发电装置建成投入使用。这座海上风车位于德国北海博库岛以北约45千米的"阿尔法范土斯"近海风力发电场,该发电场计划建造12座类似的风力发电装置。负责这个项目的是德国海上风力发电试验场和基建有限公司(DOTI),它是德国几家主要能源企业共同出资建立的合资公司。这座海上风力发电装置高达180米,发电功率为0.5万千瓦。未来"阿尔法范土斯"近海风力发电场建成后,每年生产的电力可供5万户居民使用。

海上风力发电装置的水泥柱建在水面30米以下的海底深处,由于气候和技术原因,这个项目的建造曾被推迟了多年。德国北部的波罗的海和北海海面拥有较强的风力资源,建成"阿尔法范土斯"近海风力发电场后,还有多个近海风力发电场项目在规划中。

(2)建成发电功率最大的风力发电场。2013年8月,德国媒体报道,迄今为止德国最大的海上风力发电场正式启用。该风电场位于北海,有80台风力发电机,发电功率达40万千瓦。这座风电场由下萨克森州埃姆登的风电场企业巴德(Bard)公司建造。该风电场位于距德国下萨克森州博尔库姆岛西北约百千米处的北海海域中,水深达到40米。巴德公司采用了自己特有的地基设计理念,使每个风力发电设备都稳固地建在"三只脚"的底座上。园内共有80座5000千瓦级的风力发电设备,总装机容量为40万千瓦,全部并网发电将能满足至少40万居民的用电需求。德国媒体表示,这是迄今为止世界上最大、距岸最远、涉水最深的海上风电场。

出席开幕仪式的德国联邦副总理兼经济部长菲利普·罗斯勒说:"这座风电场,是海上风电这一年轻行业令人印象深刻的先锋项目,它将在我们的能源结构中长期发挥重要作用。"到目前为止,该风电场大约能够提供德国境外电力生产的80%。不过,由于相关的技术问题,该风电场比原计划推迟两年半才完工,这最终导致"西南电力联盟"退出该项目。"西南电力联盟"由近60个南德城市公用事业公司组成,原先将购买该风电场70%的股份。

(三)建设空中风力发电项目的新进展

1.利用风筝原理建造空中风力电站

(1)建造像风筝一样飞在天上的风力发电站。2005年9月,《大众科学》报道,澳大利亚悉尼技术大学的工程师布赖恩·罗伯茨,与另外 3 位工程师组成的一个研究小组,把风力发电机放飞到空中,而不是安装在地面。因为在 5000~15000 米同温层以下的高空,有风速为每小时 320 千米左右的急流,如果风车能在这一高度发电,估计风车实际发电量与其全速转动发电量之比,即发电效率将达到 80%~90%。目前,他们在美国加利福尼亚州圣地亚哥,创办了"天空风能公司",以实践这个异想天开的发明。

高油价的时代已经来临,人们从开始的恐慌渐渐转为平静,由最初的期待油价回落转为积极寻找替代能源。利用风能发电,是现在世界上发展最快的能源开发项目之一。但这种无污染能源的利用也还面临不少问题。比如它会产生噪音,旋转的叶轮机,会干扰电视信号接收,而在没有风的时候,这些风车就显得大煞风景了。由于风力不够稳定,据统计,风车的发电效率很少能高于三成,而如果风刮得过大像台风和龙卷风什么的,结果就更惨了,风车往往会过早夭折。

风车发电最主要的影响因素有两个:空气密度和风速。发电功率与空气密度、风速的立方成正比,可见风速对发电能力的影响十分明显。风力发电受地形限制很大,一般建在向风的高地、广阔的平原和海岸线附近,而不能在背风的山上。另外,由于地面的风力不够稳定、也不够强,即使设计的发电能量很大,但风车难以快速旋转也是徒然。

罗伯茨研究小组发明的设备名为"飞行发电机",它由一个架子和 4 个螺旋桨组成,根据罗伯茨的设想,飞行发电机将像风筝一样在急流中盘旋。每个螺旋桨直径为 40 米,完全用碳纤维、铝合金、玻璃纤维等飞机用的材料制造。与地面相连的"风筝线"具有固定发电机和传回电能两个作用,约 10 厘米粗,内层是导电的铝丝,外层包着极为坚固的纤维。这个飞行发电机约重 20 吨,起飞的时候,由地面向其供电,使螺旋桨旋转,像直升飞机一样带动整个结构升空,达到预定高度后,倾斜为 40 度左右,这时候一方面利用风产生的升力维持其高度,一方面利用风力带动螺旋桨发电,把 2 万伏特的电压传到地面。

罗伯茨估计,这个大风筝如果能放到时速 300 千米的风域,每个发电机的功率能达 2 万千瓦,600 个飞行发电机升空,就能供应两个芝加哥大小的城市用电(芝加哥正好位于北半球急流附近)。

罗伯茨曾在澳大利亚试验了一种空中发电机,不过当时的设计相对简单,只能在低空试飞。而高空发电机要更复杂:需要计算机控制平衡、GPS 定位、恶劣天气与机械故障维护,还要避开闪电或产生电晕带来的损坏。

根据天空风能公司的计划,只要获得了美国联邦航空局的批准,他们将在 2 年内建造出一个功率为 200 千瓦的发电机原型,在美国上空进行试验。罗伯茨说:"我们现在已经完成了设计、大小、重量、成本等所有相关工作,只需要 400 万美元来生产出原型。"

(2)建设空中风筝带动转盘产生电能的发电站。2006 年 10 月,有关媒体报道,意大利研究人员,正在开发和推广一种新型的风筝风力发电机。粗粗看去,它就像院子中晾衣服架子,没有什么特别吸引人的地方,但是它在发电方面的性价比,可以与许多新能源相媲美。

风筝风力发电机的工作原理并不复杂:风筝在风力作用下,带动固定在地面的旋转木马式的转盘,转盘在磁场中旋转而产生电能。对于每个风筝而言,转盘都会放开一对高阻电缆,控制方向和角度。风筝并非是我们在公园常见的那种类型,而是类似于风筝牵引冲浪的类型,它重量轻,抵抗力超强,可升至2000米的高空。

风筝风力发电机的核心在于通过风筝的旋转运动;旋转激活产生电流的大型交流发电机。自动驾驶仪的控制系统会最优化飞行模式,使其在不分昼夜飞行时所产生的电流达到最大化。假设受到干扰,例如,迎面而来的直升机或小型飞机、甚至一只鸟,一个雷达系统能够在几秒钟内重新调整风筝航行方向。意大利都灵附近的小企业"巨杉自动控制"公司领导实施了这一项目。

2.利用飞艇原理开发空中风力电站

发明在软式飞艇内建造高空风力电站。2007年4月,有关媒体报道,加拿大安大略湖的马根电力公司研制独创性的发电方式,开发一种软式飞艇似的机器,可以在300米的空中利用风来发电。这种电线系着的涡轮机比传统的塔式涡轮机便宜,且在如此高的空中更能利用风能,甚至在地面上没什么大风的地区都能使用。

该公司打算建造10千瓦级的小型空中发电站,以便为印度、巴基斯坦和非洲国家的一些偏远乡村提供必需的电力资源。公司的首席执行官麦克·布朗说:"我想我们将是能源联合解决方案中的一部分,部分柴油机、部分电池和部分风能。"

这种发电机属于马根电力空气转动系统,看起来像一种软式飞艇,只是它不会自由飞行。它被电线系住,从地面升到最高处,在它中心处装有大风扇,可以随风转动。旋转的机械能经过其二端的发电机转化成电能,电流通过系着的电线传送到地面,再输送给变压器,然后直接给电池充电或输入电力网中。

至于它的维护,工人压一下发电基地绞盘上的一个按钮,就能让气球降落到地面。布朗认为,一个10千瓦的软式飞艇发电机在空中运转,其产生的电力,足可以让乡村的农户点亮一二个灯泡,驱动一二个抽水机,甚至还可用于当地学校的电视和录像机以及医院的冰箱。

对于不通电的乡村来说,这是基本需求。目前,全球还有20亿人没有通电,另外还有10亿人通电时间一天不到10小时。显然,这种风力发电生产方式是受人欢迎的。美国专家表示,这种涡轮机提供了创新解决办法。不过,此系统并非尽善尽美,高度太高意味着涡轮机必须得应付低空飞行的飞机,同时它也更容易被紫外线和大气粒子损害。此外,高处的风,对小型风力发电机来说,可能太大了。

布朗和他公司正在另外筹备250万美元,来完成此涡轮机的样品开发,期望在资金到位后的9个月内开发出样品来。

第二节 研制风力发电设备的新进展

一、研制风车与风力电机的新成果

(一)风力发电风车研制的新进展

研制出体型小电量足的新型风力发电风车。2015年6月,日本媒体报道,日本九州大学的大屋裕二教授等人组成的研究小组,正在开发以较弱风力高效发电的新型风力发电风车,并已经取得了进展。

报道称,这种新型风力发电风车由于噪音较小,易设置于公园、住宅、学校和工厂等处,可提供照明电力等。研究人员计划在2015年秋季之前完成开发,之后再用约1年时间进行验证实验。如果获得专业机构认证,将在2016年度内通过源自该大学的创业企业发售。

据悉,这种新型风力发电风车在风翼周围安装有圆环,相比普通风力发电风车能聚集更大的风力,以使发电量比普通风车提高2.5倍。由于风翼周围的圆环具有类似透镜聚集太阳光的作用,因此被称为"风透镜风车"。该风力发电风车还具有小型、噪音少和易于安装的优点。

(二)风力电机研制的新进展

1.研制电站用风力发电机的新成果

(1)研制磁悬浮原理的风力发电机。2004年10月,美国洛杉矶环球风能科技有限公司一个研究小组,在第六届中国国际高新技术成果交易会上,展示了他们的一项新成果:目前世界上最先进的磁悬浮原理无阻尼风力发电机。

环球风能科技有限公司,是一家创新型再生能源科技公司,拥有世界上最新、最先进的风能应用技术,设计了世界上第一台可商业化的垂直风力发电机。

在本届高新技术成果交易会上亮相的无阻尼风力发电机,是该公司最新研制的,并拥有两项重要的专利技术。无阻尼风力发电机利用磁悬浮原理,直接驱动发电机运转发电,从而极大地降低了发电机的机械阻力和摩擦阻力。

研究人员介绍说,这项技术的使用使风力发电机的风能利用率平均达到了40%以上,使风力发电的成本有望和火力发电的成本相媲美,而且该技术的使用还可以提高风力发电机的年发电时间,改善了对电网的稳定性。这一技术成果将彻底改变人们对风力发电上网电价高、易造成电网波动的印象,为风力发电的大规模普及奠定了基础。

该公司是首次参加高新技术成果交易会,这也是其首次通过参加展览的形式推出最新技术和产品。之所以选择高新技术成果交易会,作为公司推出世界首创的无阻尼风力发电机技术的平台,是因为该公司认为这个交易会具有组织严密、参展商和顾客层次高的特点,希望通过这个成果转化的平台,在中国寻找长期合作伙伴。

(2)开发出可减少噪音及振动的风力无芯发电机。2006年2月,日本媒体报道,日本一家公司开发成功风力无芯发电机,近日即可照单生产。该发电机的额定输出功率为5千瓦。这款风力无芯发电机的外径为60毫米,宽为83毫米。重量为95千克。由于尺寸较小,所以还可设置在大厦的屋顶上。

据悉,普通发电机为了加大与线圈交链的磁密度,通常采用在铁芯上缠绕线圈的方法。现在,新开发的风力发电机系列,采用了转子及定子均不使用铁芯的无芯构造。这样,便可降低齿形力矩减少噪音及振动。

原来的风力无芯发电机,在额定输出功率上从未超过1千瓦,不过由于《京都议定书》已经开始实施等原因,高功率风力发电机的需求越来越大,因此开发了此次的风力发电机。

研究人员说,在风力无芯发电机低速旋转时也可产生高电压的原因,是利用稀土类磁石形成了多极构造。而且还与普通发电机不同,采用了转子在定子外侧旋转的外转子构造。该构造的电气性接触较少,从而能够提高耐用性。

(3)研制出小型移动式风力发电机。2006年3月,莫斯科热力工程研究所,研制出小型移动式风力发电系统,能装在一个集装箱内,用汽车装载或直升机悬挂运至急需供电的地点,然后打开集装箱顶盖,拉出风力机的风车后,其折叠的叶片能在一种水平传感器的指引下,依风向自动展开、旋转,旋转的圆周半径约7.5米。它能带动发电机持续发电,功率为30千瓦时,可满足一个小村庄的日常用电。

据专家介绍,这种发电系统的风力机可在风速达到每秒5米时开始运转,并经得住每秒25米的大风。如维护得当,风力机的风车能连续旋转25年。此外,在风力微弱时,发电系统自带的柴油机可与风力机一同带动发电机运转。如果风完全停歇,柴油机还能在一段时间内单独带动发电机。

2.开发电子设备上用的微型风力电机新成果

(1)发明只有几英寸大小的微型风力发电机。2007年2月,美国德州大学阿灵顿分校的罗伯特·麦尔斯、迈克·维克尔斯、黑奥恩格沃·基姆,以及夏山克·普里亚等科学家组成的研究小组,在《应用物理快报》上发表研究成果称,他们发明了一种几个英寸大小的微型风力发电机。这种全部由塑料组成的风力发电机造价低廉,能够应用在电池充电、遥控照明、无线传感器等许多领域。

作为一种清洁、丰富和自然的选择,风能是一种理想的能量资源,虽然人们通常认为风能需要较大的规模风车才能实现对它的利用。建造拥有成百上千个巨大风车的农场,主要目的是向城镇输送电力,但现在也可以使用小型风车来利用风能了。例如,一些利用风力运转的自行车灯,但是他们使用的电磁转换器都需要大量的机械能量,这对于大多数的设备是不可行的。

然而,最近,该研究小组已开始研究另一些可能的设计方案,这些设计方案可能使这种小规模风车变得切实可行。他们使用一种压电结构将风能转化为电能,在这种结构里,双压电晶片元件(薄薄的塑胶片),会因为通过与风向标联结的一个控制杆和机轴产生的振动,排列成一排。

普里亚解释道:"压电体只需要一个非常小的偏转值,就能产生很高的电压。"他进一步补充称:"我们最近已经发表了有关压电陶瓷材料改进方面的文章,这将有助于增强能量的集流效率。随着这些材料和传感器结构的不断改进,压电体的未来将变得更加光明。压电体是一种高电压-低电流强度源极,而电磁学则是一种低电压-高电流强度源极。所以,在我们下一代系统当中,我们正设计一种可以组合的系统。这种系统有望提供更好的功率密度。"

(2)开发用于电脑芯片冷却降温的离子风电机。2007年8月,美国媒体报道,由英特尔公司资助的美国普渡大学一个研究小组,开发出一种技术,利用很小的"离子风电机",可大幅提高电脑芯片的冷却降温效果,实验装置已将"传热系数"提升大约250%,而其他冷却增强实验方法通常只能提供40%~50%的改善。

研究人员在一块模拟的电脑芯片上搭建了他们的实验冷却系统。实验装置包含两个相距10毫米的正负电极,给装置加上电压后,阴极在向阳极放电的过程中,电子沿途跟空气分子发生碰撞,产生正电离子,然后又被阴极吸引回来,由此形成了"离子风",这股微风增强了实验芯片表面的气流。研究人员利用红外成像技术测量发现,该实验装置产生的离子风能够使电脑芯片的温度较通常情况降低25℃。

常规冷却技术受限于"静止"(no-slip)效应,即空气流经物体表面时,最接近物体表面的空气分子保持静止,离物体表面较远的分子的流动逐步加快。这种现象阻碍了电脑散热,因为它限制了最需要散热的芯片表面的气流。新的方法可能会解决这个问题。利用离子风效应,结合传统风扇制造的气流可直接作用于芯片表面。

该实验装置非常小,未来可直接集成到电脑芯片中。通过把它置于芯片的特定"热点",可增强这些区域的风扇冷却效能。冷却效能提高后,将可以使用更小的风扇,这将有助于工程人员设计出更薄的运行温度更低的笔记本电脑。

研究人员下一步将着力使装置内的元器件尺寸从毫米级降至微米级,并不断加固系统。专家预计,这项新的芯片离子风冷却技术,将在3年内应用于电脑和其他便携式消费电子产品中。

二、研制风力发电配套设备的新成果

1.开发风机零部件的新进展

(1)研制可大幅降低风力发电成本的新式风机转子。2005年12月,乌克兰媒体报道,乌克兰国家科学院流体力学所的学者,研制出一种能使发电成本降低2/3到3/4的新型风力电机转子。

报道说,这种转子,具有两倍于其类似结构的转子的风流利用率。装上这种转子的风力电机,发电成本,可比乌克兰航天工业龙头老大,"南方机械厂"研制和生产的标准风机,便宜 2/3~3/4。该所研究员卡扬副博士将安装这种转子的风机,与德国率先在世界上投入使用的 5 兆瓦风机作了比较:后者塔高 126 米、塔基直径 12 米、桨叶长 61 米,耸立在离岸 200 米的 45 米深海水中,价钱自然也高得惊人——500 万欧元,而同样装机容量的前者"个头"将小得多,价钱至少可以便宜 2/3~3/4。

此外,这种高效转子结构简单,能"在任何来风速度条件下"稳速转动,可以安装在陆上和海边的任何地区。卡扬称,它采用的是早就已知但至今未获实用的纵轴结构,只不过附设了一种他们研制的桨叶转动控制机构,使桨叶成为具有"海豚鳍发动机"性能的"振动桨叶",这是它与桨叶固定的标准转子相比最大的不同点。该所学者,正是在研究鳍振动规律的基础上,研制出具有上述风能利用率的实验转子。

但令乌克兰学者深感遗憾的是,尽管这种高效转子的实验结果,一个月前在德国奥登堡举行的一次欧共体学术研讨会上公布了,并得到丹麦、瑞典、法国、德国等的学者的赞赏,但乌国内至今没有人表示愿意出资造样机,而没有样机也就无法再前进一步。

(2)开发出风力发电机高负荷圆柱滚子轴承。2006 年 5 月,日本媒体报道,该国恩梯恩公司,开发成功可用于支撑风力发电机增速器的输出轴,及中间轴的高负荷容量圆柱滚子轴承。通过排列数量与无保持架滚子轴承大体相同的滚子,增大了负荷能力,额定寿命达到了原来带保持器的轴承的 1.5 倍。

风力发电机的增速器一般均设置在较高位置上,维护难度大。因此要求增速器的轴承具有较高可靠性及长期使用寿命的保证。另外,近年来为了提高发电效率,风力发电机的功率及体积也在不断增加,负荷能力高的轴承拥有较大需求。

作为负荷能力高的轴承,风力发电机的增速器输入轴原来采用的是"无保持架的圆柱滚子轴承"。这种轴承与带保持器的轴承相比,具有滚子数量多、额定寿命长的优点。不过,由于无保持架的圆柱滚子轴承,其邻接的滚子之间处于接触状态,所以容易发生啮合及擦损磨耗等损伤,只能在低速旋转下使用。擦损磨耗是一种在滚动面上产生的表面损伤,因微小擦伤胶着群集而致。

而中高速旋转的增速器,其输出轴及中间轴则使用"带保持器的圆柱滚子轴承"。带保持器的轴承在拥有旋转性能出色这一优点的同时,也存在滚子数量少、难以满足长寿命化要求的缺陷。因此该公司通过取代原来的保持器,采用新开发的"滚子轴承座圈",开发出了在不降低旋转性能的情况下增大了负荷能力,额定寿命达到原产品 1.5 倍的圆柱滚子轴承。

2.开发确保风力发电机正常运转的控制软件和材料

(1)开发出风力发电设备的智能控制系统。2012 年 1 月,有关媒体报道,德国不莱梅大学一个研究小组与工业界联合,开发出一种智能控制系统,可以使风力发电设备更好地适应多变的风力强度,降低故障率,优化维护与检修提高工作寿命。

海上风场是风力发电的一种重要基础设施,但对风力发电装置的可靠性有非常高的要求,因为海上变化无常的风力提供的不仅是巨大的能量,同时会对风力发电设备造成巨大的负荷冲击,并且也对设备的及时维护带来很大困难,即使很小的故障也可能导致这个系统的瘫痪,停止电力供应。

新开发的智能控制系统,主要部分是一种控制软件,它可以根据设备的电力输出功率,实时监控设备关键部件如离合器和变速箱的机械负荷,早期发现故障迹象,优化设备的维护检修工作,避免故障出现,在出现超强风力的条件下,也可以确保设备安全而不需要停止发电,使风力发电的经济性和可靠性大大提高。只需要不大的投入,就可将此技术应用在现有的风力发电设备上。

在已经完成的这个项目中,不来梅大学研究小组主要负责建立数学模型及试验装置,风力发电设备关键部件远程监控方案由科孚德公司的机械传动和自动化专家承担,WindRad GmbH 公司则负责根据监测数据完成设备关键部件负荷及实际受损情况分析工作。

此项成果是德国联邦教研部资助的联合研发项目:"高能效智能风力发电设备"的阶段性成果,该项目在德国联邦教研部"高技术战略"重点支持领域——用于提高能源效率的功率电子技术框架内获得 50 万欧元资助。德国联邦教研部长沙万女士说:"此项成果是展现科研工作如何为应对能源挑战提供具体解决方案的很好例证,并且表明了政府的高技术战略对此所做出的重要贡献。"

(2)研制出保障海上风力发电机组的高性能生物质润滑油。2012 年 2 月,德国媒体报道,高性能润滑油,是风力发电机组保持正常运行必不可少的材料。近日,德国生物质润滑油研究协会,针对海上恶劣环境,开发出高性能环境友好型生物质润滑油,其性能优于传统石油类润滑剂。

德国超过 6%的电力供应源自于风力发电,德国全境共约有 2.2 万个风力发电机组。目前,德国海上风力发电所占比例依然很小,但考虑到海上风力发电,比陆地风力发电更节约土地,而且风力来源也更为稳定和强大,海上风力发电将是德国未来风电发展的重点方向。截至 2010 年年底,德国已批准了 26 个海上风力发电场建设工程,共包括 1850 个海上风力发电机组。到 2030 年,德国海上风力发电场数量将发展到 40 个,每年将可提供约 2.5 万兆瓦电力。

海上风力发电机组对润滑油要求很高,这也是制约海上风力发电发展的重要技术因素。一方面,要在恶劣的海洋环境中保持较长的使用寿命;另一方面,又要尽量减少对海洋生态环境的污染。为此,包括福克斯润滑油公司在内的 8 家企业,组成的生物质润滑油研究协会,着手研制海上风电机组专用高性能生物质润滑油。2011 年年底,研究协会在其前期研究结果基础上,开发出新型生物质润滑油。与传统石油类润滑油相比,新型生物质润滑油不仅性能高于传统石油类产品,而且由于其产自于天然原料可以保持无毒害性、实现生物降解。德国联邦农业部对生物质润滑油研究计划提供了为期 3 年的经费支持。

根据德国可持续原料专家署预测:环境友好型生物质润滑油,在德国将有广阔的发展空间;目前,生物质润滑油的年均使用量仅为 3.5 万吨,约占市场份额的 3%。

第三节　风能开发利用的其他新进展

一、研究风能开发对周围环境影响的新成果

研究显示风力农场或对周边地区有暖化效应。

2012 年 4 月 29 日,美国纽约州立大学一个研究小组,在《自然·气候变化》杂志上发表研究报告称,他们完成的研究显示,大型风力农场,可能对周边气候具有暖化效应。

研究人员分析得克萨斯州大型风力农场周边地区卫星数据后发现,与不邻近风力农场地区相比,风力农场周边地区气温每 10 年最多上升 0.72℃。2003 年至 2011 年间,全世界最大风力农场中,有 4 个分布在得克萨斯州。

研究人员说:"我们将主要原因归结于风力农场,其原因可能是风力农场消耗的能源,以及风轮机所致的气流运动,这些变化可能对局部或地区气象、气候造成显著影响"。

研究人员提醒说,需要在不同地点进行更长时间研究,才能得出有关风力农场与周边地区气候关系的确定性结论。

二、利用风能建造节能环保房屋的新成果

(一)开发充分利用风能的节能环保房屋

1.开发自然通风而无须空调的建筑软件

2006 年 9 月,有关媒体报道,美国麻省理工学院建筑系主任利昂·格利克斯曼教授领导,英国剑桥大学专家参与的一个研究小组,正试图开发一种软件,以帮助建筑师设计楼房的自然通风路径,利用房屋朝向、科学设计的窗户等方法,尽量减少空调的使用。

研究小组在英格兰卢顿市,尝试建造了一幢利用自然风原理设计的楼房。楼房呈"口"字形,每层房间都面向中央庭院,中央庭院上方有 5 个巨大的通风口。这些设计很好地解决了空气流通问题。

研究人员记录了楼内 6 个月的温度和空气等指标,发现这种设计仍有瑕疵。例如,庭院里的空气有时会出现"反对流",与楼外流入的空气形成漩涡,不利于新鲜空气的获得。最后,研究小组通过模型和电脑数据分析,找到了解决问题的办法。

在这些实验和发现的基础上,专家将研究出一套简单易操作的软件,帮助建筑师设计自然通风的路径,使楼房无须安装空调系统就能保持空气新鲜和凉爽。

格利克斯曼认为,正确的楼房设计可以改善空气流通,保持楼内温度,从而减少甚至取消传统空调的使用。但建筑师们担心这种新理念行不通。因此研究小组现正在开发实现这一目标的软件模型。

2.设计出每层都可以转动的风力旋转公寓

2007年1月,有关媒体报道,美国洛杉矶建筑师迈克尔·伽特泽最近设计出一栋划时代的建筑:风力旋转公寓,它共有7层,每层都可以随风转动,因此你每分钟看到的房子外形都是不一样的。这个设计方案,在美国一开始亮相,就引起公众的广泛关注!据悉,建成后的旋转公寓,将成为世界上第一栋以风作为旋转动力的建筑。

这栋划时代的公寓,由超轻材料制成,于是赋予它风一吹便动的特质。旋转起来的公寓,从远处看就像一个大风车。它共有7层,除了底部的一层不能转动之外,上面的6层可以随风转动。

建筑师伽特泽称:"旋转公寓的外部结构是绝对匀称的。不同的风向可以改变房子的外部形状,它能进行最大幅度的360度的转动。所以,你每时每刻看到的公寓都是不一样的。"

居住在这所公寓里的人,还可以随喜好自行操控自家房子,例如改变房子的朝向、温度和景色等。风在吹动房子改变其外观的同时,还可以用来发电,为居民提供夜间照明。

目前,风力旋转公寓,已经进入紧锣密鼓的筹备建造阶段。伽特泽称,建造材料过轻能否保证其坚固性,是他目前最为担心的。他自称担心材料质量是否过关。"现在,我正在从几种备用材料中挑选最适合的材料。"伽特泽还说,"建成的公寓将成为世界上第一栋以风作为旋转动力的建筑。它是一件艺术品,以全新的居室概念为基础,尽可能地为人类提供最为人性化的居住环境。"

据悉,伽特泽建筑旋转公寓的构想,源于一处用超轻材料制成的亭子,据说这个亭子轻得可以像船一样在水上航行。此后,伽特泽便开始构想把这种材料用到住宅的建设中来。

3.设计可作风力发电站和城市景观的环保建筑

2013年5月,英国每日邮报报道,瑞典首都斯德哥尔摩市中心计划建造的一座摩天大楼,与其他摩天大楼迥然不同,乍一看它好像是戴着一头假发。

然而,未来它将成为建筑设计的一支新秀,不仅具有奇特的外观,而且具有极强的环保性,这座摩天大楼覆盖着的"毛发",事实上是一种纤维体,可将风力动能转变为电能,在高层建筑能够充分利用风能。

设计公司把它称为"稻草摩天大楼"。该公司指出,稻草摩天大楼提出了未来建造城市风力发电厂的最新技术。通过使用压电科技,大量的微型"稻草"在风中飘动可以产生电能。

这种新型风力发电站,开启了如何使建筑物产生电能的可能性,在该技术的支持下,一座摩天大楼将转变成为一个能量生产实体。

该公司称,奇特的建筑覆盖物,还可作为一个旅游景点,稻草的持续移动,从外观上形成一个波浪状景观。通常人们认为建筑物都处于静态,但是稻草摩天大楼却赋予生命力,能够随风飘动,仿佛这座大楼会呼吸。

随风飘动的稻草使建筑物持续改变外观,夜间能够发光,不断变换颜色。艺术家描绘的瑞典首都"多毛摩天大楼",这种多毛结构事实上是纤细的纤维体,随风飘动可将风能转化为电能。

(二)建造综合利用风能、太阳能和生物能的环保房屋

1.设计建成风能、太阳能和生物能等多能并用的碳零排放环保住宅

2007年6月,英国媒体报道,碳零排放的新型环保住宅揭开神秘面纱,在英国沃特福德亮相,这是首座完全符合英国可持续性住宅法所规定的,六级环保标准的五星级商业性住宅。英国建设部部长库玻为其颁发了免除财产购置税证书,专家预计这种新型节能环保住宅,今后将在英国大量涌现。

这种新型零排放4层木框架结构住宅,是由斯图尔特米尔恩集团设计开发的,住房为两卧室,居住面积大约为110平方米左右。该设计的最大特点是使用可再生能源,屋顶的风能涡轮发电机及太阳能板提供电力,生物质能锅炉燃烧特制的小木球来供暖,并由太阳能热水器提供热水。屋顶装有雨水回收器,室内用水为循环使用,洗澡洗脸用过的水,可用于冲刷卫生间。住宅的密封条件极高,据计算,比传统住宅减少60%的热量散发。室内装有温度传感器,自动控制通风口调节室内的温度,保持室内空气流通,保证空气质量。智能电表可向住户提供详细的能源消耗情况,帮助其提高能源使用效率。当住户外出度假时,其可产生的再生能源还可并入国家电网中,供其他居民使用。

据统计,英国住宅的二氧化碳排放量,约占全国二氧化碳排放总量的1/4。解决住宅二氧化碳排放问题,成为英国政府当务之急。今年4月,英国颁布了可持续性住宅法,对住宅建设和设计提出可持续性新规范。根据房屋的能源效率,设定了一至六星的评定等级,要求到2016年,英国的新住宅,需按照可持续住宅法的标准进行设计和建筑,并对符合可持续性标准的住宅,提供免除财产购置税的优惠政策。

虽然这种新住宅,还没有达到可持续性住宅最高六星的评级标准,斯图尔特米尔恩集团的执行总裁表示,新住宅还不能称作完全意义上的零排放住宅,比如生物质能锅炉还要排放二氧化碳,还需要利用作物生长吸收二氧化碳来做抵偿。不过,他认为,这毕竟是首座达到五星级可持续性标准的商业住宅。随着时间的推移,六星级的可持续性住宅肯定会在不远的将来出现。

另一个民众非常关注的问题,就是新型住宅的成本问题。开发者表示现在谈

论成本,还有点为时过早。虽然目前样本房的建筑成本,比标准住房要高40%左右,今后如果大规模开发建设,其成本将会大大降低。此外,还要考虑免除1%的财产购置税,及大幅降低的用电支出等因素。如果有50户以上居民使用风能,可降低当地60%~80%的能源消耗。一个标准的新型住宅一年的电费只需要31英镑,而同等大小的传统住宅年平均电费则需要大约500英镑。

2.设计出用足风能和太阳能的环保建筑

2007年11月,美国媒体对洛杉矶建筑师迈克尔·伽特泽的设计做了报道。伽特泽是个喜欢标新立异的人,他常常设计一些稀奇古怪的建筑。他的创意如此奇特,以至于这些建筑一旦落成,就成为地标式建筑,而且引领建筑设计的时尚潮流。伽特泽同时也是个重视环保的人,他喜欢让自己设计的建筑,能够利用天然的绿色能源,其中主要就是风能和太阳能,他的设计往往能引发人们对环保建筑的一些思考。以下简要介绍伽特泽的作品,让公众一睹环保建筑的风采。

适合沙漠地区的风凉大棚。伽特泽为风沙大的地区,设计了一种名为"风凉大棚"的建筑。这种建筑,看上去像是一个两端没有封口的大棚。但是,无论风沙有多大,无论太阳光有多强烈,你只要进入这个大棚,你就安全了。有人会说,这个大棚没有封口,风还是可以吹进来。其实你不用担心,大棚的屋顶上布满了涡轮风扇,这些风扇可以吸收四周吹来的风,并用这些风力来发电。因此,风凉大棚不但可以为路人遮阳挡风,还可以为附近的居民提供电能。这种大棚坐落在沙漠里最合适了,如果给大棚配备一些插座,行人还可以在里面为自己随身携带的小电器充电。

风力发电的太阳风礼堂。这个宏伟的太阳风礼堂,是伽特泽为加州州立大学设计的,可以用于中型的集会和平时师生的休闲,可以同时容纳300人。这座建筑最醒目的是位于建筑中部的风力涡轮发电机,它离底座有45米的高度,可以发电直接使用或存储在电池里,电池安装在礼堂的基座下。巨大的太阳能电池板位于礼堂顶部的百叶结构上,也能产生额外的电能供校园使用或存储在电池里。而且,电池里的电能,也可以用来分解建筑收集到的雨水产生氢,把太阳能和风能用氢能的方式储存起来。

3.设计出同时用风能和太阳能发电的"能源屋顶"

2010年3月,有关媒体报道,意大利科学家设计了一种新型的"能源屋顶"。这种新型"能源屋顶",同时利用风能和太阳能两种方式发电,屋顶的东翼利用风能,通过5个风力涡轮机产生能量。屋顶的西翼则安装了有利于能量产生的透明太阳能电池。它主要用于意大利佩鲁贾市周边重要历史文化遗址的探索与保护。

目前,这种新型"能源屋顶"已安装于佩鲁贾市一个历史悠久的老城区内。整个"能源屋顶",是作为一个考古遗址地下展厅入口的顶棚,而这个考古遗址地下展厅展出的都是佩鲁贾市周边重要历史文化遗址的考古成果,代表了该市的历史。

第六章　核能开发与核辐射防治的创新信息

　　核能,也称作原子能,是原子核里的中子或质子,进行重新分配和组合时释放出来的能量。可供开发利用的核能,大体分为两类:一是核裂变能,表现为较重的原子核分裂释放结合能。二是核聚变能,表现为较轻的原子核聚合在一起释放结合能。有人测算过,1千克煤全部燃烧产生的能量,只能使一列火车开动8米;1千克裂变原料全部裂变释放出来的能量,可使一列火车开动4万千米;而1千克聚变原料全部反应释放的能量,可以使一列火车行驶40万千米。更加可贵的是,核聚变反应过程几乎不存在放射性污染。所以,核聚变能可以称得上是未来的理想能源。国外在核能开发利用领域的研究,主要集中在开发新一代大中型核裂变反应堆,研制新一代便携式核裂变反应堆。研制磁约束核聚变发电实验装置,研制惯性约束核聚变发电实验装置。提高开发利用放射性资源的安全性,提高处理核废料的安全性。推进核电站建设,推进核电站安全方面的研究和管理。在核辐射污染防治领域的研究,主要集中在开发防治铀污染和铯污染的新方法;研制防治核辐射污染的新材料、新设备和新药物。

第一节　核能开发利用的新进展

一、研制新一代核裂变反应堆

(一)开发新一代大中型核裂变反应堆

1.合作建造第四代大型核裂变反应堆

　　2006年11月28日,俄联邦原子能署对外宣称,俄国与美国专家正在合作建造第四代高温气冷核反应堆。第四代核反应堆概念,由世界多国核能专家在2000年共同提出,包括多项要求:一是发电成本与本地区其他能源相比有竞争性;二是投资成本相对低廉,建造周期短;三是不发生堆芯严重损伤事故,不发生需要场外应急措施的事故;四是采用高燃耗的燃料,产生最少的放射性废物;五是可以杜绝核燃料循环产生的材料被用于核扩散等目的。

　　据介绍,俄美合作建造的新型反应堆的工作温度,将达到920℃～950℃,能把反应堆中钚等有害的放射性同位素彻底烧掉,因而是一种安全环保反应堆。它以气体作为堆芯冷却和热能传递介质,与传统的水冷反应堆有所区别。此外,它还有一大优点,能在提供热能的同时,顺带产生大量宝贵的副产品氢,这有利于人类摆脱油气等传统能源的依赖,加快进入新能源时代。

这种新型反应堆,由美国通用原子能公司和俄罗斯试验机械制造设计局联合研制。目前,俄美双方每年对该项目投资为数千万美元,随着项目的推进,投资还会增加,整个项目预计总耗资将达到 20 亿美元。

2.研究开发中型核反应堆

2008 年 8 月,日本经济新闻社报道,日立公司和通用电气公司将开发满足东南亚地区和其他新兴市场需求的中型核反应堆。

报道称,百万千瓦级的紧凑型沸水堆可以满足越南、印度尼西亚和泰国的需求。到 2025 年之前,这三国可能共有建造 12 座反应堆的计划。

东欧和非洲国家在引入其首座核电厂时,也可能会需要较小功率的核电反应堆。日立和通用公司预计会在 2010 年或之后的几年里获得其首份订单。每座反应堆将耗资 28 亿美元。

(二)研制新一代便携式核裂变反应堆

1.研究便携式太空核反应堆获得系列进展

2009 年 8 月 7 日,美国媒体报道,美国国家航空航天局在研发太空核反应堆上,取得一系列进展。这种新型核反应堆,体积与普通垃圾桶相当,产生的能量,可供未来月球或火星基地使用。

航天局研发中心和一个国家实验室,最近进行了三项试验:测试用来给反应堆降温的散热器,在真空和低温环境中的工作状况;测试由反应堆释放的热量,有多少能用于发电;测试发电装置,能否承受大大超过地球上核电站允许的放射水平。

研究人员表示,他们在试验中,成功演示了制造太空核反应堆所需的技术。这种紧凑型太空核电站,可为人类在其他星球长期居住提供能量。

美国航空航天局格伦研究中心裂变表面能量项目主管唐·派拉克,在一份声明中说:"这一系列技术的成功研发,证明裂变表面能量项目处在正确的道路上。"

航天局官员说,这一项目,下一步将把散热器、发动机和发电机,放入普通发电站中试验,测试将自 2012 年开始。美国航天局计划 2020 年前,让宇航员重返月球,以建立永久性月球基地,进而为载人探索火星作准备。

2.设计出只有手提箱大小的便携式核反应堆

2011 年 8 月 30 日,美国太空网报道,建立月球基地和登陆火星,早已被各航天大国列入发展计划,但目前还有一个难点仍未突破,那就是电力供应。日前,美国能源部爱达荷国家实验室詹姆斯·沃纳领导的研究小组,设计了一种只有手提箱大小的原子能发电装置,并计划于 2012 年制造出原型。由于其体积小,耐久性强,将有望为建立月球基地,以及登陆火星等任务,提供电力支持。

沃纳说,虽然这种便携式反应堆的发电量,无法与传统核电站相提并论,但能满足8座普通住宅的用电需求。而小巧的尺寸更赋予它具有不少大型发电装置所无法企及的优势:这样的发电装置更加灵活,可以放置在行星上无人居住的陨石坑或洞穴里;此外,由于外形小巧、容易移动,对经常需要移动的太空工作而言更是极为适合。

沃纳称,美国国家航空航天局已经为这种便携式发电装置,设想了几个潜在应用领域,如将用其驱动氧气和氢气发生器,或为各种车辆和设备充电等。该研究小组计划2012年建造一个原型以测试其功能。

宇航员目前使用较多的供电装置是太阳能电池,通过光电转换为交通工具或其他设备补充电力。但即便是在太空中,光源也不是完全可靠的,相比之下,核电装置更为可靠、电力供应也更为充足。

由于有切尔诺贝利事故和福岛核事故在先,不少人对核能利用仍然心有余悸。但沃纳称,这种便携装置不会存在类似问题。他说:"相对于大型的核电站,这种便携式反应堆功率极低,不会有熔毁的危险,因此安全系数也要高得多。即便出现紧急情况,反应堆也能够自动关闭,对此完全不必忧虑。"

虽然美国国家航空航天局已经结束了其航天飞机计划,但沃纳表示,这不会对他们的项目产生影响。因为运载火箭也同样适合这类装置的运输工作。他乐观地认为,一旦该装置完成后,美国国家航空航天局就会允许他们将其送入太空以进行相关测试。

二、开发核聚变清洁能源的新进展

(一)研制磁约束核聚变发电实验装置的新成果

1.推进托卡马克装置磁约束核聚变发电技术研究

(1)进行离子偶极实验促使核聚变技术发展。2004年12月,美国媒体报道,为了测试是否有自然的方法,可以让高温气体产生新的能量来源,美国麻省理工大学和哥伦比亚大学联合组成的研究小组,在《美国物理周刊》杂志进行了一项离子偶极实验。他们在模拟太空船的环境里,将高温的离子气体,俗称等离子(体)放置在一个巨大的超导容器中,超导容器中存在着一个强大的磁场环,通过离子与磁场的作用产生能量。

研究人员用X光和照片,保存了这一壮观的实验场面。实验中,该研究小组发现离子和磁场的作用,的确在磁场内部产生了一种动力能量,但是这些能量存在的时间非常短暂,只有5~10秒。离子偶极实验的另一个贡献,是美国的核子融合技术找到了一个新的途径。2004年10月,美国曾经进行过一次核子融合的实验。核能量是一种先进能量,因为它生成所需要的氢元素的来源可以说是无穷无尽,而由些产生的能量也是无污染的,同时它还可以用来抵制全球变暖。

研究人员将利用离子偶极实验,对高温物质通过自然方式产生能量的方法,进行基础研究,以期把这一途径,作为未来全球能量提供的一种主要方式,满足人类的生活需要。

核能量是太阳和星星的能量来源。在高温和巨大压力的状态下,像氢元素这样的轻元素就会聚合在一起形成重元素,如氦元素,而这一变化过程就可以释放出巨大的能量。一个强大的磁场环境,如离子偶极实验中的磁场环,就可以提供这一变化开始的条件,让磁场内部的等离子发生聚合,从而产生能量。

由于磁力场的方向和形状决定着离子聚合时效率和效果,所以目前全世界许多科学家都在进行类似的聚合实验,以期找到最好的方法。

(2)开建托卡马克装置的热核聚变实验堆。2006 年 11 月 21 日,欧盟、中国、美国、日本、韩国、俄罗斯和印度等 7 方,在法国爱丽舍宫,签署了国际热核聚变实验堆联合实施协定,决定在法国南部小镇卡达拉舍开建托卡马克装置的国际热核聚变实验堆(ITER)项目。

这个实验堆项目,将模拟太阳中心能源产生的模式,通过核聚变为人类提供新能源。有关资料显示,1 千克核聚变燃料,可以产生相当于 1000 万升石油的能量。该项目将耗资 100 亿欧元,46 亿用于反应堆的建设,48 亿用于后期开发,剩余资金则用于实验结束之后的拆除工作。欧盟承担其中 50%的费用,总部设在西班牙巴塞罗那的"国际热核聚变实验堆欧洲局",负责协调欧盟各国的资金分摊工作。作为项目参与国,中国将承担 10%的费用,这是我国参加的规模最大的国际合作项目。

(3)刷新核聚变等离子体维持的纪录。2006 年 5 月,日本原子能研究开发机构发布新闻公报说,日本科学家在受控核聚变研究方面取得新突破,成功地使核聚变等离子体维持了 28.6 秒,刷新了由他们保持的 16.5 秒的世界纪录。据悉,科学家对临界等离子体实验装置 JT60 进行改良,使特征符合一定要求的等离子体维持时间延长了近 1 倍。

这一进展,意味着国际热核实验反应堆达成预定实验目标的希望增加了。国际热核实验反应堆采用与 JT60 相同的基本结构,目标是使核聚变等离子体维持400 秒以上,产出能量比消耗能量高 10 倍。

受控核聚变被视为缓解世界能源危机的重要途径之一,与目前核电站利用核裂变发电相比,核聚变发电有成本低、安全可靠等优点。但要实现受控核聚变存在很多技术困难,美、欧、中、日等多国参与建设的国际热核实验反应堆,就是要解决这些困难,使核聚变发电进入实用阶段。

为了实现核聚变,必须把原料物质加热到几亿度的高温,成为带电的等离子体。温度如此之高的材料不能与任何容器直接接触,必须利用磁场对电荷的作用力,使等离子体"悬空"。JT60 就是根据这种原理制造出来的一种装置,在这一装置里,受强磁场约束的等离子体悬浮在环形的管子中央。

等离子体的密度和温度越高,压力就越大,聚变反应越有效,输出能量的功率也越大。日本研究人员说,近年的研究发现,JT60 装置中高速离子的损失会使等离子体性能变差,难以维持高压。为减少高速离子损失,科学家从 2005 年起,利用强磁体来改约束等离子体的磁场形状。在磁场形状改良后进行的实验中,研究人员发现高速离子的损失确实减少了,等离子体的性能也像预期一样获得了改善。最终,使满足国际热核实验反应堆项目要求的等离子体状态,维持了 28.6 秒。

(4)顺利推进热核聚变发电实验装置的研制。2009 年 12 月 14 日,韩国媒体报道,作为国际间寻找清洁能源努力的一部分,韩国的超导热核聚变研究装置试验,获得顺利推进。

韩国国家热核聚变研究所有关人士表示,在不久前进行的一次试验中,该装置在 1000 万℃的温度下,成功获得电流为 320 千安的等离子体放电。这一成果,达到设计性能的 30%。该研究所负责人说,由于这项装置刚刚于不久前结束调试状态,其性能表现远超预期,这将为韩国专家,在国际热核聚变实验堆(ITER)项目中发挥更重要作用奠定良好基础。

该装置建造在韩国大德研究基地的韩国国家核聚变研究所。建造工作耗时 12 年,总投资约 3 亿美元。其主体工程于 2007 年竣工,2008 年开始产生等离子体。据悉,它是全球第八台热核聚变实验装置,也是首台约束体全部由超导材料制作的热核聚变试验装置,其原理和结构同 ITER 最为相似。ITER 的研究方向,是可约束的氘热核聚变反应。热核聚变过程能够释放巨大能量,且不产生温室气体和高放射性废弃物,但是持续的热核聚变需要在 1 亿℃的高温条件下才能实现。

这是韩国迈向"能源自主"的第一步。此前,韩国宣布将在 21 世纪 30 年代中期建设一座示范性质的热核聚变发电站,21 世纪 40 年代建设装机容量 100 万千瓦的商业性热核聚变发电厂。

2. 推进仿星器装置磁约束核聚变发电技术研究

(1)组装完成世界最大仿星器受控核聚变装置。2014 年 5 月 20 日,德国教研部发布的消息,德国建造的世界最大仿星器受控核聚变装置"螺旋石 7-X"主要组装工作,已于近日结束,进入运行准备阶段。

德国教研部长约翰娜·万卡在组装完成仪式上说:"全球不断增长的能源需求,使我们有必要探索获取能源的所有可能形式,'螺旋石 7-X'将作为全球同类别中最大的研究装置,显著扩充我们对核聚变技术的了解。"

受控核聚变的原理,是模拟发生在太阳上的核聚变,把等离子态的氢同位素氘和氚约束起来,并加热至 1 亿℃左右发生聚变,以获得持续不断的能量。

等离子体约束技术是受控核聚变的一个核心课题,仿星器借助外导体的电流等产生的磁场约束等离子体,优点是能够连续稳定运行,是目前较有希望的受控核聚变装置类型之一。

"螺旋石 7-X"由马克斯·普朗克协会下属等离子物理研究所承建,位于德国北部城市格赖夫斯瓦尔德。该设备接下来将进行真空性能测试和磁测试等,预计将于 2015 年春季开始第一阶段的等离子体测试。

"螺旋石 7-X"项目在 20 世纪末期就开始筹划,组装阶段于 2005 年 4 月开始。该项目成本约为 10 亿欧元,其中德国联邦政府承担大约七成费用,此外还获得欧洲多家科研机构和企业的支持。

(2)启用仿星器核聚变装置造出氢等离子体。2016 年 2 月 3 日,美国麻省理工学院《技术评论》杂志网站报道,德国总理默克尔当天开启了迄今最大的仿星器核聚变反应设备"螺旋石 7-X"。该设备首次制造出氢等离子体,向实现受控核聚变迈出重要一步。

按设计,"螺旋石 7-X"(W7-X)通过模仿恒星内部持续不断的核聚变反应,把等离子态的氢同位素氘和氚约束起来,并加热至 1 亿℃的高温发生核聚变,以获得持续不断的能量。

启动后,W7-X 的微波加热装置开始运转,把氢气加热至 8000 万℃,氢等离子体随之产生,并存在了 1/4 秒。W7-X 运行部门主管斯特凡·博施说,这是该仿星器首次制出氢等离子体,实验效果"完全符合预期"。

W7-X 由德国马克斯·普朗克等离子体物理研究所承建,项目投资超过 10 亿欧元,设备组装工作耗时 9 年,于 2014 年完成。随后,研究人员对所有技术系统展开了逐一测试。2015 年 12 月,研究人员成功利用 W7-X 制出氦等离子体,为制造氢等离子体做准备。

受控核聚变被认为是解决未来能源问题的主要选择之一。核聚变反应产生的能量远高于裂变反应产生的能量,所需的氘和氚在自然界中广泛存在,核聚变反应堆比目前的核裂变反应堆产生的核废料更少,放射性污染也会在短期内消失。

但是应用核聚变的难度在于,要让超高温的等离子体"受控",否则就可能变成氢弹爆炸。科学家在实验中用强磁场来约束和控制等离子体,有环形的托卡马克装置和螺旋形的仿星器装置等不同类型。

目前,美、英、法和中国等国均在发展托卡马克装置。仿星器的概念在 20 世纪 50 年代就已提出,德国科学家认为仿星器更加稳定,更可能是未来核聚变反应堆的发展方向。他们还计划逐步扩建"螺旋石 7-X",到 2020 年获得可持续 30 分钟的等离子体,进一步向受控核聚变的目标迈进。

3.推进其他磁约束核聚变发电技术研究

(1)设计出球型马克磁场约束的核聚变反应堆模型。2014 年 10 月,美国每日科学网报道,华盛顿大学航空航天学教授托马斯·亚伯领导,博士生德里克·萨瑟兰等人参与的一个研究小组,设计出一种新型核聚变反应堆模型,当将其升级到一座大型发电厂大小时,成本比能提供同样电力产出的燃煤发电厂还低。

核聚变几乎不会带来放射性污染等环境问题,且其原料可直接取自海水中的氘,来源几乎取之不尽,是理想的能源方式,但核聚变能原有的设计成本很高,与使用煤和天然气等化石燃料系统相比,毫无成本优势。

现在,亚伯表示:"我们最新设计出的核反应堆,有望产生经济可行的核聚变能。"

研究人员表示,基于目前的技术,他们设计这种新核聚变反应堆时,在一个密闭空间内制造出一个磁场,把等离子体"囚禁"在合适的地方,而且时间足够长,让核聚变可以产生,使热的等离子体可以发生反应并燃烧。研究表明,这一反应堆本身就能很好地保持稳定,这意味着,它会持续加热等离子体从而维持热核反应。

磁场对于聚变反应堆继续运行必不可少,目前有几种磁场制造方式。新设计中的磁场名为"球型马克磁场",其大部分磁场通过驱动电流形成等离子体本身而形成,这就减少了所需物质的数量,且使研究人员能压缩反应堆的大小。

其他核反应堆设计,例如目前正在法国进行的"国际热核聚变实验堆(ITER)计划"项目更大,因为它依靠环绕设备外部旋转的超导线圈,来提供同样的磁场。相比较而言,新设计的核反应堆,成本仅为国际热核聚变实验堆的十分之一,但产能为其5倍。

亚伯研究表明,依靠他们设计建造的核聚变反应堆,生产10亿瓦电力的成本为27亿美元;而煤电厂生产同样电力的成本为28亿美元。新设计似乎比煤发电更经济可行。

目前,这种新型核反应堆模型的大小和电力产出,仅为最终大小和产出的十分之一,还有很大的改进空间。研究人员对模型进行的测试表明,它能成功地维持等离子体的运行,且随着研究的进一步发展以及设备的扩张,他们能升级到更高温度的等离子体,并得到更大的聚变能产出。该研究小组已经对核反应堆的概念,申请了专利并计划继续对模型进行研究和升级。美国能源部对最新研究提供了资助。

(2)建立场反向位形磁约束核聚变反应堆装置。2015年8月,美国加利福尼亚州一家名为三阿尔法能源的私人投资公司,其研究团队在《科学》杂志网站发表研究成果称,他们建立了一个装置,让球型过热气体在$1×10^7℃$的温度下,稳定地保持了5毫秒。

这个看似极其短暂的一瞬,却超过了以往采用同样技术的其他尝试,第一次证明,人们能将这种过热气体保持在一个稳定的状态。这一温度,已高到足以维持核聚变反应的程度,代表了热核聚变技术一个可能的突破点,让人们距离这种丰富、廉价的清洁能源又近了一步。

目前,主导核聚变研究的主要是一些大型的政府投资项目,如正在建设的耗资高达200亿美元的国际热核聚变实验堆(ITER)计划,以及美国能源部投资40亿美元的国家点火装置(NIF)。由于这些项目极其复杂、投资巨大,不少人对其能否收回成本表示担忧。一些新兴创业公司试图找到另外一种方法,开发出更为简单和便宜的热核聚变设备。三阿尔法能源便是其中的一员。

热核聚变是一个看似简单,实际极难实现的过程。当气体被加热到足够高的温度后,其原子就会失去电子,形成一种电子和离子的混合气体,也就是通常所说的等离子体。在足够外力的作用下,其中离子就会熔合在一起,同时释放出巨大的能量,这个过程就是核聚变。要让核聚变安全可控,必须将这些等离子体束缚起来,但人类已知的材料中没有哪个能承受得住如此之高的温度。

据报道,为了解决这个问题,科学家们想出了两个办法:一种是惯性约束核聚变(如 NIF),另一种是磁约束核聚变(如 ITER)。三阿尔法能源使用的就是第二种方法,他们采取了一种被称为场反向位形(FRC)的结构来约束等离子体。这种方法早在 20 世纪 60 年代就为人所知,但几十年来科学家们只能将等离子体保持0.3 毫秒。通过使用这种方法,他们声称能将氢和硼加热到 1000 万℃。没有达到更高的温度是因为他们用尽了燃料,而此前的不少研究都是由于设备损坏或者熔毁被迫停机。

研究人员称,该研究距离让氢和硼发生热核聚变所需的 30 亿℃的高温,仍然还有很大的差距,下一步,他们将对设备进行升级,有望将其所能达到的温度提高10 倍。

(二)研制惯性约束核聚变发电实验装置的新成果

1.建成世界上最大的激光聚变装置

2009 年 5 月 29 日,美国利弗莫尔劳伦斯国家实验所发表新闻公报称,世界上最大的激光聚变装置,当天在美国加利福尼亚州北部该所大院内举行落成典礼。这一装置,能产生类似恒星内核的温度和压力,并使美国在无须核试验的情况下保持核威慑力。

据悉,这个激光聚变装置名为"国家点火装置(NIF)",被安置在一幢占地约 3个橄榄球场地的 10 层楼内,它由美国能源部下属国家核安全管理局投资,从 1997年开始建设,总共耗资约 35 亿美元。

公报说,国家点火装置可以把 200 万焦耳的能量,通过 192 条激光束聚焦到一个很小的点上,从而产生类似恒星和巨大行星的内核以及核爆炸时的温度和压力。在此基础上,科学家可以实施此前在地球上无法实施的许多试验。

公报说,国家点火装置共有 3 个任务,第一个任务,是让科学家用它模拟核爆炸,研究核武器的性能情况,这也是美国建设国家点火装置的初衷,即作为美国核武器储备管理计划的一部分,保证美国在无须核试验的情况下保持核威慑力。

国家点火装置的第二个任务,是使科学家进一步了解宇宙的秘密。科学家可使用国家点火装置模拟超新星、黑洞边界、恒星和巨大行星内核的环境,进行科学试验。这些试验大部分不会保密,将为科学界提供大量此前无法获取的数据。

国家点火装置的第三个任务,是保证美国的能源安全。科学家希望从 2010年开始,借助国家点火装置,来制造类似太阳内部的可控氢核聚变反应,最终用来生产可持续的清洁能源。公报说:"国家点火装置所产生的能量,远大于启动它所需要的能量,这是半个多世纪以来,核聚变研究人员一直梦寐以求的'能量增益'目标。如能取得成功,将是有历史意义的科学突破。"

时任加利福尼亚州州长施瓦辛格在落成典礼上发表讲话说,这一激光系统的建成,是加利福尼亚州和美国的伟大成就,它将有可能使美国的能源结构发生革命性变化,因为它将教会人们驾驭类似太阳的能量,使其转变成驾驶汽车和家庭生活所需的能源。

2.研发激光核聚变形成清洁能源

2011年9月13日,英国《新科学家》报道,上周,英国AWE(其前身为英国原子武器发展研究中心)公司、卢瑟福·阿普尔顿实验室和美国加利福尼亚州劳伦斯·利弗莫尔国家实验室的科学家们表示,他们将携手研发激光核聚变作为清洁能源。

当氘、氚等较轻元素的原子核相遇时会聚合成较重的原子核,并释放出巨大能量,这一过程就是核聚变。人工控制的持续聚变反应可分为磁约束核聚变和惯性约束核聚变两大类。惯性约束核聚变又分为激光核聚变、粒子束核聚变和电流脉冲核聚变三类。

目前,英国卡拉姆的欧洲联合环形加速器,以及正在法国建设的测试反应堆的国际热核聚变实验堆,计划使用的都是磁约束核聚变装置。磁约束核聚变使用强大的电脉冲,轰炸重氢来产生等离子体。在聚变发生前,科学家们需要施加一个强大的磁场,把等离子体牢牢限制住。然而,做到这一点很困难,因为等离子体很快会发生泄露或变得不稳定。

现在,科学家们计划利用激光核聚变产生电力。与磁约束核聚变相比,激光核聚变产生的温度更高、压力更大,因此,核聚变发生得更快,只需要将等离子体限制几十亿分之一秒即可。激光核聚变,是利用激光照射核燃料使之发生核聚变反应,由于它在许多方面与氢弹爆炸非常相似,所以,自20世纪60年代激光器问世以来,科学家就开始致力于利用高功率激光,使聚变燃料发生聚变反应,来研究核武器的某些重要物理问题。

激光核聚变反应堆,不会产生大量可能会熔化的热物质。不过,核聚变中子非常危险。燃料中的氚也具有放射性,会释放出β粒子,人吸入这种粒子会有危险,而且其半衰期很长,为12.5年。

现今,全球最大的核聚变激光装置是位于劳伦斯·利弗莫尔国家实验室的国家点火装置,该实验室的科学家们希望到2012年年底,能从核聚变中获得足够多的能量,来产生激光脉冲从而实现"点火"。点火是种能自我维持的反应,可产生远超"盈亏"点的大量能量。

三、研究安全利用放射性资源的新成效

(一)提高开发利用放射性资源的安全性

1.研制安全性更高的未来先进反应堆所需的核燃料

(1)首次成功合成更安全的核燃料铀氮合成物。2010年7月,美国洛斯阿拉

莫斯实验室,材料物理和应用部科学家贾奎林·吉普林格等人组成的一个研究小组,在《自然·化学》杂志上发表研究成果称,他们利用光能首次成功合成一种罕见的铀氮(U-N)分子合成物,该合成物带有独立的铀氮结构末端,末端上氮原子仅与一个铀原子结合。在过去完成的研究中,氮原子总是同两个或更多的铀原子相连。

为合成铀氮分子合成物,科学家对叠氮化铀(包含有 1 个铀原子和 3 个氮原子的分子)进行了光解作用的技术处理:把分子暴露在紫外光下,用单光子能量从叠氮化铀分解出 1 个氮分子,从而留下了单铀单氮合成物。科学家说,他们获得的新突破十分重要,因为高密度、高稳定性和高热导性铀氮物质,有希望成为未来先进的反应堆所需核燃料。

铀氮合成物是一种陶瓷化合物,它包含有众多重复的铀氮结构单元。新获得的铀氮分子仅包含单铀单氮,它是陶瓷固体中能够被观察到的最小结构单元,有利于人们研究其物理和化学特性,帮助解答铀化学和材料科学中长期困扰人们的问题。

吉普林格表示,锕系元素氮化物,是未来核燃料的候选物质,能满足未来核反应堆的需求以及太空旅行动力的需求。此次新获得的铀氮分子,能够帮助人们更好地认识,单铀单氮结构单元的功能特性、电子结构和化学反应性,为铀化学揭开新的篇章。

研究发现,新获得的分子反应能力强,能破坏结合力强的碳氢键,从而形成新的氮氢键和氮碳键。该发现显示铀氮结构不是惰性物质,能够与强键分子发生反应。这种单铀单氮化合物,具有很强的化学反应能力,能够以与天然酶细胞色素P-450类似的方式激活碳氢键,与碳氢化合物发生氧化反应。这一特性,为该分子在今后用作核燃料时,找到安全的储存方式,也为铀燃料使用后的废物处理提供了途径。

(2)发明制备安全核燃料铀氮化合物的新方法。2012 年 6 月 28 日,英国诺丁汉大学发布新闻公告称,该校史蒂芬·里德尔博士等人组成的一个研究小组,发明了一种制备铀氮化合物的新方法,不仅制备条件要求比现行方法低很多,且清洁高效。

铀氮化合物,因其高密度、高稳定性和高热导性等特点,被认为有望成为未来反应堆所需核燃料。该化合物,通常是在高温高压下把氮或氨与铀混合而获得,但其制备条件十分严格,且制备过程中会产生难以去除的杂质。因此,近年来,科学家们努力尝试是否可以在低温下,使用分子方法来进行制备。过去多次制备铀氮三键的尝试,都需要零下 268℃的低温,这一要求十分严苛,需要专门的设备和技术,因此很难操作。

据诺丁汉大学新闻公告介绍,该校研究小组发明的新方法相对简单。他们用大量的氮配体(与金属绑定的有机分子)把铀包裹起来,形成一个内含氮化物的防护"口袋";在合成过程中注入弱绑定的钠离子(带正电离子),用来有效阻隔氮与其他元素的化学反应,以保证氮化物的稳定;然后再将结构中的钠离子剔除,最终得到稳定的铀氮三键。公告称,使用该方法制备的铀氮化合物,不仅在室温情况下可保持稳定状态,且可以晶体或粉末形式存储于容器中。

里德尔表示,这一新方法简单易行,且有助于科学家理解铀共价化学键的性质与范围,这十分重要,可能会有助于从核废料中提取 2%~3% 的高放射性物质。

新闻公告称,这一突破性研究成果表明,在未来的核能产业中,铀氮化合物材料,可成为现行的混合氧化物核燃料的有效替代品。

2.试用纳米材料把放射线转换为电能

2008 年 3 月,英国《新科学家》周刊网站报道,美国洛斯阿拉莫斯国家实验室前核工程师波帕·西米尔等科学家说,把放射线直接转换为电能的材料,可以开创宇宙飞船的新纪元,甚至还可以开辟以高功率核电池驱动的地面交通工具的新时代。

核电站的电力,通常是利用核能加热水产生蒸汽,从而驱动发电涡轮机而产生的。自 20 世纪 60 年代起,美国和苏联开始研究通过热电材料,或者使用放射性衰变材料,直接把核裂变产生的热能转换为电能,从而为宇宙飞船提供动力。"先锋"号太空探测行动,使用的就是放射性衰变材料,即"核电池"。

弃用蒸汽和涡轮机使得那些系统型号变小,也不再那么复杂。但热电材料的功率很低。现在,美国研究人员说,他们开发出高功率材料,可以把核燃料及核反应产生的放射线,直接转换成电能,而不需通过热能。

西米尔说,将放射粒子的能量转换成电能效率更高。据研究人员计算,比起热电材料的功率,他们正在试验的材料,从放射性衰变中提取的能量最多可高出 19 倍。研究人员正在对多层碳纳米管进行测试。这种纳米管与黄金一起被氢化锂包裹起来。猛烈撞入黄金的放射性粒子撞击出大量高能电子。这些电子通过碳纳米管进入氢化锂形成电极,使得电流通过。

西米尔说,这种多层碳纳米管,最好是用来利用放射性材料产生电能,因为它们可以在放射性最大时被直接嵌入。但是它们也可以从核裂变反应堆的放射线中直接获得能量。用这种材料建成的设备,可为宇宙飞船、飞机、地面交通工具等提供动力。

洛斯阿拉莫斯国家实验室的戴维·帕斯顿说:"我认为,这项工作具有创新性,可能会对核动力的前景产生重大影响。"

(二)提高处理核废料的安全性

1.提高安全处理核废料的新认识

认为核废料是影响核电发展的重要因素。2015 年 6 月,有关媒体报道,正在筹办巴黎气候大会的法国,近日因下议院提交的减排温室气体的法案再次引发关注,法案中提出将砍掉法国一半的核能产量,并增加可再生资源比重至 40%。

核能在当今世界总能源结构中占 11%。核电站运行期间，并不产生二氧化碳。这意味着，温室气体排放导致气候变化的"罪名"，不会栽在核能的头上。核电站能向工业和家庭夜以继日地提供大量电能，而太阳能和风能则是间歇性地"劳作"。那么，核能的发展为何总是受到来自国际社会、政府甚至本国民众掺杂了感情色彩又少有科学依据的抵制呢？最常见的疑惑，来自对处理过后仍无法完全消除的 3% 核废料的管控能力。目前的科学研究也不断试图解决这一难题。

电站核反应堆中能量的反应发生在原子核中，铀 235 的一个原子（包含 92 个质子和 143 个中子）吸收了一个中子后分裂成两个原子，产生大量的能量，这一过程被称为核裂变。裂变过程持续消耗燃料，直到可燃（裂变）原子量使用起来不再经济有效。然后，反应堆关闭，1/3 的核心燃料将被移除并替换成新燃料，剩下的 2/3 燃料因为新燃料的加入得以优化。被移除的使用过的燃料被称为乏燃料，具有高放射性，且非常炙热，出于安全的原因，需要被冷却后隔离到"安全"为止，这一般而言，需要几百万年。

把这些乏燃料作为废物丢弃很常见，这就如同在三明治咬上掉一小口，然后将剩余的大部分扔进垃圾桶。目前，全世界的核电容量为 370 万千瓦，每年产生的乏燃料 1 万吨，截至 2014 年 9 月，总的乏燃料达到 27 万吨，其中美国存储约 7 万吨。

毫无疑问，核电大国正在试图回收核乏燃料以便重新利用，另一些国家也已经开展了相关基础研究。主要的乏燃料后处理厂，集中在英国、法国和俄罗斯，印度已经有了一定的能力，日本也有一个较大的工厂已经完工但尚未启用。

乏燃料后处理的化学处理过程，主要是把使用过的燃料溶于酸，然后有选择性地提取铀和钚元素用于新燃料生产，留下不想要的元素。商业核电站，差不多都使用这种 20 世纪 40 年代后期开始应用的方法进行处理。这种方法可回收 97% 的乏燃料，大幅度减少废物的体积。

全球处理商业燃料的能力为每年 4000 吨，到目前为止，已经有 9 万吨的使用过的燃料进行过后处理，占总的商用核反应堆使用燃料总量的 30%。

虽然如此，经过处理的材料仍不能彻底解决环境难题。美国加州大学欧文分校的研究人员，专注于处理最后剩下的 3% 核废料。他们希望通过自己的方法，把核废料隔离的时间缩短到 1000 年以内。虽然听起来还是时间漫长，但相比几百万年还是缩短了很多。

没有处理能力的国家比如法国，会将使用过的核燃料船运到有处理能力的国家。因为处理过程复杂、花费昂贵。有分析人士称，或许这也是此次法国下议院削减核能法案提出的重要原因。虽然法案还需提交参议院继续讨论，但 308 票支持、217 票反对的态势，说明在核能比重问题上仍然存在巨大讨论空间。作为核能占本国能源总量 70% 的老牌核电国家，法国的相关举动无论如何都带有风向标的性质。

2.推出安全处理核废料的新举措

加快建设核废料永久处置库。2015 年 11 月，国外媒体报道，芬兰是对核电持积极态度的欧洲国家之一,该国在核废料处理方面的投资,近年来稳步增长。近日,芬兰波西瓦公司,获得芬兰政府发放的,建造用于最终处置高辐射核废料的储存库许可证。按照规划,这个项目,将在未来8年内完成建设并投入使用,届时将成为全球为数不多的永久性核废料处置库。目前,该项目选址在芬兰西南部岛屿奥尔基洛托。

波西瓦公司首席执行官詹尼·莫卡表示,该项目将储存6500吨铀废料,对于选址和储存方法的研究时间,已经超过40年。据他介绍,处置核废料的主要方法,是把核废料装进陶瓷容器中密封保存以防止泄漏,之后传送到400~450米深的岩床通道,抵达后通过缓冲储存器存放在岩洞里永久储存。陶瓷容器含有铜和生铁,并且密不透风,这些容器可以经得住放射线的猛烈攻击,效果相对理想。装好核废料后,容器的外层再包裹上一层火山灰风化的胶状黏土,可以防止传送到岩层过程中的颠簸。最终将它们存放在岩洞里,可以抵挡来自外界地上环境的破坏。这样多重屏障的处置方式,目的是保证没有任何核废料的泄漏。

詹尼·莫卡说:"波西瓦公司所采取的方式,是构造多层屏障防止放射线散发,即使有核废料泄漏,对环境和人类的影响也无足轻重。"

核废料泛指在核燃料生产、加工和核反应堆用过的,不再需要的并具有放射性的废料。其最大特征,在于核废料的放射性不能通过一般的物理和生化方法消除,只能靠放射性核素自身强度的衰竭而变弱。核废料放出的极强射线,对人体和环境的伤害,可以达到数千年甚至数万年。因此,如何处置核废料,一直是一个难题。

瑞典皇家理工大学物理系教授沃克劳尔说:"最终处置的目的是永久存放,时间可以长达百万年。核废料的最大难题就是内部的辐射毒性,因此必须要与生物圈隔离;最终处置的另一个条件,是要让核废料的包装层以黏土、陶器或铜质的容器为主,这些容器的储藏效果可以最大限度地保证安全。"

核废料来源于核反应堆试验,全球目前共运行着400多座核反应堆,另有超过60座在建的核反应堆,但对于如何处置核燃料,国际上尚未形成统一的处置规范。沃克劳尔说:"国际原子能机构,曾多次建议达成一个统一的协定来处理核废料,但是目前这还是国家或者核电公司自己的责任。"

3.研制安全处理核废料的新技术

(1)计划研发回收利用核废燃料的新技术。2006年2月6日,美国政府计划对国内核电站核废燃料进行回收利用,并在当天向国会提交的2007财年预算中,申请为能源部拨款2.5亿美元,以用于相关新技术的研究和开发。

这笔资金将用于名为"全球核能伙伴"的核废燃料回收利用计划。根据设想,美国将与俄罗斯、法国和英国等合作,进行向世界其他国家供应核燃料的基础设施建设。美国能源部长博德曼称,该计划"在加强环保的同时减少核扩散的危险"。

采用旧技术从核废燃料中分离钚不仅费用昂贵,还有钚外流用于制造核武器的风险,因此,美国在20世纪70年代就放弃了核废燃料的回收利用。美国政府表示,希望逐步淘汰旧技术,转而采用新技术。新技术会使钚继续与其他高放射性材料混合在一起,使其不便于用来制造核武器,以减少安全隐忧。

(2)破解一道核废料处理的重要技术难题。2016年3月,美国北卡罗来纳大学教堂山分校,艺术和科学学院化学教授汤姆·迈耶领导的一个研究小组,在《科学》杂志上发表研究成果称,他们近日开发出一种技术,可选择性去除核废料池中最棘手和难以消除的放射性元素镅,解决了几十年来核废料处理的一道技术难题。

据报道,这项工作为扩大使用地球上最有效的能源打开了一扇大门,有助于实现未来能源供给的清洁利用。

迈耶说:"处理核废料最关键的步骤是解决镅的问题。"镅是一种人造放射性元素,用高能氦核轰击铀而产生。镅并不具有钚和铀的知名度,几十年来研究人员一直试图将其从核废料中移除,但几经努力,总有些问题难以解决。现在,迈耶研究小组找到了解决方法。

研究人员效仿太阳能燃料把电子从水分子中分离的做法,采用比分解水两倍多的能量将电子从镅中撕扯下来。在被剔除掉三个电子后,镅就像钚和铀一样,能用现有技术去除。

研究人员称,核燃料最初是以小固体颗粒装入长细棒中。将燃料溶解于酸以分离出钚和铀,镅可在此过程中与钚和铀一起去除,也可在此过程后再次分离。

在这项研究中,大部分实验在爱达荷国家实验室中进行,确保为处理放射性物质提供一个安全的工作区域。目前,爱达荷国家实验室和该大学正在讨论继续推进相关研究,可能会进一步扩展技术规模。研究人员说:"我们已经为这项技术的扩展奠定了坚实的基础。随着规模的扩大,未来将不再担心长期储存放射性废物的危险,有利于解决世界的能源需求。这着实太令人激动了。"

四、建设核电站及其相关管理的新进展

(一)推进核电站建设的新成果

1.提高对核电站安全性的认识

认为核电站会越来越安全。2011年3月17日,美国《大众科学》网站报道,正当世界各国重新考虑其核电计划之际,核专家们提出未来应该设计出更小、更安全的核反应堆,避免重蹈日本福岛核电事故的覆辙。

福岛核电站事故发生之前,各国纷纷试水核电,推出了自己雄心勃勃的核电发展计划。比如,在美国,核电是美国总统奥巴马"能源新政"中的重要组成部分。在2012年财政预算中,奥巴马政府计划批准360亿美元贷款担保用来兴建核电站。2010年2月,奥巴马宣布将修建新核电站以满足国家未来能源需求,这是美国30年来首个新核电站项目。

无独有偶,欧洲很多国家也考虑兴建新的核电站。2009年,法国宣布,在一项政府借贷计划中,将投入10亿欧元研发第四代核反应堆,为21世纪本国的核电发展夯实基础。然而,福岛核电站事故让这一切蒙上了一层阴影。

不过,在全世界对核电产生强烈抵触情绪的同时,专家提醒我们,为了摆脱对化石能源的依赖,不管我们是否喜欢,我们都需要核电。下一代核反应堆的设计,正是为了预防福岛核电站事故重演。

保持核电站的安全运转,意味着使它在任何情况下都能保持冷却状态,天灾人祸都是致使常规冷却方法失灵的原因,这凸显了"第三代加强型"核电设计模式安全系统的重要性。一旦出现天灾或者人祸,这些安全系统就会自动开始工作,不需要人力,甚至不需要电力。

美国威斯康星大学工程学院教授、美国核管理委员会反应堆安全保障咨询委员会委员罗伯特·考拉蒂尼表示,"第三代加强型"核电站的设计者主要包括美国西屋公司、通用电气、日本三菱和法国阿海珐公司,这种核电站采用了新的设计方案,汲取了美国三里岛和切尔诺贝利核事故的教训。

第三代加强型核电站,包括一些高科技电站设计,其中许多设计方案仍在等待管理部门的审批。其他一些设计方案,比如法国阿海珐公司"进化动力反应堆(EPR)"和美国西屋电气公司的AP1000反应堆(两者都是压水反应堆)则已经在建造当中。

麻省理工学院核工程系的客座教授、核电站安全系统专家迈克尔·波多斯基表示:"新的反应堆设计使用所谓的'被动式冷却'系统来去除反应堆热量,而不是使用主动式冷却系统,日本福岛第一核电站使用的是主动式冷却系统,然而,海啸导致该系统的冷却水抽水泵和柴油发电机故障,致使该冷却系统失灵。'被动式冷却系统'可以在不需要外部干扰的情况下,保证核反应堆的安全性。"

据美国麻省理工学院出版的《技术评论》杂志3月17日报道,西屋电气公司匹兹堡分公司的发言人斯科特·肖说:"展望未来,人们会看到更多核电站依赖被动式安全系统,这种系统可自动关闭核电站,而不需采用发电机和水泵。"

阿海珐公司目前正在建造4座"进化动力反应堆",其中两座在欧洲。核反应堆的设计中包含有4个独立的冗余冷却系统,其中两个能够承受飞机坠毁的冲击。

西屋公司的AP1000反应堆也包含一系列被动式系统,如果核电站开始出现过热的情况,这些系统就会利用自然气流、引力和其他自然现象自动对堆芯进行冷却,而不是使用泵、阀和人工操作,在没有外界干预的情况下,这些系统最长可以运行3天。

真正安全、可靠的核电,要求反应堆堆芯不能熔化,这意味着核电站的规模会缩小而不是增大。波多斯基认为,今后可能会依赖很多小一些的、分布式的核电站,即小型模块式反应堆,这些小型模块式反应堆能生产10万千瓦到20万千瓦的电力,大约是目前美国许多核反应堆产能的五分之一,但体积只有十分之一,这些更小的电站可以位于主电网之外,给农村的用户供电。波多斯基表示,这些小型反应堆会更加安全。因为这些反应堆不会将过多热量集中在一个地方,过多的热量将散入空气中,因此,不需要采用主动式冷却系统来对它们进行冷却。另外,这种反应堆拥有的核燃料也少,它们所产生的热量(减少冷却系统的需要)和放射性也更小。

波多斯基说:"这些小型反应堆会更加安全,因为其中不会发生什么事情,一旦形势不对,反应堆就会自动关闭,热量会消散,也不再会出现什么其他故障。"

这样的一幅美好图景什么时候成为现实呢?不管未来的能源"拼图"如何拼成,核电都是其中不可或缺的一块。下一代核反应堆,也就是所谓的第四代核反应堆已经在设计之中,并且在探索先进的冷却系统和其他技术的可能性。这些系统和技术能使核电站的生产效率和安全性都更高。

第四代核电站不仅可利用传统的铀 235 作为核裂变资源,还可利用铀 235 产生的"副产品"甚至"废品"进行反应,因此能效更高、排放更低。不过,科学家认为,这些核电站要变成现实,起码还需要 20 多年的时间。

同时,工程师们正在尝试各种其他的核电站设计方案,其中之一是漂浮核电站。据国外媒体报道,2009 年 5 月 18 日,俄罗斯圣彼得堡波罗的海造船厂正式开工建造世界上第一个漂浮核电站,预计将在 2012 年完工,用以解决靠近海边的俄罗斯偏远地区缺电和供热问题。

漂浮核电站具有两大特点:一是机动性强。它犹如一个巨大的游动蓄电池,当地面需要电力时,可以停靠在码头,与陆地上的高压电网连接,实现电力传输。二是造价低。浮动核电站的造价约 1.2 亿~1.8 亿美元,仅为陆上核电站的十分之一。投入运营后,每年可节省 20 万吨煤和 10 万吨取暖燃油。

美国伦斯勒理工学院核工程教授亚隆·达能表示,日本的核事故不仅是一个灾难,也是一个机会,让我们能从错误中学习,并重新思考我们的核电未来,因日本的事故就放弃核电发展并非明智之举。

他说:"我还找不出让我们放弃核电技术的理由。正如有人会因为车祸丧生,但这并不表示我们就不再驾驶汽车,我们要做的是改进汽车的安全性能,让它更好地为人类服务,核电亦如是。"

2.加快核电站及其相关产业的发展

(1)公布庞大的核电站发展计划。2009 年 11 月 9 日,英国天空电视台报道,英国政府公布了庞大的核电站发展计划,将在英格兰和威尔士地区兴建 10 座新核电站,预计将在 2025 年前建成。

英国能源和气候变化大臣埃德·米利班德表示,英国需要新的核电站、新的可再生能源发电站和新的清洁煤炭能源发电站。

但是环保组织认为,核能存在危险性,也很昂贵,在解决气候变化和能源安全方面起不到什么作用。报道援引一位环保组织负责人的话说:"事实证明,绿色技术,例如风力以及混合能源,就可以保障英国的能源需求,并创造就业以及降低温室气体排放。"目前,英国有 10 座核电站,15% 的电力供应来自核能,这一数字将有望到 2030 年增加至 40%。

(2)核电站建设带动老铀矿重获新生。2005 年 8 月,美国媒体报道,由于石油、天然气和煤的成本不断攀升,各国都在打核电的主意。国际原子能署称,到 2004 年年底,全球有 440 座核电站投入运营,26 座正在建造,另有 100 多座处于设计之中。中国和印度等发展中国家正致力于建造更多核电站。在美国,104 座核电站提供国家电力需求的 20%。

要建造更多的核电,就得需要更多的铀矿。美能源部资料显示,全世界铀的年消费量多于 1.8 亿吨,而采铀业每年只能开采出 9000 万 ~ 1 亿吨铀矿。冷战结束时,铀的供应主要来自退役核武器中的铀,现在这些铀已逐渐用光,电力公司的库存也在减少。因此,加拿大、澳大利亚、俄国和美国等产铀大国,都开始重新启动 20 世纪 80 年代关闭的铀矿。

美国科罗拉多州的安肯帕格里高原,以及科罗拉多州与犹他州交界处,是富含铀矿的地区,多年来,采铀业是当地的经济基础,这里的铀矿曾为制造第一颗原子弹的"曼哈顿计划"提供过铀。但由于核竞赛减缓,特别是"三里岛"核电站事故后,美国公众对民用核电站产生恐惧心理,使铀的价格急剧下跌,许多铀矿被迫关闭。现在,随着矿物燃料成本上升及全球变暖的加剧,核电身价再次回升。2003 年以来,铀的价格已增加 3 倍,在这种形势下,许多旧铀矿重新启动便成为必然之势。

(二)推进核电站安全方面的研究和管理

1.建成核电站抗震结构的研究中心

2010 年 11 月 24 日,日本原子能安全机构、东京电力参与建设的"日本核电站抗震结构研究中心",在新泻工科大学竣工。该项目 2009 年在经济产业省立项,占地面积 1188.65 平方米,三层钢筋混凝土结构,总投资 6.7 亿日元,3000 米地下埋设了 3 台地震仪、三坐标抗震装置、地震波振动接收器,以及大量的分析、加工装置、大型声像设备等。

中心建成后,将通过对地震数据的收集、分析及实验研究等,对核电站的设备、建筑等安全问题进行分析,促进核电站的抗震、结构领域研究,同时提供培训和信息公开等服务。

中心竣工后,将承办"第一届柏崎国际原子能抗震安全研讨会",国际原子能机构顾问及多国专家拟在会上发表"世界原子能发电与抗震"等与地震相关的深层地震观测、海啸、信息传输、抗震避震等研究成果。

2.公布核能及核电站安全管理体系改革方案

2013 年 11 月 27 日,韩国安全行政部召开第八次政府安全政策调整会议,公布了核能安全管理体系改革方案。根据该方案,韩国政府将新设直属于国务总理的核能安全管理政策调整会议。

该会议由韩国原子能安全委员会委员长主持召开,由相关部门的室长和局长级人士参加,负责开展有关放射线安全管理和防止核辐射灾害的相关工作。目前,韩国的放射线安全管理相关工作,由海洋水产部和食品医药品安全处等 7 个部门分管,防止核辐射灾害工作则由 11 个部门分管。

从 2014 年开始,韩国政府将对核电站主要部件进行跟踪管理,在核电站从开始建设到运营和关闭等整个过程中,对主要部件的磨损情况进行预测和及时维护。

根据新出台的改革方案,防止核辐射灾害的训练周期,将从 4~5 年缩短至 1~2 年。在核电站出现问题时,韩国水力核能公司(韩国国有企业),将通过自动通报系统,通知民间环境监视机构和地方政府,扩大核电站异常现象的通报范围。

另外,由于韩国国民,对日本产水产品安全的担忧不断增加,韩国政府将在食品医药品安全处官方网站上公开日本产食品的生产地区、进口量和核辐射检测结果等信息。

第二节　核辐射污染防治的新进展

一、研究防治核辐射污染的新方法

(一)开发防治铀污染的新方法

1.研究检测铀污染的新方法

发现一种安全检测放射性铀污染源的新方法。2006 年 11 月,有关媒体报道,澳大利亚皇后岛技术学院科研人员,找到安全探测放射性矿藏的新方法,这对于保障放射性矿藏资源的安全开发利用意义重大。

这项新技术,主要利用光纤探测器和近红外光谱分析仪,能够从远处对沉积在土壤和水中的铀矿石等放射性矿藏资源进行遥控探测,这有效地解决了目前近距离探测放射性矿藏的安全性问题,免遭近距离的放射性污染。

目前,许多铀矿石、特别是一些二级矿的铀矿石,通常具有可溶性,能够在水中迁移,往往漂离人们起初发现它们的地方,这直接导致人工开采的不精确,并大大增加放射性矿藏污染的风险。采用新技术方法,即便铀矿石远离原来地方,人们也能很快发现它们。新方法对于铀矿安全开采利用尤为重要。

现在,许多国家因发展核电需要加紧开发铀矿,而原有技术由于无法精确开采造成更多的资源浪费和放射性材料污染问题。利用新方法还可以监测铀矿开采过程中的污染问题。另一方面,利用新方法可以安全地探测铀材资源,可以更好地防范恐怖组织偷采和运输铀矿,进而大大减少他们可能制造核弹的机会。

2.研究清除铀污染的新方法

(1)发现能在核废料中生存并能吃铀等有毒金属的细菌。2005 年 8 月,物理学组织网站报道,德国德累斯顿放射性化学和核物理研究所的一个研究小组,发现了一种能够在核废料中生存的细菌,它们能够积聚有毒金属,可用来清洁金属有毒物废弃场所。

目前,该研究小组,正在研究使用生物复育的方法,作为消除核废料的手段。生物复育法,是一个利用微生物使被污染环境恢复原状的过程。研究人员在研究中,把位于德国东南部的一个核废料场作为示范点,在该废料场储积了球形芽孢菌的菌种。

这种球形芽孢菌的菌种,具有水晶表层(S-layer),该表层覆盖在细胞外面,除了作为保护层外,还能够聚集大量的有毒重金属,如铀、铅、铜、镉等。新工艺是把晶体表层(S-layer)与硅片、金属、聚合物、纳米团簇,以及生物陶瓷盘结合,得到的产品,可用于把有毒金属从已污染的水和土壤中清除。此外,该技术,还可用于从工业废料中提取铂或钯等贵重金属。研究人员现正在研究寻求各种使用细菌的方法。

在核电及核武器生产过程中,也产生了类似铀的各种放射性物质,这些金属对生态环境、动植物健康及核废料场附近的土地和水源构成了很大威胁。人们经过30年的铀矿开采,仅仅一个核废料场就有23万吨核废料。

目前,全球大量的核废料,正在占用越来越多的土地,蚕食着人类的生存空间。清洁这些有毒废料的常规办法通常非常昂贵,而且效果不佳,人类必须寻求一种新的途径来解决核废料对环境的破坏。而细菌方法,可以说,是用于清除核废料污染的技术典范。也许在不久的将来,人们可以将合成水晶表层盘置于污染区域,让它们像海绵一样帮助清洁环境。

(2)发现希瓦氏菌能清理铀废物。2006年8月,美国西北太平洋国家实验室,首席科学家吉姆·弗雷德里克松领导的一个研究小组,在《公共科学图书馆·生物学》杂志网络版上发表研究成果称,他们发现一些普通的细菌,能够"将致命性的重金属转化为危险性较小的纳米球体。"实际上,这些细菌能够将可溶的辐射性铀,转化为无毒的沥青铀矿固体。虽然大规模利用这些细菌尚需时日,但是毕竟已经向前迈近了一步。

自从十多年前发现有的细菌可以化学改性,能够把有毒金属,转化为对人类无明显威胁的物质,科学家们就对这些细菌究竟如何做到这一点而感到迷惑不解。例如,希瓦氏菌就是能够将铀化学改性的一种细菌,它外表类似珍珠粒,大约5纳米长,互相之间纠缠在一起,外面包裹着自身分泌的黏液。

铀、铬酸盐、锝,以及硝酸盐,都是对人类和其他生物体有毒的物质,并且是美国能源部关心的许多场地的主要污染物。据美国能源部估计:在美国,目前大约有2.5万亿公升地下水,被核武器所释放出的铀所污染。希瓦氏菌能够净化核废料污染场地的地下水,它可以利用许多有机化合物和金属作为呼吸作用的电子接收体,进而减少铀、铬等金属离子。

（二）开发清除放射性铯污染的新方法

1.运用选矿法清除核电站污水中的放射性铯物质

（1）发现金属矿渣可吸附核电站废水中的放射性铯。2004年11月,俄罗斯媒体报道,俄科学院卡累利阿科学中心的一个研究小组,最近发现金属矿渣,可以用来处理核电站废水,因为这种废渣能吸附放射性物质,包括核废料的主要成分铯-134。

据报道,研究人员仿造核电站废水配制了铯硝酸盐溶液,并往溶液中放入铁、铝、镁和硅混合而成的矿渣。之后,他们每隔一段时间抽取几毫升溶液,测试其辐射强度。实验表明,矿渣在20个小时内吸附了溶液中97%的放射性物质,矿渣吸附的铯越多,溶液的辐射强度越小。

这一发现,也可用于处理,核动力船只产生的含放射性物质的废水。在一般情况下,海水中的盐分会妨碍矿渣对铯的吸附能力。但研究人员发现,这一问题可通过多次更换矿渣予以解决。他们把铯和矿渣放入装海水的容器中,通过3次更换矿渣,使溶液的放射强度,在10天内下降到原来的约1/500。他们认为,这样的液体经稀释后可回流入海,不会对海洋生物构成威胁。

研究人员认为,把吸附铯的矿渣制成混凝土再掩埋起来,不会对环境造成污染。目前,他们正致力于使这一新工艺"走出"实验室,早日用于处理核电站废水。

（2）确认浮游选矿法能清除铯等放射性物质。2011年7月,日本京都大学的一个研究小组,在东京举行的一个研讨会上报告说,他们通过实验确认,浮游选矿法,可在短时间内从放射性污水中清除放射性物质,不仅高效而且成本低廉,正在应用于处理福岛第一核电站储存的大量污水。

研究人员说,这种方法无须加热,而且使用很少的药剂就能够完成,与福岛第一核电站目前使用的净化装置相比,产生的放射性废弃物的量也较少。

该研究小组把铁和镍等元素组成的化合物,放到放射性污水中,原先溶解在水里,或以微粒形式漂浮在水中的铯等放射性物质,就会被这些化合物包裹起来,沉到水底。研究小组随后向水中加入药剂,使水下产生气泡,沉淀的放射性物质,就会与气泡结合在一起漂到水面上,把气泡回收就可以清除掉放射性物质。

研究小组利用京都大学的实验堆,产生的低放射性废液,进行实验显示,浮选法对铯、锶和锆等5种放射性物质的清除率,达到99%以上,而且整个过程只需要十几分钟的时间。

2.开发清除土壤中放射性铯污染的新方法

（1）通过在水田施撒交换性钾肥减少放射性铯污染。2012年2月,日本农业和食品产业技术综合研究机构,首席研究员加藤直人主持的一个研究小组,公布一项新成果称,向被放射性铯污染的水田施撒交换性钾肥,可使糙米吸收的放射性铯至少减少一半。

研究小组最近在福岛、茨城等县的农场进行了有关实验。这4个县的土壤,都遭到福岛第一核电站事故泄漏的放射性物质的污染。他们发现，与在没有施撒交换性钾肥的农田中收获的糙米相比，施撒交换性钾肥的农田糙米，吸收的放射性铯至少减少一半。研究人员认为，铯与钾的化学性质相似，所以钾代替铯被水稻吸收。

交换性钾是作物直接吸收的钾素形态，但土壤中交换性钾的数量相当有限。不过，研究人员发现，并不是交换性钾肥施撒得越多效果约好，在交换性钾原本数量就非常高的土壤中，再施撒交换性钾肥几乎看不到效果。

加藤直人认为："这种方法，在交换性钾数量很低的土壤中有效。如果将糙米进一步加工成精米，放射性铯的浓度还将进一步降低。希望今年日本一些地区耕种时，就采用这种方法。"

(2)通过喷射高压水把土壤中铯容易附着的黏土分离出来。2012年5月，日本大学教授平山和雄率领的一个研究小组宣布，他们开发出一项新技术，通过向被放射性铯污染的土壤喷射高压水，把土壤中铯容易附着的黏土分离出来，从而大幅减少受污染土壤的量。

研究人员注意到，放射性铯的化学结构，使其具有易吸附在黏土上的性质，向被污染土壤喷射高压水后，直径不到1毫米的黏土微粒就会与沙子和小石子等分离开。研究人员利用，每千克放射性活度约5000贝克勒尔的受污染土壤进行实验，发现经高压水喷射处理后剩下的沙子和小石子等的放射性铯活度，降至原有水平的1/10以下，已经达到可以回填原来所在场所的程度。

目前，开发的实验装置，每小时能够处理约15立方米土壤。平山和雄指出："这一技术如果能够达到实用化，将有助于大幅减少受污染土壤的量。"

二、开发防治核辐射污染的新材料

(一)研制检测核辐射污染的新材料

开发出能探测到核辐射污染的新材料。2011年9月22日，美国西北大学温伯格艺术与科学学院，化学教授梅科瑞·卡纳茨迪斯领导的一个研究小组，在《先进材料》杂志上发表论文称，他们研制出一种能探测到核辐射污染的新材料，能用来制造检测核武器和核物质的手持式探测设备。

核材料发射出的伽马射线，能被汞、铊、硒和铯等致密材料和重金属材料很好地吸收。所以，可通过伽马射线穿过这些材料引起的电子变化，来检测核辐射。不过，这类研究面临的最大难题是，重金属材料内本身就有很多可移动电子，当伽马射线穿过材料时，引发的电子变化不能被检测到。

卡纳茨迪斯解释道："这就像有一桶水，往里面加一滴水，这个变化是可以忽略的。我们需要一种没有大量自由移动电子的重元素材料。但在自然状态下，这并不会存在，因此，我们需要研发一种新的材料。"

研究小组制造出一种新的晶体结构的重元素半导体材料，这种新材料由铯—

汞—硫化物和铯—汞—硒化物组成,能在室温下正常工作,其内大多数电子绑定在一起而不再自由移动。当伽马射线进入新材料时,会将电子激活,使电子开始自由移动,据此检测出伽马射线。而且,由于每种元素都有自己特有的图谱,这些信号还能够用来确定所泄漏的核物质。

卡纳茨迪斯表示,新材料非常具有前途和竞争力,而且还可能用于生物医学,比如诊断显像领域。

(二)研制防治核辐射污染的新材料

1.制成可清除核废料中放射性离子的新晶体

2012 年 3 月,美国圣母大学教授托马斯·施密特领导的一个研究小组,在《先进功能材料》杂志上发表研究论文称,他们研制出的一种晶体化合物,能将核废料中的放射性离子除去,为核废料"变身"清洁燃料扫清了障碍。

研究小组研制的晶体化合物,名为圣母大学硼酸钍-1(NDTB-1)。实验表明,它能安全地吸收核废料中的放射性离子。一旦这些放射性粒子被捕捉到,它们可以与同样大小的、带电荷更多的材料相交换,将核废料回收再利用。

施密特表示:"该晶体的结构,是其能回收核废料的关键。每个晶体都包含有通道和笼子,这些通道和笼子上有数十亿个细小的微孔,这就使得环境废物尤其是核工业中使用的铬酸盐和高锝酸盐等的阴离子相互交换成为可能。"

放射性核素锝-99(99Tc),在全球各地的大多数核废料存储点都存在。全球 30 个国家目前约有 436 个核电厂,因此,产生的核废料很多。实际上,从 1943 年到 2000 年,全球的核反应堆和核武器测试产生的放射性核素锝大约有 305 吨。几十年来,如何将其安全地存储起来一直困扰着科学家们。

该研究小组已经在实验室取得成功。他们使用这种新晶体,除去了核废料中差不多 96% 的放射性核素锝;在萨凡纳河国家实验室进行的实验也取得了成功,结果表明,它能够成功地从核废料中除去放射性核素锝。

2.开发出能吸收放射性铯的普鲁士蓝布料

2012 年 5 月 28 日,东京大学生产技术研究所,迫田章义教授率领的研究小组宣布,他们开发出能够高效吸收溶解在水中的放射性铯离子的布料。这种布料,有望用于清除福岛核泄漏事故后土壤和水中的放射性铯污染。

研究小组,用一种新技术,将能够吸收铯的蓝色颜料普鲁士蓝的微粒固定到布上。用这种方法制成的长 60 厘米、宽 40 厘米的薄布,就能 99% 地吸附溶解在 10 升水中的 10 毫克铯。如果把这种布用盐酸溶液浸泡,则几乎能够 100% 地回收铯。这种布,还有望用于净化雨水槽中积存的雨水,或清洗污染建筑物产生的污水。

研究人员还考虑,利用这种布清除土壤中放射性物质的方法:先将土壤中容易吸附放射性铯的黏土清洗掉,再加入肥料溶液加热,上部就会出现含有放射性铯的澄清溶液。把布料浸到溶液中,能够从污染土壤中清除 70% 的放射性铯。研究小组准备在提高布料的吸收效率和吸收量之后,与福岛大学等研究机构继续开发能清除放射性污染的实用材料。

3.开发出吸收放射性铯的建筑材料

2012年5月,日本近畿大学兼职讲师森村毅等人领导的一个研究小组,近日宣布,他们开发出含有矿物沸石的建筑材料"沸石钙灰浆"。这种灰浆,在凝固后能最大限度地吸收溶解在水中的放射性铯,有望用于建造存储放射性污染物的设施,或者净化污水的过滤器。

沸石的微小孔洞具有吸附性,能够吸收放射性铯。在美国三里岛核电站事故中,曾用这种材料处理污水。混有沸石的灰浆,以前被作为具有防臭功能的建筑材料使用,在此次开发中,研究者通过添加钙离子水,提高了灰浆凝固后的强度和耐水性。当含有放射性铯的污水,通过新型沸石钙灰浆凝固体时,铯和含有铯的物质就能被吸收和过滤。由于具有容易渗水等性能,在利用这种沸石钙灰浆凝固体进行吸收含铯水溶液实验时,曾成功吸收水中99%以上的铯。由于沸石钙灰浆凝固后拥有无数极小的孔洞结构,所以即使过滤含固体杂质的污水,也不易堵塞。今后,日本研究小组准备继续研究沸石钙灰浆的各种使用方法,提高其作为建筑材料的性能和吸附放射性铯的能力。

三、研制防治核辐射污染的新设备

(一)开发能在充满放射性物质环境中帮助救灾的机器人

2005年6月,《读卖新闻》报道,日本消防研究所的一个研究小组,开发出一种小型机器人,它能进入充满毒气和放射性物质的危险场所收集信息,帮助救灾。

这种机器人的名字为"Flygo",其长宽尺寸均为36厘米,高12厘米,重5~10千克,能爬上倾角20度~30度的斜坡。这种机器人分为3种类型。工作人员可通过电脑和遥控装置操纵其工作,最远遥控距离为100米。该机器人配备了照相机,根据需要,还可为其加装感知器和灯光投射装置等。但是,它的耐热性能不好,在火灾现场无法使用。

(二)研制用于核电站事故处理的机器人

1.研制成适于核电站抢险作业的机器人

2011年11月21日,《日本经济新闻》报道,在日本福岛第一核电站事故处理中,展露身手的机器人"Quince"的改进型问世。这款改进型机器人无须手工更换电池,电池续航能力也比老型号提高近一倍。

新款机器人由千叶工业大学研发。它配置的马达功率是老型号的2.5倍,身背放射性物质检测仪、照相机等装置,重达50千克仍可行走自如,电池可支撑机器人连续工作5小时。

预先与电源相连的充电装置,可设置在核电站厂房的门口附近,在夜里不工作的时候,可远程操控机器人返回门口充电,充电三四个小时即可完成。这些特点都远远优于老型号机器人。

福岛第一核电站室内辐射剂量高,工作人员进入的地点和时间均受限制,因而可随时随地出入的机器人,在抢险作业中大有用武之地。

2.研发出用于核电站废炉作业除污的机器人

2013年3月,日本新华侨报网报道,近日,日本相关大型电机制造厂商研制出一款机器人,可除去福岛核电站废炉机房内部放射性物质,改善废炉内部作业环境。

据日本放送协会电视台消息,为推进东京电力福岛第一核电站废炉作业,日本相关大型电机制造厂研制出一款除废炉机房内部放射性物质的机器人。该机器人是由该电机制造厂商灵活利用国家补助资金研制而成。

据介绍,该机器人高约1米,用2条行车带带动行走。操作者可通过与机器人相连的长电缆进行远程操作。机器人手臂能以一般水管数百倍的水压进行喷水,可将机房地板和墙壁上附着的放射性物质去除。手臂前端还安装有回收放射性物质装置。

东京电力福岛第一核电站,虽然持续对废炉展开作业,但由于机房内部放射线量很高,作业员很难深入现场阻碍了作业进展。该机器人制造厂商,以今夏将机器人投入现场使用为目标,正在与东京电力公司进行协调。

负责研发该机器人的主任技师米古丰说:"希望将该机器人早日投入现场,改善废炉作业环境。"另外一家电机制造厂商,还为该机器人研发出一种除放射性物质用的细小干冰,预计将于今夏投入现场使用。

四、研制防治辐射伤害的新药物

(一)开发出可有效抵御辐射伤害的特殊疫苗

2006年4月,俄罗斯媒体报道,位于北奥塞梯共和国的俄罗斯科学院弗拉迪高加索研究中心生物技术所,维阿切斯拉夫·马利耶夫教授领导的一个研究小组,研制出一种能够抵消辐射对生物肌体影响的疫苗。接种了这种疫苗的动物可以在致死性射线的照射下健康地生存下来。科学家们表示,如果当年那些负责清理切尔诺贝利核电站事故现场的工人们接种了这种疫苗,那么他们中将不会有人因为遭受了过量辐射而丧命。

马利耶夫教授介绍说,该中心生物技术所的研究人员,成功从动物的淋巴中,分离出一种能够在辐射作用下破坏肌体的物质——辐射毒素。而抗辐射疫苗正是在这种辐射毒素的基础上研制的。

目前,研究人员正在联合美国国家航空航天局的相关部门,开展一系列抗辐射试验。马利耶夫教授指出,两国科学家将通过试验对各自的抗辐射疫苗的效果进行比较。

马利耶夫表示:"在试验过程中,我们将试验动物分成了两组。其中一组注射俄罗斯的疫苗,而另外一组则注射美国的疫苗。期间,动物们总共经受了连续 7 天的高剂量辐射。结果,接种了美国疫苗的动物在试验进入第四天后相继死亡。而接种了俄方疫苗的动物则存活了下来。在之后的两个月时间里,它们的肌体中也未发现任何不良病变。"

马利耶夫强调说:"如果当年切尔诺贝利核事故的清理者们注射了这种疫苗,或许,他们中将不会有人因为接受了过量核辐射而丧命。"

科学家们认为,注射这些疫苗,可以保护执行太空飞行任务的宇航员,免遭宇宙辐射的伤害,并能因此节省数百万美元的防护费用。除此之外,这种新型疫苗还可用来协助治疗肿瘤疾病,从而可降低化疗带来的负面影响。

(二)研制出防治辐射损伤的新药物

1.从土壤真菌体内分离出抗辐射新药

2006 年 7 月,白俄罗斯媒体报道,白俄罗斯国家科学院细胞与遗传学所科学家,研制出一种可供活机体抗辐射用的新药物,能显著减少人和动植物所受的辐射剂量。有了这种药物,未来的航天飞船和空间站有可能可以不再设防辐射舱。

报道称,该药物,是以一种从土壤真菌体内分离出的黑色素为基质制成的,而且培育这种真菌费用不大。

白俄罗斯学者说,这种黑色素具有很强的抗辐射作用,大量存在于土壤真菌中,此外在人的毛发、鸟类的羽毛、其他动物的毛发、绿色葡萄和绿色菌类中也都含有这种黑色素。白俄罗斯学者最早开始关注这种黑色素的抗辐射作用,是起因于他们发现,含有这种黑色素的菌类,在辐射量达 3500 伦琴/小时的环境里也能生长繁衍。

2.研制可有效预防辐射损伤的口服药剂

2009 年 7 月,美国波士顿大学一个研究小组,在《生物无机化学杂志》上发表研究报告说,他们发现,一类名为"EUK-400 系列"的合成化合物,可以预防辐射对人体造成的损伤。初步实验显示,这类化合物制成的口服药剂可有效预防辐射损伤。

人体受到辐射时,体内会产生自由基等,对肾、肺、皮肤、肠道、大脑等造成不同程度的损伤。研究人员表示,他们人工合成的这类化合物属于抗氧化剂,可以有效地保护人体组织不受自由基等的伤害。此前,该研究小组曾合成出可防辐射损伤的化合物,但必须注射使用,因此在实际应用中十分受限。而用"EUK-400 系列"化合物,制成的药剂口服即有效,一旦突发辐射事故,可短时间内给大量受辐射者服用,大大提高处理时效。通常,人体会在遭受辐射数月甚至数年后才出现组织损伤。研究小组说,他们目前研发的口服药,即便在受到辐射后才服用,也能够有效预防辐射损伤。

接下来,研究人员把重点测试"EUK-400 系列"化合物,针对不同辐射损伤的效果。此外,研究人员将来还可能利用这类化合物制成抗氧化剂药物,应用到某些疾病的治疗中,例如肺病、心血管疾病、自体免疫性疾病等。

3.发现可防治致命核辐射的药物

2014 年 5 月 14 日,美国斯坦福大学教授阿马托·贾奇尼领导的一个研究小组,在《科学·转化医学》杂志上发表论文称,他们利用小鼠进行的新研究表明,一种用于治疗贫血等疾病的药物,可能会在核辐射事故中帮助挽救生命。这项成果同时有助于提高放射疗法的安全性。

严重辐射可导致死亡,主要是因为骨髓和胃肠道受到严重破坏。骨髓伤害可以用骨髓移植治疗。而与严重辐射相关的胃肠道综合征则无特效疗法,该病会引发快速失水、腹泻、呕吐与恶心等,患者通常会在两周内死亡。

研究人员报告说,一种代号为 DMOG 的小分子药物,似乎可以保护机体胃肠道不受辐射伤害,包括防止液体流失及败血症的发生等。据研究者推测,这种药物是一种脯氨酰羟化酶抑制剂,可能是通过有效提高机体中 HIF1 蛋白与 HIF2 蛋白的水平而发挥作用。

为验证这一推测,研究人员首先培育出,缺乏脯氨酰羟化酶的转基因小鼠,结果发现小鼠的上述两种蛋白水平大幅增加。然后他们让这些小鼠分别接受致死剂量的腹部辐射与全身辐射,全身辐射与核事故中人体受到的辐射情况类似。结果发现,接受腹部辐射的小鼠中 70%能存活至少 30 天,接受全身辐射的小鼠中 27%能存活至少 30 天。

研究人员又改用正常小鼠进行实验,发现摄入 DMOG 药物的小鼠,在致死剂量的腹部辐射,与全身辐射中,存活至少 60 天的比例,分别占 67%与 40%。在上述两个实验中,作为对照的正常小鼠,接受任何一种辐射后,没有一只能存活超过 10 天。进一步的实验表明,真正具有辐射保护效果的是 HIF2 蛋白,而非 HIF1 蛋白。

研究人员还分析了先遭辐射再使用该药的效果。结果发现,在辐射 24 小时内用药,仍可"挽救相当一部分小鼠的性命"。

贾奇尼在一份声明中说:"DMOG 药物,对小鼠的保护效果之好,令我们十分吃惊。重要的是,我们并未改变肠细胞因辐射而受到的伤害程度,我们只是改变了机体组织的生理机能,改变了它对伤害的反应方式。"

《科学·转化医学》杂志在编辑概要中指出,DMOG 药物的效果,仍需在人身上得到验证。然而,即便它不适合人类使用,也会为将来开发保护人类免受辐射伤害的疗法,提供极为宝贵的信息。

第七章 开发地热能与海洋能的创新信息

　　地热能主要由地球深处的熔融岩浆和放射性物质衰变产生,集中分布于岩石圈板块构成边缘的火山和地震多发地区。还有一小部分表面地热能有着不同来源,它们来自太阳的热辐射。地热能属于无污染可再生的天然热能,随着环保意识的增强,人们对合理开发地热资源已越来越重视。海洋能是指蕴藏于海洋中的各种能源,主要包括潮汐能、波浪能、海流能、海水温差能、海水盐度差能等形式。它们都具有可再生性和不污染环境等优点,是一项亟待加强开发利用的新能源。近年,许多国家积极推进地热资源开发,经过多年管理经验和技术创新成果的积累,地热发电效益显著提升。此外,直接利用地热水进行建筑供暖、发展温室农业和温泉旅游等方面也获得较快发展。据有关报道可知,国外在开发利用地热资源领域的研究,主要集中在开发出新型的地热采暖系统,利用"热干岩层法"汲取高温高压的地下水发电,着手建立首座使用干热岩技术的地热发电站,提出以干热岩技术为基础的增强型地热系统开发方法。在开发利用海洋能领域的研究,主要集中在开发海洋燃油资源、海洋可燃冰资源。探索利用波浪能发电、洋流和潮汐发电;发明海水与淡水混合发电,用光催化法大幅提高海水发电效率。设计用波浪动能等推动的环保船只模型、研制出具有波浪推动系统的波浪动力船。

第一节 地热能开发利用的新进展

一、地热资源开发现状概述

(一)地热资源含义及其分布状况

1.地热资源的内涵与形成

　　地热资源通常指贮存在地球内部的可再生热能,一般集中分布在构造板块边缘一带,起源于地球的熔融岩浆和放射性物质的衰变。地热资源功能多,用途广,是一种十分宝贵的综合性矿产资源。它不仅是一种洁净的能源资源,可供发电、采暖等利用,而且还是一种可供提取溴、碘、硼砂、钾盐、铵盐等工业原料的热卤水资源和天然肥水资源,同时还是宝贵的医疗热矿水和饮用矿泉水资源以及生活供水水源。

　　地热资源的产生,与地球岩石圈板块的发生、发展、演化密切相关,与地壳热状态、热历史有着密切的内在联系,特别是与更新世以来构造应力场、热动力场有着直接的联系。从全球地质构造观点来看,大于150℃的高温地热资源带主要出现在地壳表层各大板块的边缘,如板块的碰撞带,板块开裂部位和现代裂谷带。小于150℃的中、低温地热资源则分布于板块内部的活动断裂带、断陷谷和坳陷盆地地区。地热资源赋存在一定的地质构造部位,有明显的矿产资源属性,因而对地热资源要实行开发和保护并重的科学原则

2.地热资源的分布状况

全球地热资源的分布,主要集中在3个地带:第一个是环太平洋带,东边是美国西海岸,南边是新西兰,西边有印尼、菲律宾、日本还有中国台湾。第二个是大西洋中脊带,大部分在海洋,北端穿过冰岛。第三个是地中海到喜马拉雅,包括意大利和中国西藏。

(二)各国地热资源开发利用现状

2014年9月,有关媒体报道,近年,世界各国加强地热资源的开发利用,并取得了显著成效,其现状大体如下:

1.美国开发利用地热资源现状

美国南卫理公会大学地热实验室的研究人员最新测绘发现,美国境内地热发电能力超过30亿千瓦,是燃煤的10倍。无论从低温地热利用来看,还是按照设备容量计算,利用地热发电最多的都是美国。现在,美国有60万台地热热泵在运转,占世界总数的46%。2011年,美国专家建议将地热作为美国"关键能源"。

近年,美国地热发电增长迅速,世界上开发利用地热发电效率最高的国家,也应该是美国。美国地热资源协会统计数据表明,美国利用地热发电的总量为300多万千瓦,相当于4个大型核电站的发电量。不过,也有专家指出,虽然美国地热资源储量大得惊人,但利用率尚不足1%,主要原因是现有的地热开发技术成本太高,平均每钻入地下1英里(1英里约合1.6千米),就需要几十个金刚石钻头,而一个钻头至少要2000美元,因此地热的发展相对较为缓慢。

2.冰岛开发利用地热资源现状

冰岛靠近北极圈,几乎整个国家都处在火山岩上,同时冰川占国土面积近八分之一,被称为"冰火之国"。这种独特的地质构造形成丰富的地热资源,全国约90%居民利用地热取暖,约33%的电力来自地热发电厂。

冰岛国土面积10万多平方千米,人口30多万,如果按照人均使用量计算,冰岛的地热利用是真正的世界第一。经过几十年的努力,冰岛掌握了世界先进的地热利用技术,减少了对化石燃料的依赖。目前冰岛所有电力都来自水电、地热发电等清洁能源,同时该国还建起了完整的地热利用体系,所有供暖系统也都使用地热。按照冰岛国家能源局的数据,如果每年用在取暖上的石油是64.6万吨,用地热取代石油,冰岛可以减少40%的二氧化碳排放。得益于水力和地热资源的开发,冰岛现在已成为世界上最洁净的国家之一。

冰岛人从20世纪60年代开始,就致力于地热发电。如今在冰岛,地热发电的

电力,仅次于水力发电,居第二位。首都雷克雅未克的路灯通宵不熄,电力就来自附近的地热电站。正是源源不尽的地热,成就了冰岛"电力富翁"的形象。

地处亨吉尔山区的奈斯亚威里尔地热电站,是冰岛最主要的发电厂之一。该地区距雷克雅未克市约 30 千米,是一个非常活跃的地震带,也是冰岛能量最多的地热区之一。电站共有 20 眼地热井,井深在 1100~2000 米,地下水温最高可达380℃。该电站集发电和供暖于一身,目前拥有两台发电机组,总装机容量为 6 万千瓦。电站生产分为集热发电和冷水加热三个步骤。从地热井里抽上来的是高温地热水和水蒸气,经分离,其中的蒸汽先带动涡轮机发电。包括奈斯亚威里尔地热电站在内,雷克雅未克周围有 3 座地热电厂。到 2021 年冰岛国家电力公司的年发电量泉市,将从目前 120 亿千瓦时增至 230 亿千瓦时。

3.意大利开发利用地热资源现状

意大利是世界上第一个利用地热发电的国家。1913 年第一座装机容量为 250千瓦的地热电站建成并投入使用,标志着商业性地热发电的开端。到 2005 年,意大利全国地热发电装机容量就已经达到近 80 万千瓦,走在世界地热发电领域的前列。意大利地热发电的主要区域是在托斯卡纳地区,地热发电能满足该地区35%的用电需求,占该地区电力生产的 40%以上。

4.菲律宾开发利用地热资源现状

菲律宾是地热发电发达国家,该国地热发电量仅次于美国,位居全球第 2 位。目前,菲律宾的地热发电总装机容量超过 200 万千瓦,接近其国内总发电量的 20%。菲律宾的地热发电开发始于 1977 年,其过去只有高温地热可以作为能源利用,现在借助于科技发展,人们已经可以利用热泵技术把低温地热用于供暖和制冷。

菲律宾政府给予可再生能源项目的优惠政策,包括赋税优惠期和免税政策。到 2009 年,该国政府又对 10 处新的地热资源开发项目进行招标,同时还有 9 项地热资源合作开发项目,与公司直接进行商讨,这些合作开发地热能源的项目,总计达 62 万千瓦。该国政府还针对参加企业制定了优惠政策,相关业务顺利扩大。菲律宾能源部制定了在 2030 年之前将现有发电量增加到 1.7 倍左右的目标。

5.印度尼西亚开发利用地热资源现状

印度尼西亚地热能源已探明储量达 2700 万千瓦,占全球地热能源总量的40%。目前地热资源发电装机容量的已达 120 万千瓦,是位居美国和菲律宾之后世界上利用地热生产电力的第三大国。

近年,印尼政府大力倡导使用地热能。政府已经定下指标,到 2025 年利用多样化能源,其中石油在能源使用量中比例,由目前占 52%降低到 20%;地热用量则相应提高到 5%。印尼政府为了加快地热能源的开发利用,不仅出台了专门的政府法令,同时也积极地吸引投资。

2008 年以来,印尼政府积极推动地热电站发展,对对地热项目运营和建设所需的技术或设备,一律免征关税,同时推出 198 亿美元的可再生能源投资预算,期望不久的将来利用地热产生 687 万千瓦的发电能力,来缓解印尼紧张的电力供应。印尼哇扬文度地热发电站,是目前世界领先的地热发电厂。电站拥有 40 个地热井、2 个机组,总装机容量为 22.7 万千瓦。

二、开发利用地热资源的新进展

(一)开发出新型的地热采暖系统

2005 年 3 月,有关媒体报道,法国一家地热采暖设施制造商,通过埋入地下的传感器,利用天然的地下能源供暖,不久前,推出了一套新开发的设备,它一种把热泵安装于室外的地热取暖系统。

这套设备中的能源传感器,是一个外包聚乙烯保护套的铜管网络,制冷剂在铜管内循环。铜管网络埋于室外地下 50~60 厘米深处。这一传感器采集潜层土壤能源,并传输到热泵主机。利用潜层地能的优势在于:气候温度的变化并不影响该能源传感器的正常工作;太阳和雨水迅速补充潜层土壤能源,保证备用能量的充足。

这套设备是为室外安装而设计的,节省室内的空间。它不怕日晒雨淋,可置于靠近住房外墙,或住宅领地边缘,独立外露或篱笆掩体之中。操作系统和水组件安装于室内。

与煤气、重油、木柴、煤等传统的采暖系统相比,这种地热式的采暖系统为零污染:无二氧化硫,无二氧化氮,无粉尘排放,是真正意义上的生态系统,对土壤和人都无害。

(二)开发干热岩发电的新举措与新技术

1.提出"热干岩层法"发电前景光明

2004 年 5 月,德国媒体报道,瑞士能源专家表示,地热发电在未来能源生产中将占据显著位置,利用"热干岩层法"汲取高温高压的地下水发电的应用前景光明。

瑞士能源技术协会主席维利·格雷尔说,我相信今后 20 年内,借助地热装置产生的电量有望达到全球发电总量的 10%。格雷尔负责德国西门子公司在瑞士的发电项目。他认为,与只能利用和输送火山活跃地区地下热源的方法相比,"热干岩层法"适用于地球上更多的地方,因而其开发前景广阔。

"热干岩层法",主要针对地下 4~6 千米深的结晶岩岩层,那里分布着大量的高压水,水温约 200℃。采用这一方法时,须首先在地面上用水泵把水通过事先打好的钻孔注入结晶岩岩层,并通过另外两个生产钻孔来,把高温高压的地下水提取上来。高温高压地下水,将直接被输送至地面的一个热交换装置,并由它推动蒸汽轮机旋转,从而带动发电机发电。从蒸汽轮机中排出的被冷却的地下水,会重新被注入地下。

格雷尔说,位于瑞士巴塞尔的一家发电厂,将在商业运营中采用"热干岩层法"。据他介绍,与其他可再生能源相比,利用地热发电更有竞争力,采用"热干岩层法"的发电费用约为每千瓦小时 12 欧分。据专家介绍,地热资源储量巨大,集中分布在地壳构造板块边缘一带。地热资源中的高温高压地下水或蒸汽的用途最大,它们主要存在于干热岩层中。

2. 将开发干热岩用于发电

2005 年 1 月,澳大利亚媒体报道,南澳大利亚将成为世界生产"清洁和绿色能源"的先锋。新能源可大幅削减温室气体排放,使之成为该国能源的主要提供者。

日前,已有两个公司表明态度并开始行动,尝试开发地球表面之下干热岩所产生的地热能,并在 2005 年年底前用地下干热岩发电。据悉,干热岩发电进入商业运行,则是"几年之后的事",其他国家已经使用了此项技术,但未达到商业规模。有关人士称,干热岩发电潜力非常大,无论环保还是经济都具备成功的机会。这可能是澳洲发展史上最伟大的发展之一,澳大利亚未来的电力可能出自这里。人们可能还需要石油和天然气供汽车使用,但有理由相信,干热岩能将在 10 年之内,对澳大利亚的发电做出贡献。目前准备在库坡盆地建设一座小型地热能电厂,售电要等到明年晚些时候。

3. 着手建立首座使用干热岩技术的地热发电站

2005 年 11 月,澳大利亚"地球动力"公司日前宣布,将建造全球首座使用干热岩技术的用地热发电站。建成后的发电站,将完全依赖通过钻探所获取的地层深处热能。

地下热能,是一种可用来替代石油等化石燃料的"清洁能源"。目前,地热资源在美国、冰岛、日本、新西兰和菲律宾等国均已投入商业应用。俄罗斯也于数年前在堪察加半岛建造了首座"穆特诺夫"地热发电站。但是,到现在为止,所有的地热发电站使用的,均是直接来自地下热源的水蒸气。

而澳大利亚"地球动力"公司计划建造的地热发电站,将首次直接从地层深处获取发电所需的热能。他们使用的是一种被称为干热岩的技术——先通过加压的方式,把水注入深度在 3000~5000 米之间的钻孔中,当遇到地下高温的花岗岩后,这些水会在瞬间被加热为沸腾状握,并从附近的另外一处钻孔中喷出地面。喷出的热水,将被注入一个热交换器中,以便把其他沸点较低的液体加热到气态,这样生成的气体,将用来驱动蒸汽涡轮机以产生电能。而冷却后的水将被再次注入上文提到的钻孔中。

据专家们介绍,干热岩存在于地壳浅层的某些构造区,是一种清洁的热能供应源。初步的计算显示,地壳中干热岩所蕴含的能量相当于全球所有石油、天然气和煤炭所蕴藏能量的 30 倍。当然,并不是在任何地区都可应用这项技术,电站所在地必须埋藏有温度不低于 250℃ 的花岗岩。"地球动力"公司的负责人表示,温度在这里起着关键性的作用——花岗岩的温度每下降 50℃,发电成本便会增加一倍。

幸运的是,"地球动力"公司在南澳大利亚沙漠中品,找到一处理想的建站地点。目前,该公司已在那里钻探出两个深度达 4.5 千米的深孔,分别命名为"强辣酱 1"和"强辣酱 2"。据悉,钻孔底部的温度达到了 270℃~300℃。"地球动力"公司,现在正在对该地区的热能储量进行评估。初步的分析显示,从这两个钻孔中至少可以获取 10 亿瓦的电能。预计,"地球动力"公司将在 2006 年初做出建造首座应用干热岩技术的地热发电站决定。

据"地球动力"公司公布的数据,利用地热进行发电的成本,与那些以煤炭和天然气为燃料的火力发电站的成本大体相当,是风力发电的一半,只有太阳能发电的 1/8~1/10。需要提醒的是,澳大利亚并未签署有关限制温室气体排放的《京都议定书》。不过,澳大利亚政府已计划拨款 3.65 亿美元,用于支持一系列长期发展计划,以便将温室气体排放量减少 2%。

4.提出以干热岩技术为基础的增强型地热系统开发方法

2008 年 8 月,有关媒体报道,最近,在地热资源开发利用领域,出现了增强型地热系统开发新方法。据研究人员介绍,这是在干热岩技术基础上提出来的。美国能源部的定义是,采用人工形成地热储层的方法,从低渗透性岩体中,经济地采出相当数量深层热能的人工地热系统。

增强型地热系统,通过注入井注入水在地下实现循环,进入人工产生的、张开的连通裂隙带,水与岩体接触被加热,然后通过生产井返回地面,形成一个闭式回路。这个概念本身是一个简单的推断,是模仿天然发生的热水型地热循环系统,即现在在全世界大约 71 个国家,商业生产电能和直接利用热能所采用的系统。

建立增强型地热系统的第一步是进行勘探,以鉴别和确定最适宜的开发区块。然后施工足够深度的孔钻,达到可利用的岩体温度,进一步核实和量化特定的资源及相应的开发深度。如果钻遇低渗透性岩体,则对其进行水压致裂,以造成采热所需的大体积储水层,并与注入井、生产井系统,实现适当的连通。如果钻遇的岩体,在有限的几何界限内,具有足够的自然渗透性,采热工艺就可能采用,类似于石油开采所采用的注水或蒸汽驱油的成熟方法。其他的采热办法,包括井下换热器或热泵,或交替注入和采出(吞吐)的方法。

干热岩地热电站在运行中没有温室气体排放、土地使用适度、总的环境影响小,成本低廉,技术也较成熟,具有深度开发的潜力。

第二节　海洋能开发利用的新进展

一、海洋燃油与可燃冰资源开发的新成果

(一)海洋燃油资源开发的新成效

从海水中获取燃油的原料成分。2014 年 4 月,美国海军研究实验室表示,经过多年研究,他们已开发出一种利用海水所含成分,合成燃油的示范性技术,并成

功让一架模型飞机,依靠这种燃油起飞升空。这意味着,海水可为制取燃油提供"海量"原料成分。

据研究人员介绍,海水无法直接转变成燃油,但海水所含的二氧化碳和氢,可成为制油的原料成分。他们研发的示范性技术分为两个过程:首先是从海水中获取二氧化碳与氢气,然后需利用金属催化剂,把二氧化碳和氢气合成为液态烃,进而制成燃油。

燃料专家解释说,海水含有大量二氧化碳,其浓度是空气二氧化碳浓度的 140 倍,其中 2%~3% 的二氧化碳,以溶解形成碳酸的形式存在,1% 以碳酸盐形式存在,其余 96%~97% 以盐酸氢盐形式存在。研发人员用一种电化学酸化电池,只消耗很少的电量,在阳极把海水酸化,然后与碳酸盐和盐酸氢盐反应,释放其中的二氧化碳并加以收集。与此同时,电池阴极则有氢气产生。

在获取二氧化碳和氢气后,研究人员利用铁基催化剂,把上述两种气体,转化为有 9~16 个碳原子的液态烃,这种物质可用来制造燃油。美国海军研究实验室表示,该技术无须另外添加化学物质,因此也不会有额外污染。不久前,使用这种燃油的模型飞机顺利升空表明,该燃油有替代现有航空燃料的潜力。

美国海军研究实验室,化学家希尔特尔·威劳尔在一份声明中说,这是一项"变革性"的技术,有可能在 7~10 年内实现商业化利用。据估算,这种新型燃油的生产成本,在每加仑(美制 1 加仑约合 3.785 升)3~6 美元之间。

该实验室在 2012 年发布的一份相关声明说,为出航的舰船补给燃料费时费力、耗资不菲,还存在安全风险。仅 2011 财年,美军就动用了 15 艘补给船,运输近 6 亿加仑燃料,执行补给任务。成功开发出上述技术,有望使远洋舰队对补给船的依赖性显著减少。

(二)海洋可燃冰资源开发的新进展

1. 模拟海底环境制造出水合甲烷结晶

2005 年 3 月 13 日,美国能源部下属布鲁克海文国家实验室,化学教授马哈詹等人组成的一个研究小组,在加利福尼亚州圣地亚哥举行的美国化学学会全国会议上报告说,他们成功地在一个小型装置中,模拟高压低温的海底环境,合成出水合甲烷结晶。

研究人员说,他们建造了一个能放在桌面的耐压、耐低温透明舱室。他们在这个实验舱中模拟海底环境,人工制造出水合甲烷。

海底火山以及厌氧微生物会生成甲烷气体,在海底的高压和低温环境下,与水分子结合形成类似冰块的结晶,存在于海底沉积岩的孔洞与缝隙之中。这种水合甲烷结晶又被称为"可燃冰"。

科学家认为,这些水合甲烷如果释放到大气中会加重温室效应,如果妥善利用则会成为人类未来的"能源宝藏"。据预测,全球海底水合甲烷的总储量,足够世界各国使用 25 年以上。但水合甲烷结晶一旦暴露到海面常温常压时就迅速分解,给收集利用甲烷气体带来很大困难。

马哈詹说,海底的水合甲烷既带有巨大的危险,也有巨大价值,因此研究它合成与分解的机理,对未来妥善利用这种能源有重大意义。他们建造的舱室有几种功能:一是能模拟海底环境人工合成水合甲烷,并观察和记录其过程;二是比较各种含有水合甲烷结晶的海底沉积物,从而鉴别出最适合生成水合甲烷的海底地貌;三是模拟各种不同的温度和压力组合,探索把水合甲烷开采到海面的最适合办法。

研究人员说,美国能源部已组织多个研究机构,试验如何利用海底的水合甲烷,特别是研究在这些"可燃冰"开采出海面时,如何让甲烷固定在结晶之中。马哈詹认为,现在的研究仍然集中于机理,实际开采水合甲烷至少还需要 10 年以上时间。

2.研究开采海底可燃冰的可行性

2006 年 4 月,日本媒体报道,日本政府正着手研究开采海底可燃冰的可行性。日本计划 2006 年年底在加拿大开展可燃冰的采掘试验,预计在 10 年内正式开采可燃冰。

在海底和地球北方冻土中藏有大量的甲烷,它因包含在水的结晶外壳中又称可燃冰。换句话说,可燃冰是天然气水合物的俗称,它是天然气(主要成分是甲烷)和水在一定温度、压力条件下结合形成的可燃固体,貌似冰块。

可燃冰被认为是地球未来能源的宝库,据估计,这些化合物包含有 10 亿吨碳元素,相当于地球上所有开采和未开采的石油、煤气和煤的总量的两倍。作为一种新型清洁资源,可燃冰有望成为石油等传统能源的替代品。

90%以上的可燃冰,都储藏在浅海大陆架下(100~500 米深处),而日本海海底目前已经被查实有大量可燃冰。

日本海洋研究开发机构等近日宣布,新潟县附近的日本海海底经调查证实存在大量可燃冰。研究小组利用鱼群探测仪确定甲烷气体浓度偏高的区域,并根据探测结果,向以新潟县上越市直江津港西北约 30 千米为中心的海域,派遣无人驾驶潜水艇开展调查。通过照相机观察水深 800~1000 米的海底,研究人员发现这一海域海底局部存在白色的变色区域,他们分析照片后认为,变色区域可能包含细菌、碳酸盐和可燃冰。

基于照相机观察结果,研究人员对变色区域及其周边进行钻探,从地层中取出最长达 2.6 米的岩石样本,证实样本中存在可燃冰。为进一步调查可燃冰在海底的分布情况,研究人员将电缆深入上述海域海底附近并施放微弱电流。他们探测到,电阻高于普通海底堆积物的物质呈柱状分布,存在于海底以下 100 米。可燃冰属于已知的电阻高的物质,而且电阻高的海域和通过岩石采样证实存在可燃冰的区域重合。研究人员最终断定,新潟县上越市近海有两个区域,在宽约 100到 200 米的海底,散布着约 100 米深的柱状的可燃冰。

东京大学教授松本良说,海底深处的甲烷气体在上升过程中受冷却形成了柱状的可燃冰,据此推测,该海域海底以下几千米处可能存在大量天然气。

3.试用"减压法"开采可燃冰

2009年5月,美国哥伦比亚大学专家马尔科·卡斯塔尔迪、廷塞利·埃库拉尔普等人组成的一个研究小组,在美国《工业化学与工程化学研究》杂志上发表研究报告说,以现有技术开采位于大洋底部的可燃冰实在不容易,不但出产率不甚理想,而且能耗相当大。为了解决这些问题,他们正在开发出产率更高、能耗更低的可燃冰减压开采法。

位于大洋底部的可燃冰,是甲烷等天然气和水在数十个大气压下凝固形成的水合物,其外观如同与沙子混合的冰雪,这种物质有望成为开发潜力巨大的能源。研究人员指出,虽然用现有技术,把可燃冰从洋底打捞出水是可行的,但这种作业消耗能源较多,有专家担心以这种方式进行大规模商业开采,所得到的能源可能不抵"整体"打捞所消耗的能源。因此,该研究小组尝试开发能耗较少的减压气化法,来解决上述问题。

卡斯塔尔迪等人模拟可燃冰的形成过程,在一种化学反应器中,让水、甲烷和沙子在低温、高压下凝固成状如可燃冰的水合物,然后再让这一化学过程逆向还原,结果随着压力的逐渐降低,水合物开始吸收热量并释放出气态甲烷。与此同时,由于水合物周围的热量被吸收,化学反应器内的温度迅速降至0℃以下,因此完全释放出甲烷的剩余物质仍处于冰冻状态,便于与甲烷分离。

研究人员还发现,当反应器内的温度在零下1.6℃~零下1.2℃之间,压强处于2.07~2.48兆帕之间时,水合物释放出的甲烷可达到每分钟13立方分米的理想峰值。专家说,工程技术人员已掌握一种用于开采洋底可燃冰的密封调压空心钻,而他们开发的上述新方法只需改变水合物所处环境的压力,不用同时调控开采温度,因此该方法能耗较低,有望用于商业开发。

但卡斯塔尔迪也指出,在实验室中开发出的这种"减压法"实际应用效果如何,还有待今后的野外试验加以检验。

二、开发利用海洋能发电的新成果

(一)开发利用波浪能发电的新进展

1.波浪能发电成为海洋可再生能源开发的突破口

2005年8月29日,美国"波士顿环球报"报道,随着国际原油价格不断飙升,科学家们越来越把目光投向那些可能的替代能源,而大自然中的生生不息的波浪自然吸引了众多的目光。

目前,美国等许多国家,正在把利用波浪能发电,作为开发海洋可再生能源的突破口。波浪能是一种清洁的可再生的能源,能量密度高、分布面广,可以大范围就地采能,就地利用。但是波浪不能定期产生,各地区波高也不一样,由此造成波浪能利用上的困难。波浪能主要应用于波力发电,波浪养殖,及浪轮机等几个方面。波浪发电的方式千变万化,就其原理来说,主要分为气动式、液压式、机械式等。

美国俄勒冈州是一个濒海的地区,现在这里的波浪资源,吸引了来自俄勒冈州立大学、联邦和地方政府以及社会团体的关注。当地人士表示,现在俄勒冈变成了美国利用波浪能的焦点所在,这对于当地是一个好机会,而且将会使得当地经济受惠。

自然界中潜在的海洋波浪能源是积极可观的。一块 10 平方英里面积的波浪能量,用来发电就可以供整个俄勒冈州用电。但是现在资金是最大的障碍之一,该计划的第一阶段所需要的资金就是 500 万美元。

众所周知,地球表面的 71% 是海洋,海洋蕴藏着巨大能量。由于地球和月球或太阳之间相对的天体运动和相互作用而引起海洋的潮流、潮汐以及气流等,气流的运动形成风力,又引起波浪、波流等。由于日照,海水表面与深水温差在 20℃ 以上,海洋的潮流、潮汐、波浪、波流以及海水的温差都可用来发电。因此海洋是一种清洁的可再生能源,而且取之不尽、用之不竭。

在潮汐、波浪、海流、温差、盐差等可供发电的海洋能量中,近年开发进展较快的是潮汐和波浪。虽然潮汐发电容量较大,但需要海湾作为上游水库,电站选址有限,要求 8 米潮差,而且必须建造长坝。而波浪发电则与潮汐发电不同,它随处可设,可在海上,也可在堤岸,甚至可在无风区域,俗话说:"无风三尺浪"。

1992 年,联合国就把波浪发电,列为开发海洋可再生能源的首位。沿海国家十分重视、加大力度、积极开发。当今世界,波浪能发电最新发展的主要特点是:开发最早为法国,后来居上属日本,研究中心在英国,稳定发展是中国,普及推进到世界许多国家。

海洋波浪能的开发利用,已有百年历史。法国早在 1910 年就有项目出现,属于世界上最早开发波浪能的工程。日本虽然开发较晚,但后来居上,项目实现商业化运作较多。在 20 世纪 60 年代,日本有 12 台波浪能发电机投入运行,它们除了用于开发试验外,还有 4 台作商业运营至今。目前,这种波浪能发电站,在日本已建造 1000 多座。

与日本同属岛国的英国,也十分重视波浪能的研究开发,20 世纪 80 年代就已成为世界波浪能研究中心,90 年代初在苏格兰的 2 个岛上,分别建造了振荡水柱式和岩基固定式波浪能发电站。英国发明的专利——韦尔斯气动涡轮机可在 2 种相反方向海流作用下做单方向旋转,现已在各国推广应用。

挪威也是开发利用波浪能较早的国家。1985 年,该国在托夫特斯塔林建造的 500 千瓦波浪能电站,是当时容量最大的。后来又在该地增设 350 千瓦电站。挪威发明了多谐振振荡水柱和减速槽道新技术,已被广泛应用。

此外,还有印度、印尼、西班牙、葡萄牙、瑞典、丹麦、意大利等 30 多个国家、地区也在大力开发波浪能发电,且容量不断增大,正以 10% 以上的年增长率迅速发展。

2.研制利用波浪能发电设备的新成果

(1)研制出实验型波浪能发电系统装置。海洋中的波浪周而复始的翻来滚去,昼夜不停地拍击着堤岸,这里面蕴藏的波浪能,是一种取之不尽的可再生能源。为了简便有效地利用这一能源,圣彼得堡可再生能源中心研制出实验型波浪能发电系统装置。

这一系统的波浪能采集装置,安装在距海岸不远且固定在海底的支架上。这一装置上部有一根杠杆,较长的杠杆臂上有一个浮标,较短杠杆臂则与一台水泵的活塞相连。当波浪推动浮标上下移动时,较短的杠杆臂会控制水泵的活塞,将海水通过管道一直压入位于岸上的一个蓄水塔里。此后,海水会在重力作用下从蓄水塔内涌出,推动水力发电机的涡轮叶片转动并产生电能。这一发电系统的动力组件除需要源源不断的波浪外,不需要其他能源。

参加研发的研究人员介绍说,在模拟实验中,长杠杆臂上体积约 5 立方米的浮标,能在浪级达到 2~3 级时,带动一系列组件工作并发电,其整个系统的发电功率不小于 5 千瓦。而进一步的数据演算显示,这一系统的发电功率可以达到 10 千瓦。

有关专家指出,挪威、葡萄牙、日本等国都在研制波浪能发电系统,其中多数系统完全建在海中,所生产的电能需通过预设的电缆送到岸上。而俄罗斯这一系统的发电部分设置在海岸上,既便于组装,又省去了在海中铺电缆的麻烦。此外,该系统工作原理简单,所需零部件均容易生产和组装,因此建设成本较低。未来这样的发电系统很适合海滨度假村和一些供电不足的沿海地区使用。

(2)研发出海洋波浪气象站发电机。2007 年 6 月,英国媒体报道,海洋波浪发电,给人类提供了一个令人振奋的可再生能源方式,未来将成为越来越多的国家使用的新能源之一。近日,苏格兰海洋可再生能源会议在珀斯举行,苏格兰海洋能源有限公司宣布,该公司的自动气象站发电机系统,通过简单而高效的阿基米德波浪摆动原理与技术,为采集海洋波浪发电这一重要资源,提供了可能。

苏格兰海洋能源有限公司证实,该公司的波浪能源系统,将于 2008 年正式启动使用。该系统计划将于 2010 年开始,为英国、葡萄牙等国提供清洁可靠的电力。在 10 年内,自动气象站发电机将对世界能源供应做出重要贡献。

自动气象站的波浪能量转换器,是一个固定于海底的圆筒形浮标,位于波浪中的充气套管与底部的缸体上下运动,即可将动能转化为电力。当一个波峰来到时,缸顶与上部"浮子"压缩气缸来平衡压力。相反,波峰过后,汽缸膨胀。这种相对运动在浮子下部的缸筒内转换为电流,通过液压系统及电动发电机组发电。该装置结构非常简单,利用现有的水下技术,使用与维修都相对容易。在大西洋北部,在具有连续输出平均功率高达 1000 千瓦的惊涛骇浪中,自动气象站负荷率达到 25%~30%。

苏格兰海洋能源有限公司成立于 2004 年 5 月,主要利用波浪发电系统,生产清洁的可再生能源。现在,该公司所开发的技术,已成为世界上首屈一指的波浪能量转换技术。自 2004 年在葡萄牙外海安装中级试验装置至今,该公司的自动气象站发电机,已经得到成功运转。经过第三方专家评估,自动气象站发电机,与

其他海洋发电系统相比具有一些明显优势,具体体现在以下方面:

生存能力:自动气象站被淹没在至少 6 米以下的海里,因此避免了其装置受到日光照射,降低了系统的成本和风险损失。

功率大:前面提到 1000 千瓦,可产生负荷电量的幅度为 25% ~ 30%。自动气象站的发电功率高达 10 倍以上,优于目前其他海洋波浪发电系统。

可维护性:自动气象站高,有一个主要运动和辅助部分。这大大降低了发生故障的风险及维修的需要。自动气象站的设计简单、维修方便。在生产中一旦出现故障,一天时间便可恢复正常。

环保:该自动气象站没有嘈杂的高速旋转设备,因此,对环境的影响是微不足道的,甚至视觉污染也不存在。

成本低:该自动气象站有较高比例的能源生产能力,加上低维修要求,电力生产成本低于其他波浪发电机。

最后,该自动气象站是一个大功率发电机,旨在为大型电网生产电力,它最适合于安装在波涛汹涌的海洋,例如英伦三岛、爱尔兰、法国、西班牙和葡萄牙都具有可行性。

(3)用橡胶管制成波浪能发电装置。2008 年 7 月,有关媒体报道,随着世界范围能源危机和环境恶化的不断加剧,人们迫切希望找到各种绿色环保的可替代能源。不久前,英国科学家弗朗西斯·法利和罗德·雷尼等人组成的研究小组,用橡胶管制成一种独特装置,可以利用海水起伏产生的波浪来发电。

研究人员把这种用橡胶制成,形如海洋生物水蟒的管状发电装置,取名为"水蟒"。该装置长约 182 米、宽约 6 米。

"水蟒"工作原理非常简单:把"水蟒"安装在距离海岸 1.6 ~ 3.2 千米远、36 ~ 91 米深的水下,并系在海床上,同时使"水蟒"的橡胶管道内充满海水。这样每当有波浪经过时,弹性极强的橡胶管就会随之上下摆动,橡胶管内部就会产生一股水流脉冲。随着波浪幅度的加大,脉冲也会越来越强,并汇集在尾部的发电机中,最终产生电能,然后通过海底电缆传输出去。

英国南安普敦大学进行的试验表明,每条"水蟒"最多可以产生 1000 千瓦的电能,足以满足数百个家庭的日常电能需要。如果进一步的测试取得成功,首批"水蟒"将在五年内安装完毕,从而替代未来几十年需要建造的数千台风力发电装置。据该项目负责人介绍,安装地点,可能选择在苏格兰和爱尔兰的西海岸,因为那里可以产生更长距离的水下海浪。

由于制作材料主要是橡胶,"水蟒"比其他波浪发电装置重量更轻、构造更简单、建造和维修成本更低。英国政府碳信托基金的研究也证实,与近海风力发电相比,"水蟒"发电的成本更低。科学家相信,这种发电装置,很可能成为未来解决能源危机的答案。

3.建设波浪能发电站的新进展

(1)西班牙建成波浪能发电站。2004 年 8 月 3 日,西班牙第二大电力公司宣布,着手在西班牙北部的桑托尼亚,建造欧洲大陆第一个波浪能发电站。

据介绍,该发电站占地2000平方米,由10多个海上浮体波浪能发电装置组成,单个浮体波浪能发电装置,其最小装机容量为125千瓦,最高可达250千瓦。按计划,该电站将为附近1500户家庭提供洁净的可再生能源。

波浪能,是指海洋表面波浪所具有的动能和势能。波浪的能量与波高的平方、波浪的运动周期以及迎波面的宽度成正比。波浪能是海洋能源中,能量最不稳定的一种能源,它是由风把能量传递给海洋所产生,实质上是吸收了风能而形成的。能量传递速率和风速有关,也和风与水相互作用的距离即风区有关。

自20世纪70年代爆发石油危机后,世界各国开始把注意力转移到利用本地资源,大力支持开发新型洁净无污染的可再生能源,众多沿海国家便把希望寄托在汹涌澎湃的巨浪上。与太阳能或风能相比较,波浪能有以下几个优点:在最耗费能源的冬季,可以利用的波浪能量最大,而太阳能则恰恰相反;波浪随时可以利用,海面极少平静,而风则时有时无。目前,利用波浪发电所遇到的困难主要是造价贵、发电成本高。

(2)英国建成波浪能发电站。2004年9月16日,英国媒体报道,该国首台波浪发电机已成功运行一周,并已开始向国家电网供电。位于英国奥克尼的欧洲海洋能源研究中心的项目负责人安德鲁·米勒说,首台波浪发电机开始向国家电网输电,是一件令人激动的事,波浪发电站将和风力发电站一样,成为英国海岸的一大景观。

这台名为帕拉米斯的波浪发电机,由爱丁堡海洋能输送公司生产,输出功率为750千瓦,可供500户居民使用。英国计划在西南部地区建造一座占地面积约1平方千米、由40台波浪发电机组成的波浪发电站,并通过一条海底电缆为2万户居民提供电力。

海洋能源通常是指海洋中所蕴藏的可再生自然能源,包括潮汐能、波浪能、海流能、海水温差能、海水盐差能,广义的海洋能还包括海洋上空的风能、太阳能及海洋生物质能。波浪发电,主要是利用波浪上下波动或波浪所引起的水中压力变化来发电,与汽车发动机通过活塞在汽缸中往复运动获得动力有点类似。

自从20世纪70年代以来,英国制定了能源多样化政策,鼓励发展包括海洋能在内的多种可再生能源,并把波浪发电研究放在了新能源开发的首位。此次波浪发电机的供电,标志着英国的海洋能利用已进入了一个新阶段。

欧洲海洋能研究中心还将测试适应不同海洋条件的各种不同类型的发电机,为今后的商业化应用奠定基础。如果今后能将风力发电、潮汐发电及波浪发电有效地结合在一起,海洋能利用将在世界上有广阔的发展空间。

(二)开发利用洋流和潮汐发电的新进展

1.研制潮汐能涡轮发电设备的新成果

(1)开发出一种构造简单的潮汐能涡轮发电机。2004年6月,英国媒体报道,该国"SMD 水世界"公司,开发出一种构造很简单的潮汐能涡轮发电机。形象地说,这是一种"水下风车",能够向人类提供又一种可再生清洁能源。它的安装相当容易,对环境几乎没有影响。预计以这种方式开发潮汐能,其综合成本与开发风能相当或更低。

这种"水下风车",通过锁链把其涡轮发电机锚定在海底,随潮汐的运动而向前或向后摆动,所以总可以沿着最好的方向从旋转叶片中获得能量。在偏远的海滨地区,它可以成为主要的动力来源。

研究人员先在巨大水箱中测试了一个 1/10 尺寸的模型发电机,根据测试结果推断,一个实用尺寸的发电机,足以产生 1000 千瓦电力。研究人员希望,一年后在苏格兰奥尼克郡的欧洲海洋能量中心,安装一个"水下风车",其叶片长度将达 15 米。

长期以来,人们就试图从潮汐中获取能量,一是因为其能量巨大,二是因为其比较稳定,比风能容易预测。

但到目前为止,潮汐能应用的步伐一直都比较缓慢。现有利用潮汐能的发电厂绝大多数都是在河流入海口处架设巨大的障碍坝,但这会给景观和环境带来破坏,因此这种方式没有得到推广。

也许人们习惯于把获取潮汐能想得太复杂,SMD 公司的"水下风车"反其道而行之,从非常简单的设计出发。该公司的商务经理伊恩·格里菲思说:"我们的系统对环境的影响微乎其微,对景观的影响则是零。"这意味着,这种发电设备很容易获得安装许可。

(2)发明新型潮汐能涡轮发电机。2008 年 3 月 23 日,英国《独立报》网站报道,为开发海洋能源,英国的一位名叫彼得·弗伦克尔工程师,发明了新型潮汐能涡轮发电机,可直接从海洋潮汐能量中获取电力。

报道称,这一发电装置的投入使用,可能带来海洋能源利用领域的"革命",使英国这个岛国所需电力的五分之一,都能从环绕它的海洋中获取,从而使英国成为"海洋能源中的沙特阿拉伯"。

报道说,这台新型潮汐能涡轮发电机,是研究人员的设想和不懈努力的结果。只要直接放在海湾时涨时退的潮汐中,就能产生可供 1140 户居民使用的电力。专家说,这个新装置,使海洋能源的开发利用又迈出了一大步。

这台新型潮汐能涡轮发电机,放置地点是斯特兰福德的海峡出口处,海湾宽约 500 米。这里也是野生生物的重要栖息地,因此运作者将对机器的运转情况进行密切监测。目前,人们主要的担心是,涡轮发电机会伤害到海豹这样的海洋哺乳动物,但弗伦克尔说,涡轮机的转动速度很慢,而海洋动物都非常灵活,因此这不会是个很大的问题。

弗伦克尔说,该发电机的发电能力,可以达到 1200 千瓦,将是"世界上第一个利用海潮发电的工业规模的装置系统"。

2.找到利用潮汐能发电的新方法

2004年11月,英国媒体报道,潮汐能指的是海水涨潮和落潮时形成的水的势能,是一种可持续性的清洁能源。由于建立潮汐电站要受地理条件限制,而且只有出现大潮、能量集中时,才便于利用潮汐能,因此驾驭和利用潮汐能还有一定的难度,而且成本很高。如今,英国一个研究小组找到两种利用潮汐能的新方法。其中之一,就是这种能量转化器——奥瑞康。

奥瑞康的制作原理很简单,首先将几个高矮不一、底部中空的水箱联结在一起,固定放置在海水中,在潮起潮落时,水箱中的水位会相应地出现高低起伏。水箱的顶部安装了气垫和涡轮,水位发生变化时就会挤压或倒吸气垫从而带动涡轮,这样机械能就转化成了电能。奥瑞康可以放置在距海岸10~16千米开外,50米以下的海水中。一台奥瑞康的发电量可达1000千瓦,能够满足1000个家庭的用电需求。目前,奥瑞康还处于实验阶段,由于它具有很强的适应性,因此可以最大限度地利用潮汐能。

由于我们将多种型号的水箱放在一起,这样奥瑞康就能适应各种类型的潮汐,不论是在英国、葡萄牙还是非洲、美国西海岸,或者是新西兰、澳大利亚和南非,任何地方只要能出现潮汐,不管是什么样的地理条件都可以使用奥瑞康。

此外,研究人员还发现海岸自身也能成为发电的理想场所。海岸边这个天然的岩洞与一个废矿井相通。当潮水涌上海岸进入岩洞时,空气就会随之被挤进矿道。当潮水退去后,空气又会被倒吸回来。科研人员利用传感器对气流的运动进行测量后发现,气流在矿道中移动的速度为每秒100多米,这样在矿道中安装一个涡轮,就可以利用空气的流动来发电了。当然,如果找不动天然的岩洞,人工挖凿的洞穴或隧道也能起到同样的效果。

(三)开发利用海水发电的新进展

1.发明海水与淡水混合发电的方法

2005年12月,有关媒体报道,荷兰可持续用水技术研究中心,与挪威一个独立研究机构,已经成功研发出一种混合海水与淡水发电的新方式。

虽然这种技术,目前还只能在高科技的实验室中进行,但资助这项研究的欧盟认为,这种技术付诸实用的时间即将到来。欧洲委员会的能源部门官员称,欧洲非常可能使用这种新的发电方式,它是一种可再生能源,不会导致任何环境破坏,他们还认为,这种新发电方式,有助于其完成增加可再生能源的目标。

随着全球变暖和油价攀升,全世界的科学家都已经把目光转向可持续能源,包括太阳能、风能、生物技术、氢燃料电池、潮汐能等。但是,挪威和荷兰的科学家认为,还有其他产生能量的方式,包括海水与淡水混合。挪威与荷兰科学家发明的淡水与海水混合发电,是利用一种自然变化过程。当河水从出海口进入海洋中时,由于淡水和海水含盐浓度不同,混合时会有大量的能量释放出来,而人们可以从这种自然过程中获得能量,而且是可持续的,不会释放出任何温室气体。

在研发过程中,荷兰和挪威的科学家使用两种不同的方法。荷兰使用了一种被称为逆向电渗析装置,而挪威科学家使用的是一种渗析装置,但两种方法都依靠一种用于化学分离的特殊金属隔膜板。在荷兰的研究中,海水与淡水的分离是由带电流的隔膜板进行的,这使它就像是一块水中的电池。挪威科学家则是利用压力使水注入隔膜舱,就像将一块"热狗"放入热水中,热狗的皮就充当了隔膜,它可以使进入的淡水量远远超过流出的海水量,从而可增加内部的压力。由于淡水是被带入到压力很大的海水中,混合后的海水与淡水就会产生能量,水就会喷射出隔舱,冲入水力发电涡轮中,从而发出电力。

荷兰和挪威的两种发电方式,虽然已经在试验室中获得成功,但要进入商业应用仍需时日。荷兰的研究计划由一个荷兰商业协会资助,它还没有在试验工厂中进行测试。挪威的研究项目则更加先进,它的研发开始于20世纪90年代,它的发明者已经建造了两个小型发电站,但还没有建成发电量更大的发电站。

与其他可替代能源技术相比,混合海水与淡水发电也面临着成本上的障碍。据称,海水与淡水混合发电的成本,比风力或太阳能发电要高出几倍。

2.用光催化法大幅提高海水发电效率

2016年5月,日本大阪大学材料与生命科学系福住俊一领导的研究小组,在《自然·通讯》杂志上发表论文称,传统海水发电一般是利用潮汐、波浪或海水温差。然而,开发出一种新的光催化方法,能利用阳光把海水变成过氧化氢,然后用在燃料电池中产生电流,总体光电转换效率达到0.28%,与生物质能源柳枝稷发电相当。

研究人员在论文中指出,太阳能昼夜波动很大,为了在夜间利用太阳能,需要将其转化为化学能存储起来。水中过氧化氢是一种很有前景的太阳能燃料,可用在燃料电池中产生电流,副产品只有氧气和水。

在这项研究中,该研究小组开发了一种能产生过氧化氢的新型光电化学电池,它用三氧化钨作为光催化剂,受到阳光照射时能吸收光子能量并发生化学反应,最终产生过氧化氢。

经24小时光照后,电池中海水过氧化氢的浓度可达48毫摩尔/升,远超以往在纯水中获得的浓度2毫摩尔/升,足以支撑过氧化氢燃料电池的运作。浓度提高的主要原因是海水中氯离子提高了光催化剂的活性。

据测试,该系统总体光电转换效率达到0.28%,通过光催化反应从海水中产生过氧化氢的效率为0.55%,燃料电池效率为50%。研究人员指出,这种形式发电的总效率虽不逊于其他光电能源,如柳枝稷(0.2%),但仍远低于传统的太阳能电池。希望今后能找到更好的光电化学电池材料,进一步提高效率,降低成本。

福住俊一认为,海水是地球上可生产过氧化氢最丰富的资源。目前大部分燃料电池都是用液体过氧化氢,而不是氢气,因为液体过氧化氢更容易以高密度形式存储,也更安全。他说:"将来我们打算开发能大规模、低成本利用海水生产过氧化氢的新方法,以替代现有高成本生产方式。"

三、开发利用波浪动能的新成果

(一)展出只用波浪动能等推动的环保船只模型

2005年4月,全球航运业巨头华伦纽斯·威廉姆森公司,在日本爱知县举行的世界博览会,展出全球第一艘环保船只"奥塞勒"号的模型。这艘船只靠波浪动能、风能及太阳等推动,不会释放有害物质污染环境。预计这项技术将彻底改变全球航运业生态,但遗憾的是目前这个概念只具雏形,因为"奥塞勒"号还要等20年才能正式下水。

华伦纽斯·威廉姆森公司,是由瑞典的华伦纽斯航运公司以及挪威的威尔·威廉姆森公司组成的联合公司,主要经营汽车船运输以及物流、造船业务,2002年该公司以15亿美元的价格收购了韩国现代商船的汽车船队,将规模整整提高一倍。两支船队合并后在世界汽车船运输市场上的份额跃升至30%,从而以绝对优势占据全球汽车船运输领域的第一把交椅。2004年其汽车陆运业务达到150万辆,海运业务则为170万辆。

为了设计这艘"奥塞勒"环保货轮,华伦纽斯·威廉姆森公司组建了一支跨学科的设计队伍,集合了造船工程师、环保专家以及工业设计师等。

据介绍,"奥塞勒"号船身两侧,共有12块好像海豚鳍板一样的物体会收集波浪能量,而3块装在船上、表面装有太阳能电池的巨型"帆板",则会用来收集太阳能及风能。收集得到的风能、太阳能及波浪动能会转化为氢、电力及动能。

从"奥塞勒"号的设计图上可以看出,规划中的"奥塞勒"是一艘巨无霸货轮,船身长250米,相当于3.5架波音747客机的长度。特别是它的船体宽度相当惊人,达到50米,因此其8层甲板加起来足足有14个标准足球场大,达到8.5万平方米,一次能最多付运1万辆新车,比普通汽车货轮多了50%。奥塞勒载货量的增加还得益于最大限度地使用了轻型材料,包括铝合金和各种热塑复合材料。

"奥塞勒"不使用惯常的燃油或核能发动机,它行驶以及船上的日常用电中大约一半的能量,会由环保燃料电池产生,氢分子及氧分子结合后会产生电力推动推进器,整个动力产生过程唯一释放出的物质只是水蒸气及热能,不像惯常的燃油或核能发动机会产生废气和放射性物质等副产品污染环境。

此外,以流体力学和空气力学原理制造的鳍板和帆板,能协助"奥塞勒"以时速16海里航行,弥补了燃料电池的不足。

华伦纽斯·威廉姆森公司总裁迪维克表示:"'奥塞勒'号是航运业的未来,它代表了无污染货轮的目标。"该公司环境部经理莉娜·布罗姆奎斯特也表示:"这艘将是历史上第一艘真正没有污染的船只,它将会保护大气层及海洋生物,进而改变全球航运业的生态、代表了这个行业的发展前景。"

"奥塞勒"还有一个环保技术特色:无压舱物,能确保海洋生态安全。设计人员说,传统船只一般会抽进数千吨海水入船舱,作为稳定船只的压舱物。但多年来海洋学家都担心,被抽上来的海水很可能夹杂着濒临灭绝的生物,由于压舱海水在某地被抽进船内,其后要在千里之外释出,那些生物极可能会因生态环境的不同而死亡。国际海事组织(IMO)也认为压舱海水是对远洋水生物生存环境的最大威胁之一。然而,"奥塞勒"设计独特,无须携带压舱物,能保护海洋生态。因为"奥塞勒"在两边船身加装了形状类似于"水鳍"的安定翼,使得船只在航行时更加稳定。

(二)研制出具有波浪推动系统的波浪动力船

2008年3月1日,国外媒体报道,随着环境意识的提高,各种环保设备应运而生。最先出现的是由空气提供动力的环保车,现在又出现了由波浪提供动力的船只!这艘3吨重的双体船,将在两个月后,从夏威夷驶往日本。在这一过程中,可能不会创下任何速度纪录,但正如龟兔赛跑的乌龟,"慢而稳者胜"。

这项特别大赛的出发点,是如何使用环保实用的替代能源。那么波浪动力是如何产生作用的呢?它的工作原理表现为:船舱里面一对并排的鳍状物吸收波浪动力,将它传递到一个像海豚的装置内。这种鳍状物带来的更多好处是,因为它与波浪起反作用,因此能让船体更加平稳。这就像汽车在崎岖不平的道路上行驶一样,汽车轮胎颠簸跳跃个不停,而乘客室却非常平稳。然而,为什么不是每个人都着眼于从减震器动作上获得能量呢?该波浪动力船,是日本利用生态动力、再循环铝制造的船只中的一名最新成员。这项研发工作是《朝日新闻》发起的,由三得利公司资助,并由常石造船公司负责制造。

这艘波浪动力船的志愿船长和船员堀江千一,在过去的10年内,一直是一名经验丰富的生态航行成员。2008年5月,在这艘船的首航期间,堀江千一将独自从夏威夷火奴鲁鲁出发,借助波浪动力行驶4350英里,前往日本的临纪伊水道。这是一次单人航行。长期以来堀江千一一直在主动参与这种生态动力航行活动。其中最著名的一次是,1993年他成为借助脚踏船行驶距离(4660英里)最远的人,创下了世界纪录。

这艘波浪动力船跟脚踏船不一样,它具有创新性的波浪推动系统,为较大船只实现绿色航行提供了新方法。这艘船虽然航行速度非常慢,但是这对散装货船来说并不是个大问题。它的最大速度仅为每小时5里,从夏威夷到日本需要2~3个月时间。而柴油动力船只需1个月就能走完这段距离。

这艘由可再生铝做船身的双体船上,安装了8个能产生560瓦特(在最佳情况下)电能的太阳能电池板,可为电灯和堀江千一的电脑以及手机提供电能。该船还有一个舷外发动机和船帆,但是他只有在紧急情况下,或者船只行驶速度太慢的情况下才能使用这些设备。堀江千一说:"石油是一种有限的能量来源,但是波浪动力是无限的。"这个道理,并不只有冲浪运动员才能接受。

第八章 开发动能与热能的创新信息

　　动能是指物体由于运动而具有的能量,表现为某物体从静止状态至运动状态所做的功,其大小取决于运动物体的质量和速度。人类很早就开始利用动能为生产和生活服务,如发明弓箭利用弹性动能去打猎,利用高位水力动能建造磨坊。近年,国外对动能的研究,主要集中在人体动能和车辆动能领域。在人体动能资源开发方面,发明用人体运动发电的纳米发电机,开发出主要利用膝关节动能的发电设备,研制利用人体运动全身动能的发电装置,还设计出利用人潮脚步发电的地下发电机。在利用车辆和重力动能方面,开发出泊车发电的"动力路板",发明依靠重力运动产生电力的重力灯。同时,研发把动能转换为电能的固体材料,研究把动能变为电能的液态材料;研制可利用不规则振荡运动发电的动能采集装置。热能是物体内部分子运动产生的全部能量,包括分子的平动能和转动能。如白炽灯通电后,灯丝内电子剧烈运动,灯丝发热温度升高,并由消耗电能而获得到热能。近年,国外较多关注人体热能和余热、废热的开发利用。在开发人体热能资源方面,发明了利用体温发电的特殊手表,制成可把人体热量转换成电能的热电装置,开发出利用体温的"个人热管理系统"纳米衣料。在开发余热或废热资源方面,研制出可减少汽车耗油的车辆排热发电技术,探索利用工业生产余热发电的新方法,开发利用农业温室过剩热量、车站余热和电子设备废热等。在开发热能材料方面,推进了碲化铅及其近亲热电材料、多铁性合金热电材料的研制。在开发微型热电装置方面,发明了可把热变成声波发电的微型热声发电机,制成首个热电效应纳米级发电系统。

第一节 动能资源开发利用的新进展

一、人体动能资源开发的新成果

(一)研制利用人体动能的微型发电机

1.研制出利用人体运动来发电的纳米纤维发电机

2008 年 2 月 14 日,美国佐治亚理工学院教授、著名材料学家王中林领导的研究小组,在《自然》杂志上发表研究成果称,他们近日研制出一种能产生电能的新型纳米纤维。这种纤维能用来织成布料,其布料可用于制造利用人体运动来发电的衣服、鞋和生物植入物如起搏器等。

该研究小组给一种名为"芳纶"的合成纤维,涂上四乙氧基硅烷,再在其上涂一层氧化锌,氧化锌向外生长,形成许多凸起的晶体棒,就像卷式发梳上的梳齿。当有机械应力如弯曲、挤压、拉伸等作用于这些氧化锌晶体"发梳"时,它们就会产生电压。

研究人员解释说,一些晶体的结构比较特别,缺乏对称性,当这种晶体受到压力而改变形状时,便会放出少量的电流,这就是压电效应。氧化锌就具备产生压电效应的特性。

研究人员研制了两种涂有氧化锌的纤维,其中一种上面的氧化锌晶体"发梳"被涂上了一层薄金,可作为电极,另一种的表面是未经处理的氧化锌晶体"发梳"。当这两种纤维相互摩擦时,涂金且较硬的"发梳",使没有涂金的"发梳"的梳齿弯曲,由于压电效应,氧化锌晶体上出现电荷。这两种纤维末端的电线,可以将电流输送到照明装置上,从而实现机械能到电能的转换。

王中林说,目前这种由两根纤维组成的纳米发电机的输出功率还很小,这主要是由于纤维的内阻较大,以及纤维之间接触面积较小造成的。目前,他们正努力提高这种基于纤维的纳米发电机的输出能量。

王中林认为,新成果为纳米发电机在生物技术、纳米器件、个人便携式电子设备以及国防技术等领域的应用开拓了更为广阔的空间。

2.研发出移动身体就可发电的纳米发电机

2009年3月,在犹他州盐湖城举行的美国化学界全国会议上,美国亚特兰大佐治亚理工学院材料科学家王中林领导的研究小组提供研究报告称,他们已开发出一种纳米发电机,它可以将我们移动身体时自然产生机械能转化为电能。随着研究的深入,利用我们一天在办公室的活动,纳米发电机产生的电能,足够给我们的个人电子设备(如手机、MP3播放器、笔记本电脑等)供电。

有了它,我们可能迎来一个新时代:由于能从周围环境获得电力,而不再是由电池供电,微型传感器和微型医疗设备变得很耐用。最早在19世纪80年代通过示范,一些材料能将机械压力转换成电流(压电效应),并已被应用多年。例如,把由它提供能量的发光二极管,嵌入儿童运动鞋的鞋底而产生亮光;它还能发出火花,点着丙烷为燃料的打火机,蜡烛,壁炉等。但迄今为止,没人能将这一基本免费的能量用于细微处,尤其在微观领域其中的设备厚度可仅有人类头发的千万分之一。纳米压电器件将极其宝贵,因为它们可以无限期运行,而不需补充动力和充电。

如今,王中林研究小组可能已有所突破。在会议上,王中林描述了这台纳米发电机:该装置主要依靠氧化锌纳米软金属丝,这些金属丝就像刷子的细毛一样覆在一个中间夹有刚性聚合物的金属电极上。当有外力按下聚合物时,氧化锌细丝受到聚合物挤压变弯曲并产生电流。

目前为止,该研究小组用这种方法已能发出0.2伏的电,但它的功率远低于常规电池。不过,他说,如果集成许多纳米发电机就足以把它投入实际应用当中。

奥斯汀得克萨斯大学机械工程专业的一名研究生丹尼尔·厄尔斯说,此纳米发电机在提供独立的供电设备上可能会是一个突破性的创新。厄尔斯正进行此类的研究,他说道:"纳米发电机的设计,综合了现有的纳米技术和集成电路的优点,可以迅速走向成熟"。

3.开发出透明的微型柔性摩擦电发电机

2012年6月,美国佐治亚理工学院教授王中林领导的研究小组,在《纳米快报》杂志上发表论文称,他们近日开发出一种透明的柔性摩擦电发电机。这种微型发电机,可以把散步这样的机械能转化为电能,可以"感觉"到一根羽毛飘落下来产生的压力,可以用来制造自供电的触摸屏,它在电子产品、环境监测以及医疗设备制造等领域,具有巨大的应用潜力。这项研究由美国国家科学基金会、美国能源部和美国空军赞助。

摩擦电是自然界中最常见的一种现象之一,无论是梳头、穿衣还是走路、开车都能遇到。但同时它们又很难被收集和利用,因此也往往被人视而不见。在新研究中,该研究小组,借助柔性高分子聚合物材料,成功地把摩擦转化成为可供使用的电力。

这种摩擦电发电机,依靠摩擦点电势的充电泵效应,通过聚酯纤维薄片与聚二甲基硅氧烷(PDMS)薄片的摩擦来产生电力。借助一种分离技术,当摩擦发生时,两层聚合物薄膜之间产生电荷分离并形成电势差,经由外部电路即可形成电流。在摩擦中,聚酯纤维产生电子,聚二甲基硅氧烷则负责接收电子。此外,外部的按压产生的机械形变,也能使它们发生摩擦产生电力。

虽说光滑的表面在相互摩擦时也能产生电荷,但这些电荷的数量并不能满足应用的需要。于是,该研究小组,通过改变摩擦表面图案的方式,来产生更大的电流。研究人员分别对线条、立方体和金字塔三种图案进行了测试。结果发现,金字塔图案的表面,在摩擦时加速了电荷的形成,更利于电荷的分离,能产生最多的电流,极大地提高摩擦电发电机的效率。

为了制造这种微型摩擦电发电机,研究人员首先借助光刻和蚀刻工艺,用硅片制造出一个模具;接着,把液体的聚二甲基硅氧烷,与一种交联剂混合在一起后涂抹到模具上,等待冷却后就形成了一张薄膜;最后,再把两种独有金属电极的高分子聚合物薄膜铟锡氧化物,,与聚对苯二甲酸乙二醇酯薄膜贴合在一起,形成三明治结构。实验证实,这种具有微结构阵列的摩擦电发电机,其输出电压可达18伏,每平方厘米可产生0.13微安的电流,峰值电流可达0.7微安。

由于这种摩擦电发电机采用透明的柔性材料制造,未来它将有望取代目前普遍使用的触摸显示装置。此外,该摩擦电发电机还可以用作高灵敏度压力传感器。研究人员称,这种压力传感器非常敏感,即便是落下的水滴或是飘落的羽毛这样的微小压力,也会被准确地"感觉"到,该装置有望在有机电子材料和光电系统中获得应用。

研究人员称,这种微型发电机制造工艺简单,成本低廉,能很方便地进行大规模生产的应用。同时它还具有极好的耐久性和可加工性,可轻松融入其他产品的设计当中。

王中林说:"摩擦无处不在,这赋予了摩擦电发电机广泛的应用前景。但它并不会将我们之前发明的氧化锌纳米发电机取而代之。它们各有优势,在很多方面可以并存,且相互补充。"

(二)开发利用人体动能的日用发电装置

1.研制主要利用膝关节动能的发电设备

(1)研制出可给手机充电的膝盖发电器。2008年2月7日,美国媒体报道,美国密歇根大学工程师阿瑟·郭主持,他的同事以及加拿大相关专家参与的研究小组,近日研制出一种固定在人膝盖上的发电装置。这种装置可通过收集人走路时损失的能量发电,足够给10部手机充电。

阿瑟·郭说,这种装置的发电原理,与靠刹车供电的电瓶车相似。据他介绍,行人迈出一条腿后,膝盖会自然刹住。这时,将有一些能量损失,而"膝盖发电器"可将损失的能量收集起来,转化为电能。

研究人员认为,这种发电装置有不少用途。旅行者和士兵找不到电源时,可用这一装置救急。外科医生还将装置安入假肢。

阿瑟·郭说:"你可以立即为10部手机充电,为一些低电量电脑充电,想象一下如何为全球定位器和卫星电话等设备充电。"

"膝盖发电器"问世前,研究人员曾研制出安在鞋上的发电器、背包式发电装置。但这两种发电器各有缺陷,"鞋式发电器"发电量少,"背包式发电器"过于沉重。而新式发电器能做到扬长避短。

如果双脚都绑上仪器,然后,以每小时3.5千米的速度,在步行机上轻快地走步,聚电器上就能产生5瓦特的电力。不过,聚电器的重量是1.6千克,用起来还是不太方便。

(2)研制出利用膝关节动能的便携式步行发电机。2009年6月,加拿大不列颠哥伦比亚省西蒙弗雷泽大学,与加拿大仿生电力公司一起,成功研制出利用膝关节动能的便携式步行发电机。使用者可将它缚在膝关节支架上,他们所迈出的每一步都将为发电机提供动能。步行一分钟所产生的能量可供手机通话十分钟。这对于部队行军、野外探险、灾区紧急救援等情况来说,这种便携式步行发电机都将发挥重大的作用。

研究人员认为,行走时膝关节产生的大量动能一直为人所忽略。步行发电机可以截获这些源源不断的能量,从而避免能量的浪费。

仿生电力公司计划为加拿大军队的现场测试,推出仅重两磅的精简版步行发电机。在为时两天的演习中,士兵们将携带重达30磅的一次性电池,以便为收音机、电脑、测距仪以及热像武器瞄准具等设备充电。一次性 AA 电池的单价仅为 1 美元，然而测试现场的电池成本高达 30 美元。加拿大国防部门有关人士指出，一直来，军方都在设法节省电力方面的开支。新一代便携式步行发电机的问世，意味着军队不仅可以延长演习的时间，还可减少电池的消耗。

便携式步行发电机的出现，意味着战场上的士兵、身处边远哨所的救护人员，以及巨大灾害面前的紧急救援人员，可以一边行进一边充电。

(3)研制出可利用膝盖活动发电的新装置。2012 年 6 月，英国克兰菲尔德大学研究人员米歇尔·波齐等人组成的一个研究小组，在《智能材料和结构》杂志上发表研究报告说，他们研发的一种新型发电装置，可利用人们走路时膝盖的活动来发电，能为随身携带的电子设备供电，这项发明在军事等多个领域都有广阔的应用前景。

研究人员说，目前研发出的原型装置发，电功率约为 2 毫瓦，但在进一步改进后，其功率可超过 30 毫瓦，这足以为一些随身携带的电子设备供电，如心率监测器、电子计步器和新型 GPS 定位设备等。

这种装置呈圆盘形，包含一个中心轴和可绕其旋转的外环。将它绑定在膝盖位置，走路时随着大腿和小腿之间夹角的变化，其外环就会绕中心轴转动，使其中的一些特殊器件产生电力。

波齐说，现在开发出的还是原型装置，如果今后能实用化并进行大规模生产，预计每个这种装置的成本可降到 10 英镑以下。

这种装置，对于要经常背负电子设备的士兵来说，具有很高的实用价值，有助于士兵们减少对电池的依赖，从而减轻负重，更轻松地行走。因此这次研究也得到英国军方的资助。

2.研制利用人体运动全身动能的发电装置

(1)设计出利用身体动能边走边发电的新型背包。2005 年 9 月 9 日，美国费城宾夕法尼亚大学的肌肉生理学家劳伦斯·罗玛负责，他的同事参与的一个研究小组，在《科学》杂志上发表研究成果称，他们设计出一种弹性背包，能在行走中产生电能，从而无须携带沉重的电池。这种便携高效的动力装备，对士兵、科学家或者边远地区的救援人员来说特别有用。

人的行走可伴随产生大量机械能。例如，从前一步到后一步，每次臀部都会上下移动约 4~7 厘米。如果扛上一袋重物，甚至会产生更多能量，不过其中很大一部分都被浪费掉了。

罗玛指出，如果背包是刚性的，那么它将无法获取这些能量。因此，罗玛发明了一种可利用这种垂直运动的悬挂式负重背包。

罗玛的背包利用弹簧来悬挂一个固定支架上的重物，使其能在行走过程中自由地上下运动。当背包运动时，它可以周期性地驱动一只带有锯齿的架子与固定支架上的小发电机所附带的齿轮咬合，从而将步行产生的机械能转化为电能。

罗玛表示,如果负重者快步前行,那么一只 38 千克重的背包,最多能产生大约 7 瓦的电能。如果以 5.5 千米/小时的中等速度行走,一只 29 千克重的背包,能产生大约 4 瓦电能,足以立刻驱动很多小型便携设备,例如移动电话、手持式 GPS、PDA 甚至夜视镜。

美国科罗拉多大学波尔得分校的整合生理学家罗杰·克拉姆表示:"这是个在行走中制造动力的好办法。"他说,这种悬挂式负重背包还有个特点,那就是它不仅产生动力,其负重效能也增强了两倍多,"所以也可以只把它当作更好用的背包。"

(2)研发利用人的动能发电的单兵装备。2009 年 7 月 26 日,英国媒体报道,该国利兹大学安德鲁·贝尔教授等人组成的一个研究小组,正在研发一种能将人的动能转换为电力的单兵装备,如果研究成功,将可为每个士兵减少约 10 千克的电池负重。

这一装备,将使用以高技术陶瓷和晶体元件生产的压电转换器,以把脚步等行动的机械压力转换为电力。此外,这一装备的初步设计,还包括在士兵背部和膝盖等处设置特殊的皮带,以从其行动中获得更多能量,并为剧烈动作提供缓冲。

贝尔称,这套装备,将考虑每个士兵的运动特点,不会增加他们的负担。他还表示,相关技术也可用于民用,以减少电池使用,保护环境。据报道,战场上负重过多,会影响士兵行动的灵活性和自身安全。

二、研究利用车辆和重力的动能资源

(一)利用车辆动能资源的新成果

开发出泊车发电的"动力路板"。2009 年 6 月,有关媒体报道,英国塞恩斯伯里超市的格洛斯特分店,在店外路面嵌入"动力路板",顾客只需开车进入超市停车场,即可为超市供应电力,实现"车辆开进来、收款机动起来"的节能目标。这家店由此成为欧洲首家利用泊车供电的超市。

据介绍,车辆驶入超市停车场时,会压过"动力路板"。这种装置能"捕获"过去无用的压路动能,进而转化动能为电能,供超市使用。这种泊车发电,每小时能供电 30 千瓦,超出格洛斯特分店所有收款台运转所需的电量。

英国《每日邮报》写道,这种"动力路板",如果嵌入主题游乐园车道,所生电能足以确保过山车运转。如果它嵌入高速路口,可产生公路系统照明用电。

(二)开发重力动能资源的新成果

发明依靠重力运动产生电力的重力灯。2008 年 2 月,国外媒体报道,在最近举行的"新手发明者大会"上,美国弗吉尼亚科技大学克雷·毛尔顿硕士发明的"重力电灯",获得二等奖。"重力电灯"依靠重力产生电力,其亮度相当于一个 12 瓦的日光灯,使用寿命可以达到 200 年。

毛尔顿的研究课题,是一种使用发光二极管制成的灯具,这种灯具被命名为"格拉维亚",它事实上是一个高度 1.21 米、由丙烯酸材料做成的柱体。这种灯具的发光原理是:灯具上的重物在缓缓落下时带动转子旋转,由旋转产生的电能,将给灯具通电并使其发光。

这种灯具的光通量为 600~800 流明,相当于一个 12 瓦日光灯的亮度,每次操作持续发光时间为 4 小时。要打开灯具,操作者只需将灯上的重物从底端移到顶部,将其放进顶部的凹槽里。让重物缓缓下降,只需几秒钟,这种发光二极管灯具即被点亮。

克雷·毛尔顿说,操作这种灯,当然要比按开关麻烦,但仍可接受,而且更显有趣,这就好像给一款古典的钟表上弦,或悠然自得地冲上一杯可口的咖啡。毛尔顿估计,格拉维亚灯具的使用寿命可以达到 200 年以上。目前,这种名为"格拉维亚"的灯具,已经申请并获得了专利。

三、研制可用动能发电的新材料和新设备

(一)开发可用动能发电的新材料

1.研发把动能转换为电能的固体材料

(1)开发出用于振动发电的新合金。2012 年 4 月 25 日,日本弘前大学研究生院理工学研究科教授,古屋泰文率领的一个研究小组宣布,他们开发出一种新型铁钴合金,在微小的晃动下就能产生电力,其振动发电的效率,优于铁镓合金和陶瓷材料。振动发电指将振动机械能转换成电能,其作为一种新能源,吸引着各国科学家从事研究。

研究小组发现,利用磁应变金属材料进行振动发电时,根据合金组成的不同,发电效率也不同。他们经 3 年反复研究,最终成功制造出上述新型铁钴合金。

在数十赫兹的较低振动频率下,长 2 厘米、宽 2 毫米、厚 1 毫米的新合金材料,输出功率可达 0.17 瓦特,相当于此前被认为最适宜用于振动发电的铁镓合金的约 2.5 倍,是陶瓷材料的 10 倍。如果材料尺寸更大,能获得数瓦特的输出功率。

现在,一般的陶瓷材料用于振动发电时发电量很少,且容易毁坏。新开发的铁钴合金除了发电量大外,强度也是陶瓷材料的 10 倍以上。此外,在振动发电领域,稀土超磁致伸缩材料目前也得到广泛应用,但是由于含有资源面临枯竭的稀土,造价比较高,而且同样非常脆弱。铁钴合金廉价且强度高,又很容易加工成各种形状,从毫米以下到数米的发电装置都可以使用。

如果这种铁钴合金实现实际应用,就可以制作通过按压按钮发电,而无须电池的遥控器、利用路面振动提供电力的路灯等,使至今一直被忽视的振动能有望成为新能源。

(2)开发出高性能钡系列压电材料。2012 年 3 月 7 日,《日刊工业新闻》报道,日本山梨大学一个研究小组,开发出高性能的钡系列新型压电材料。压电材料通常是指受到压力作用时,它会在两端面间出现电压的晶体材料。

传统的铅系列压电材料,广泛用于打印机喷墨驱动器、数码相机超声波马达

以及柴油发动机燃油喷射驱动装置等传感器元件中。但因使用了对环境有害的铅，且压电效应不十分理想，近年来，美国、日本、俄罗斯和中国等纷纷开展新型压电材料的研究。

该研究小组利用钡、铋、钛和铁等的氧化物，制成不含铅的钡系列压电材料，具备400度以上的居里温度（磁性转变点），域值和密度等压电指标也大大改善，与现在普遍使用的铅系列压电材料相比，压电性能提高了2倍以上。

2.研究把动能变为电能的液态材料

发现液态金属能用自身流动的动能产生电。2015年11月，日本东北大学一个研究小组，在《自然·物理学》杂志网络版上刊登研究成果称，他们发现让液态金属流过细小的管道，就能产生微弱的电。这一发现，将有助于实现发电装置的超小型化。

研究人员让水银或镓合金这样的液态金属，以每秒2米的速度，流过石英制成的直径0.4毫米的细管，结果获得了一千万分之一伏的电。同时发现，产生的电量，与流动的速度成正比。

研究人员解释说，液态金属流过细管的时候，由于摩擦，靠近管壁的液态金属流速比中间部分慢，正是这种流速差产生了漩涡运动。漩涡的强度在挨着细管内壁的地方最大，从内壁到细管中心逐渐减弱。液体金属中电子的自旋运动受此影响，就会从漩涡运动强的地方流向漩涡运动弱的地方，即从细管的内壁流向细管中心，形成自旋电流。

研究人员指出，这种新的发电方法，完全不需要发电机的涡轮机结构，有助实现发电装置的超小型化。今后，也许在家电产品的遥控器上装上这种发电装置后，利用按下按钮的力量就可以发电，从而不再需要电池。

（二）开发可采集不规则动能发电的新设备

研制可利用不规则振荡运动发电的动能采集装置。

2012年4月25日，物理学家组织网报道，美国纽约州立大学石溪分校机械工程学院左磊教授带领的研究小组，开发出一种新型动能采集装置，可将不规则的振荡运动转换成规则的单向运动，并以同样的方式把电压整流器的交流电压转换为直流。它可用于再生减震器，有望每年为美国节省高达数十亿美元的燃料成本。

形式各样的动能环绕在我们身边，比如车辆震动、海浪或火车轨道振动等，但这些能量都是不规则的振荡，而通过能量收集工作可带来最好的规则单向运动效果。该研究小组，过去十年来，一直致力于研制能量收集装置。

左磊说："基于一种被称为机械运动整流器（MMR）的机制，我们开发出这款新型能源采集装置，可将不规则振动转换成规则的单向循环运动，就像交流电压转换成直流电压整流的方式。将其作为能量转换器应用在汽车悬架或铁轨上，在提供高效率和高可靠性方面，具有显著优势。"

研究小组由此开发出的再生减震器，可收集车辆振动能量，以免其被作为热量浪费,并可产生足够的电力为汽车电池充电或为电子设备供电。这种减震器可以被改装应用于汽车、卡车、客车、军用车辆的悬挂系统,或者安装在火车轨道上。在样机试验中,根据不同的车辆类型、速度和路况,能使燃油效率提高 2%~8%。

研究人员估计,安装在一辆普通汽车上的再生减震器,具有收集 100~400 瓦能量的潜力,它可帮助节省 4%的燃料,而混合动力汽车则可节省 8%。如果在美国仅有 5%的车辆使用这种装置,平均每天驾驶一小时能节约 3%的燃料成本,每年可节省总共约 10 亿美元汽油费。

研究人员称,常规汽车配有此装置,只要 3~4 年即可收回安装成本;混合电动汽车只需两三年;由于卡车和公共汽车的规模较大,可以在短短一两年内收回成本;军用车辆更可收获巨大的效益,油耗能明显减少。作为一个附带的好处,安装这种装置后,汽车的震动会被再生减震器"吸收",故驾驶会更为舒适。

第二节　热能资源与热电材料开发的新进展

一、开发人体热能资源的新成果

(一)研制利用人体热能发电的新产品

1.发明利用体温发电的特殊手表

2004 年 11 月,日本媒体报道,可能您听说过风力发电,水力发电,火力发电,甚至太阳能发电,您听说过体温发电吗?日本的一家手表公司,就研发出了一种用体温发电的手表系统,同时将其商品化,最新推出这款利用体温发电的特殊手表。

仅需把它戴在手腕上,这款手表就会利用手腕的体温和体外温度之间的温度差来发电。只要差额在 3℃以上就能获得很好的动力,并且它在给电子线路和指针运转提供电力的同时也在储蓄电力,是一款完全不需要电池的手表。

如今,科学家一直在研究电力的最大化,而现今一直困扰的就是永久电能的问题,如笔记本电脑、照相机等等要是没有了电,它仅仅就只是一块高科技的"废铁"而已。而若想要永久电力,就需要永久能源来保证,比如太阳能、生物能,就可以称之为永久动力。利用体温来发电,是可以为手表提供永久动力的。

当然,会有人担心,如果长期不用时会消耗电力,那怎么办呢?据该公司解释,当用户摘下手表时,秒针会自动停止并表示出剩余电力含量,如果用户仍然不使用时,它将会在 3 天后自动停止时针和分针的运转,呈完全省电状态,但是其中的电子线路仍然会继续工作计时,直到用户再次戴上手表时,再重新表示出正确的时间,驱动指针运转。

2.制成可把人体热量转换成电能的热电装置

2012 年 2 月,美国维克森林大学,纳米技术和分子材料中心主任戴维·卡罗尔主持,研究员科休·伊特等人参与的一个研究小组,在《纳米快报》期刊上发表研究成果称,他们开发出一个被称为纳米"动力毡"的热电装置,只需触摸它,即可将人体的热量转换成电流,可给手机电池充电。

研究人员介绍说,这种装置,是把微小的碳纳米管锁定于柔性塑料光纤之中,感觉像是面料。该技术利用的是温度差异产生电力来充电,例如房间温度与人体温度的不同。

"动力毡"可置于汽车座椅上,以确保电池的电力需求;也可衬于绝缘管道或屋顶瓦片下,收集热量以降低煤气费或电费;或者衬在服装里作为微电子充电装置;抑或包扎在静脉受伤位置,以更好地满足跟踪病人的医疗需求。

伊特说,我们以热的形式浪费了大量能源,但可以重新捕获这些能源,例如"夺回"汽车浪费的能源来提高燃油里程,给收音机、空调或导航系统增加动力。一般来讲,热电是一个欠发达的捕获能源技术,但仍有很多的发展空间。

卡罗尔说:"试想一下,'动力毡'作为应急配套配件包缠在手电筒上,或给手机充电收听天气预报。这种装置,可用于应对停电或意外事故等紧急情况。"

研究人员说,热电的成本,使其无法更广泛地应用于大众消费产品。标准的热电装置,使用更多的是一种被称为碲化铋的化合物,相关产品如移动冰箱和CPU散热器,高效地把热能转化成电能,但它每千克要花费1000美元。如果有一天将"动力毡"添加到手机盖上,成本可能仅需1美元。

目前,该织物堆积的72个管层,可产生约140纳瓦功率。该小组正在评估几种更多添加碳纳米管层的方法,使其甚至在更薄的状况下提高输出功率。

休伊特说:"虽然在'动力毡'准备投入市场之前还有更多工作要做,已经想象到它可以作为温暖外套的热电内衬垫,当外界很冷时它可为人们驱寒保暖。如果'动力毡'效率足够高的话,还可为iPod提供电力,它的持久力绝不会令人失望。这绝对是指日可待的。"

(二)研制利用人体热能保暖的新产品

开发出利用体温的"个人热管理系统"纳米衣料。2015年1月,美国斯坦福大学一个研究小组,在《纳米快报》期刊上发表研究成果称,他们开发出一种采用纳米线编织的新型衣服,既产生热量,又可以保持来自身体内的温度,比普通衣服要暖和得多。此项技术,有助于节省大量建筑能耗,减少对传统能源的依赖。

供暖消耗大量的能源,并且是温室气体排放的主要来源之一。研究人员指出,全球近一半的能源消耗在建筑物取暖和家庭供暖上,这种舒适所付出的环境成本相当大,导致的温室气体占世界总排放量的1/3。

对此,科学家和政策制定者,试图通过改进建筑材料的绝缘性能以保持室内温度,减少采暖带来的不利影响。虽然基于改进绝缘设计的节能建筑迅速发展,但能源的很大一部分仍然浪费在加热空间和非人的物体上。而新研究采取了不同的思路,把节能重点放在人身上,而不是空间上。据报道,研究人员展示的这种利用体温的"个人热管理系统",使用金属纳米线的嵌布来减少这种浪费。

这种纳米线织成的布呈轻便、透气的网状材料状,其柔性与正常外套一样,而其透气性和耐久性,并没有因为纳米线的多孔结构而被"牺牲"掉。相比普通服装的材料,特殊的纳米布可以更有效地锁住身体所产生的热量,利用自己的体温保暖人的身体。

而且,由于该衣料,是用可形成导电网络的金属纳米线材料制成的,不仅反射人体红外辐射,具有高度的热绝缘,还允许焦耳加热来补充被动绝缘,它可以通过电源进一步加热提供热量。研究人员计算出这种热纺织品,每年大约人均可节省1000千瓦时,相当于美国一个家庭月人均消费的电量。

二、开发余热或废热资源的新成果

(一)开发利用交通运输和工农业生产过程的余热

1.利用交通运输车辆排热发电的新成果

开发可减少汽车耗油的车辆排热发电技术。2008年8月,日本《日经产业新闻》报道,日本古河机械金属公司,正在把热电转换材料作为汽车零件实用化,这种技术可以利用汽车排热发电,进而实现减少汽车需要消耗的汽油量。

该材料是以锑为主要原料,并混入镓等金属的化合物。相关组件放置于车辆发动机或排气装置附近,即将受热值的约7%转为电能进行再利用。这可节省2%的燃料费用。

热电转换材料的原理是:在同一材料之中,同时存在的高温部分与低温部分之间,可以产生电能。在以前的研究中,经常出现一处受热整体升温的情况,而且转换效率极低。除了利用温泉发电之外,很少得以实用化。

古河机械金属公司"素材研究所"以锑为主体,通过加入镓、铟、钛等差异较大的金属的方式,形成了不规则的材料组织,即使材料部分受热,整体温度也很难升高。

目前,开发出的材料面积为5厘米边长的正方形,厚度为8毫米,重约140克。如果在上面受热达到720℃的情况下,下面温度能够保持在50℃,就可维持33瓦的发电功率。在实用化时,这一材料可放置于发动机排热位置,底部通过水冷方式维持低温。

通常,汽车消耗的汽油能量仅有25%用于驱动车辆,另有一半则通过车身和排气管变为热量散失。新材料的使用,可以将7%的排热,转换为车内电器所用的电能,这将减轻发动机负荷。据测算,如果使用20块前述新材料,就可以使汽车耗油减少2%。今后,古河公司还将继续提高这种材料的热电转换效率,并预计在3年内投入批量生产。此外,锑等材料虽系稀有金属,但目前看货源和成本尚不存在问题。

2.利用工业生产余热发电的新成果

(1)研究利用工厂散发损耗的热量来发电。2010年2月21日,有关媒体报道,在圣地亚哥市召开的美国科学促进会年会上,能量循环委员会发布了一个消息,要求通过从浪费的热量中采集能量,以进一步提高能源的使用效率。

报道说,屋顶上一排排的太阳能电池板若隐若现地闪着光;矩阵般的风车在海边优雅地旋转着,如此这般的景象点缀着一篇篇有关清洁能源可行性的报告。然而一个更有效的希望或许应该来自那些大型的工厂,尽管其中的一些已经安装了用来从它们浪费的热量中采集能量的特殊装置,但是可以挖掘的潜力仍然非常大。更重要的是,这种能量循环过程,能够降低能源损耗,为公司和社会节省大量的资金。

在这次会议上,为了阐明利用浪费掉的热量问题,美国宾夕法尼亚州卡内基梅隆大学经济学家莱斯特·莱夫,列举了由他担任主席的美国国家科学院下属的一个有关美国能源未来的委员会,最近所取得的分析结果。这些分析,给出了能源效率的第一手"硬"数据。

莱夫表示:"几十年来,美国一直试图通过生产更多的能源来解决能源危机问题。"然而,该委员会发现,到2030年,美国能源使用的能量效率将减少28%。

位于伊利诺伊州韦斯特蒙特地区的再循环能量发展公司主席托马斯·卡斯滕表示,重复利用浪费的热量来发电,是提高能源效率的最有效途径之一。该公司安装了工业规模的能量再循环系统。

卡斯滕描述了,他工作过的一家公司,开展能量再循环活动的情况。这家名叫"米塔尔钢铁公司",位于印第安纳州。他举例说明这种方法的潜在优势。钢铁厂把煤炭烘焙成冶金焦炭,焦炭用来熔化,以及提炼钢铁。卡斯滕介绍说,再循环能量发展公司添加的设备能够捕获烘焙过程释放的热量,进而生产蒸汽用来驱动涡轮运转,最终产生9.5万千瓦的电量——这一数字相当于2004年全世界太阳能采集器生产的电量总和。同样地,发电厂燃烧化石燃料产生的热量也能够被循环利用,从而使电量生产的效率翻一番,并使由此产生的二氧化碳气体排放减半。

卡斯滕表示,与其他清洁能源不同,浪费能源的再循环,实际上使得减少二氧化碳气体的排放变得有利可图。他说:"这对于公司有利,对于投资者有利,对于社会也有利。"

(2)提出利用工业生产余热发电的新方法。2011年11月15日,德国卡尔斯鲁厄专业信息中心,发表新闻公报说,工业生产通常会产生很多余热,如何有效利用余热,使其不致浪费一直是个难题。据悉,德国大约四分之一的能源生产以这种形式流失。为了更好地利用余热,德国萨尔州一家技术公司,提出一种新的余热回收理念和方法,可大大提高余热发电的效率。

这家公司提出,蒸汽膨胀发动机,与有机朗肯循环低温余热利用法,相结合的思路。有机朗肯循环低温余热利用法,工作原理和传统蒸汽发电原理类似,区别在于,这种方法用沸点较低的有机液体代替水作为工质,即用作实现热能和机械能相互转化的媒介物质,这样,温度较低的余热也可以产生蒸汽。

截至目前,有机朗肯循环低温余热利用法,通常与涡轮机结合使用,但发电效率相对较低。如将涡轮机换成蒸汽膨胀发动机,整个发电过程将变得更加灵活高效。这种新方法,可适用于不同的温度和压力,相同热能下,发电效率明显提高。

现阶段,这种蒸汽膨胀发动机,与有机朗肯循环低温余热利用法相结合的余热发电系统,正在测试当中,预计 2013 年投入市场。这项技术有望在金属加工、玻璃制造、化工、造纸等领域拥有应用潜力。

(二)开发车站余热和电子设备废热

1.收集车站余热为办公楼供暖

2012 年 4 月,瑞典首都斯德哥尔摩中央火车站,环境部门负责人克拉斯·约翰松,对媒体介绍说,他们组织了一个项目组,研究利用热能交换系统,收集车站余热为其附近的办公楼供暖,已经获得显著效果,一年可节能 25%。

约翰松说,中央火车站每天约有 25 万名乘客来往,这里还有很多咖啡厅和食品店等,都会产生很多热量。"我们利用热能交换机收集通风系统里放出的热量,然后利用这些热能把水加热,通过水泵和管道,为火车站大厅旁边的办公楼供暖。结果,一年下来,获得节能 25%的成绩"。约翰松说,"它给我们的启示是,在城市里,地产开发商应该多想想如何综合利用各种设备和技术、周围环境等,从而实现节约能源,少用化石燃料的目的"。

2.探索把电子设备废热转化成电的新方法

2012 年 7 月,美国俄亥俄大学物理学与机械工程教授约瑟夫·海尔曼斯主持,材料科学与工程夫教授罗伯托·梅尔斯等人参与的一个研究小组,在《自然》杂志上发表论文称,他们找到一种新方法,能将"自旋塞贝克效应"放大 1000 倍,将其向实际应用推进了一大步。通过"塞贝克效应"产生热,是热电循环的必需而关键的环节。这项研究,有助于热电循环的实现,从而最终有望开发出新型热电发动机,还可用于计算机制冷。

热电循环,是电子设备循环利用自身产生的部分废热,把废热转化成电。根据"塞贝克效应",当导体被放在一个温度梯度中时,会产生电压使热能转变为电能。2008 年,日本发现了"自旋塞贝克效应",即在磁性材料中,自旋电子会产生电流使材料接点产生电压。这以后,许多科学家都在试图利用自旋电子学来研发读写数据的新型电子设备,以便在更少空间、更低能耗的条件下,更安全地存储更多数据。但这种"自旋塞贝克效应"产生的电压一般非常小。

目前新方法,是把此效应放大为"巨自旋塞贝克效应"。研究人员利用锑化铟及其他元素掺杂制成所需材料,并将温度降低到零下 253～零下 271℃附近,外加 3 特斯拉磁场。当他们把材料一面加热使其升高 1℃时,在另一面检测到电压为 8 毫伏,得到比以往的 5 微伏高三个数量级的电流,是迄今为止通过标准"自旋塞贝克效应"产生的最高电压,且功率提高了近百万倍。

海尔曼斯说,科学家认为热是由振动量子所组成,他们能在半导体内部引发强大的振动量子流,在流过材料时撞击电子使电子向前运动。而由于材料中原子使电子自旋,电子最终就像枪管中的子弹那样旋转前进。

(三)研究利用地球红外辐射产生的热能

提出通过热传递温差发电形式从地球红外辐射中获取能量。2014年2月,美国哈佛大学工程与应用科学学院研究员斯蒂芬·伯恩斯主持,应用物理学教授费德里科·卡帕索等人参加的一个研究小组,在美国《国家科学院学报》上发表论文称,地球以红外辐射的形式,向外释放的能量,达到100亿兆瓦。这么巨大的能量"一直被忽略",而他们的最新研究表明,从地球释放的红外辐射中获取能量是"有可能的"。他们认为,从地球向太空释放的红外能量,是一种重要的可再生能源,具有可用于发电的潜力。

卡帕索说:"首先是怎么利用地球向太空辐射的红外线来发电。利用辐射发电而不是靠吸收光,这听起来似乎离奇。虽然违反直觉,但它在物理上是说得通的。这是物理学在纳米领域的全新应用。"

当热从较热物体传到较冷物体时,能产生可再生能源。从温暖的地表到寒冷的外太空,也存在这种热传递,这就是红外线辐射。

卡帕索说:"中红外线在很大程度上被人们忽视了。即使在光谱学中,直到有了量子级联激光器,人们还是认为这一波段很难操作。但这是人们对它的成见。"该研究小组最新研究表明,从地球发出的红外辐射中捕获能量是有可能的。

卡帕索是研究半导体物理学、光子学和固态电子学方面的专家。他在1994年共同发明了红外量子级联激光器,开创了能带工程研究领域,并证明了一种称为"卡西米尔斥力"的量子电力学现象。

伯恩斯认为:"阳光是一种能源,所以光伏电池才有意义,你只需要收集能量。但事情并非那么简单,要捕获红外光的能量还很困难。用这种方法,能发多少电并不明显,是不是经济划算值得研究,我们还必须坐下来仔细计算一番。"

伯恩斯指出:"比如把这种设备与太阳能电池结合,就能在夜晚获取额外的电力,而无须额外的装置成本。"

为了证明红外辐射发电的可行性,该研究小组提出了两种不同的辐射能量收集器:

第一种设备,由"热"板和"冷"板组成,"热"板的温度和地球及环境空气温度相同,"冷"板装在"热"板上,面朝上,由一种高辐射性材料制成,能把热量高效地辐射向天空。研究人员在俄克拉荷马州拉蒙特进行了实验测量,根据计算,两板间的热量差,每平方米在一昼夜能发出几个瓦特的电。虽然要保持"冷"板温度,低于环境温度还比较困难,但这种设备证明了温差发电确实可行。伯恩斯说:"这种方法比较直观,我们正在把人们熟悉的热力发动机原理和辐射制冷原理结合起来。"。

第二种设备的原理,深入到电子行为的层面,就不那么直观了。它是靠纳米电子元件二极管和天线之间的温差来发电,这不是人们用手能感知的温度。卡帕索说:"如果你有两个温度相同的元件,显然不能做什么功;如果两个元件温度不同,就能做功了"。它的工作原理类似光电池,其核心是整流天线,利用吸收外界热量后,不同电子组件之间存在温差,来产生电流。

研究人员在论文中,设计了一种单体扁平设备,印上许多这种微电路而朝向天空,以此来发电。他们还指出,目前整流天线技术,只能产生"可忽略的电力",但技术的进步可能会提高发电效率。

研究人员更看好第二种方案。光电子的方法虽然还很新,但根据目前的技术发展趋势,随着等离子学、微电子学、新材料和纳米制造方面的进步,还是可行的。论文中还指出了今后研究中面临的技术挑战和未来前景。

三、研制热电转换材料的新成果

(一)用碲化铅及其近亲研制热电材料

1.碲化铅研制热电材料的新进展

(1)在碲化铅物质里加铊开发热电材料。2008年8月,日本大阪大学助教黑崎健参与的,该校与美国俄亥俄州立大学等组成的一个研究小组,成功开发出一种新材料,从而把热电材料的能量转换率提高了一倍。

热电材料是一种能把热能转化为电能的半导体,在汽车引擎等数百度高温工作环境中的能量转换率最高。由于引擎会向外散发大量热,用这种材料附包裹引擎可将热能转换为电能加以有效利用。

黑崎健表示:"以前效率低下,不能达到实用水平。现在开发的这项技术,可以应用到环保车型等领域。"

据悉,研究小组在一种叫碲化铅的物质里,添加了铊后成功开发出新材料。以前添加的都是钠,使用铊后,使电子结构发生变化,能量转换率提高了一倍。今后需要解决的是铊的高成本问题和确保铅的安全性。据黑崎介绍,研究人员还考虑把新热电材料,用作太空探测器的动力源。

(2)通过改造碲化铅制成高转换效率的热电材料。2012年9月20日,美国西北大学化学家梅尔柯立·卡纳茨迪斯领导的一个研究小组,与密歇根州立大学机械工程师合作,在《自然》杂志上发表研究成果称,他们开发出一种稳定的环保型热电材料,热电品质因数(ZT)创下世界纪录,达到2.2,可将15%～20%的废(余)热转换成电力,成为目前最有效的热电材料。

热电材料有着广泛的工业应用,包括汽车产业,可发挥从车辆排气管排出汽油的更多潜在能量;玻璃、制砖、炼油厂、煤炭和燃气电厂等重工业领域,以及大型船舶和油轮里持续运转的大内燃机等。这些领域的废热温度高达400℃～600℃,这个温度范围对于使用热电材料正是最有效点。过去的热电材料把热能转换为电能的效率都不高,大多只有5%～7%,这限制了热电材料的应用。

新材料基于常用的半导体碲化铅,表现出的热电品质因数为2.2,热电转换效率达到 15%~20%，这是迄今报告的最高效率。"好奇"号火星探测器采用的碲化铅热电材料，其热电品质因数为 1，效率只有这种新材料的一半。

研究人员对碲化铅进行了一系列改造，先在其中加入钠原子，提高其导电性；然后在材料中引入纳米结构，即碲化锶纳米晶体，以减少电子散射，增加材料的能量转换效率。他们还通过更广泛的声子频谱散射，穿过所有的波长，减少了散热，使热电转换效率提高了近 30%。声子是一种振动能量的量子，每一个具有不同的波长。当热流经材料时，声子的频谱会被分散在不同的波长（短期、中期和长期）。

研究人员说，每次声子散射的热导率降低，就意味着转换效率的提高。他们把分散短期、中期和长期波长的三种技术，结合于一种材料里同时工作，这是第一次同时在频谱范围内分散所有的三种光。这种成功地集成全尺度的声子散射方法，超越了纳米结构，是一种非常创新的设计，适用于所有的热电材料。

2.碲化铅化学近亲研制热电材料的新成果

用碲化铅化学近亲硒化锡制成高回收效率的热电材料。2014 年 4 月，美国伊利诺伊州的西北大学，化学家梅尔柯立·卡纳茨迪斯领导的一个研究小组，在《自然》杂志上发表研究成果称，他们利用一种廉价的常见材料，创造了迄今为止回收效率最高的热电。研究人员称，在这一过程中，他们获得了宝贵的经验，最终可以使该材料的效率，满足大范围应用的需求。若能实现大范围应用，热电在将来可以为汽车提供动力，并清理锅炉和电厂等释放出的能量。

化石燃料通过生成热量造就了现代社会，但这一过程中的大部分热量都被浪费了。研究人员试图使用被称为"热电"的半导体设备回收一些热量，但它们中的大多数仍旧十分低效且昂贵。

热电设备是半导体厚片，这些半导体有着奇怪却有用的特性：在其一边加热可以产生电压，用于驱动电流和电力设备。为了获得电压，热电必须是良好的电导体，以及不好的热导体。但是，材料的电导性和热导性往往齐头并进，因此热电效率高的材料很难获得。科学家通常用热电品质因数（ZT）值标记热电效率高的特性，大范围应用热电的热电品质因数值最低应达到 3。

几年前，卡纳茨迪斯研究小组发现碲化铅的热电品质因数值可达 2.2，研究人员很受鼓舞，并开始测试碲化铅的化学近亲。其中一种就是硒化锡。他们用不同方法合成硒化锡样本。结果显示，其中的 b 轴样本有较好的电导性和较低的热导率，热电品质因数值达 2.6。卡纳茨迪斯称，超低热导率的关键，似乎是锡和硒原子的褶皱排列，这种模式好像可以帮助原子在受到热振动时发生折曲，从而减弱硒化锡的导热能力。

俄亥俄州立大学物理学家约瑟夫·艾尔曼斯说："我很惊讶。对于这一领域来说，这是一个奇妙的结果。"他认为，除了标志着向热电品质因数值为 3 的热电迈进一大步之外，新材料还为未来研究的方式提供了经验。

研究人员表示，他们将试图通过强化微量的"掺杂"原子，提高半导体的导电性,同时还保留关键的褶皱式原子排列。如果有人能成功生产出高热电品质因数值材料,那么新的、更便宜的混合动力汽车发动机将会产生。在混合动力汽车发动机中,内燃机并不为汽车提供动力,而是产生热量,然后由热电将其转化为电力驱动马达。

(二)用多铁性合金等开发热电材料

1.多铁性合金开发热电材料的新进展

(1)研制出能够直接变废热为电力的多铁合金材料。2011年6月,美国明尼苏达大学理查德·詹姆斯教授领导的一个研究小组,在《先进能源材料》杂志上发表论文称,他们研制出一种新型合金材料,具有显著的热电转换功能,可以捕获电厂和汽车尾气等排放出的废热,并直接将其转化为电力。研究人员表示,尽管这个突破性的能源转换方法,还处于"襁褓"阶段,但它在把废热转换为环保电力方面,可能具有广泛而深远的影响。

研究人员从原子层面把元素整合在一起,制造出这种全新的多铁合金材料。它拥有非比寻常的柔韧性、磁性和电性,并通过经受一种可逆转性高的相位变换(一种固体转变为另一种固体)来获得多铁性。在这一过程中,合金的磁性发生了变化,而磁性变化是能源转化设备中普遍会出现的情形。

在一个小规模的实验中,这种新材料起初并不具有磁性,但当温度稍微提高一点时,它突然拥有了强磁性,与此同时,该材料吸收了热量,并在一个环绕在其周围的线圈中产生了电力。由于相位变换过程中的磁滞现象会损失部分热量,该研究小组也找到了一种系统性的方法来减小磁滞现象。

他们还与明尼苏达大学化学工程系和材料科学系的教授克里斯多弗·莉顿合作,研制出这种材料的一片薄膜,它能把计算机产生的废热变成电力。科学家们表示,这种材料能够捕捉汽车尾气排放出的废热,这些废热随之将该材料加热,同时产生电力,可为混合动力汽车车内的电池充电。其他可能的应用包括捕获化工厂和发电厂排放出的废热,或者捕捉海洋中的温差来制造电力。

詹姆斯说:"这项研究极富前景,因为它展示了一种全新的能源转化方法,主要利用废弃的热能来制造电力,整个过程不会排放出二氧化碳,非常环保。"他表示,这项研究是包括工程学、物理学、材料学、化学、数学等在内的多学科知识的结晶,他们希望尽快对该技术进行商业化生产。

(2)通过多铁性材料相变直接实现热电转换。2011年11月,美国物理学家组织网报道,美国明尼苏达大学理查德·詹姆斯教授领导研究小组,与比利时安特卫普大学材料科学电子显微镜实验室尼克·斯库瑞沃斯合作,开始探索能够实现热电转换的多铁性材料,通过这种金属合金发生"相变",直接把热能转化为电能。

詹姆斯希望利用多铁性材料中自然出现的相变,代替水的相变来发电。他说,让水沸腾和冷凝,需要庞大的压力容器和热交换器,而采用多铁性材料直接实现热电转换,则要节省得多。

多铁性材料一般都拥有铁磁性、铁电性或铁弹性。铁弹性的天然展示就是相变，即一种晶体结构会突然变形为另一种，这种相变被称为马氏体相变。该研究小组，研发出马氏体相变数学理论，并借此找到一种方法，可系统地协调多铁性材料的组成，来打开和关闭该相变。

一般而言，金属会打开磁性，但磁滞现象会阻碍其发生。詹姆斯表示："关键是操纵合金的组成，使发生马氏体相变的两个晶体结构，能完美地共处，这样，相变的磁滞现象会显著减少，可逆性大大增加。为了确保磁滞下降，我们需要真的看到，被协调合金内出现完美的接口。"

为此，研究小组对赫斯勒合金家族中的"成员"进行了实验。赫斯勒合金由19世纪德国采矿工程师康拉德·赫斯勒首先制成，尽管组成该合金的金属都没有磁性，但一旦成为这种合金却拥有惊人的磁性，也有马氏体相变。

研究小组改变了赫斯勒合金 Ni2MnSn 的基本组成，让其变身为 Ni45Co5Mn40Sn10 詹姆斯表示："这是一种令人惊叹的合金，低温相没有磁性，但高温相却拥有强磁性，就像发电厂中发生相变的水一样。如果用小线圈环绕该合金，并通过相变加热它，磁性的突变会在线圈产生电流。在这一过程中，合金会吸收一些潜热，将热直接变为电。"

这项技术将具有深远的影响，人们有望不再需要为发电厂配备庞大的压力容器、运送和加热水的排水设施，以及热交换器。而且，这一原理，也适用于地球上很多温差小的热源。詹姆斯说："我们甚至能使用，海洋表面与几百米深处的温差，来发电。"

科学家们也研制出了这种设备的薄膜版本，它可用于计算机中，把计算机排出的废热转化为电给电池充电。詹姆斯强调说，这只是马氏体相变，用于能源转化的诸多应用中的几个。这两个相位除了磁性不同之外，还有很多物理属性也不同，可用于用热发电。

2.钛酸锶与铪锆混合物开发热电材料的新成果

(1)用钛酸锶研制热电材料。2007年1月22日，日本科学技术振兴机构，与名古屋大学共同组成的联合研究小组，发表新闻公报说，他们研制成功转换效率高且对人体无害的新型热电转换材料。

研究人员介绍道，新型热电转换材料，使用容易获取的钛酸锶为原料。钛酸锶本身属于绝缘体，但加入少量铌后，就会产生自由电子。研究人员把加入铌的钛酸锶，加工成厚0.4纳米的薄膜，然后放进钛酸锶夹层中。这种"三明治"结构的热电转换材料转换效率，约是以往用重金属制成的热电转换材料的2倍。同时，实验显示，如果增加薄膜的层数，转换效率可得到进一步提高。另外，这种新型热电转换材料原料分布广，对人体无害，并且熔点可高达2080℃。

热电转换材料，是一种可以把热能和电能相互转换的材料。目前常用的热电转换材料，多以重金属铋、锑、铅等为原料，这些原料不仅在自然界含量少，熔点低,而且有剧毒,影响了真正的实用化。

（2）用铪锆混合物等研制热电材料。2011年5月26日,美国通用汽车公司专家格雷戈里·迈斯纳,与美国热电技术公司研究人员共同组成的一个研究小组,在美国《技术评论》杂志网络版刊载文章称,他们研制出一种热电半导体材料,不但能够捕获白白浪费掉的燃油产生的能量,还能把它转化为电能供汽车使用。研究人员称,由这种材料制成的热电设备,有望把现有汽车的燃油经济性提高3%~5%。

研究人员表示,普通汽车燃油产生的能量中,被有效利用的大约只有三分之一,其余的2/5大,都通过废热的形式,直接排放到环境当中。这不仅浪费了能源,也对环境造成了巨大压力。

目前,两家公司的研究人员,都正在独立进行相关的研究和测试。美国热电技术公司将在宝马和福特轿车上,进行测试。而美国通用汽车公司则选择了雪佛兰SUV车型,两家公司选择的装车测试时间都在夏末。

碲化铋是一种常见的热电材料,包含了昂贵的碲,其工作温度最高只能达到250℃,但热电发电机的温度最高可以达到500℃。所以美国热电技术公司采用了新的热电材料,这是一种铪和锆的混合物。这种混合物,不仅在高温下工作状态良好,还能把热电发电机的效能提高40%。

美国通用汽车公司的研究人员,正在装配的原型机所使用的又是另外一种热电材料:钴和砷的化合物,其中还掺杂了一些稀土元素例如镱。这种材料不但比碲化物便宜,还可在高温下工作。

迈斯纳说,整个实验过程旷日持久,过程极为复杂。由于存在着巨大的温度梯度,在热电材料接口上,存在很大的机械应力,因此,如何使这种材料与汽车保持良好的电力和热力接触,就成为一个技术难点。另外,不同的物质加入在提高其耐热性的同时,也增加了热电材料的电阻,如何减小这种影响也是一大挑战。通过努力,研究人员成功解决了这些问题,通用的计算机模拟显示,装备了这种热电设备的雪佛兰测试车,能产生350瓦特的电能,可将它的燃油经济性提高3个百分点。

在解决了基本的技术问题后,把这种热电设备,与现有车辆设备的完美融合,成为研究人员考虑的重点。虽然,在测试中,研究人员已将该热电设备,通过插入汽车排气系统的方式,安装到一辆车中,但迈斯纳对此并不满意,他说:"这看起来就像是一个消音器,我们需要设计出一些和车辆集成度更高的产品,而不是一个附加设备。"

迈斯纳表示,由于这些材料的生产成本,还有待进一步降低,可能还需要4年左右的时间才能投入商用。

四、研制微型热电效应发电装置的新成果

（一）发明可把热变成声波发电的微型热声发电机

2007年6月,英国《新科学家》网站报道,美国犹他大学电子学家奥雷斯特·

西姆科领导的研究小组,向获得新替代能源的方向又迈进了一步:他们研制出一种微型装置,可将热变成声波,进而变成可用的电能。

据报道,几十年来,科学家一直都明白,他们可以利用一种被称作"热声热机"的简单装置把热变成声波。

但直到最近,犹他大学研究小组才成功地使这种装置微型化。这种装置将来可以用于发电厂、汽车、电脑,甚至可以用来生产新一代太阳能电池。

"热声热机"的原理是:通过铜板把热传导到玻璃棉等物质上,然后再将热散发到周围的空气中。这种热空气的流动能够产生一种单频声波,使用这种声波震荡压电电极,便可产生电压。

现有大多数发电机体积较大且低效,因而难以与电脑等小型电器匹配。该研究小组研制出的"热声热机"每台只有 1.8 毫米长,如果把多台"热声热机"集成在一起,每立方厘米能产生 1 瓦特的电。

西姆科说:"这种装置,看起来非常有获得实际应用的希望。不过,眼下仍有许多工作要做。"

该研究小组,计划再用一年时间,测试这种微型"热声热机",之后尝试进行大批量生产。如果一切顺利,这种装置将可望首先安装在以天然气或煤为燃料的发电厂里。

(二)研制首个热电效应纳米级发电系统

2012 年 2 月,美国麻省理工学院纳米技术研究小组副教授迈克尔·斯特拉诺,澳大利亚皇家墨尔本理工大学的电子和计算机工程副教授科洛石·扎德共同领导,由美、澳两国专家组成的研究小组,在电气和电子工程师协会的《光谱学》杂志上发表论文称,他们近日在储能和发电技术领域取得了新突破。就同等尺寸而言,其新研制的热电效应实验系统产生的电力,是目前最好的锂离子电池的 3~4 倍。

研究人员表示,他们在沿碳纳米管测量其化学反应速度时,发现这一反应可产生电力。目前,他们正结合各自在化学和纳米材料技术上的专长,探求该现象的发生机理。

扎德表示,该基于碳纳米管的实验系统可产生电力,这是研究人员以前从未发现过的。对硝化纤维内的碳纳米管进行喷涂,并点燃其一端,掀起的燃烧波表明纳米管是非常出色的热传导体。更妙的是,燃烧波创建了一个强大的电流。这是首个利用热电效应,在纳米尺度产生电力的方法,从而有望解决发电装置微型化过程中的瓶颈问题。

第九章　多种能源综合开发的创新信息

前面分章阐述了电池、氢能、生物质能、太阳能、风能、核能、地热能与海洋能、动能与热能等能源领域的创新信息。本章考察的对象,是前面各章尚未涉及或者难以涵盖的一些能源形式。近年,国外在优化开发石化燃料资源方面的研究,主要集中在拓展石化燃料的新来源,开发让煤炭清洁起来的新技术,研究石油开采和炼油的新方法、新设备与新材料,以及治理石油污染的新技术,推进天然气资源的勘探和开发利用,发明分解利用石脑油的催化剂。在运用二氧化碳制造燃料方面的研究,主要集中在通过光合作用把二氧化碳变为燃料,运用细菌把二氧化碳转变为燃料;运用催化剂把二氧化碳转化为气体燃料,研制出把二氧化碳变为液态燃料的催化剂。在用水开发能源方面的研究,主要集中在制成可用来生产能源的新型水结晶体,以水为原料制造新型油水混合燃料,利用阳光或富余电能把水和二氧化碳合成为易燃的甲酸、燃料丁醇、液态烃燃料、柴油等燃料。同时,开发利用水滴获得电能的新技术,从潮湿大气的水蒸气中收集电能的技术;发明以蒸发为能量来源的发动机。在开发其他能源形式方面的研究,主要集中在发明电控离子交换发电新技术,成功利用电子自旋发电,把无线局域网的电子信号转化为电力;探索利用氦和氨发电,研制利用磁流体与摩擦能的发电机;开发压缩空气能源储存及发电新技术。

第一节　优化开发石化燃料资源的新进展

一、开发化石能源及煤的创新信息

(一)化石能源开发的新成果

1.研发获得石化原料的新方法

(1)把废旧塑料高效转化为石化原料的新技术。2005年2月,日本石川岛播磨重工业公司宣布,公司已开发成功将聚乙烯、聚丙烯等废旧塑料,转化为石化原料的高效再生利用工艺。利用这项技术,可把废塑料中的聚乙烯、聚丙烯,用催化剂将其裂解为苯、甲苯、二甲苯的混合油和氢。

过去,大多废塑料的化学再生利用,多以燃料或石脑油形式回收,此次开发成功的,是以附加价值更高的石化原料形式回收。2004年,该公司成功开发规模为

10千克/小时的实验装置,2005年度在其横滨厂内进行试验。该公司计划和其他公司合作,把这项技术用于工业化生产。

据介绍,这种工艺在该公司开发的自动筛选装置中,把聚乙烯、聚丙烯等废塑料,于230℃熔融后,被裂解为气体,再在装有硅酸钾的催化裂解槽中裂解。生成的气体在分离机中,被分离为氢气和混合油。分离所得苯、甲苯、二甲苯的混合油,可作为塑料原料、医药原料等石化原料再利用。

(2)用巨型微波炉把塑料重新变成石化原料。2007年7月,有关媒体报道,美国全球资源公司,正在以另一种方式循环利用塑料,把它重新变成生产塑料的石化原料。

该公司应用微波炉原理设计出一种特殊的机器,它可以把塑料混合物,重新变成石油和可燃气体等石化原料,还有少量残余物。其处理过程的关键,是这种机器采用了类似微波炉的1200种不同微波频率,可以作用于特定的烃原料。当此原料在适当波长下被摧毁时,构成塑料和橡胶的部分烃化合物就会断裂,进而变成柴油和可燃气体。

全球资源公司的机器叫"Hawk-10",小型机看起来像一台工业微波炉,大型机类似于一台混凝土搅拌器。该公司商务主任杰里·麦迪克说:"由烃组成的任何材料,都可以进行我们的加工处理。我们让这些材料释放出这些烃分子,再让烃分子变成柴油和气体。"到最后就没有烃类物质剩下了,去掉其中所含的水分,让这些水分在微波炉里蒸发掉,就只有油和气体了。一般来说,9.1千克塑料可以加工出4.54升柴油、1.42立方可燃气体、1千克钢铁和3.40千克黑炭。

此机器受到了不少企业的喜爱。美国纽约一家金属循环公司表示,他们将第一个购买Hawk-10机器。此公司回收金属产品,将其粉碎,再将它们炼成有用的纯金属。他们回收的大多数废金属来自旧汽车,生产一吨钢铁的同时会产生226~318千克汽车垃圾,包括塑料、橡胶、木头、纸张、玻璃、沙粒、尘土和各种金属。全球资源公司表示,其Hawk-10机器,能从上述垃圾中提炼足够的油和气体,足可以供其自身和这家金属循环公司其他机器运转使用。此外,它还能使提炼金属效率更高,并大大减少垃圾总量。

2.开发化石能源的新发现

(1)研究显示烧光化石能源将使海平面上升60米。2015年9月,美国卡耐基科学研究所的肯·卡尔代拉、安德斯·利威尔曼领导的一个国际研究团队,在《科学进展》杂志上发表研究成果称,他们的研究显示,如果将地球上剩余的目前人类可获取的化石燃料燃烧完,足以导致整个南极的冰都融化掉,这将使海平面上升50~60米,也会使拥有高达10亿人的人口密集地区,沉降到海平面以下。

卡尔代拉说:"新的研究表明,如果不想让南极融化,我们就不能像以前那样,继续把含碳化石能源从地下攫取出来,再把它们以二氧化碳的形式排放到空气中。此前,大多数对南极洲的研究都关注西南极冰盖的损失。新研究显示,燃烧煤炭、石油和天然气也会给面积更大的东南极冰盖带来损失。"

尽管南极的冰盖已经开始融化,它们未来的命运仍将由一系列复杂的因素决定,这些因素包括温室气体带来的气候变暖,海水温度升高,还有可能的额外降雪对上述两种因素的抵消作用。该研究团队使用理论模型,来研究未来一万年中冰盖的进化,因为二氧化碳排放到大气中后会在其中留存数千年。他们发现,如果现有碳排放水平持续 60~80 年,西南极冰盖将会不稳定,这只需要耗费地球剩余化石能源中 10 万亿吨碳含量的 6%~8%。

利威尔曼说:"无论是不是人类活动导致的,西南极冰盖可能已经进入了不可逆转的融化状态。但是如果想让接近海岸线城市的遗产未来能被继承下去,我们需要避免让东南极冰盖也进入这种状态。"

这是目前首个模拟无限制的化石能源燃烧,对整个南极冰盖带来后果的研究。该研究并没有预测 21 世纪南极冰盖的损失程度,但是却发现未来一千年内,海平面的平均上升速度为每年 3 厘米。也就是说,一千年后海平面将上升 30 米;几千年后,所有人类可获取的化石能源都燃烧完,将会使海平面上升 60 米。

卡尔代拉说:"如果我们继续将含有二氧化碳的废气排入空中,那些拥有 10 亿多人口的家园,将在某一天成为水下世界。"

(2)发现金属粉末可以替代化石燃料。2015 年 12 月 9 日,加拿大麦吉尔大学官网发布新闻公报称,该校机械工程学教授杰弗里·伯格索尔森领导,欧洲航天局战略和新兴技术负责人大卫·贾维斯等人参与的一个研究小组,提出一个未来发动机的新概念:不是用化石燃料,而是用金属粉末来驱动的外燃机。这种金属粉末,由颗粒大小与精白粉或糖粉差不多的细微金属粒子组成。

研究人员认为,金属粉末与氢能、生物燃料或者电池等相比,更有望成为化石燃料的长期替代解决方案。研究人员说,外燃机是工业时代燃煤蒸汽机的现代版本,广泛用于核电站、燃煤或生物质发电站。燃烧金属粉末也很常见,例如烟花的夺目色彩,就来自其中添加的各种金属粉末,还有航天飞机的火箭推进剂等。

该研究小组提出的这一设想,利用了金属粉末的重要特性:燃烧时生成稳定的无毒固体氧化物产品,相对容易回收,而化石燃料则会排放二氧化碳并逃逸到大气中。

研究人员用一个定制燃烧器证明,悬浮在空气中的细微金属粒子流燃烧时火焰稳定。据他们预测,金属粉末驱动的发动机的能量和功率密度,将与目前的化石燃料内燃机非常接近,有望成为打造未来低碳社会的一项有吸引力的技术。而铁将作为主要候选。冶金、化工、电子等行业每年产生数百万吨铁粉。回收铁的技术已经很成熟,而且一些新颖的技术,也能避免利用煤炭生产铁的传统方式所造成的二氧化碳排放问题。

伯格索尔森说,下一步他们将建造一个燃烧器原型,连接到一台热力发动机上,力求将实验室成果转化为实用技术。贾维斯表示,这项技术为研发可在太空和地球上使用新型推进系统,打开了大门。如果能证明铁粉燃料发动机几乎能达到零排放,将会带动更多的创新,成本也将进一步降低。

(二)煤炭资源开发利用的新成果

1.建立以洁净煤技术为基础的发电厂

(1)拟建洁净煤技术示范发电站。2006年7月,有关媒体报道,包括美国埃克塞尔能源公司在内的几个公用事业公司,正计划在美国西部建一个造价10亿美元、应用洁净煤新技术的示范发电站,这种新技术,被称为综合气化联合循环发电技术。

据业内官员说,建一个这样的发电站,比普通发电站要多花费20%以上,但新技术能使其电站运转更有效,还能避免人们关于污染的争论,以及省去购买防污染装置的钱。

传统的发电站,是把煤碾成煤粉放入锅炉里燃烧来发电,污染物在最后的环节收集和过滤。综合气化联合循环发电技术,是把煤先转化为气体,在涡轮机里燃烧气体而得到电力。爱迪生电气协会的丹·里丁格说,污染物在尚未燃烧前就除去了。美国印第安纳州和佛罗里达州的发电厂,现在就应用这种技术,但还未在海拔较高的西部地区尝试。

怀俄明州立地质学会的地质学家尼克·琼斯说,因为西部的煤更潮且燃烧效率比较低,所以若要产生相同的热量,西部煤的用量要比东部煤多。怀俄明州基础设施管理局的主管史蒂夫·沃丁顿说,除了去除西部煤的水分有技术难度外,建在空气稀薄高海拔地区的发电站,效率可能不如其他发电站。

比综合气化联合循环发电技术更进一步的是未来发电技术,它把煤转化为高浓度的氢气,这样燃烧起来比烧煤要洁净。这种发电站,也能把大多数二氧化碳污染物分离出来注入地下。一些煤电公司,已给综合气化联合循环发电示范发电站项目投资2.5亿美元,联邦政府提供约7亿美元资金。怀俄明州还希望,应用未来发电技术,把二氧化碳污染物注入地下,来帮助已枯竭的油田再产油。

(2)联合兴建一座二氧化碳零排放的电厂。2007年4月,《日本经济新闻》报道,日本和美国将带头实施一项5国计划,联合中国、印度以及韩国,共同兴建一座二氧化碳零排放的煤炭发电厂。该报援引日本政府消息人士的话说,5国将于2007年就该项目的技术合作签署相关协议。

这个新的试验性煤炭发电厂,将在美国选址兴建,生产能力相对较小,大约为28万千瓦。新厂将采用煤炭气化技术,在煤炭燃烧之前用氧气将其气化处理,这样可以使二氧化碳排放量比传统发电厂减少大约20%。产生的二氧化碳随后将被液化,并进行地下掩藏。

这一项目整体投资预计超过10亿美元,其中大部分由美国承担,日本以及其他三个参与国各出资1000万美元,同时负责提供技术支持。新工厂建造和运行的初期成本将是传统煤炭发电厂的两倍。但到21世纪20年代,运营费用将会逐步降低,以显示该项目的长期效益。

2.开发让煤炭清洁起来的新"汽化"技术

2009年11月,有关媒体报道,美国哥伦比亚大学一个研究小组,近日成功开发出一种新型固态煤"汽化"技术,该技术可有效提高能源效率,显著减少二氧化碳排放量。

所谓"汽化",是指加热有机物,产生一种包括氢气和一氧化碳在内的合成气体,它可以把污染物转化为清洁的可再生燃料。然而,传统的"汽化"需要高温的空气、蒸汽或氧气作为反应条件,属于高能耗技术;此外,"汽化"的效率较低,往往会留下大量固体废物。

为了提高汽化的效率,研究小组尝试了各种不同的气化炉成分。他们发现,在蒸汽中加入二氧化碳可显著提高生物量或煤的转化率。这种新型的"汽化"技术,将给环境带来双重好处:首先它使原本会逃逸到大气中的二氧化碳得到了合理的利用;其次氢从合成汽中分离之后,余下的一氧化碳可安全埋入地下。

二、合理开发利用石油资源的新成果

(一)研究石油开采的新方法与新设备

1.探索石油开采的新技术

(1)开发使老油井焕发活力的新技术。2005年7月,美国媒体报道,由于油价不断上涨,许多石油公司纷纷采用超级计算机模拟、更新的回采技术、向地层深处注入二氧化碳及培育超级细菌等多种新技术,来挖掘老油井的潜力。

在很多大公司遗弃的油井中,实际上还存留一些原油。例如,过去一个世纪以来,很多美国公司钻采过的油井中保留下的原油量,已是开采石油的两倍。其原因是,石油通常隐藏在地下岩层的细孔中,向这些岩层打出一个个空洞,靠地下压力便可挤压出石油。但随着石油不断渗出地面,剩余石油的压力逐渐减少,经过30~40年的开采,自然向地面流出的石油量已变得非常少,以致像美国的埃克森及法国的道达尔等大石油公司,已不愿再开采这些石油,而是把这些油井卖给一些小石油公司。

现在,很多工程师正重新评估这些油井的石油丰度,其中包括40万口平均日产量仅2.2桶原油的美国油井。这些低产油井仍占美国国内石油产量的15%,或美国总消费量的7%。采用多种增强回采技术,某些低产油井产量可显著增加,甚至有可能复活一些已不产一滴油的老油井。

此外,新的超级计算机系统能力强大,不仅可以模拟单口油井,也可以模拟整个油田。通过改进的计算机模型,还能揭示地质学家以前从未看到过的地下详情,这些模型往往能找到一些孤立地区的油气田。

20世纪初的大石油公司,几乎很少能采出地下储油量的10%。二次世界大战后,当石油工业开发出二次"回采"技术时,使采油量大为提升。通过向地下泵入水或同油混在一起的天然气,二次回采技术使人们能从地下采出多达30%的原油。最近,工程师们又提出第三代回采技术:即采用天然气、化学物质,甚至遗传工程细菌,让老油井返老还童。这些新方法能使采油率提高 60%~70%。在理想的条件下,一些公司声称,其采油率可达 80%。一家石油服务商总裁皮彻说:"如果能达到 60% 的采油率,实际相当于将现有世界石油储量增加一倍。"

由于当今油价高涨,很多石油公司都在尝试采用向地下泵入二氧化碳的办法,来增加采油率。美国阿纳达科石油公司,为了使其"盐湾"油田能够长期开采,投入了 6.84 亿美元开发新技术。"盐湾"油田,钻有 4000 口井,已抽出 7 亿桶原油,但阿纳达科石油公司认为,至少还能再采出 1.5 亿桶原油。通过泵入二氧化碳,该公司期待能将原油日产量从 2003 年的日产 5000 桶,提高到日产 28000 桶。而获得所需注入的二氧化碳困难并不大,在距油田约 220 千米的俄亥俄州"Slute 湾",埃克森公司运营一家天然气加工厂,每天排放出大量的二氧化碳,其中一部分已送到"盐湾"油田。到 2008 年,所有埃克森加工厂排放出的二氧化碳将泵入地下,每年可永久地向地下沉积 200 万吨二氧化碳,为阿纳达科石油公司开采出更多的石油。

"微生物增强石油回采"技术(MEOR)是最新的原油回采方法。全球许多实验室在培育多种细菌,它们能产生二氧化碳和像洗涤剂一样的化学物质,从而提高石油的渗出率。这种微生物可在地下或油井旁的大桶中培养,由于它们可爆炸性的增长,因此美国能源部认为,微生物增强石油回采技术可能是最行之有效的第三代回采工艺。这项技术已在委内瑞拉、中国、印度尼西亚和美国得到利用,以处理重油油矿的开采。美国橡树岭国家实验室的研究人员希望,开发出新的生物工程细菌,能把地下黏稠的原油变成易流动的原油。

另外一种新技术,涉及将蒸汽注入油井,以减少重油的黏稠度。同时,目前已开发成功一套计算机软件,特别适用于更好地模拟地下油砂结构,可加快加拿大油砂的开采,加拿大油砂可开采储量,估计为 1790 亿桶原油。

(2)研究发现深海细菌可助人类寻找海底石油。2009 年 9 月 18 日,加拿大凯西·休伯特博士率领的一个国际研究小组,在《科学》杂志上发表研究成果称,他们在挪威附近北冰洋海底的沉积物中,发现了大量处于冬眠状态的一种嗜热菌。它们以细菌芽孢状态存在,在低于 0℃ 的海底冬眠。这项发现,使科学家可能有机会追踪到来自海底热环境中渗出的热流,从而可能利用这种手段找到海底蕴藏的石油和天然气。

研究小组发现,这种嗜热菌以孢子形式冬眠于沉积物中,可以抵御其所处的恶劣环境。实验显示,在 40~60℃ 之间,这些孢子就可以复活为细菌。因此研究人员认为,这些冬眠细菌可能来自海底的某些热区域。

休伯特博士目前接受加拿大自然科学和工程研究委员会的资助,在德国与多国科学家开展合作研究。他表示,最令他们关注的是,这种细菌与取自海底石油的细菌在遗传特征上有许多相似性。目前他们正在探索这些细菌究竟来自何处,如果它们来自某个泄漏的海底石油储藏地,那么其今后将可帮助人类找到海底石油。

这些细菌属厌氧菌,而且在海底沉积物中大量存在,源源不断。研究人员由此推断,一种可能,是它们来自于大洋深处的高压原油储藏区域,向上泄漏的原油将其带入海底水域。另一种可能,是海底"黑烟囱"或其他热流口的存在,产生的热液流动将其带出。但这种嗜热菌究竟来自何处,还需要进一步通过研究来确证。

2.探索石油开采的新设备与新材料

(1)开发出靠水温差产生能量运转的有杆泵抽油设备系统。2006年9月,美国《石油工艺杂志》报道,目前油价不断攀升,有杆泵采油的动力成本也连续升高。为了降低有杆泵采油成本,美国一家公司开发成功一种天然能量发动机,并据此研发出一种靠水温差产生能量运转的有杆泵抽油设备系统。

通常在足够的压力下,储存的二氧化碳可保持液态,温度升高时其体积可膨胀50%,而水只能膨胀2%。因此,将液态二氧化碳充于汽缸内的柱塞下方,首先使温水通过汽缸外围流动,二氧化碳的体积就会膨胀,推动柱塞上行做功。之后再使冷水通过汽缸,二氧化碳就会收缩使柱塞下行。这样连续不断地使温水和冷水交替通过汽缸外围流动,柱塞即可交替上行和下行,带动有杆抽油设备系统。

该系统已在一口浅井上进行了矿场试验,并已设计出泵深为915米、冲程长度为3米的系统。目前制造出的最大的天然能量发动机,功率可达7.4千瓦,并可利用任何水源。在蒂波特多姆油田采用的是地热井中温度为82℃、压力为0.21兆帕的热水,供给天然能量发动机。该油田有600口油井使用现代常规有杆泵系统生产,含水95%,装设定时器可降低含水。采用该装置可通过计算油流入井时间,控制泵的抽吸周期,使油井增产。

该系统可在一定的速度下抽吸井液,与常规抽油机的区别不大,但其消耗的功率很小。常规抽油机通常要求7.4千瓦~8.8千瓦的发动机,而采用二氧化碳发动机仅需要5.2千瓦。该种新型发动机的效率为40%,而蒸汽或天然气发动机仅为28%。

试验结果表明,与常规发动机相比,该种新型发动机有许多优越性:其额定功率可由15千瓦增至74千瓦甚至更高,它只有一个运动部件,不消耗昂贵的能量即可运转,操作成本较低,耗电只是普通电机的5%,采出1立方米原油的成本仅为30美元。

(2)研制出深刻影响石油开采业的新型钻井液润滑剂。2011年11月,据刚出版的《美国石油天然气导报》报道,在不久前举行的美国石油技术年会上,一种称为DFL的新型钻井液润滑剂技术出尽风头,该产品以第一名次应邀在大会上做报告,并获得大会授予的"2011年7大最先进产品"奖。这一创新性产品,由美国倚科能源有限公司研发,可大大提高油田钻井效率,将给钻井深度和成本带来革命性的变化。

据报道,这次意义不同寻常的创新举动,并不像其他公司源于灵感的突然爆发,而是来自一位长期在石油前线钻井作业的技术工作者,他通过自己多年积累的经验,充分认识到行业的真正需求,并收集大量钻井数据,结合行业外同仁的新思维,在美国倚科能源公司研发出来的一种特殊润滑剂的技术基础上,成功研发出这种全新的钻井液润滑剂。

美国倚科能源公司钻井作业部门的阿曼多·纳瓦罗,是一位有 30 多年石油钻井经验的钻井工程师,他深知钻井作业中摩擦阻力的危害。他说:"每座钻井,无论是垂直井还是定向斜井,均会由于摩擦而损失钻井功率。当地面机械设备运转时,井下钻井工具与套管,以及井下钻井工具与裸眼钻井相接触,从而产生摩擦。此外,钻井液在钻杆和井眼中流动时也会产生摩擦。钻井作业中,如果只能向钻具传递一部分能量用以钻进、移动和完钻,效率将大打折扣。高品质润滑剂成为我们急需的技术产品。"

而开发降低摩擦阻力润滑剂的想法,源自于他在工作中的实际需要。6 年前,他正在全球最大的石油公司位于俄罗斯库页岛的某处油田从事钻探作业。他说:"我在这个井深需要达到 11.6 千米的油田当钻井工程顾问,这个油井是当时世界上最深的,虽然我们拥有世界上最大最好的钻井设备,但在试过当时能用上的所有技术和产品后,钻这么深的井对我们来说仍然可望而不可即。"

恰在此时,纳瓦多在为自己的汽车寻找节能减排的产品时,认识了美国倚科能源有限公司总裁庄云根博士,在交谈中他了解到该公司已经开发出一种汽车工业用的特殊润滑剂,同时也正在进行钻井液润滑剂的研发。纳瓦多在自己的汽车长期使用该公司产品的过程中发现,其添加剂性能优越,同量汽油能行驶更多里程,发动机也运行得更好。他很快与庄云根达成合作共识,担任美国倚科能源有限公司全球钻井作业部门总监,负责验证公司的新型钻井液润滑剂 DFL 在钻井作业中的实践功效。

经过 3 年多的实验室测试和钻井现场试验,该产品技术被证明可大幅提高钻井作业的效率,降低整体钻井成本。纳瓦多说:"与传统钻井液添加剂相比,该产品降低摩阻的能力,提高了 4~5 倍。"现场试验包括大斜度井和水平井,在钻井液中仅仅添加 1% 的 DFL 润滑剂后,钻进滑动率就提高了 3 倍多,钻进速度由原来的 50% 提高到 150%;该润滑剂还能使井身变得更加稳定,从而省略掉没使用该产品时必须耗时几天进行稳定井身的扩孔工序。总之,该润滑剂大大提高了现有钻井设备的钻井深度,大幅提高了钻井效率并延长了钻井设备的使用寿命,从而可大大降低钻井成本。现在,美国倚科能源有限公司已经实现了规模化生产 DFL 钻井液润滑剂,并已经在全球多个大型油田的钻井作业中取得极突出的功效。

传统润滑剂主要通过稀释钻井液来降低摩擦阻力,但这会改变钻井液的原有性能,而 DFL 润滑剂降低摩擦的原理完全不同,它只改变钻井液的流动界面,在此界面内,钻井液通过键合作用向钻杆、套管和地层表面流动,管道流动界面内的固有涡流得到控制,从而减少摩阻压力。

DFL 润滑剂还有另一优势。它不会对钻井液的流变性能产生不利影响,因此无须再添加其他化学制剂来恢复钻井液的原始性能。在钻进作业中,钻机操作工习惯于在不同井间重复使用钻井液,由于 DFL 润滑剂能够随着时间的推移保持其完全功效,钻机操作工的润滑剂总用量减少了 1/2~2/3。通过在各井间重复使用经 DFL 产品技术处理后的钻井液,同时对于后续井仅需增加新井眼维持所需的润滑剂数量,采用 DFL 润滑剂的整体成本,低于其他标准的钻井液润滑剂。

(二)研究石油炼制的新方法和新材料

1.探索石油炼制的新方法

(1)推进把渣油变成轻质油的技术开发。2006 年 10 月,有关媒体报道称,在 20 世纪 60 年代和 70 年代,美国第二大石油公司雪佛龙公司和海湾公司,引领了固定床渣油加氢精制的开发和商业化。1966 年雪佛龙建成世界上第一套现代渣油沸程加氢精制装置。海湾公司则拥有日本最早的工业化固定床渣油加氢精制装置的专利技术。雪佛龙又将这项技术拓展为加工所有减压渣油的技术,即渣油加氢炼轻质油技术,并在 1972 年建成第一套装置。目前,雪佛龙是唯一一个曾设计和工业化操作,加 100%减压渣油的固定床加氢处理装置的许可证颁发者。

加工超高金属含量原料、实现固定床渣油加氢精制装置的高苛刻度操作,以及通过已有装置改造延长运转周期和提高加工量等需要,促使雪佛龙开始开发在装置运转过程中置换催化剂的技术。雪佛龙是第一个,也是目前唯一拥有工业化设计和操作,带有在线催化剂置换的液体填充上流式反应器技术的公司。在该技术中,催化剂与渣油和氢气混合物是逆向流动,即最新鲜的催化剂在反应器顶部(即产品出口)与反应活性最低的原料相遇,而活性最低的催化剂在反应器底部(即原料进口)与反应活性最高的原料相遇后被抽出反应器,实现了催化剂的最大效用。

除了没有在线催化剂置换,液体填充上流式反应器,与在线催化剂置换反应器的设计基本相同,无须增加催化剂置换设备,为实现固定床渣油加氢精制的较低成本改造创造了条件。尽管该反应器技术不能提供线催化剂置换反应器在脱金属方面的好处,但它可以应用在其他方面,包括与脱金属、脱硫催化剂的结合等。另外,这项技术的最大贡献之一,是其压降特别小,避免了循环压缩机的限制,使得整个固定床渣油加氢精制系统的改造,突然变得不仅合理而且经济可行。

(2)把重油转换成环保型低价柴油可替代品的新技术。2008 年 11 月,韩国媒体报道,在冬季取暖消耗大量燃料之际,韩国埃克斯燃油公司推出一项新技术,能够把重油转换成可替代柴油的环保型低价替代燃料,并已通过韩国政府的检测,为重油的再利用提供了一条新的途径。

据悉,韩国石油品质管理院,对韩国埃克斯燃油公司研制的生产工艺和技术进行了检测,批准这一技术及相关产品在韩国销售。报道说,这种替代型燃料工艺,可将重油转换成类似柴油的燃料,并将燃烧后的硝化物和硫化物排放量,分别降低 77%和 27%,其热效率则要比普通柴油高 20%~30%。由于使用重油做原料,它的价格每百升比柴油低 13.5 美元,比锅炉用燃油每升价格低 6.8 美元。

2.研制石油炼制的新材料

发现石油炼制领域烯烃易位反应的新催化剂。2008年11月16日,美国一个石油炼制专家组成的研究小组,在《自然》杂志上发表研究成果称,他们发现一类新的高效和高选择性化工催化剂。这种催化剂,能以前所未有的控制力度,来促进烯烃易位转化反应。新催化剂易于制备,并具有独特的性能。

易位转化反应,是在碳-碳双键的各一侧交换分子结构,成为石油炼制等领域广泛应用的化工工艺。其优点,是生成的副产物和有害废物极少。

然而,该反应面临的主要挑战,是要开发新的催化剂,使其具有更好的反应活性和选择性。此次新开发的催化剂为四面体结构,研究人员首先将1种金属与4种不同的配位体相组合,再将这些配位体分子连接到中央金属上,中央金属则支配催化剂,使其拥有高反应活性和选择性。

(三)研究治理石油污染的新方法与新材料

1.探索治理石油污染的新技术

(1)开发出深海漏油快速测定技术。2011年9月5日,美国伍兹霍尔海洋研究所科学家理查德·凯米利、克里斯·雷迪等人组成的一个研究小组,在美国《国家科学院学报》上发表研究报告称,在2010年的墨西哥湾马康多油井泄漏事件中,为了精确检测漏油情况,他们开发出多种先进检测技术和测算方法,集中在忙乱和压力的情况下获取准确且高质量的数据,对评估漏油的环境影响起了关键作用。

其中最重要的一种技术,是测量液体流速的声学检测技术,置信度达到83%。研究人员在一种叫做Maxx3的遥感操作车上安装了两种声学仪,一种是声学多普勒流速剖面仪(ADCP),可测量多普勒声波频率的变化;另一种是多波速声呐成像仪,能在油气交叉部分形成黑白图像,从而分辨海水中涌出来的是油还是气。

凯米利介绍说:"用声学多普勒流速剖面仪瞄准喷出来的油气,根据来自喷射的回声频率变化,就能知道它们的喷射速度。这些声学技术就像X光,能看到流体内部并检测流动的速度,在很短时间内收集大量数据。"这一方法,可直接检测油井泄漏源头,能在石油分散之前掌握整个原油流量,几分钟内就获得了8.5万多个测量结果。

凯米利还在漏油地点通过卫星连接,和研究小组其他成员共同分析数据,用计算机模型模拟石油喷出的涡流,估算出石油从管道中流出的速度。利用收集的2500多份原油喷射流出的声呐图像,计算出漏油喷发覆盖的区域面积,用平均面积乘以平均流速,计算出泄漏的油气量。

此外,他们还用伍兹霍尔海洋研究所开发的等压气密取样仪(IGT),采集井内原油样本,计算井内油气比例,结果显示油井喷流中包含了77%的油、22%的天然气和不到1%的其他气体。这些数据,让研究人员对流出的原油有一个预估,然后计算出精确流量。

据流量技术小组报告,自2010年4月20日起到7月15日安全封堵,总共泄露原油近 500 万桶,平均每天泄漏 5.7 万桶原油和 1 亿标准立方英尺的天然气。通过精确计算,工程人员能更清楚海面以下的情况,从而设计封堵方案,计算需要多少分散剂,制定重新控制油井、收集漏油和减少环境污染的策略。

凯米利说:"过去 10 年来,超深海石油平台从无到有,产油量已占到墨西哥湾的 1/3,而且这种需求还在增加。"这些新工具,是我们超深海监控能力的证明,代表了流速研究方面的新发现和一种综合性的数据分析方法,提供了一种分析整个系统早期不确定性情况的硬性统计评估方法。

雷迪表示,这些新技术设备,有望用于将来的深海地平线钻井平台,帮助监控油井设施中可能发生的问题。

(2)发明利用磁体清除泄漏石油的新技术。2016 年 6 月,澳大利亚卧龙岗大学科学家易渡领导一个研究小组,在《美国化学会·纳米》杂志上发表研究成果称,他们研究发现,在氧化铁纳米粒子的帮助下,磁体可用于把泄漏的石油从水中清除出去。有关专家说,这是一个颇具吸引力的新技术。

石油的黏性,决定了它一旦从油轮和海洋钻机中泄漏,就很难从海洋植物和动物身上移除。因此,找到一种快速移除泄漏石油的方法,对于保护海洋环境至关重要。如今,易渡研究小组,利用把油滴紧密结合在一起的氧化铁微小颗粒,发现了实现这一目标的方法。

易渡设想,在海洋中的溢油上喷洒这些颗粒。它们能同时黏住漂浮在表面的较轻石油和沉下去的较重石油。他介绍说:"随后,装有小型磁体的船只在漏油处移动,所有石油将被吸向磁体并被收集起来。"

他同时表示,这些颗粒没有毒性,并且任何多余的颗粒都能被磁体吸住并重新利用。"氧化铁纳米粒子已被普遍用于医学成像,因此我们知道它们是安全的。"来自美国北卡罗来纳州立大学的奥林·威利夫认为:"该想法很有前景,但在治理实际的海洋石油泄漏中有多大实用价值,仍不确定。一个关键问题,是确保油滴能被高效且完整地收集起来。"

2.探索治理石油污染的新材料和新工具

(1)开发出可回收泄漏石油的高效吸附材料。2005 年 10 月,美国界面科学公司宣布,他们成功开发出一种回收泄漏石油的专利技术。

据悉,新的原油清除方法,使用了自组织单层膜专利技术。利用经过特殊处理的材料,能够吸附大于它本身质量 40 倍的原油,远远超过现在正在使用的其他吸附剂材料的原油回收能力。由于这种新材料不与水相溶,因而回收的原油能够重新得到利用。

专家认为,全球每年有近 3000 次的原油泄漏。使用这种高效率的吸附材料,能够减轻泄漏石油所引起的对环境和健康的影响。有关介绍称,界面科学公司发明的这种回收泄漏石油的专利技术,重点是纳米级的材料和表面。这些材料不仅可以作为吸附材料,而且在结构元件、涂料、湿度控制、摩擦和润滑控制,以及与生物技术有关的应用领域,都具有实用价值。

(2)研究发现二氧化硅气凝胶可吸附污染废油。2009年3月,美国科学日报报道,美国亚利桑那州科学家罗伯特·法伊弗主持,他的同事,以及新泽西州有关专家参与的一个研究小组,最新研究显示,二氧化硅气凝胶可以作为从废水中吸取油物的"海绵体",能够有效地治理环境污染油的问题。据悉,二氧化硅气凝胶是一种超轻固体材料,有时研究人员称它为"冷冻烟雾"。

在这项最新研究中,该研究小组指出,海洋环境的油污染现象已日益严重,比如:艾克森·凡德兹大油轮海洋原油泄漏事件。专家估计称,人们每年将使用过的2亿多加仑的油倾倒在下水道、溪流和后院中,导致的被污染废水很难进行治理。虽然目前有许多种不同的吸附剂用于清理使用过的废油,比如:活性炭,虽然它具有吸附作用,但是这种材料的价格很贵,而且效率不高。

不易被水沾湿的二氧化硅气凝胶具有很强的渗透性,能够充分吸附物质,它就像一种性能突出的油料吸附海绵。目前,科学家将一串二氧化硅气凝胶珠子装入一个垂直圆柱容器,将该容器放置在漂浮着大豆油的流动水域里,让气凝胶模拟在废水处理中实现过滤吸附作用。实验结果显示,气凝胶珠的重量为之前的7倍,它非常有效地吸附了流动水域中的大豆油,这比传统吸附性材料更加有效。

三、开发利用天然气资源的新成果

(一)勘探天然气资源的新发现

发现北极未探明天然气储量巨大。

2009年5月29日,美国地质调查局科学家唐纳德·戈蒂埃负责,美国地质调查局和丹麦及格陵兰地质调查局研究人员参与的一个研究小组,在《科学》杂志上发表研究报告称,他们发现,北极圈内未探明天然气储量约占全球未探明储量的1/3,其中大部分分布在俄罗斯版图内。此外,北极圈内的未探明石油储量可能占全球未探明储量的3%~4%。研究报告显示,北极圈内的天然气主要分布在4个区域:喀拉海南部、巴伦支海盆北部、巴伦支海盆南部以及阿拉斯加平台,其中喀拉海南部未探明天然气储量占北极圈整个储量的39%。

戈蒂埃认为,北极圈内的石油储量较小,基本不会改变世界的石油格局。他说,石油和天然气普遍分布于沉积盆地,他们的研究仅仅是将北极圈的地理状况与地球上已探明石油或天然气的地区进行比较,据此推测北极圈的石油和天然气分布情况,由于掌握的数据有限,这些推测仍有待改进。

北极地区资源丰富,战略地位重要。近年来,北极地区周边各国都在相关地理概念上做文章,导致领土争端事件频发,其核心即是资源之争。1961年生效的《南极条约》,冻结了各国对南极主权的争夺,但有关北极问题,目前尚无类似条约。

(二)开发利用天然气的新进展

1.探索天然气的新用途

欲将压缩天然气用作轻型汽车燃料。2012年2月3日,美国物理学家组织网报道,美国交通运输业正逐渐从以石油为基础过渡为采用多种替代能源,如乙醇、生物柴油、电力或氢能等。为了进一步拓宽车用替代能源,阿贡国家实验室机械工程师托马斯·瓦尔纳、环境科学家安德鲁·伯纳姆等人组成的研究小组,已经开始调查把压缩天然气,作为轻型轿车和卡车能源选择的可能性。

车用压缩天然气,是指主要由甲烷构成的天然气,在25兆帕左右的压力下,储存在车内类似于油箱的气瓶内,用作汽车燃料。使用压缩天然气替代汽油作为汽车燃料,可大量减少温室气体排放和噪音污染,而且其不含铅、苯等致癌的有毒物质。

瓦尔纳说,与其他国家相比,美国几乎不用面对天然气直供短缺的挑战。压缩天然气的价格将有可能长期持续便宜又稳定。目前其价格相当于每加仑2美元左右,约是汽油的一半。基于美国在过去十年里天然气生产量的大幅增长,如果目前大量在道路上行驶的小汽车和轻型卡车可以兼容使用天然气,将有助于改善国家的能源安全。为了让压缩天然气担起重任,更多的加油站需要与其对接,全国各地得建立相关基础设施,以提供和分发这种燃料。目前,仅有1000个可用的天然气加气站,而实际需要近20万个。

伯纳姆说,为了能做出与汽油的精确对比,科学家和工程师将要看这种燃料在生产和使用每一阶段的状况。阿贡国家实验室能够帮助汽车行业领导者测试和分析压缩天然气汽车,特别是在温室气体、控制排放、运输模式中的能源利用等方面,检测从车启动到轮胎转动包括提供、分配和燃烧每个阶段能源的使用及温室气体排放状况。

虽然压缩天然气汽车,使用中比传统汽车排放的温室气体更少,但是需要应对来自上游产业的挑战,即生产和销售天然气时有可能出现甲烷泄漏。伯纳姆说,我们要运用技术来捕捉泄漏的天然气,减少温室气体对环境的影响。在应用于城市公交这种重型车当中,天然气可能在颗粒物和氮氧化物的排放上要有所削减,以满足美国环保署在过去几年制定的标准。

瓦尔纳认为,同电力汽车一样,压缩天然气汽车,将成为交通解决方案的一部分,但不是整个方案。越关注投资这样的发展方向,将越靠近既环保又经济的目标。

2.探索利用天然气的新方法

(1)开发出以垃圾填埋气甲烷为制砖燃料的新技术。2006年10月,美国环保署对媒体宣称:美国阿拉巴马州穆迪的詹金斯制砖厂,建在一个垃圾填埋场附近,将专门利用填埋气甲烷等作为燃料烧制砖块。

据悉,该制砖厂将利用填埋气作为砖窑40%的燃料来源,并且计划在10年后砖厂的全部燃料都要完全利用垃圾填埋气。美国环保署称:填埋气的主要成分是甲烷,甲烷燃料后完全转化为二氧化碳和水。减少甲烷的排放量会产生即时的环境效益,因为甲烷的温室效应潜势因子是二氧化碳的20多倍。

这个新厂准备通过利用附近填埋场的填埋气甲烷等作为燃料能源,从而降低工厂的运行成本,减少温室气体的排放量。詹金斯砖厂与威力雅环境服务公司、填埋场管理处,以及美国环保局填埋气甲烷综合利用项目组,共同开发了该项填埋气能源利用项目。

（2）利用全新的声波技术实现天然气液化。2007年3月,美国媒体报道,目前,世界上每年有大约1000亿立方的天然气被浪费。而现在,一家位于丹佛的企业"斯威夫特液化天然气公司",准备把这些天然气转化为可用的液态燃料,他们使用的,是一种全新的热声天然气液化技术,它刚刚得到美国洛斯阿拉莫斯国家实验室的确认。

这种热声天然气液化设备,首先把热量转化为声波。然后,再利用密封于焊接钢铁管道内的高压氦,把声波中的能量冷却。其具体步骤是:第一步,系统会先燃烧一小部分天然气,从而使得钢管系统的一端得到加热;第二步,由前面步骤产生的声能,会把管道网络的另一端冷却,从而导致剩下的天然气冷却。在零下160℃条件下,天然气就得到了液化。这种条件下的天然气,已经浓稠得足以进行经济的运输了。整个系统都是固定的,因此运转过程也很经济。

根据美国政府的统计,美国每年当作废气燃烧或者排出天然气,已经足以满足法国和德国一年的天然气需求。此外,还有相当数量尚未开发的天然气,由于其所处位置及规模问题,使得开采非常昂贵。

洛斯阿拉莫斯国家实验室的格雷戈·斯威夫特认为:"将这些浪费的能源利用起来,将可以解决世界面临的能源危机。""斯威夫特液化天然气公司"正是用他的名字命名的。他说:"目前,利用这些天然气需要非常昂贵的超低温天然气液化装置,其大小和石油精炼厂差不多。但是我们的设备体积很小,能在世界各个小气田使用。"据悉,该公司计划在2010年,把这种液化天然气新型设备实现商业化。

四、分解利用石脑油的新成果

（一）发明石脑油分解的催化剂

2005年3月,《韩国经济新闻》报道,韩国化学研究院和SK技术院朴用基博士领导的科研小组,成功开发出一种石脑油分解新技术,能明显提高烯烃提取率,并降低二氧化碳排放量。

据报道,研究人员首先开发出从低级中质石脑油中提炼烯烃的催化剂,然后把这种催化剂,与另一种名叫"NCC G53"催化剂连续混合。NCC G53能使分解温度,由原来的800～900℃降低到700℃。这样,最终得到分解石脑油的新工艺技术。

据科研小组介绍,以催化剂分解石脑油的新工艺技术,不仅能以50%以上比例,从低级中质石脑油中,提取高附加值的烯烃,还能节省20%以上的能源。据此推算,韩国从石脑油中提取烯烃,每年可节省相当于1亿美元的成本,减少约140万吨二氧化碳排放量。

（二）发明把石脑油直接变为柴油的催化剂

2012年2月,瑞典斯德哥尔摩大学等机构研究人员组成的研究小组,在《自然·化学》杂志上发表论文说,他们发明了一种能把石脑油直接变为柴油的新方法,这样,工业原料石脑油可以直接变为柴油,补充现有的能源供给。

石脑油是一部分石油轻馏分的泛称,可分离出汽油、煤油、苯等多种有机原料,常用作工业原料。目前,市场上石脑油的供应比较充足,但此前由于没有发现能够商业化应用的途径,所以,它一直未能引起人们的足够重视。

现在,瑞典研究小组从一种特殊结构的沸石材料中,找到能分解石脑油的催化剂。沸石是可以在分子水平上筛分物质的多孔矿物材料,被广泛用作吸附剂、离子交换剂和催化剂等。瑞典研究人员通过大量排查沸石材料,发现一种代号为ITQ-39的沸石,是迄今已知内部结构最复杂的沸石,它的内部孔状结构正好可以用来催化处理石脑油,经过这种沸石的催化作用后,石脑油可以直接变为柴油。

发现能把石脑油直接转化柴油的高效催化剂,对于帮助解决当前的能源问题来说,其意义是相当深远的。

第二节　运用二氧化碳制造燃料的新进展

一、利用光合作用或细菌把二氧化碳变为燃料

(一)通过光合作用把二氧化碳变为燃料的新进展

1.认为光合作用可以把二氧化碳转变为燃料

2007年4月,有关媒体报道,美国加利福尼亚大学,化学教授克利福·库比亚克领导的一个研究小组认为,光合作用可以把温室气体,变成一种重要的原材料。同时,他们已经证明,利用太阳能加上合适的催化剂,就可以把二氧化碳转变成生产各种产品如塑料和汽油等所需的原材料。

研究人员演示了,利用硅棒将吸收的光能转化成电能,可以加快将二氧化碳转化成一氧化碳和氧气的光合作用。库比亚克说,一氧化碳是一种重要的化学制品,广泛用于塑料和其他产品的生产过程中。它还是生产煤气、甲醇和汽油等合成燃料所需的重要配料之一。

加拿大安大略皇后大学的化学教授菲力普·杰索普说,人们一直在寻找二氧化碳气体的实际用途,该研究小组就是在这个过程中找到这种方法的。通常情况下,二氧化碳很难转换成一氧化碳,因此他对该研究小组取得的研究成果给予了很高的评价。

库比亚克说,至少在刚开始的时候,这种方法是不会对大气层中的温室气体造成显著影响的,除非大规模进行这种转换,才可能对温室气体在大气中的比例造成显著影响。但是任何将二氧化碳用做原料,而不是最终产品的化学加工,都是值得去做的。他补充说:"如果化学制品厂商们需要生产大量的塑料,那么为什

么不利用温室气体来生产呢？它总比在塑料的生产过程中产生大量的温室气体要好一些。"

这个光合作用，还可以用到持续解决太阳能问题的解决方案中。要想在太阳光不强的时候使用太阳能电池板，它们产生的电能就必须被储存起来。将电能转化成化学能储存起来也许是一个很实用的好办法。比较流行的做法是用太阳能电池来生产氢，然后再用氢去生产燃料电池。但是氢气在运输和储存方面比汽油等液体燃料要困难得多，而且汽油等液体燃料所包含的能量也比同体积的氢气包含的能量要多。

该研究小组研究出来的方法，可以利用太阳能来生产一氧化碳，然后再与氢发生反应而转变成汽油。现在，一氧化碳主要是从天然气和煤加工得到的。但是二氧化碳是一种更好的原材料，因为它的成本非常低廉。杰索普说，实际上现在许多企业还要花钱来处理二氧化碳气体的排放。有极少数的化学制品是比免费还要便宜的，二氧化碳就是其中之一。

在样品设备中，阳光穿过了溶解在溶液中的二氧化碳，然后被一根半导体负电极吸收，这个负电极可以将光子转化为电子。在合适的催化剂的作用下，电子与二氧化碳反应就会在负电极周围产生一氧化碳。而在阳电极附近，在铂催化剂的作用下，水就分解为氢气和氧气。

利用著名的菲托合成技术，一氧化碳可以与氢气反应而生成煤气。但是生产煤气的新工艺是不需矿物燃料的。

库比亚克原本是想利用这套设备来制造氧气，供载人航天飞机探索火星使用的，现在这套设备仍在开发之中。第一套样品设备利用太阳能只得到了反应所需的一半能量，另一半能量是通过外部电能提供的。那是因为研究员们决定证明硅可以用作半导体。他们现在正在研究一种磷化镓半导体，打算只用它来提供光合作用所需的电能。

目前，这项研究还处于初级阶段，库比亚克预计，这项研究要想投入商业化生产，可能还要10年的时间。因此，现在还无法知道这种生产燃料的方法效率如何，以及是否经济。库比亚克说，在大规模应用中，可能需要使用外裹了催化剂的纳米粒子，来增加接触面积和加快反应的速度。

2.发现可提高二氧化碳转变为燃料过程光合作用效率的催化剂

2011年10月，美国伊利诺伊大学，化学与生物分子工程系教授保罗·柯尼斯领导的一个研究小组，在《科学》杂志上发表研究成果称，他们与该大学退休教授理查德·马塞尔创办的二氧化物材料公司携手，研制出一种新的液体离子催化剂，大大改进了人工光合作用进行的效率，能更高效更节能地将二氧化碳转变为燃料。

在植物界，光合作用利用太阳能，把二氧化碳和水转变成糖和其他碳氢化合物。科学家们可从糖中提取出生物燃料，糖可从玉米等农作物中获得。而人工光合作用，可将二氧化碳转变成有用的碳基化学物、燃料和其他化合物。在此过程中,科学家使用了一个电化学电池。让它利用太阳能集热器或风力涡轮机提供的能量,把二氧化碳转变为简单的碳基燃料,例如甲酸或甲烷等。对甲酸或甲烷进行进一步提纯,可得到乙醇或其他燃料。

人工光合作用可取代利用生物质制造碳基化学物和燃料等物质。该论文的合作者马塞尔表示:"人工光合作用最重要的一点是不会与人争粮。与用生物质发电相比,这种方法的发电成本更低。"然而,人工光合作用的大规模应用遇到一个"拦路虎"。制造燃料的第一步:把二氧化碳转变为一氧化碳,会耗费大量能量,需要大量电力才能使第一个反应进行。与得到的燃料所提供的能量相比,生产燃料所需的能量更多,得不偿失。

现在,该研究小组使用一种离子液体作为催化剂,大大减少了反应发生所必需的能量。这种离子液体会让反应得到的中间产物保持稳定,从而相应地减少了转化过程所需的电力。

另外,科学家们使用一个电化学电池作为流反应器,将气态二氧化碳输入和氧气输出,与能让气体溶于其中的液体电解质分离开。该电池的独特设计,使科学家能精准地调整电解质流的成分,并改进反应动力,包括增加离子液体作为合成催化剂等。柯尼斯表示:"这大大降低了二氧化碳反应的超电势。我们需要施加的电势更低,因此能耗也更低。"科学家们表示,接下来希望解决输出生物燃料的数量并不大这一问题,为了让最新技术能进行商业化生产,他们需要让反应更快并让转化得到的产物数量最大。该研究由美国能源部支持。

(二)运用细菌把二氧化碳转变为燃料

1.尝试以细菌为媒介把二氧化碳转化成天然气

2010年1月4日,日本《读卖新闻》报道,日本海洋研究开发机构,正在开发一项把二氧化碳转化成甲烷的新技术,其关键是把二氧化碳封存到海底煤层中,然后以细菌为媒介将其转化成天然气。这一尝试尚属首次,该机构期望在未来3~5年内能够完成。

二氧化碳封存技术,被认为是减少温室气体排放的有效途径。据报道,日本海洋研究开发机构,计划把青森县下北半岛附近的海底煤田,作为二氧化碳封存场所。据介绍,在下北半岛附近海底2000~4000米深处,分布着海绵状的"褐煤"层。这是一种尚未发育成熟的煤炭层,容易吸收气体和液体。

2.利用细菌把二氧化碳转变为异丁醇和高级醇

2012年4月,美国加州大学洛杉矶分校萨缪里工程与应用科学学院,化学及分子生物工程系廖俊智教授领导的研究小组,在《科学》杂志上发表研究报告,首次展示了利用电力把二氧化碳转化为液体燃料异丁醇的方法。

该研究小组提出一种把电能储存为高级醇形式的化学能的方式,可作为液体运输燃料使用。廖俊智说:"目前一般使用锂离子电池来储存电力,存储密度很低,但当以液态形式存储燃料时,存储密度能显著提升,并且新方法,还具备利用电力作为运输燃料的潜力,而无须改变现有的基础设施。"

研究小组对一种名为"富养罗尔斯通氏菌H16"的微生物,进行基因改造,使用二氧化碳作为单一碳来源,电力作为唯一的能量输入,在电子生物反应器中生产出异丁醇和异戊醇(3-甲基-1-丁醇)。

光合作用是指植物等在可见光的照射下,经过光反应和暗反应(又称碳反应)两个阶段,利用光合色素,将光能转化为化学能,把二氧化碳(或硫化氢)和水转化为有机物,并释放出氧气(或氢气)的生化过程。在此次研究中,科学家将光反应和碳反应分离开来,不利用生物的光合作用,而改用太阳能电池板把阳光转化为电能,随后形成化工中间体,以其促进二氧化碳的固定,最终生成燃料。廖俊智解释说,这一方式将比普通的生物系统更为有效。后者需要基于大量农耕土地种植植物,新方式则由于不需要光反应和碳反应同时发生,所以可将太阳能电池板置于沙漠中或屋顶上。

理论上分析,太阳能发电所产生的氢,可促使转基因细菌中的二氧化碳转化,以形成高能量密度的液体燃料。但溶解性低、质量迁移率低,以及和氢相关的安全隐患都制约了这一过程的效率和可扩展性。因此,研究小组采用甲酸替代氢作为中间体和高效的能源载体。研究人员表示,他们首先借助电力产生甲酸,再利用甲酸促进二氧化碳在细菌中的固定,在黑暗中生成异丁醇和高级醇。

廖俊智表示,电气化学中甲酸盐的生成,生物学中二氧化碳的固定,以及高级醇的合成,都为电力驱动二氧化碳向多种化学物质的生物转化开启了可能。此外,甲酸盐转化为液体燃料,也将在生物质炼制过程中发挥重要作用。

二、运用催化剂把二氧化碳转化为燃料

(一)运用催化剂把二氧化碳转化为气体燃料

1.运用催化剂把二氧化碳高效地转化为一氧化碳和氢气的合成气

2014年8月,美国伊利诺伊大学芝加哥分校,机械和工业工程教授萨利希·空锦领导,研究生穆罕默德·阿萨迪等人参与的一个研究小组,在《自然·通讯》杂志上发表研究成果称,他们研制出一种催化剂,能够在大尺度上把二氧化碳转化为一氧化碳和氢气的合成气。研究人员称,使用这种催化剂大幅提高了转化效率,减少了催化反应中所使用的金、银等贵金属催化剂的用量,向温室气体产业化利用迈出了一大步。

报道称,该研究小组设计出一种独特的接触反应,用二硫化钼和离子液体转移二氧化碳中电子的方法,把二氧化碳转化为一氧化碳和氢气的混合气体。新的催化剂提高了效率,减少了反应中如金、银这样的贵金属用量。

空锦说:"有了这种催化剂,我们可以直接减少二氧化碳的排放,并将其转化为合成气,免去了昂贵的第二次气化过程。与其他化学还原方法相比,新技术的优点是除了一氧化碳外,还能产生氢体,最终形成一氧化碳和氢气的混合物。

研究人员称，二硫化钼是一种非常有用的材料，与其他催化剂相比，它更容易控制，活性更高，反应中也不必向其中插入其他材料。借助这种催化剂能保证数小时持续稳定的催化反应。如金和银这样的贵金属催化剂，催化活性都是由晶体结构确定的，而二硫化钼的催化活性，都在材料的边缘上。对边缘结构的调整相对比较简单。他们能够很容易地将二硫化钼垂直排列，可以产生更好的催化效果。使用新的催化剂后，一氧化碳与氢气在合成气中的比例，也可以很容易地进行调控。

论文第一作者阿萨迪说："这一研究，向废气的产业化应用方面迈出了一大步。对于废气的利用来说，这是一个真正的突破，它能够在大尺度上，用较为便宜的催化剂，把二氧化碳转化为其他燃料，同时在环境上也十分友好。我们最终的目的，是让实验室的成果，在现实中获得广泛应用。"

2.运用催化剂把二氧化碳高效地转化为甲烷

2015年6月，有关媒体报道，日本静冈大学等机构组成的一个研究小组，研发出一种催化剂，可以把二氧化碳高效地转化为甲烷。这项新技术，将有望大大减少火力发电站和工厂排放的二氧化碳，而获得的甲烷还可以作为燃料等使用。

研究小组首先在直径数毫米、长约5厘米的细铝管内侧，涂上含有大量镍纳米粒子的多孔质材料，然后将多根细管聚拢在一起，制成直径约2厘米、长约5厘米的管道。再让二氧化碳和氢气的混合气体通过管道，同时进行加热，混合气体就在管道内部发生化学反应，在管道另一端出来的就是甲烷。

用二氧化碳和氢气制造甲烷并不是新鲜的技术，但此前的生产效率很低，难以实际应用。研究小组此次采用了更先进的镍纳米粒子催化剂，经过复杂的工艺流程，这种新方法使二氧化碳转化为甲烷的效率达到约90%。

研究人员表示，这项技术对火力发电站和需要燃煤的工厂尤其适用，或许以后人们再看到那些高耸的烟囱时，能省去不少抱怨。

3.运用催化剂把二氧化碳转变为一氧化碳和氧气

2015年8月，美国加利福尼亚大学伯克利分校化学家奥马尔·亚吉，与克里斯·昌领导的一个研究小组，在《科学》杂志网络版上发表研究报告说，植物擅长把二氧化碳从空气中分离出来。但它们太慢了，科学家希望能够加快这一从大气中去除温室气体的过程。如今，他们通过开发出一种能够把二氧化碳转化为一氧化碳和氧气的多孔材料，已经朝着这一目标迈出了第一步。

研究人员指出，新材料不但能够清洁我们的天空，还可能成为制造源自可再生能源的燃料的新起点。

几十年来，化学家们一直试图用二氧化碳做一些有意义的事情。但二氧化碳是一种非常稳定且不易起化学反应的分子。为了将其分离为一氧化碳和氧气，研究人员不得不添加能量，通常是电力。但人们现在已经不这么做了，因为精炼石油制造燃料要便宜得多。然而，一些催化剂（能够加速化学反应的物质），却能够使这一过程变得更为廉价。

一种有希望的催化剂，是在中心具有一个钴原子的环形有机分子，即所谓的卟啉。当向溶解了一些二氧化碳并安装有两个电极的电解液中添加卟啉后，这种温室气体被分解为一氧化碳和氧气。但这一过程只有在卟啉被溶解于一种有环境问题的有机溶剂中才会发生。并且还有另一个问题：卟啉往往会随着时间的推移而凝结成块，从而破坏它们的电子运送能力。

为了解决这一问题，该研究小组找到了一种解决方法，能够把卟啉与名为共价有机框架（COF）的一种多孔固体材料结合在一起。该研究小组开发出各种各样的共价有机框架，作为过滤器分离不同的气体。但为了向着制造可再生能源迈出第一步，研究人员想要看看他们的钴共价有机框架能否分离二氧化碳。卟啉似乎是一个自然的选择，因为它不仅擅长向二氧化碳运送电子，而且也可以导电。从理论上讲，卟啉共价有机框架的多孔性，使得二氧化碳能够穿透并与卟啉中心的钴原子进行催化反应。

在合成了新的共价有机框架后，研究人员把一层电极放在这种多孔材料的顶端。由于他们的催化剂已经接触到电极，因此就不再需要分子卟啉催化剂所需的有机溶剂，转而用一种简单的水基电解液代替。当研究人员接通电流后，他们发现卟啉共价有机框架，不但能够将二氧化碳分解为一氧化碳和氧气，而且比分子版本做得更好。

研究人员随后又向卟啉共价有机框架中加入了一些铜，从而增加了二氧化碳分子与钴原子实际接触以及被分解的可能性。

研究人员说，这种双金属的共价有机框架分离二氧化碳分子的能力，是自由移动的钴卟啉分子的 60 倍。同时，共价有机框架被证明是高效的，它能够利用90%的电子把二氧化碳分子分解为一氧化碳。而且这种催化剂极具活性，每小时能够分解约 24 万个二氧化碳分子，是只有钴的共价有机框架的 25 倍。所有这些使得这种新材料，成为迄今为止最棒的二氧化碳分离催化剂。

伊利诺伊大学香槟分校化学家保罗·凯尼斯表示："这真是一项非常出色的工作。"他强调，有许多研究团队都在尝试利用多孔电极材料，改进他们的二氧化碳转化为一氧化碳的方法。凯尼斯和亚吉表示，最终，这些分解出的一氧化碳可以同氢相结合，从而生成来自可再生能源的碳氢燃料。这种做法，如今在经济上还不可行，因为精炼石油成本更低。但如果一个国家只想利用可再生能源制造燃料，而不想向空气中排放因燃烧化石燃料产生的二氧化碳，那么这样的新材料将会派上用场。

（二）研制出把二氧化碳变为液态燃料的催化剂

1.发现可用催化剂在低压下把二氧化碳转化为甲醇

2014 年 3 月，美国斯坦福大学、斯坦福直线加速器中心国家加速器实验室科学家费利克斯·斯图特领导，他的同事弗兰克·彼得森、化学工程教授延斯，以及丹麦技术大学研究人员参与的一个国际研究小组,在《自然·化学》网络版上发表论文称,他们通过计算机筛选发现,新型催化剂镍—镓(Ni_5Ga_3)可在低压下把二氧化碳转化为甲醇。甲醇是塑料产品、黏合剂和溶剂的主要成分,也是有前景的运输燃料。

斯图特说:"甲醇是在高压下用氢气、二氧化碳和天然气中的一氧化碳生成的。我们正在从清洁资源中寻找低压条件下产生甲醇的方法,最终开发出利用清洁的氢,生成甲醇的无污染制造过程。"

在世界范围内,每年生产涂料、聚合物、胶水和其他产品需要约65万吨甲醇。现有的甲醇厂内,天然气和水被转化为包括一氧化碳、二氧化碳和氢气的"合成气",然后该合成气通过由铜、锌和铝构成的催化剂,在高压过程下转化成甲醇。

据每日科学网、物理学家组织网近日报道,斯图特和他的同事,花费了很多时间,去研究甲醇合成及其工业生产过程,并从分子水平上,弄清楚了甲醇合成时铜—锌—铝催化剂的活性位点,而后开始寻找能够在低压条件下,只使用氢气和二氧化碳合成甲醇的新催化剂。

斯图特与彼得森开发了一个庞大的计算机数据库,从中搜索出富有前途的催化剂,以取代在实验室里测试各种化合物的方式。延斯解释说:"该技术被称为计算材料设计。你可以得到完全基于计算机运算的新型功能材料。首先通过巨大的计算能力识别新的和有趣的材料,然后进行实验测试。"在数据库中,斯图特将铜—锌—铝催化剂,与成千上万的其他材料相比,发现最有前途的候选对象,是一个称为镍—镓的化合物。丹麦技术大学的研究人员,随后合成出镍和镓组成的固体催化剂。研究小组进行一系列的实验,以查看新的催化剂是否可在普通压力下产生甲醇。

实验室测试证实,计算机做出了正确的选择。在高温下,镍—镓比传统的铜—锌—铝催化剂能产生更多的甲醇,并大大减少了副产品一氧化碳的产量。研究人员指出,镍比较丰富,虽然镓较昂贵,但已被广泛应用于电子行业。这表明,新的催化剂,最终可以扩大规模用于工业。

2.运用催化剂把空气中的二氧化碳直接转化为甲醇

2016年1月,诺贝尔化学奖获得者、南加利福尼亚大学化学系教授乔治·欧拉领导,化学教授叙利娅·普拉卡什等人参与的一个研究小组,在《美国化学学会杂志》上发表论文称,他们首次采用基于金属钌的催化剂,把从空气中捕获的二氧化碳直接转化为甲醇燃料,转化率高达79%。该研究向通往未来"甲醇经济"迈出了重要一步。

普拉卡什说:"直接在捕获二氧化碳的气罐中,用氢分子将其转换为甲醇,我们率先做到了!"该研究成果,既可去除大气中的温室气体二氧化碳,生成的甲醇,还能作为汽油的替代燃料。过去几年,化学家们一直在研究把二氧化碳转化为有用产品的各种方法,例如,用氢气处理二氧化碳生产出甲醇、甲烷或甲酸。由于甲醇可在燃料电池中作为替代燃料以及用于氢存储,所以如何把二氧化碳转化为甲醇的研究最受青睐。二氧化碳转化成甲醇过程中的一个关键因素,是找到合适的均相催化剂,这对于加快化学反应生产甲醇至关重要。但问题是,转化反应需要的高温(约150℃)条件,往往会导致催化剂的分解。

据报道,此次研究人员开发出在高温下不会分解的金属钌催化剂,稳定性好,可重复使用,并可连续生产甲醇。研究表明,用新的催化剂及一些额外的化合物,可将从空气中捕获的二氧化碳转换为甲醇的效率提高到79%。在最初过程中,甲醇会与水混合,但水很容易通过蒸馏分离。

研究人员希望这项工作未来能为"甲醇经济"做出贡献,并计划开发出一个"人为的碳循环",其中碳被回收利用,以补充自然界碳的循环。

第三节 用水开发能源的新进展

一、以水为原料开发能源

(一)制成可用来生产能源的新型水结晶体

造出有助于能源发展的水第十七种结晶形式。2014年12月,德国哥廷根大学科学家维尔纳·库斯领导,他的同事及法国相关专家参与的一个研究小组,在《自然》杂志上发表研究成果称,他们制造出水的一种新结晶形式——"冰十六"。将来,这一成果,或也可用来解决可燃冰等能源生产、运输和储存中遇到的问题。

"冰十六"由气体水合物制成,是水的第十七种结晶形式,也是其密度最小的一种结晶形式。气体水合物是一种笼形晶体,外来气体分子被水分子氢键所结成的晶体网络坚实地围在其中。在制造"冰十六"过程中,研究人员选用氖气水合物为实验对象,将其中的氖气抽出,仅剩由水分子形成的晶体结构,即"空的气体水合物"。

抽出气体分子后,气体与水的吸引作用消失,晶格发生扩展。库斯说,这是科学家首次在实验室中直接量化水分子和气体分子相互作用的影响,有助于进一步了解气体水合物,对地质学和化学研究意义重大。

气体水合物在地球碳循环中扮演重要角色,甲烷水合物(即可燃冰)在永冻土层和海床中大量存在。一些科学家设想,如果能将可燃冰中的甲烷释放出来用作能源,同时将二氧化碳固定在气体水合物中,则既可获取能源又能减少大气中的温室气体。但这一设想是否可行尚待研究。此外,在石油、天然气运输过程中,特殊的压力和温度环境,易使一些气体和水形成气体水合物,从而堵塞管道。研究人员认为,对气体水合物的进一步了解,也有助于解决这一问题。

（二）以水为原料制造燃料

1.开发出一种新型油水混合燃料

2004年6月，德国媒体报道，科隆大学物理化学学院，赖因哈德·施特赖教授领导的一个研究小组，开发出一种热力学上稳定的新型油水混合燃料。它克服了以往同类产品存储不稳定、各组成部分容易分离的缺陷，从而更加具有实际应用前景。

汽车使用这种由柴油、水和表面活化剂形成的混合燃料，可以大大减少燃料消耗和有害物质的排放。施特赖说，实验测试表明，燃烧这种新型燃料，煤烟排放下降超过85%，氮氧化物也显著降低。他还说，当水的成分占到混合燃料的一半时，发动机仍能正常点火。

早在20世纪70年代，人们就开始尝试把水掺到燃料油中，以节约燃料、减少排放，但一直未获成功。原因在于油水混合燃料无法保证稳定的存储状态，在表面活化剂的乳化作用下均匀混合的水和燃料，会重新出现分离。

研究人员在实验中发现，水在混合燃料中所占比重的不同，以及表面活化剂混合物的优化，都对实验结果产生影响。此外，他们还尝试放入随意数量的菜籽油等其他原料。目前，研究人员正在尝试焙烤粉或尿素等作添加剂的使用效果。

这种混合燃料已经申报专利。研究人员希望与汽车行业密切合作，早日将这项发明转化为市场应用。

2.利用太阳光把水和二氧化碳合成为燃料

（1）利用阳光把水和二氧化碳合成为易燃的甲酸。2011年9月，日本丰田中央研究所的一个研究小组，在《美国化学学会杂志》上发表研究成果称，他们以水和二氧化碳为原料，利用普通太阳光，尝试合成有机物甲酸。

研究人员说，他们先在能够吸收阳光的磷化铟半导体上，涂抹上稀有金属钌，制成二氧化碳还原光催化剂，然后与氧化钛光催化剂组合在一起，中间放置一层质子交换膜，制成一套光触媒组件。

研究人员通过这一组件，首先利用太阳光和氧化钛光催化剂分解水，产生氧和氢离子，氢离子通过质子交换膜后，二氧化碳还原光催化剂在太阳光作用下发挥催化作用，使氢离子和二氧化碳最终合成为易燃的甲酸。

甲酸又称蚁酸，主要存在于蚂蚁等昆虫的分泌液里，在化学工业中被用作还原剂。研究人员说，目前，这项新技术，要达到实用化程度还有相当距离。

（2）利用阳光把水和二氧化碳合成为制造煤油的原料。2014年4月29日，德国航空航天中心宣布，由该机构参与的一个国际研究小组，利用阳光把水和二氧化碳合成为液态烃，该物质可用来制造煤油。

首先，研究人员在太阳能反应器中，把金属氧化物分解为金属离子和氧离子，该过程所需的2000℃高温，可借助聚光的太阳能接收器获得。然后，让水蒸气和二氧化碳，穿过太阳能反应器，两者与此前分解出的金属离子和氧离子反应，生成由纯度很高的氢气和一氧化碳混合而成的合成气。

用这种合成气生产煤油可借助已有技术,即所谓的"费托合成法"完成。该方法以上述合成气为原料,在铁系催化剂和特定条件下合成液态烃,其中含轻质烃较多的液态烃可用来生产煤油。

德国航空航天中心说,研究小组已用这套新工艺成功制造出煤油。此后,该小组将进一步优化太阳能反应器等设备,探索将该工艺用于工业化生产航空煤油的可能性。这项研究工作,是 2011 年 1 月启动的"太阳能-飞机"项目的组成部分,该项目受到欧盟为期 4 年的资助。除德国航空航天中心外,该项目合作伙伴,还包括瑞士苏黎世联邦理工学院、鲍豪斯航空协会和壳牌公司。

3.利用富余电能把水和二氧化碳合成为柴油

2015 年 5 月,有关媒体报道,德国奥迪汽车公司新燃料实验室曼高德负责的研究小组,与德累斯顿的新能源企业骄阳公司合作,近日成功开发出利用富余电能,把水和二氧化碳合成为柴油的生产工艺。这一合成柴油新工艺,有望在大气保护和资源利用方面,开辟一个崭新的途径。

这个被称为"e 柴油"项目的基本原理,是利用电能转化成液态燃料,原料是水和二氧化碳。其生产步骤非常简单:一是把水在锅炉里蒸发,在 800℃ 高温下,把水电解成氢和氧,这是普通的电解水技术,电解过程使用的电能,是电网低峰时期富余的生态电能。二是把电解获取的氢和二氧化碳,在高温高压下进行合成反应,生成长链的液体碳氢化合物,这种被称为"蓝原油"的碳氢化合物,具有 70% 的能源转化效率,不亚于化石燃料的能源转化效率,而且不含硫和芳烃杂物,具有十六烷值(表示柴油在柴油机中燃烧时的自燃性指标)高、燃点低等特点。

在德累斯顿的项目实验室里,利用这项新工艺每天可制成 160 升的合成柴油,虽然目前的产量还非常小,但如果能够实现工业化生产,未来的应用前景不可估量。曼高德称,奥迪的"e 燃料",对电动汽车将是一个重要的补充,利用二氧化碳作为燃料,不仅对汽车工业是一个创新,而且还可以应用于其他领域。

德国联邦教研部对这个项目给予了支持,教研部部长万卡称,这个项目如果成功,"二氧化碳就可以用来作为原料,这将对大气保护、资源效率,以及迈向绿色经济之路做出决定性的贡献"。

二、利用水滴落或蒸发产生的能量发电

(一)开发利用水滴获得电能的新技术

2008 年 2 月,有关媒体报道,法国电子与信息技术实验室和微米与纳米技术创新中心的科学小组,合作开发出利用水滴获得电能的技术方法。研究人员称,这种获取电能的方法可为建筑物外部的微型电子设备供电,比如,建筑的探测器等。

为了确定从水滴中能获得多少能量,研究人员开发出了试验装置:水滴从高处落到用聚偏二氟乙烯制成的薄膜上,当水滴下落撞击 25 微米厚的薄膜时,薄膜会产生机械振动,就是这种机械振动产生了电流。

（二）利用水蒸发产生的能量发电

1.研制利用水蒸发能的发动机

（1）模仿蕨类植物制成利用蒸发能的微型发动机。

2006年9月,有关媒体报道,美国密歇根大学电子工程及计算机科学助理教授迈克尔·马哈尔比兹领导,博士生鲁巴·波诺等参与的一个研究小组,受蕨类植物启发,制成依靠蒸发产生能量的动力,自行驱动的新型发动机。依靠这种技术,学者们可以设计只靠水和热作动力的微型装置。

马哈尔比兹表示:"我们已经证明了这种想法的可行性。制造这些机器的关键,在于它们能通过以上原理产生电能。"与很多其他发现一样,这一研究开始于博士生鲁巴·波诺,对另外一个完全不同课题的探索。波诺对于仿生装置非常感兴趣,特别是植物用来运输水分的微管道系统,于是马哈尔比兹给了她一本关于植物的书。

但是,书中的其他部分吸引了她,这主要是有关蕨类植物如何传播孢子的内容。马哈尔比兹说:"从本质上看,孢子囊就是一个微发动机。"因为蕨类植物孢子囊将热能通过水的蒸发作用,最终转化为动能。当孢子囊的外壁细胞注满水时,孢子囊处于紧闭状态,保护内部孢子的安全。但是随着外壁水分的蒸发,孢子囊最终展开,并将内部的孢子喷射出去。

研究人员用显微镜观察了一些蕨类植物叶片。他们发现当它们暴露于光、热或任何可以造成蒸发的环境下时,孢子囊都会打开,放出孢子。马哈尔比兹说:"当我们看到这些时,我们想,噢,我们可以造出相似的装置。"制造材料非常简单,他们用镀上硅的晶片作为原料,再在上面做一些处理,使得上面有一些突出的"脊"。波诺表示,他们把脊之间注入水,当水蒸发时,表面张力将拉动脊的尖端,造成本来闭合的装置完全打开。

该研究小组计划,下一步是增加电子部件,使装置能产生电流。他们预期,装置能产生如计算器中的太阳能电池一般大小的电流。

（2）发明以蒸发为能量来源的"蒸发驱动引擎"。2015年6月16日,美国哥伦比亚大学科学家奥祖尔·沙欣领导的一个研究小组,在《自然·通讯》杂志上发表论文,报道了以蒸发为能量来源的"蒸发驱动引擎"。它能完成一些常见的任务,如提供驱动力和发电。在研究人员的演示中,这类引擎,能驱动迷你车或点亮发光二极管。该项成果表明,人们司空见惯的自然环境中的水,其实还有尚未挖掘的潜力,可以为人类提供有用的能量。

物质由液态转化为气态的相变过程即为蒸发,是一种很普遍的现象,是地球气候能量转移的主要形式。一个人造的蒸发装置颇为简单,但在工程系统中,却少有使用蒸发作为能量的来源。

此次,该研究小组发明了一种"湿度驱动人工肌肉"。它首先是把细菌芽孢附着在8微米厚的聚酰亚胺胶带上,在细菌芽孢中,水被限制在纳米尺度的腔里,依靠湿度能产生很大的压力变化。这样在潮湿和干燥的条件下,胶带能改变自身的曲率,当很多胶带并行组装在一起时,它们就能克服重力提起重物。

接下来,研究人员用这些材料,制造出了可做旋转运动和活塞运动的"蒸汽驱动引擎"。当放在水—气界面中时,它们就能自动启动和运行。由此,研究小组设计了放在水面上的发电机,用收集的蒸发能量点亮了发光二极管灯;他们还设计了一种微型车,其重量为 100 克,当车里面的水蒸发时,就会驱动该车前进。

研究人员表示,"蒸发驱动引擎"未来或许能被用来驱动机器人系统、传感器等装置,甚至还可用于在自然环境下工作的机械。

2.研发从潮湿大气的水蒸气中收集电能的技术

2010 年 8 月 25 日,物理学家组织网报道,从大气中收集电能,有望造就一种新型替代能源。科学家正在研制能从空气中捕捉电的电池板,为住宅提供照明或为电动汽车充电;该电池板还可以置于建筑物屋顶,以阻止闪电的形成。

科学家们很早之前就注意到,蒸汽从锅炉中溢出时会形成静电火花,当水汽聚集空气中的尘埃和其他物质的微小颗粒时,正是电形成之时。几个世纪以来,科学家们一直为从空气中捕捉电并加以利用的想法而激动不已,著名发明家尼古拉·特斯拉就是其中之一。

电在大气中如何产生和释放,这是一个 200 年来未解的科学之谜。科学家们曾经认为,大气中的水滴呈电中性,即便它们同尘埃颗粒和其他液滴上的电荷接触之后,也不会改变其"本性"。

但是,巴西坎皮纳斯大学的费尔南多·盖勒姆贝克,在美国化学学会第 240 届全国会议上表示,他和同事在实验室中模拟了空气中的水和尘埃颗粒接触的过程,证实大气中的水确实能够获得电荷。他们选择的尘埃颗粒为空气中常见的二氧化硅和磷酸铝颗粒,在高湿度环境下,空气中含有高浓度的水蒸气,二氧化硅变得带有更多负电荷,而磷酸铝则变得带有更多正电荷。盖勒姆贝克把这种电荷称为"湿电",也就是"湿度产生的电"。他解释说,这显然表明,大气中的水可以积聚电荷并将电荷转移给与它接触的其他物质。

盖勒姆贝克表示,科学家可以研发出能够收集湿电的湿电电池板(就像收集阳光的太阳能电池板一样),并将收集到的电力提供给家庭和商业场所使用。在美国东北部和东南部以及潮湿的热带等湿度很高的地区,湿电电池板的效率也会很高。另外,类似的方法也可预防闪电和雷击。把湿电电池板置于雷雨经常光顾地区的建筑物顶部,这种电池板会把雨中潮湿空气所带的电完全吸收掉,防止电荷积聚后形成闪电。

盖勒姆贝克还指出,尽管未来还有很多研究要做,但大范围利用湿电的效益将非常可观。目前,他的研究小组正在对多种金属进行测试,希望从中找出最有潜力用于捕捉大气中的电,同时预防雷击的金属。

第四节 开发其他能源形式的新进展

一、利用离子和电子运动发电的新成果

(一)探索通过离子运动发电的新成效

发明电控离子交换发电新技术。2007 年 12 月 1 日,美国宾夕法尼亚州大学,环境工程师布莱恩·邓普塞等人组成的一个研究小组,在《环境科学与技术》杂志上发表研究报告称,他们发明的一项电控离子交换发电的新技术,在清理矿山中有毒废物的同时,还能产生电力。

目前,来自煤矿和金属矿山的废水,是严重的环境污染问题。威胁着饮用水安全和动植物的健康,甚至包括人类的生命健康。这种带有重金属的腐蚀性污染,如砷、铅和镉等,是目前最难治理,且治理费用昂贵的一大环境污染。可喜的是,邓普塞研究小组,如今开发了一种装置,在清理这种环境污染问题的同时,还可以产生新的电力。

研究人员对实验室规格的发明样品进行测试,让其处理含有铁的污水,类似于来自矿山的污水。此装置采用电控离子交换技术,可攻击可溶性铁,消除其电子,使其成为不溶性的铁。此办法在让铁离子沉淀的同时还可以产生电力,因此能有效净化这种污水。

研究人员表示,此装置回收的铁可用于颜料和其他产品中。按照这一原理,此装置还能去除污水中的其他金属成分。邓普塞说:"我们正在测试其他项目,去除砷和其他污染物。"

至今为止,只有这种污水处理装置可以发电。此冰箱大的新发明可以点亮一个小的白炽灯泡,研究人员表示。此外,他们还希望改进装置,使其未来版本能产生更多的电力。

(二)探索利用电子运动发电的新收获

1.成功利用电子自旋发电

2009 年 3 月 10 日,日本《读卖新闻》报道,日本东京大学田中雅明教授领导的一个研究小组,在《自然》杂志网络版上发表研究成果称,他们使用超微技术,在世界上首次成功利用电子自旋发电。这项技术,有望应用于磁传感器或用来为超小型电子器械制造电源。

据报道,一般而言,利用磁力产生电力,需要令磁铁在线圈附近运动,让磁场不断发生变化。而该研究小组,一开始,曾致力于寻找,磁铁不必运动就能产生电力的方法。后来,他们的目光被电子能像小磁铁一样运动的特性即电子自旋所吸引。

研究人员制造了一种新元件,元件中有镓、砷和锰等材料制成的微小磁铁颗

粒。这种磁铁颗粒，只能让拥有特定自旋方向的电子出入。研究人员把新元件放入相当于较强永久磁铁的磁场中，观测到发电元件产生了 21 毫伏的电压。

本次实验时的温度，约为零下 270℃。研究人员认为，改良磁铁的制作方法，有可能在室温状态下引发同样现象。

2.把无线局域网的电子信号转化为电力

2013 年 8 月 21 日，国外媒体，美国华盛顿大学研究员史密斯，发明了"背向散射环境"传输技术，可把周边电视和无线电的电子信号转化成电力。这意味着，日后用户不需要随身携带充电宝，甚至手机都不需要配备电池了。

史密斯制造了两部没电池、但内置可检测和反射电视信号天线的流动装置，两者通过互相反射讯号，制造摩斯密码来沟通和交换资讯。

史密斯指出，我们周围有用之不尽的电视、无线电和无线局域网信号，"背向散射环境"不会制造电子信号，而是利用这些丰富电子信号资源，通过特殊天线和接收器将电子信号转化成电力和沟通媒介，即使忘记将钥匙放在何处，只要钥匙装有感应器，就可以通过这项技术找到它。

二、开发利用其他能源形式的新成果

（一）探索利用氦和氚发电的新进展

1.利用月球"氦 3"元素发电成为太空重点开发计划

2005 年 7 月 26 日，外国媒体报道，美俄宇宙探索进行的"太空争夺"鏖战正酣。日前，俄罗斯科学家夸下海口，宣称下一步要把发电厂搬上月球。俄罗斯太空能源机构领导人谢瓦斯季亚诺夫表示，月球含有丰富的"氦 3"元素，如果能在月球建造发电厂，将令地球有数千年源源不绝的电力。

"阿波罗"号航天员在 1969 年发现月球上有"氦 3"，但到 1986 年科学家才确定"氦 3"是一个能源宝库。氦常用于气球及飞船，"氦 3"为其同位素。这种"完美能源"生产电力时不但功率高，而且甚少产生放射性废物。此外，"氦 3"也适合作为航天飞机和星际飞行器的能源，"氦 3"火箭所需的防辐射保护较少，有助减轻机身重量。可惜地球只有几百磅的"氦 3"，大部分是生产核武器时的副产品。

科学家估计，月球上有 100 万吨的"氦 3"，足够的球数千年的需要。美国太空研究人员也认为，一船"氦 3"（约 25 吨）提供的电力，足以供应整个美国一年的需求。

谢瓦斯季亚诺夫表示，他可以用能源需求，打消很多人对探索太空巨额花费的质疑。他说："我现在可以响应：太空开发将有助我们在月球建立一个基地，探索新的能源。"。

不过"氦 3"也已引起美国科学家的兴趣。威斯康星大学的核聚变科技研究所总监库尔先斯基认为，"氦 3"是未来太空开发计划的重点。库尔先斯基形容"氦 3"是月球的金矿，他以油价作标准，估计月球上的"氦 3"每吨约值 40 亿美元。他说:"当月球变成一个独立国家,它有条件进行贸易。"

有分析人士认为,美俄也可能考虑在一部分月球计划中进行合作。俄罗斯航空航天局近日也曾宣布,他们收到美国国家航空航天局的"邀请函",希望美俄共同参与新一轮登月计划。

在月球探索过程中,俄罗斯从未有一丝懈怠。早在美国总统布什2004年宣布"新太空计划"时,一位俄太空专家立刻表示,俄罗斯10年内能送人类上火星。

2.开展以氨为原料的燃气涡轮发电验证实验

2014年9月,日本媒体报道,氨是世界上产量最多的无机化合物之一,大部分氨被用于生产化肥。不过,日本产业技术综合研究所和东北大学联合组成的研究小组宣布,他们成功地以氨为原料,进行了燃气涡轮发电的验证实验。

研究人员指出,虽然目前还存在难以点火以及燃烧速度慢等问题,不过通过进一步改良,氨有望作为不排放二氧化碳的清洁燃料得到应用。

在实验过程中,研究人员先制作出微型燃气涡轮发电装置,把作为燃料的煤油中约30%替换为气态氨,然后进行混合燃烧,成功地使输出功率达到21千瓦,与单纯以煤油为燃料时的输出功率基本相同,而排放的氮氧化物完全符合环保标准。

研究人员说,由于采用了难以失火的扩散燃烧方式,即着火后再将燃料喷入气缸的燃烧方式,从而使利用氨发电成为可能,这个实验明确显示氨拥有作为发电用燃料的潜力。

氨燃烧的主要产物是水和氮,因此只要把石油等传统燃料的一部分置换为氨,就能大幅削减二氧化碳排放量。今后,研究小组准备进一步增加燃料中氨的比例,争取早日使氨发电进入实用化阶段。

(二)研制利用磁流体与摩擦能的发电机

1.成功试验超音速磁流体动力发电机

2007年3月,有关媒体报道,通用原子学公司领导的一个研究小组,成功试验了超音速飞行器上新的发电方法。一台超音速超燃冲压燃烧器样机,模拟8马赫飞行的条件,一个磁流体动力发电机,可利用源自该样机的排气流发电。

这是世界上首次成功验证超音速磁流体动力发电机。这将引领该技术的未来发展,是一种为吸气式超音速飞行器,提供几个兆瓦级的磁流体动力辅助电力系统的可行方案。

此项工作由主承包商通用原子学公司、普·惠公司、联合技术研究中心和美国国家航空航天局共同合作完成。超声速飞行器电力系统计划,由美国空军研究实验室资助,由位于赖特帕特森空军基地的美国空军研究实验室推进委员会管理。

2006年12月12日,超燃冲压磁流体动力发电机试验,在联合技术研究中心喷气燃烧试验间完成。实验包括两个连续的多个短周期试验,在喷气燃烧试验间,磁流体动力发电机试验设备,被串联安装在超燃冲压试验台气流的下游侧面。

在所有的实验中,磁流体动力电动机,成功验证了各种磁场强度和功率级别下发电情况。初步评估表明,通过磁流体动力发电机有源部分,可获得的最大功率为15千瓦。

超声速飞行器电力系统验证了这个概念,为超燃冲压磁流体动力未来发展铺平了道路,实现了下一代全球军用飞行器的飞行重量、高电功率系统的变革。

美空军超声速飞行器电力系统项目经理表示,这些试验的成功,推动了超声速磁流体动力技术,从理念变为现实的可能性。现在无须携带大量液氧,就可在吸气式超音速平台上产生电力。

2.研制从周围环境收集摩擦能量的发电机

2014年3月,美国佐治亚理工学院王中林教授领导的一个研究小组,在《自然·通讯》杂志发表论文,介绍了可再生能源领域的一项新技术:一种被称为回转摩擦发电机的新型发电装置,可从周围环境中提取由摩擦而产生的能量,将微风、水流甚至人体运动的动能转化为电能。这种发电装置不但效率高,而且成本低廉。

摩擦电和静电属于一种非常普遍的现象,存在于人们日常生活中多个层面,在穿衣、走路、开车等等行为中都可以遇到,由于它很难被收集和利用,此前一直是被人们所忽略的一种能源形式。但近些年来,静电微型发电机已研制成功,并能在微机电(MEMS)领域得到广泛应用。但其设计的材料、器件的制造工艺以及精密的操作,使整个装置的生产条件十分特殊,造价成本颇高,并不利于发电机的商业化和日常应用。同时,普通的摩擦发电机,都是利用电荷转移,例如把衣物的静电转化为电能,还无法做到把日常生活中多种不规则的动能,转化为可以利用的电能。

现在,该研究小组设计了一种新型摩擦发电机,能够非常有效地收集环境中的静电。更具体地说,这种发电装置,是通过固定的金电极阵列,将光滑表面在回转摩擦时所产生的电荷转化为电力。研究人员说,新型发电装置的转化效率可高达24%,并能将周围环境中不同的动能转化为电能。

早在2006年,该研究小组首次提出纳米发电机理念,为能源的转化和应用展开了一个新范畴;而在2012年,该小组还曾开发出了一种透明的柔性摩擦电发电机,借助柔性高分子聚合物材料,成功地将摩擦转化成为可供使用的电力,其耐久性和可加工性,被证明可轻松融入其他产品的设计当中。

而今问世的新装置,设计仍然非常简单,因此制作成本十分低廉。当用于开发再生能源时,它可从人类活动、轮胎转动、海浪、机械振动等众多不规则活动中获得能量,为个人电子产品、环境监控、医学科学等提供自供电和自驱动设备,有着巨大的商用和实用潜力。这种设备,虽然无法彻底解决人类传统能源日益枯竭的问题,但仍足以对人们的日常生活产生影响,且使得摩擦起电这一古老现象,展现出越来越多的应用价值。

(三)开发压缩空气能源储存及发电新技术

2008年7月,国外媒体报道,随着国际石油价格最近不断创出新高,如何解决未来的能源短缺问题,再次成为科学家们关注的议题。美国科学家表示,推进压缩空气能源储存及发电技术研究和应用,也许有助于这一难题的解决。

美国科学家称,"压缩空气能源储存"的功能,类似于一个大容量的蓄电池。在非用电高峰期(如晚上或周末),用电机带动压缩机,将空气压缩进一个特定的地下空间存储。然后,在用电高峰期(如白天),通过一种特殊构造的燃气涡轮机,释放地下的压缩空气进行发电。虽然燃气涡轮机的运行,仍然需要天然气或其他石化燃料来作为动力,但是这种技术却是一种更为高效的能源利用方式。利用这种发电方法,将比正常的发电技术节省一半的能源燃料。

尽管这种"压缩气体能源储存"的概念,已经提出了30多年,但目前全世界仅有两家压缩空气发电厂。美国阿拉巴马州的压缩空气发电厂创建于17年前,而德国的压缩空气发电厂则已有30年历史。目前,两家压缩空气发电厂都运营正常。现在,美国爱荷华州正在建设全球第三家压缩空气发电厂。美国圣地亚国家实验室,已经得到来自美国能源部的资金支持,负责"爱荷华储存能源公园"(ISEP)项目的设计工作。"爱荷华储存能源公园"其实就是一个压缩空气发电厂,该发电厂将充分利用爱荷华州丰富的风力资源,作为发电厂的运行能源。爱荷华发电厂的压缩空气存储容量,可用于50小时的发电。这家压缩空气发电厂一旦建成开始运营,其每年发电量将占爱荷华州用电量的20%左右,每年可以爱荷华州节省大约500万美元的能源成本。

压缩空气发电厂建设的首要任务之一,就是找到一个支持空气压缩存储的地质空间。爱荷华储存能源公园项目研究人员,经过对厂址附近地区进行严密的地震检测,反复的计算机模拟,以及对其他压缩空气发电厂相关数据的认真分析,目前他们已经找到合适的空气存储空间。最近,圣地亚国家实验室,又开始研究风能利用与空气压缩能源储存两者组合技术。这种组合技术将首先应用于该项目中,继而可能推广到全美其他发电厂。

但是大规模地储藏压缩空气,需要占用大面积土地。研究人员认为,可以使用特殊材料制成一个50米宽,80米高的巨型风袋,将其置于600米以下的深水中,根据计算,这样一个容积的袋子中,每立方米容积内可以储存25兆焦耳的能量。在压缩空气能源储存中,水下是关键,只有深水巨大的压力才能使能源的储量增大。研究人员认为,这种能源储存模式,尽管在准备相关设施时会产生很多费用,但它与制造电池相比,还是便宜得多。另外,在使这些压缩空气产生动力时,普通大小的风机难以满足其要求,所以必须通过技术创新,研制出更大更牢固的叶片。

研究人员说,可再生能源的发展,不仅在实际用途上为人类带来新的方向,也促进了科技的发展。海水中的储风袋,让风能成为当今更加时尚和引人注目的能源。或许在今后,更多不可思议的技术,将会给可再生能源更多的活力,也会给人们更多的惊喜。

第十章 高效节能环保产品领域的创新信息

高效产品,意味着开发生产出能耗更低、消耗原材料更少,同时品质功能更佳的产品。节能环保产品,表现为采用先进可行技术、经济合理措施,以及环境友好和社会可接受方法制造的产品。研制高效节能环保产品,可以提高产品质量,节约原材料消耗,降低人力成本,特别是可以减少煤炭、石油、天然气和电力等能源消耗等。所以,研发这类产品及其相关技术和设备,也是能源创新领域的重要内容。国外在高效节能电器设备领域的研究,主要集中在开发高效节能电子元器件,研制高效充电器、节能空调、节能冰箱、节水洗衣机、节能热水器和淋浴器等,研制高效节能仪器设备和智能化和信息化节能装置,研制高效节能动力设备及部件。在节能环保型交通工具领域的研究,主要集中在开发氢燃料动力汽车、电动汽车、压缩空气与风力驱动汽车,开发氢燃料动力飞机、生物燃料与合成燃料动力飞机、太阳能动力飞机、节能型飞机,开发环保型火车,设计建造节能环保型船舶;研制节能环保交通配套设施等。在高效先进电力设施建设领域的研究,主要集中在研制用于高效先进电力传输系统的电缆,开展高效先进的超导输电线路试验,研发高效先进的无线电力传输系统,建设高效安全的智能电网系统,同时,建设有利于可再生能源发展的高效基础设施。

第一节 研制高效节能电器设备的新进展

一、研制高效节能电子元器件的新成果

(一)开发高效节能电子元件的新进展

1.研制存储能量更大和更稳定的新型电容器

(1)发明能使电容器储存更多能量的新材料。2007年7月26日,美国北卡罗来纳州立大学科学家组成的一个研究小组,在《物理评论快报》上发表研究成果称,他们发明了一种新型聚合物,在作为电容器中的绝缘材料使用时,能够使电容器多存储7倍的能量。电容器具有快速释放能量的能力,特别适合需要高加速的场合。

研究人员研究发现,一种通常使用的聚合物聚偏二氟乙烯,它的电机械性能,能够通过与另一种叫作CTFE的聚合物相结合,而得到极大的增强。

电容器能够像电池一样存储能量。但是与电池使用化学反应来产生储存的能量不同,电容器利用极化,把带正、负电荷的粒子分开来实现能量的存储。这个过程中需要在电容器内的绝缘材料上施加一个电场。

绝缘材料通常是固态的非良导体材料,比如陶瓷、玻璃或塑料,但是能够支持静电场。当电压施加在绝缘材料上,会产生一个静电场,电场极化材料内部的原子,使电容器能够储存能量。

聚偏二氟乙烯在固态条件下,存在极性态和非极性态,并且在电场的作用下状态不会发生改变,这造成其能量存储量较小。现在,该研究小组发现,向非极性态的聚偏二氟乙烯中引入 CTFE 掺杂,得到的聚合物能够从非极性态变为极性态,能够在较小的电场下存储和释放更大量的能量。

(2)以纳米管为基础研制固态超级电容器。2011 年 9 月,美国莱斯大学实验室化学家罗伯特·豪格、研究人员卡里·品特等人组成的研究小组,在《碳杂志》上发表研究成果称,他们发明了一种以纳米管为基础的固态超级电容器。它有望集高能电池和快速充电电容器的最佳性质于一个装置中,以适合极限环境下使用。

双电层电容器(EDLCs)一般被称为超级电容器,拥有比电池等用于调节流量或供应电力的快速突发的标准电容器多几百倍的能量,同时还有快速充电和放电的能力。但是基于液态或凝胶电解质的传统双电层电容器,在过热或过冷的状况下会发生故障。现在,该研究小组研发的超级电容器,利用一种氧化物电介质的固态纳米级表层取代电解质,避免了这一问题。

超大电容的关键,是让电子的栖息地有更多的表面面积,而在地球上没有任何东西比碳纳米管在这方面的潜能优势更大。当投入运用时,纳米管会自组装成密集、对齐的结构。当被转化为自足的超级电容器后,每个纳米管束的长度都比宽度多 500 倍,而一个小芯片可能有上千万个纳米束。

研究小组首先为这个新装置,培植了大量由 15~20 纳米的纳米束单壁碳纳米管组成的,长达 50 微米的阵列。这个阵列继而会被转化为一个铜电极,该铜电极的涂层由金和钛组成,这能助其提高附着力和电稳定性。为提高导电性能,纳米管束(原电极)会掺杂硫酸,然后会被通过原子层沉积(ALD)的方法,涂上一层氧化铝(介电层)和掺杂了铝的氧化锌(反电极)的薄膜。

这种储能器适用范围广,小至纳米电路的芯片、大到整个发电厂,都能从中获益。品特说:“没有人采用这么大纵横比的材质和类似原子层沉积的方法组建过这一装置。这种超级电容器,能在高频循环下拥有电荷,并能自然地整合到材料中。”

豪格说:“这种新的超级电容器,具有稳定性和扩展性。所有的能量储存器的固态方案,都将会密切整合到很多装置中,包括柔性显示器、生物植入物、多种传感器和其他电子装置。它们都能从快速充电和放电中获益。”

2.提出加快推广节能效果显著的发光二极管

2005年5月,美国伦塞勒工艺学院教授弗雷德·舒伯特等人组成的一个研究小组,在《科学》杂志上发表论文指出,以发光二极管为代表的新一代固态光源如果得到推广,全球电力消耗将可以节约10%。如果用新型固态光源取代基于燃料的照明,那么节能效果将更加显著。这对能源供应日益紧张的当今世界,无疑具有现实意义。同时,日益"智能化"的固态光源除节能外,如果在医疗、信息技术、农业和交通运输等领域得到推广,还会给人类带来更多益处。

研究人员说,发光二极管的电能转换效率,远高于目前使用的白炽灯和荧光灯,功率为3瓦的发光二极管,照明效果就相当于60瓦的白炽灯。尤其是目前的交通信号都还在用白炽灯,电力浪费更加严重。全球电力有22%消耗在照明上,如果发光二极管能得到推广,照明用电力就能下降一半。同时,这也减少了矿物能源的消耗和温室气体排放。

此外,如果对固态光源的特性如光谱构成、发光方式、偏振性、色温和亮度等加以控制,这种光源将有更广泛的用途。比如,调节蓝色系照明光的色温,就能调节控制人体的生理节奏,对人类健康、情绪和工作效率产生有益影响;高频闪动的灯光,可以用来发射交通信号;将这种光源用于显微术照明,将提高成像清晰度;调节这种照明光的光谱构成,可以在自然光照下不宜种植蔬菜水果的地带进行农业开发等。

研究人员认为,目前发光二极管等固态光源的改进方向在于:寻找能发出不同颜色光谱的新发射材料,在量子水平上继续提高其发光效率;研究将固态光源封装入灯泡、灯具的更好方式,加快向日常生活推广;提高发光二极管芯片尺寸、电流密度和应用温度范围等。

在同期杂志上,劳伦斯·伯克利国家实验室专家伊万·米尔斯发表的一篇文章指出,全球目前仍有16亿人得不到稳定的电力供应,他们中相当一部分依靠直接燃烧矿物燃料照明。他计算出,煤油灯等照明工具每天烧掉的燃油为130万桶,相当于卡塔尔的产油量,在全球初始能源消耗中占33%。

米尔斯认为,对发展中国家居民,发光二极管将是合适的照明光源,它的电力消耗只相当于最省电的荧光灯的五分之一。在没有电网的地区,可以将太阳能发电与发光二极管照明结合起来,会大幅减少能源浪费。

(二)研制高效节能电子器件的新收获

1.制成有望实现电力转换"零损失"的氮化镓晶体管

2009年12月,美国康奈尔大学工程系教授莱斯特·伊士曼,他的研究生石俊夏等人组成的一个研究小组,在《应用物理快报》上发表研究报告称,他们制成一种高效低耗的氮化镓晶体管,它在输入和输出的转换过程中几乎不会造成电力损失,有望在短期内取代硅晶体管,成为电力应用中的"半导体之王"。

有关报道称,该研究小组研发出基于氮化镓的晶体管设备,即一种新型的电子转换器。氮化镓晶体管耐高温,其频率和功率特性远高于硅和碳化硅等常用的半导体器件,可为笔记本电脑、海洋驱逐舰和其他电力系统等提供高效稳定的电力来源。此外,氮化镓晶体管还能适用于混合动力汽车所需的特殊电路,将电池中的直流电转换为用于电机驱动的交流电。

这种新型晶体管设备的电阻,比当前广泛使用的硅基电力设备低 10 倍至 20 倍,能够有效地减少电力的损失。此外,它还具有很高的击穿电压(即在发生崩溃前,可施加在某种材料上的电压总量),并能够在不出故障的情况下,处理每厘米 300 万伏的电压,而硅基晶体管设备仅能处理每厘米 25 万伏的电压。

伊士曼研究小组已对氮化镓化合物进行长达 10 年的研究。他表示,提升电力利用效率的核心,在于制成能够在高电压和高强度电流之间转换的设备,从而将电力的损耗降至最低。"之前没有哪种电子设备,能够兼顾处理高强度电流和高电压,而我们做到了。"伊士曼如是说。

2.开发可利用无线电波"充电"的微型芯片

2015 年 12 月,英国广播公司报道,荷兰埃因霍芬科技大学皮特·巴尔图斯教授领导的一个研究小组,近日研发出一种可以从无线电波中捕捉能量,并传递信息的微型芯片。来自研究人员表示,这种芯片或将助力刚刚起步的物联网技术的发展。

现在,越来越多的用来测量温度、光照和空气污染情况的微型芯片,出现在智能家庭和公共场所中。但传统芯片技术,所面临的最大的挑战之一,是如何无须电池就可以工作。巴尔图斯说:"如果需要一天到晚围着它们换电池的话,我们肯定不想在家里配置几百个这样的感应器。"

该研究小组研发的新型芯片,恰恰解决了这个问题。这种芯片包含一个微型天线,可以从无线路由器发射的无线电波中捕捉能量,并将其储存下来。在能量充足的时候,它就可以测量温度,并向无线路由器发送信号。

巴尔图斯表示,他们同样可以研发出测量光照、运动和湿度的芯片。目前,这种芯片,只能捕捉 2.5 厘米以内的无线电波,不过研发人员相信可以将这一距离扩展到 1 米。巴尔图斯指出:"理论上分析,它可以实现在 5 米的范围内捕捉无线电波。"

他们研发的芯片,只有 2 平方毫米大,重量为 1.6 毫克。这种芯片的造价也非常低,一个芯片的成本约为 20 美分。在表面遮盖一层涂料、塑料或者水泥以后,这种芯片依然可以工作,这意味可以完美地把它镶嵌到建筑当中。

美国高德纳咨询公司数据显示,物联网市场即将迎来井喷时代。该公司预测,2016 年全球城市地区将有 5.18 亿个智能建筑、10 亿个智能家庭实现联网。

二、研制高效节能家用电器的新成果

(一)研制高效充电器的新进展

发明可为不同电池充电的高效无线充电器。2007 年 4 月,香港《文汇报》报道,现代人随身电子产品繁多,每种产品都有各自的充电器,互不相容。美国宾夕法尼亚州一个企业家发明了一种崭新的无线电波充电器,技术简单,成本低廉,吸引过百电子产品制造商签约合作,包括著名电子公司菲利浦。

据报道,无线充电系统由电客公司(Powercast)开发。其声称整个系统,绝不比一部收音机复杂,而且造价低廉,基本接收装置成本只需 5 美元。具体装置,只需一个安装在墙身插头的发送器,以及可以安装在任何低电压产品的"蚊型"接收器,它会把无线电波转化成直流电,可在约 1 米范围内为不同电子装置的电池充电。

数年前,菲利浦副主席拉奥,都与不少电子专家想法一样,认为无线充电匪夷所思。直至 2006 年夏天,参观了电客公司的无线充电示范,发现这种科技可应用到照明设备、计算机周边产品及任何手提电子产品上,立即签约合作,两家公司首件合作产品——无线 LED 光棒会于本年内推出,2008 年将主打计算机周边产品,包括无线键盘和鼠标。

电客公司创办人兼行政总裁舒利亚与其研究小组,花了 4 年时间进行无线电研究。他发现从墙壁弹回的能量可以捕捉到,只要能研制一个类似收音机的接收器,可以即刻转换不同的频率。他们最终研制出微型高效的接收电路,可因负荷而做出调整,并保持稳定的直流电压。

电客公司声称,已与生产手机、MP3、汽车配件、体温表、助听器及人体植入仪器等逾百家公司签署合作协议。尤其是植入人体的仪器,往往需要动手术才可以换电,假如使用无线充电系统,电池可用一世。

(二)研制节能空调的新进展

1.研制出节省能源的太阳能空调

2006 年 12 月,有消息说,为节省用于调节建筑温度的能源,位于瑞典首都斯德哥尔摩以南海格斯滕的太阳能空调公司,推出一种新装置——太阳能空调。

传统制冷或制热的设备和装置,一般使用煤炭、石油或天然气作为能源,或者需要耗费电力。而瑞典研究人员开发出的这种太阳能空调,可通过有效控制被太阳能加热的水来减少能源使用,并可储存太阳能供阴雨天时使用。

这种空调依靠水与盐在真空中进行热化学交换。水从一个罐里蒸发,被与之相连的罐里的盐吸收,盐于是变成盐浆;水在蒸发过程中吸收能量,能量在盐罐里释放,由此产生能量交换:水变冷,盐变热。

瑞典太阳能空调公司首席执行官佩尔·奥洛夫松说,使用太阳能空调,每月可为一套标准住房节省 130 美元的能源开支。另外,由于不依靠传统燃料,使用太阳能空调的普通家庭,年均可减排 11.8 吨的二氧化碳。

2.研制出新型太阳能空调系统

2010 年 6 月,有关媒体报道,以色列利纽姆公司,研制出一种新型太阳能空调系统,可以有效地避开夏季因用电激增而导致电网断电的状况,为缓解夏季供电压力开辟了一条新途径。

这种太阳能空调,使用该公司研发的热循环专利技术,兼有制冷和制热两种功能,可同时使用太阳能和电力,并可实现两者之间的"无缝对接";在阳光辐射较强的白天,可利用太阳能集热器,把太阳能转换为热能推动空调运转;在夜晚或阴雨天,则由太阳能切换为电力为空调提供动力,以保证夏季需要时随时可以制冷。

该空调的室内部分与普通空调类似,外部太阳能集热器依用户需要确定。他们的主要目标是200~300平方米的办公室;据称,在300平方米的室内安装该系统,三年即可收回成本。由于用特殊的热循环方法实现制冷,不使用化学物质和添加剂,因此,不会造成环境污染。

该公司首席执行官波尔松表示,近年来,随着热浪、酷暑等极端天气的增加,因空调使用量骤增导致的断电现象日益突出,已成为电力公司面临的一大挑战。据美国能源部统计,空调用电约占一个标准美国家庭能源消费的50%;在加利福尼亚,30%~40%的电力增加是空调导致的。研究显示,如使用他们开发的太阳能空调系统,夏季阳光充足时,每天可减少电力消耗85%,每年可减少电力消耗40%,对节能环保具有现实意义。

(三)开发节能冰箱的新进展

在冰箱后面设计一个有热水用的洗脸盆。2005年2月,有关媒体报道,冰箱的用途是冷冻和冷藏食物,而有的背后带个洗脸盆,这是干什么的呢?

当冰箱工作的时候,它的后壁会热起来。这热是从冷藏室"抽"出来的,还有电动机和压缩机工作时产生的热。德国一家商行的设计师考虑了利用这种热的问题,在北极牌新冰箱的后壁上附加了热交换器和水箱。每昼夜可以把75升水从15℃加温至55℃,经试用,一台冰箱能满足4口之家热水用量的50%~60%。而且冰箱压缩机的启动次数也少了,结果是既省电又有热水可用,冰箱附加热水供应的任务一举两得。

有专家指出,许多主体事物和冰箱一样,都有可以利用之处。在不影响主体事物正常工作的前提下,通过附加把主体的某一方面利用起来,可以扩大主体事物的用途。

(四)研制节水洗衣机的新进展

1.推出用"一杯水"洗净衣物的节水洗衣机

2009年6月22日,英国《每日电讯报》报道,英国利兹大学教授斯蒂芬·伯金肖领导的一个研究小组,在法国爱碧集团资助下研制"一杯水"洗衣机。据悉,它只需一杯水就可以洗净衣物。这款超级节水洗衣机,在进入百姓家庭之前,可能先供旅馆或洗衣房等商业用户使用。

负责推广这项技术的英国克赛罗斯有限公司说,"一杯水"洗衣机明年先向旅馆或洗衣房等商业用户推广,然后逐渐争取普通消费者认可。

这家企业已与美国干洗连锁商"绿色大地洗衣"签约,将新款洗衣机率先打入北美市场。

"一杯水"洗衣机的奥妙,就在于它用数千枚塑料珠,代替传统洗衣机所用的大量水。洗衣时,消费者只需在洗衣机内加注 1 杯水,便足以产生洗衣所需的水蒸气,伴随塑料珠运转,衣物脱去污渍。洗衣过程结束后,这些塑料珠会落入滚筒内的过滤网,以便回收使用。报道说,这种塑料珠能重复洗衣数百次。报道说,"一杯水"洗衣机用水量不到传统洗衣机的 10%,能耗减少 30%。

2.设计无水干洗洗衣机

2012 年 4 月,有关媒体报道,科技往往能使我们生活中一些单调乏味的事情,变得有趣而轻松。以洗衣为例,瑞典电器巨头伊莱克斯新近设计了一种名叫"轨道"的概念式洗衣机,能使你的衣物漂浮半空,且能利用干冰(固态二氧化碳),在数分钟内将它们洗净而无须用水。

"轨道"洗衣机,在外形上就像带有光环的卫星,中间是用超导金属制成的球形洗衣篮,洗衣篮表面还覆有防震器和抗碎玻璃,里面则装有可以用来降温的液氮装置。"轨道"洗衣机的外面一圈,则是可以通电的同心圆环。洗衣篮因温度降低而使自身电阻系数下降,在外层同心圆环产生的磁场中,得以悬浮起来。

"轨道"还拥有一个瓷制触摸式控制屏。开启后,洗衣篮内会有极速升华的干冰,以超音速冲击衣物,升华的干冰通过和某些特定有机物的相互作用,将这些有机物分解,污垢会通过一个可以冲洗的管子被过滤掉。气态的二氧化碳会被重新冻结回固态,而你的衣物则在毫不沾水的情况下变得干干净净。尽管这款新型洗衣机尚处于概念之中,但不难想象其将来会成为居家的必备电器。

(五)开发节能热水器和淋浴器的新进展

1.研制出节能热水器

(1)推出恒热灵感辨温数码节能热水器。2005 年 4 月,澳大利亚恒热热水器公司,新推出一款家用节能产品——恒热灵感辨温数码节能电热水器。该产品除了更趋于完美的人性化设计之外,节能技术的升级,更是受到市场前所未有的关注。

热水器的节能指标,主要体现在保温层保温能效、智能控制技术、热效率提高等方面。恒热的灵感辨温热水器,除了沿袭专有的恒热数码控制、64 线均衡注水等节能技术外,还新增设了"辨温感应系统"。它是一套自主节能的系统,能使热水器一直在最节能的状态下运行。它就像一个心思细腻、善于变通又不失沉稳的管家,随时会对主人室内的平均温度、用水习惯和自来水温度等环境状况,进行全方位的自动感应,再通过记忆性辨别及信息处理,自动选择启动当前环境下的节能模式,以获得预置的当前热水使用最佳温度。

恒热的 64 线均衡注水系统,还具有不容小视的节能效果。该系统安装在热水器底部,冷水通过时,受压自动均分成 64 线注入,延缓冷水与上部热水的接触,既保持热水温度,又减少了因温度下降过快、热水器重复加热的次数。蕴含当前高端制造技术,综合节能可达 30% 以上的恒热灵感辨温节能新品,一经推出,必将成为市场的节能新宠。

(2)发明夜里也能提供热水的太阳能热水器。2005 年 12 月,德国媒体报道,德国卡塞尔大学热能技术研究所一个研究小组,发明了一套夜里也能提供热水的太阳能热水器。

研究人员介绍,这种新设备由空气收集器、水气热传导装置和太阳能收集装置组成。空气收集器,吸收被太阳光加热到 45℃ 的外部空气。然后,在水气热传导装置里,被吸入的空气,可以使水温提高到约 20℃。接着,在太阳能收集器里,水温通过太阳照射升高到 35℃。最后,水被传统方式加热到 60℃,并通过远距离供热管道送到居民住宅。

在同样把水温加热到 60℃ 的情况下,采用太阳能预热方式,要比通常加热方式,节省燃料约 1/3。即使在夜里,这种热水器,也能继续利用白天被太阳晒热的周围空气,提供热水。

2.研制出节水节能的淋浴器

发明既节水又节能的新型淋浴器。2005 年 7 月,外电报道,夏天热,人们洗澡次数增多,这样一来就会加大水的消耗量。最近英国首都伦敦,一位名叫彼得·布鲁因的大学生,发明了一种新型淋浴器,既节水,又节能。

据报道,这个新型淋浴器从外形上看,与一般淋浴器没什么不同。不过,它的最大特点就是节水,因为淋浴器的内部设有净化与循环装置。在使用过程中,淋浴器能够把使用过的洗澡水收集到过滤器中,废水在旋流器的带动下不停旋转。由于洗澡水中的污物密度比较大,在离心力的作用下,污物就会从水中分离出来,然后,经过初步净化的洗澡水将通过过滤装置获得进一步净化。

布鲁因介绍说,这种新型淋浴器有一个控制系统,实际上就是一块触摸式面板。它很容易清理,只要擦一擦就行,就像擦浴室墙上的墙面砖一样。他还说,除了省水,这种新型淋浴器还具有调节温度的功能。

据报道,用这种新型淋浴器洗澡,可以节约 70% 的水和 40% 的能源。目前已经有商家对这种新型淋浴器表示出兴趣。

三、研制高效节能仪器设备的新成果

(一)研制高效节能仪器的新进展

1.研制出高效节能电度表传感器

2007 年 7 月,有关媒体报道,电度表是电力工业中不可或缺的计量工具,但其本身又在消耗着一定的电能。

保加利亚专家称,像纽约这样的特大城市,电度表所消耗的无功电能,几乎抵得上装机容量为 200 万千瓦的尼亚加拉河水电站的发电量。机械电度表耗能大,误差率达 7%~8%,已逐渐被感应式电子电度表取代。但电子电度表则需要电流和电压参数放大器,在计算功率时仍要考虑无功功率损耗,即著名的功率因数cosφ。加之放大器中的电流和电压参数是非线性的,对其作线性处理又是一项复杂的技术工作,同时环境温度对放大器也有一定的影响。

保加利亚专家认为,解决这些问题的关键,在于制造出成本低、可靠性高的传感器,并使它具有放大器的功能。目前,这种多用传感器,已在保加利亚管理和系统研究所问世。它是一个由半导体硅元件制成的集成块,功能远不止只是测量单一数值。它与当前广泛使用的霍尔传感器相比,转换效能提高了50倍。其技术秘诀,在于能对所感应的电压和电流进行放大。

2.研制出为风力发电机选址的"风立方"仪器

2009年12月7日,欧洲航天局宣布,其下属的一家企业,开发出一种名为"风立方"的仪器。这一基于先进航天技术的仪器,能准确测量风速和风向,从而帮助有关机构为建造风力发电机选择最为恰当的位置。

该企业研究人员说,空气中散布着灰尘、水滴等微粒,"风立方"发射的激光会受到这些微粒的"干扰",通过对这些干扰的分析,研究人员就能计算出风速和风向。

欧洲航天局官员表示,"风立方"可运用激光探测和修正遥感技术,精确测量从地面到空中200米以内的风速和风向,以及空气涡流和风切变等相关数据,这些数据对于建造风力发电机至关重要,如果选对了建造地点,将大大提高发电效率。

据介绍,这种技术还将被用于制造欧航局"ADM-风神"卫星。按计划,该卫星将于两年后发射升空,其主要任务是对大气动力进行探测。届时,"风立方"将帮助卫星获取数据,从而大大提高天气预报的精确度。

(二)研制高效节能设备装置的新进展

1.开发出高灵敏度的矿井煤尘探测装置

2005年12月,俄罗斯《科学信息》杂志报道,俄罗斯专家最近开发出一种射频传感器,可以准确测量矿井中煤尘的含量。专家希望这种传感器用于煤矿开采,以预防煤尘积聚导致的矿井爆炸。

这种传感器的主要部件,是一个高灵敏度振荡电路,该电路由两条金属丝组成,可以根据矿井空气中煤尘含量不同,而产生不同频率和品质因数的振动。与传感器相连的电脑,可以通过分析传感器的振动,判断出矿井中煤尘的含量。在矿井中进行的实地测量表明,这种探测装置的准确性能够达到100%。

俄罗斯专家认为,利用这种探测装置,可以准确了解矿井巷道中的煤尘含量,从而可以通过加强通风等措施,部分地防止煤尘大量积聚导致的爆炸,减少人员伤亡情况。

研究人员同时介绍说,这种探测装置的不足之处在于,传感器与电脑的距离必须在100米之内。

2.研制出不用传统电能的自动提款机

2007年10月,有关媒体报道,太阳能作为一种清洁能源越来越受到人们的青昧。目前,在南太平洋的所罗门群岛上,出现了不用传统电能而使用太阳能的银行,那里的居民也用上了世界上第一台太阳能自动提款机。

澳大利亚澳新银行工作人员泰特·詹金斯说,在与澳大利亚相邻的岛国所罗门群岛的瓜达康纳尔岛上,没有传统的发电厂,于是他们试用了太阳能。詹金斯说,最初使用太阳能提供能源需要投入较多资金,不过现在他们已将费用降下来了。

太阳能电池,可将天气晴好时产生的多余电能储存起来,保证人们在多云的天气情况下,也有充足的电能。现在,除了银行的自动提款机使用太阳能外,邮局的自动提款机和公用电话也在使用太阳能。詹金斯预计,在不久的将来,林立的太阳能面板将成为岛上一道独特的风景。

詹金斯说,澳新银行还计划,把这个太阳能项目在澳大利亚全国推广,一旦获得成功,他们将把这一节约传统能源的项目向整个太平洋地区推广。

(三)研制智能化和信息化节能装置的新进展

1.开发可自动调节亮度的节能智能路灯系统

2011年7月,《每日邮报》报道,目前,荷兰代尔夫特理工大学,正在校园内测试一套能够自动调节亮度和诊断故障的智能路灯系统。这套系统不但比现有系统节电80%,维护费用也更为低廉。该系统中的路灯采用LED(发光二极管)照明,内置运动传感器和无线通信系统。

其智能之处在于:当有行人或车辆靠近时,路灯会自动提高亮度;反之,当行人或车辆走远后,路灯又会自动变暗,以之前五分之一的功率继续照明。此外,这种路灯的维修也十分便捷,不再需要工人们辛苦的进行故障判断,相关故障信息会由路灯上的无线通信系统自动发送到控制室,而后维修人员可在短时间内快速修复。

据统计,荷兰每年用在道路照明上的电费开支,超过3亿欧元,除此之外,为生产这些电力,发电厂每年还会向环境中排放超过160万吨的二氧化碳。

研究人员称,代尔夫特理工大学的这项试验,是对该系统的一次全面测试,根据测试结果,他们还将对系统做出一些调整。如果试验获得成功,将有望首先在英国进行应用。

据了解,英国每年花在全国750万盏路灯上的费用,估计有5亿英镑之多。有鉴于此,该国各地都在试图削减这部分开支。为节约电能,不少地方管理机构,还计划在午夜后关闭农村和住宅区的路灯,或将其更换成能够自动变暗的照明设备。

2.开发出降低网络能耗的软件系统

2012年5月28日,物理学家组织网报道,瑞士洛桑联邦理工学院嵌入式系统实验室的一个研究小组,开发出一种软件系统,能监控和管理大型数据中心的能源消耗量,使其比当前的能耗量降低至少30%甚至50%。

统计数字表明,瑞士的互联网能耗量,占据了其每年总能耗的8%,这一数字还将在未来几年内上升至15%~20%。为了应对这种情况,该研究小组开发出一种被称为"电力监控系统和管理"的新工具,能够监视和追踪数据中心的能耗,也可被用于分配多个服务器之间的工作量。服务器是指一种管理资源，并为用户提供服务的计算机软件，通常分为文件服务器、数据库服务器和应用程序服务器。运行以上软件的计算机或计算机系统也被称为服务器，可提供邮件收发、文件分享、业务操作和数据存储等互联网服务等。

这一系统，由包含一组传感器的电子盒所组成，每个都可连接至机架的主电源，或直接连接至为服务器的电子元件供应能源的电缆。通过测量在某一时刻通过的电流，传感器能估算出消耗的能源，记录能耗的改变，并控制系统不至于过热。记录下的信息，将传送至该软件所运行的中央处理器，并与室温等其他数据一同等待处理。系统能够创建一个显示服务器能耗变化的表格，使科学家可远程实时访问。

这一方案的优势，在于它提供了一个对服务器群使用的精确概览。此外，新系统还能将一台计算机的工作负荷转移到另一台机器上。研究人员表示，由于一台服务器承担80%的工作量可比两台服务器分别运行40%的工作量耗能少得多，因此此举可实现能源的大幅节约。

科学家称，这一软件是应瑞士信贷集团的要求所开发，以减少其下属银行数据中心的能耗和经济成本。目前，新工具已经安装在数据中心的5200个服务器的机架上。该集团相关负责人表示，由于新系统有助于"服务器虚拟化"过程的实施，这一解决方案对他们具有很大的吸引力。该系统允许他们，把服务器集中在更小的空间内，系统记录下的具体信息，也能使其更好地控制温度等因素，令公司设施的管理更为安全。

四、研制高效节能动力设备及部件的新成果

(一)研制高效节能动力设备的新进展

1.高效节能常用动力设备的新产品

(1)开发出配备超低排放燃烧技术的燃气轮机模拟器。2007年8月，有关媒体报道，美国能源部电力输送和能源可靠性办公室罗伯特·程及其同事大卫·小约翰，与圣迪亚哥太阳涡轮公司的肯尼思·史密思和瓦甄·纳兹等人组成研究小组，成功测试了一种以纯氢为燃料，配备超低排放燃烧技术(即低漩涡注射器)的试验性燃气轮机模拟器。低漩涡注射器可以燃烧不同的燃料，是一种既简便又低本高效的技术。

研究人员表示，此次试验具有里程碑式的意义，它表明这种燃烧技术有潜力帮助消除发电厂每年排放的数百万吨二氧化碳和数千吨氧化氮。低漩涡注射器很有希望使氧化氮的排放量接近于零，而氧化氮是在发电过程中通过天然气等燃料的燃烧排放出来的。氧化氮简称NOx，它既是一种温室气体，又是构成烟雾的气体之一。

能源部研究小组最初投资开发低漩涡注射器，是为了使这种技术能够用于实

地发电(即分布式发电)的工业燃气轮机。这项研究,旨在开发一种可以利用低漩涡注射器技术,充分减少氧化氮排放的天然气燃气轮机。

他们与圣迪亚哥太阳涡轮公司研究人员合作,把低漩涡注射器技术,运用于可以产生700万瓦特电力的"金牛座70"型燃气轮机。该研究小组的努力,使他们获得了"研究与开发100强"的殊荣。他们将继续开发可用于碳中和可再生燃料的低漩涡注射器,这些燃料来源于垃圾掩埋和其他工业处理过程,比如石油加工和垃圾处理。罗伯特·程说:"这是一项飞速发展的科技"。他强调称,这些燃气轮机正被用于发电,其工作方式是燃烧气体燃料,它们的工作原理与喷气式飞机的涡轮发动机相似。

美国能源部石化燃料办公室正在资助其他计划,在这些计划中,科研人员将测试低漩涡注射器在先进的整体气化联合循环设施中,燃烧合成气体(氢气和一氧化碳组成的混合气体)和氢燃料的能力。整体气化联合循环设施,又称未来发电厂,有望成为世界上第一种接近于零排放的煤炭发电厂。未来发电厂将从气化煤中制造出氢气,同时没收这一过程中产生的二氧化碳。装机容量约为2亿瓦特的氢燃气轮机,是未来发电厂的关键成分,目前研究人员正在对几种将用于氢燃气轮机的燃烧技术进行评估,低漩涡注射器技术是其中之一。伯克利国家试验室通过与国家能源技术实验室的合作,成功测试了这种以纯氢为燃料的低漩涡注射器装置,从而树立了一座新的里程碑。

美国电力研究院燃气轮机技术负责人莱昂纳多·安格罗,在致"研究与开发100强"选拔委员会的推荐信中写道:"这种设备的潜力给我留下了深刻的印象,作为下一代煤炭整体气化联合循环发电厂的关键技术,它可以赋予未来发电厂捕获二氧化碳的能力……该技术的应用,为研制整体气化联合循环发电厂使用的燃气轮机带来了希望,这种发电厂的运转将依赖于氢含量极高的合成气体燃料或纯氢燃料。"

低漩涡注射器是一种机械性较为简单的设备,它没有运动机件,可以使气体燃料和混合气体产生适度的旋转,从而使混合气体从燃烧器中扩散出来。流出的气体位于燃烧器喷口的不远处,所产生的火焰是稳定的。不仅它的火焰是稳定的,而且它的燃烧温度低于传统的燃烧装置。由于氧化氮是在高温条件下产生的,因此火焰温度较低将把氧化氮的排放降低到一个极低的水平。

罗伯特·程说:"低漩涡注射器的工作原理背离了传统的方法,全世界的燃烧专家才刚刚开始接受这种违反常理的概念。要解释这种燃烧现象中隐藏的科学,需要综合分析湍流力学、热力学和火焰化学等学科的相关原理。"

装有低漩涡注射器的天然气燃气轮机所排放的氧化氮,比传统燃气轮机要少一个数量级。伯克利国家试验室和太阳涡轮公司的试验表明,装有低漩涡注射器的燃烧器仅仅排放出了百万分之二的氧化氮(15%的氧气),比传统燃烧装置少5倍以上。

低漩涡注射器技术更重要的意义在于,它不仅能够燃烧天然气和氢气等多种不同燃料,而且比较容易与现有的燃气轮机技术相结合,从而不需要广泛地重新设计燃气轮机。低漩涡注射器将被设计为燃气轮机发电厂的插入式组件。

罗伯特·程开发的低漩涡注射器技术,近日被《研究与开发》杂志授予了2007年"研究与开发100强"奖,成为本年度百佳新技术之一。该技术已获准用于燃气轮机和其他相关应用领域。

(2)研制出能满足万户家庭用电的高效率小型涡轮机。2016年4月,《麻省理工技术评论》杂志网站报道,通用电气公司全球研发中心工程师道格·霍弗领导的一个研究小组,正在测试一款只有桌子大小的涡轮机,但它的发电效率却高得惊人,能为一个拥有万户家庭的小镇供电。

目前,这个涡轮机原型的发电量为1万千瓦,通用电气公司希望未来能提高到33万千瓦。该技术还有望用于电网储能,即将来自太阳能、核能的热先储存起来,待需要时再用于发电,可与目前所用的大型蓄电池组展开有力竞争。

报道称,该涡轮机由超临界二氧化碳驱动。这种二氧化碳处于高压和700℃高温条件下,既非液体也非固体。这样设计的涡轮机,虽然体积仅为产生相同电量的蒸汽涡轮机的1/10,但将热转化为电的效率却比之高出50%。通常蒸汽系统的发电效率在45%左右,这种新型涡轮机之所以效率更高,是因为使用超临界二氧化碳的热传导性能更好,而且不像蒸汽那样需要进行压缩。此外,蒸汽系统启动要耗时30分钟,而这种超临界二氧化碳涡轮机启动只需一两分钟,这使得它非常适合于在需求峰值期间进行现场发电。

通用电气公司研发的这套涡轮机系统,由于小巧紧凑,可以迅速打开和关闭,在电网储能方面可能比目前的大型蓄电池组更有竞争力。霍弗说,经济成本是关键,虽然还有待进一步研究加以完善,但就目前来看,该系统的经济效益比蓄电池组更高。

2.高效节能航天动力设备的新产品

研制登陆火星用的高效电力推进系统。2016年4月20日,美国国家航空航天局官网报道,美国国家航空航天局与洛克达因公司,签署了一项总额为6700万美元的合同,旨在设计并研制一款先进的电力推进系统。美国国家航空航天局希望,这个为期36个月的合同,能显著提升美国的商业太空能力,并使包括小行星重定向任务和探测火星在内的深空探索任务,成为可能。

据悉,该合同研制的高效电力推进系统,相对目前的化学推进系统,燃料效率有望提高10倍以上。另外,与目前的电力推进系统相比,推力能力增加2倍。美国国家航空航天局太空技术任务理事会副理事长史提夫·尤尔奇克表示,通过这一合同,美国国家航空航天局将着力研制先进高效的电力推进单元,为将于2020年左右进行的先进高效太阳能电力推进系统验证铺平道路。这一技术的研发,将提高太空运输能力,可用于美国国家航空航天局的多项深空载人和机器人探索任务,以及"火星之旅"。

洛克达因公司将负责一整套高效电力推进系统的研制和生产,包含一个推进器、电源处理单元、低压氙流量控制器以及电缆。该公司还将制造一个工程开发单元,并对其进行测试和评估,为飞行单元的制造做准备。

有关专家说,电力推进系统的第一个工作试验,是于 1964 年 7 月 20 日进行的格伦空间电火箭实验。从那时起,在长期的前往多个目的地的深空机器人科学和探测任务方面,美国国家航空航天局一直在精益求精地推进航天电力推进技术的研发工作。

这个先进高效的电力推进系统,是美国国家航空航天局的"太阳能电力推进"的下一步,美国国家航空航天局打算在 21 世纪 20 年代中期,开展的小行星重定向任务,将对有史以来最大最先进最高效的太阳能电力推进系统进行测试。

专家对此评论说:"该合同研制的高效电力推进系统,不仅性能达到国际领先水平,更重要的是它能为高功率电力推进发展奠定坚实的技术基础,并将对未来载人深空探测等任务,产生积极影响"。

(二)研制高效节能动力部件的新进展

1.开发可使发动机节省燃油并降低污染的新装置

2008 年 11 月,以色列那萨·沃尔特公司,研究人员亚伯拉翰·沙木尔的一个项目研究小组,开发出一种针对重油等燃料的节能降污装置,使用该装置不仅可降低发动机燃料消耗,还能清除燃油燃烧后产生的污染物。

这种新装置叫作"分子加速器",其外形看起来很像一截金属管,使用时与发动机燃油管道相连接。据以色列佳德奶制品厂和斯迪姆洗衣厂的数据显示,安装该装置后,可使发动机节省燃油 25%,燃烧后产生的二氧化碳、二氧化硫、氮氧化物等污染物也明显减少。

沙木尔表示,该装置具有降污节能作用,关键在于它能够把燃油分解为更小的颗粒。这样,用同样燃料即可产生更大效能,且燃烧时没有烟雾,不需要化学添加剂,在燃烧室及烟囱中也不会有碳存积物留存。

目前,这种节能装置,已通过美国 CSA 和德国 TUV 认证,并在意大利燃烧炉制造商及以色列能源产业的一些厂家中得到使用。

2.研发出稀土金属镝用量减半的新型电机磁铁

2012 年 5 月 15 日,《日本经济新闻》报道,日本信越化学工业公司,最新研发出稀土金属镝用量减半的新型高性能电机磁铁。

镝是银白色稀土金属,是空调和混合动力汽车电机,为了具有耐热性而在磁铁中添加的主要材料。空调电机磁铁中镝的重量约占 5%,在混合动力汽车电机磁铁中约占 10%。现行的技术,是把镝和铁、钕混合加热溶化后凝固成型。而新技术,是在其他材料凝固后,再把镝涂在磁铁的表面,大大减少镝的使用量。利用这项技术,空调电机磁铁的镝使用量可减半。

日立和东京电气化学工业公司等电机和电子元器件企业,都在开发不使用稀土金属的高性能电机和磁铁,进展情况不一。但目前看来,信越化学工业公司减少稀土金属使用量的技术,实用化更快,该公司已为此进行了十多亿日元的设备投资。

第二节　研制节能环保型交通工具的新进展

一、研制节能环保型汽车的新成果

(一)氢燃料动力汽车研制的新进展

1.设计制造氢燃料电池汽车

(1)突破氢燃料电池汽车行驶的里程记录。2004年9月20日,法国研制的一辆燃料电池车,从柏林行驶到巴塞罗那,创造出一个行驶里程新的世界纪录。从来没有汽车,在仅仅使用氢燃料电池,跑过这么远的路程。

这辆汽车的核心部分,是一个质子交换膜燃料电池。在这里,氢和氧发生反应生成水。这种反映产生的能量驱动电动机。当刹车的时候,电动机相当于发电机,同时对电容器进行控制。

对于这种只有三个轮子的汽车来说,它的空气阻力,仅是普通轿车的一半。不算驾驶员和氢燃料,车的重量为120千克,最大的时速为每小时80千米。

(2)研制出采用氢燃料电池的军用汽车。2005年2月,外国媒体报道,美国陆军已经研制出采用氢燃料电池的军用汽车,这是美陆军向车辆动力多元化迈进的重要一步。

该汽车采用混合动力,10千瓦燃料电池和电动机,车辆行驶噪声小,最高速度达到130千米/小时,0~65千米/小时的加速时间仅为4秒。该车由美国陆军坦克机动车研发和工程中心所属的国家机动车辆中心,与昆腾燃料系统技术公司联合研制。

目前,尚不清楚燃料电池技术何时能够真正应用在军用车辆上,其中最关键的因素是燃料。因为目前普遍使用的是氢燃料电池,而氢燃料没有在战场上广泛使用,后勤补给存在问题。因此,未来的燃料电池必须能够使用普通的军用燃料,如JP-8航空燃料,或者仅使用少量氢燃料即可工作。

另一个重要的问题就是费用。目前使用燃料电池的成本为2500美元/千瓦,且电池本身必须手工制造,成本相当高。但是随着燃料电池技术的不断发展,相信在不久的将来,价格将不再成为制约其推广的瓶颈。此外,目前燃料电池的寿命为数百小时,最多不超过1000小时,而普通汽车的发动机约为4000小时。因此只有提高燃料电池的寿命才能实现其在军事方面的应用。

从短期来看,燃料电池的潜在用途是作为辅助电源,使士兵能够在关闭发动机的情况下仍能使用电台、观瞄设备或空调等车载设备。在未来3年中,美国陆军坦克机动车研发和工程中心,还计划研制一种使用JP-8燃油的燃料电池,并将其安装到某型装甲车辆上进行试验。

2.设计制造使用氢的内燃发动机汽车

(1)研究用水产生氢直接驱动汽车。2006年8月,英国《新科学家》杂志报道,以色列魏茨曼科学研究院塔里克·阿布·哈米德教授领导的一个研究小组,发明了一种制氢装置,可以在汽车上用水产生氢来直接驱动汽车,使之成为零排放交通工具。

研究人员介绍说,这种制氢装置的工作原理是:通过水和硼发生反应产生氢,氢再进入内燃机燃烧产生动力。

为使硼和水发生反应,必须先把水加热到数百摄氏度,使其变为蒸汽。因此,车辆仍然需要某种启动动力,比如说电瓶。当发动机启动后,硼和水经过氧化反应产生的热量,能够为进入发动机的水加热,产生的氢则可以从发动机转移并储存起来,用作启动燃料。氢在内燃机中燃烧时产生的水,也可以收集并循环到车辆燃料箱里,使得整个过程在车上完成,真正做到无排放。硼和水产生的唯一副产品氧化硼可以再加工,转变成硼,并循环利用。

据研究人员计算,一辆汽车装载18千克硼和45升水,就可以生产5千克氢,产生的能量相当于一箱40升传统燃油产生的能量。

(2)推出发动机既可使用氢燃料也可使用汽油的豪华汽车。2006年9月12日,德国宝马汽车公司表示,将很快推出世界上首辆氢动力豪华汽车,并将销售目标定为美国市场。

这款氢动力汽车,将在宝马7系列的基础上研制,其发动机既可使用氢燃料,也可使用汽油。该公司表示,在使用氢动力状态下,汽车除了排放水蒸气外,几乎对环境没有任何污染。氢动力汽车有12个汽缸,最高时速可达228千米。这款车将在欧洲生产,并最终销往美国,但具体销售日期尚未确定。

(二)电动汽车研制的新进展

1.大量增加研制电动汽车的资金投入

(1)政府拨款巨款用于研发电动汽车及电池。2009年8月5日,美国媒体报道,美国政府当日宣布,将拨款24亿美元,用于环保电动汽车与电池的研发。

美国密歇根州5个汽车研发小组,成为其中电池专项资金的大赢家,将获得9.66亿美元拨款,用于加速向市场推广环保电动汽车。

美国汽车制造业三大巨头获得的拨款额度也相当可观。总部在底特律的通用汽车公司将获得2.41亿美元拨款,其中约1亿美元将用于通用在底特律附近兴建汽车电池组装厂。据报道,通用公司的雪佛兰VOLT电动汽车,计划于2011年进入中国市场。

福特汽车公司和克莱斯勒集团,将分别获得9270万美元和7000万美元的,电动汽车研发拨款。美国其他汽车制造商,将分享9亿美元拨款,用于购买汽车电动化的部件和资助相关研究。

根据规定,拨款所支持的研究、制造和推广,都必须在美国境内进行。美国媒体和获得资助的公司认为,美国政府此举将大大刺激汽车业以及汽车电池业的发展。他们期望密歇根州成为美国的"电池之都"。密歇根州立大学的研究所估计,到2020年,环保电动车和电池领域将会创造约3万个新就业机会。

(2)企业投巨资研发电动汽车。2010年1月,有关媒体报道,来自福特中国投资公司的最新信息表明,福特将投资4.5亿美元,用于其电动车研发计划,为2012年在密歇根生产下一代混合动力和插电式混合动力车做好准备。该计划预计将给美国新增1000个工作岗位。

在此之前,福特汽车已宣布,将斥资5.5亿美元,把其密歇根装配厂由大型运动型多功能车生产厂,改造成为一个现代化汽车制造基地,从2010年开始生产新一代福特福克斯汽车,2011年开始生产福克斯纯电池电动车。本次追加投资意味着福特位于密歇根州韦恩市的工厂将成为混合动力车、插电式混合动力车和纯电池电动车的生产基地,所有车型都将在福特崭新的全球中级车平台上制造。

福特汽车公司执行董事长比尔·福特说:"我们所处的产业正处在'经济、能源、环境'这三个重大全球性问题的交叉点上。能够脱颖而出的企业不仅需要解决这些问题,而且其生产的汽车还必须令人兴奋,充满驾驶乐趣,同时不能损失性能。"福特表示,除了在密歇根工厂生产福特福克斯电动车、下一代混合动力车和插电式混合动力车之外,公司还将自行进行电池系统的设计和开发。福特将自行在密歇根为下一代混合动力车设计高级锂电池,并将电池组的生产从墨西哥迁移到美国密歇根州。

2.研制电动汽车的新成果

(1)发布首款全电动汽车。2009年8月2日,日本日产自动车公司,发布其首款全电动动力汽车,取名"叶子",宣称由此掀开日产零排放汽车新时代。

日产自动车公司当天在位于横滨的总部,为"叶子"揭幕。这款全电动汽车使用专用底盘和超薄锂离子电池,单次充电行驶里程超过160千米,最高时速140千米。

由法国雷诺公司控股44%的日产,首席执行官卡洛斯·戈恩在揭幕仪式上说,这款新型全电动动力汽车,将引领零排放未来,开启汽车工业新时代。

戈恩则用一句话评价:"'叶子'绝对环保,没有排气管,没有内燃机。它只有一套由我们锂离子电池提供的宁静、高效电力系统。"

(2)推出有利于美容与养生的护肤电动汽车。2009年11月,法国雷诺汽车公司与法国著名的化妆品生产商碧欧泉公司合作,推出一款绿色概念电动汽车。它不仅仅外观设计巧妙,而且其独特的空调系统还具有美容养生功效。这一功能,将会受到大量女性消费者的热烈欢迎。

对于法国人来说,家庭汽车的高油耗往往令人无法忍受,令他们更加难以忍受的是,汽车排出的废气,会对他们的皮肤造成伤害。新设计的概念车,就是为了解决这道难题而诞生的。

这款电动汽车,看起来像一个 4 米长的泡泡,车门仿佛是泡泡上长出的两个翅膀。车身上涂有一层厚厚的聚亚安酯胶体,用来保护车体不被划伤。它最大的亮点,是其车内美容养生功能。雷诺公司声称,不管对于男人还是对于女人来说,这款电动汽车将是他们最佳护肤环境。即使是在开车过程中也不影响护肤。

这款电动汽车的空调系统,相当于巴黎最好的美容养生馆的空调装置。它由碧欧泉公司研发,加强了空调系统的空气加湿和冷却功能,有助于皮肤的保养。如果这款车跟在一辆货车之后被其排出的废气包围,那么它车上的毒性传感器将自动关闭汽车空调的进气口,以防止自由基破坏车内人员健康的皮肤。在这款电动汽车空调系统中,还装有一个电子香水喷雾器,车厢内总是充满一种芳香的气息。雷诺公司称,该车配备的高级香水,是由碧欧泉公司专门研制的。香水中富含的有效成分,正是车内人员保养皮肤所需要的物质,同时还可以让驾驶者早晨精力充沛、晚上驾驶高度警惕。

(三)压缩空气与风力驱动汽车研制的新进展

1.设计制造压缩空气推动的汽车

(1)研制压缩空气发动机和电动马达双动力汽车。2005 年 4 月,韩国一家公司研发出一种用压缩空气为动力的汽车发动机,以及一个用电动马达来交替为车子提供能源的系统。由于不使用燃料,该混合动力汽车(PHEV)对环境没有污染,十分环保。

该系统由车中内置的电脑控制,由其根据具体情况,对压缩空气的发动机和电动马达发出指令。有一个采用 48 伏特电池为动力的小型马达,促使空气压缩机工作,同时它还给电动马达提供能源。研制者介绍说,空气被压缩后,储存在一个气缸里。当车需要大量的动力,如在发动和加速时,压缩的空气就会派上用场,它会驱使活塞,令车轮转动。当车趋于常速时,电动马达即开始工作。

可以说,这种车有了两个"心脏",也就是说在不同的时段将运转的马达分开,使其能够最大限度地发挥效率。据说该系统不复杂,便于生产,并且适用于任何常规的发动机(引擎)系统。

由于采用该系统可以不需要给汽车装置冷却系统、燃料水槽、点火装置(发动塞)或是消音器,因而能够减少 20%的汽车制造成本。该公司希望,在不久的将来,更多的车会采用混合动力在路上奔跑。

(2)推出以压缩空气推动的环保汽车。2007 年 6 月,有关媒体报道,法国的马达研发国际公司成功研制出一款新型汽车,它以压缩空气推动,不需要任何燃料,不会产生污染。该公司给这款环保车取名"迷你猫",它体内有一个"气缸",里面储存压缩空气,这空气可用来推动引擎的活塞。加满一次压缩空气可跑 200 千米,空气耗尽之后,可以另行补充。引擎排出的空气,还可以再循环,供车内冷气系统使用。

马达研发国际公司费了14年时间，才成功开发"迷你猫"环保车。它体型精巧，外壳用玻璃纤维制造，时速可达110千米。

印度的塔塔汽车公司与马达公司签约，抢先推出这款环保汽车。目前，设计师正在研发这种车的混合动力，努力做到在汽车运转过程中自己制造压缩空气，这样所产生的动能足以横跨整个印度大陆。

2.设计制造风力驱动的汽车

推出世界最快的风力汽车。2009年3月，有关媒体报道，英国的一位动力工程师，驾驶自己设计制造的"绿鸟"风力驱动车，在风速仅为每小时48.2千米的情况下，创造了每小时行驶202.9千米的最快世界纪录。此前，由美国人创造的风力车速度纪录，是每小时187.8千米。

与传统的风帆汽车不同的是，"绿鸟"风力车采用一种钢性翅膀，它能以与机翼同样的方式，产生向上提升的动力。整辆风力车几乎全部采用碳复合材料，唯一的金属部件就是翅膀和车轮的轴承。据介绍，这种空气动力学设计和较轻的质量，能够让"绿鸟"风力车轻易达到风速的三到五倍。"绿鸟"风力车早期的一个原型，曾经在风速为每小时40千米的情况下，跑出每小时144千米的速度。

（四）节能环保型汽车研制的其他新进展

1.推出大力发展节能环保型汽车的新规划

（1）公布开发新一代节能环保的智能汽车计划。2007年9月，欧盟委员会公布了一项计划，将加快开发更安全、更清洁和更智能的汽车。在未来数月，委员会将与欧洲和亚洲的汽车制造商展开会谈，意在从2010年起，在所有新车上推行全欧汽车紧急呼叫技术，以及促进其他安全和绿色相关技术的开发。

为改善道路安全，欧盟委员会的智能汽车新倡议，鼓励相关各方在中型和小型汽车上，加速实施电子稳定控制系统。该系统具有速度传感器和制动分离装置，可保证在高速或湿滑路面上行驶的车辆的可控性。

欧盟委员会估计，如果每辆汽车都配备有电子稳定控制系统，每年大约可拯救4000多条生命和避免10万次的撞车。欧盟负责信息社会和媒体事务的专员雷丁说："技术可以挽救生命，改善公路运输和保护环境。如果我们对在欧洲的公路上抢救生命的事情感到忧虑，那么所有27个成员国应该设定一个期限，把紧急呼叫技术和电子稳定控制系统，设定为所有新车的标准配备。同时，我们必须清除行政障碍确保汽车更安全和更清洁。"

欧盟交通委员会主席巴洛特称，为达到2010年道路伤亡事故减半的目标，必须在保证司机安全、设施安全和车辆安全方面行动在前。在智能汽车行动中，委员会正在推动并确保尖端技术能够尽可能地进入汽车，这将有助于挽救生命，并减少运输对环境的影响。关于智能公路运输系统，委员会呼吁所有相关者制定一个标准接口，以连接移动导航设备和其他集成到车内的系统。

欧盟委员会副主席费尔霍伊根建议,到 2011 年,所有新车都应强制安装电子稳定控制系统。他说:"我们要充分利用技术和知识造福社会。我们拥有的技术可更好地帮助司机,这样做将有助于避免人间悲剧的发生。"

(2)公布加速研制节能减排型汽车规划。当前,世界各地都在大力发展低碳经济,努力降低二氧化碳的排放量。对此,法国的标致雪铁龙集团根据中国发展低碳经济的要求,公布了一个新能源汽车发展规划及战略目标,提出标致雪铁龙系列汽车,到 2020 年在中国二氧化碳排放量降低 50%。

为实现这一目标,该集团将首先优化汽车动力驱动系统。到 2020 年,将至少有 6 款新型的汽油发动机,引进中国市场。新一代汽油发动机,将比现在的发动机节省燃油,并降低二氧化碳排放量达 20%。此外,该集团还将致力于研发新一代的变速箱技术,特别是自动变速箱技术,争取达到同样的节能减排效果。

除此之外,该集团还将进一步优化汽车结构及汽车行走系统,在确保舒适性和安全性不变的前提下,采用新型材料,把每一代新型汽车的重量降低 10%。并且采用新型轮胎,为其实现降低 5% 能耗的目标。

在电动车技术和混合动力技术方面,该集团也将进一步推进研究。早在 1942 年,该集团就推出第一款城市轻型电动车 VLV,并进行批量生产。截至 2005 年,它的销量已占全球总销量的 1/3。如今,该集团不仅在电动车技术方面处于领先地位,而且其独有的汽油发动机 Hybride4 充电式全混技术,也将于 2015 年引入中国,其节能减排量将达到 30%;在混合动力方面,作为"中国特色攻略"的前奏,该集团已在深圳的东风雪铁龙世嘉车型中,全球首次搭载停车起步微混装置(STT 技术),它可以使二氧化碳排放降低 5%~15%。

2.节能环保型汽车研制的其他新成果

(1)研制出超级节能型汽车。2004 年 8 月,巴西媒体报道,为把所学知识应用于实践,巴西理工科大学生兴起研制超级节能型汽车热,并驾驶研制汽车参加比赛。

圣贝尔纳多大学工业工程系学生,在里卡多教授的领导下,研制出 X-11 型超级节能型汽车。这种汽车长约 2.5 米,宽约 1.5 米。汽车装有特殊发动机,当时速达到 45 千米时,发动机会自动熄火,汽车靠惯性行走。时速降至 15 千米时,发动机又会自动启动,直至时速重新达到 45 千米。由于有了节能型发动机,1 升汽油可供其行驶 760 千米。

参加设计的大学生弗拉维亚将驾驶这辆汽车参加比赛,她的身高 1.62 米,体重 45 千克。比赛的目的不是看谁设计的汽车开得快,而是看谁的汽车更节省能源。

里卡多说,学生开展这种活动是极其重要的,以便把所学知识应用于实践,为巴西汽车工业培养出一批有用的人才。他透露,2004 年有 11 辆学生设计的汽车参加节能型汽车赛,2005 年参赛的汽车将达到 40 辆。

（2）开发出可自动消化尾气的环保汽车。2005年6月，有关媒体报道，伴随着汽车工业100多年的发展，公路上的汽车尾气一直是城市环境的主要污染源，也是造成当今全球气候变暖、出现温室效应的原因之一。为了减少汽车尾气的排放量，世界各主要汽车制造商，都在加紧研制环保型汽车。近日，汽车工亚巨头戴姆勒-奔驰，就在美国推出该公司最新研发的环保汽车。参与研发工作的戴姆勒-奔驰公司专家，向媒体介绍称，这款新车主要有以下3大特点：

一是该汽车车头形状，模拟鱼类头骨的生理结构设计而成。研究表明，鱼头骨的生理结构，帮助鱼类克服了水中游动时，遇到的大部分水流阻力。这种设计结构，大大削弱了汽车在行驶过程中遇到的空气阻力。风洞实验结果表明，汽车车头的风阻系数CX值仅为0.09。汽车车身结构设计和选取的漆料颜色，也分别模仿鱼类身体形状和鱼鳞的色泽。此外，车身全长为4.24米。因此，戴姆勒-奔驰公司把这款新车，命名为梅塞德斯仿生车。

二是其仿生车动力系统，采用了耗油量极小的140型柴油发动机。平均每百千米的耗油量仅为4.3升；在车速为90千米/小时的情况下，每百千米的耗油量则降低到2.8升。

三是车体内安装了，目前世界上独一无二的，选择性催化还原降解装置，该装置里有一种名为AdBlu的化学试剂。当汽车产生尾气时，这种化学试剂会自动喷射到汽车尾气排放系统里；经过化学反应，最终将有害气体分解为水和氧气并从汽车尾部排出。戴姆勒-奔驰公司专家透露，经过选择性催化还原降解装置处理后，汽车尾气中80%的有害气体都被处理掉了。公司近期内，将在其他类型的汽车中，广泛采用这种装置。

二、设计制造节能环保型飞机的新成果

（一）氢燃料动力飞机研制的新进展

1.设计制造氢燃料动力无人机

（1）以液态氢为燃料的无人机试飞成功。2005年7月，美国媒体报道，飞机试飞并不稀奇，但是最近在亚利桑那州的尤马试验场，进行试飞的无人驾驶飞机却倍受关注。原来，这是美国研制的氢飞机进行的第一次成功试飞。

报道称，美国一家公司，成功地完成了一架以液态氢为燃料的飞机的飞行测试。这架被命名为"全球观察"的飞机，看起来更像一架滑翔机，它的翼展超过15米，翼展下面悬挂着机身，而后面是一条伸展出去的"龙尾"，沿着机翼边缘有排成一线的8个螺旋桨。

加利福尼亚无人机制造公司表示，机身上的"油箱"是这架飞机最具创意的地方。"油箱"里储存着大量的液态氢，当液态氢与大气中的氧结合在一起，并充分燃烧后，就能产生使螺旋桨转动的动力，这样飞机也就能够自由地翱翔了。

由于氢非常活跃，如果储存不当极容易引起爆炸。该公司华盛顿地区主管亚

历克斯·希尔解释说，"我们给飞机注入低温保存的液态氢。因此油箱的绝缘性及密封性就变得至关重要。这次飞行试验证明，我们可以控制液体氢。在此之前，我们已经在地面做过多次试验，而这次试飞的主要目的，就是想测试一下这种技术，是否能在天空中应用，所以我们自始至终都没有给飞机加足燃料。如果我们加足燃料的话，一油箱液态氢，可以保证无人机连续飞行24小时。"

这架氢飞机的首次试飞，是在美国陆军的亚利桑那州的尤马试验场进行的。该公司认为，它今后可用作电信平台，取代或补充人造卫星。更值得一提的是，以氢为动力，可以减少飞机，在全球气候变化方面所扮演的负面角色。

由于飞机排放出的温室气体越来越多，跨政府气候变化委员会，早在1999年就比较与评估了影响气候的各种数据，最后发现：飞机在人类造成的全球变暖因素中所占的比重大约是3.5%。

民航旅客数量每年以5%的速度递增，而航空货运增长的速度甚至更快，每年增幅达6%。即使改进飞机的性能，到2050年它在全球变暖中的负面作用，也将增加2.6~11倍。这个问题，已经引起各国环保部门的广泛重视。避免使用碳氢化合物燃料和排放二氧化碳的新技术，可能成为一种控制这种趋势的重要手段。

(2)固态氢动力无人机测试成功。2016年3月27日，物理学家组织网报道，苏格兰海洋科学协会日前在苏格兰机场，成功进行了第一架使用固态氢动力系统无人机的飞行测试，起飞10分钟运行200英尺，并平稳着陆。其性能胜过锂电池，且重量只及锂电池的1/3。

报道说，市场上的无人机多采用锂电池作为动力来源，其软肋在于一直无法突破续航时间短的瓶颈。现在，以固态氢为动力系统的新型无人机终于突破了这个瓶颈。据悉，这架无人机原型，是英国塞拉能源公司和阿科拉能源公司两家企业，依靠"创新英国"资金合作研发的。新系统采用的气体发生器，使用专有的固态物质，该物质加热到100℃以上时，将释放出大量的氢原子，作为燃料能提供3倍于锂电池的电力供应，同时还可因特定用途形成一系列的形状，适用于像无人机这样的移动设备。

无人机采用清洁、可靠的能源，对于环境和气候监测相当必要。苏格兰海洋科学协会海洋技术研发组组长菲尔·安德森表示，无人机装载这种燃料可飞行两个小时，其动力系统采用塞拉能源公司的储氢技术，旨在解决围绕压缩氢气潜在危险运输的问题。

发布于2016年2月份绿色汽车大会上的一份报告称："新研发的这种材料，在温度低于500℃的空气中具有稳定性，解决了以往需要在运输过程中压缩氢气的问题。由于它是一种氢化物，在化学过程上是需回收的材料，因此塞拉能源公司称其正在与化工行业的伙伴合作，在一定规模下采取既有的方法，进行具有成本效益的工业回收。"

塞拉能源公司的常务董事史蒂芬·本宁顿说："这次飞行测试使用的是一个

小的原型系统,而不久的将来会进行另外一个更大版本的新型氢动力系统。"该公司首席执行官亚历克斯还指出,用户迫切需要的是一个超越现有技术的电源,尤其对于那些急救服务部门,以及调查或测量风力涡轮机和燃气管道等基础设施的公司。

2.设计制造氢燃料电池动力的载人飞机

(1)以氢电池为动力的载人飞机试飞成功。2008年4月3日,美国媒体报道,美国飞机制造业巨头波音公司宣布,他们已成功完成氢电池动力飞机的试飞,这也是全球第一次利用氢电池的飞行。这项技术突破,有助于推动航空业发展"绿色飞机"。

据报道,波音公司在2008年2月和3月共进行了3次成功试飞。用于测试的小型双人座螺旋桨飞机重800千克,机身长6.5米,翼展长16.3米。试飞时机上只有一名飞行员,依靠氢电池提供动力,在1000米高度以时速100千米飞了约20分钟。

氢电池被安装在测试飞机的乘客座上,而驾驶座旁放着一个类似潜水员使用的氧气筒。氢电池利用的是氢氧化合生成水时产生的能量,只会生成对环境无害的水蒸气,是一种干净且能再生的绿色"燃料电池"。波音称,这架氢电池飞机的飞行时间可达45分钟,起飞时仍须靠其他电池提供辅助动力,但是在空中飞行时就完全靠氢电池。

波音首席技术官约翰·特雷西说:"这是航空史上开先河之举,波音已经完成以氢电池为动力的载人飞行。这项进展是波音历史性的技术成功,它预示着更环保的未来。"

不过,氢电池还难以成为大型商用客机的动力来源。负责试飞计划的波音工程师拉裴纳说,氢电池作为大型飞机的后备动力来源,大概是20年后的事情。

(2)完全靠氢电池起飞和驱动的"零排放"载人飞机升空。2009年7月7日,世界首架完全依靠氢电池起飞和驱动的,有人驾驶飞机,在德国汉堡升空,全过程实现二氧化碳零排放。在最佳情况下,这种飞机可连续飞行5小时,飞行半径达到750千米。

这架飞机名为"安塔里斯"DLR-H2型机动滑翔机。它由德国航空航天中心和一些私人企业共同研制。德国航空航天中心专家约翰-迪特里希·沃纳说:"我们在电池效率和表现上实现了许多改进,飞机可以只靠氢电池实现起飞。"

"安塔里斯"利用氢作为燃料,通过和空气中的氧发生电化反应产生能量。从起飞到航行的全过程,不发生燃烧,不排放温室气体,产生的唯一副产品为水。如果生产氢燃料的过程,也采用可再生能源,那么这种飞机就可实现真正彻底的"零排放"。

(二)生物燃料与合成燃料动力飞机研制的新进展

1.设计制造生物燃料动力飞机

研制出首架乙醇动力飞机。2005年3月15日,巴西媒体报道,一家巴西公司把世界上首架"乙醇驱动"飞机,交给一家作物喷洒公司。这家巴西公司正见证着"酒精驱动"飞机市场的蓬勃发展。

这架单座位的"EMB202"型伊帕内玛飞机,是被巴西民航当局批准的首个"酒精驱动"飞机,飞机用作驱动的乙醇燃料炼自甘蔗。

该公司介绍,这架飞机的造价为24.7万美元,这比通常的"汽油驱动"飞机贵了1.4万美元。不过"乙醇驱动"飞机的燃料价格非常低。在巴西,一升乙醇的价格是0.44美分,而一升汽油的价格则为1.85美元。此外,该公司称,"乙醇驱动"飞机更为耐用,并且其驱动力比"汽油驱动"飞机高出7%,这些都弥补了它在造价方面的高昂之处。该公司称,今年他们已经接到了70笔预购这种飞机的订单。

"乙醇驱动"飞机,是巴西全国乙醇燃料计划的最新进展,这一计划启动于20世纪70年代的石油危机时期。

巴西是世界领先的甘蔗生产大国。到20世纪80年代,从该国甘蔗中提炼的乙醇燃料已经成为巴西汽车的主宰燃料。截至目前,巴西全国大约1/3的汽车被改造成了"乙醇汽油两用汽车"。

在该架"乙醇驱动"飞机出厂之前,巴西已有近400架小型"乙醇驱动"飞机。不过,这些飞机,绝大多数都是从"汽油驱动"飞机改造而来,并且被禁止用于商业生产。

2.设计制造合成燃料动力飞机

世界首架天然气合成燃料客机试飞成功。2009年10月12日,卡塔尔航空公司官方网站发表新闻公报称,世界上首架以天然气合成燃料驱动的客机成功试飞,这标志着,全球航空业在开发替代燃料方面,迈出了重要一步。

卡塔尔航空公司的新闻公报说,该公司一架空客A340-600型客机,当晚从英国伦敦飞抵卡塔尔多哈,客机以传统航空燃油和天然气合成燃料,按一比一比例组成的混合燃料为动力,整个航程历时约6个小时。

卡塔尔航空公司首席执行官阿克巴尔·贝克尔说,天然气合成燃料客机试飞成功,具有里程碑意义,是全球航空业在寻找替代燃料方面迈出的第一步。卡塔尔是世界上最大的液化天然气生产国,目前年产量为3100万吨。

(三)太阳能动力飞机研制的新进展

1.设计制造太阳能动力载人飞机

(1)世界最大太阳能动力载人飞机完成洲际往返飞行。2012年7月24日,瑞士太阳驱动公司官方网站报道,世界最大太阳能飞机瑞士"太阳驱动"号,完成跨越欧洲和非洲长途飞行的最后一段,抵达位于瑞士帕耶讷的基地。

飞行员贝特朗·皮卡尔驾机,从法国南部城市图卢兹起飞,穿越法国中央高原地区,进入瑞士境内,飞跃瑞士境内西北部汝拉山区,最终降落在帕耶讷。

"太阳驱动"号5月24日从瑞士帕耶讷起飞,开始首次洲际飞行。飞机经停马德里短暂休整,6月5日抵达摩洛哥首都拉巴特。7月6日,"太阳驱动"号踏上归途,途中先后经停马德里和图卢兹。"太阳驱动"号的整个跨洲飞行,完全依靠太阳能为动力,未使用一滴燃油,创造了太阳能飞机载人飞行的最远纪录。"太阳驱动"号2010年4月7日首飞成功,当年7月7日实现昼夜试飞,2011年5月首次完成瑞士至比利时的跨国飞行。

"太阳驱动"项目始于2003年,造价90万欧元。"太阳驱动"号由超轻碳纤维材料制成,翼展63.4米,堪比空客A340型飞机,而重量只有1600千克,仅相当于一辆普通小汽车的重量。为减轻重量,飞机驾驶方式基本是机械操纵。

该机是世界上第一架,设计为可昼夜飞行的太阳能环保飞机。它的机翼下方设有4个发动机舱,各配有一个10马力发动机、一个锂聚合物电池组和一个调节充放电及温度的控制系统。令人瞩目的是它的动力装置:总共有11628个太阳能电池板,其中10748个安装在机翼表面上,余下的880个位于水平尾翼。太阳能电池板能将白天吸收的22%光能转化为电能,为晚间飞行提供动力。这些强劲的太阳能电池板,使得"太阳驱动"号长时间持续飞行成为可能。

这架高技术含量飞机,创造了太阳能飞机飞行史上多项世界第一:2010年7月,成为历史上首架载人昼夜不间断飞行的太阳能飞机,最长飞行纪录是在瑞士上空达到的26小时10分钟19秒,也创下了海拔9235米和飞行高度(从起飞地算起)8744米的纪录。

国际航空运输协会希望,能在2050年实现飞行器碳排放量为零的目标。阳光动力公司决定在未来着重解决光能吸收问题,因为只有大幅度提高电池功效,才可能使机上人数增加。预计40多年后,能承载300名乘客的全太阳能飞机有望正式投入运营。

(2)研制连飞100多小时跨太平洋的太阳能飞机。2015年7月4日,新加坡《联合早报》报道,日前,驾驶全球最大太阳能飞机环绕世界的瑞士飞行员博尔施伯格,在连续飞行100多小时横跨太平洋后,打破了单飞时长世界纪录。

靠17000个太阳能电池驱动的阳光动力2号,6月29日从日本名古屋起飞,目的地是夏威夷,这是该飞机环绕世界途中的第七段航程。据地面工作组消息,截至7月3日,飞机已完成了97%的航程。

驾驶飞机的瑞士飞行员博尔施伯格创下单飞纪录时,飞机正在太平洋上空飞行。此前的单飞世界纪录,是由已故美国富豪与冒险家福塞特于2006年创下。他当时驾驶环球飞行者号,连续不断飞行了76小时。

据路透社报道,由于长时间单飞,博尔施伯格必须规划睡眠时间,每次将飞机设置到自动飞行状态后,只能小睡20分钟。

翼展72米、重2.3吨的阳光动力2号,驾驶舱里没有温度和气压调节器。博尔施伯格7月3日从飞机上发布社交媒体消息说,自己遭遇冷空气来袭,而且疲惫不堪。他说:"驾驶阳光动力2号不能偷懒。飞机要么飞,不然就不飞。"

阳光动力2号是于2015年3月9日从阿联酋首都阿布扎比起航,计划飞行

35000 千米环绕世界,全程由博尔施伯格和另一名瑞士籍飞行员皮卡德轮流驾驶。

皮卡德在新闻稿中说:"你可以想象一个没有使用燃料、靠太阳能驱动的飞机,能比喷气机飞得更久吗! 这是个明确的信息,显示清洁能源能达成他人看似不可能的任务。"

另据次日媒体报道,这架飞机飞过了其全球航程中的最危险航段,安全降落在美国夏威夷群岛的欧胡岛上。这架飞机从日本名古屋起航,经过数周的延迟和两次失败的尝试,瑞士飞行员博尔施伯格终于完成了他称之为"生命飞行"的旅行。

在此次近 5 天 116 小时的飞行中,这位单人驾驶飞行员每天仅有约 3 小时的休息时间,而且每次休息时间仅有 20 分钟,即在飞机自动操控飞行期间。

在此次航程中,阳光动力 2 号飞过了 6400 多千米的海洋,穿过了 77 年前传奇飞行员埃尔哈特失踪的荒凉地带。但此次航程并非一帆风顺,除了疲劳之外,博尔施伯格还要和乱流以及冷锋作战。他还必须克服机载预警系统的故障。

目前,飞行团队正在寻找另一个时间窗,可以让 Picard 驾驶阳光动力 2 号进行第 9 个航段的飞行:这次航程从火奴鲁鲁到福尼克斯,航程达 4800 千米。

2.设计制造太阳能动力无人机

欲用太阳能无人机传输 5G 网络。2016 年 2 月 1 日,物理学家组织网报道,谷歌推出的太阳能无人机项目,正在位于美国新墨西哥州拉斯克鲁塞斯附近沙漠地区美国航天港进行测试。该项目旨在通过使用太阳能无人机,进行高空 5G 无线网络传输,其速度要比目前 4G 快 40 倍。

在测试中,太阳能无人机进行网络传输的方式与热气球不同,它是通过在高空自主飞行的飞机,把信号从手机传输到基站。

覆盖范围是这个项目中的一个难点。新的网络采用毫米波无线电传输技术,速度虽是目前 4G 网络速度的 40 倍,但其覆盖范围要小得多。西雅图华盛顿大学的电气工程教授雅克对此分析说:"由于现有的手机频谱过于拥挤,而毫米波的巨大优势是获得新的频谱,但其缺点就是毫米波传输的范围小。"

为解决该问题,谷歌正在研究用复杂的"相控阵"集中,传输技术来提高其 5G 无人机传输网络的覆盖范围。雅克说:"当然这是非常困难、复杂的,且消耗大量电力。"。

欧洲电信标准协会指出,使用这一波谱存在许多阻碍,其中包括各国条例不同,而缺少主要零件将导致设备成本过高,以及设备型号过多。他们对于这一技术也缺少自信。但谷歌决心,努力通过这项技术,实现把世界更多地方的网络连接起来的愿望,特别是在紧急情况下,无人机可在一些人们无法企及而通信上迫切需要的地方升降,提供互联网接入。

目前,谷歌并不是唯一一家致力于向偏远地区提供互联网的公司。社交媒体脸谱公司 2015 年 8 月已开始全面测试"天鹰"无人机,为网络全球化做准备。

（四）节能型飞机研制的新进展

1.研制节能环保型的"未来飞机"

2008年10月6日,美国宇航局宣布拨款1240万美元,给6个科研小组,以研发节能环保型"未来飞机",并力争在21世纪30年代投入使用。

美国宇航局发布的新闻公报说,这6个研发小组,由波音、洛克希德-马丁、诺思罗普-格鲁曼、麻省理工学院等企业和科研机构的研究人员领衔,他们将首先进行亚音速和超音速新型商业运输飞机的概念研发。在第一阶段研发中胜出的小组,将获得进一步的资金支持。

美国宇航局说,如果一切顺利,"未来飞机"预计可在2030年至2035年间投入飞行。美国宇航局官员胡安·阿朗索在新闻公报中介绍说,未来的空中运输就是要在保护环境的同时,又能有效解决燃料成本问题。阿朗索说:"我们需要更加安静、燃料利用效率更高的飞机,但同时又不希望以牺牲空中商业运输的便利和安全为代价。"

这些研究小组为此将把研发重点,放在设计更先进的机身和推进系统,以及减小飞机对环境的影响等方面。美国宇航局称,"未来飞机"将代表飞机研发的"N+3"代,即比现有的空中商业运输飞机先进3代。

2.开发可伸缩机翼的节能"蝙蝠"无人机

2012年6月4日,物理学家组织网报道,马德里理工大学的研究人员朱利安,与美国布朗大学工程学院教授布洛伊尔等人组成的一个研究小组,模仿蝙蝠翅膀的运动机制,利用形状记忆合金,研发出一架无人驾驶飞机"Batbot",其机翼在飞行中可改变形状,以减少空气阻力,降低能耗35%。

布洛伊尔已经研究蝙蝠十几年,发现它具有极不平凡的空气动力能力,例如可密集成群飞行、避开障碍物、灵活地用翅膀捕食、穿越浓密的热带雨林和高速180度转弯等。"Batbot"翼展的灵感,便来自一种特定类型的蝙蝠——澳大利亚最大的蝙蝠"灰头飞狐"。

朱利安说,蝙蝠的翅膀具有惊人的可操纵性水准,其翅膀的骨骼类似人类的双臂和双手,将这种机制运用到飞行设备上,机翼形状可在飞行中改变,可潜在提高飞行机动性。具体而言,"Batbot"复制蝙蝠可改变其翅膀上、下行运动之间的外形方式。蝙蝠通过翅膀向上一击并朝向自己身体折叠时,可减少空气阻力,节约能源达35%。

他们使用形状记忆合金作为"肌肉",其行为类似人的二头肌和肱三头肌,如同驱动器沿着机器人机翼骨架结构制动。当不同的电流通过时,在形状记忆合金丝的控制下,机翼在延伸和收缩两种形态之间切换。机器人之间"肩"和"肘"的电线旋转肘部,在机翼向上一击时,拉动翼指收缩翼展。

研究人员表示,这种设计还可以用于其他方面,建造出由较软材料和人工肌肉制成的仿生系统机器人;通过模仿蝙蝠翅膀在飞行中运动的方式,改善飞行设备的可操作性,最终建造出比固定翼飞机更敏捷、更自主的无人机。

三、研制节能环保型火车与船舶的新成果

(一)研究开发出环保型火车

开通世界上首列燃烧生物气体的列车。2005年11月,俄罗斯新闻社报道,瑞典开通世界上首列,利用生物气体的无人驾驶列车。生物气体由于生物量分解而产生,其中以甲烷为主,新型列车将行驶在瑞典东海岸林雪平市至瓦斯特尔维克市之间80千米路线上。

据报道,拥有新型列车的瑞典斯文斯克沼气公司声称,新型列车目前将每天完成一次行驶,但今后计划增加开出的次数。加足一次燃料,列车能行驶600千米,最高时速为130千米。用作燃料的生物气体,能减少向大气排放有害气体和减轻温室效应,并能减少对昂贵能源特别是石油的依赖。

新型列车能运载54名乘客,建造一辆列车需花费130万美元。列车利用两台燃烧生物气体的发动机驱动,值得一提的是,目前,在瑞典,已有779辆公共汽车,采用燃烧生物气体的发动机。

(二)设计建造节能环保型船舶

1.设计制造以风和海浪为动力的船舶

(1)设计出依靠风和海浪行走的新型环保航运船。2005年5月,挪威航运公司华伦纽斯·威廉姆森公司,设计出一种以风和海浪为动力的高科技航运船,希望能在今后的20年里,推动整个行业使用更加环保的航运工具。

该公司负责环境方面的副主席莉娜·布罗姆奎斯特表示:"从某个角度看这是在立法,从另一角度我们希望能被看作改革者。我们意识到我们是问题的一部分,我们也在寻找解决环境问题的方法。"

这艘高科技航运船的废气排放等级接近零,该公司希望设计的船,其承载量为一万辆汽车,并且能够成为未来航运工具的典范。

这艘船的动力,主要来自高科技帆,水面以下的船舱也能够从海浪中获得能量。另外,帆上的太阳能电池能够给燃料电池充电,这样就能够使用电力发动机航行。

该船的设计者,造船工程师盘·布林曲曼说:"我们在海上航行时,可使用的能量几乎是无限的,但是现在的船只没有遵循这一点。信天翁在天空飞行时98%的能量来自风,只有2%来自它的翅膀。"

值得令人关注的是,近几年该公司已经使燃料使用量降低了10%,并且减少了氮和二氧化硫的排放。

(2)研制出由波浪提供动力的船舶。2008年3月1日,国外媒体报道,随着环境意识的提高,各种环保设备应运而生。最先出现的是由空气提供动力的环保车,现在又出现了由波浪提供动力的船只。

据报道,由《朝日新闻》发起,在三得利公司资助下,常石造船公司设计制造出一艘 3 吨重的波浪动力船。它呈双体船结构,是用再循环铝制造的。这艘船尽量利用生态动力,以实现绿色航行为目标。

它具有创新性的波浪推动系统,其工作原理是,船艏里面一对并排的鳍状物吸收波浪动力,将它传递到一个像海豚的装置内。这种鳍状物与海浪起反作用,因此能让船体更加平稳,其效果就像汽车在崎岖不平的道路上行驶一样,轮胎在不停地颠簸跳跃,而乘客室却非常平稳。两者的差别是,汽车通过减震器消除道路颠簸产生的能量,而波浪动力船则通过鳍状物获得海浪颠簸产生的能量。

它安装了 8 块太阳能电池板,最佳情况下能产生 560 瓦特的电能,可为舱内电灯、船员电脑以及手机提供电能。另外,它还有一个舷外发动机和船帆,这些装备,只有在遇到紧急情况,或船只行驶速度太慢时才能使用。

这艘波浪动力船的志愿船长兼船员名叫堀江千一,是一名经验丰富的生态航行成员,曾在 1993 年创下一项世界纪录:借助脚踏船行驶 7500 千米,成为这个项目距离最远的人。他在试航前说过一句话:"石油是一种有限的能量来源,但是波浪动力是无限的。"

2.设计制造太阳能动力船只

(1)设计制造出第一艘太阳能渔船。2007 年 4 月,古巴设计和制造的第一艘太阳能渔船,在本国海域试航成功。

这艘太阳能渔船是渔业部电器工程师、技术局长里卡多,在古巴太阳能公司专家的协助下,经过 4 个月的研究设计出来的,最长航行时间可达 4 小时。他说,这种渔船与普通的船只相似,但在船上安装了太阳能接收器,把接收的太阳能存储在电瓶内,就可以为船上的电动发动机提供能源了。

太阳能渔船的优点是没有噪音,不会使鱼群受到惊吓,不会对水域造成污染,可广泛用于渔业和库区的巡逻。里卡多透露,他目前正在研究设计更实用的太阳能船只。

(2)世界最大太阳能动力船游走塞纳河。2013 年 9 月 16 日,法国媒体报道,世界最大的太阳能动力船,结束了在巴黎 5 天的公众展示活动,向下一个目的地法国布列塔尼亚大区进发。

这艘双体船,长 31 米,宽 15 米,自重 89 吨,最高速度为每小时 9.25 千米,船体的唯一动力来自太阳能,船载电子设备均通过太阳能来供电。船长热拉尔·德·阿波维尔先生介绍,该船体顶部为可调节面积的太阳能电池板,最大面积为 512 平方米。太阳能发电最大功率可以达到 120 千瓦,但实际上 20 千瓦即可推动船前进。船上备有 6 组锂离子电池,电池充满后,可以满足 72 小时的航行需要。

2010 年,这艘世界上最大的太阳能动力船,在德国下水,2012 年 5 月完成以太阳能为唯一动力的环球航行。2013 年,这艘船两度横跨大西洋。目前,该船已经成为一个多功能的平台,包括科学研究、教育基地和光伏应用的宣传大使。2013年6月以来,日内瓦大学的马丁·伯尼斯顿教授,把该船作为研究墨西哥湾流的科学基地,研究海面上大气沉降对海洋生物的影响。伯尼斯顿教授说,由于此船没有化石燃料的燃烧排放,使其成为研究海上大气沉降最适合的平台。

据法国燃气苏伊士集团能源技术观察员李天伦先生介绍,尽管它停靠塞纳河畔当天一直阴雨不断,但太阳能电池板依然提供了5千瓦的发电功率。除了具有强大的太阳能动力系统,该船船体设计方面也有很多独到之处,例如新材料的使用和船翼船舷的流体设计。它的驾驶舱内有一台实时分析天气情况的电脑,这台电脑可通过卫星连接法国气象局,通过对海面上光照强度和风暴信息的分析,实时调整船的航行方向。

四、研制节能环保交通配套设施的新成果

(一)电动车配套设施研制的新进展

1.开发电动车可在行驶时充电的配套装置

(1)开发电动汽车能够在行驶时充电的地下充电系统。2009年5月,有关媒体报道说,电动汽车与传统的内燃机汽车相比,更加节能环保,在城市中,由它取代以汽油为燃料的公共汽车,已成为势不可挡的发展趋势。然而,一个令人头疼的问题是,如何解决电动汽车的持续行驶能力。对此,韩国研究人员着手开发一种"在线"充电的电动汽车系统。

据悉,"在线"充电系统,不像传统有轨或无轨电车那样,通过路轨或头顶电线输送电力,它是事先在地下铺设有感应条的路面,车辆在其上行驶时便可自动充电。

目前,韩国高等科学技术院的研究人员赵东镐,正在领导一个科研小组,负责研发"在线"充电汽车系统。试验表明,在新的系统中,一块约为传统电池体积20%的小型电池,能保证车辆继续行驶80千米。

韩国政府曾为高等科学技术院的两个主要项目,拨款5000万美元,其中一个项目便是"在线"充电汽车系统。这一汽车样品,已在该院内部场地试验运行,2009年2月李明博总统曾经进行试驾。

首尔市政府已承诺投资200万美元,用以建设"在线"汽车的地下充电系统。该市现有9000辆以汽油为燃料的公共汽车,每年将以1000辆的速度逐步退出市场。人们希望,取而代之的将是电动汽车。

(2)研发电磁感应方式的无线电动汽车充电系统。2009年8月,日本媒体报道,电动汽车已经成为未来汽车发展的方向之一,其零排放污染的特点成为最具优势之处。但给电动汽车充电成为一项很麻烦的事情,拉条长长的电线连接到汽车上充电,显得十分不方便。不过,近日日产汽车公司研发了一项非接触充电系统技术,电动汽车无须连接长长的电线,即可实现充电。

日产汽车在该公司举行的"2009 先进技术说明会"上,公开了目前正在开发的电动汽车用非接触充电系统,其目标是在 2010 年度上市的新一代电动汽车上配备。

在先进技术说明会的展示会场,该公司在一辆早年制造的电动汽车上配备非接触充电系统,进行了充电演示。这个非接触充电系统由日产与昭和飞机工业公司共同开发,原理是采用了可在供电线圈和受电线圈之间提供电力的电磁感应方式。即将一个受电线圈装置安装在汽车的底盘上,将另一个供电线圈装置安装在地面,当电动汽车驶到供电线圈装置上,受电线圈即可接收到供电线圈的电流,从而对电池进行充电。目前,这套装置的额定输出功率为 10kW,一般的电动汽车可在 7~8 小时内完成充电。

日产汽车希望业,在新一代电动汽车上选配设置非接触充电系统,目前正在考虑设置家庭用 3kW 级系统。如此一来,电动汽车充电将变得更加方便,这也更有利于电动汽车的推广与普及。

2.研制电动汽车能够快速充电的储能设备

(1)开发成功超快速电动汽车充电的储能设备。2010 年 8 月,有关媒体报道,日本钢铁工程控股公司开发成功,仅用 3 分钟就可以向电动汽车电池充电达 50%、5 分钟可充电 70%的超快速充电储能设备。

充电时间长是制约电动汽车普及的瓶颈之一。目前,如使用家用电源,一般的车用充电设备充满电动汽车电池需要数小时,即使使用快速充电器,充电达 80%也需要 30 分钟左右。

新开发的充电设备内部构造由蓄电池和瞬间可释放大量电力的特殊电池组成。特殊电池可以把蓄电池在夜间储存的电力瞬间释放到电动汽车电池,以实现超快速充电目的。

该设备的生产成本,比此前同类设备大大下降。需要变压设备的一般车用充电器建设成本在 1000 万日元左右,该设备建设投资可控制在 600 万日元。另外,新型充电储能设备利用电价较低的夜间储蓄电力,也可大幅度降低充电成本。

目前,该公司已成立"超快速充电器项目小组",计划在实证试验的基础上,近日正式推向市场。有评论称,如果此项技术得以推广,或许能大大推进电动汽车的发展进程。

(2)研制出一分钟充满电的电动汽车储能设备。2011 年 9 月,美国俄亥俄州耐诺蜕克仪器公司的一个研究小组,在《纳米快报》发表论文称,他们利用锂离子,可在石墨烯表面和电极之间,快速大量穿梭运动的特性,开发出一种新型电动汽车储能设备,可将充电时间从过去的数小时之久缩短到不到一分钟。

众所周知,电动汽车因其清洁节能的特点,被视为汽车的未来发展方向,但电动汽车的发展面临的主要技术瓶颈就是电池技术。这主要表现在以下几个方面:一是电池的能量储存密度,指的是在一定的空间或质量物质中储存能量的大小,要解决的是电动车充一次电能跑多远的问题。二是电池的充电性能。人们希望电动车充电能像加油一样,在几分钟内就可以完成,但耗时问题始终是电池技术难以逾越的障碍。动辄数小时的充电时间,让许多对电动车感兴趣的人望而却步。因此,有人又把电池的充电性能,称为电动车发展的真正瓶颈。

目前,在电池技术上主要采用的是锂电池和超级电容技术,锂电池和超级电容各有长短。锂离子电池能量储存密度高,为 120~150 瓦/千克,超级电容的能量储存密度低,为 5 瓦/千克。但锂电池的功率密度低,为 1 千瓦/千克,而超级电容的功率密度为 10 千瓦/千克。目前大量的研究工作,集中于提高锂离子电池的功率密度,或增加超级电容的能量储存密度这两个领域,但挑战十分巨大。

新研究通过采用石墨烯这种神奇的材料,绕过了挑战。石墨烯因具有如下特点成为新储能设备的首选:它是目前已知导电性最高的材料,比铜高五倍;具有很强的散热能力;密度低,比铜低四倍,重量更轻;表面面积是碳纳米管两倍时,强度超过钢;超高的杨氏模量和最高的内在强度;比表面积(即单位质量物料所具有的总面积)高;不容易发生置换反应。

新储能设备又称为石墨烯表面锂离子交换电池,或简称为表面介导电池(SMCS),它集中了锂电池和超级电容的优点,同时兼具高功率密度和高能量储存密度的特性。虽然目前的储能设备,尚未采用优化的材料和结构,但性能已经超过了锂离子电池和超级电容。新设备的功率密度为 100 千瓦/千克,比商业锂离子电池高 100 倍,比超级电容高 10 倍。功率密度是指电池能输出最大的功率,除以整个燃料电池系统的重量或体积。功率密度高,能量转移率就高,充电时间就会缩短。此外,新电池的能量储存密度为 160 瓦/千克,与商业锂离子电池相当,比传统超级电容高 30 倍。能量储存密度越大,存储的能量就越多。

表面介导电池的关键,是其阴极和阳极有非常大的石墨烯表面。在制造电池时,研究人员把锂金属置于阳极。首次放电时,锂金属发生离子化,通过电解液向阴极迁移。离子通过石墨烯表面的小孔,到达阴极。在充电过程中,由于石墨烯电极表面积很大,大量的锂离子可以迅速从阴极向阳极迁移,形成高功率密度和高能量密度。研究人员解释说,锂离子在多孔电极表面的交换可以消除嵌插过程所需的时间。在研究中,研究人员准备了氧化石墨烯、单层石墨烯和多层石墨烯等各种不同类型的石墨烯材料,以便优化设备的材料配置。下一步将重点研究电池的循环寿命。目前的研究表明,充电 1000 次后,可以保留 95% 容量;充电 2000 次后,尚未发现形成晶体结构。研究人员还计划探讨锂不同的存储机制对设备性能的影响。

研究表明,在重量相同的情况下,仅以尚未优化的表面介导电池替代锂离子电池,它与锂离子电池电动车的驾驶距离相同,但 SMC 的充电时间不到一分钟,而锂离子电池则需要数小时。研究人员相信,优化后它的性能会更好。

3.电动车配套设施研制的其他新成果

(1)开发出供电动汽车用的太阳能充电站。2009 年 12 月,有关媒体报道,日本丰田自动织机公司,开发出把太阳能发电提供给插电式混合动力车(PHV)及电动汽车(EV)的太阳能充电站,目前已被爱知县丰田市采用。该公司预定在丰田市政府、其分支机构及车站附近等市内 11 处地点设置 21 座充电设施。

报道称,这些充电站,将在 2010 年 4 月,与丰田市引进的 20 辆"普锐斯插电式混合动力车"一同正式投入使用。太阳能面板的功率为 1.9kW,蓄电池容量为 8.4kWh,连接电网时电力转换机的最大输出功率为 3.2kW(AC202V),独立运转时最大输出功率为 1.5kVA(AC101V)。

该充电站装有太阳能发电系统和蓄电设备,可与商用电力连接。能将太阳能发的电储存在蓄电设备中,然后利用太阳能发电和蓄电设备的电力为车辆充电。蓄电设备储存的电力用完时,可用商用电力为车辆充电,因此能够不受天气和时间的影响稳定充电。

另外,太阳能发的电剩余时,可在设置充电站的建筑物内使用,或出售给电力公司,因此能够毫不浪费地使用太阳光能源。发生灾害时,还可作为应急电源,将太阳能发电和蓄电设备存储的电力提供给 AC100V 的电气设备。

(2)把传统的路灯柱改造成电动车充电桩。2013 年 12 月,柏林媒体报道,能否提供方便快捷的充电装置,是影响电动车发展的重要原因。柏林目前正在进行一项测试,把 100 个传统的路灯柱改造电动车成充电桩。如果运行良好,将有望在全德国推广。

把电动车充电装置集成到传统的路灯上,这是世界各国都在努力尝试的,降低电动车公共充电设施成本的方法之一。而现在,德国柏林米特区的大街上,已经开通了第一个这样的路灯充电桩。项目组织者认为,该技术便宜、方便,且节省空间。德国汽车工业协会也希望这一新的充电技术,能给电动车带来革命性的影响。

这种充电桩的核心是德国一家公司研发的充电插座,它可以被毫不费力地集成在传统的路灯柱上。插座能够提供相应的电流、电压、熔断器、接地漏电保护等标准配置。

此外,充电系统还包含一个专门开发的,用于计费的"智能电缆"。它包含了 SIM 卡的模块,可以通过无线向电力公司发送数据。只有已经注册的用户被识别和授权后,"智能电缆"才会允许电流通过,为用户充电,相应的电费则会每月通过账单寄送给客户。

这一套新的路灯电动车充电桩,包括改造费用在内,可比传统的充电桩降低约 90%的成本。而德国目前的传统充电桩,每个成本大约是 1 万欧元。此外,努力把充电插座与计费设施分离,也是一个重要的电动车充电发展方向,通过车载的智能电力计量设备,将来人们或许可以在更多的公共场为自己的电动车充电。

(二)节能环保型汽车发动机研制的新进展

1.开发出环保型的汽车柴油发动机

(1)研制高效率低污染的卡车柴油发动机。2005 年 6 月,有关媒体报道,对污染物日益严格的限制,给发动机的运转带来了新的要求,特别是针对高效柴油发动机。对于运输车辆来说,自燃式的柴油发动机,可以产生高效的能量。由于柴油发动机,具有较高的经济性和较低的二氧化碳排放量,它们早已在市场上占据了很大的份额。但是,它们也必须符合关于氮氧化物和微粒的排放新标准。

为此,法国一个项目小组,研制出一种新的燃烧程序。在旧技术的基础上,这项创新技术使用了燃烧室的全部空间。研究人员运用一种称为"均质充量压缩点燃"的专业技术,实现该创新程序。通过一种新开发的柴油喷射系统的帮助,空气燃料混合物,注入均质压燃发动机。

该点火系统的基本理念是:每个喷射孔喷射出的雾状燃料,只占用适当的"空间",将多个喷射的效果相结合。因此,这种柴油发动机的燃烧程序,能在燃烧室的最大空间内进行,而且不会有燃料引起气缸壁变湿。

该柴油发动机的压缩程序,经过不同的单汽缸在稳定状态下的运转检测,结果显示,排放出来的微粒极少,氮氧化物的排放量接近于零,而且还保留了柴油发动机的高效性。

(2)推出新型 V6 清洁柴油发动机。2007 年 3 月 8 日~18 日,美国通用汽车,在面向公众开放的第 77 届日内瓦车展上,展出了减少尾气中的有害物质、带可变喷嘴涡轮的 2.9L 排量 V 型 6 缸柴油发动机。采用新式燃料喷身系统和燃烧技术,同时实现了高输出功率和清洁性能。新型发动机主要面向欧洲,预定两年内配备于"卡迪拉克 CTS"汽车。

最大输出功率为 185kW(250PS),最大扭矩为 550N·m。特点是:为了达到尾排气规定,配备了反馈控制系统。燃料喷射系统配备使用压电元件的燃烧压传感器。该传感器采用与发动机电热塞为一体的设计,可获取燃烧程序的实时数据,优化燃料喷射程序。将来还打算将该清洁燃烧控制系统配备在通用其他的柴油发动机上。

共轨系统的燃料喷射压力为 200MPa,通过使用压电元件,1 次循环可实现最多 8 次喷射。该 V6 发动机采用了蠕墨铸铁制发动机缸体,与铝合金制气缸头以及较重的普通铸铁及低强度的铝合金相比,重量更轻、强度更高。缸径×冲程为83.0×90.4mm。作为尾气处理系统,配备了氧化催化剂和 DPF(柴油颗粒过滤器)。支持两轮驱动及四轮驱动,既可纵置也可横置。

该发动机由位于意大利琴托的 VM 发动机公司,以及位于都灵的 GM 欧洲动力总成公司联合开发。GM 欧洲动力总成公司负责清洁燃烧程序、发动机电子控制系统、尾气后处理系统以及与通用车的适配性。VM 发动机公司负责发动机设计中机械部分的开发,以及基准测试,新型发动机由该公司的工厂生产。

(3)研制达到"欧 6"标准超低尾气排放的卡车柴油发动机。2009 年 11 月,德国慕尼黑工业大学发表公报说,两个月以前,欧洲新产汽车,开始实行"欧 5"尾气排放标准。而该校一个研究小组,目前已研制出一种卡车内燃柴油发动机样机,它几乎能完全达到更严格的"欧6"排放标准,其尾气污染物排放,已降到几乎测不出的水平。

该研究小组,通过不断改进这种所谓"最低排放卡车柴油发动机",最终目标是不用尾气净化器,就能达到"欧6"标准。"欧6"标准,要求包括柴油发动机汽车,行驶每千米碳烟排放应低于5毫克,一氧化氮排放低于80毫克。这两项指标,分别仅是2009年8月才过期的"欧4"标准的20%和25%。

公报说,进一步降低尾气污染排放的一大障碍,是碳烟颗粒和一氧化氮排放,很难分别降低。一氧化氮,是柴油在发动机燃烧室中与空气混合燃烧后产生的。空气中的氧气,将柴油主要燃烧成二氧化碳和水。这一化学反应瞬间完成,在燃烧室中产生很高的温度。高温作用下,氧气会与空气中的氮气,发生化学反应产生一氧化氮。现代的柴油发动机,会将经冷却的部分尾气,与空气一道重新导入燃烧室。这种混合气体中的二氧化碳和水,会使柴油燃烧减缓,从而使燃烧室内温度不会很快上升,其结果是产生了较少的一氧化氮,但同时也产生了更多的碳烟颗粒,因为混合气体中氧气含量少了。

该研究小组想出了一个解决方法:他们为柴油发动机设计出特殊的结构,使其涡轮增压机,把上述尾气即空气混合气体,以10倍大气压的压力压入燃烧室,目前量产汽车发动机只能承受不到一半的压力。经高压的混合气体,又有足够含量的氧气与柴油充分燃烧。

研究人员想出的第二个窍门,是改进发动机柴油喷嘴,使其能够以极高的压力把柴油以非常微小的雾状油滴形式喷入燃烧室,与氧气充分混合燃烧,从而只产生极少的碳烟颗粒。

但是,微小油滴充分燃烧的后果,是燃烧室内温度又会迅速上升,导致一氧化氮排放有所增加。目前,研究人员正着手在尾气回送、混合气体压力和柴油喷嘴设计三者间,找到适当的平衡,以进一步降低发动机污染物的排放。

2.开发出典型节能的小型车发动机

研制出最强悍的小排量节能发动机。2009年9月,在法兰克福车展期间,德国一家曾经隶属于奔驰旗下的发动机制造公司,尽管很少有人了解,但其却以新发动机震惊了世界。

这家企业研制成功最新的0.7升小排量发动机,其最大输出功率竟达到97kW,即130马力,最大扭力输出则达到165N·m。更特殊的是,它使用5冲程结构,并配合涡轮增压和对点燃油注射技术,这不仅动力更强,而且其燃油效率将比同等直喷发动机提升5%以上。

该企业并没有公布细节数据和结构状况,但仅从亮相的样品上就可看出,全铝合金的整个机械结构十分规整,焊接口和各个接缝都显得光滑和整洁,足以看出其做工的精湛性。

研究人员表示,目前,这款0.7升的小排量发动机,还处在试制阶段,并没有批量生产,不过一旦研制成熟,并经过一系列耐久性测试,这款小排量发动机,将很可能配备到奔驰旗下的车型上。这或许也代表了,奔驰未来小型车的发展方向。

该公司表示,目前各项技术已经成熟,在未来他们还将开发新汽缸容量、气门设计及不同涡轮增压选择,预计这款0.7升的发动机输出会轻松提升到150马力,并使自身重量减轻20%左右。

原来奔驰汽车的背后,还隐藏着这样的高手,无可否认小排量节能发动机的纪录,将由他们不断刷新。

(三)汽车节能装置和节能软件研制的新进展

1.研制出汽车的节能装置

(1)开发出汽车省油装置并已通过测试。2005年1月,菲律宾一名司机发明的汽车省油装置,已经通过菲律宾能源部和中国台湾地区有关方面测试。

据介绍,如果汽车发动机内的空气和燃料比例不正确,汽油燃烧就会不完全。这名司机发明的"豪斯超级涡轮增压器",实质是一项空气调节装置,能向发动机提供正确的空气对燃料的比例。汽油有效燃烧可降低汽车废气排放量,延长汽车发动机、火花塞、消音器和机油的使用寿命。

现在汽车使用的一般触媒转化器是燃烧后的装置,用于过滤和储存污染物,而"豪斯超级涡轮增压器"是燃烧前的装置。根据对1000多辆不同汽车所做的实验,该装置可为车主省高达50%的汽油。

该司机1973年发明"豪斯超级涡轮增压器",后经几次改进,目前由菲律宾一家公司生产。美国、德国、新加坡和中国大陆的几家公司已表达了合作意愿。

(2)研制出氢燃料实时喷射的汽车节能装置。2005年8月,国际能源机构的统计数据表明,2001年全球57%的石油消费在交通领域。由于能源短缺,交通能源转型将是一个长期的循序渐进过程。专家预计燃料电池轿车的大规模商业化大约在2020年左右,最终的氢能经济将在2040—2050年实现。近期推广并已经投放市场的汽车节能装置,起到了节油、减排、提高能效等效果。

加拿大氢能公司研发的氢燃料喷射系统,能增加卡车发动机功率5%~15%,提高柴油机燃烧率10%~30%。在加拿大每辆卡车每月可节省500~3000加元,提前达到美国环境保护署2007年颗粒排放标准。这是世界上目前唯一产生经济效益的氢能产品。

氢燃料喷射系统的基本原理是:利用发电机发出的多余的电,将蒸馏水中的氢和氧分离,然后再将两者实时注射到供油系统,使柴油得以充分燃烧,排放的油烟和颗粒减少;生产出的氢即刻被注射到输油系统,避免了氢储藏风险。车辆正常行驶时,电瓶通常是充满电的,大部分时间不需要发电机为其充电。在使用中唯一额外增加的原料是水,按每辆卡车每周平均行驶0.6万千米计算,仅需1.9升水。

北美地区约有300万辆大型卡车,每年的油耗达数十亿升,同时排放大量颗粒。一辆普通的大型卡车每月燃烧支出5000~10000加元。添加该节能增效装置后,加拿大氢能公司确保可节省 10% 的燃料费,并且已创下节省 30% 的记录。在月燃料支出为 5000 加元时,按节省 10% 计算,每辆卡车每月可节省开支 500 加元。在月燃料支出为 10000 加元时,按节省 30% 计算,每辆卡车每月可节省开支 3000 加元。

2.研制出汽车的节能软件

开发出可减少汽车发动机油耗的软件。2007 年 2 月 11 日,《新科学家》网站报道,荷兰埃因霍温大学科学家约翰·克塞尔领导的一个研究小组,开发出一种用于汽车发动机电脑控制系统的软件,可使汽车的油耗减少 2.6%。

该研究小组在与美国福特汽车公司联合进行的研究中,开发了一种可提高汽车发动机性能的软件。这种软件能根据不同情况,自动开关给汽车电瓶充电的发电系统,比如,当发动机运转驱动发电系统发电的效率特别低时,这种软件就能使发电系统停止工作,从而提高发动机的整体工作效率。克塞尔说,这种软件适用于所有配置发动机电脑控制系统的车辆。

克塞尔说:"只需(给发动机电脑控制系统)安装一种软件,增加一根普通电线,就能将汽车油耗降低 2.6%。"同样方法已被用来提高许多混合动力车的工作效率。

在各国政府下大力气减少温室气体排放的大背景下,如何提高燃油效率,是汽车制造商关注的一大问题。克塞尔说,即使新技术只能让燃油效率小幅提高,也会受到汽车制造商的欢迎。

第三节　高效先进电力设施建设的创新信息

一、建设高效先进的电力传输系统

(一)研制用于高效先进电力传输系统的电缆

1.开发成功解决"电荒"的新型电缆

2005 年 7 月,美国媒体报道,炎炎夏日,超电负荷问题显得尤其突出。近日,一种新型的电缆研制成功。它使得电力传输线路,不再因为用电负荷的增加而增建任何新的电力杆塔,在无须改变传输路线的情况下,就能提高整个线路的传输容量。

这是一种用于架空传输线路上的电缆,它由内部起加强作用的复合铝导体与外部的合金铝导体组成,能够在更高的运行温度下,保证导体的机械性能不发生变化,从而提供更大的传输能力。据称,这种加强型复合铝芯架空电缆的传输能力,与传统的相比,提高了至少一倍以上,成为电力传输技术的一大突破。

据了解,这种新型电缆,由世界 500 强的 3M 公司研制,并在其高压实验室及野外试验中,经历了历时 4 年的测试研究,包括盐水侵蚀、强风、震动以及极冷极热等众多极端环境的考验。目前,在明尼苏达州艾克塞尔能源公司所属的黑狗电站与蓝湖电站之间,已经投入使用。

2.研制既可输送又能储存能量的新电缆

2014年6月,美国佛罗里达中央大学研究实验室,纳米技术科学家托马斯教授领导的一个研究小组,在《自然》杂志发表研究成果称,他们开发出一种在单个轻量级铜线里,既可传输又能存储电量的功能。迄今为止,电缆只用于输送电能,不言而喻,该项成果在材料科学研究方面实现了重大突破。

托马斯说:"铜线是个初发点,但最终随着这种技术的改善,特种纤维也可以纳米的结构导电并储存能量。这是一个非常有趣的想法。"

据报道,托马斯是有个晚上在家附近散步的路上,获得这个"储能电缆"的灵感。他带领研究小组以单一的铜线开始,在铜导线外表面生长出一层纳米晶须;然后用一种特殊的合金处理这些晶须,创建了一个电极。由于两个电极需要强大的能量储存,所以他们不得不想出一个应对办法。

研究人员在创建第二个电极时,通过在产生的晶须周围增加非常薄的塑料片材,并用金属护层将其包裹。然后采用一种特殊的凝胶,将这些层面黏合在一起。由于纳米晶须层是绝缘的,因此铜线内部保留传输电能通道的能力,而导线周围的层可独立存储大量的能量。换句话说,该研究小组在铜丝的外侧创建了超级电容器,可储存强大的能量,比如可以满足供应车辆或重型建筑设备的电量需要。

(二)开展高效先进的超导输电线路试验

1.率先完成200米超导直流输电试验

2010年3月,位于日本爱知县的中部大学宣布,该大学的一个研究小组,在世界上首次成功使用超导物质的电缆线,进行了200米距离的直流电输电试验。

目前,电力设备的输电采用的都是交流电输电,而采用直流输电方式,可以大幅度减少输电过程中造成的电力损失。此次试验的成功,意味着超导直流输电实用化水平,取得了一个阶段性进步。超导是极低温下电阻减少为零的现象。交流电由于电压经常变化,电力损失严重。即使在超导输电的情况下,在1千米的线路上输电275千伏会损失200千瓦的电力,而同等情况下用直流输电,电力损失可控制在1/10左右。

2.建造世界最长高温超导输电试验线路

2012年2月,有关媒体报道,德国卡尔斯鲁尔技术研究院、德国能源企业莱茵集团公司和法国的电缆制造企业耐克森公司,正在德国西部城市埃森进行高温超导输电试验项目。该项目计划在德国埃森市中心地段铺设长度为1千米的高温超导输电电路,输电电缆建设于埃森市中心两座变电站之间,这条输电电压为10千伏的中压输电电缆的输电功率为4万千瓦,要完成这样电能输送能力需要铺设5条中压铜芯电缆输电线路,或者改用高压输电线路,这在城市中心地段是非常困难的任务。

据悉,所用超导电缆为同轴电缆形式,导电体为同心分布的三层超导材料,中间有绝缘介质,超导导电体内芯的中心和外层有供液氮流动的回路和夹层,与用保温材料制成的位于电缆最外层的隔热层共同作用,使电缆的超导内芯保持在到零下180℃的状态,保证其超导特性。电缆的直径不大于目前通用的铜芯电缆。相同直径的电缆,高温超导体电缆的电能传输能力是一般铜芯电缆的5倍以上。

这是目前世界上最长的高温超导电缆试验线路,项目于2012年1月19日开始进行,为期4年,将对不同的高温超导材料和绝缘隔热材料进行试验。中期计划目标是用高温超导电缆构建一个城市的输电网,取代高压输电线路,实现提高电能输送效率、降低运行和维护成本、减少占用土地资源的目标。同时,此试验输电线路还将用于试验超导过压保护技术,这种技术在输电线路发生短路等故障时,能自主并比现有保护装置更快的启动和恢复输电线路的正常状态。

卡尔斯鲁尔技术研究院的专家认为,高温超导体电缆的应用前景,决定于不断提高高温超导体材料的性价比,改善电缆制造工艺,优化相关低温技术的成本和可靠性,不久的将来,在这些方面都将取得突破。

(三)研发高效先进的无线电力传输系统

1.通过电子发射器与接收设备产生共振来实现电力无线传输

2007年6月19日,美国麻省理工学院物理学教授马林·索尔贾希克领导,彼得·费希尔教授等人参与的一个研究小组,在《科学》网站上发表论文称,他们通过无线传送电能的方式,在2米多远的距离,点亮了一盏60瓦的灯泡。科学家认为,该技术,有望今后对移动电话和其他便携电器不需接电源线也能充电。

英国《每日邮报》对此报道说,现代家庭充斥着各式各样的电线、插座,不仅有碍观瞻,也造成一定的安全隐患。现在,"无绳灯泡"的成功研制,则让人们看到了摆脱这些烦恼的希望。科学界期望把这一技术,拓展到其他领域,最终实现手机、笔记本电脑等设备的无线自动充电。

无线输电的想法,很早就有人提出过,但是却被很多科学家认为根本无法实现。因为发射器发出的电磁能向四周分散传送,人类无法对电磁能进行集中控制,就更谈不到加以利用。

但在2006年秋天,索尔贾希克却提出一种可以通过"无线电能传输"技术,利用电磁能的新理论。按照他的理论,只要让电磁能发射器,同接收设备在相同频率上产生共振,它们之间就可以进行能量互换。

索尔贾希克说:"这就像剧院的歌声可以将玻璃杯震碎一样,条件是歌声和玻璃杯二者的声波要形成共振。"

在这一理论基础上,该研究小组进行了实验。他们利用两个铜丝线圈充当共振器。一个线圈与电源相连,作为发射器;另一个与台灯相连,充当接收器。结果,他们成功地把一盏距发射器2.13米开外的60瓦电灯点亮。

最重要的是,试验显示"无线电能传输"技术对人类无害。因为电磁场只对能与之产生共振的物品有影响,而诸如人类、桌子、毛毯等物品对电磁场几乎都没有反应。对于"无线电能传输"技术的成功,《每日邮报》如此评论,"这或许宣告了插座的末日即将到来。"

费希尔教授说:"只要笔记本电脑所在屋子装备有无线电能传输器,人们就可以不再需要将电脑与插座相连来充电,因为它会自动充电。"

下一步,研究小组要进行的则是设法增大发射器功率,以及接收器的接收效率。到那时,手机、笔记本电脑,就可以在配置有发射器的屋子里自动充电,甚至不需要电池,也不需要通过插座与电源相连就可以直接使用。或许真可以像《每日邮报》所预言的那样,未来人类真的可以对插座、电线说"再见"。

2.研发出可证明无线电力传输进入实用阶段的新成果

2010年7月21日,物理学家组织网报道,现有多个研究小组正在设法利用无线电波为低能耗微型设备提供能源。借助这种无线电力传输技术,美国杜克大学电子和计算机工程系助理教授马特·雷诺兹和佐治亚理工学院土木与环境工程学院助理教授约亨·泰策领导的研究小组,已研发出一款带有鸣音提醒功能的安全帽。用无线电波为电子设备供电这一设想,其实很早就已提出,由于在传输过程中,能量会很快衰减,长时间以来该技术都一直乏人问津,但随着硅技术的突飞猛进,越来越多的研究人员开始涉足这个领域。

该研究小组研制的这款装了传感器和蜂鸣器的安全帽,称为"聪明帽"。帽子内安装的低能耗传感器,可以通过监测信号的方位和强度,来判断戴帽子的人是否正在接近危险。当戴帽子的工人,靠近建筑工地上的危险设备时,帽子就会自动发出警报。这款"聪明帽"的特别之处,在于安装其上的电子设备彻底告别了电池,安装在挖土机和推土机上方的无线网络发射器发出的电波,成了它获取电能的空中能源。这些发射器,原本设计用于追踪推土机和挖土机的位置。

位于美国匹兹堡的一家输电公司,也在销售同类为低能耗设备提供电力的无线电波发射器和接收器。该公司最近推出了一款可以为无线传感器充电的无线接收器。写字楼全自动中央空调系统中用于监测室内温度的传感器,就可用这种接收器实现无线供电。

英特尔公司西雅图研究中心的首席工程师、华盛顿大学教授乔舒亚·史密斯,亦在研究电磁辐射,并已研制出了一种电子收集器,可以捕获其周围的无线电波。该电子收集器能够从距离实验室2.5米的电视发射站,收集到足够的能量,为一个温度和湿度感应器供电。

据华盛顿大学电子工程系助理教授布莱恩·奥蒂斯介绍,目前在电子设备节能领域主要有两个研究方向,除了从环境中获得电能的研究外,还有不少研究人员就如何大幅降低设备的能耗进行攻关。当这两班人马"胜利会师"时,很难想象,我们身边将会有多少电子设备甩掉电池,实现空中"捉"电。

3.开发可隔空高效充电的无线电力传输系统

2016年1月,俄罗斯圣彼得堡大学一个研究小组,在《应用物理快报》上发表研究成果称,他们开发出一种新的无线电力传输系统,可以在距离 20 厘米内保持 80% 的电力传输效率,且期间传输效率随着距离增加衰减极小。该研究成果,可用于需要隔空进行无线充电的领域。

无线电力传输最早由著名的特斯拉公司在 20 世纪提出,直到 2007 年麻省理工学院的科学家才展示出其可行性,以 45% 的转化效率驱亮了 2 米以外的一个 60 瓦灯泡。

据报道,新的无线电力传输系统,基于共振耦合原理,类似于一个歌剧演唱者发出强大的声音,足以把能量传递到一个有着相同共振频率的葡萄酒玻璃杯,致使其粉碎。在同一频率的线圈共振条件下,一个共振的铜线圈,可以转移能量到另一个二次谐振的铜线圈,且要求附近没有相同共振频率的其他物体,以保证其不受影响。由于磁场对包括人体在内的大多数其他对象耦合作用弱,故无线电力传输系统使用磁场耦合可进一步减少意外的相互作用。

研究人员通过两种方法减少了电力传输中的功率损耗,从而提高了无线电力传输系统的效率。首先,用"高介电常数且低损耗介质谐振器"取代传统的铜圈。其次,与通常使用的磁偶极子模式不同,研究人员采用磁四极模式,减少了辐射损耗。

(四)建设高效安全的智能电网系统

1.启动未来永不停电的智能电网项目

2009 年 7 月,有关媒体报道,目前的美国电力网,可谓是一项人类工程奇观。有人认为,它是世界上最庞大和最复杂的单一机器。虽然这个机器只有 40 岁的年龄,但却患有难以治愈的"软骨病"。有资料表明,由于美国电力网不断出现供电中断的毛病,每年造成的经济损失高达 1500 亿美元。但令美国人感到高兴的是,在不久的未来,美国电力网问题有望得到解决,因为在美国制定的经济刺激计划中,政府提出了建立新的智能电力网的目标。

根据美国总统奥巴马批准的经济刺激计划,政府将拨款 110 亿美元用于智能电网技术,帮助实施智能电网的研究和演示项目。有专家表示,无论经济刺激计划中在电网上投入多少资金,建设能灵活地疏导电能供应的智能电网,无疑称得上是雄心勃勃的主张。然而,如果要实现碳减排,那么美国则没有其他选择,因为目前的美国电力网,根本无力操控大量的来自清洁能源提供的电能。

在某种程度上,建设智能电网,是因为需要新的高压线路,把美国那些可再生能源丰富的地区与人口稠密城市及郊区连接起来。美国西南部的沙漠地区阳光充足,潜在的太阳能发电量高达 400 万千瓦。然而,没有新的高压输电线,即使利用太阳能产出了大量的电力也无法输送给需要电力供应的西部沿海城市。美国大平原北部提供了全美可用于发电的风力的 50% 以上,只有依靠新的电网,也才能把潜在风力电能供应到其他地区。

然而,利用太阳能和风力发电等存在的一个根本问题就是,与化石能源不同,多数可再生能源不能根据能源的需求情况进行人为的开关控制。风力发电厂只有在有风时才能发电;太阳能发电厂只有在有阳光时才提供电能。

专家表示,可再生能源的不可控性是个十分棘手的问题,因为电力需求存在着双重性,即可预测和稳定的基本负载供电,以及每日出现的"峰值"供电。虽然地区性断断续续的可再生能源供电不适合电力需求的双重性,但是如果利用更多的输电线将不同地区的电能供应连接起来,那么可再生能源电力则能担当基本负载供电的任务,同时当电力需求突然上升时,灵活调整电力需求的智能电网可以将充足的清洁能源调配到需要的地方。

智能电网的理念建立在由传感器和计算机构成的系统上,这样城市管理服务公司和用户能够准确地控制电能的用量和调度。变电站、变压器和电缆上的无线节点,以及居家和商店的智能电表,能够通过互联网与用户和供电公司进行信息交流。于是,当用户打开空调时,电力供应公司将会知道该信息,并减低供应给其他家用电器的电力供应,或者甚至从用户插电混合燃料汽车的电池中提取电能。

美国重建整个电网和所有组件可能需要耗费数万亿美元,同时它还需要各州和地区数以百计的机构、发电公司和电力供应商的协调行动。不过,智能电网已经开始成片出现,到2012年时,美国最大的电力服务商南加加利福尼亚州爱迪生公司,将在圣地亚哥和洛杉矶安装530万只智能电表,它们将准确地提供居民任意时刻的用电情况;而在科罗拉多州的博尔德市,人们将很快见到美国首个智能电网,该电网安装有智能电表,并有多种可再生能源产出的电能并网。

对于个人用户,人们可以用传感器把家中所有家用电器与智能电表相连。智能电表具有多种职能,一是提供用户任意时刻用电的具体信息和电费开支情况;二是允许用户远程遥控家中的能源使用,如利用办公室的计算机从网上进行控制;三是让电力公司帮助用户管理能源使用量,减少用电高峰时电力供应的流量。

2.训练意欲为智能电网护航的"数字蚂蚁"部队

2011年5月31日,物理学家组织网报道,随着国家电网智能化建设的发展,各个电网之间的连接日益紧密,网络攻击的风险也随之升高。通过互联网,从加利福尼亚州的核电站到得克萨斯州的输电线,再到家庭厨房的微波炉,黑客获得了更多进入系统的攻击点。为此,美国维克森林大学计算机专家,正在训练一支特殊的"数字蚂蚁"部队,将来可把它们放到电网中巡逻,搜寻那些蓄意破坏系统的计算机病毒。

维克森林大学计算机网络安全专家弗普表示,尽管很多安防人员不愿意承认,但智能电网可能对网络攻击更加敏感。比如病毒或计算机蠕虫,可通过像家庭智能电网等安全性较低的位置,进入安全性更高电力网络。当网络和电源连接后接入智能电网时,就成为计算机病毒的一个攻击点。虚拟的网络攻击会带来真实结果,造成一个城市供电停顿或一个核电站的关闭。

数字蚂蚁技术与传统的静态安防策略不同,它们在网络上到处巡游,寻找像计算机蠕虫、盗取信息的自复制程序、降低未授权访问权限等诸如此类的威胁。一旦探测到危险,就会招来蚂蚁大军向事发地点会合,吸引人类操作员注意调查问题。弗普打算开发出上千种不同类型的数字蚂蚁,以搜寻各种不同威胁。

数字蚂蚁在网络上执行任务时,会仿照自然界蚂蚁留下气味的做法,留下数字痕迹给其他蚂蚁指路。一旦它发现了威胁迹象,程序就会留下一种更强的气味,能吸引更多的蚂蚁,如果出现了蚁群,意味着计算机可能感染了病毒。

这一想法,在小范围的实验中很成功,但在国家电网这么大范围的复杂系统中能否胜任仍有待验证。近日,弗普研究小组、美国太平洋西北国家实验室和加州大学戴维斯分校的科学家,将使用美国太平洋西北国家实验室的巨型计算机平台,共同检阅他们"蚂蚁巡逻队"的能力。维克森林大学数学副教授肯·比尔豪特小组,将用数学模型来模拟蚂蚁到达节点的"行为",预测蚂蚁爬到智能电网后,从家用热水器到变电站、再到发电厂都会发生什么。

"数字蚂蚁"技术,2010 年曾被《科学美国人》杂志,评为"可改变人们生活的十大技术"之一。这种方法,一旦被证明能成功保卫电网安全,还将广泛用于保护其他连接到监控与数字获取网络上的设施。监控与数字获取是一种计算机系统,可以控制整个供水排水管理系统、物流运输系统和工业制造系统等。

弗普说:"我们知道自然界的蚂蚁能成功保卫它们的家园。危险排除后,它们能迅速解除防御,恢复日常行为。而我们正努力在计算机系统中实现这一框架。"

二、建设有利于可再生能源发展的高效基础设施

(一)发布促进可再生能源发展的法案

2015 年 8 月 3 日,美国总统奥巴马发布《清洁电力计划》最终方案(以下简称最终方案)。该方案较 2014 年年中美国环保局发布的计划草案,小幅提高了减排标准,扩大了各州实施计划的灵活性,并增加了对可再生能源发展的扶持力度。

奥巴马表示,要保障美国经济安全和美国人的健康,美国需要执行更加严格的减排标准,并进一步发展可再生能源。

与去年的草案相比,最终方案将针对美国发电企业的减排标准,由到 2030 年碳排放量较 2005 基准年下降 30%上调到 32%。为减缓减排目标对各州经济的冲击,最终方案推迟了各州减排方案产生效果的时间,由此前草案规定的 2020 年延后至 2022 年。最终方案还设立了一个清洁能源促进项目,对在州政府提交实施方案后开工建设,且在 2020 年和 2021 年发电的清洁能源项目给予奖励。

美国政府预计,如果最终方案得以实施,到 2030 年美国可再生能源发电,占美国总装机容量的比例将增至 28%,高于此前预计的 22%。2020—2030 年,将为美国消费者节省 1550 亿美元电费支出。

对于当天公布的最终方案,美国民主党政治人物、可再生能源产业、环保组织等表示支持;而共和党政治人物、传统化石能源产业等则提出批评,认为将给美国

消费者增加"不必要的负担"。由于各州提出相关实施方案的最晚期限是 2018 年,已属于美国下一任总统任期,美国未来能否顺利实施最终方案还有待观察。

(二)建设促进可再生能源发展的高效电网设施

1.进一步完善可再生能源的区域性输电网

计划在北海建设大型可再生能源输电网。2010 年 1 月 5 日,德新社报道,德国经济和技术部对外宣布,德国计划与其他 8 个欧洲国家在欧洲北部的北海沿岸地区铺设大型输电网,以便把这些国家由可再生能源产生的电力,更便捷地传输到欧洲大陆电网中。

据悉,这一计划最初由德国、法国、比利时、荷兰和卢森堡提出,后来得到英国、丹麦、爱尔兰和挪威的支持。各方不久将就如何实施这一项目举行会晤,计划年内发表一份意向声明。

德国经济和技术部发言人说,这是北海周边国家首次开展大型能源合作项目,目的是迅速推动可再生能源发展,把利用可再生能源产生的电力纳入电网中。

按计划,拟建的这一大型输电网,可将德国和英国的北海风力发电厂与挪威的水力发电站、比利时和丹麦的潮汐发电站以及欧洲大陆的一些风能、太阳能发电厂连接起来。凭借这一互通的输电网,可以解决单个发电厂由于天气等原因造成的供电不稳定问题。

2.加快建设有利于发展可再生能源的智能电网

(1)呼吁先行发展智能电网以充分利用可再生能源。2011 年 5 月,有关媒体报道,德国社会各界热议有关加速核能退出和大力发展可再生能源的话题。从目前的舆论来看,日本核泄漏事故后,暂时从德国电网中退出的 8 个核反应堆,很有可能将就此"永久退出"。由此带来的电力缺口,目前暂时通过进口部分电力、提高传统电厂生产能力等方式解决,将来则希望通过大力发展风电等可再生能源予以替代。德国政府和业界为此呼吁,德国应大力改扩建能够充分利用可再生能源的智能电网,并加强能源存储技术和电网技术的研究。

众所周知,风力的大小始终处于一个变化过程,太阳光也只会在白天照射,风电、太阳能发电等相应具有不稳定的波动性,因此,不同于可稳定地向电网输送电力的传统发电厂,可再生能源发电联入电网后会带来很大的波动。此外,传统发电厂多位于消费中心附近,可集中通过电力干线传输,而可再生能源发电受到自然环境限制,还要考虑占用耕地等影响,因而更多位于沿海地区或边远地区,要充分利用这些分布式的电能,就必须建设智能输电网络系统,并不断改进电力存储技术。

为了把大量的绿色能源,特别是风力发电从海上安全并低损耗地传输到内陆使用,德国也需要进一步发展现有输电网络,并创新输电网络技术,如可以使电力低损耗长距离传输的所谓"电力高速公路"。为了确定今后的输电线路需要,德国政府准备在抓紧拟定"目标网络 2050"草案,其主要任务是连接离岸海上风力发电场,并将电力传输到德国中部和南部的消费中心,改建通往邻国的连接线路等。

整合完全不同来源的电力,并且低损耗的进行能源传输和存储绝非易事,只有加强基础研究以及相关应用技术研究,才能使新技术市场化,并且供人们使用。德国政府为此将于 2011 年制定一个面向 2020 年的全面能源研究计划,重点是可再生能源、能源效率、能源存储技术和网络技术,以及整合能源供应中的可再生能源。

一直以来,主要的电力供应商,都根据电力消耗来决定电力生产。尽管有时会出现暂时的电力负荷高峰,但传统的发电厂能够为电力网络生产出足够的电力。而未来,当电力越来越多地依靠不稳定的可再生能源产生时,人们对电力生产的调控能力将受到严重制约。因此,未来的能源需求必须更加灵活地适应供给。换句话说,"以电力生产决定消耗"也是解决问题的一个办法。例如,通过计算机网络控制,没有必要在特定时间使用的设备,就可以选择在更有利的时间使用电力。人们为此需要的是现代化、智能化的网络和适当的电费激励措施。

现代通信和信息技术,可将未来所有能源系统的组成部分,即电力生产者、存储者、消费者和电网智能地相互连接在一起,构成所谓的"能源互联网"。智能电表是这个网络中重要的一部分,消费者可以通过它更好地适应波动的可再生能源电力。在德国汉诺威工业博览会上,多个厂商展示了这类智能仪表。通过集中和分散的计算机网络控制,人们可以让电力消耗终端设备,在电力充沛和最具成本效益的时候使用。

2008 年 12 月以来,德国投资 1.4 亿欧元实施"E-Energy"计划,在 6 个试点地区开发和测试智能电网的核心要素。例如,在库克斯港的"E-Energy 市场",风电充足时将冷库冷却到比平时更低的温度,短期内如果电力供应趋紧,冷库就可以使用这种低温储备而不需要电力。巴登符腾堡州示范区的"E-Energy 模型屋",则通过屋顶的太阳能发电或地下室的微型热电联产设备产生能量。家电通过网络智能控制电力消耗,车库里的电动车,还可以存储微电厂产生的多余电力。

电力随时按需生产,供求时刻小心平衡,以免停电或电网超载,这样的要求对常规电厂而言已经很不容易,对于来自于风和太阳的波动能源就更加困难。因此,除了改进网络基础设施外,扩大能量存储也是很重要的一步。人们可以把多余的电力存储起来,需要时再释放到电网中。

到目前为止,最常见的是抽水蓄能电厂,用过剩的电能把水提升到高处的水库中,在电力供应紧张时,再把水放出来驱动涡轮机发电。易存储的生物沼气也适合于为风电和太阳发电的波动提供补偿,它可以在强风期间暂停,在电力供应低迷时启用。德国政府的新法规中加强了对沼气进行财政鼓励的措施。

此外,德国政府还加强了对新的能量存储技术的研究,许多存储技术在理论上已经可行,但还不适合日常使用,德国希望更快地将它们推向市场,例如压缩空气存储、氢存储、用甲烷生产氢气和电动汽车电池等。

（2）建立有利于可再生能源开发的智能生态电网。2015年12月，有关媒体报道，丹麦电力工程师本特森领导的一个研究小组，正在承担由欧盟资助的"生态电网"研究项目。这个项目，把博恩霍尔姆地区变成全球开发智能电网技术的最大实验室之一。

报道悉，对可再生能源持怀疑者在早期担心，由于风力和太阳能发电会因天气和一天中的时间而出现波动，因此它们无法提供可靠的电力来源。丹麦能源协会常务董事劳尔斯·安伽特回忆说："据工程师预测，如果在我们的系统中多利用2%～3%的可再生能源，它将会崩溃。"

然而，本特森主持的"生态电网"研究项目，正在证明这一说法是错误的。过去3年里，智能电网技术的自动化系统在幕后工作：当可再生电力充足时，最大化利用电力；当不充足时，减缓电力消耗。比如，"生态电网"每隔5分钟向安装在约1200个家庭和100家企业中的智能控制器，发送一次电价更新。控制器可被设置成在电价变贵时减少电力使用，在电价便宜时增加电力消耗。这些设备不会关掉必要品，比如灯，但能推迟冰箱的下一次制冷，直到电价下降。本特森表示："我们的目标，是变成幕后调控者。消费者不会看到我们，但仍能获得他们需要的一切东西。"

2015年年初，丹麦技术大学电力工程师雅各伯·斯特嘎德，与他的同事一起，分析了"生态电网"在转移电力需求方面取得的成绩。他们发现，这种方法，让当地可再生能源的使用增加了8%。尽管有时会发生一些技术故障，并且岛上仅有约6%的家庭参与了该项目，但收益增长还是比较明显的。本特森表示，如果将其放大，这种方法能产生更高的收益。丹麦博恩霍尔姆地区的试验，还提供了其他收益，包括帮助把电力质量稳定在所需的50赫兹频率上。通过在需求激增时开启额外发电机导致频率下降，传统的电力系统避免了会损害电器的频率波动。"生态电网"的智能计量技术，能完成同样的事情。它通过控制电力何时被供应给家用电器，减少了现场发电的需求。这当然是好消息。不过，在博恩霍尔姆地区及其整个丹麦，推动其能源转型越过成型阶段时，事情变得更加困难。本特森说："我们已经摘取了挂在低处的果实。现在，我们正朝着开始带来痛苦的地方前进。"

一个很大的挑战，将是说服该国的欧洲邻居升级它们的电网，从而允许更加简便地共享可再生能源。分析人士表示，就丹麦而言，这种广泛的联系，对于到2050年变成碳中和经济体至关重要。实现碳中和意味着丹麦将产生足够的零碳能源，以覆盖其整个能源预算，即使它仍在燃烧一些化石燃料。强大的电力联系，将使丹麦人在电力短缺时进口低碳能源，从而减少对化石燃料的需求。它们还将使丹麦出口多余绿色电力，帮助抵消来自交通、生产和电力部门的国内碳排放。

丹麦已同其近邻瑞典、挪威以及德国北部，建立起良好的电力联系。比如，当太阳能和风能的国内生产量变低时，它会从挪威庞大的水坝系统中进口水电。不过,丹麦在寻求出口其不断增长的绿色电力供应时,可能面临着市场瓶颈。

就目前来说,多余电力通常被输送到德国。然而,德国的大部分人口和工业位于南部,这里与该国北部电网的连接相对较少。与此同时,德国北部的居民一直抗拒增加新的输电线路,因为这将使丹麦人或德国南部的同胞受益,而给他们带来的好处不多。

在丹麦哥本哈根,管理"生物炼制联盟"的能源分析师安妮·格蕾特表示:"除非这些瓶颈被清除,否则,对于丹麦来说,在 2020 年之后,拥有很高的可再生能源目标,并没有什么意义。"

(三)建设促进可再生能源发展的能源存储市场

通过快速发展能源存储技术来有效支撑可再生能源存储市场。2015 年 12 月,有关媒体报道,德国政府正在紧锣密鼓地实施一项雄心勃勃的能源转型战略,旨在使可再生能源,成为德国未来电力供应的"主力军",其中能源存储技术的快速发展是该战略的有效支撑。

德国政府能源转型战略目标是,到 2020 年使可再生能源供电的比例达到35%;到 2030 年,将这一比例提高至 50% 以上;至 2050 年,最终达到 80% 以上。在能源转型过程中,从小规模电池,到大规模电池,再到电力燃气技术等储能技术的发展,在电网融合和电网安全方面扮演着至关重要的角色。

过去几年里,德国能源存储市场取得了长足进展。德国联邦外贸与投资署能源专家托比亚斯·罗塔赫尔介绍说,随着德国电价持续停留在较高位置,且有再升高的可能,以及光伏系统成本的逐步降低,能源存储业务的市场前景愈发广阔。根据专业模型测算,以法兰克福地区为例,家庭光伏发电,在 2011 年就已经与私人用户电价持平。伴随着近几年电池技术取得突破性进展,其生产成本持续走低。据统计,过去两年锂电池生产成本降低了 30%。专家预计,家庭光伏和蓄电池供电的成本,也将在近期降至私人用户电价水平,而且两者差距将逐渐拉大,光伏储能技术将更具吸引力。

2013 年 5 月,德国复兴信贷银行,对家用光伏蓄电池系统实施补贴政策,以鼓励用户安装。该银行为安装光伏系统和光伏蓄电池的用户提供低息贷款,并承担最多 30% 的采购成本作为还款补贴。2015 年 6 月,德国复兴信贷银行公布的数据显示,自该银行推出对光伏蓄电池补贴政策以来,申请安装光伏蓄电池的用户数量,已经迅速增加到 1 万多户,贷款数额达 1.63 亿欧元。从 2015 年年初开始,对该项目的需求与去年同期相比增长 40%,蓄电池安装数量达到 1800 个。光伏蓄电池已经成为德国光伏设备的一个非常重要的补充。

在德国能源存储市场上,参与角逐的既有传统国际能源巨头,也有新兴可再生能源公司。美国通用电气公司位于柏林的分公司,利用电池和储热设备两种储能介质,结合热电和光伏发电两种发电模式,建造了一座混合发电站。该电站由400 千瓦热电联产系统、621 千瓦峰值的光伏发电系统,以及 200 千瓦时的电池存储系统组成,不仅能满足公司平时用电自给自足,还能将多余电力存储起来,通过能源管理系统平衡电力需求,以备不时之需。

坐落于柏林阿德勒斯霍夫区的尤尼克斯公司,是一家基于电池技术研发,提供智能电网和能源存储方案的新兴企业。公司技术中心配备了,能够提供 1~6 兆瓦的高能钠硫电池系统;200 千瓦的高效锂离子电池系统;兆瓦级智能转换系统,以及 1 兆瓦的储能电池柴油发电机系统等。

该公司新闻发言人菲利普·希尔泽门策尔表示,公司并不生产电池,而是利用其研发的智能控制系统,优化调配电池系统中不同类型的可再生能源和传统能源。该公司研制的电池存储供电系统具有寿命长、安全性高、反应迅速的优点,系统反应时间不超过 200 毫秒,反应速度至少比常规供电系统快 3000 倍。正是基于这一优势,该公司可以提供满足不同客户需求的商业模式。

参考文献和资料来源

一、主要参考文献

[1]国际科技合作政策与战略研究课题组.国际科技合作政策与战略[M].北京:科学出版社,2009.

[2]樊春良.全球化时代的科技政策[M].北京:北京理工大学出版社,2005.

[3]于少娟,等.新能源开发与应用[M].北京:电子工业出版社,2014.

[4]李建保,李敬锋.新能源材料及其应用技术:锂离子电池、太阳能电池及温差电池[M].北京:清华大学出版社,2005.

[5]张希良.风能开发利用[M].北京:化学工业出版社,2005.

[6]张明龙,张琼妮.国外发明创造信息概述[M].北京:知识产权出版社,2010.

[7]张明龙,张琼妮.八大工业国创新信息[M].北京:知识产权出版社,2011.

[8]张明龙,张琼妮.新兴四国创新信息[M].北京:知识产权出版社,2012.

[9]张明龙,张琼妮.英国创新信息概述[M].北京:企业管理出版社,2015.

[10]张明龙,张琼妮.国外电子信息领域的创新进展[M].北京:知识产权出版社,2013.

[11]张明龙,张琼妮.国外环境保护领域的创新进展[M].北京:知识产权出版社,2014.

[12]张明龙,张琼妮.国外材料领域创新进展[M].北京:知识产权出版社,2015.

[13]张明龙.区域政策与自主创新[M].北京:中国经济出版社,2009.

[14]杨成志,谭思明.世界海洋能专利技术分析报告[M].青岛:中国海洋大学出版社,2011.

[15]郝彦菲.国际新能源发展现状及对我国的启示[J].中国科技投资,2010(8).

[16][加拿大]汤森路透.替代能源领域专利状况考察[J].中国能源,2011(1).

[17]陈宏刚.美国能源创新的转变出版源[J].国外科技新书评介,2015(11).

[18]周筮美.国可再生能源发展和节能现状[J].中外能源,2007(1).

[19]谢晶仁,余洋.澳大利亚新能源产业发展的现状和做法及其对我国的启

示[J].农业工程技术:新能源产业,2013(6).

[20]唐致远,吴菲.改性石墨用作锂离子蓄电池负极材料[J].电源技术,2006(2).

[21]刘兴江,肖成伟,等.混合动力车用锂离子蓄电池的研究进展[J].电源技术,2007(7).

[22]胡杨,李艳,连芳,等.锂离子蓄电池热稳定性的机理[J].电源技术,2006(10).

[23]谢晓华,陈立宝,解晶莹.锂离子蓄电池低温性能研究进展[J].电源技术,2007(7).

[24]李文成,卢世刚,庞静,等.高功率锂离子蓄电池制备与性能研究[J].电源技术,2009(4).

[25]丁左武,赵东标.锂离子蓄电池相关特性试验研究[J].电源技术,2011(7).

[26]郭烈锦,赵亮.可再生能源制氢与氢能动力系统研究[J].中国科学基金,2002(4).

[27]黄亚继,张旭氢.能开发和利用的研究[J].能源工程,2003(2).

[28]贾同国,王银山,李志伟.氢能源发展研究现状[J].节能技术,2011(3).

[29]林才顺,魏浩杰.氢能利用与制氢储氢技术研究现状[J].节能与环保,2010(2).

[30]李国栋.国际太阳能发电产业的新进展[J].电力需求侧管理,2012(1).

[31]黄裕荣,侯元元,高子涵.国际太阳能光热发电产业发展现状及前景分析[J].科技和产业,2014(9).

[32]尹淞.太阳能光伏发电主要技术与进展[J].中国电力,2009(10).

[33]赵晶,赵争鸣,周德佳.太阳能光伏发电技术现状及其发展[J].电气应用,2007(10).

[34]魏伟,张绪坤,祝树森,等.生物质能开发利用的概况及展望[J].农机化研究,2013(3).

[35]刘伟伟,谢建生.物质能开发利用现状及展望[J].阳光能源,2004(2).

[36]刘清志,王爱春.生物质能开发利用对策[J].节能,2010(2).

[37]赵斌.技术双刃剑:生物质能开发与生物多样性保护[J].资源环境与发展,2013(3).

[38]李亚丽,张红,王莹.生物质能开发利用的意义及现状[J].价值工程,2011(36).

[39]张百灵,沈海滨.国外促进生物质能开发利用的立法政策及对我国的启示[J].世界环境,2014(5).

[40]刘晓娟,殷卫峰.国内外生物质能开发利用的研究进展[J].洁净煤技术,

2008(4).

［41］李德孚.小型风力发电行业现状与发展趋势［J］.农业工程技术:新能源产业,2007(1).

［42］范万新,苏志.国内外风能开发利用的现状和发展趋势［J］.大众科技,2009(6).

［43］马舒曼,吕永波,韩晓雪.风能开发利用的政策支持问题［J］.可再生能源,2004(2).

［44］张庆阳.国外风能开发利用概况及其借鉴［J］.气象科技合作动态,2010(4).

［45］巨洪军,程华核能开发及应用分析研究［J］.中国新技术新产品,2012(10).

［46］董小恺.重塑核能利用的原则［J］.能源与节能,2011(3).

［47］顾忠茂.氢能利用与核能制氢研究开发综述［J］.原子能科学技术,2006(1).

［48］陈石娟.海洋能开发利用存机遇有挑战［J］.海洋与渔业,2012(8).

［49］刘全根.世界海洋能开发利用状况及发展趋势［J］.能源工程,1999(2).

［50］郑克棪.世界浅层地热能开发利用现状及我国的发展前景［J］.地热能,2007(2).

［51］郭德天.浅层地热能开发与应用现状［J］.中国科技纵横,2013(16).

［52］吴新雄.地热能开发利用大有可为［J］.中国科技投资,2014(11).

［53］邓艳李.国内外地热能开发利用现状前景与建议［J］.科学中国人,2014(12).

［54］曾义金.干热岩热能开发技术进展与思考［J］.石油钻探技术,2015(2).

［55］孙刚云.燃气发动机的余热利用［J］.工程技术:全文版,2016(6).

［56］胡希栓.低温余热利用技术在工业中的应用［J］.水泥技术,2014(4).

［57］王延杰.利用人体热能来发电［J］.发明与创新:综合版,2008(10).

［58］于丽萍.人体能开发大有可为［J］.能源研究与利用,2000(6).

［59］刘亮显.用人体能量驱动微小装置［J］.现代军事,2008(2).

［60］曹文英,谷秋瑾,刘雨婷,等.人体能量收集的研究现状［J］.微纳电子技术,2016(2).

［61］宋宇.国外环境污染损害评估模式借鉴与启示［J］.环境保护与循环经济,2014(4).

［62］张明龙.从引进技术走向自主创新——韩国科技创新路径研究［J］.科技管理研究,2008(7).

［63］张明龙.德国创新政策体系的特点及启示［J］.理论导刊,2008(2).

［64］张明龙.瑞典高效的创新政策运行机制揭秘［J］.科技管理研究,2010(6).

[65]张琼妮,张明龙.以色列高效创新机制对我国的启示[J].经济理论与经济管理,2011(2).

[66]张明龙,张琼妮.低碳经济条件我国中小企业的转型升级[J].生态经济,2011(4).

[67]张明龙,张琼妮.国外氢能开发新进展概述[J].生态经济,2011(12).

[68]张明龙,张琼妮.美国科技高投入政策促进创新活动的作用[J].西北工业大学学报(社会科学版)2012(2).

[69]张琼妮,张明龙.国外材料领域科技研发进展概述[J].中外企业家,2015(8)

[70]本报国际部.2004年世界科技发展回顾[N].科技日报,2005-01-01~10.

[71]本报国际部.2005年世界科技发展回顾[N].科技日报,2005-12-31~2006-01-06.

[72]本报国际部.2006年世界科技发展回顾[N].科技日报,2007-01-01~06.

[73]毛黎,张浩,何屹,等.2007年世界科技发展回顾[N].科技日报,2007-12-31~2008-01-06.

[74]毛黎,张浩,何屹,等.2008年世界科技发展回顾[N].科技日报,2009-01-01~08.

[75]毛黎,张浩,何屹,等.2009年世界科技发展回顾[N].科技日报,2010-01-01~08.

[76]本报国际部.2010年世界科技发展回顾[N].科技日报,2011-01-01~08.

[77]本报国际部.2011年世界科技发展回顾[N].科技日报,2012-01-01~07.

[78]本报国际部.2012年世界科技发展回顾[N].科技日报,2013-01-01~08.

[79]本报国际部.2013年世界科技发展回顾[N].科技日报,2014-01-01~07.

[80]本报国际部.2014年世界科技发展回顾[N].科技日报,2015-01-01~07.

[81]本报国际部.2015年世界科技发展回顾[N].科技日报,2016-01-01~11.

二、主要资料来源

[1]《自然》(Nature)

[2]《自然·通信》(Nature Communication)

[3]《自然·物质》(Nature Substance)

[4]《自然·光子学》(Nature Photonics)

[5]《自然·材料》(Nature Materials)

[6]《自然·化学》(Nature Chemistry)

[7]《自然·结构生物学》(Nature Structural Biology)

[8]《自然·植物》(Natural Plants)

[9]《自然·物理》(Nature Physical)

[10]《自然·纳米技术》(*Nature Nanotechnology*)

[11]《自然·方法学》(*Nature Methodology*)

[12]《科学》(*Science Magazine*)

[13]《科学报告》(*Scientific Reports*)

[14]美国《国家科学院学报》(*Proceedings of the National Academy of Sciences*)

[15]《新科学家》(*New Scientist*)

[16]《科学快报》(*Science Letters*)

[17]《可再生与可持续能源杂志》(*Journal of Renewable and Sustainable Energy*)

[18]《能源与环境科学》(*Energy and Environmental Sciences*)

[19]《地球物理通讯》(*Geophysical Newsletter*)

[20]《碳杂志》(*Carbon Magazine*)

[21]《现代物理学杂志》(*Modern Physics*)

[22]《固态电路杂志》(*Solid-State Circuits Magazine*)

[23]《应用物理快报》(*Applied Physics Letters*)

[24]《物理评论快报》(*Physical Review Letters*)

[25]《微力学与微动力杂志》(*Micro-mechanics and Micro Power Magazine*)

[26]《电子快报》(*Electronics Letters*)

[27]《电子工程时报》(*Electronic Engineering Times*)

[28]《工业和工程化学研究》(*Industrial and Engineering Chemistry Research*)

[29]《纳米科学》(*Nanoscale Science*)

[30]《纳米快报》(*Nano Letters*)

[31]《纳米通信》(*Nano Communication*)

[32]《光学通讯》(*Optical Communications*)

[33]《光学快报》(*Optics Letters*)

[34]《先进材料》(*Advanced Materials*)

[35]《软物质》(*Soft Matter*)

[36]《自然产品杂志》(*Journal of Natural Products*)

[37]《应用化学》(*Angewandte Chemie*)

[38]《美国化学协会会刊》(*American Chemical Society Journal*)

[39]《化学传感器和执行器 B》(*Sensors and Actuators B, Chemical*)

[40]《生物化学杂志》(*Journal of Biological Chemistry*)

[41]《进化生物学》(*Evolutionary Biology*)

[42]《植物细胞》(*Plant Cell*)

[43]《公共科学图书馆·综合卷》(*PLoS Comprehensive*)

[44]《科技日报》2003 年 1 月 1 日至 2016 年 6 月 30 日

［45］http：//www.nature.com/

［46］http：//en.wikipedia.org/wiki/Nature

［47］http：//www.sciencemag.org/

［48］http：//www.sciencedaily.com/

［49］http：//www.kexue.com/

［50］http：//www.sciencedirect.com/

［51］http：//www.sciencenet.cn/dz/add_user.aspx

［52］http：//news.sciencenet.cn/dz/dznews_photo.aspx

［53］http：//www.sciencemuseum.org.uk/

［54］http：//www.sciencenet.cn/

［55］http：//www.wokeji.com/

［56］http：//tech.icxo.com/

［57］http：//www.mofcom.gov.cn/

［58］http：//www.cistc.gov.cn/

［59］http：//www.sciam.com.cn/

［60］http：//www.dili360.com/

［61］http：//www.cdstm.net.cn/index_cn.shtml

［62］http：//www.news.cn/tech/

［63］http：//www.chinahightech.com/

［64］http：//www.casted.org.cn/cn/

［65］http：//www.kepu.net.cn/gb/index.html

后 记

能源一词,过去并不怎么引起人们的注意,很少有人作为重要话题进行讨论。但自从经历了两次石油危机之后,这个词的出现频率骤然增加,不断见诸报端,甚至成为街头巷尾议论的热点。时至今日,能源的开发利用及其所处环境,已成为世界各国人们共同关心的问题。

现在,人们普遍认为到,能源是人类活动的物质基础。更有无数事实证明,人类社会的发展需要优质能源作保障,需要使用先进能源技术筑基础。随着在全球经济的高速发展,确保国际能源安全,已与世界的发展与稳定息息相关,于是,各国都制定了以能源供应安全为核心的能源政策,鼓励能源开发方面的各类创新活动。

多年前,笔者就已开始关注能源的开发利用问题,先后在《国外发明创造信息概述》《八大工业国创新信息》《新兴四国创新信息》和《英国创新信息概述》等书中,特意安排一定篇幅,专门介绍国外在能源开发领域取得的创新成果。现在,笔者在原有基础上,继续推进这项研究,从已经搜集到的大量科技创新信息中,提炼出有关能源开发利用的内容,把它系统化为一本书,于是有了《国外能源领域创新信息》。

在这部书稿的写作过程中,我们得到了有关科技管理部门、高等学校、高新技术产业开发区,以及企业的支持和帮助。这部专著的基本素材和典型案例,吸收了报纸、杂志、网络等众多媒体的新闻报道。这部专著的各种知识要素,吸收了学术界的研究成果,不少方面还直接得益于师长、同事和朋友的赐教。为此,向所有提供过帮助的人,表示衷心的感谢!

这里,要感谢名家工作室成员的团队协作精神和艰辛的研究付出。感谢巫贤雅、余俊平、卢双等研究生参与课题调研,以及帮助搜集、整理资料等工作。感谢浙江省科技计划重点软科学研究项目基金、台州市宣传文化名家工作室建设基金、省重点学科建设基金、台州市优秀人才培养(著作出版类)资助基金,对本书出版的资助。感谢台州学院办公室、组织部、宣传部、人事处、科研处、教务处、招生就业处、信息中心、图书馆和经济研究所、经贸管理学院,浙江师范大学经济管理学院等单位诸多同志的帮助。感谢知识产权出版社诸位同志,特别是王辉先生,他们为提高本书质量倾注了大量时间和精力。

限于笔者水平,书中难免存在一些不妥和错误之处,敬请广大读者不吝指教。

张明龙　张琼妮

2016 年 8 月于台州学院湘山斋张明龙名家工作室